今日から使える

MacBook Air & Pro

macOS **Big Sur** 対応

小枝 祐基／著

高速 M1 マックも使える!

JN247670

ソシム

■免責事項
・本書に記載されている情報は、macOS Big SurがインストールされたMacBook Pro等の特定の環境にて
再現された一例に基いています。すべての環境において再現されることを保証するものではありません。
・本書に記載されている情報は、2020年12月時点のものです。
・本書に記載された情報に基づき生じたいかなる結果についても著者および出版社は責任を負いません。
・本書に記載されている商品名、サービス名、企業名などは一般に商標または登録商標です。

はじめに

本書をお手に取っていただき、ありがとうございます。本書は、2020年11月13日に正式リリースされたmacOSの最新バージョンである、macOS Big Sur（ビッグサー）対応のMacBookシリーズについて書かれた解説書です。

2001年に登場したMac OS X バージョン10.0以来、長きに渡りアップデートを繰り返してきたmacOSですが、macOS Big Surでは約20年ぶりのメジャーアップデートを果たし、バージョンナンバーは11となりました。それに伴い、これまでのアップデートでは変化の少なかったメニューバーやDock、Finderウインドウなど、基本のインターフェイスにも、大胆なデザイン変更や機能追加がなされています。大きく変化したUIデザインですが、すでに慣れ親しんでいる感覚を持つ人も多いと思います。そう、macOS Big SurのUIデザインは、一見するとiPhoneやiPadでお馴染みの、iOS・iPad OSと瓜二つ。それを象徴する新機能が、メニューバーに追加された「コントロールセンター」です。音量調節や画面の明るさの変更、Wi-FiやBluetoothのオン・オフなど、主要な設定項目がコンパクトにまとまり、はじめてMacに触れる人でも直感的に使うことができるでしょう。また純正アプリのアイコンデザインや機能、通知センターのウィジェットなどもiOS・iPad OSと共通化が図られました。一方で、メニューをはじめとする各種メニューや設定項目自体は、これまでと大きく変わってはおらず、既存のユーザにも十分に“Macらしさ”が感じられる設計となっています。

macOS Big Surのリリースに続き、Appleは新開発となる自社製の「Apple M1チップ」を搭載したMacBook Pro 13インチモデルとMacBook Airを投入しました。私も新MacBook Airを約2カ月ほど使用していますが、MacBookのラインナップではエントリー向けのモデルでありながら、動作はかなり軽快。ついつい充電をし忘れてしまうほど、飛躍的に向上したバッテリー持ちの良さも実感しています。新モデルではキーボードに［地球儀］キーが追加されたり、リカバリーモードなどシステムメニューの起動方法が従来モデルとは異なっていたりと、筐体や操作に変化もありますが、それらも可能な限り本書に盛り込みました。もちろん、従来のインテルMacについての操作方法も掲載しています。また、昨今のテレワーク需要を受けて、オンラインミーティングに欠かせない「Zoom」などのサービスをMacBookで使う方法も取り上げました。ぜひお役立ていただければ嬉しく思います。

Macというと難しそう…と思われる方も多いと思います。でも触れてみたらMacほど使いやすいマシンはないと思うかもしれません。
本書が、皆様のMacBookライフの一助になれば幸いです。

2021年1月吉日 小枝 祐基

本書の読み方

本書は、MacBook AirとMacBook Proの使い方を目的別に見出しを立てて解説しています。それぞれの項目では、操作方法や知っておくべき知識などを、ステップバイステップで解説しています。ここでは、本書のページの構成を紹介しています。

本書のページ構成

操作の目的別見出し
このページで紹介している機能がわかるような見出しを大きくつけています。ページをめくりながら、気になる項目を見つけられます

目的別見出しの概要
この見出し内で解説している内容の概要です。ここを読むことで、操作の目的や機能の概要がわかるので、以下の具体的な操作解説が理解しやすくなります

ステップごとの操作手順
実際に行う操作について、画面上に番号と操作解説をおいてあります。この番号どおりに操作することで、迷うことなく目的の機能を利用できます

chapter 12
06
コンテンツの共有機能
iCloudで楽曲を管理する
Apple Musicを開始するとiCloudミュージックライブラリという機能を利用できます。ひとつのアカウントで3台までのMacやiPhoneなどのデバイスと楽曲を共有できる機能で、CDから読み込んだ楽曲も対象です。

知ろう　iCloud ミュージックライブラリの基礎知識

iCloud ミュージックライブラリを使用すると、同一の Apple ID でサインインしている端末間で CD から読み込んだ楽曲の共有を行えるようになります。

MacBook で読み込んだ楽曲データを含むライブラリを iCloud 上に転送します。マッチングという作業が行われ、iTunes Store で取り扱っている曲は、高音質のデータに置き換えられます。

MacBook と同じ Apple ID でサインインしている端末なら、iCloud から音楽のストリーミング再生や、楽曲ファイルのダウンロードを行えます。ただし DRM 保護が付加されます。

使おう　iCloud ミュージックライブラリをオンにする

iCloud ミュージックライブラリを利用するには、あらかじめ設定が必要です。機能をオンにすると、あとは自動的に iCloud 上に CD 音源を含む楽曲が追加されます。

282

本文ページの表記について

» 本書は、macOS Big Sur 11.0.1および11.1をインストールしたMacBook Pro等の画面で解説しています。
» iOSデバイスの操作を含む解説の場合は、iOS 14.3をインストールしたiPhoneを用いて解説しています。
» 画面内のメニューやボタンなどの名称は[ ]、アイコンやアプリなどの名称は「 」で囲んで表記してあります。
» メニューやボタンの遷移の説明については、「→」でつないで前後の操作を結びつけている箇所があります。

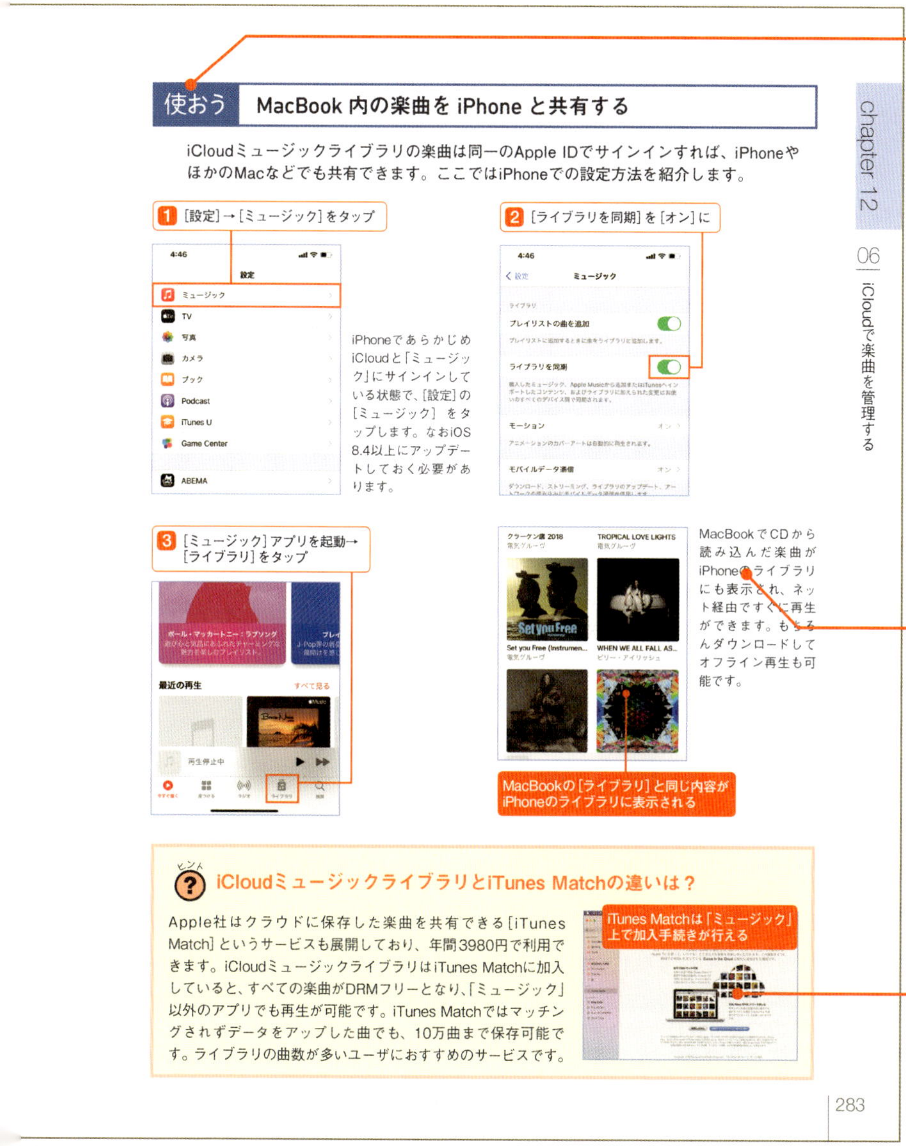

使おう　MacBook 内の楽曲を iPhone と共有する

iCloudミュージックライブラリの楽曲は同一のApple IDでサインインすれば、iPhoneやほかのMacなどでも共有できます。ここではiPhoneでの設定方法を紹介します。

1 [設定]→[ミュージック]をタップ

iPhoneであらかじめiCloudと「ミュージック」にサインインしている状態で、[設定]の[ミュージック]をタップします。なおiOS 8.4以上にアップデートしておく必要があります。

2 [ライブラリを同期]を[オン]に

3 [ミュージック]アプリを起動→[ライブラリ]をタップ

MacBookでCDから読み込んだ楽曲がiPhoneのライブラリにも表示され、ネット経由ですぐに再生ができます。もちろんダウンロードしてオフライン再生も可能です。

MacBookの[ライブラリ]と同じ内容がiPhoneのライブラリに表示される

ヒント
iCloudミュージックライブラリとiTunes Matchの違いは？

Apple社はクラウドに保存した楽曲を共有できる[iTunes Match]というサービスも展開しており、年間3980円で利用できます。iCloudミュージックライブラリはiTunes Matchに加入していると、すべての楽曲がDRMフリーとなり、「ミュージック」以外のアプリでも再生が可能です。iTunes Matchではマッチングされずデータをアップした曲でも、10万曲まで保存可能です。ライブラリの曲数が多いユーザにおすすめのサービスです。

iTunes Matchは「ミュージック」上で加入手続きが行える

chapter 12　06　iCloudで楽曲を管理する

283

「知ろう」「使おう」で解説

機能・サービスの紹介や、概観の説明については「知ろう」で説明し、実際に手を動かして操作するパートは「使おう」で説明しています。前提知識を身につけた上で、実際に使ってみる、という2ステップの読み方ができるので、応用の幅が広がります

操作の補足や詳細説明

画面上の操作番号に対応した詳しい説明です。操作方法を文章で解説しているので、操作番号とあわせて読むことで、よりいっそう理解が深まります

ミニコラムで手厚く解説

ヒント・プラスワン・設定の3種類のミニコラムを読めば、間違いやすいポイントやちょっとしたコツ、少しステップアップしたい人向けの操作など、より豊富な知識やテクニックが身につきます

Contents 目次

Contents

chapter 3 キーボードで文字を入力する………97

chapter 4 iPhone・iPadとつなげる………113

Appendix 付録

Index 索引

Special Appendix 特別付録

chapter 1

新しいmacOSってどんなもの？

chapter 1
01

MacBookシリーズの違い

MacBookにはどんな種類があるの？

Apple社の提供するノートPCがMacBookです。どんな用途にも安心して使える性能と、初心者でも馴染みやすいユーザインターフェイス、iPhoneなどとの親和性の高さなど、大きな魅力を秘めています。

知ろう　MacBookの現行ラインナップ

MacBookのラインナップはコンパクトでコストパフォーマンスに優れたMacBook Airと、高性能なMacBook Proに大別されます。全モデル共通で、指紋認証が可能なTouch IDを搭載しています。さらに2020年はAppleの開発したM1チップ搭載モデルが登場しました。

持ち運べる高性能［MacBook Air］

Touch ID

MacBookシリーズのエントリーモデルです。高解像度Retinaディスプレイや Touch ID、新開発のCPUなどの最新技術が搭載され、幅広いユーザに対応します。

画面サイズ	CPU	ストレージ／メモリ	解像度	バッテリー持続時間	サイズ（W×H×D）	質量
13.3インチ	Apple M1チップ（8コアCPU／7コアGPU）	256GB／8GB	2560×1600ピクセル	18時間	304.1×4.1～16.1×212.4mm	1.29kg
	Apple M1チップ（8コアCPU／8コアGPU）	512GB／8GB				

設定

MacBookの型番の確認方法

MacBookは見た目から発売年度や性能を見分けるのが困難です。自分が使用中のマシンの情報は メニューの［このMacについて］を開くと、モデル情報やシリアル番号が確認できます。シリアル番号をもとに、型番や技術仕様、サポート情報をApple社のサイトから調べることも可能です。

圧巻の高解像とパフォーマンス［MacBook Pro］

Touch ID & Touch Bar

圧巻の16インチ大画面かつ、超高解像度のRetinaディスプレイを備えた最上位モデル。高性能CPUや大容量メモリを搭載しプロの名にふさわしい性能を持ちます。

画面サイズ	CPU	ストレージ／メモリ	解像度	バッテリー持続時間	サイズ（W×H×D）	質量
16インチ	Core i7 2.6GHz（6コア）	512GB／16GB	3072×1920ピクセル	11時間	357.9×16.2×245.9mm	2.0kg
	Core i9 2.3GHz（8コア）	1TB／16GB				

プロフェッショナル向けの性能と携帯性を兼ね備えた13インチモデル。Apple M1チップ搭載モデルとインテル製チップ搭載モデルの2種類があります。

画面サイズ	CPU	ストレージ／メモリ	解像度	バッテリー持続時間	サイズ（W×H×D）	質量
13.3インチ	Apple M1チップ（8コアCPU／8コアGPU）	256GB／8GB	2560×1600ピクセル	20時間	304.1×15.6×212.4mm	1.4kg
		512GB／8GB				
	Core i5 2.0GHz（クアッドコア）	512GB／16GB		10時間		
		1TB／16GB				

chapter 1

02

最新のmacOSの進化点をチェック！

macOS Big Surの新機能まとめ

macOS Big Surは、Mac OS Xのリリース以降、約20年ぶりとなるメジャーアップデート版の最新OSです。MacBookの使い方を解説していく前に、最新のmacOSの進化ポイントをご紹介します。

知ろう　UIを大幅刷新！ iOSのようなデザインに変わった！

macOS Big Surでは、操作の起点となるデスクトップやアプリのアイコン、ウインドウにいたるまで、デザインを大幅に変更。新たに「コントロールセンター」といった機能も加わり、従来ユーザはもちろん、新規ユーザにも使いやすいOSに仕上がっています。

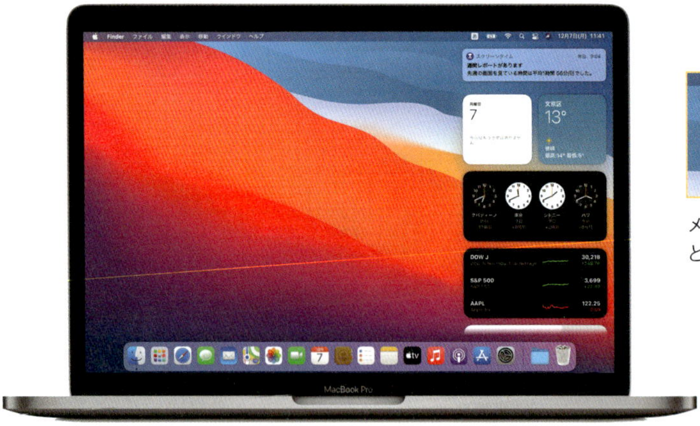

アプリのアイコンや、通知センターのウィジェットなどもiOSと共通化され、iPhone、iPadユーザにも馴染みやすいデザインです。もちろんMacらしさも健在です。

直感的に使いやすいメニューバー

メニューバーの柔軟性が向上し、すっきりと整理できるようになりました。

アイコンもiOSアプリライクに

丸みあるスクエアデザインに変わりiOSとの共通化も図られました。

デスクトップを再設計！新機能も追加されました

コントロールセンター

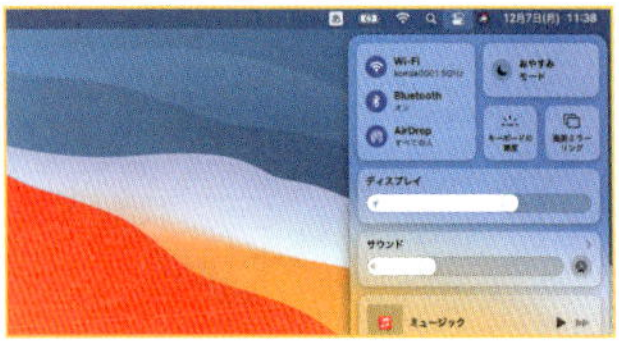

主要なメニューがコントロールセンターに集約され、機能のオン・オフをスピーディーに行えます。

詳細は 95 ページへ

ウィジェット

通知センターには「メモ」など特定のアプリとも連携するウィジェットが用意され、すばやく呼び出せます。

詳細は 91 ページへ

Finderウインドウ

フルハイトのサイドバーや新しくなったツールバーなど、Finderのデザインや機能も見直されています。

詳細は 74 ページへ

知ろう 「Safari」はより自分らしくカスタマイズが可能に！

Apple社のWebブラウザ「Safari」は、カスタマイズ性とセキュリティの両面が進化。さらに快適かつ安全にインターネットが楽しめるようになりました。細かな操作性も見直され、タブの切り替えや拡張機能の追加なども、従来より使いやすくなっています。

スタートページを自分好みにカスタマイズできる！

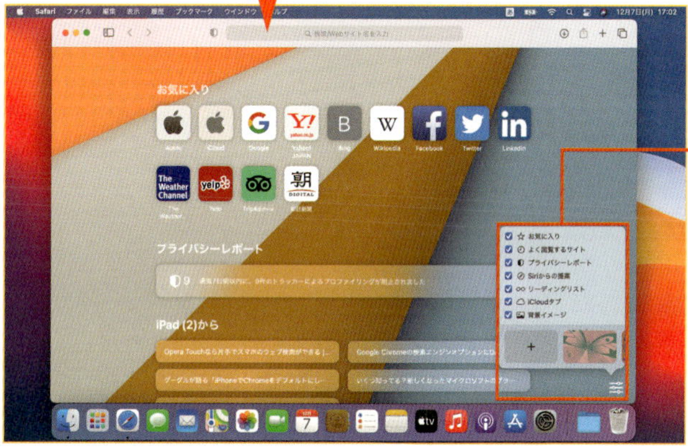

お気に入りの写真を設定してもOK

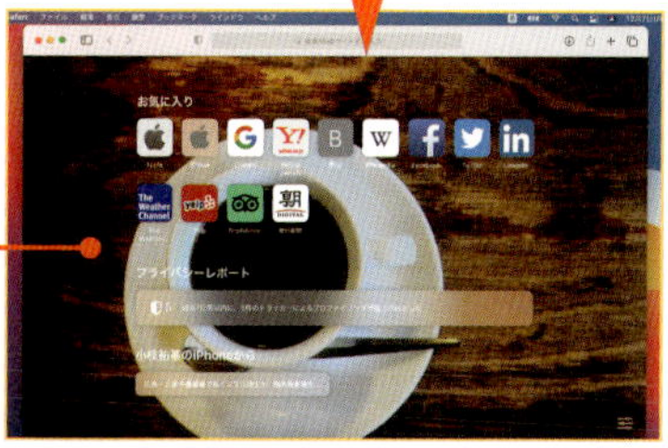

スタートページには「プライバシーレポート」が新たに追加されたほか、表示項目の選択が可能に。また背景イメージを設定して、見た目も大胆にカスタマイズできるようになりました。

タブの内容を開かずに確認

タブにポインターを重ねると、そのタブで開いているWebページのサムネイルが表示されます。調べ物の最中などにタブを開きすぎても、必要なWebページが見つからない…ということがなくなりました。

機能拡張を探しやすくなった

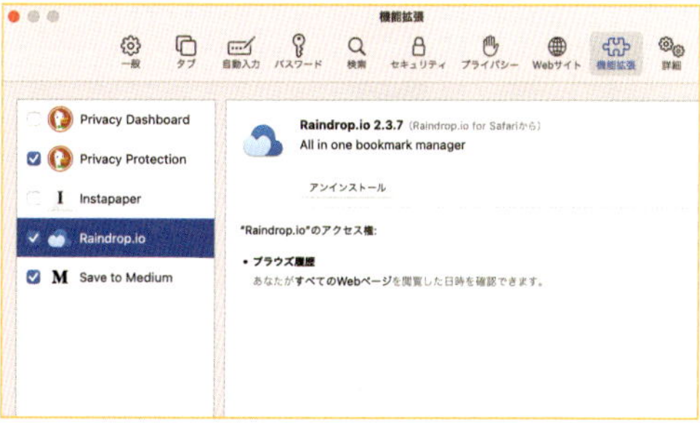

App Storeから対応するアプリをMacBookにインストールすると、Safariにも機能拡張が簡単に追加できるようになりました。対応アプリはApp Storeでカテゴライズされ、より必要な機能が探しやすくなっています。

「Safari」の詳細は133ページへ

プラスワン

翻訳機能はまだ日本語は未対応

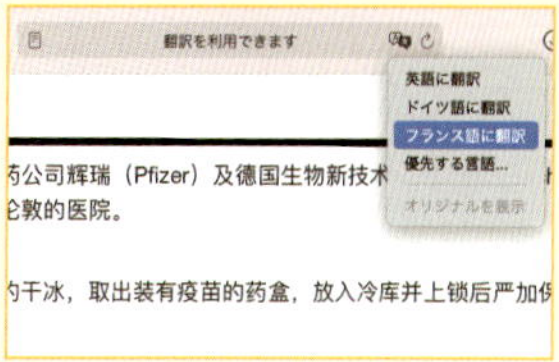

macOS Big Surの追加機能にはSafariの翻訳機能がありますが、2020年12月現在、日本語には未対応です。すでに中国語サイトを英訳するなどの使い方はできるため、今後が楽しみな機能です。

知ろう　グループやミー文字を楽しめる「メッセージ」

メッセージにはグループの管理機能が追加されたほか、グループメッセージ内でインライン返信ができるようになり、話題ごとのやり取りがスムーズに。また、オリジナルの顔文字を作成できる「ミー文字」で、スタンプのような楽しいやり取りもできます。

タブを固定して大切なメッセージは見落とさない！

特定の相手やグループをサイドバーの上部に固定できます。新着メッセージは吹き出しで通知されるので、よくやり取りをする相手や頻繁に交流しているグループが未読メッセージに埋もれる心配がありません。

グループ管理でさらに楽しく！

宛先欄の右側のボタンからメニューを呼び出して、グループ名や写真を自由に設定可能。あとからメンバーの追加や削除もできます。

自分専用の「ミー文字」を作成して個性を出そう！

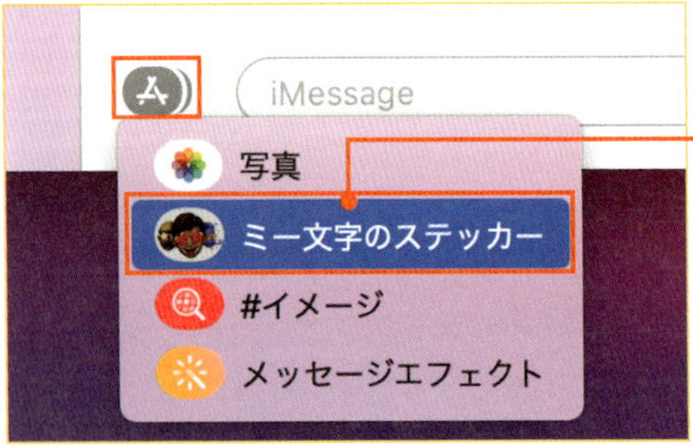

「ミー文字」はメッセージ入力欄の左にある［アプリケーション］ボタンをクリックし［ミー文字のステッカー］から作成ができます。顔のパーツが細部まで用意され、作成した顔をもとにさまざまな表情を自動作成してスタンプのように相手に送れます。自分そっくりに作れば、相手との距離もさらに近くはず！

好きなキャラクターに寄せたりしても楽しい！

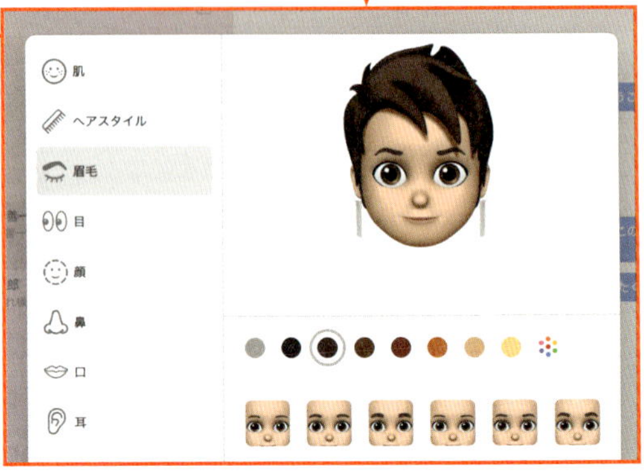

「メッセージ」の詳細は204ページへ

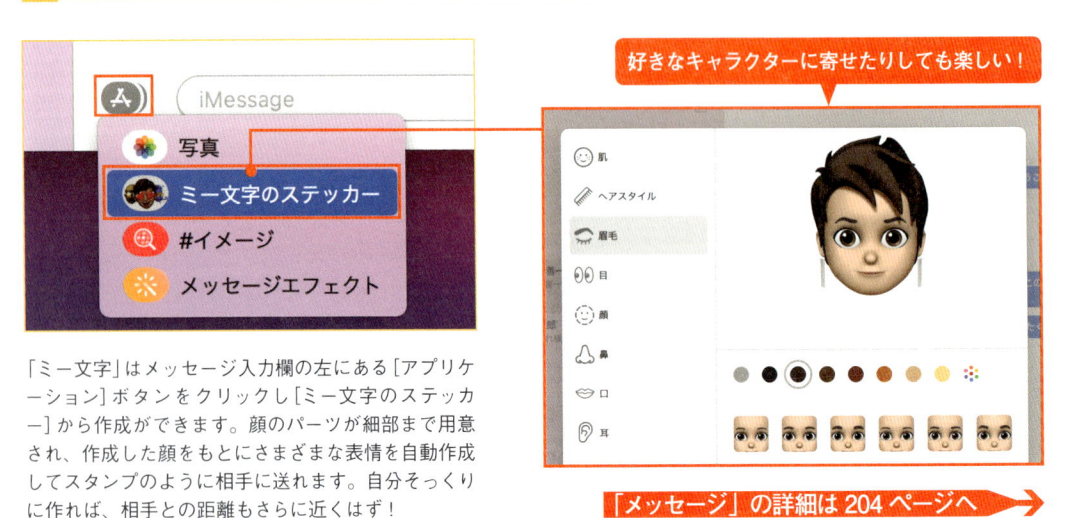

知ろう　ストリートビュー機能に対応した「マップ」

マップにはApple版のストリートビューとも言える「Look Around」機能を新搭載。現地の様子が写真で360度視認できるうえ、現地の施設情報などもあわせて確認可能です。ほかにも、自転車での経路検索（2020年12月現在は日本未対応）なども追加されています。

マップ上に現地の写真を小窓表示する

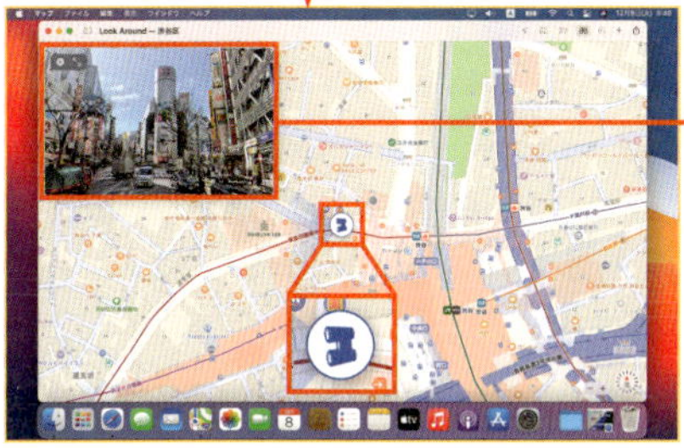

「Look Around」ではマップ上に双眼鏡のアイコンが表示され、ドラッグで動かすと小窓の写真が変化します。表示を最大化すると、現地の施設情報なども確認できます。

全画面なら周辺のスポットも写真上に見やすく表示

「マップ」の詳細は212ページへ

知ろう　プライバシー保護やセキュリティが強化された！

Safariのトラッキング防止機能やプライバシーレポート、App Storeの新しいプライバシー情報など、プライバシー保護に関するサポートがより手厚くなりました。

「Safari」のプライバシーレポート

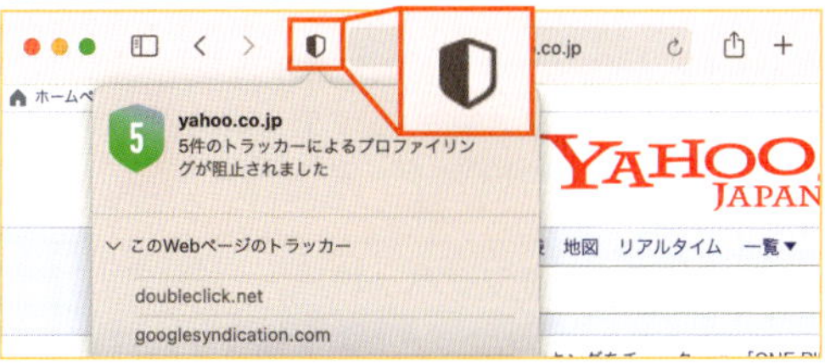

インテリジェント・トラッキング防止機能でトラッカーによる追跡を防止。保護状況がひとめでわかります。

「App Store」の新しいプライバシー情報

アプリのダウンロード時に、どんなデータを集めるのかなど、プライバシーに関する方針概要を確認できます。

そのほかにも変更点がまだまだある

ほかにも「写真」や「メモ」、「ミュージック」、「FaceTime」など従来アプリにも細かな変更点があります。本書の各章でも取り上げていますので、ぜひ参考にしてみてください。

chapter 1

03

開封の儀における諸注意

MacBookを箱から出してみよう

MacBookを箱から出したら、本体の各部の名称と機能を確認してみましょう。各部の名称や同梱されている付属品もしっかりと確認をし、実際に電源を入れる前に充電を行っておくことも大切です。

知ろう　MacBook Pro 本体各部の名称

まずはMacBook本体各部の名称を覚えましょう。ここではMacBook ProのTouch Bar &Touch ID搭載モデルを例に解説しますが、その他のモデルも基本構成は同じです。

正面

720p FaceTime HDカメラ
おもに自分の姿を映すためのカメラです。ビデオ通話機能等で使用します

Retinaディスプレイ
IPSテクノロジーおよびLEDバックライトを採用する高精細なディスプレイ。視認性が高く省電力性能も優れます

Touch Bar &Touch ID
操作をサポートするTouch Barと指紋認証が可能なTouch IDを備えます

バックライト付きキーボード
周囲の明るさに応じて自動的にバックライトが点灯／消灯します

トラックパッド
クリックなどの基本操作から複数の指を使ったジェスチャーにも対応します

本体側面(左)

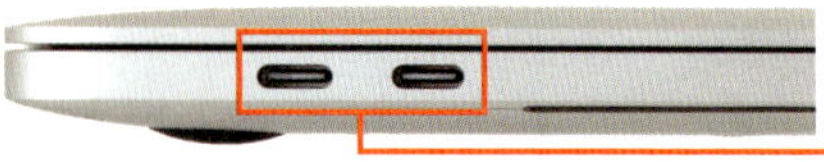

本体側面(右)

※Apple M1搭載のMacBook Pro 13およびMacBook Airはオーディオジャックのみ

Thunderboltポート
MacBookの充電や周辺機器の接続などを行う端子です。USB Type C規格となりアダプタで他のコネクタに変換ができます

オーディオジャック
ヘッドホンやイヤホン、スピーカーなどを接続しMacBookの音声を出力するための端子です

知ろう MacBook Pro の付属品

付属品は本体を充電するためのアダプタとケーブル、簡略な製品マニュアルとシンプル。リカバリ用のCD-ROMは付属しませんが、本体にリカバリ機能が内蔵されています。

USB-C充電ケーブル

USB-C電源アダプタ

製品マニュアル

知ろう MacBookを充電する

MacBookの充電はThunderboltポートにケーブルを挿して行います。本体の左右どちらのポートにつないでも構いません。コンセントの位置に合わせて使いやすい方を選びましょう。

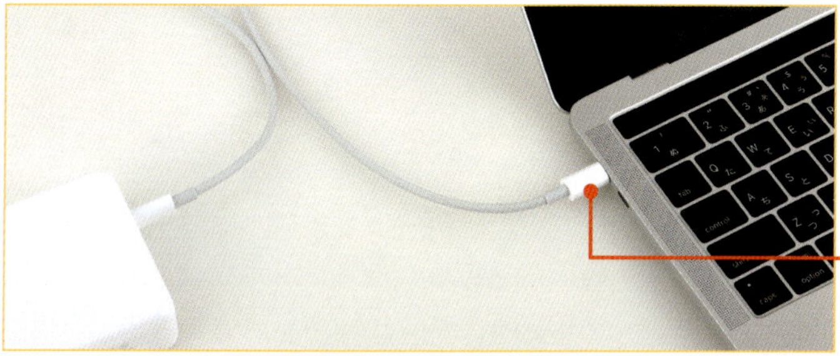

1 コンセントに電源アダプタを挿す

2 Thunderboltポートに充電ケーブルを挿す

充電が開始された

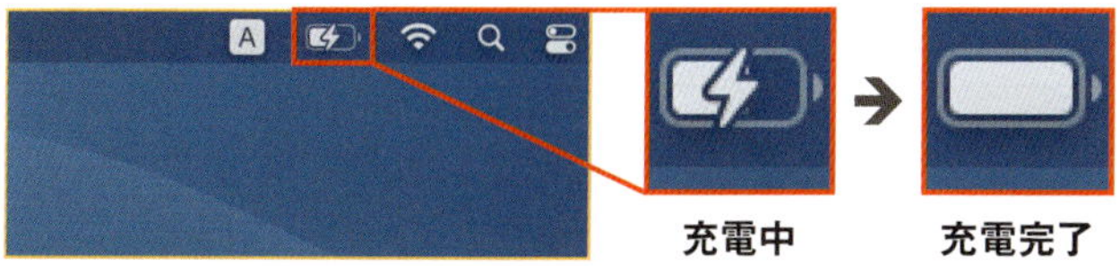

充電中 → 充電完了

充電が開始されるとステータスメニューの表示が［充電中］に切り替わります。ステータスメニューを開くとバッテリー残量の確認を行えます。

設定 MacBookシリーズごとの違い

現行の13インチMacBook Proには、CPUにApple M1チップを搭載するモデルと、Intel製のチップを搭載するモデルがあります。Thunderboltポートの搭載数やバージョンにも違いがあり、前者はThunderbolt 4が2ポート、後者はThunderbolt 3が4ポートという構成になっています。

chapter 1

MacBookの基本操作①

04 トラックパッドの使い方って？

トラックパッドは、MacBookのキーボードの手前に配置されたポインタを操作するための装置です。マウスの代わりとして使えるほか、独自のジェスチャー機能を備えています。

知ろう トラックパッドの基本操作

MacBookのキーボードの手前にあるわずかにくぼんだ部分がトラックパッドです。トラックパッドの上で指をすべらせるようになぞると、画面に表示されるマウスポインタが移動します。一見するとボタンなどは見当たりませんが、トラックパッド全面がボタンの役割を果たしており、指先で押すと、カチッと音が鳴りクリック操作を行えます。

≫ クリックする

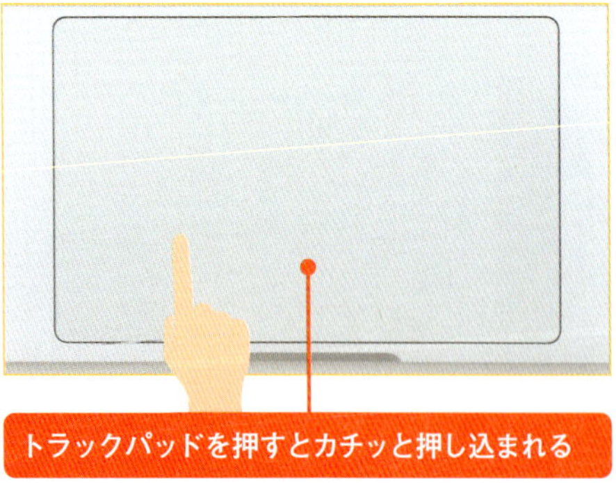
トラックパッドを押すとカチッと押し込まれる

→

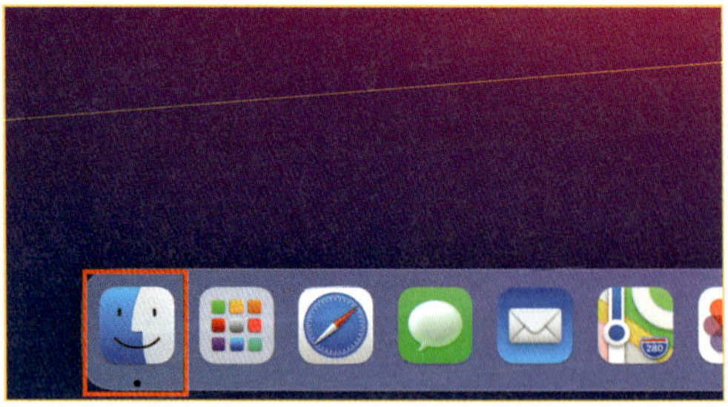

クリックはメニューの選択やドックにあるアプリの起動、ファイルを選択するなど、Macの基本となる操作です。

≫ マウスポインタを動かす

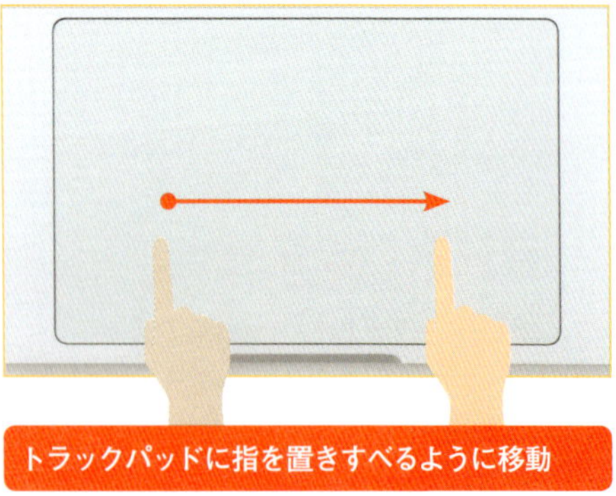
トラックパッドに指を置きすべるように移動

→

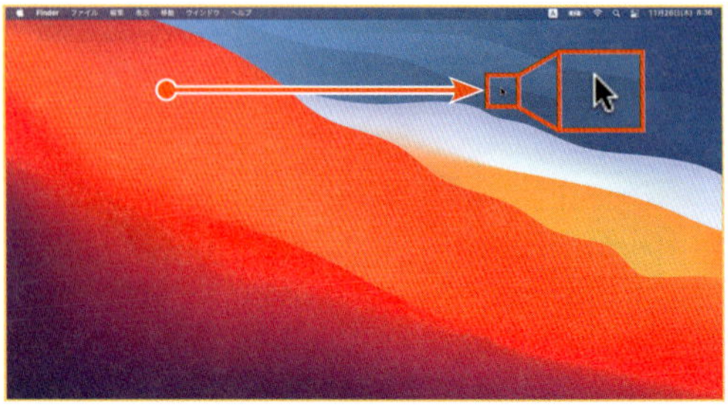

指をなぞった方向にマウスポインタが移動します。大きく移動するときには指を一度離し、同じようになぞります。

ダブルクリックする

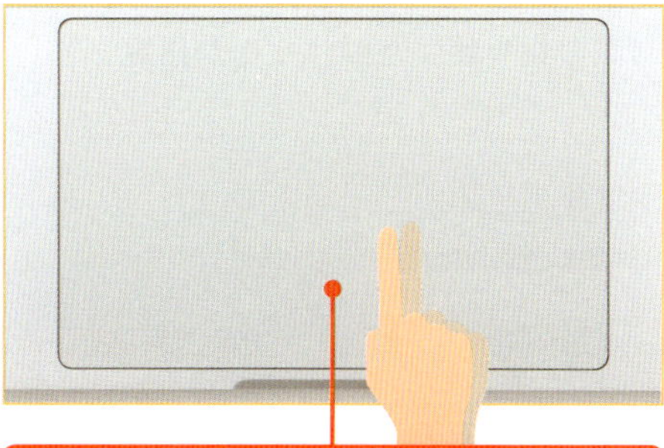

すばやく2回連続でカチカチッとクリックする

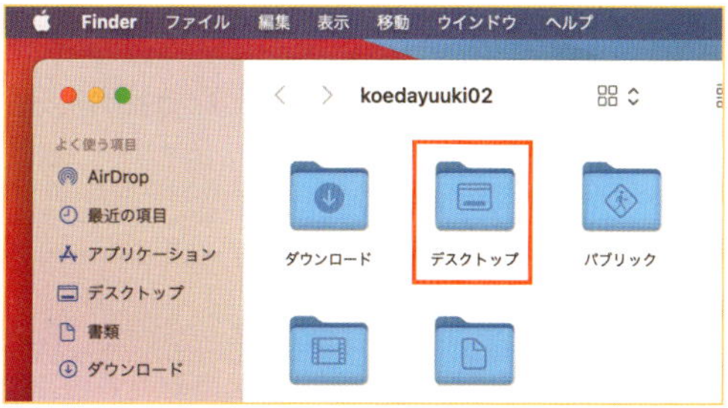

ファイルやアプリを開く場合などに使う操作です。トラックパッドから指を完全には離さず連続して2回押すのがコツです。

強めのクリックをする

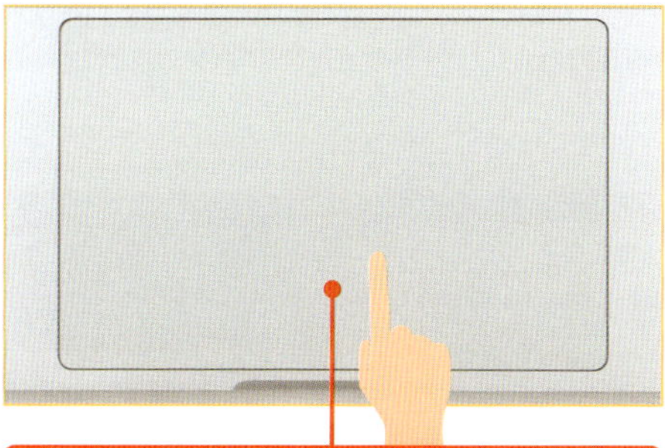

通常のクリックよりもさらにグッと押し込む

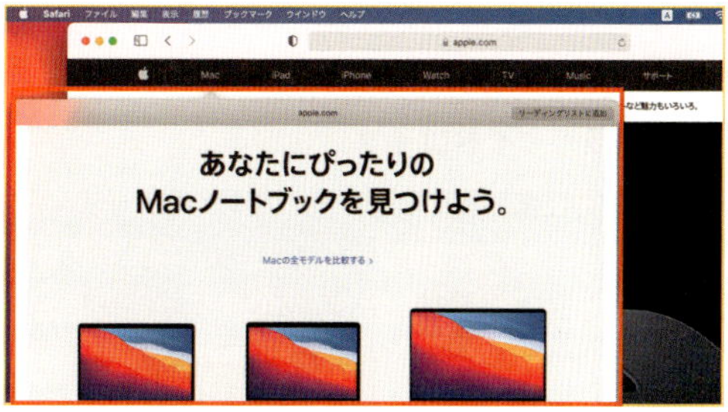

感圧トラックパッド搭載モデルのみ使用できます。強めのクリックをした結果は、アプリごとに異なります。たとえば、Safariではリンク先をプレビュー表示します。

設定 Macのショートカットメニュー（コンテクストメニュー）を利用するには [control] キー＋クリックか2本指クリック

購入時の状態ではWindowsのように右クリック操作でのコンテクストメニュー表示はできませんが、[control] キー＋クリックか、もしくは2本指クリックでコンテクストメニューを呼び出せます。

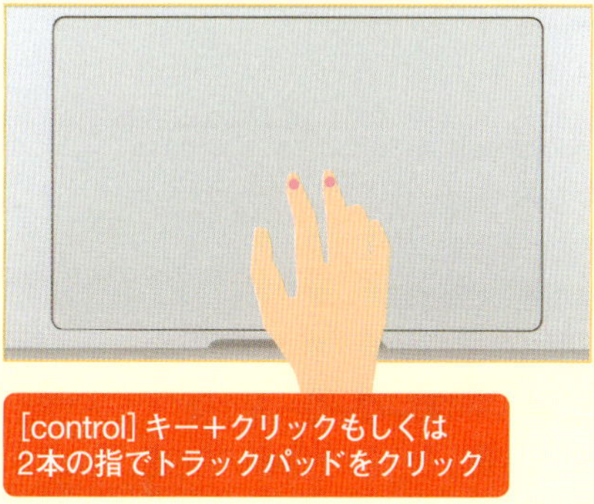

[control] キー＋クリックもしくは
2本の指でトラックパッドをクリック

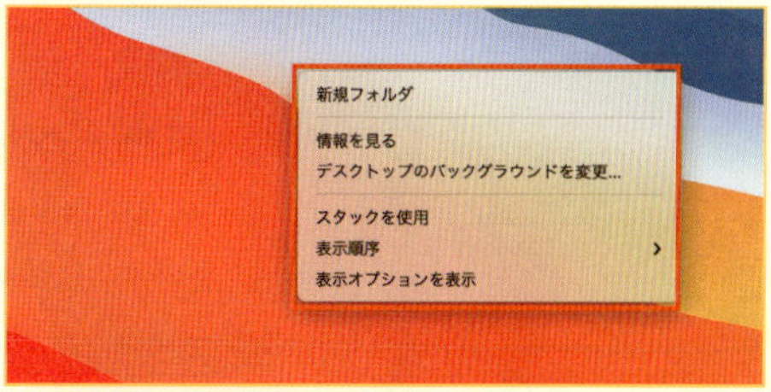

コンテクストメニューが表示された

右クリックの設定は 56 ページへ

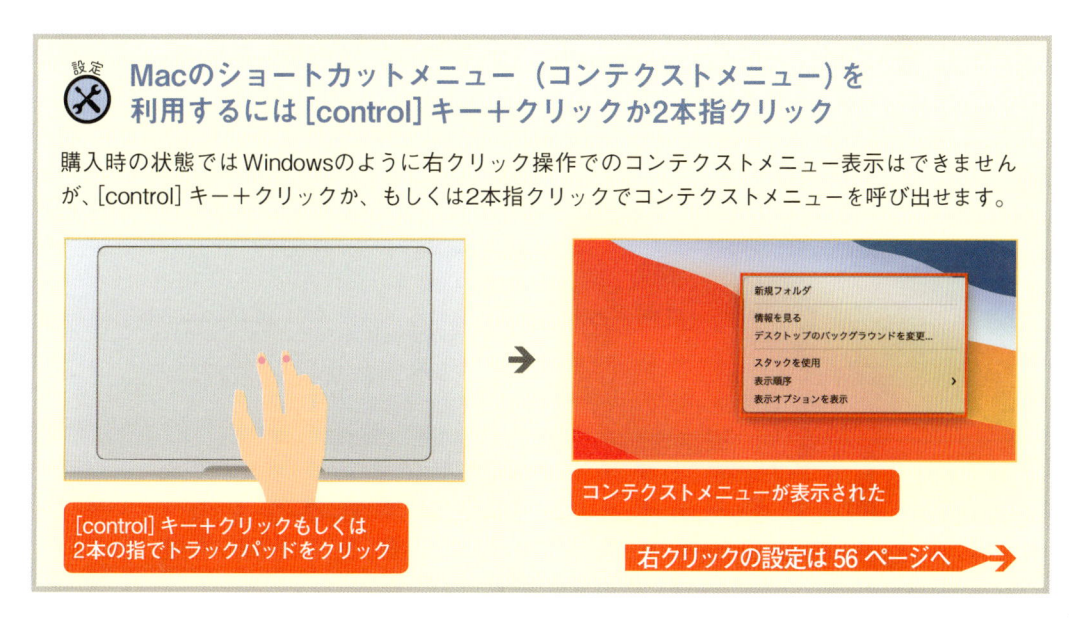

知ろう　その他のトラックパッド操作を覚えよう

トラックパッドにはほかにもタップやスワイプ、複数の指を使った操作などが用意されています。ここでは基本となる操作を紹介します。

タップ

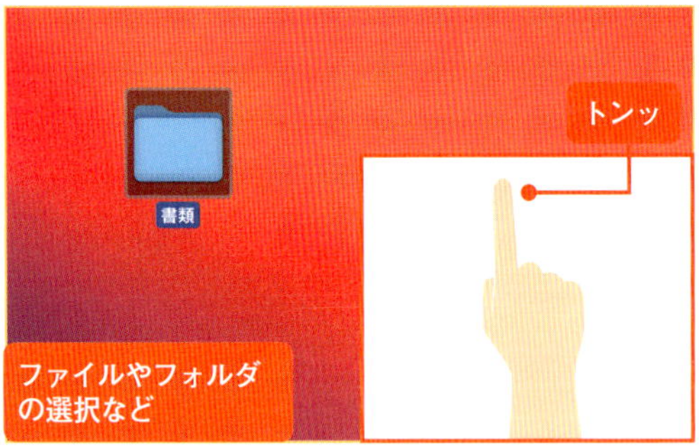

トラックパッドを1回トンッと軽く叩く操作です。クリックに該当し、ファイルやアイコンの選択などが行えます。

ダブルタップ

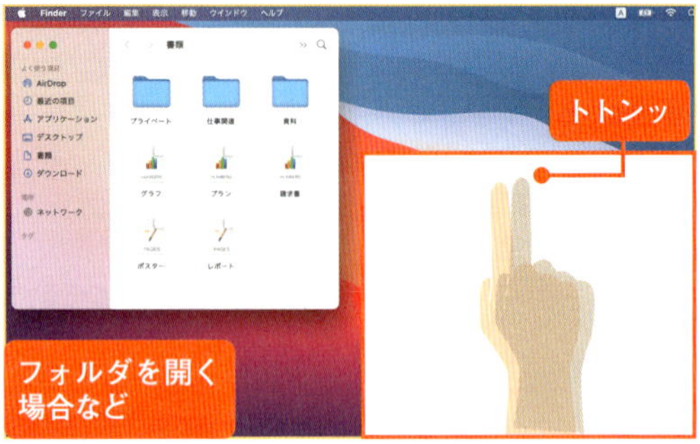

トラックパッドをすばやく2回続けて叩く操作です。ダブルクリックに該当し、ファイルなどを開く場合に使います。

ドラッグ&ドロップ

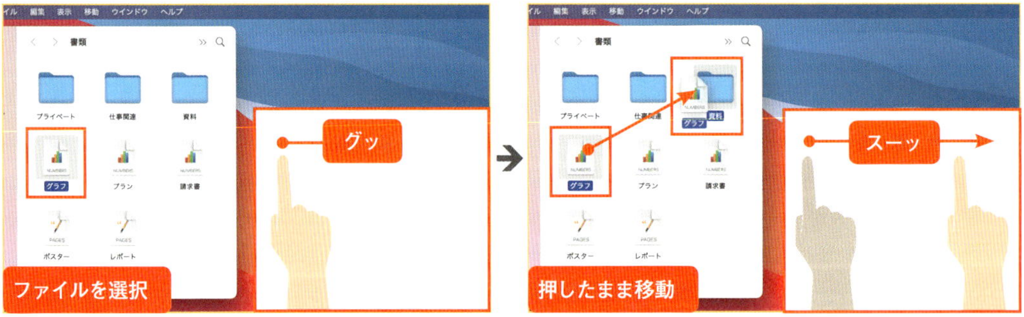

ファイルの場所などを移動させるときに使用する操作です。まずはファイルをクリックしたまま長押しします。

クリックは維持したまま指をなぞるとファイルが動きます。指を離すと、その場所にファイルが移動します。

スクロール／スワイプ

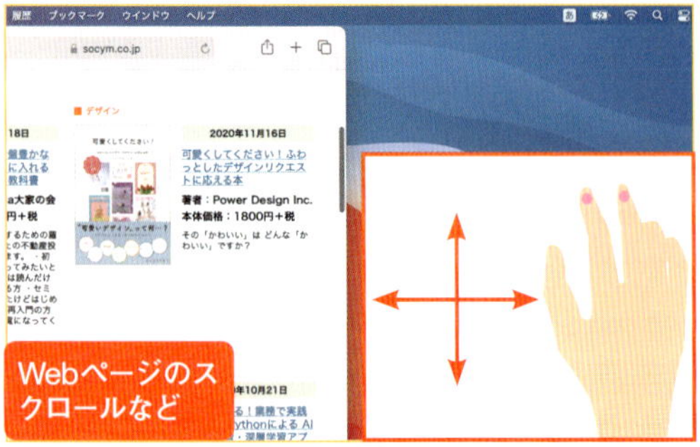

トラックパッドに2本の指をのせて、上下左右に動かす操作です。Webページのスクロールなどが行えます。

ピンチイン／ピンチアウト

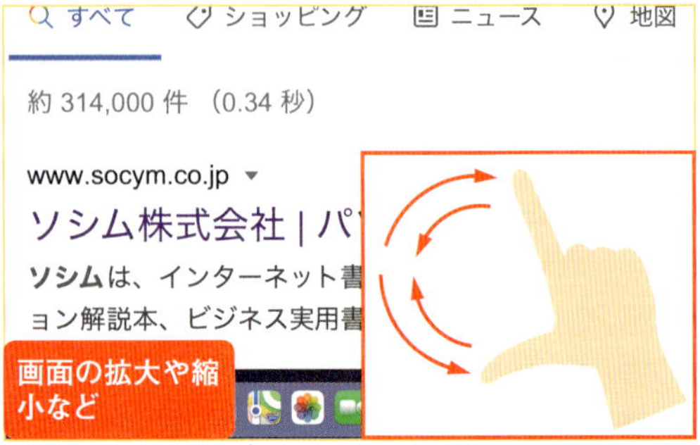

トラックパッドの上で2本の指を開いたり閉じたりすると、画面の拡大や縮小などの操作が行えます。

知ろう トラックパッドのジェスチャー操作

トラックパッドは複数の指を使ったジェスチャー操作も利用できます。最大5本指を使った操作まで対応しており、[システム環境設定]の[トラックパッド]項目で任意の操作を設定できます。ここでは覚えておくと便利な操作の一例を紹介します。

2本指で左右にスワイプ

「Safari」でWebページを閲覧中などに、トラックパッドに2本の指を置き、そのまま右方向にスライドさせると、ひとつ前のページに戻ります。もう一度最初のページに進むには左方向にスライドします。

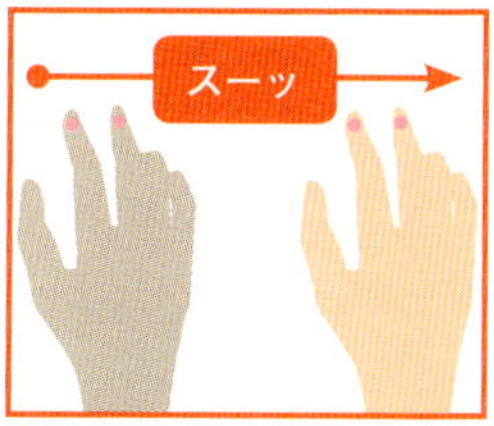

4本指で上方にスワイプ

4本の指を上方向にスライドさせると「Mission Control」画面(P.292を参照)に切り替わり、デスクトップ上のウインドウが一覧表示されます。新たに仮想デスクトップの作成もできます。

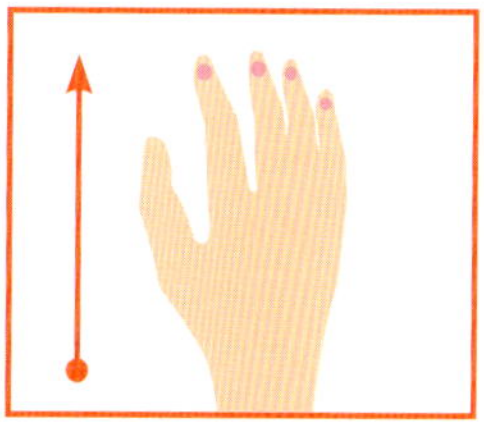

4本指で下方にスワイプ

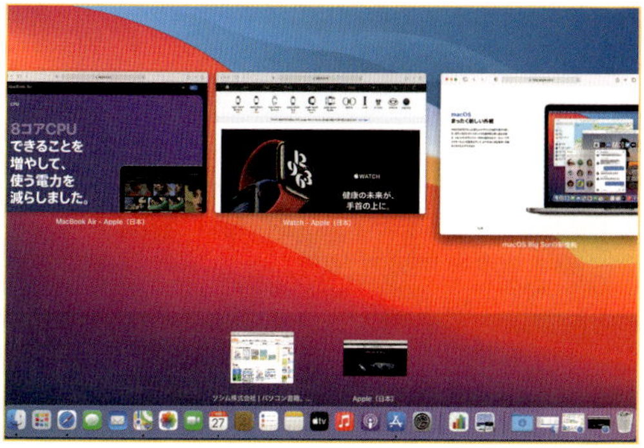

同一アプリ内で複数ウインドウが開かれているときに、4本の指を下方向にスライドすると、展開中のウインドウが一覧表示されます。
※[システム環境設定]の変更が必要です

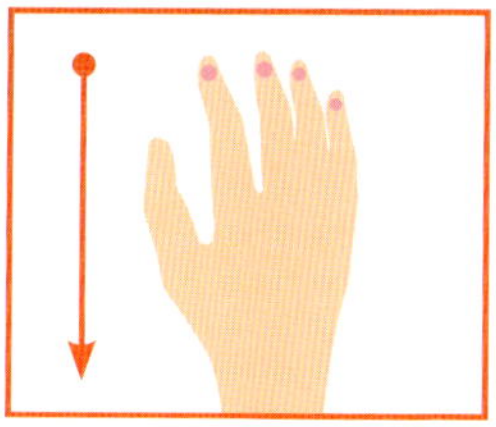

4本指で左右にスワイプ

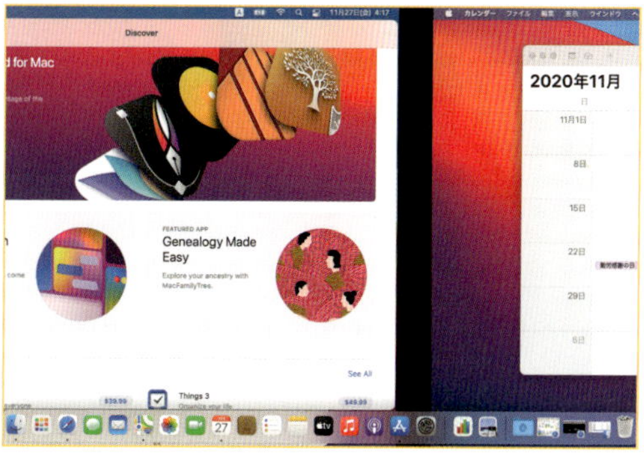

アプリの全画面表示中や複数デスクトップを作成しているときに、4本の指を左右にスワイプすると、デスクトップの切り替えが可能です。

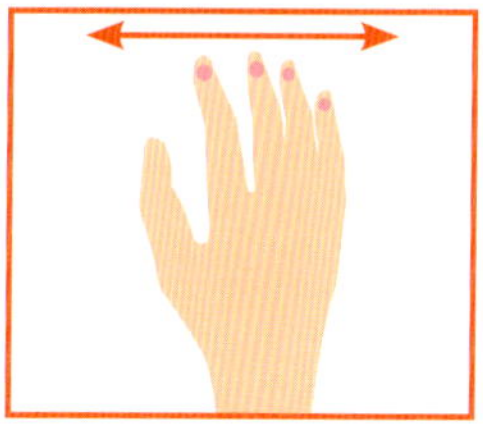

chapter 1
05
MacBookの基本操作②

キーボードの特徴を知ろう

MacBookのキーボードには電源を入れるための機能をはじめ、さまざまな機能がキーに割り当てられています。まずは重要なキーから覚えましょう。あわせて別売りのマウスの設定方法も紹介します。

知ろう　MacBookのキーボード

MacBookのキーボードは［command］キーを備えるなどWindowsと多少の違いがあります。ただし違いを覚えてしまえば、それほど操作に差異はありません。

［command］キー
複数のキーと組み合わせてさまざまな機能を実行できます

［ファンクション］キー
押すだけでMacBookに組み込まれている各機能を制御できます。

［電源］ボタン
押すとMacBookの電源が入ります。指紋認証センサーも兼ねます

［英数／かな］キー
入力モードを［英数］と［かな］に切り替えます

［space］キー
文字の変換や空白を入力する際に使用します

［fn］キー
［ファンクション］キーと組み合わせて使います

［return］キー
文字変換の確定や操作の実行の際に使用します

≫ Touch Bar&Touch ID 搭載モデルのキーボード

現行のMacBook Proは、キーボードの上部にファンクションキーの代わりにTouch Barが置かれ、ファンクションキーの表示が行えます。

［電源］キー

［fn］キーを長押し

ファンクションキーに切り替わった

知ろう キーボードで画面の明るさや音量を変える

MacBookの画面の明るさを変えたり音量を調節したりする操作にはいくつかの方法がありますが、[ファンクション] キーに組み込まれた制御機能を使用するのが簡単です。まずは下記の表を参考に、各機能を試してみるとよいでしょう。なお、標準的な [ファンクション] キーを使用するには [fn] キーを押しながら各キーを押します。

キー	機能	キー	機能
F1	輝度（画面の明るさ）を下げる	F7	早戻し（音楽・動画など）
F2	輝度（画面の明るさ）を上げる	F8	再生／一時停止（音楽・動画など）
F3	Mission Controlを起動	F9	早送り（音楽・動画など）
F4	Launchpadを起動	F10	消音
F5	キーボードバックライトの明るさを下げる	F11	音量を下げる
F6	キーボードバックライトの明るさを上げる	F12	音量を上げる

※M1 MacBook Airでは [F4] キーに「Spotlight」、[F5] キーに「マイク・Siri」、[F6] キーに「おやすみモード」が割り当てられています

知ろう MacBookでマウスを利用する

Apple Magic Mouse 2はApple純正のため設定が簡単です。また、表面がタッチパネルとして設計されており、複雑な操作を簡単なジェスチャーで代替できます。

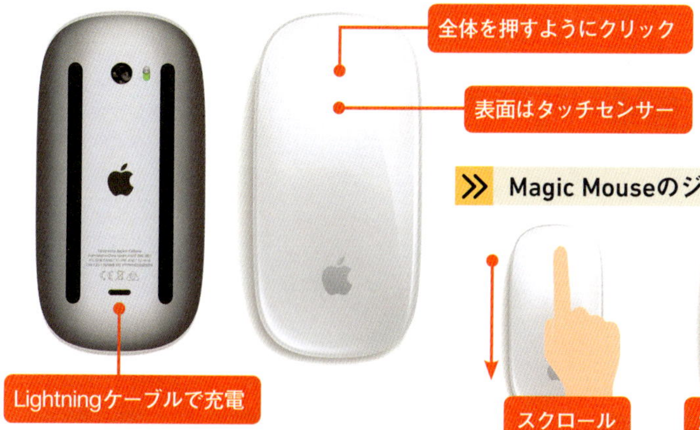

Magic Mouse 2はBluetoothによるワイヤレス接続に対応し、セットアップも簡単。充電して使えるので電池交換の手間やコストもかかりません。

Magic Mouseのジェスチャー操作例

Magic Mouse 2の設定方法

1 [コントロールセンター] をクリック

2 [Bluetooth] をオンにする

3 マウスとMacをLightningケーブルで接続

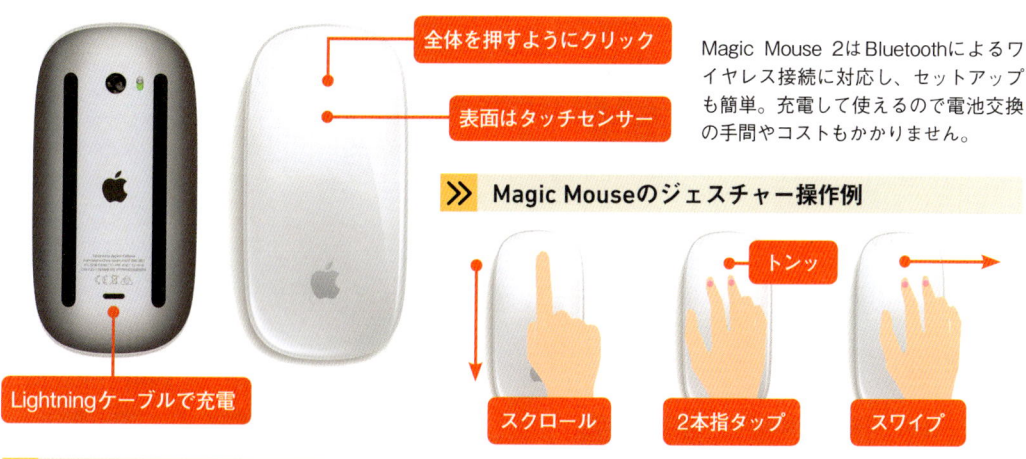

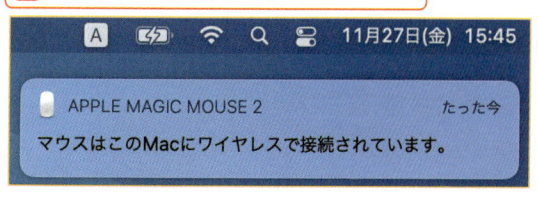

マウスが設定された

設定後はケーブルを抜いてワイヤレスでマウス操作ができます。

chapter 1
06

MacBookの基本操作③

起動・終了・スリープを理解しよう

続いて電源の入れ方やスリープの方法を覚えましょう。起動には、キーボードの右上にある電源ボタンを使います。現行のMacBookには指紋認証に使用するTouch ID機能が備わっています。

使おう　電源がオフの状態から起動する

MacBookを起動するには、キーボード右上にある[電源]ボタンを押す必要があります。[電源]ボタンを押すとMac独特の起動音が鳴り、macOSが起ち上がります。モデルにもよりますが、[電源]ボタンを押してから1分もかからずにMacBookを使い始められます。

1 [電源]ボタンを押す

キーボードの右上にある[電源]ボタンを押します。

ヒント
初回起動時は設定が必要

はじめてMacBookの電源をオンにしたときには初期設定の画面が表示されます。詳しくはP.36からの設定方法を確認してください。

初期設定が済んでいる場合にはログイン画面が表示される

電源がオンになった　2 しばらく待つ

電源がオンになると、起動音とともに[]マークが画面に表示されます。最大で1分ほど待ちます。

ログイン画面が表示された

ログイン画面が表示され、パスワードを入力します。はじめてMacBookを使う時には初期設定が必要です。

初期設定の詳細は36ページへ

使おう 画面を閉じてスリープする

MacBookの画面を閉じると、ほとんど電力を消費しないスリープモードに移行します。スリープ状態では、作業中の状態をそのまま維持しており、画面を開くとスリープから復帰して作業を再開できます。携帯時など、こまめにMacBookを利用するときには、電源を落とさずスリープ状態で持ち運ぶ方が効率的です。

作業を中断するときは、MacBookの画面を閉じます。

ヒント

スリープ復帰に時間がかかる

MacBookをしばらく使用していないと、ハイバネーションと呼ばれる超低消費電力状態に移行します。その場合は、復帰するまでに一定時間がかかり、画面には何も表示されません。スリープからすぐに復帰しないときは、焦らずに短く［電源］キーを押して、1分ほど待ってみましょう。

メニューから［スリープ］を呼び出す場合

1 ［］をクリック

2 ［スリープ］を選択

メニューからスリープを選択することもできます。一定時間以上スリープを行うと、復帰の際にログイン手続きを求められます。

ログインの詳細は 44 ページへ

プラスワン

電源をオフにするにはメニューから［システム終了］を選ぶ

電源をオフにするには、メニューから［システム終了］を選択します。それとは別に電源ボタンを押しっ放しにして強制的に電源を落とす方法もありますが、こちらはあくまでもシステムの操作ができなくなった場合の非常手段。電源を落とす場合には通常、メニューの［システム終了］を使用するようにしましょう。

1 ［］をクリック

2 ［システム終了］を選択

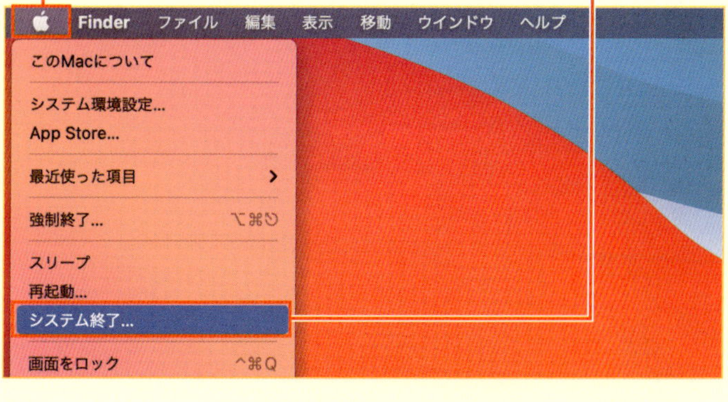

chapter 1

07

MacBook初回起動時の設定

まず何をすればいいの？

初めてMacBookの電源を入れた時には、「セットアップアシスタント」が表示され、初期設定を行うことになります。基本的には画面の指示に従い進めていきますが、迷ったときには本稿を参考にして下さい。

知ろう　文字・インターネット・データ移行の設定をする

セットアップアシスタントの序盤では使用言語やインターネット接続の設定などを行います。ここではデータを引き継がない前提で設定を進めます。

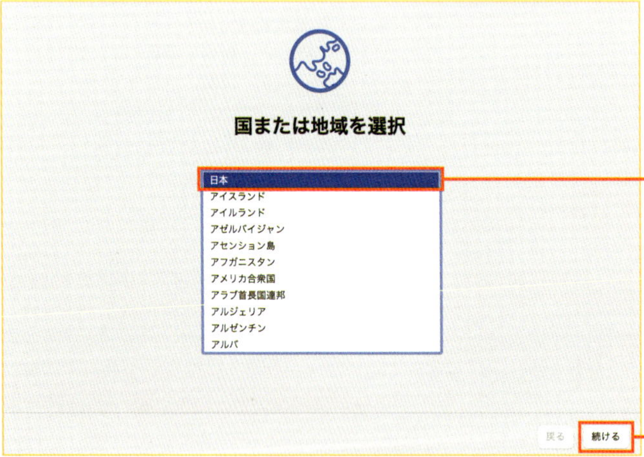

MacBookの電源を入れる

1 ［日本］を選択

2 ［続ける］をクリック

初期設定では言語に［日本語］、入力ソースには［ローマ字入力］が設定されている

設定を変更する場合はクリック

※カスタマイズについては右記コラムを参照

3 ［続ける］をクリック

ローマ字入力以外を選択するには

［文字入力および音声入力の言語］画面で［設定をカスタマイズ］を選ぶと、入力方法の変更ができます。「かな入力」を使用したい人はここから設定を変更してください。また、マウスやトラックパッドで入力したい人は［アクセシビリティ］の［操作］でソフトウェアキーボードが選べます。

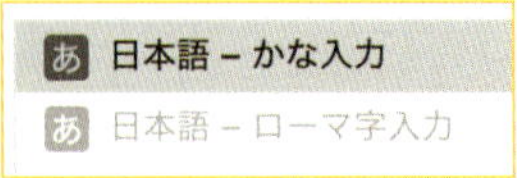

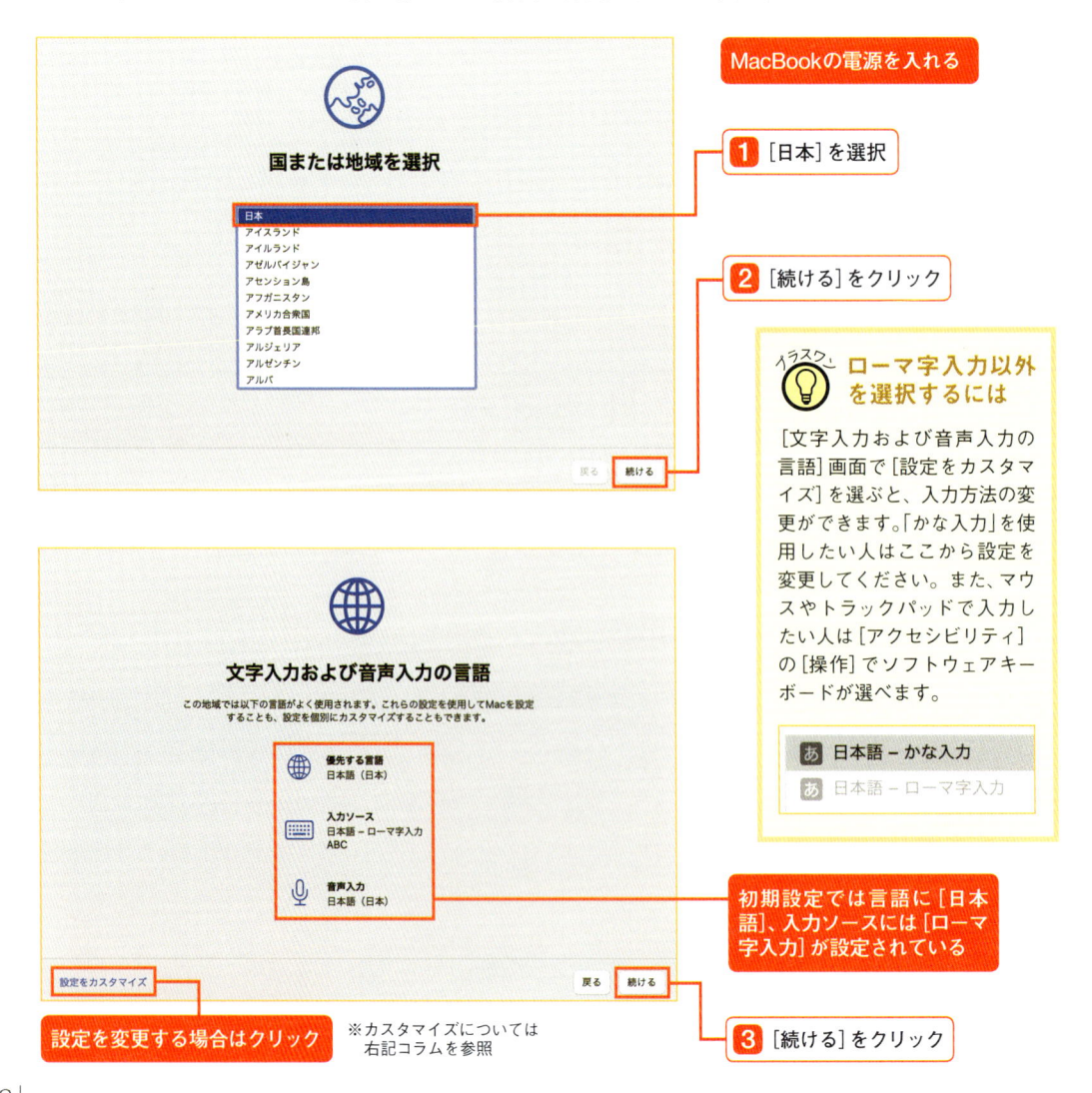

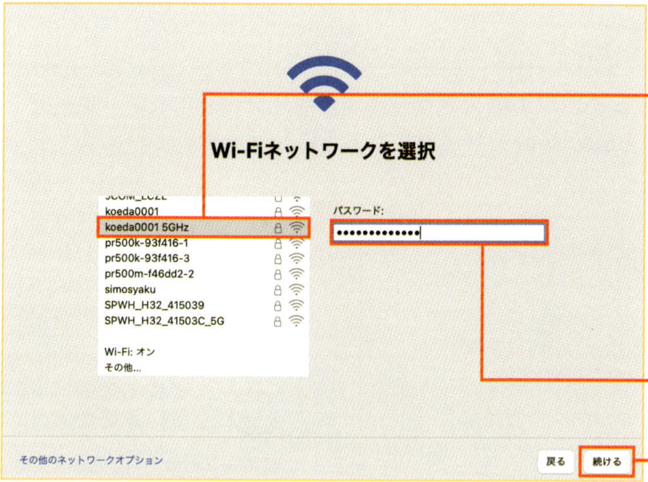

4 アクセスポイントを選択

5 パスワードを入力

6 [続ける] をクリック

Wi-Fiの設定は後からも可能

初期設定の際にWi-Fiルーターの準備ができていないときには設定を後回しにすることができます(P.57を参照)。

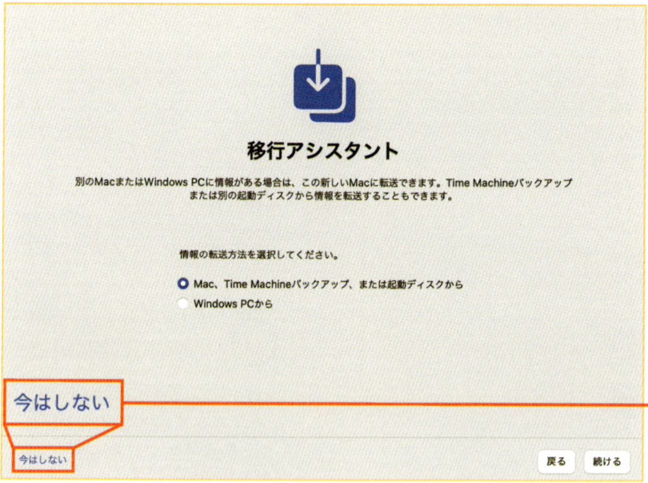

7 [今はしない] をクリック

Windowsのデータも転送できる

以前使っていたMacのデータはもちろん、「Windows PCから」を選びWindowsマシンのデータを転送することもできます。転送できるデータは音楽や写真、書類などのデータとなり、あらかじめWindowsマシン側の[移行アシスタント]で準備を済ませておく必要があります(移行アシスタントについてはP.306を参照)。

以前使っていたMacから乗り換えるには

これまでMacを使っていた人は、古いMacに入っているデータや設定を、そのまま新しいMacBookに移行することができます。あらかじめ外付けハードディスクなどにTime Machineバックアップを作成しておくと、上記の[移行アシスタント]画面でデータの転送を選択できるようになります(Time Machineバックアップについては P.300を参照)。

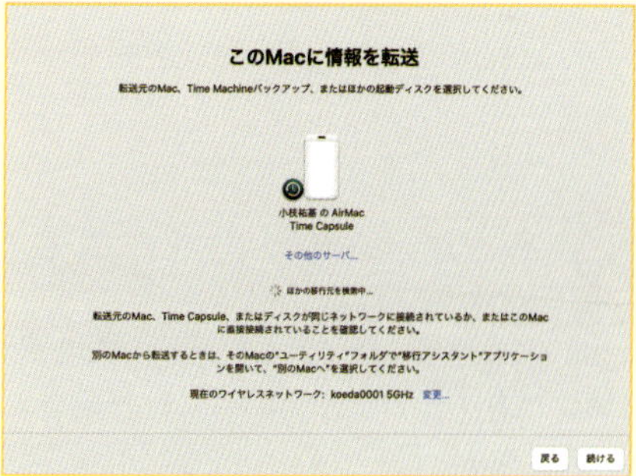

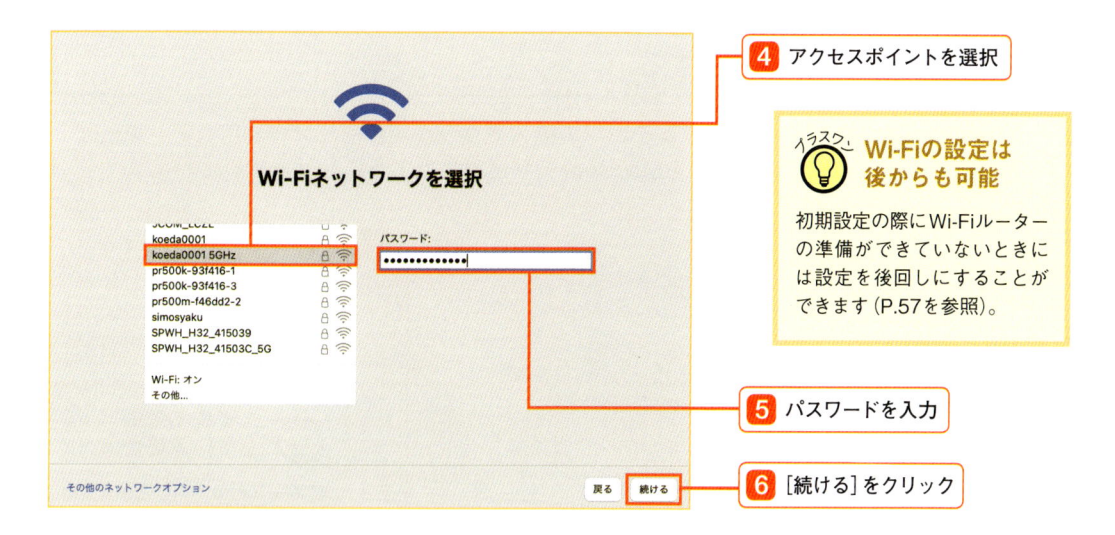

知ろう　Apple IDを作成する

Apple IDを作成しておくと、コンテンツの購入やクラウドサービスの利用など、Appleが提供するさまざまなサービスをMacBookで利用できるようになります。

1 [Apple IDを新規作成] をクリック

すでにIDを取得している場合は

iPhoneなどですでにApple IDを取得済みなら、[Apple ID]欄にApple IDを入力すると、パスワード入力が求められます。

2 [生年月日] を選択

準備が整わない時は後で設定も可能

Apple IDの設定は保留することもできます。携帯電話番号などが準備できていない時には[あとで設定] を選びましょう。

あとで設定

3 [続ける] をクリック

あとからApple IDを作成するには

Apple IDの作成にはインターネット環境が必要となるため、初期設定時にはApple IDを作成できない場合があります。その場合には、作成をスキップできます。あとからApple IDを作成することも可能です。Apple IDの作成は、[App Store] アプリや [システム環境設定] の [iCloud] などで行えます。

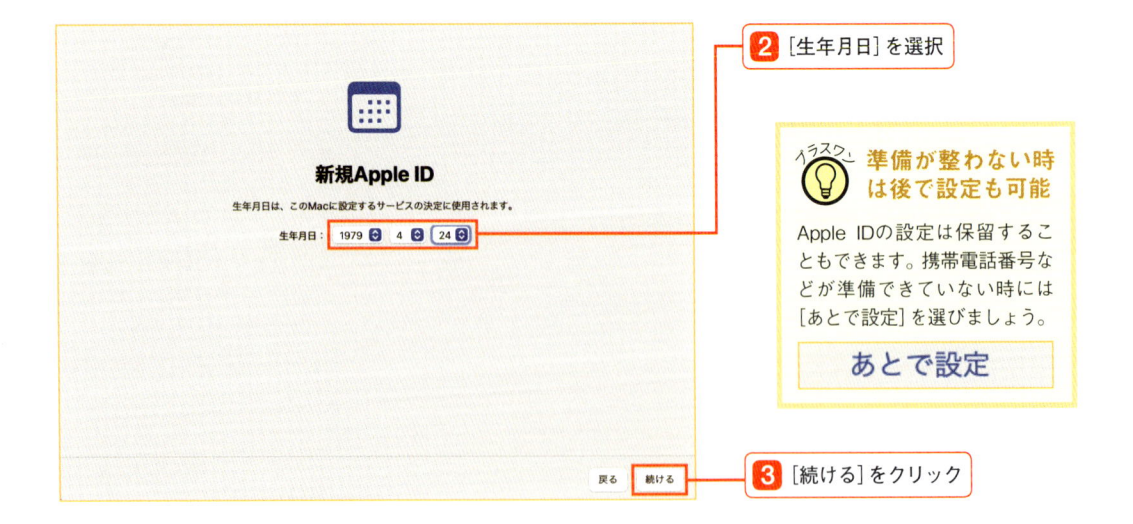

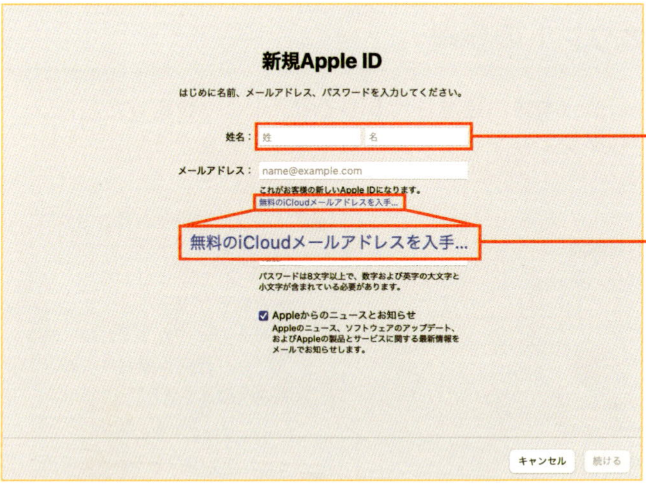

4 [姓・名]を入力

5 [無料のiCloudメールアドレスを入手]をクリック

使っているメールをIDにできる

新規Apple ID画面で普段使っているメールアドレスを入力すると、そのアドレスがApple IDとして登録されます。

6 メールアドレスにしたい文字列を英数字で入力

7 同じパスワードを2回入力

8 [続ける]をクリック

9 [電話番号]を登録して認証を行う

セキュリティの観点から、新しくApple IDを作成する際には、電話番号の登録が求められます。電話番号を登録すると、その番号宛にSMSで確認コードが送信されてきます。確認コードは音声通話で受け取ることも可能です。

10 [続ける]をクリック

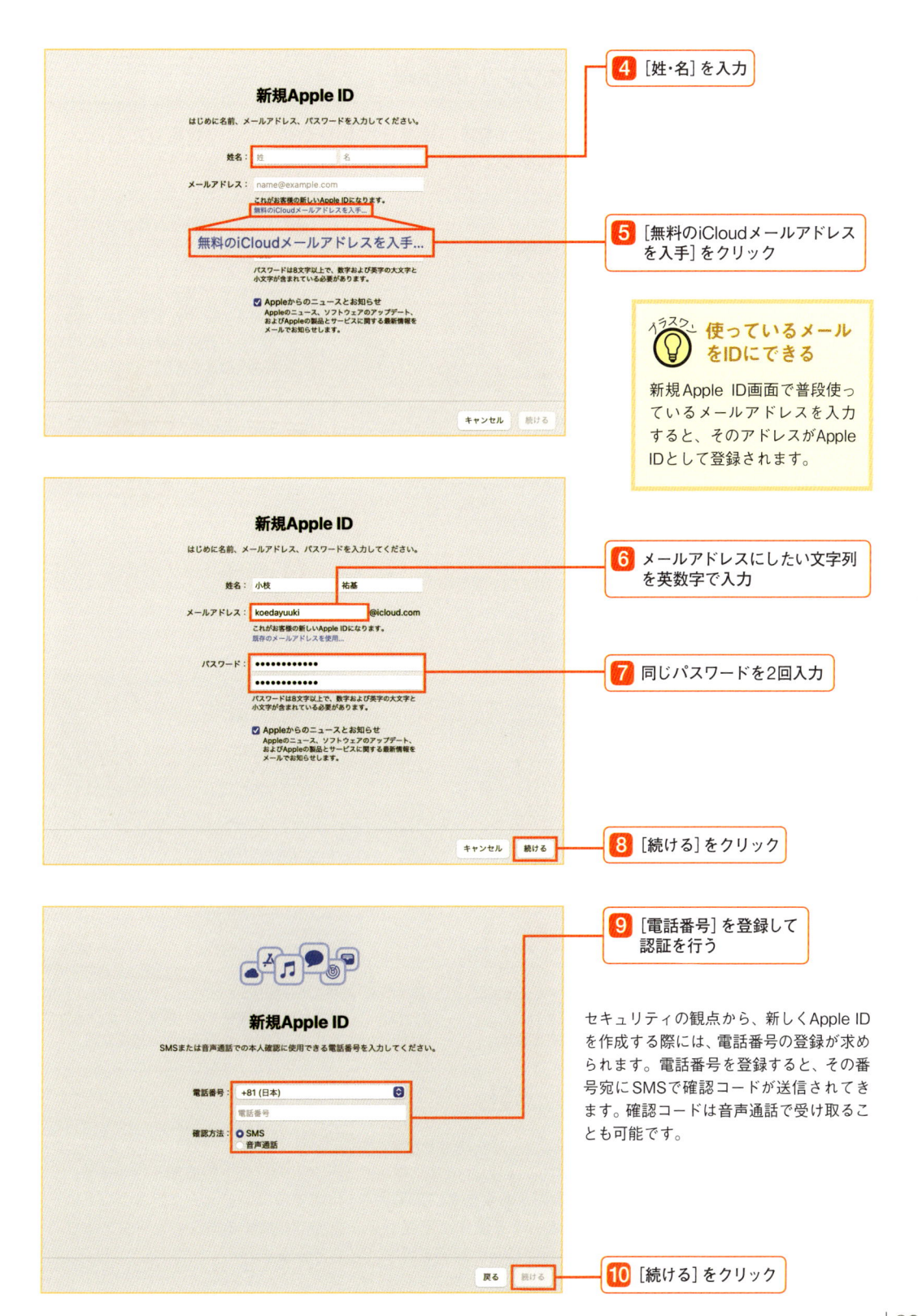

知ろう コンピュータアカウントの作成

コンピュータアカウントは、MacBook本体に登録されるIDです。ここで設定したパスワードはMacBookを使用するたびに必要となりますので厳重に管理してください。

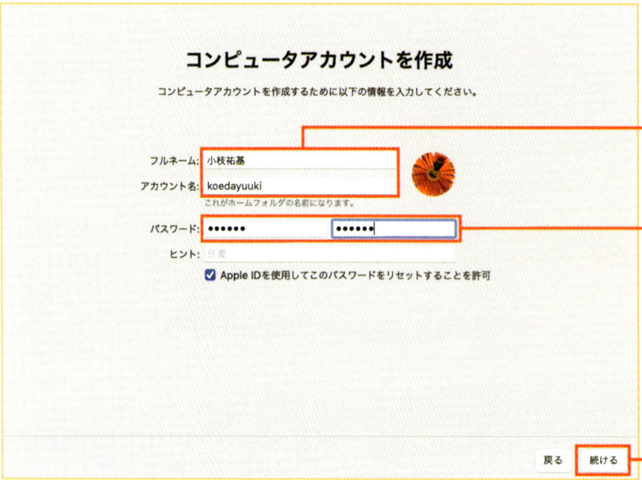

1 アカウント名を入力

[フルネーム]に日本語で入力すると自動的にアカウント名にローマ字で入力がされます。ローマ字の文字列が異なる場合は手動入力で修正を行えます。

2 [パスワード]を入力

3 [続ける]をクリック

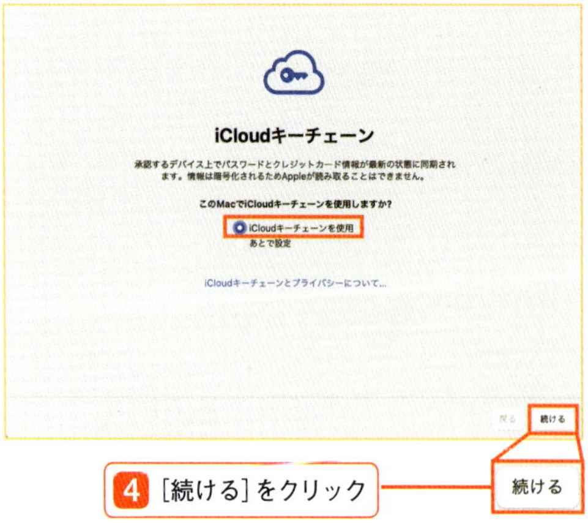

4 [続ける]をクリック

「iCloudキーチェーン」はWebサービスで登録するIDやパスワードを集中管理する機能です。あとで設定を行うこともできます。(iCloudキーチェーンの詳細はP.184を参照。)

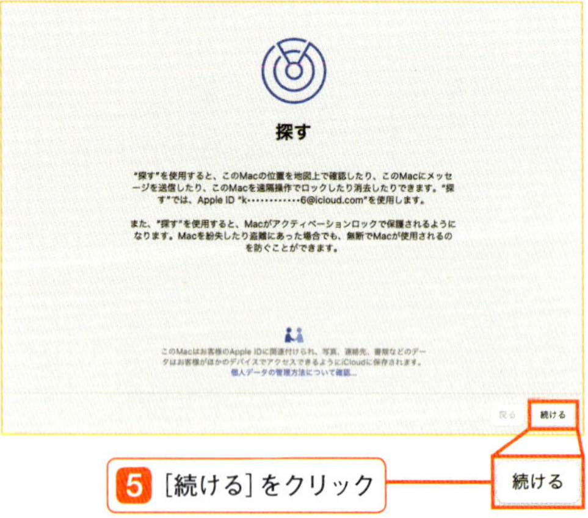

5 [続ける]をクリック

「探す」は、紛失したMacBookやiPhoneを位置情報を利用して探すことなどができる機能です。端末ごとにひとつのIDが紐づけられます。(「探す」の詳細はP.182を参照。)

設定 コンピュータアカウントは複数作成できる

複数のユーザで1台のMacBookを共用したいときには、コンピュータアカウントの追加を行えます。コンピュータアカウントには複数の種類があります。初期設定で作成するコンピュータアカウントには[管理者]権限が付与されており、あらゆる操作が可能です。追加で作成するコンピュータアカウントには[通常]や[共有のみ]などの利用範囲に制限を課すこともできます。

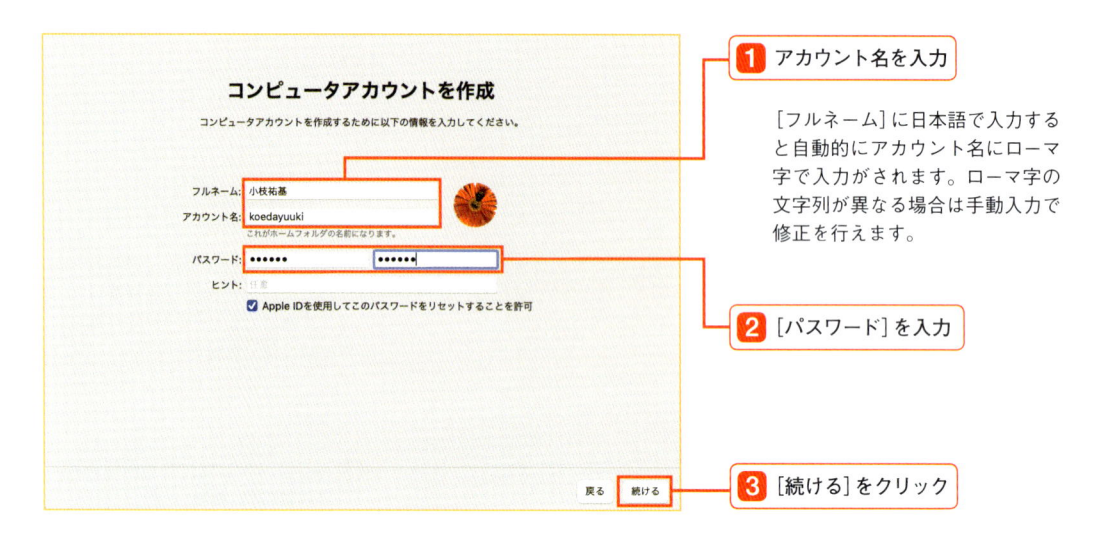

知ろう　エクスプレス設定をカスタマイズする

エクスプレス設定では、「マップ」アプリなどが使用する位置情報の設定を行います。またMacBookのクラッシュデータ状況の提供の確認も発生します。

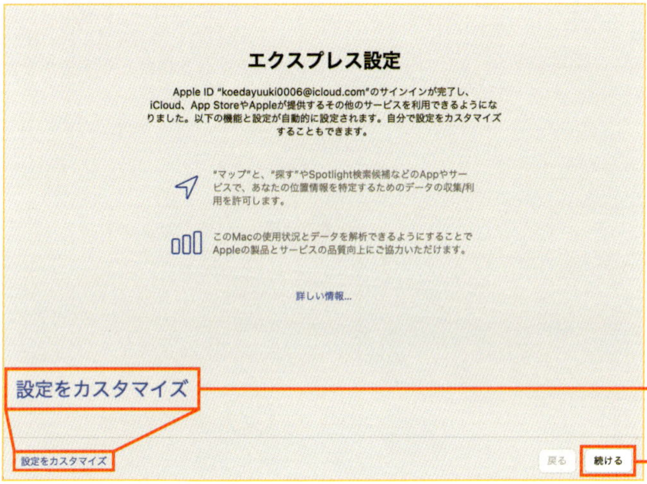

"マップ"と、"探す"やSpotlight検索候補などのAppやサービスで、あなたの位置情報を特定するためのデータの収集/利用を許可します。
このMacの使用状況とデータを解析できるようにすることでAppleの製品とサービスの品質向上にご協力いただけます。
詳しい情報...

1 [設定をカスタマイズ]をクリック

変更がない場合は[続ける]をクリック

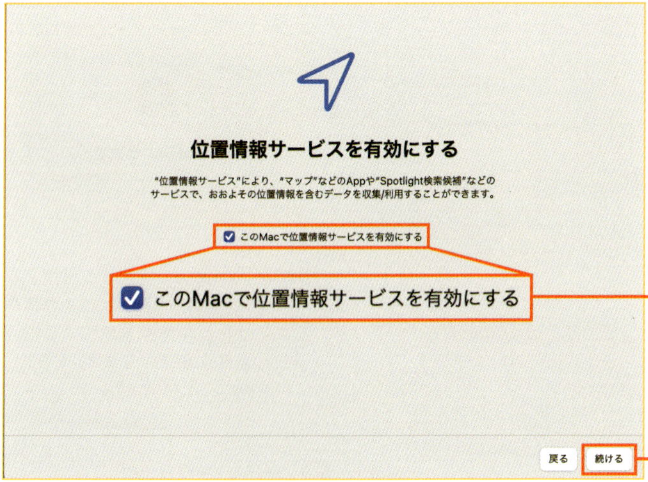

"位置情報サービス"により、"マップ"などのAppや"Spotlight検索候補"などのサービスで、おおよその位置情報を含むデータを収集/利用することができます。

2 [このMacで位置情報サービスを有効にする]にチェック

3 [続ける]をクリック

設定

位置情報の設定はいつでも見直せる

エクスプレス設定を行う際に、初期設定のまま手順を進めてしまっても、あとから簡単に設定を変更できます。位置情報の設定を変更するには、[システム環境設定]の[セキュリティとプライバシー]にある[プライバシー]項目から行います。([システム環境設定]の詳細はP.52を参照してください)。

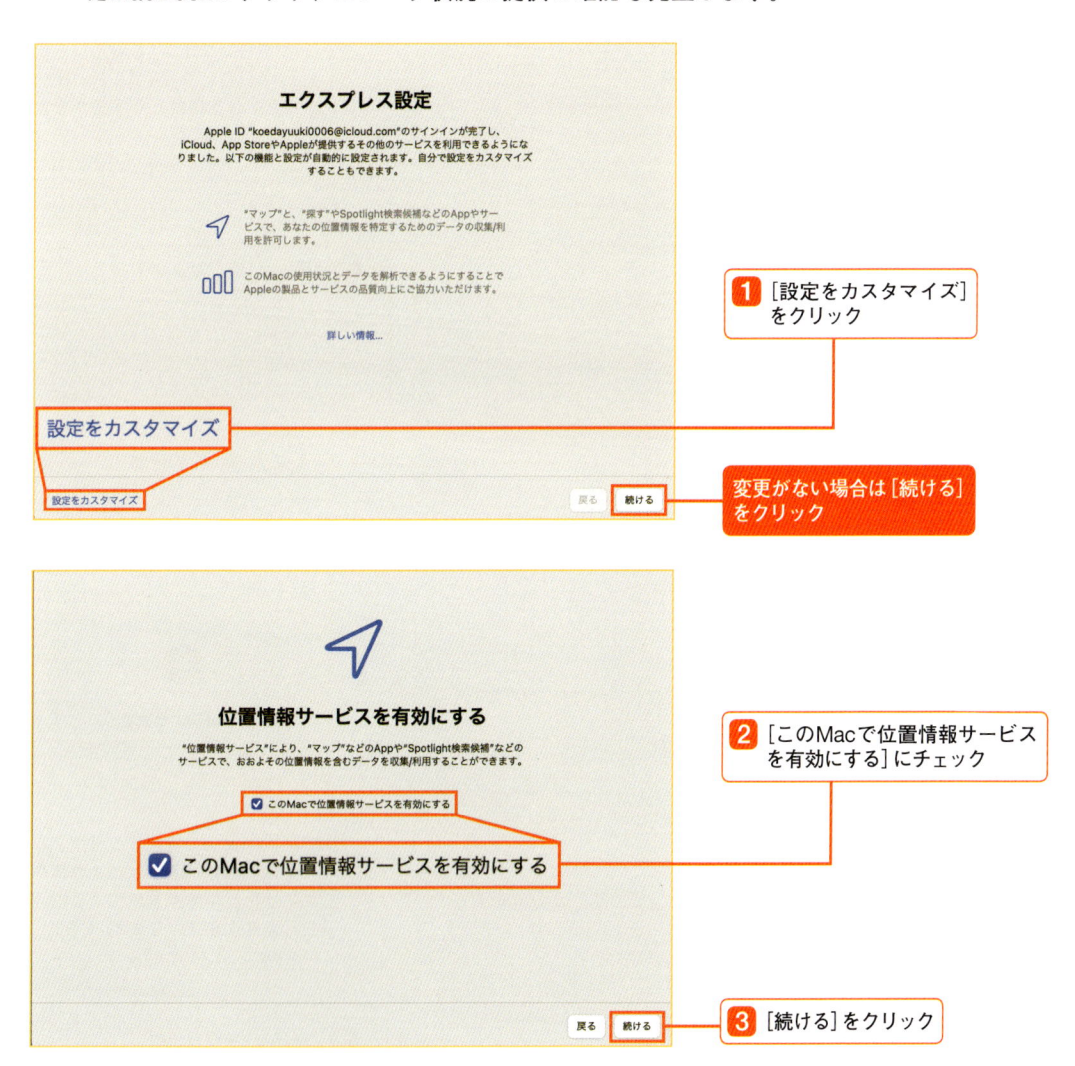

知ろう スクリーンタイムやSiriを設定する

MacBookの利用状況などをお知らせしてくれる「スクリーンタイム」や、音声アシスタントの「Siri」の設定を行います。いずれも、あとから設定を行うこともできます。

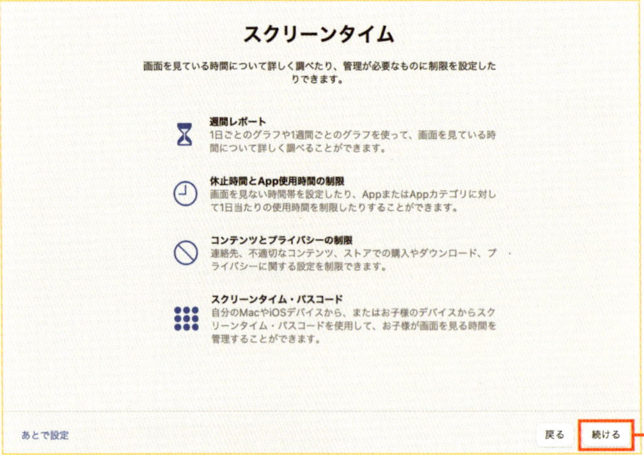

スクリーンタイム
画面を見ている時間について詳しく調べたり、管理が必要なものに制限を設定したりできます。
週間レポート
1日ごとのグラフや1週間ごとのグラフを使って、画面を見ている時間について詳しく調べることができます。
休止時間とApp使用時間の制限
画面を見ない時間帯を設定したり、AppまたはAppカテゴリに対して1日当たりの使用時間を制限したりすることができます。
コンテンツとプライバシーの制限
連絡先、不適切なコンテンツ、ストアでの購入やダウンロード、プライバシーに関する設定を制限できます。
スクリーンタイム・パスコード
自分のMacやiOSデバイスから、またはお子様のデバイスからスクリーンタイム・パスコードを使用して、お子様が画面を見る時間を管理することができます。
あとで設定
戻る
続ける

「スクリーンタイム」を設定しておくと、1日ごとや1週間ごとの統計データをグラフなどで確認ができます。

1 [続ける]をクリック

Siri
Siriは話しかけるだけでやりたいことを手伝ってくれます。また、Appや検索やキーボードを使用している際には、話しかける前にSiriが提案を出してくれたりもします。
"Siriに頼む"を有効にする
AppleはSiriに対する操作の発音表記を保存して、これらの発音表記の一部をレビューする場合があります。Siriを使用すると、リクエストを処理するために、音声入力の内容、"Hey Siri"の設定情報、連絡先情報、位置情報などもAppleに送信されます。データはお使いのApple IDには関連付けられません。
"Siriに頼む"、音声入力とプライバシーについて...
戻る
続ける

Siriを使う場合はチェックを入れる

2 [続ける]をクリック

Siriに自分の声を覚えさせる

「Siri」の設定で[Hey Siri]をオンにし自分の声を登録すると、声で呼びかけるだけでSiriが起動するようになります。

"Hey Siri"を設定
"Hey Siri"と話しかけたときに、Siriがあなたの声を認識します。

「Siri」はAppleの提供する音声アシスタントです。簡単なWeb検索やアプリなどの操作を声による指示で行えるようになります。（「Siri」の詳細はP.62を参照）。

「Apple Pay」を登録するとAppleオンラインストアなどの対象ショップではTouch IDで決済が可能

サポートページ

Touch ID が搭載されているMacBookでは、セットアップ時に「Apple Pay」の設定の有無が発生します。対応するクレジットカードやプリペイドカードを「Apple Pay」に登録しておくと、対応サイトでのショッピングがTouch IDで行えます。Apple Payの詳細はサポートページ（https://support.apple.com/ja-jp/HT204506#macbookpro）を参照してください。

知ろう　Touch IDや外観モードを設定する

現行のMacBookシリーズでは、指紋認証センサーによるTouch IDを設定できます。また外観モードの選択もここで行うことができます。

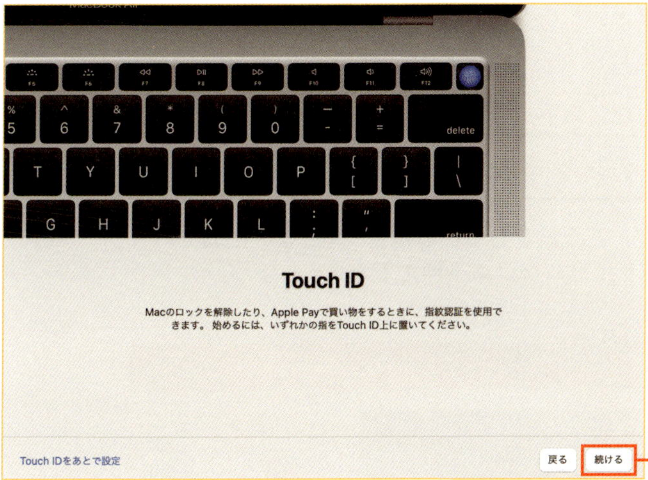
Touch ID
Macのロックを解除したり、Apple Payで買い物をするときに、指紋認証を使用できます。 始めるには、いずれかの指をTouch ID上に置いてください。
Touch IDをあとで設定
戻る
続ける

1 ［続ける］をクリック

プラスワン　登録できる指紋の数には制限がある

Touch IDに設定できる指紋の数は1台あたり最大5つ、コンピュータアカウント最大3つまでという制限があります。

Touch IDの準備ができました
指紋認証でMacのロックを解除できます。

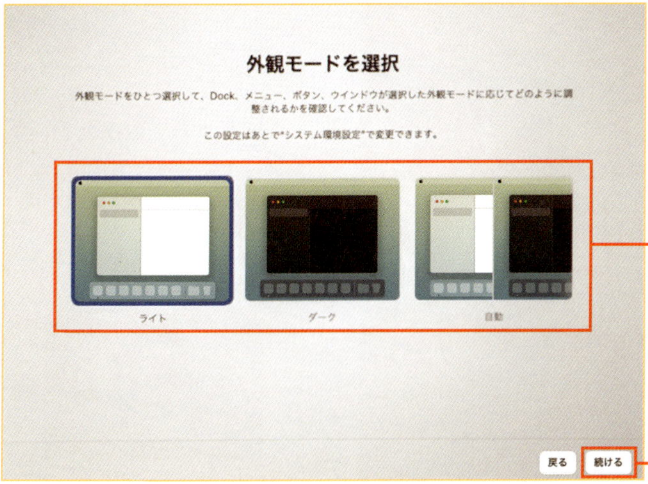
外観モードを選択
外観モードをひとつ選択して、Dock、メニュー、ボタン、ウインドウが選択した外観モードに応じてどのように調整されるかを確認してください。
この設定はあとで"システム環境設定"で変更できます。
ライト
ダーク
自動
戻る
続ける

2 外観モードを選択

macOSではメニューやフォルダなどの外観を、ライトモードとダークモード、自動の3種類から選択できます。外観モードは後から自由に変更できます（ダークモードの詳細はP.294を参照）。

3 ［続ける］をクリック

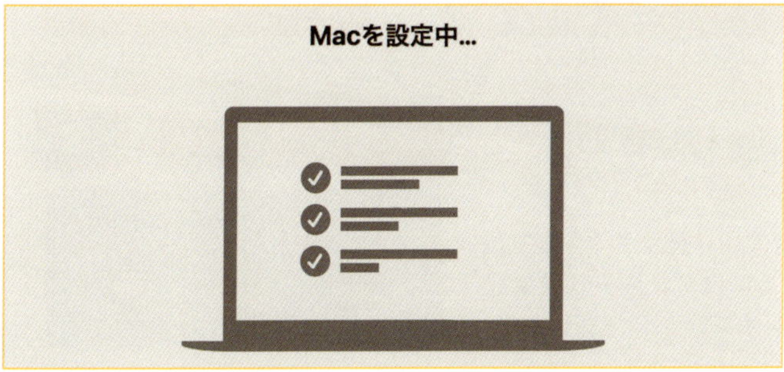
Macを設定中...

MacBookの初期設定が完了した

すべての設定が終わると左記の画面になり、MacBookの初期設定が完了します。P.44のログイン画面へと進みます。

chapter 1

08

起動時、離席時、ユーザ切り替え時の必須事項

ログインとログアウトを覚えよう

ログインとログアウトの方法を押さえましょう。ログインは起動したときやスリープから復帰する際に、ログアウトは席を離れる場合や、ほかのコンピュータアカウントとの切り替えの際に使用します。

知ろう　MacBookにログインする

MacBookの初期設定時にパスワードを設定している場合、起動後の画面でパスワードの入力が求められます。パスワードは忘れないよう控えておきましょう。

MacBookの電源を入れる

登録中のユーザ（コンピュータアカウント）がリストアップされる

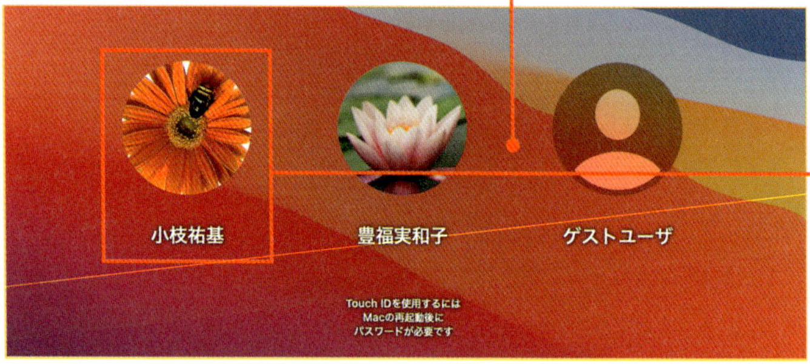

1 ユーザを選択

2 パスワードを入力

3 [return] キーを押す

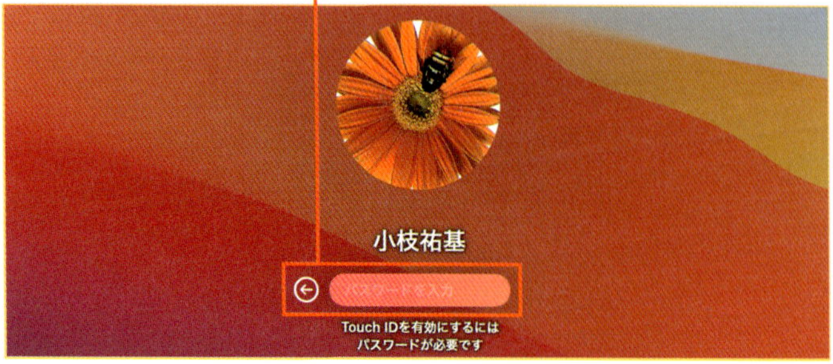

MacBookにログインできる

ゲストユーザはだれでも使える

ゲストユーザで作業したデータなどはログアウト時にすべて削除されます。ゲストユーザはMacBookを一時的に他人へ貸すときなどに使います。

メニューバーからユーザを切り替えるファストユーザスイッチ

メニューバーをクリックして、ユーザの切り替えができます。メニューバーにアイコンを表示させるには、[システム環境設定]の[ユーザとグループ]の[ログインオプション]で行います。

ファストユーザスイッチ

知ろう MacBookからログアウトする

ログアウトをしてもMacBook本体の電源が落とされるわけではないので、すぐに作業の再開が可能です。職場などで席を外す際などにも便利に使えます。

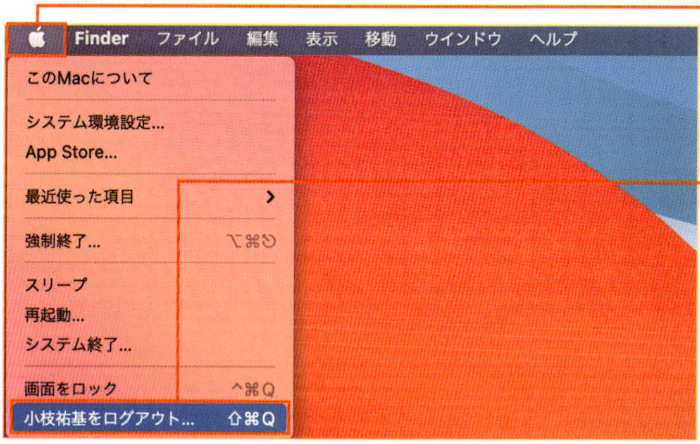

1 [] をクリック

2 [○○（ユーザ名）をログアウト] を選択

アラートが表示される

3 [ログアウト] をクリック

ログアウトが完了した

この状態でMacBookを休止状態にするには [スリープ]、電源を落とす場合は [システム終了]、MacBookを起動し直すには [再起動] をクリックする

Touch ID対応なら電源ボタンに指を置くだけ！

スリープ復帰時など、通常はロック解除にパスワードの入力が求められますが、Touch ID対応のMacBookなら、登録した指をセンサーで読み取らせることでロック解除ができます。ただしコンピュータ起動時にはパスワード入力が必要です。

指紋は複数登録可能。ログインは触るだけでOK

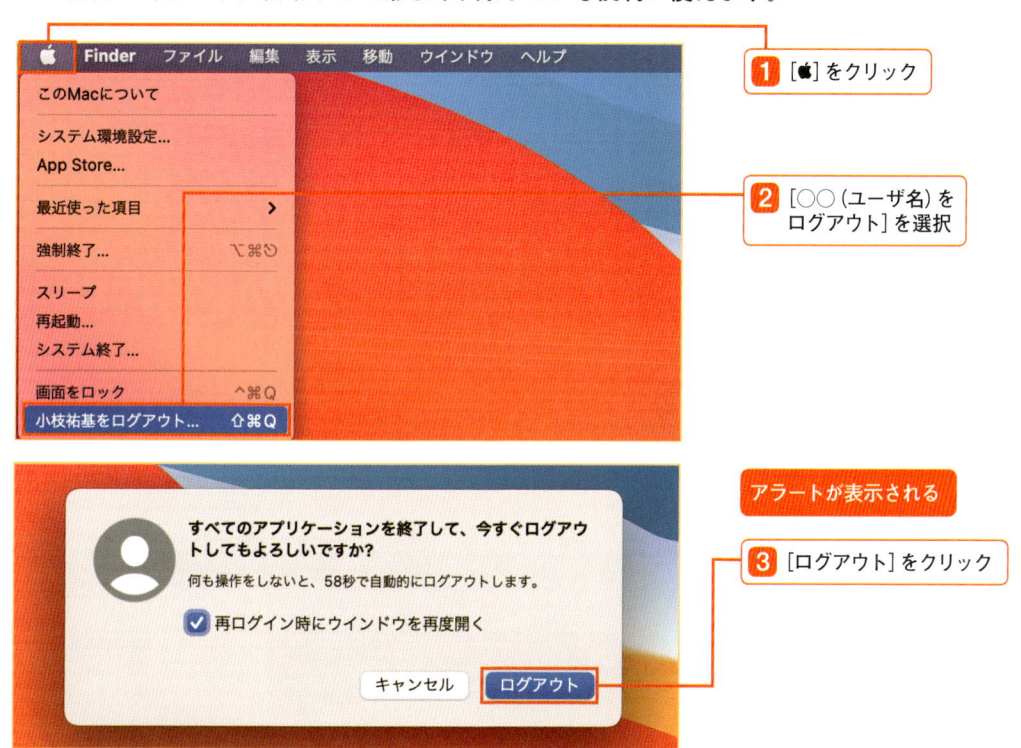

chapter 1

09

MacBook操作の起点

デスクトップの見方・使い方

MacBookを操作する上で起点となる画面がデスクトップです。上部にはメニューバーが配置され、操作メニューやステータスメニューが並びます。下部にはアプリやゴミ箱などを格納したDockが配置されています。

知ろう　デスクトップの基本画面

デスクトップ画面にはさまざまな機能が割り当てられています。ここではデスクトップの基本的な機能を紹介していきます。

メニュー
システムの終了ほか、MacBookを操作するための起点となるメニューです

メニューバー
アプリを操作するためのメニューがまとめられています。メニューの内容は起動中のアプリに合わせて切り替わります

ステータスメニュー
電池残量やWi-Fiの接続状況、ログイン中のユーザなどがアイコン表示されます

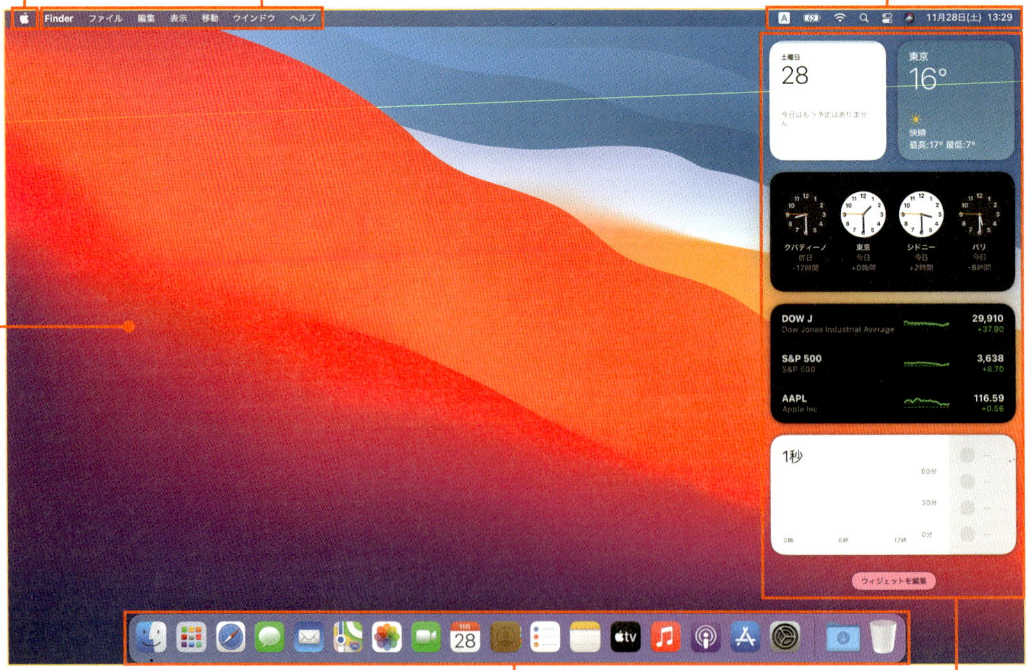

デスクトップ
ウインドウやアイコンを並べておける作業スペース。空白をクリックするとFinderが選択されます

Dock
登録アプリをすばやく呼び出せるランチャー機能です。設定で隠すこともできます

通知センター
メールやカレンダーをはじめ各アプリからユーザへの通知を表示するスペースです

知ろう 通知センターの呼び出し方

通知センターはステータスメニューやトラックパッドのジェスチャー操作ですばやく呼び出すことができます。MacBookの指慣らしに呼び出してみましょう。

カーソル操作で呼び出す

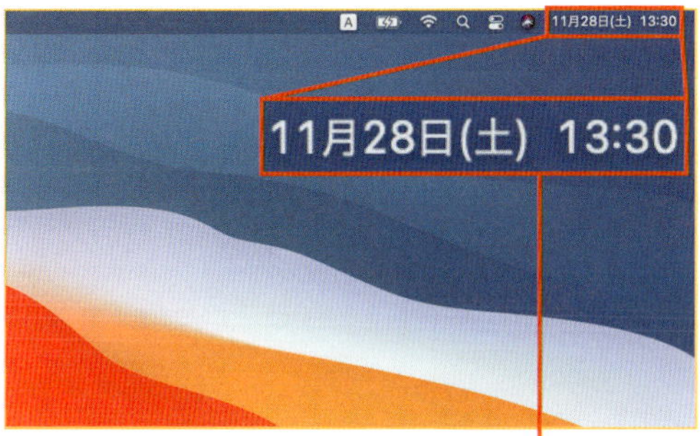

1 [日付と時刻]をクリック

トラックパッドで呼び出す

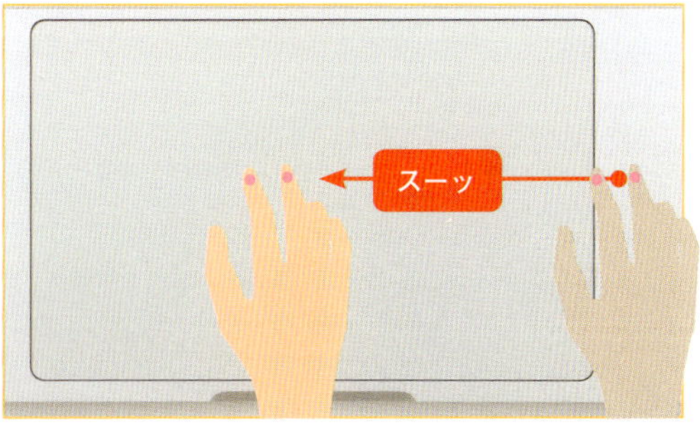

1 右端から左側へ2本指をスライド

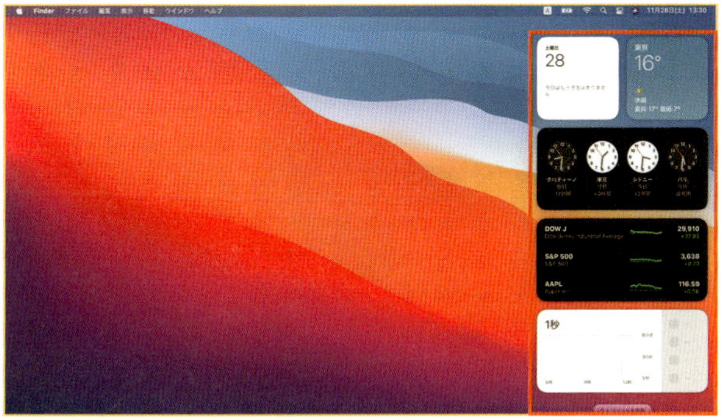

通知センターが表示された

呼び出した通知センターは、[日付と時刻]の再クリック、トラックパッドの2本指を左から右へスライド、デスクトップの空白をクリックするなどの操作で非表示にできます。なお、トラックパッドからうまく通知センターが呼び出せない時には、トラックパッド枠外から大きく指をスライドさせるように意識しましょう。

通知センターの詳細は 90 ページへ

知ろう すばやくメニューを呼び出せるコントロールセンター

コントロールセンターには、使用頻度の高い設定メニューがコンパクトにまとまっています。iPhoneとほぼ同じ感覚で設定を変更できます。

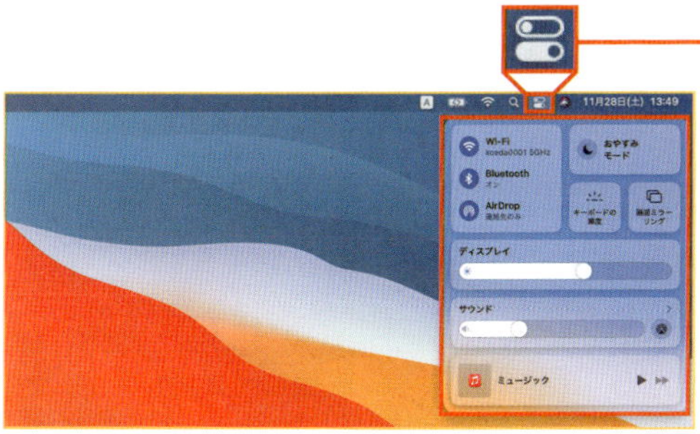

1 [コントロールセンター]アイコンをクリック

コントロールセンターが表示された

コントロールセンターはmacOS BigSurから新搭載された機能です。Bluetoothの設定を呼び出したり、ディスプレイの明るさ変更や音量の調節、ミュージックの再生操作などをすばやく行うことができます。

コントロールセンターの詳細は 95 ページへ

知ろう　便利なアプリを瞬時に起動できるDock

デスクトップの下部に配置されたDockには、MacBookを操作する上で欠かせないアプリがあらかじめ登録され、すばやく呼び出すことができます。まずはどのようなアプリが登録されているのかを確認しましょう(Dockの詳しい説明はP.68〜73を参照)。

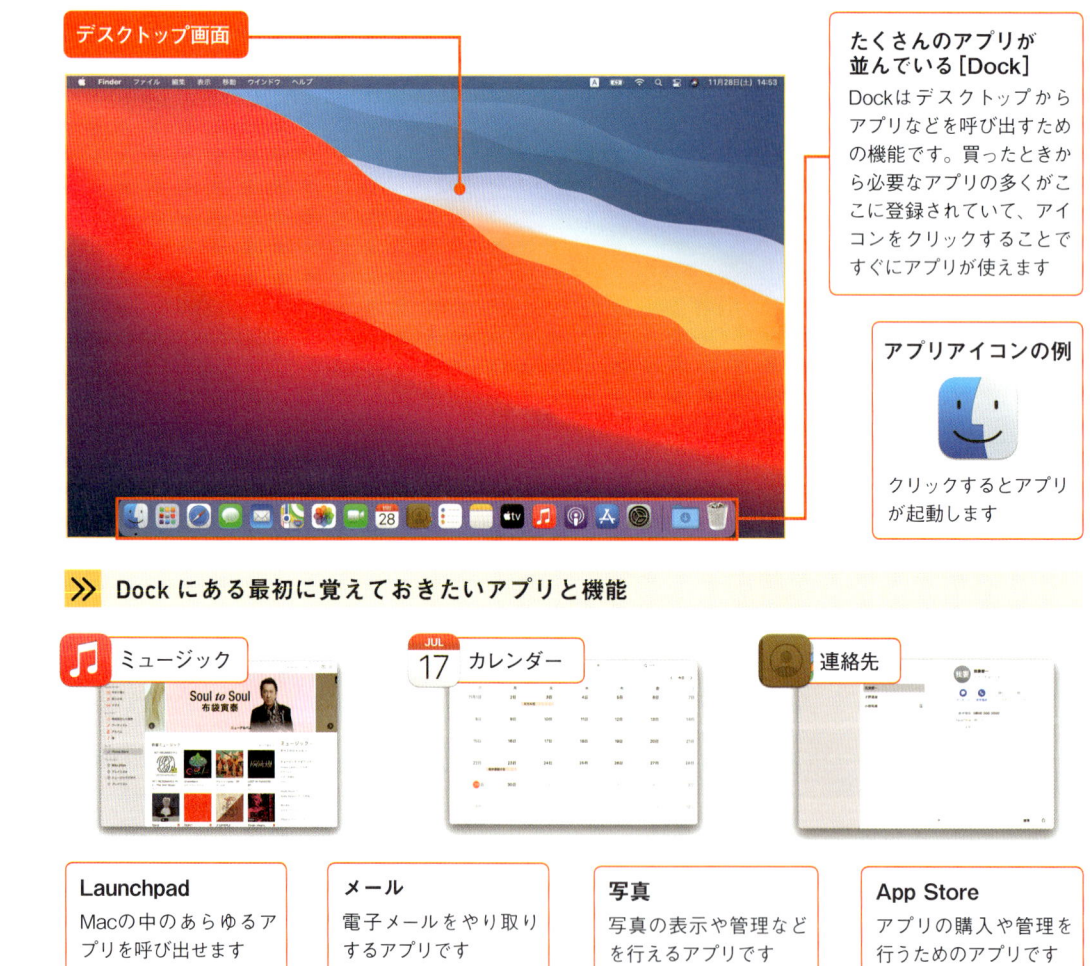

デスクトップ画面

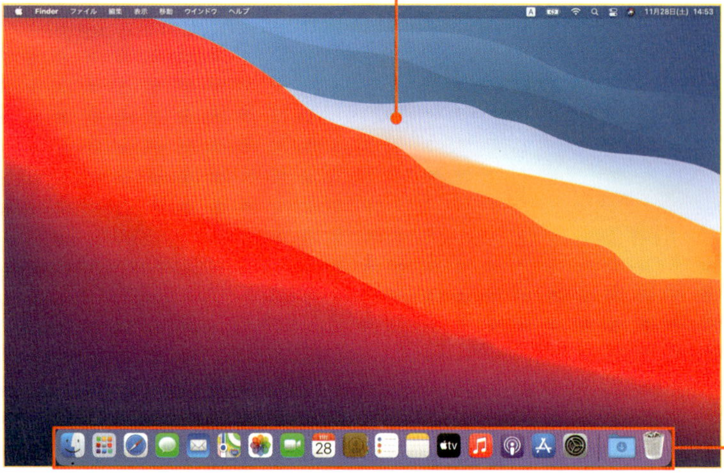

たくさんのアプリが並んでいる[Dock]

Dockはデスクトップからアプリなどを呼び出すための機能です。買ったときから必要なアプリの多くがここに登録されていて、アイコンをクリックすることですぐにアプリが使えます

アプリアイコンの例

クリックするとアプリが起動します

Dock にある最初に覚えておきたいアプリと機能

ミュージック

カレンダー

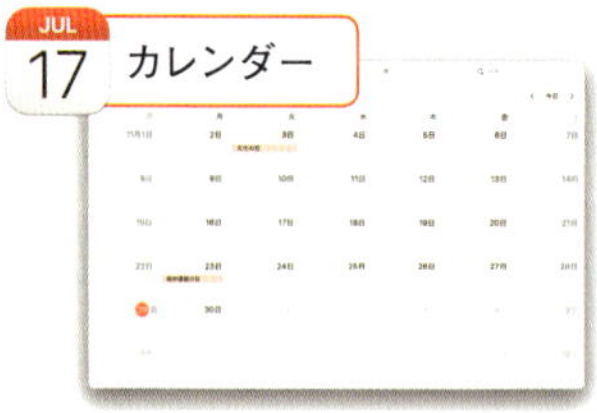

連絡先

Launchpad
Macの中のあらゆるアプリを呼び出せます

メール
電子メールをやり取りするアプリです

写真
写真の表示や管理などを行えるアプリです

App Store
アプリの購入や管理を行うためのアプリです

Finder
Macの操作の起点となるアプリです

Safari
インターネットを楽しむためのアプリです

マップ
現在地や目的地を探せる地図アプリです

システム環境設定
Macのシステムに関する設定を行います

標準アプリの詳細は 201 ページへ

Dock の詳細は 68 ページへ

知ろう 色々なアプリを呼び出せる「Launchpad」

Dockに登録されていないアプリを使いたい場合は「Launchpad」というアプリを使います。「Launchpad」はDock、またはトラックパッドのジェスチャーから呼び出します。

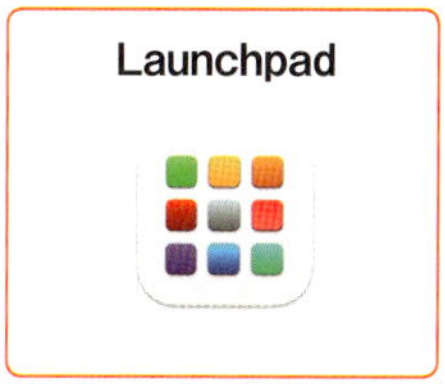

「Launchpad」はMacBook内のアプリを一望でき、そのままアプリを起動できます。

「Launchpad」以外の起動方法

MacBookにインストールされたアプリの元データは[Macintosh HDD]内の[アプリケーション]フォルダに格納され、ここからも起動することもできます

「Launchpad」の呼び出し方

Dockから呼び出す

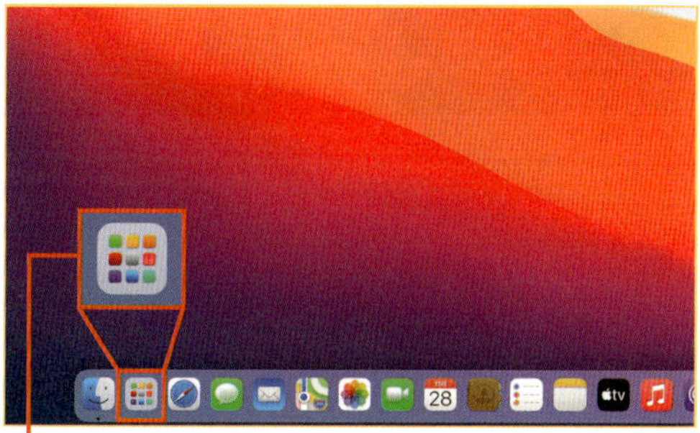

[Launchpad] アイコンをクリック

トラックパッドで呼び出す

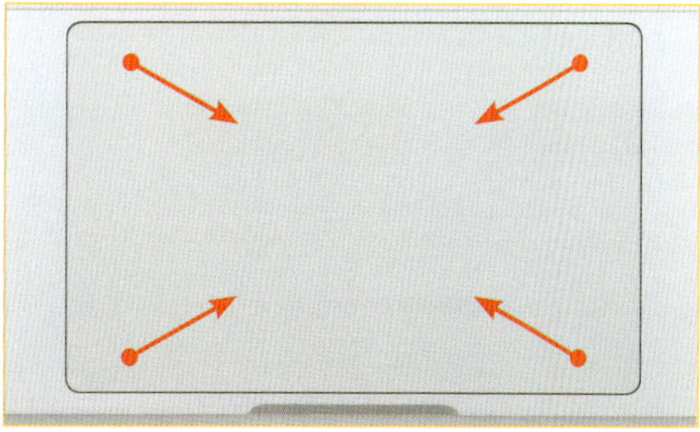

4本指をつまむようにスライド

Touch Barから呼び出す

Touch Bar搭載モデルでは[Launchpad]ボタンを、その他のモデルではファンクションキーの[F4]キーを押すことでも「Launchpad」を呼び出せます。

※M1 MacBook Airは、[F4]キーでの操作は対象外

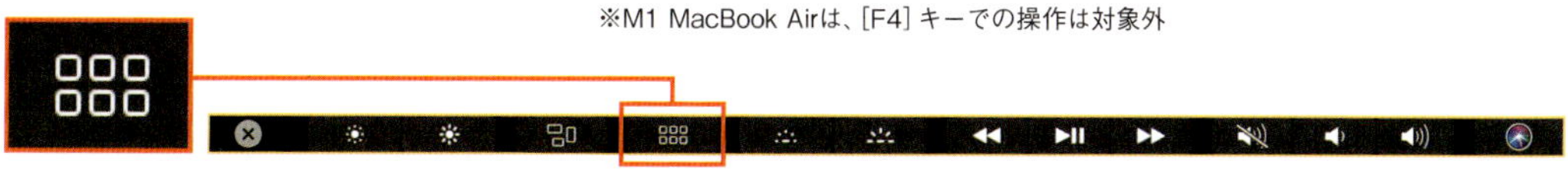

知ろう　ウインドウの基本操作

Macのウインドウはさまざまな機能を持っていますが、最初はウインドウの閉じ方やDockへのしまい方、フルスクリーン表示から覚えましょう。

隠れているウインドウを前面に出す

デスクトップには複数のウインドウが開き重なり合っている

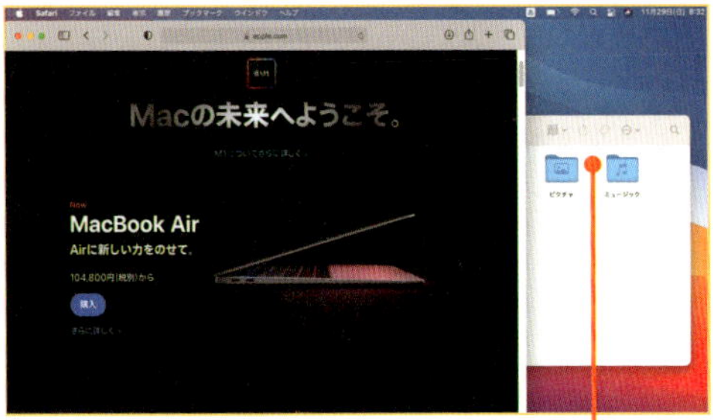

1 背面にあるウインドウをクリック

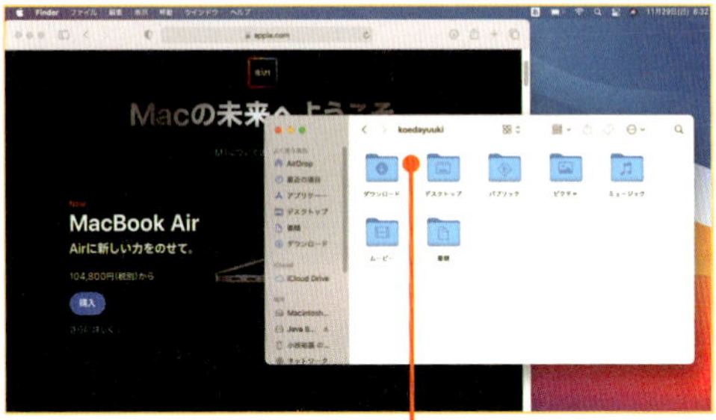

選択したウインドウが前面に表示される

ウインドウボタンの種類と働き

ウインドウを閉じる

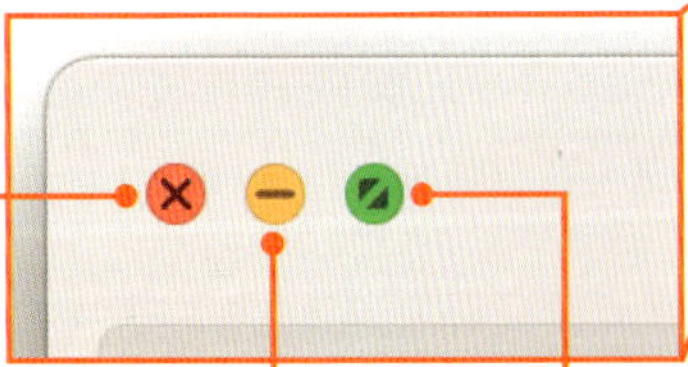

Dockにしまう

フルスクリーン

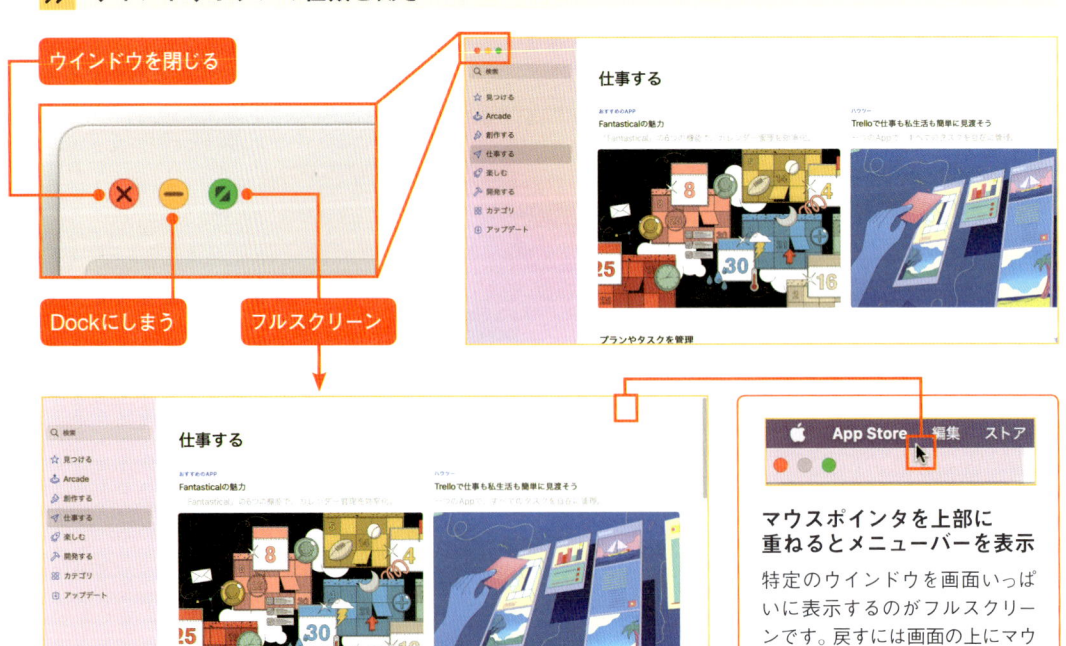

マウスポインタを上部に重ねるとメニューバーを表示

特定のウインドウを画面いっぱいに表示するのがフルスクリーンです。戻すには画面の上にマウスポインタを合わせ、ウインドウボタンがあらわれたらもう一度フルスクリーンボタンをクリックします

知ろう 「Mission Control」ですばやく必要なウインドウを表示する

開いているウインドウを一覧表示させたり、後ろに隠れているウインドウを選択したりするには「Mission Control」が便利です。「Launchpad」と同様、トラックパッドによるジェスチャーやTouch Bar、ファンクションキーからも呼び出せます。

デスクトップ上のウインドウを一覧表示できる

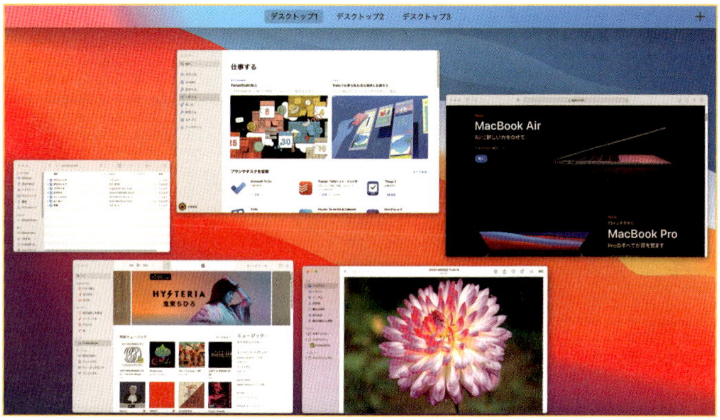

Mission Control

画面上の複数ウインドウは「Mission Control」で一覧表示することで目的のウインドウへ瞬時にアクセスできます（「Mission Control」の詳細はP.292を参照）。

「Mission Control」の呼び出し方

「Launchpad」から呼び出す

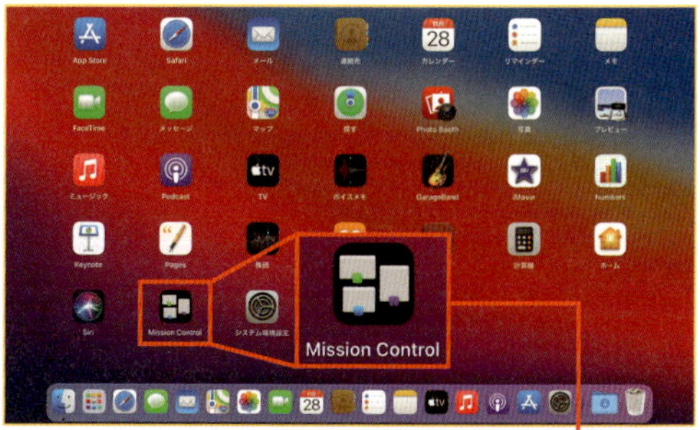

[Mission Control] アイコンをクリック

トラックパッドで呼び出す

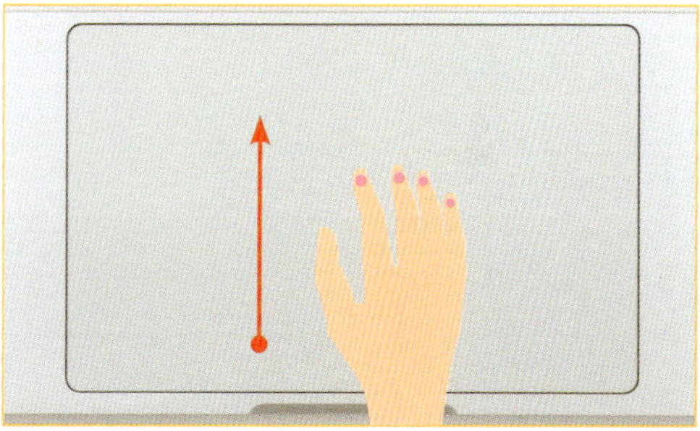

4本の指を上方向に向けてスライド

Touch Barから呼び出す

Touch Bar搭載モデルでは [Mission Control] ボタンを、その他のモデルではファンクションキーの [F3] キーを押すことですばやく呼び出せます。

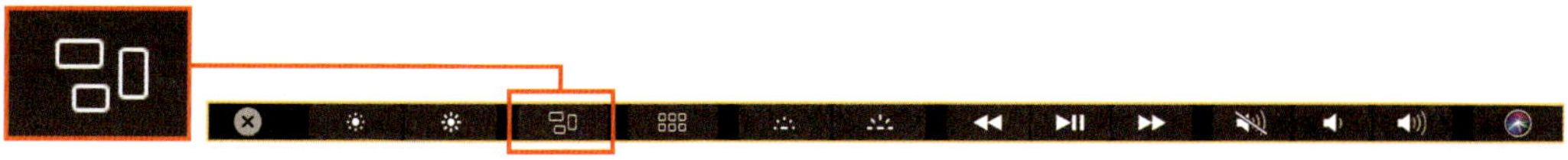

「Mission Control」の詳細は 292 ページへ

chapter 1
10

MacBookの設定変更

設定を自分好みにアレンジしよう

MacBookでは、画面の明るさや音量を調節するといった簡単なものから、トラックパッドの設定を自分の好みに変更するといった操作に関わることまで、さまざまな設定を行うことができます。

知ろう [システム環境設定]を触ってみよう

MacBookを使う上で必須となるのが、[システム環境設定]です。設定項目は多岐に渡り、MacBookのハードウェアやソフトウェアに関するあらゆる設定項目が用意されています。慣れていけば、自分好みに設定を変更でき、さらにMacBookが使いやすくなるはずです。

[システム環境設定]パネルの一覧

システムで用意された項目

ユーザにより追加された項目

システム環境設定

[システム環境設定]では画面や音、キーボードやマウスなどあらゆる設定が行えます。本書でもたびたび出てくる機能なので覚えておきましょう。

アプリから特定の項目に飛ぶことも

Finderなど、各アプリ内での設定も、多くは[システム環境設定]に紐づいています。新しいハードウェアをMacBookへ接続すると、周辺機器のドライバアプリの設定なども追加されます

[システム環境設定]でこれらの設定が変更できる!

サウンド

P.54で解説

音量・音質の調整や、メニューバーに[音量]アイコンの追加などができます。

ディスプレイ

P.288で解説

画面の明るさや解像度のほか、外部モニタをつないで画面の拡張も行えます。

トラックパッド

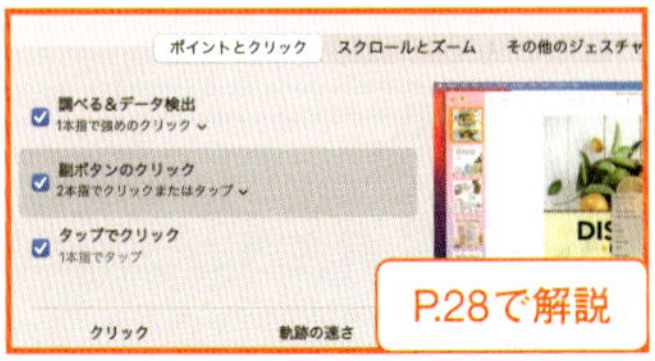

P.28で解説

カーソル速度やジェスチャー追加などを操作ガイドを見ながら設定できます。

使おう ［システム環境設定］から壁紙を変えてみよう

［システム環境設定］はメニューやDockから呼び出すことができます。まずは操作に慣れる意味も込めて、壁紙の変更にチャレンジしてみましょう。スマートフォンなどで撮影した写真も壁紙として選択できます。

1 ［］→［システム環境設定］を選択

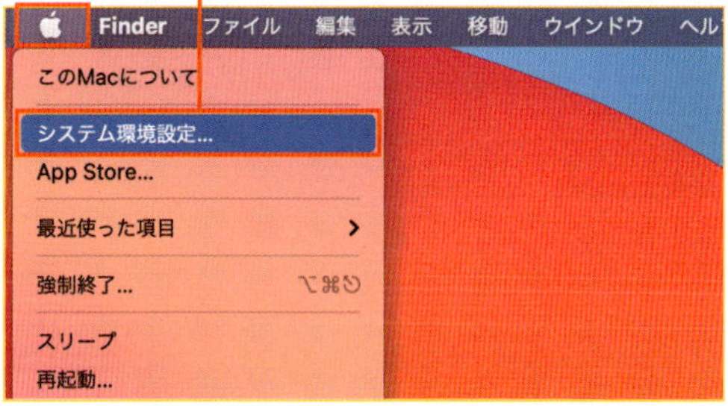

ヒント

Dockからの起動も可能

［システム環境設定］は、Dockにある［システム環境設定］のアイコンをクリックして呼び出すこともできます。

［システム環境設定］をクリック

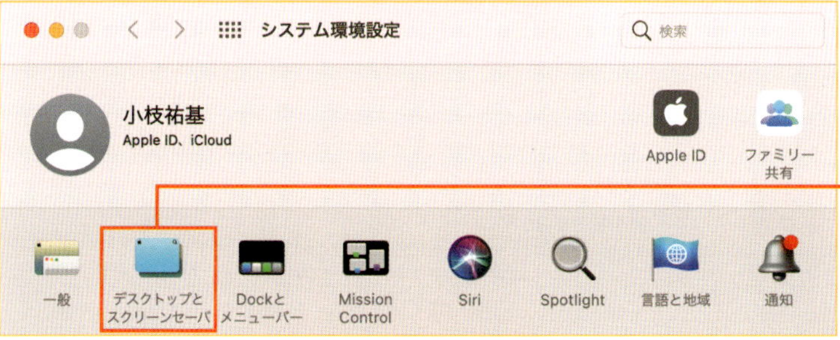

2 ［デスクトップとスクリーンセーバ］をクリック

初期設定では［ビッグサー（グラフィック）］が選ばれている

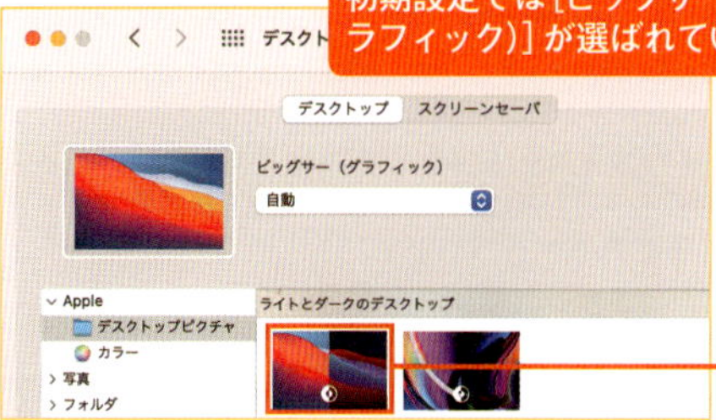

3 ［ピクチャ］フォルダから写真を選択

選択した写真が背景に設定された

Before

デスクトップの背景が初期設定の［ビッグサー（グラフィック）］から、選択した写真に変更されました。

After

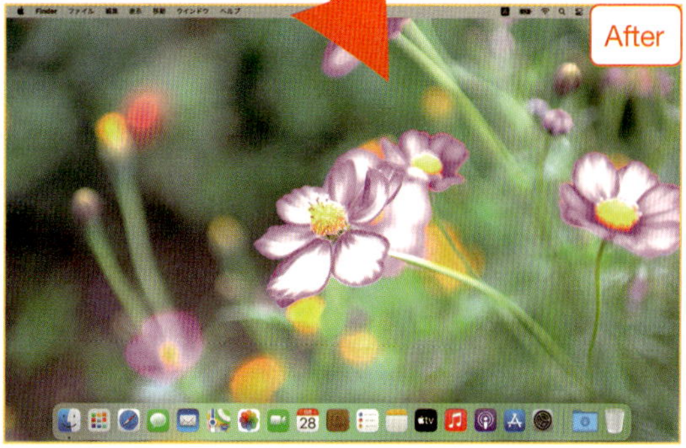

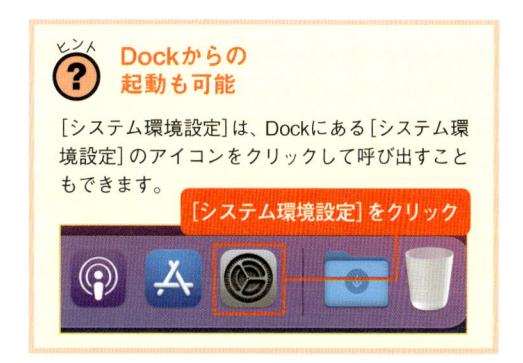

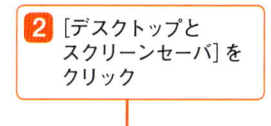

知ろう　音量を調節しよう

MacBookの音量調節はファンクションキー（Touch Bar）で行う方法またはステータスメニューで行う方法が一般的です。コントロールセンターでも行えます（P.95を参照）。

ステータスメニューから操作する

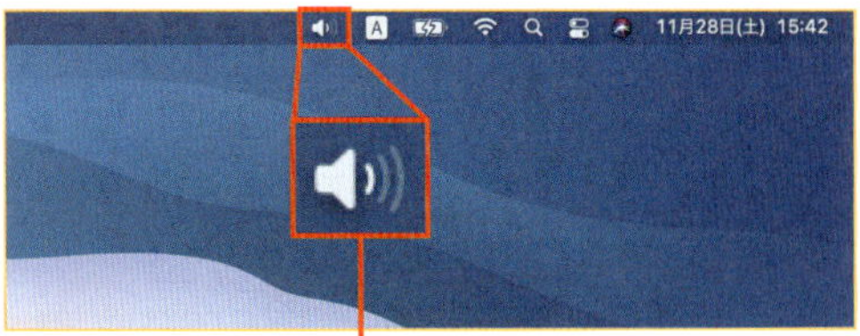

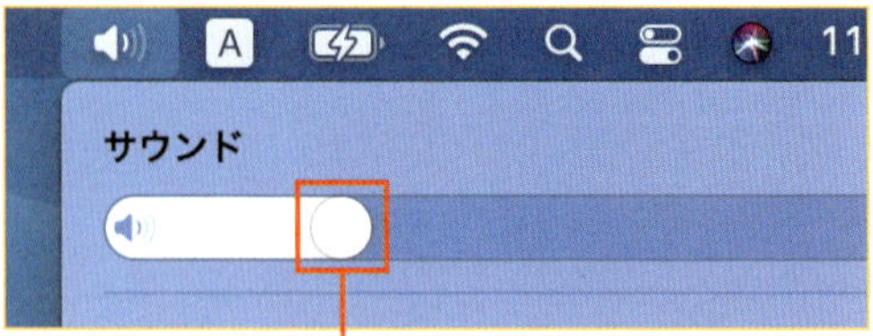

1 ［音量］アイコンをクリック

2 スライダーを左右にドラッグ＆ドロップして音量を調節

Touch Barから呼び出す

Touch Bar搭載モデルでは左からミュート（無音）、音量を下げる、音量を上げるボタンが並びます。ファンクションキーでは［F10］［F11］［F12］キーで同様の操作を行えます。

通知音の音量設定

［システム環境設定］の［サウンド］を開く

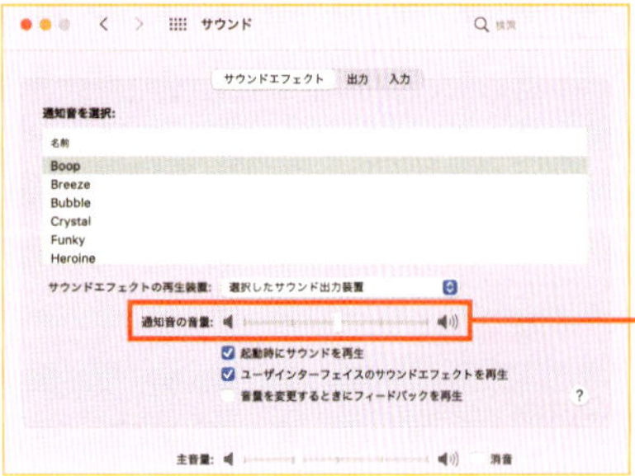

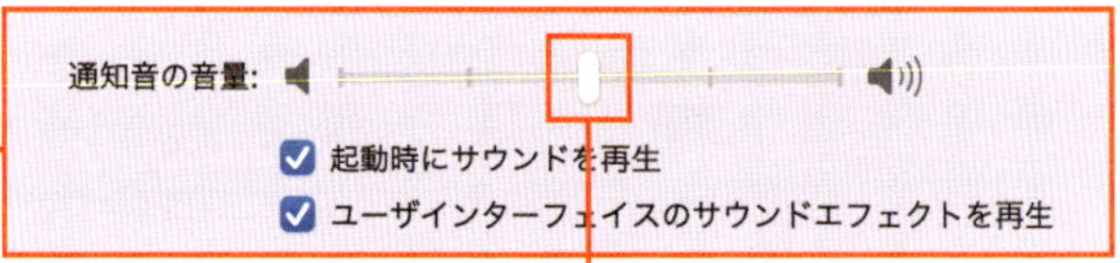

1 ［通知音の音量］のスライダーを左右にドラッグ＆ドロップして音量を調節

通知音の音量は、本体の音量設定とは別に用意されています。［システム環境設定］から［サウンド］を開き、［通知音の音量］項目のスライダーを左右に動かして音量の調節を行います。

ステータスメニューに［音量］アイコンを表示するには

ステータスメニューの［音量］アイコンは初期設定では非表示となっています。表示させるには［システム環境設定］の［サウンド］を開き、［メニューバーに音量を表示］にチェックを入れます。

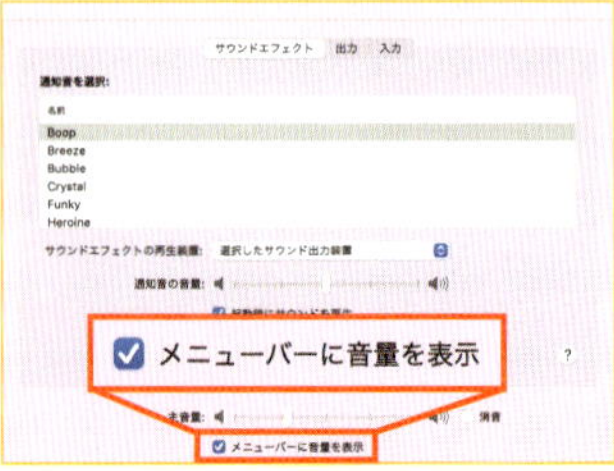

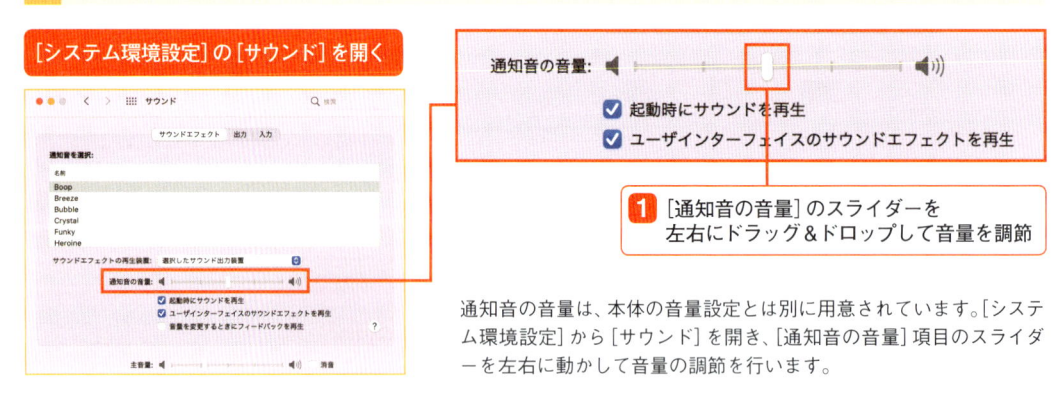

知ろう　画面の明るさを調節しよう

MacBookの画面の輝度(明るさ)は[システム環境設定]の[ディスプレイ]やキーボード、Touch Barから調節できます。コントロールセンターからも行えます(P.95を参照)。

[システム環境設定]の[ディスプレイ]を開く

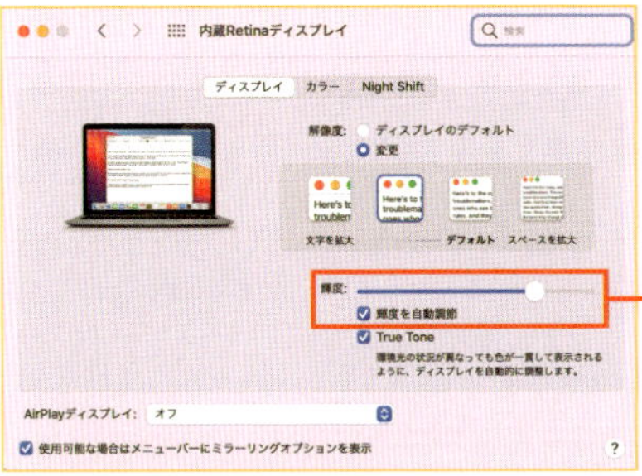

1 [輝度]のスライダーを左右に
ドラッグ＆ドロップして明るさを調節

[システム環境設定]の[ディスプレイ]を選び、[内蔵Retinaディスプレイ]パネルを開きます。[輝度]のスライダーを左右にドラッグ＆ドロップすると、ディスプレイの明るさを変更できます。なお[輝度を自動調節]のチェックが入っていると周囲の明るさに合わせ自動で明るさの調節が行われます。

Touch Barから呼び出す

Touch Bar搭載モデルでは左から輝度を下げる、輝度を上げるボタンが並びます。明るさの調節は最大で16段階まで用意され、ボタンを押すたびに1段階ずつ明るさが変わります。ファンクションキーでは[F1][F2]キーで同様の操作が行えます。

知ろう　キーボードのバックライトを調節しよう

MacBookのキーボードは周囲の照度が下がるとバックライトが点灯し、暗い環境でも快適にキー入力することができます。手動でのバックライトの明るさ調節も可能です。

バックライトがオンの状態

バックライトがオフの状態

Touch Barから呼び出す

バックライトの明るさ調節はTouch Barもしくはファンクションの[F5][F6]キーから行います。左から明るさを下げる、明るさを上げるボタンが並び、最大16段階で調節を行えます。
※M1 MacBook Airは、コントロールセンターで行います

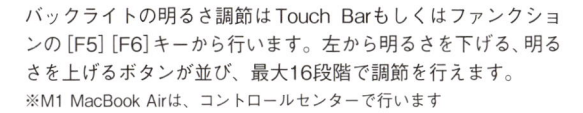

知ろう　トラックパッドの設定を見直そう

トラックパッドは初期設定ではすべての機能が有効にはなっていません。必要な機能は［システム環境設定］の［トラックパッド］から追加しましょう。

［システム環境設定］の［トラックパッド］を開く

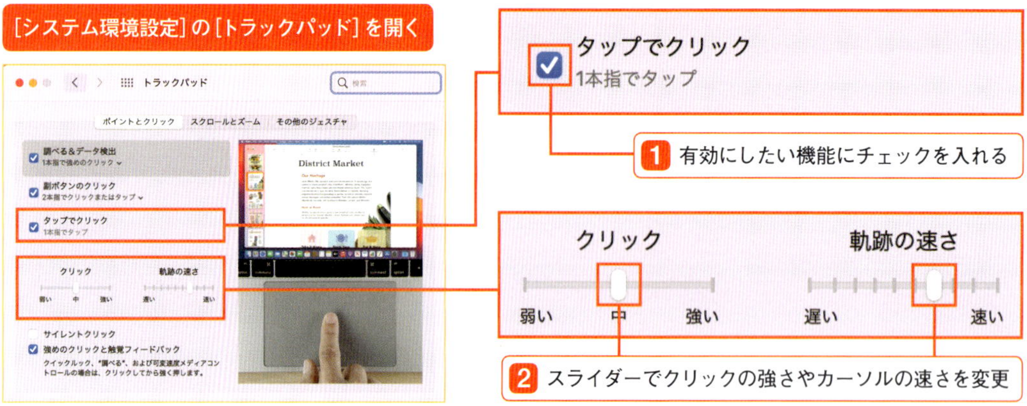

［システム環境設定］の［トラックパッド］を開き、［ポイントとクリック］タブ画面でトラックパッドの基本設定を変更できます。タップ操作を追加したり、クリックの強さやカーソルの移動速度などを変更したりできます。

右クリックを有効にする

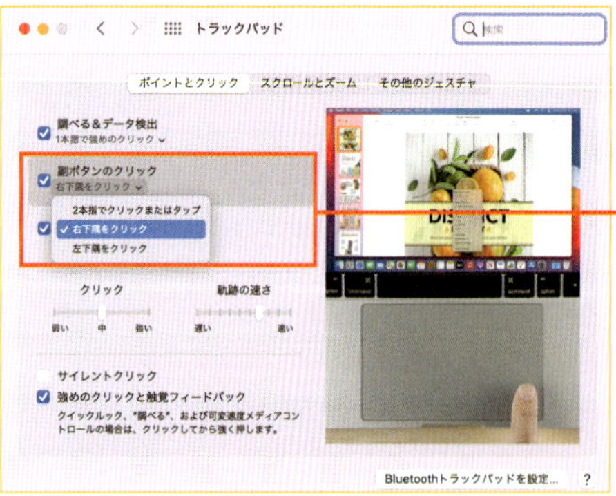

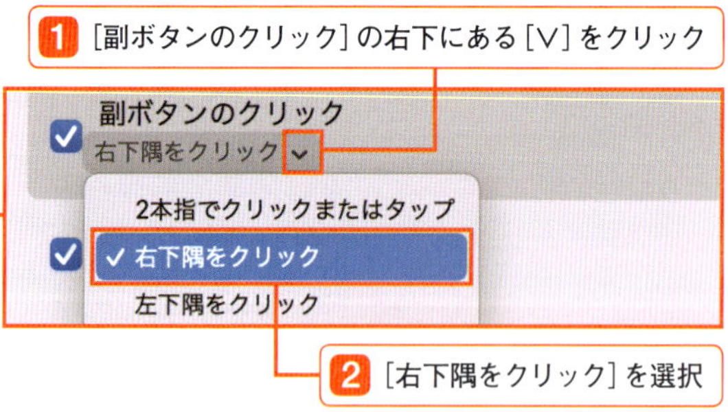

通常は［2本指でクリックまたはタップ］が設定されていますが［右下隅をクリック］に変更すると右クリックが有効になります。

イラスワザ　ドラッグ操作の追加はアクセシビリティで行える

［ポインタコントロール］の［トラックパッドオプション］で［3本指のドラッグ］ジェスチャーなどの追加ができる

通常のトラックパッド設定に加えて、［システム環境設定］の［アクセシビリティ］から、3本指によるドラッグ操作などのトラックパッドジェスチャーを追加することができます。

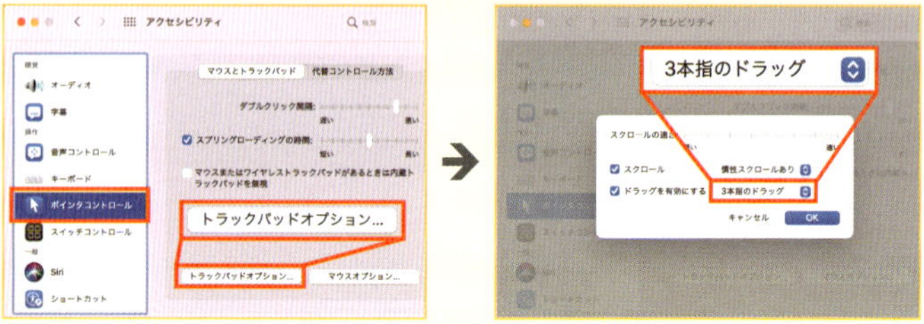

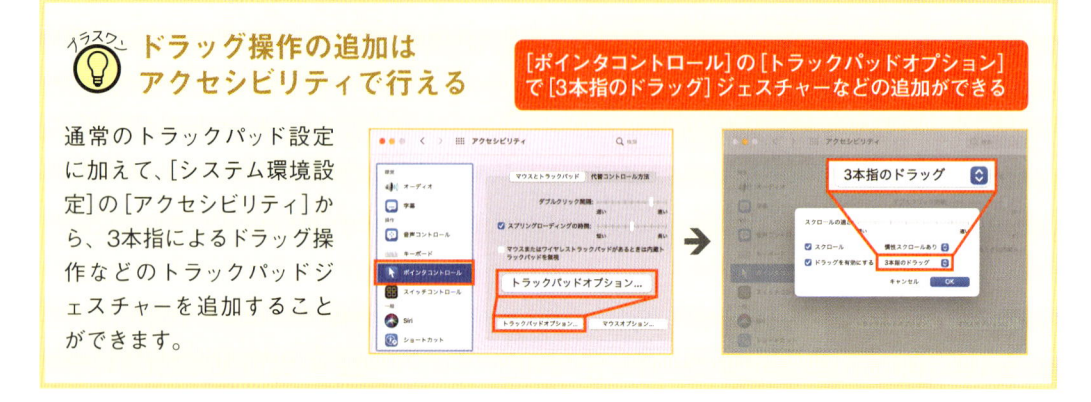

使おう　Wi-Fiアクセスポイントに接続しよう

自宅で無線LANを使っている場合は、MacBookでWi-Fiの設定を行うことで、スマホやタブレットなどとワイヤレスで通信ができるようになります。ここでは基本の設定方法を解説します。なお利用には別途、Wi-Fiルーターの設置が必要です。

ステータスメニューからWi-Fiを設定する

1 [Wi-Fi] アイコンをクリック

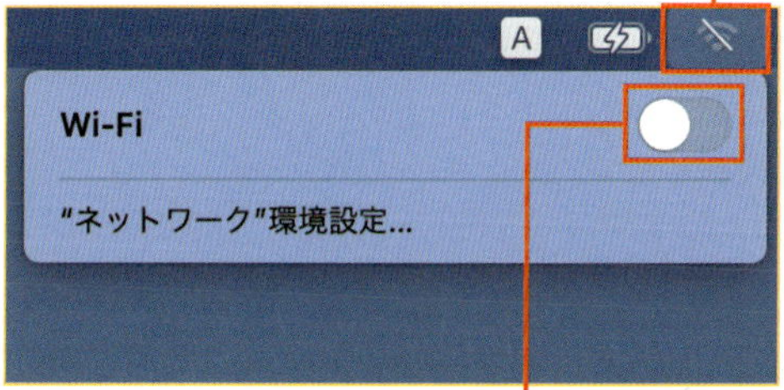

2 [Wi-Fi] をオンにする

3 [SSID] を選択

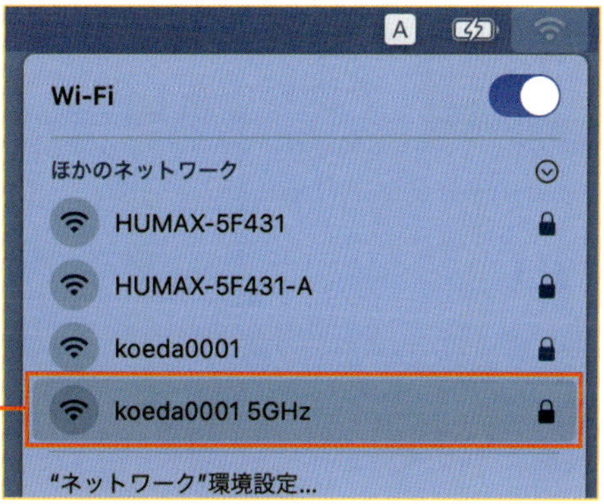

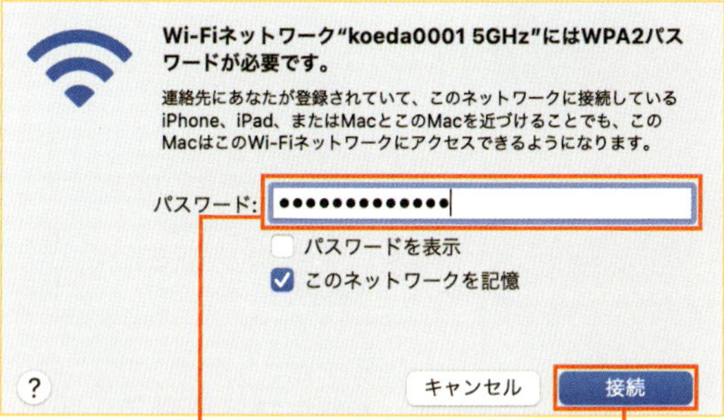

4 セキュリティキーを入力

5 [接続] をクリック

Wi-Fiが接続された

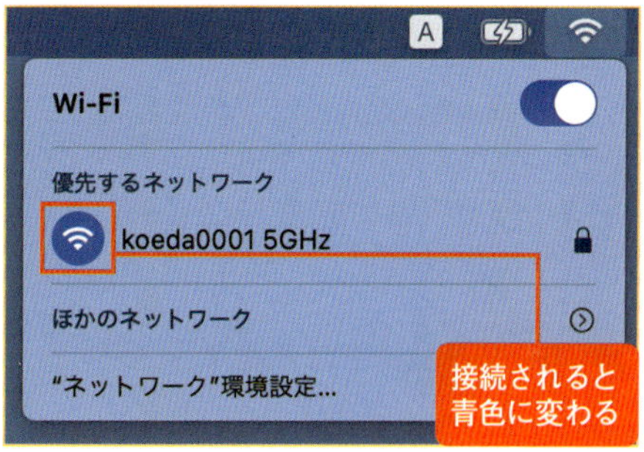

接続されると青色に変わる

プラスワン

MacBookを有線でインターネット接続するには

MacBookで有線LANを使ったネットワーク接続を行う場合には、別途アダプタの購入が必要です。純正の「Apple USB Ethernet アダプタ」を使う場合は、モデルによりUSB Type Cに変換してから接続を行うケースもあります。

有線接続用のアダプタが必要

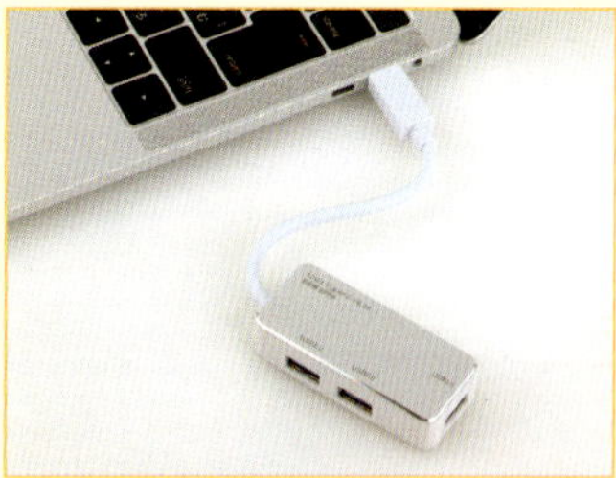
USBハブでコネクタを変換する

chapter 1

11

macOSにおけるアプリ利用時の流儀

アプリを終了させる・切り替える

Dockなどから開いたアプリは、ウインドウを閉じるだけでは終了しません。ここではアプリを正しく終了させる方法を解説します。また、アプリが応答しない場合の対処方法も押さえましょう。

知ろう　アプリを正しく終了させる

アプリを正しく終了させる方法はいくつかあります。メニューやDockから終了させる方法のほかにも、ショートカットキーを使う方法があります。

メニューバーからアプリを終了させる

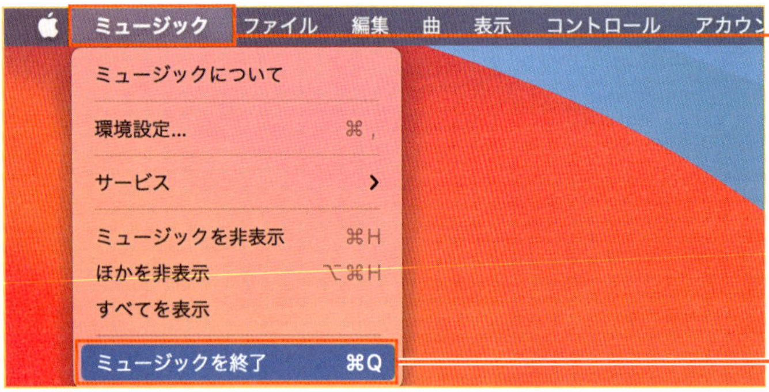

1 アプリメニューをクリック

2 [○○（アプリ名）を終了]を選択

Dock からアプリを終了させる

1 アイコンを [control] キー＋クリック

2 [終了] を選択

ショートカットでアプリを終了させる

1 [command] ＋ [Q] キーを押す

アプリが終了する

使おう アプリを強制的に終了させる

アプリが応答しない場合など、正しく終了させられないときには、アプリを強制終了します。メニューから［強制終了］を選ぶほか、［command］＋［option］＋［esc］キーを押します。

1 ［］をクリック

2 ［強制終了］を選択

→

3 強制終了させるアプリを選択

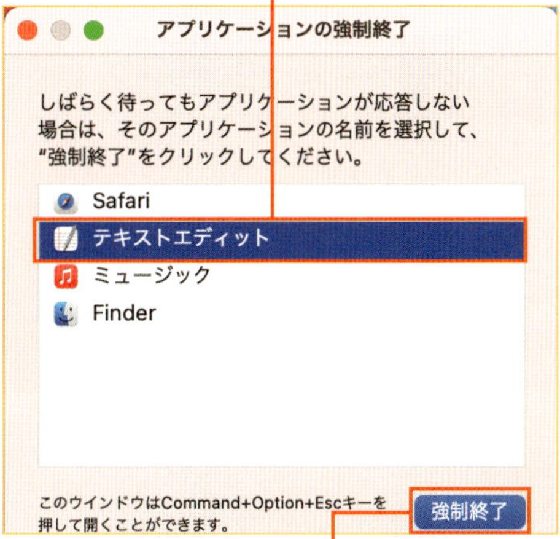

4 ［強制終了］をクリック

使おう アプリを切り替える

複数のアプリを同時に起動しているときに、すばやくアプリを切り替えるには、キーボードの［command］＋［tab］キー使うショートカットがおすすめです。［command］キーを押している状態で［tab］キーを押すと起動中のアプリが一覧表示され、［tab］キーを押した回数だけ、選択カーソルが右に移動します。

1 キーボードの［command］＋［tab］キーを押す

起動中のアプリアイコンが一覧表示される

アクティブなアプリ

［tab］キーを押すと次のアプリに選択が移動する

2 ［tab］キーを何度か押して切り替えたいアプリを選ぶ

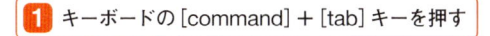

chapter 1

12

MacBookのアプリの使い方

初期アプリで使用の基本を学ぼう

ここまではMacBookの基本操作や設定を解説してきましたが、MacBookを使用する上でアプリ操作は欠かせません。そこで、MacBookの動作確認も兼ねて、いくつかアプリを動かしてみましょう。

使おう　テキストエディットでキーボードをテストする

MacBookにはテキストを作成するためのアプリが数多く用意されています。ちょっとしたメモや文字だけのシンプルな書類などを作成したいというだけなら、[テキストエディット]というアプリが便利です。文字入力の動作確認に試してみましょう。

「テキストエディット」はDockではなく「Launchpad」に入っている

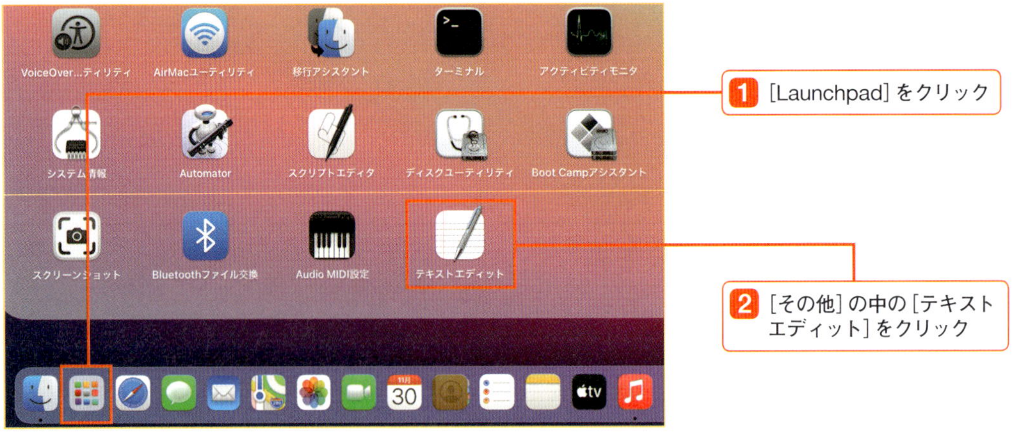

日本語入力モードで文字を入力してみよう

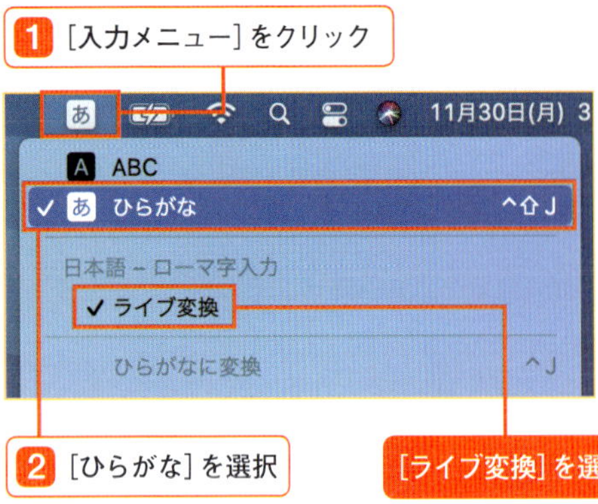

[ライブ変換]を選ぶと自動で変換を行ってくれる

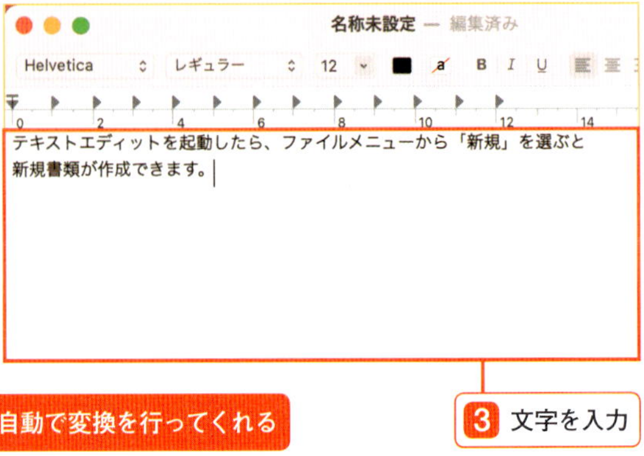

4 [ファイル] をクリック

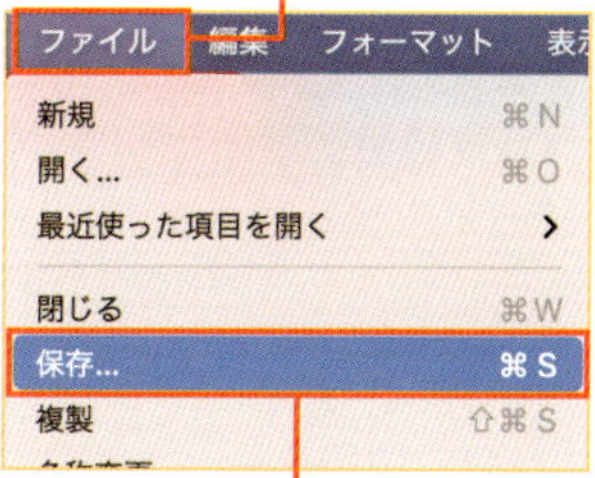

5 [保存] を選択

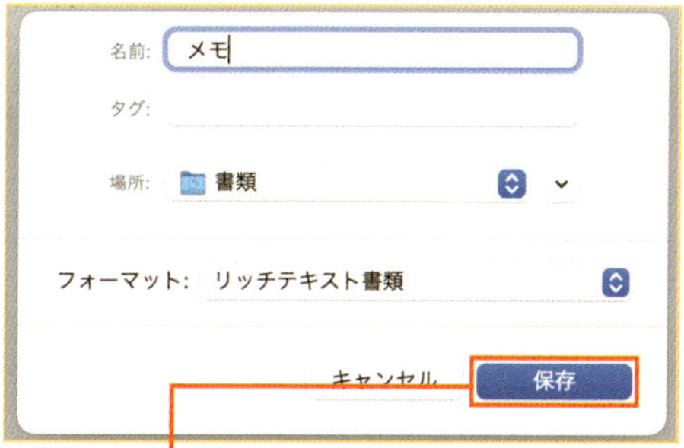

[保存] をクリックすると指定した場所にファイルを作成

さまざまな形式に対応する

[フォーマット] メニューで [標準テキストにする] を選んでおくと、Windowsマシンとの共有もしやすくなります。

文字入力の詳細は 97 ページへ

使おう 「Photo Booth」でカメラをテストする

MacBookには720p (1280×720) 解像度のカメラが内蔵されています。カメラはビデオ通話などで使用しますが、ここでは「Photo Booth」を使って動作確認を行います。

1 [Launchpad] を開き [Photo Booth] をクリック

2 [カメラ] アイコンをクリック

タイマー撮影のカウントダウンが開始される

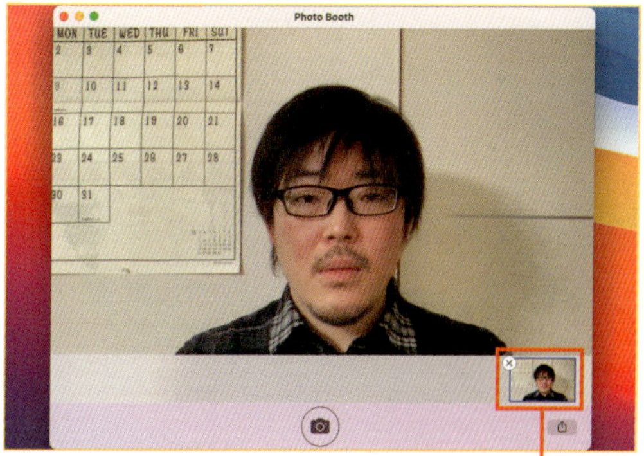

写真が左右反転し正しい向きに調整された

知ろう 「Siri」でマイクをテストする

「Siri」はApple社が提供するパーソナルアシスタント機能です。音声認識により、ユーザの問いかけに対して返事をしたり、解決策を提示してくれる、いわば秘書のような役割を果たしてくれます。MacBookのマイクチェックも兼ねて一度使ってみましょう。

macOS Sierra以降、Mac向けにも搭載された音声アシスタント機能です。音声による呼びかけで起動する[Hey Siri]や、[iPhoneを探す]機能にも対応するなど、ますます便利になりました。

「Siri」でこんなことができる！

指定アプリの起動

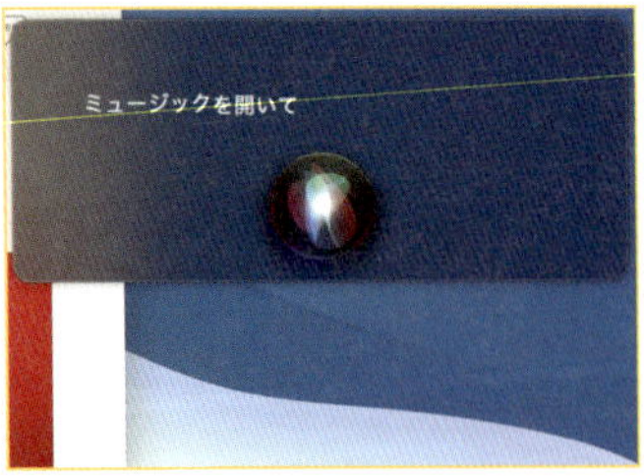

「Siri」に向かって「〇〇を開いて」などと話すと、そのアプリを起動するので、アプリを探す手間を軽減できます。

メッセージや通話

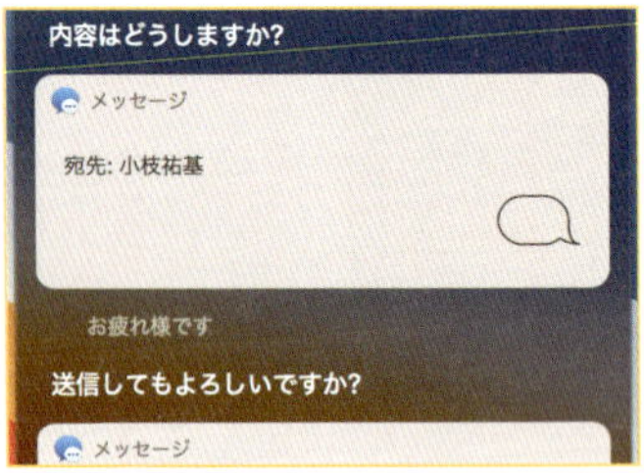

連絡先に登録された友人などにメッセージを送信したり、「FaceTime」で発信することも可能です（P.208を参照）。

Webを検索

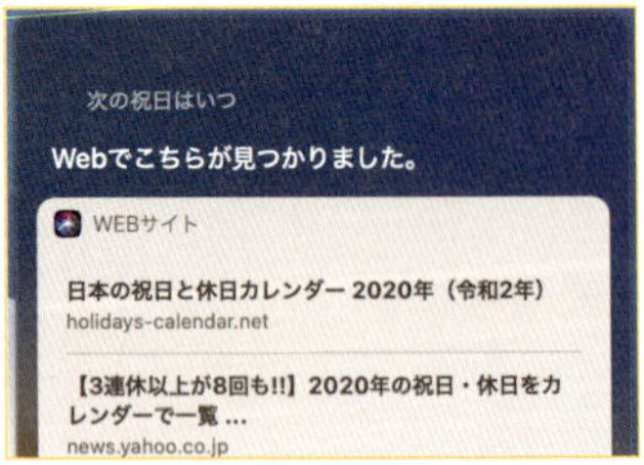

知りたいことを質問すると[Web検索]を行ってくれます。ほかにも[FINDER]検索などが可能です。

[Siri]を有効にするには？

[システム環境設定]→[Siri]を開いておく

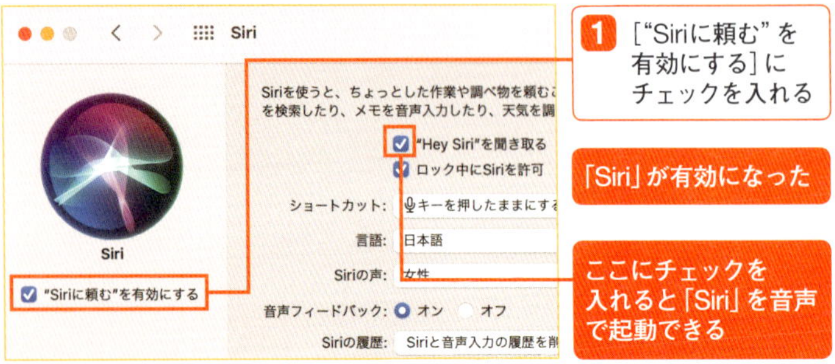

気になることは自由に話しかけてみよう

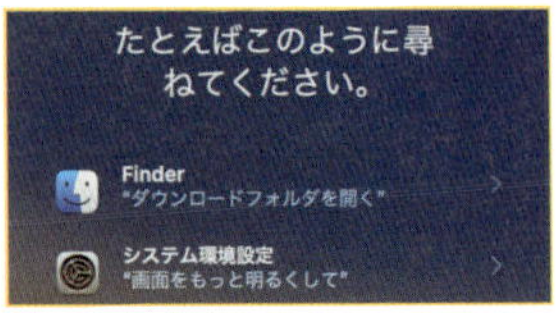

「Siri」を起動してそのまま黙っていると質問例をレクチャーしてくれます。ラフな質問でも問題ないので、例を参考にしていろいろ話しかけてみましょう

使おう 「Safari」でインターネットに接続してみよう

P.57でネットワークの設定が済んでいる場合は、インターネットに接続してみましょう。Dockから「Safari」を起動すると、お気に入りページが開きます。あらかじめ複数のWebページが登録されているので、ここではAppleのWebページにアクセスしてみます。

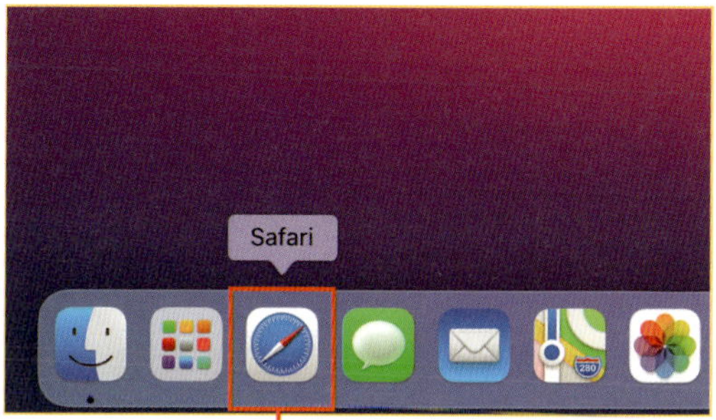

1 [Safari]をクリックしてWebブラウザを起動

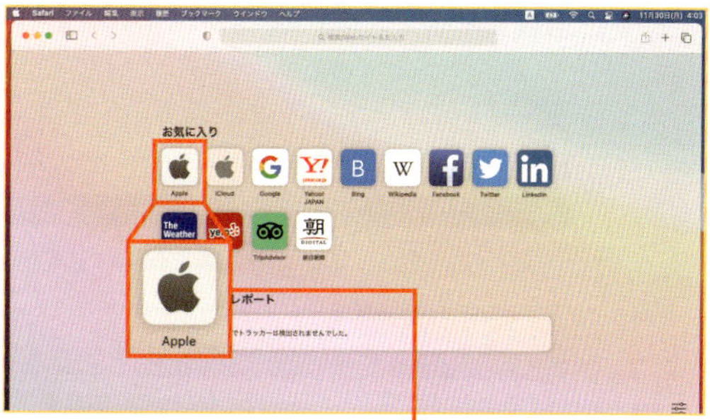

「Safari」が起動した

2 [Apple]をクリック

AppleのWebページにアクセスできた

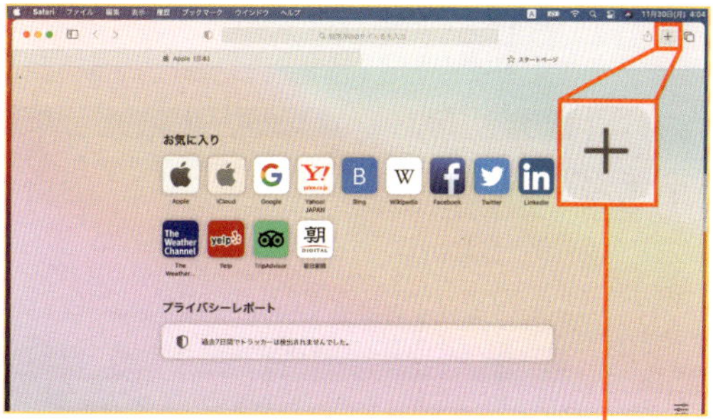

[+]をクリックで新しいタブが開く

「Safari」の詳細は133ページへ

プラスワン

アプリケーションExposéをオンにして アプリごとのウインドウをすばやく見つける

[アプリケーションExposé]は選択しているアプリのウインドウのみを一覧表示してくれる機能です。同じアプリで複数のウインドウを開いている際に、目的のウインドウをすばやく見つけられます。初期設定では機能がオフになっていますが、[システム環境設定]の[トラックパッド]で有効にできます。

[システム環境設定]を開き[トラックパッド]を選択

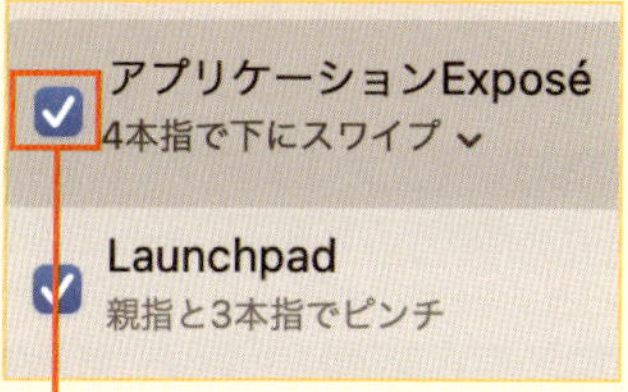

1 チェックを入れる

2 複数ウインドウを開いている状態で4本指を下にスワイプ

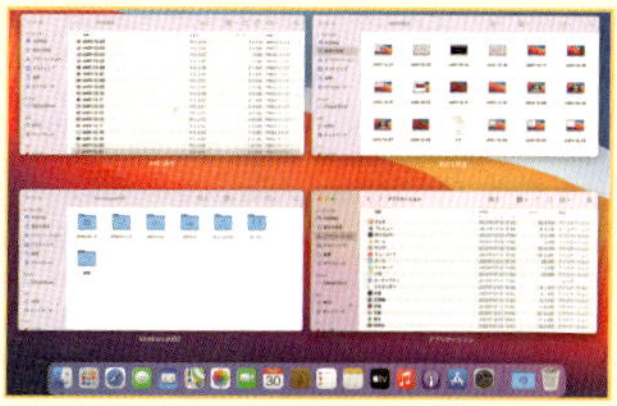

ウインドウが整列表示された

column

Touch Barの基本操作を覚えよう

MacBook Proの一部モデルに搭載されるTouch Barは、使用するアプリや操作により自在に変化し、操作をサポートしてくれます。ここでは、その一部を紹介します。

Finder

移動／表示

左端の矢印をタップして項目間を前後に移動したり、クイックルックでプレビュー表示ができます。

1 表示／並べ替え

1をタップすると、ファイルやフォルダの表示方法や並べ替え方法のオプションが選択できます。

2 共有

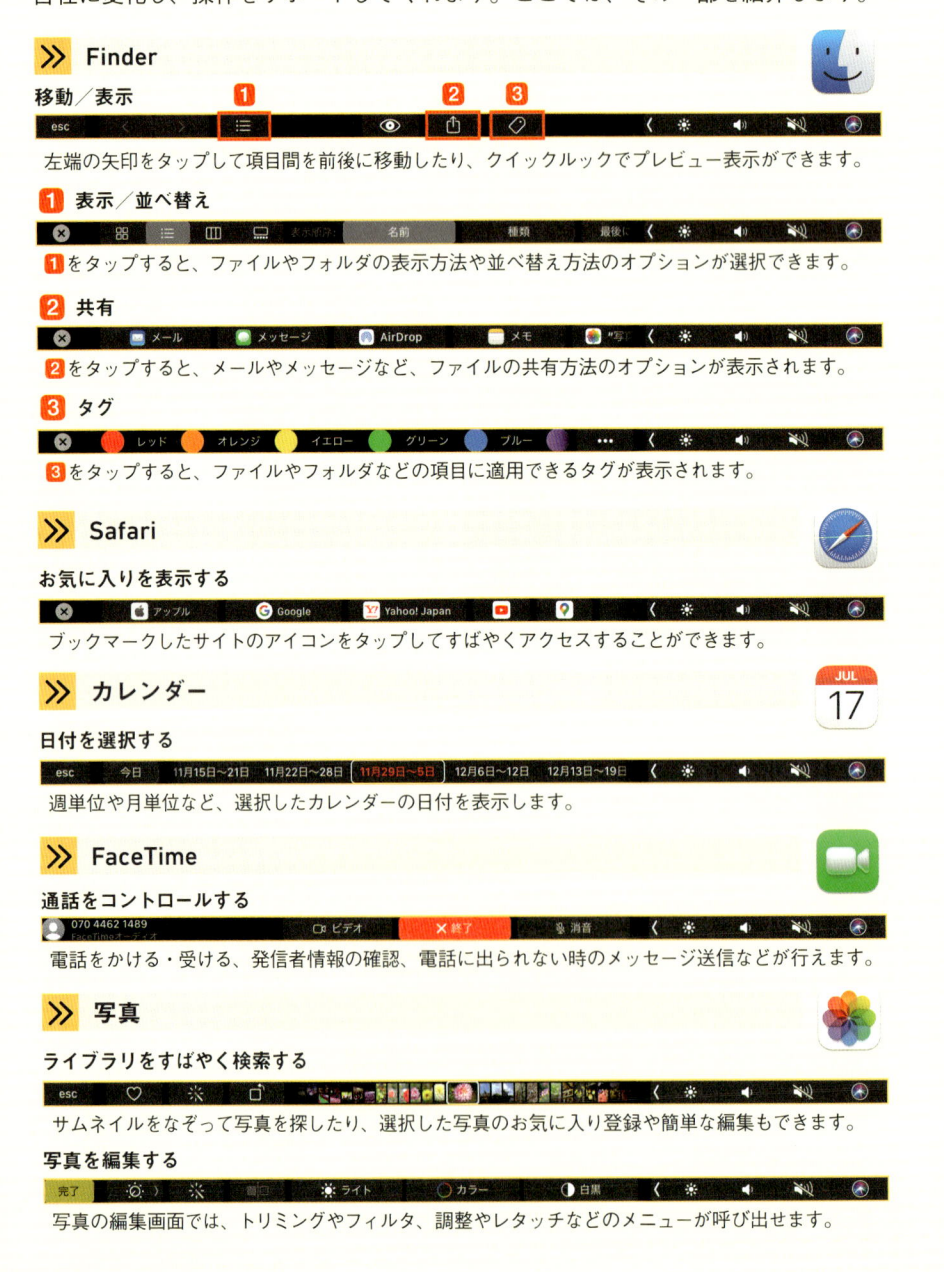

2をタップすると、メールやメッセージなど、ファイルの共有方法のオプションが表示されます。

3 タグ

3をタップすると、ファイルやフォルダなどの項目に適用できるタグが表示されます。

Safari

お気に入りを表示する

ブックマークしたサイトのアイコンをタップしてすばやくアクセスすることができます。

カレンダー

日付を選択する

週単位や月単位など、選択したカレンダーの日付を表示します。

FaceTime

通話をコントロールする

電話をかける・受ける、発信者情報の確認、電話に出られない時のメッセージ送信などが行えます。

写真

ライブラリをすばやく検索する

サムネイルをなぞって写真を探したり、選択した写真のお気に入り登録や簡単な編集もできます。

写真を編集する

写真の編集画面では、トリミングやフィルタ、調整やレタッチなどのメニューが呼び出せます。

chapter

2

デスクトップと Finderの基本操作

chapter 2

01

Finderの基本操作

デスクトップ&Finderの使い方

Finderは操作の基本となるアプリです。MacBookを起動すると自動的に立ち上がり、書類やメディア、フォルダ、その他のファイルを探したり整理したりする機能を提供します。

知ろう　Finderの基本画面

FinderはMacBookを起動すれば自動的に立ち上がります。ファイルやフォルダを操作することができるFinderウインドウという機能も備わっています。

Finderメニュー

MacBook を操作するための基本メニューが用意されます。アプリ使用中など、Finder 以外のメニューが表示されているときは、デスクトップのアイコンがない箇所をクリックすれば Finder メニューに切り替わります

デスクトップアイコン

デスクトップ上にファイルやフォルダのアイコンを表示できます。初期設定では HDD は非表示となっています

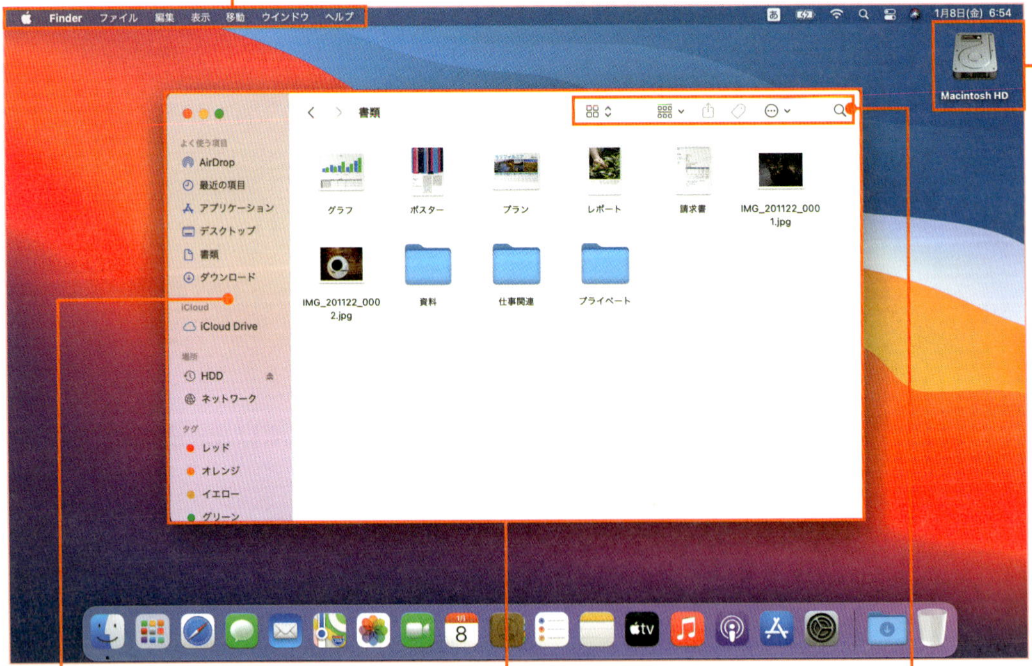

サイドバー

デスクトップやアプリケーションなどよく使う項目や、Mac に接続中のデバイスなどにすばやくアクセスできます

Finderウインドウ

ファイルやフォルダの内容を概観できます。Finder ウインドウは複数開くことができます

ツールバー

Finder ウインドウ内の表示方法を切り替えたり、操作メニューを呼び出せます。ツールの内容のカスタマイズも可能です

使おう　デスクトップにハードディスクやCDなどを表示させる

購入したばかりのMacBookは、デスクトップにアイコンが表示されていない状態です。そこでデスクトップ上にMac本体に内蔵されたHDD（ハードディスクドライブ）を表示させてみましょう。内蔵HDDは［Macintosh HD］という名前で表示されます。

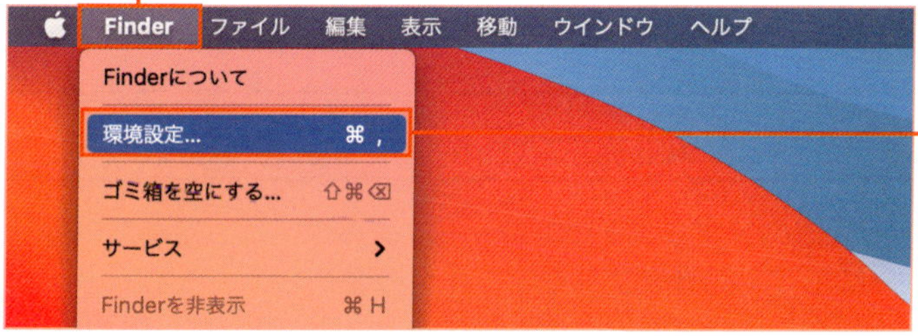

1 ［Finder］をクリック

2 ［環境設定］を選択

Finder環境設定が表示された

3 ［ハードディスク］にチェックを入れる

プラスワン　外部ディスクなどは表示される

初期設定でもMacBookにUSB接続した外付けHDDやUSBメモリ、CDドライブなどはアイコン表示されます。またiPodは外付けHDDとして認識されますが、iPod touchやiPhone、iPadは表示されません。

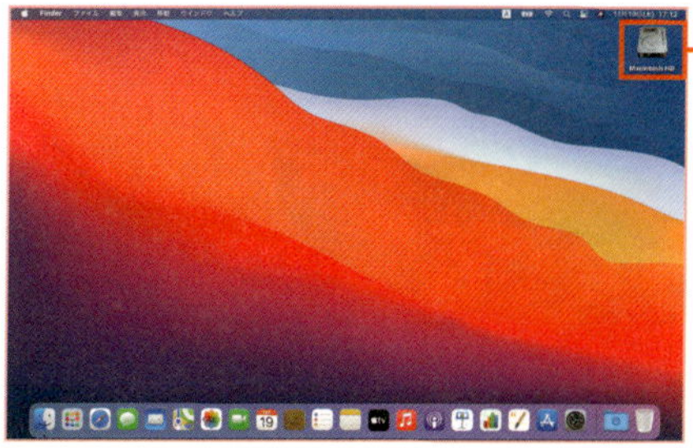

内蔵HDDのアイコンがデスクトップに表示された

Macintosh HDにはMacBookのシステムに関するファイルをはじめ、さまざまなデータが入っています。

プラスワン　Finderウインドウのツールバーをカスタマイズする

Finderウインドウのツールバーは、初期設定ではアイコン表示のみですが、ツールバー上を［control］＋クリックし、メニューから［アイコンとテキスト］を選ぶとアイコン名も表示されます。また［ツールバーをカスタマイズ］から表示するアイコンを変更できます。

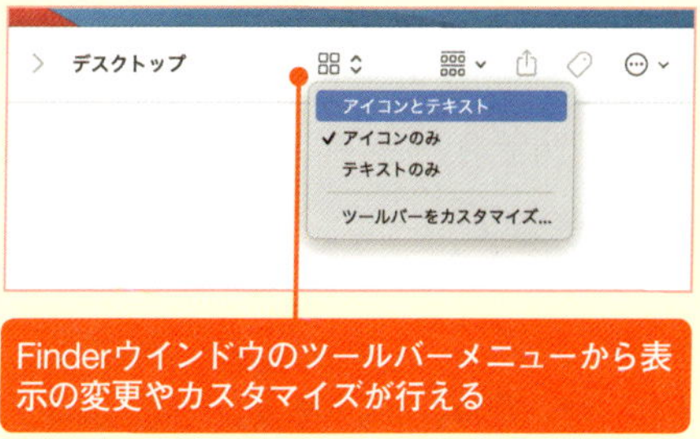

Finderウインドウのツールバーメニューから表示の変更やカスタマイズが行える

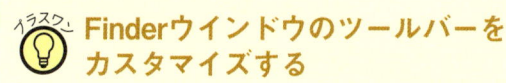

chapter 2
02

Dockの操作方法とカスタマイズ

Dockでよく使うアプリを呼び出す

デスクトップ画面の下部には、頻繁に使うアプリなどがすぐに呼び出せるDockというランチャーが表示されています。ユーザの好みに合わせて表示場所を変更できるなど、機能的な設計となっています。

知ろう　Dockの基本画面

初期状態のDockには、システム関連のアプリ、ダウンロードフォルダ、ゴミ箱などが登録されています。ユーザの好みに応じて登録アプリやフォルダの変更を行えます。

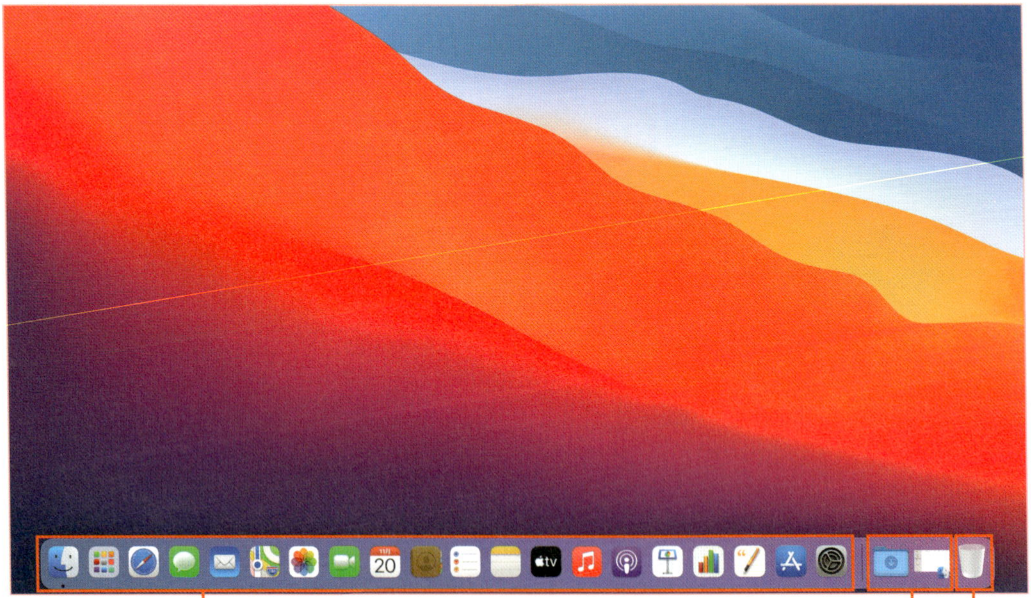

各種アプリアイコン
インストールされたアプリの一部が並びます。クリックひとつでアプリが起動します

フォルダ & ウインドウ
フォルダを登録したり、アプリウインドウを一時的に格納できます

ゴミ箱
ファイルやフォルダをドラッグ & ドロップで削除できます

アプリの更新通知もDockで確認

Dockにはデフォルトで App Storeのアイコンが配置されています。アプリの更新などのお知らせがある場合、アイコンの右上に数字（バッヂ）が表示され、更新件数をユーザに通知してくれます。

使おう Dockからアプリを開く

Dock内のアイコンをクリックするだけで、簡単にアプリを開けます。アイコンだけではアプリを判別できない場合、カーソルを合わせるとアプリ名が表示されます。

1 マウスポインタをアイコンに重ねる

アプリ名が表示される

2 そのまま1のアイコンをクリック

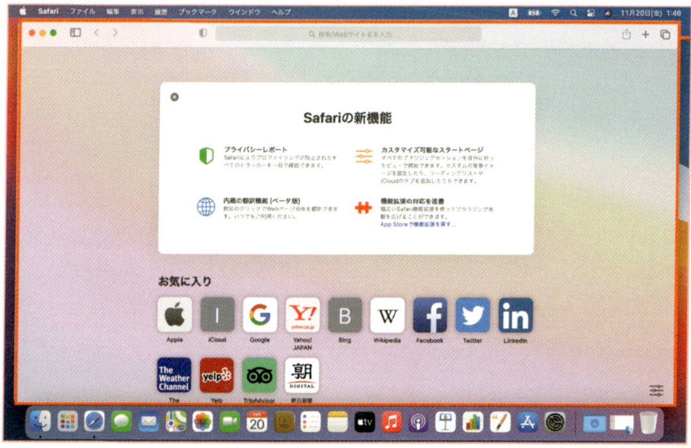

選択したアプリが開いた

使おう 開いているアプリをDockにしまう

開いたアプリは左上にある［最小化］ボタンをクリックすることでDockにしまえます。アプリを実行したまま、デスクトップを一時的に広く使いたいときなどに便利です。

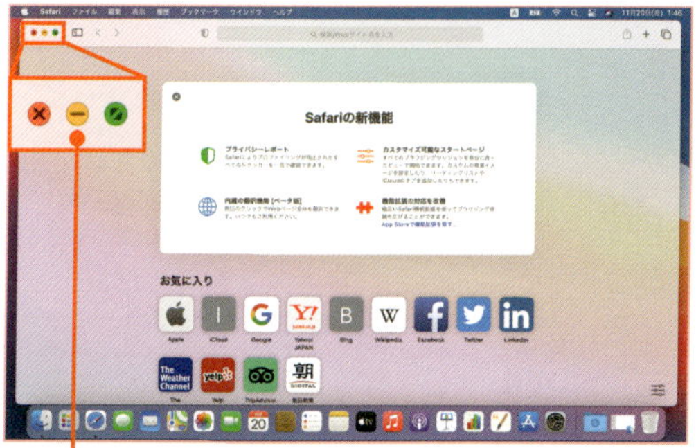

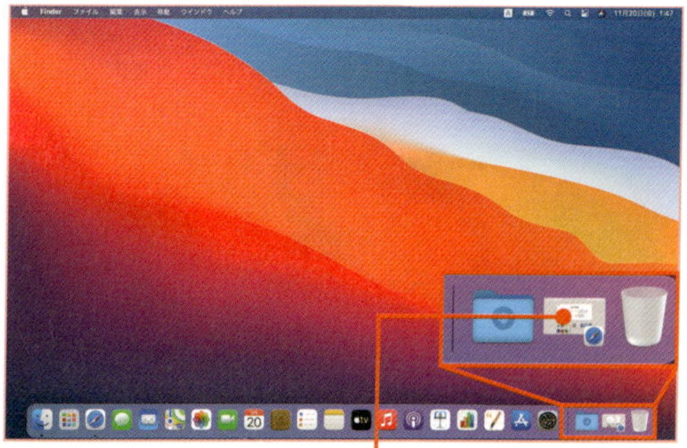

1 ウインドウの左上にあるボタンのうち真ん中の［最小化］ボタンをクリック

アプリのウインドウがDockに格納された

使おう　Dockにしまったアプリを元に戻す

Dockにしまったアプリは、もう一度そのアプリのアイコンをクリックすることで元に戻すことができます。その際、ウインドウのサイズや位置は、しまう前の状態に戻ります。

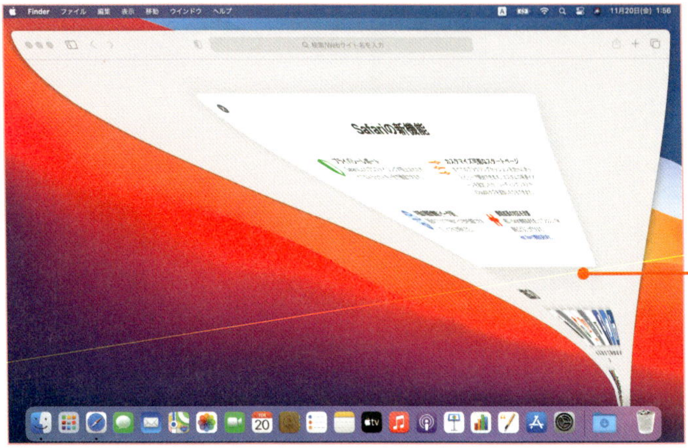

プラスワン　複数ウインドウをしまえる

Dockには複数のウインドウをしまうことができます。基本的には際限なく格納できますが、ウインドウの数が増えるとDock全体のアイコン表示も縮小されていき、操作しづらくなるので注意しましょう。

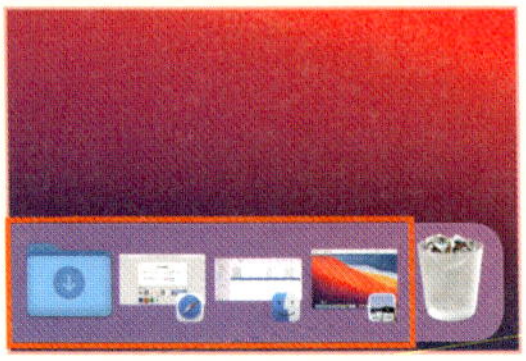

使おう　起動中のアプリをDockから終了させる

起動中のアプリは、Dock内のアプリアイコンを［control］キー＋クリックして表示されるメニューを使って終了させることができます。

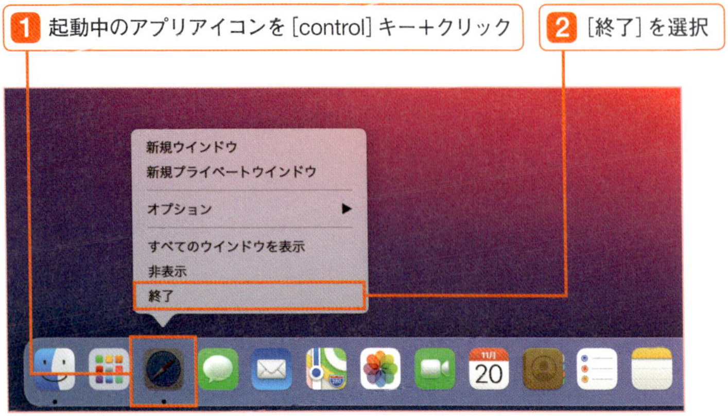

プラスワン　起動中のアプリの見分け方

起動中のアプリは、Dock内のアイコンの下に［●］が付くことで判別できます。

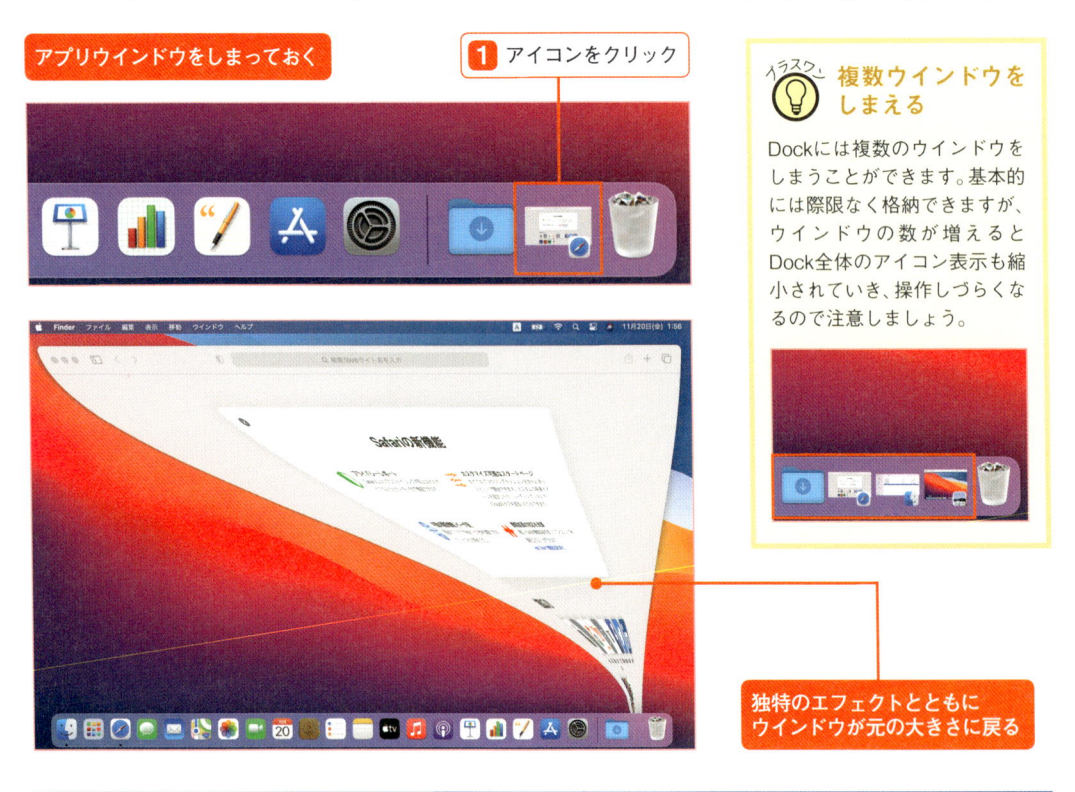

使おう Dockにアプリを追加する

新たにDockにアプリを追加したい場合は、アプリアイコンをDockへドラッグ&ドロップします。ここではLaunchpadから「株価」アプリをDockへ追加してみます。

1 [Launchpad] アイコンをクリック

「Launchpad」が起動する

プラスワン 「Launchpad」は終了しなくてOK

Macのアプリはウインドウを閉じても終了されませんが、Launchpadは元の画面に戻るだけで終了されます。

2 アイコンをDockにドラッグ&ドロップ

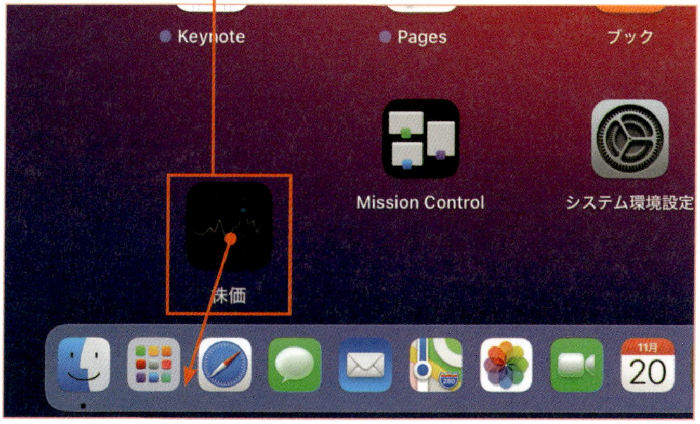

ヒント Dockに[?]マークが表示される

Dockに登録していたアプリ自体がMacから削除されてしまった場合、Dockに[?]と表示されることがあります。この場合、[?]をDockの外にドラッグ&ドロップすることで、削除することができます。

アプリのアイコンが追加された

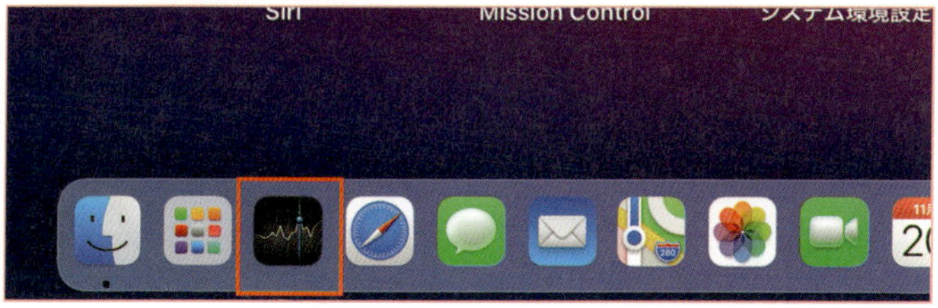

ドラッグした位置にアプリのアイコンが追加されました。Dock内でのアイコン移動もドラッグ&ドロップで行えます。

使おう　Dockの環境設定を開く

Dockは、[システム環境設定] の [Dockとメニューバー] を使ってカスタマイズすることができます。Dockのサイズや配置、エフェクトなどを変更できます。

1 [] をクリック

2 [システム環境設定] を選択

3 [Dockとメニューバー] をクリック

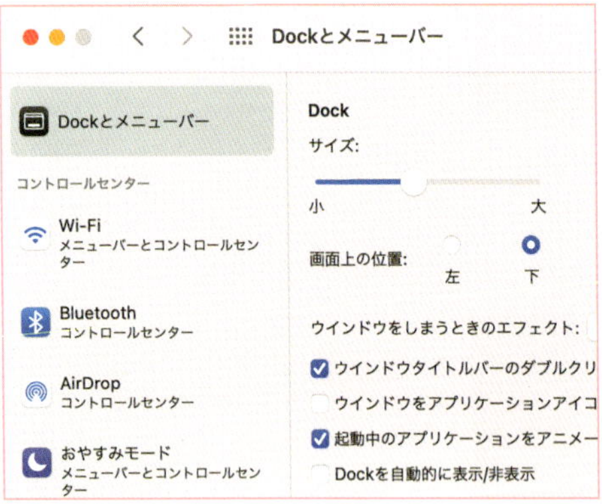

Dockの設定画面が表示された

イラスワン

Dockのサイズを簡単に変える方法

Dockのアプリアイコンとフォルダアイコンの境にある境界線にマウスポインタを合わせると、ポインタが上下矢印に変化します。このまま上にドラッグするとDockが拡大、下にドラッグすると縮小されます。

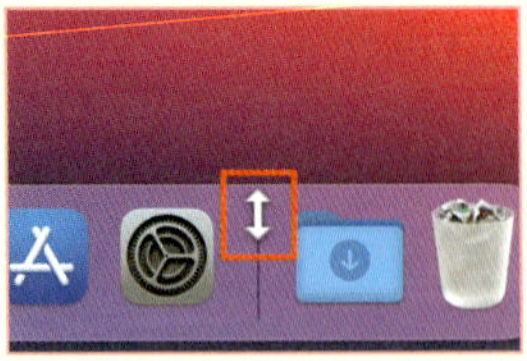

使おう　Dockのアイコンサイズを調整する

Dockのアイコンサイズはデスクトップの幅に応じて決まります。[拡大] にチェックを入れることでカーソルを重ねた箇所の周辺を拡大表示できます。

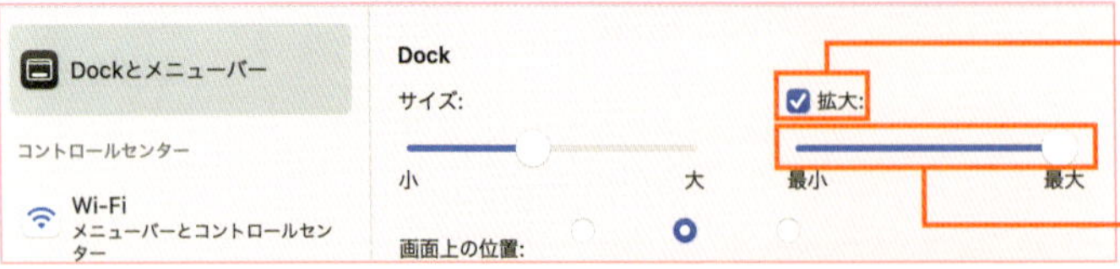

1 [拡大] をチェック

2 サイズを調節

カーソルを重ねた箇所の周辺だけを拡大表示するようになった

使おう Dockを必要なときだけ表示させる

Dockを使わないときに非表示にする設定を行うと、デスクトップを広く使え、作業がはかどります。

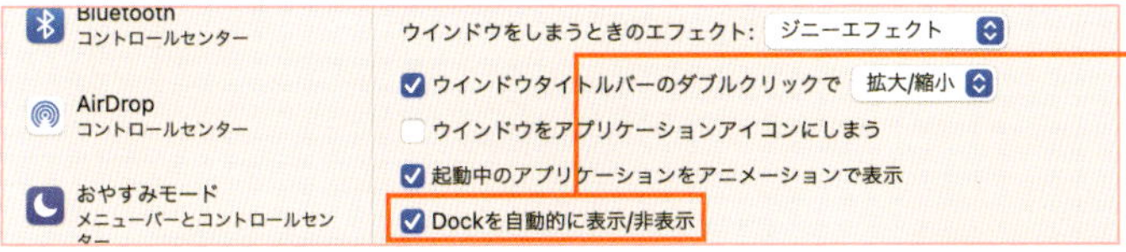

1 [Dockを自動的に表示／非表示] にチェック

2 マウスポインタを下方に持っていく

マウスポインタが近づいたときだけDockが表示されるようになった

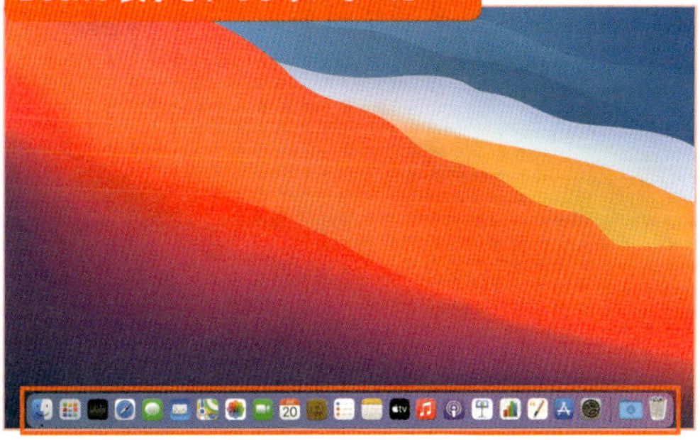

使おう Dockの表示位置を変更する

初期設定ではDockの配置位置はデスクトップの下端ですが、画面の右端や左端に表示位置を変更することができます。上記のDockを自動的に隠す設定とも併用が可能です。

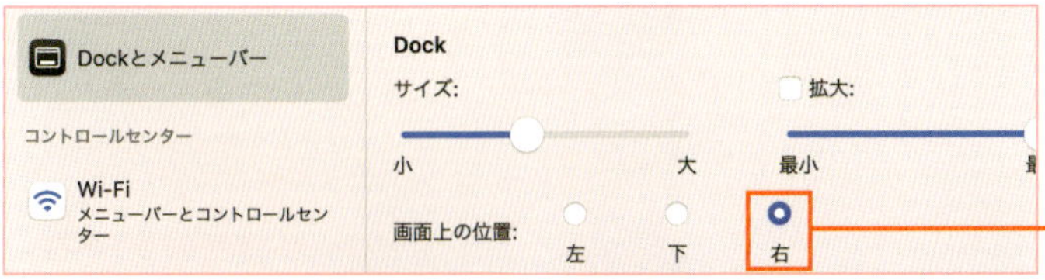

1 [画面上の位置] で [右] をクリック

Dockの配置位置が初期設定の [下] から [右] に変更された

イラスク

エフェクトの設定もできる

Dockにウインドウをしまうときの効果を選べます。初期設定は吸い込まれるようなアニメーションの [ジニーエフェクト] が選択されています。

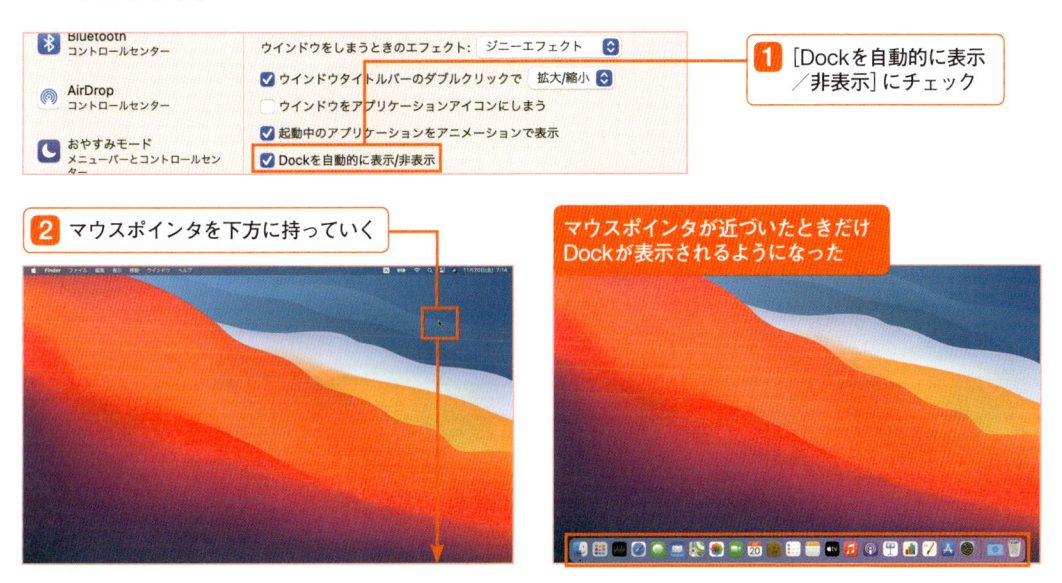

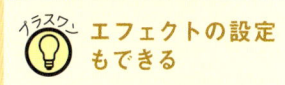

chapter 2
03

Finderの使い方を実践

Finderの基本操作

MacBook内に作成されていくさまざまなファイルやフォルダを操作するのがFinderウインドウです。Finderウインドウの操作に慣れることがMacBook使いこなしの第一歩です。

使おう　Finderをメニューバーから開く・閉じる

まずは真っさらな状態でFinderウインドウを開いてみましょう。メニューバーの［ファイル］から［新規Finderウインドウ］を選択します。

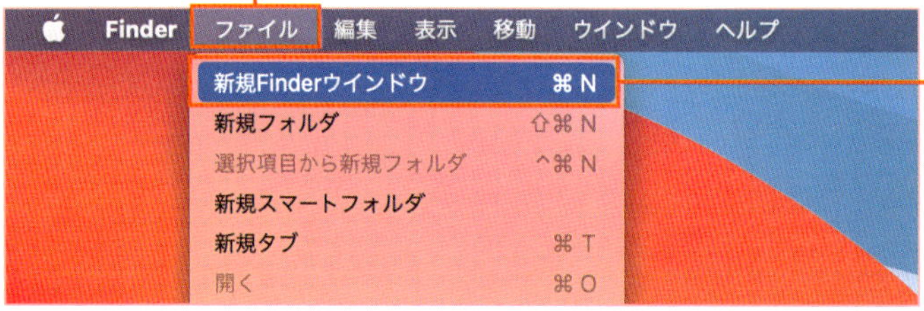

1 ［ファイル］をクリック

2 ［新規Finderウインドウ］を選択

Finderウインドウが開いた

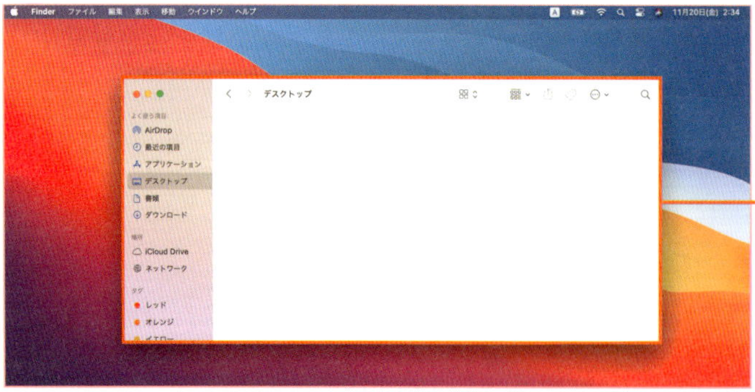

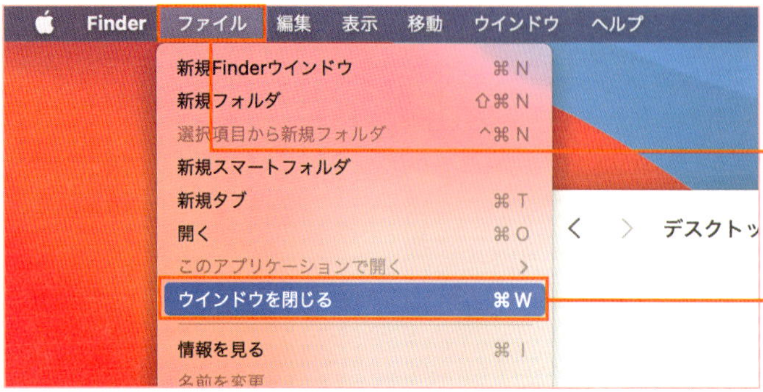

3 ［ファイル］をクリック

4 ［ウインドウを閉じる］を選択

Finderウインドウが閉じる

プラスワン　便利なウインドウの閉じ方

Finderウインドウを閉じるには左上にある［閉じる］ボタンをクリックするか、［command］+［W］キーを押します。

使おう Finderウインドウの見えない部分を表示させる

Finderウインドウはスクロールすることで、MacBookの中に格納されたファイルやフォルダを探し出すことができます。またFinderウインドウごと拡大や縮小も可能です。

新規Finderウインドウを開いておく

1 サイドバーの[アプリケーション]をクリック

アプリケーションフォルダが開かれる

2 トラックパッドを2本指で上方向にスワイプする

ウインドウがスクロールされ[見えない部分]が表示された

スクロールバーが表示されたらドラッグ操作も可能

3 ウインドウの右下にカーソルを合わせる

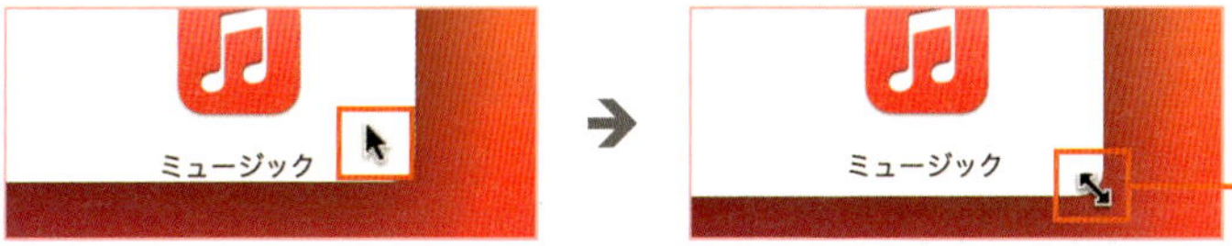

カーソルの形状が変化した

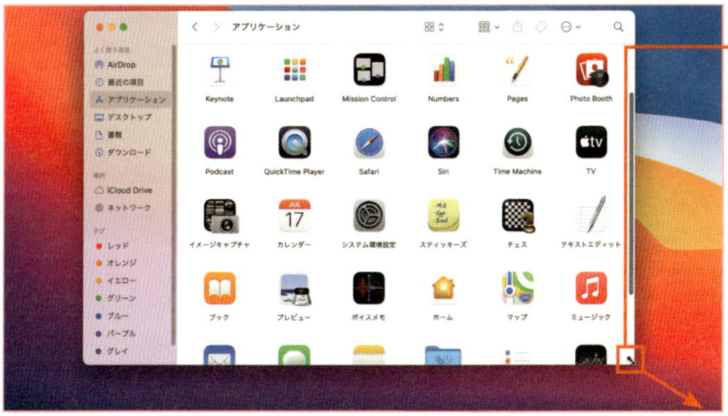

4 カーソルを右や下、斜め下など外方向にドラッグ

ウインドウの表示領域が広がった

Finderウインドウを縮小するには、カーソルをドラッグする方向を外側ではなく左や上など内側にします。

使おう 練習用のファイルを準備する

ここからは実践編として、実際にファイル操作を行っていきます。まずはスクリーンショットという機能で練習用のファイルを作成してみましょう。

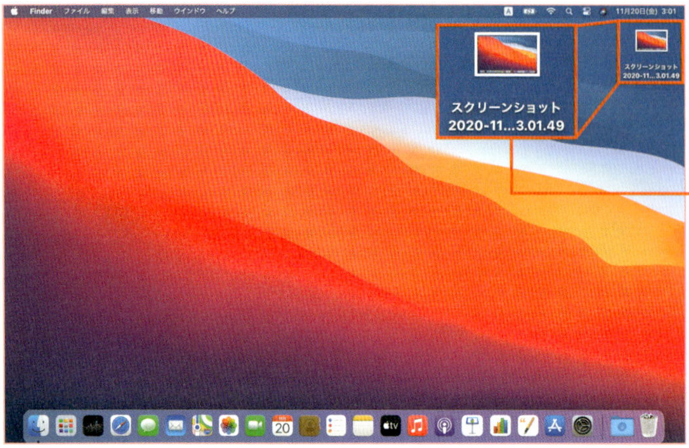

1 キーボードの[command]＋[shift]＋[3]キーを同時に押す

練習用の画像ファイルが作成された

スクリーンショットはMacBookの画面を画像ファイルとして保存する機能です（スクリーンショットの詳細はP.224を参照）。

使おう 新規フォルダを作成する

ファイルを分類・整理するための入れ物がフォルダです。Finderウインドウを開いている状態で、ウインドウ内に新しいフォルダを作成するには、[アクション]ボタンからメニューを呼び出します。

新規Finderウインドウを開いておく

1 サイドバーの[デスクトップ]をクリック

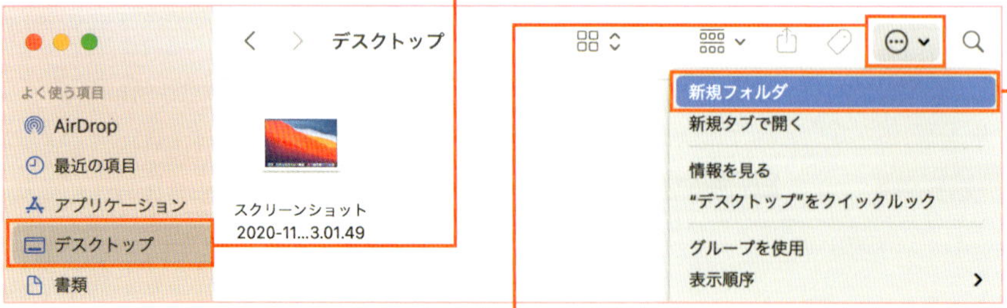

2 [アクション]ボタンをクリック

3 [新規フォルダ]を選択

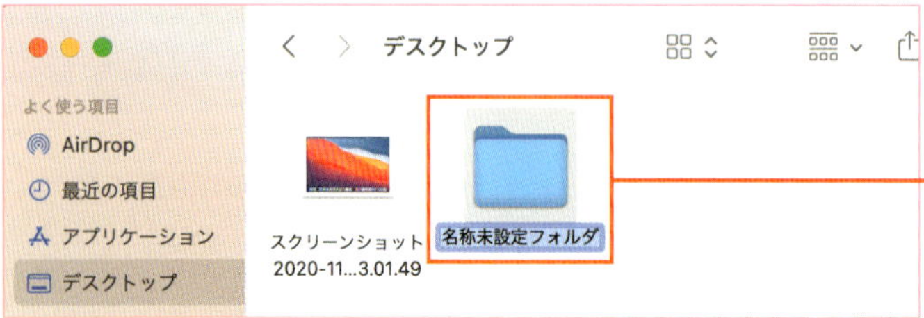

デスクトップに新規フォルダが作成された

Finderウインドウで[デスクトップ]を開くと、デスクトップ画面上にあるファイルやフォルダがウインドウ内に表示されます。

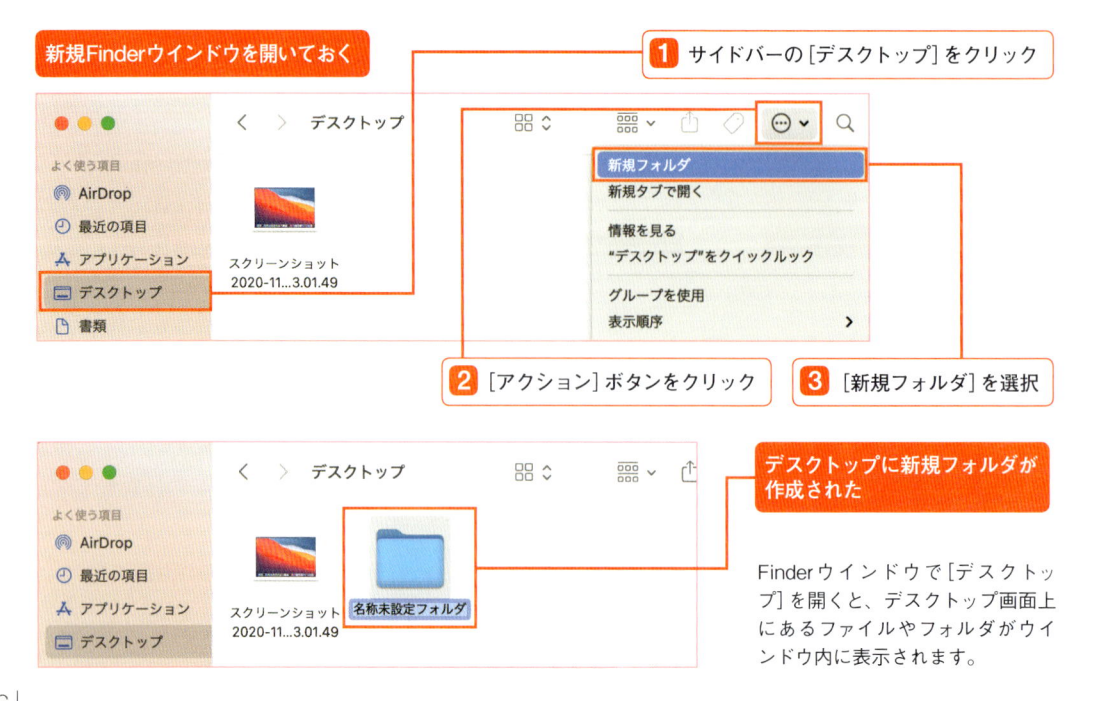

使おう ファイルをフォルダへ移動する

P.76で作成した練習用ファイルを新規フォルダの中に移動します。移動の際はクリックしたまま動かしフォルダ上で指を離す［ドラッグ&ドロップ］を行います。

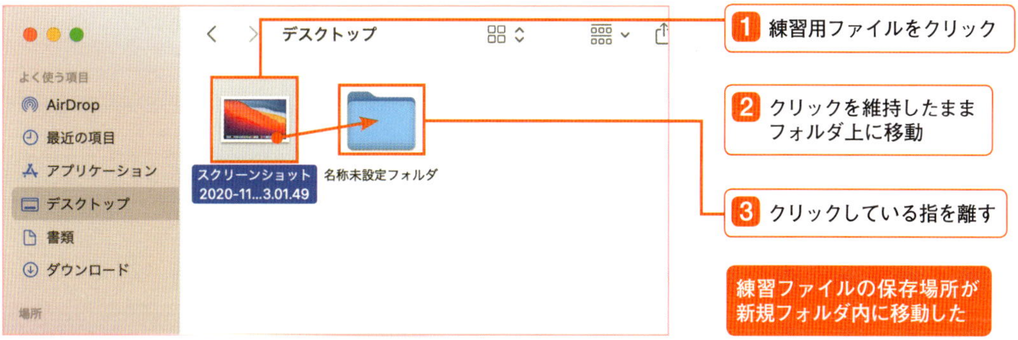

使おう フォルダを開く

フォルダを開いて、先ほど移動した練習用ファイルを確認します。フォルダを開くにはアイコン上ですばやく2回クリックする［ダブルクリック］で行います。カチカチッとリズミカルにクリックを連続して行うイメージです。

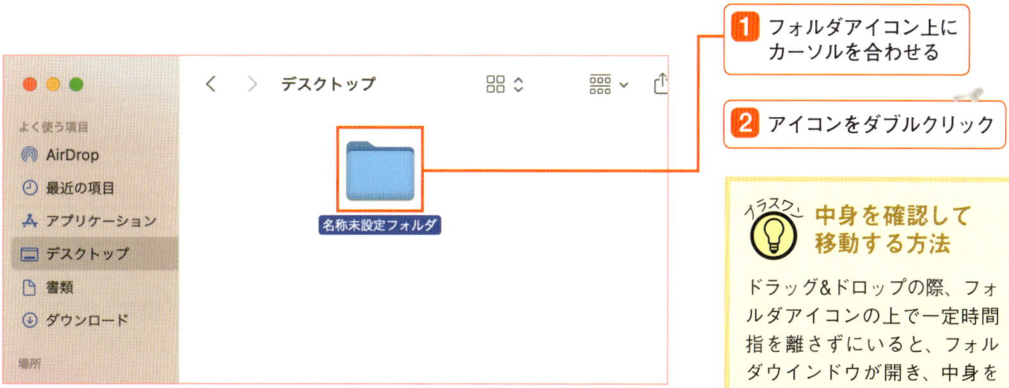

中身を確認して移動する方法

ドラッグ&ドロップの際、フォルダアイコンの上で一定時間指を離さずにいると、フォルダウインドウが開き、中身を確認することができます。

使おう　ファイル・フォルダをコピーする

フォルダの中に移動したファイルをコピーし、別のフォルダ内に複製するときは、アクションメニューの［コピー］と［ペースト］を使います。

1 コピーするファイルを選択

2 ［アクション］ボタンをクリック

3 ［コピー］を選択

4 ［戻る］ボタンをクリックし、デスクトップウインドウに表示を戻す

ヒント　**アクションメニュー**

Finderウインドウのツールバーで［アクション］ボタンをクリックして表示されるメニューをアクションメニューと呼びます。

デスクトップウインドウが表示された

5 ［項目をペースト］を選択

デスクトップにファイルが複製された

使おう　ファイル・フォルダを複製する

同じフォルダ内でファイルを複製するときは、アクションメニューにある［複製］を使うのが簡単です。複製したファイルは名前の末尾に［○○のコピー］と付記されます。

名称未設定フォルダを再度開いておく

1 複製するファイルを選択

2 アクションメニューの［複製］を選択

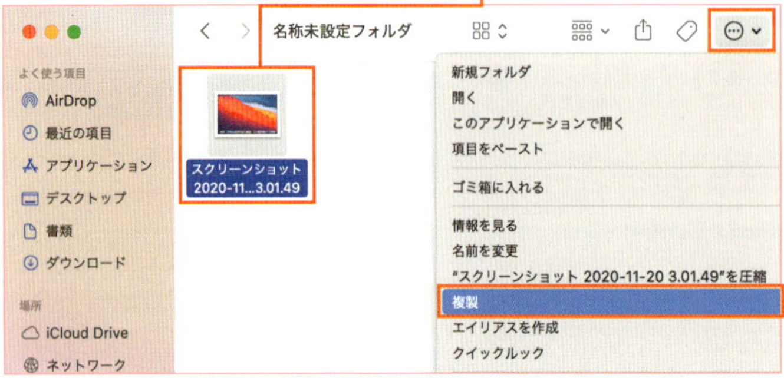

ファイルが複製された

プラスワン　**ドラッグと複製をまとめて行う**

ファイルを別のフォルダに複製する際、［option］キーを押しながらドラッグすると、その場所にファイルが複製されます。

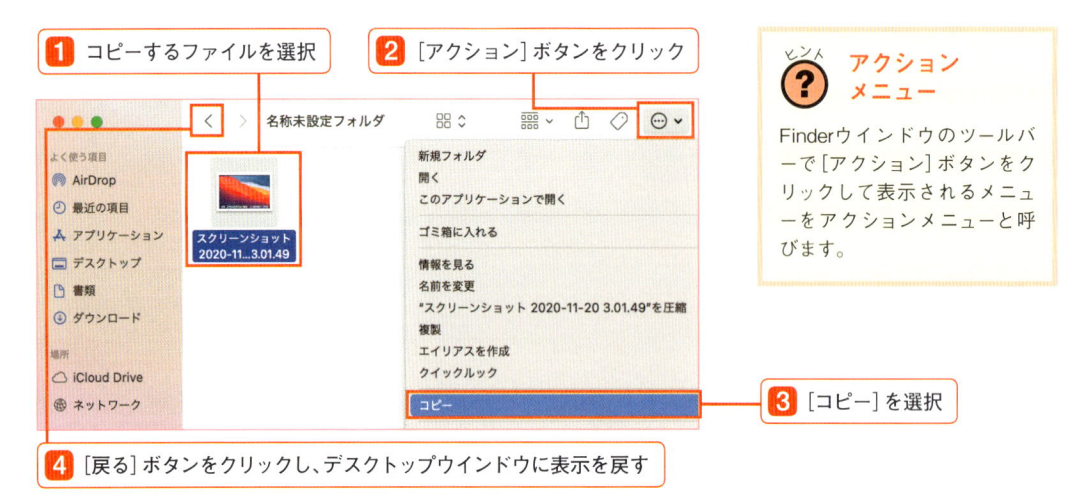

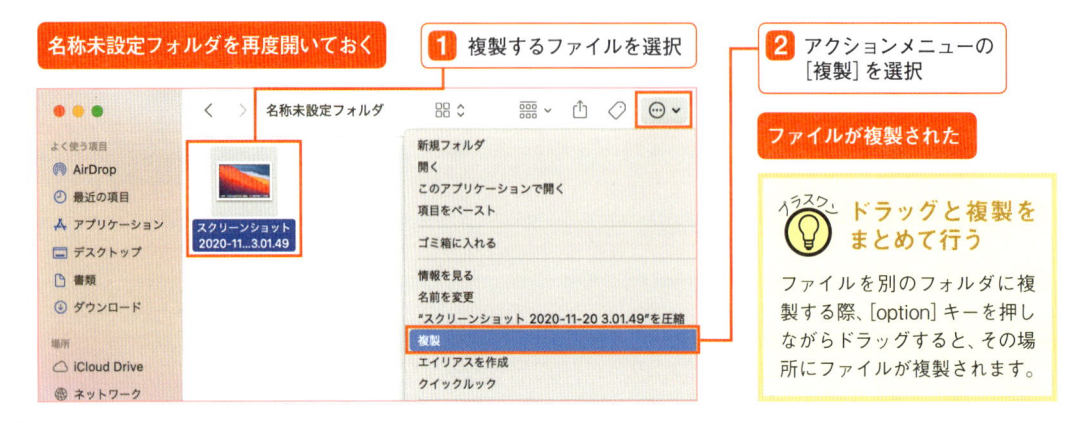

使おう　複数のファイル・フォルダを選択する

ファイルはクリックで選択できますが、複数のファイルを選択するにはドラッグで行うのが一般的です。ここでは複数のファイルを選択して複製します。

1 カーソルを大きくドラッグ

複数のファイルが選択される

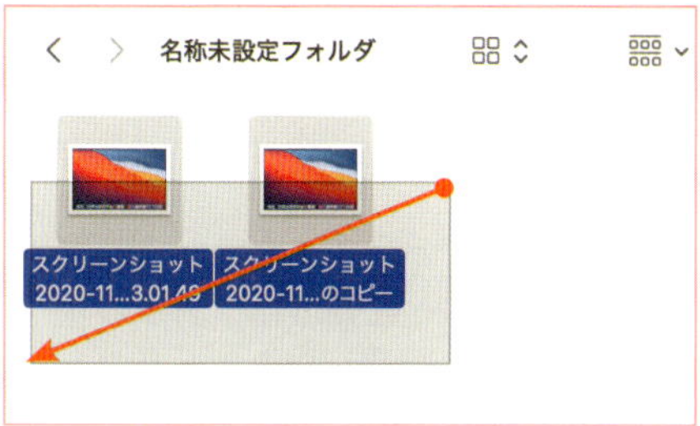

2 アクションメニューの［複製］を選択

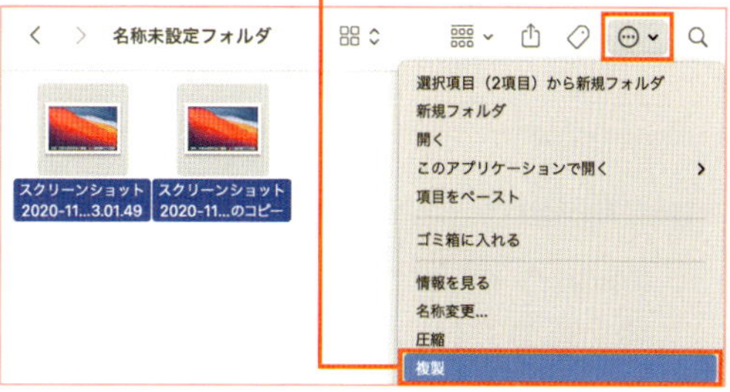

ファイルをドラッグして選択する際、ドラッグしたエリアがグレーになります。エリアに含まれないファイルは選択されません。

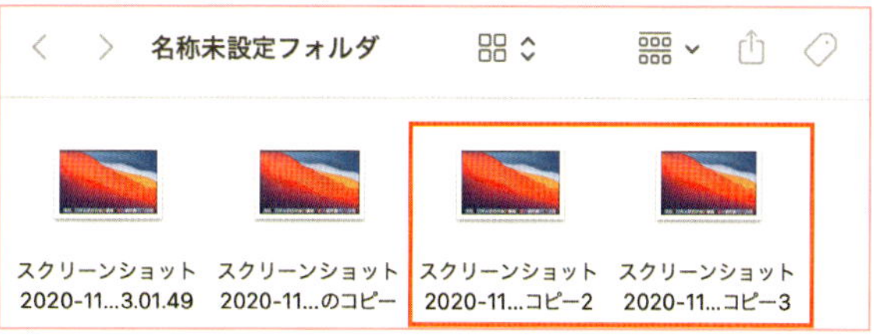

複数のファイルが複製された

使おう　複数のファイル・フォルダを削除する

ファイルを削除するには［ゴミ箱］に移す必要があります。ここでは離れた場所に表示されている複数のファイルを選択し、ゴミ箱に移す手順を解説します。

1 ［shift］キーを押しながらクリック

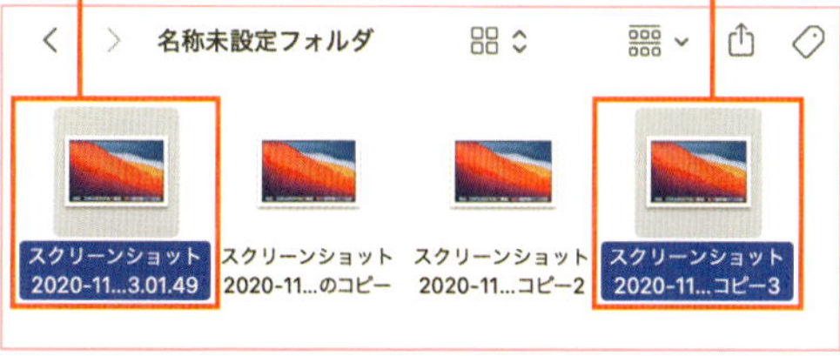

クリックしたファイルのみ選択された

2 アクションメニューの［ゴミ箱に入れる］を選択

選択中のファイルがゴミ箱に移動した

3 Dockの［ゴミ箱］アイコンをクリック

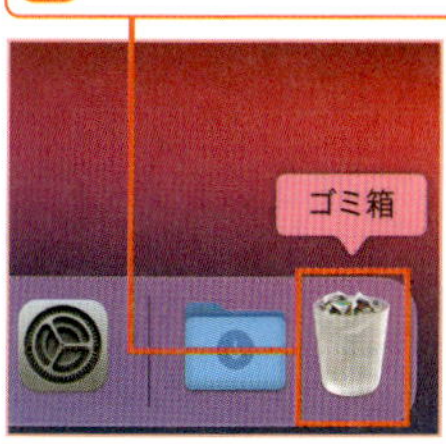

［ゴミ箱］が開いた

4 ［空にする］をクリック

ファイルが完全に削除された

ファイルの完全な削除はゴミ箱にファイルを入れ、中身を空にします。なおファイルを選択後［command］＋［option］＋［delete］キーでゴミ箱への移動と削除を一度に行えます。

04 Finderを使い倒す

Finderをさらに詳しく知る

Finderウインドウの操作に慣れたら、さらに便利な使い方を知っておきましょう。表示方法やアイコンサイズをサッと変更できるようになれば、MacBookの操作がよりスマートになります。

使おう ファイル・フォルダの表示を変更する

Finderウインドウは、通常のアイコン表示以外にも、ファイルを一覧表示しファイル情報を表示する［リスト］表示、フォルダの階層を表示する［カラム］表示、画像などをプレビュー表示する［ギャラリー］表示など、さまざまな表示方法に対応しています。

アイコン表示

フォルダやファイルをアイコンで表示します。アイコンはサムネイル表示され、写真やテキスト、ビジネス文書など、ファイルの種類や中身を視覚的に判別することができます。

リスト表示

ファイル・フォルダ名をリストで表示します。リストは上部の項目名をクリックすることで、作成日や変更日、サイズや種類などで並べ替えることもできます。

カラム表示

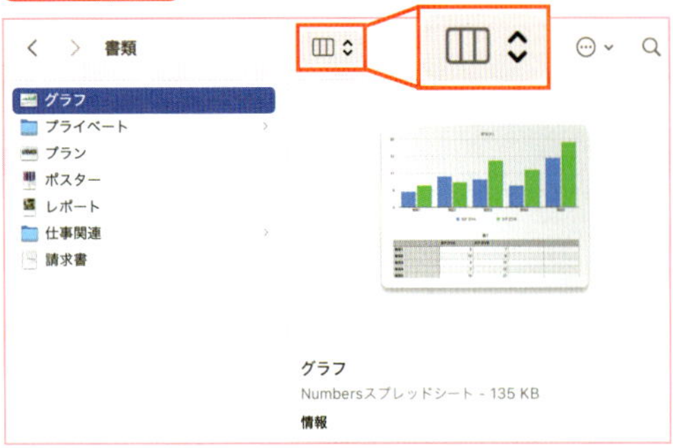

フォルダの階層を追って表示します。フォルダを選択すると、その中にあるフォルダやファイルをすばやく確認できます。ファイルを別のフォルダに移す際にも便利です。

ギャラリー表示

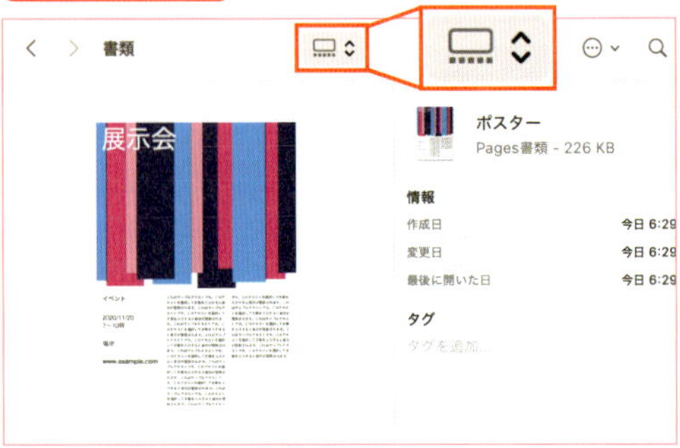

フォルダの内容を、大きなプレビューとリストで表示します。ビジネス文書や写真、ウェブサイトのブックマークなどのファイルを、アプリを使わずに確認することができます。

使おう Finderウインドウのタブ機能を使う

Finderウインドウには［タブ］機能が備わっており、ひとつのウインドウ内で複数のフォルダを開くことができます。画面を広く使いたいときに便利です。

新規Finderウインドウを開いておく

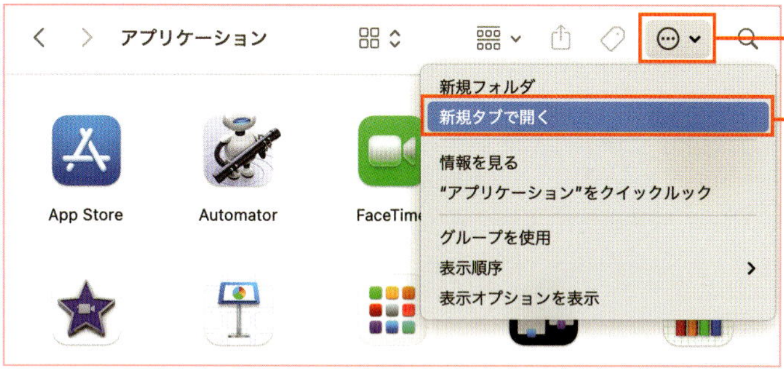

1 ［アクション］ボタンをクリック

2 ［新規タブで開く］を選択

新規タブが作成され新しいウインドウが開かれた

［+］をクリックするとさらにタブを作成できる

使おう ファイルの情報を見る

選択したフォルダの容量を確認したりファイルの詳細情報を確認したりするには［情報を見る］を使用します。［command］＋［I］キーのショートカットでも確認できます。

適当なファイル／フォルダを選択しておく

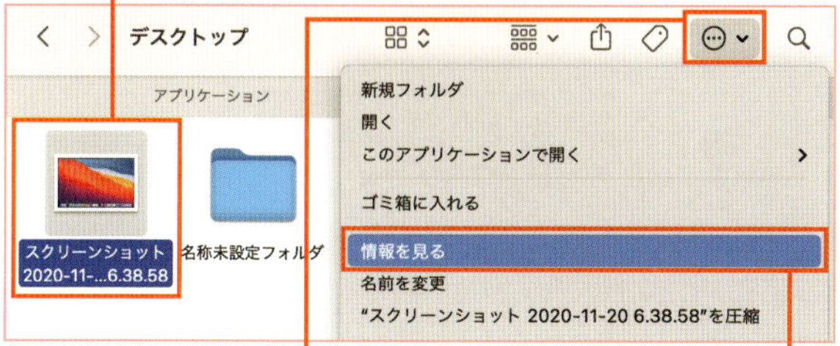

1 ［アクション］ボタンをクリック

2 ［情報を見る］を選択

ファイルの詳細情報が表示された

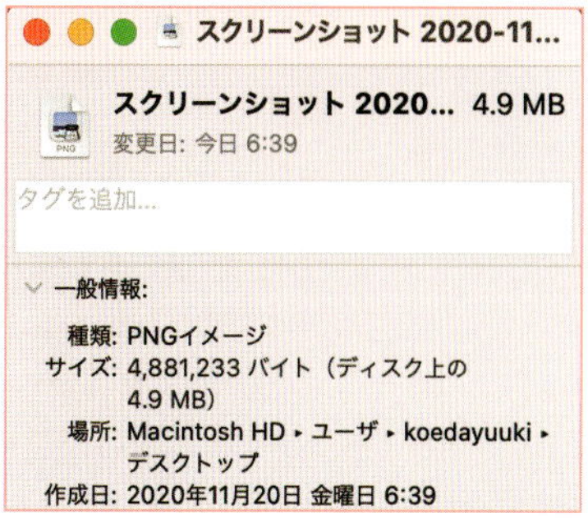

使おう サイドバーの表示内容を変更する

よく使うフォルダなどにすばやくアクセスできるサイドバーですが、使用環境に合わせカスタマイズをすれば、さらに便利に使うことができます。

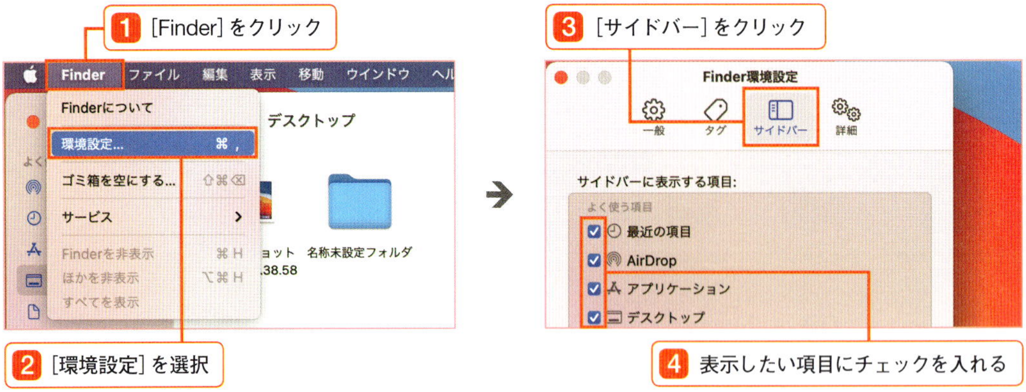

任意のフォルダをサイドバーに登録する

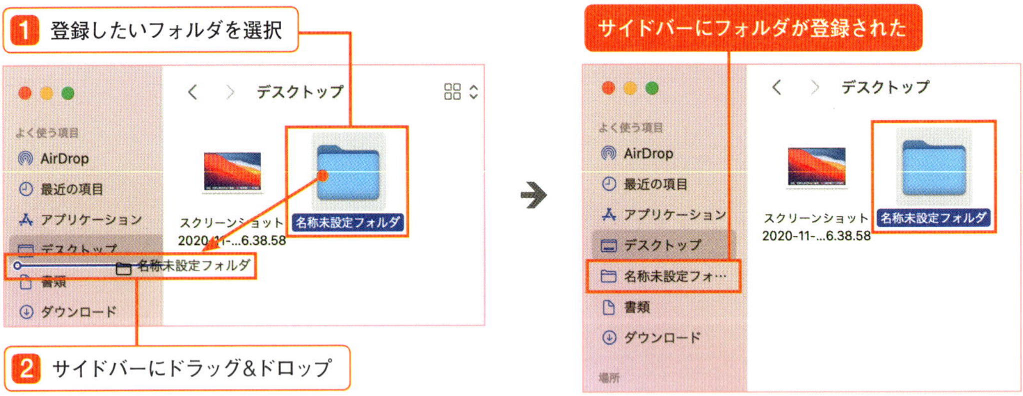

フォルダをタグで管理する

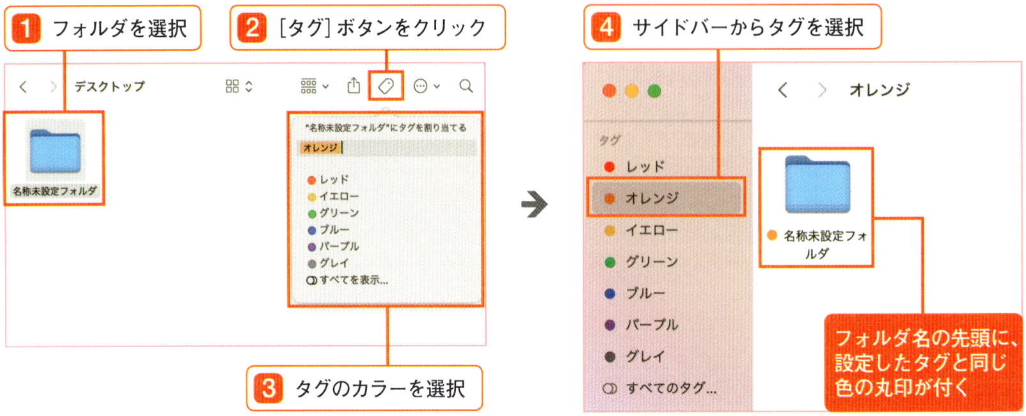

使おう Finderウインドウ内のアイコンサイズを変更する

アイコンやファイル名の文字サイズを変更したい場合には、表示オプションを使用します。初期設定では小さいと感じる場合などに活用しましょう。

1 [アクション]ボタンをクリック

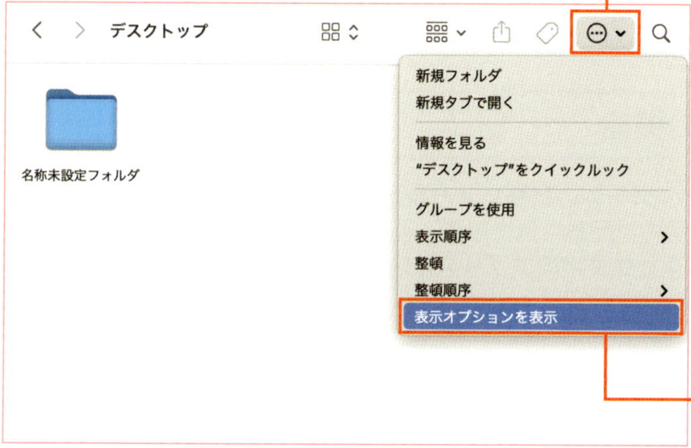

2 [表示オプションを表示]を選択

設定 サイドバーは[システム環境設定]で

サイドバーに表示するアイコンサイズは、[システム環境設定]の[一般]で変更できます。

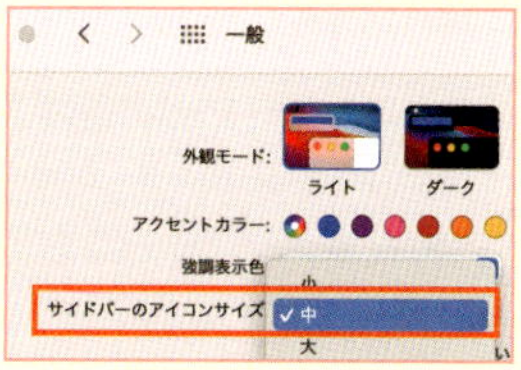

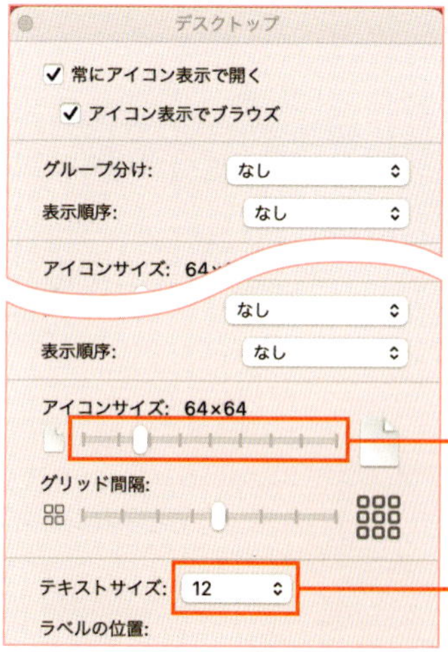

表示の設定は、フォルダ単位で適用されます。

3 アイコンサイズをスライダーで調整

4 テキストサイズを選択

表示サイズが拡大された

ヒント ファイルの拡張子を表示させるには

各ファイルは、保存形式を示す拡張子を持っており、ファイルの種別を判別するのに役立ちますが、初期設定では非表示となっています。ファイルの拡張子を表示させるには、[Finder]メニューの[環境設定]を開き[詳細]タブで[すべてのファイル名拡張子を表示]にチェックを入れます。

ファイルの拡張子が表示される

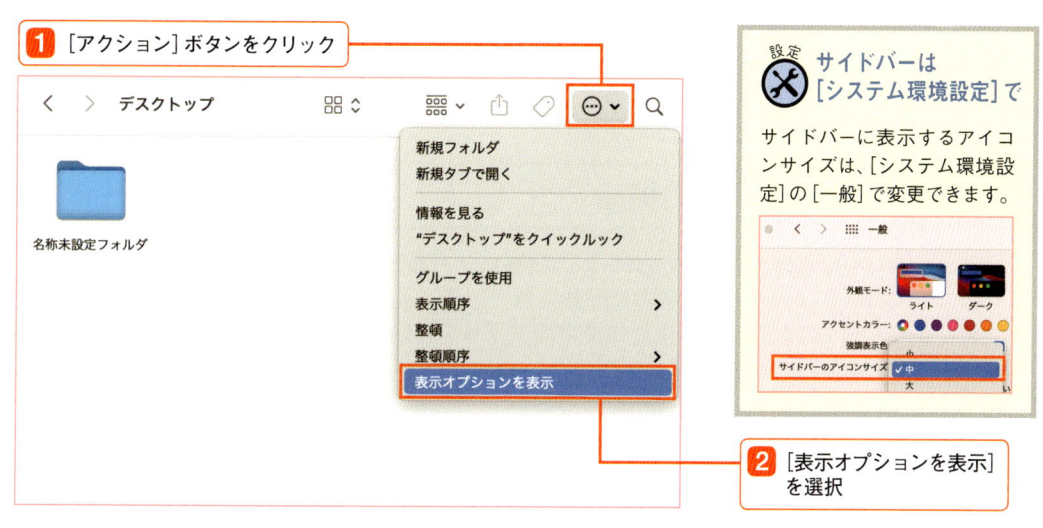

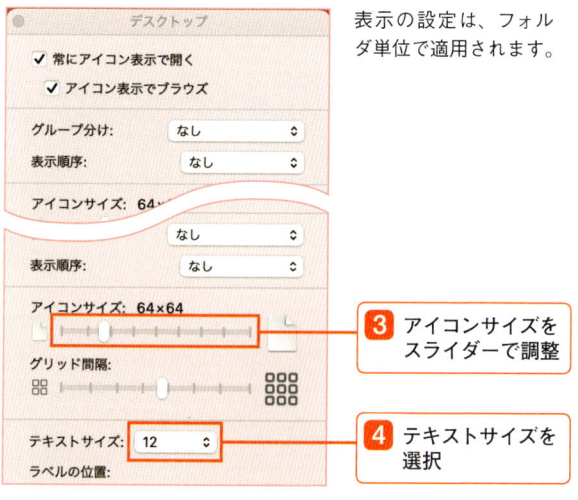

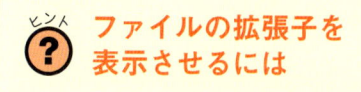

chapter 2
05

各種メニューを押さえる

メニューとFinderメニューを覗いてみよう

デスクトップ上部のメニューバーは大きく2つのブロックに分かれています。左側にはFinderや各種アプリの操作メニューが、右側には検索・通知やシステムのステータスアイコンなどが配置されています。

知ろう　メニューバーの機能

メニューバーは使用アプリやシステムの状態により表示が変わりますが、一番左にある(アップル)メニューと、一番右に配置された検索・通知アイコンは常に表示されます。またメニューの右側には、現在作業中のアプリ名が表示されます。

アプリケーションメニュー
各アプリのメニューやOSのメニューが呼び出せます

ステータスメニュー
システムの状態や起動中のアプリのアイコンなどが表示されます

Spotlight ／コントロールセンター／Siri／ 通知センター
左から検索機能の Spotlight、コントロールセンター、音声検索機能の Siri、通知センターが並びます

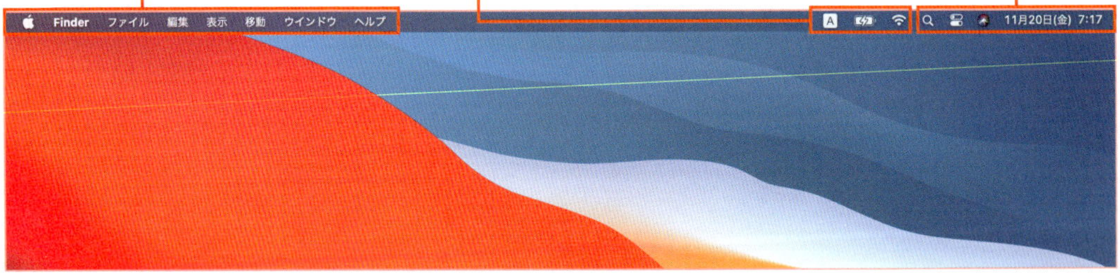

基本のメニューバー

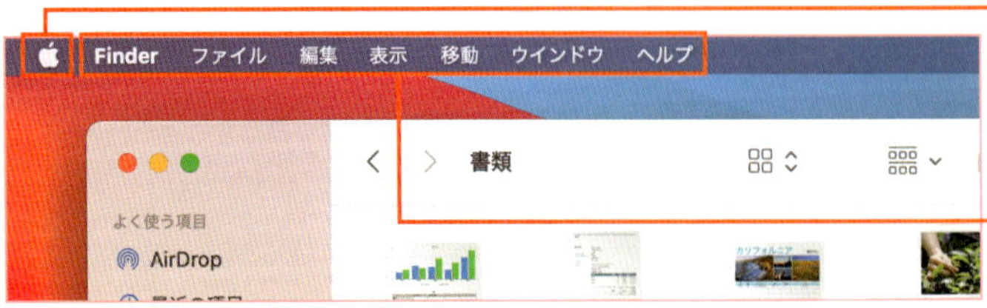

(アップル) メニュー
システムに関わるメニューが表示されます。アプリメニュー表示中も表示されます

Finderメニュー
Finder を選択中は、Finder 操作を行うためのメニューが表示されます

アプリ利用時のメニューバー

各アプリメニュー
使用中のアプリが持つメニューが表示されます。ここではSafariを使用時のメニューが表示されています

知ろう　すべての操作の起点となるメニュー

メニューバーの左端にあるのが(アップル)メニューです。Macの再起動やシステムの終了、アプリの強制終了のほか、各種システムの設定を行う[システム環境設定]などを呼び出すことができます。ほかのアプリを使用時にもメニューは表示されます。

システム環境設定
システムに関するメニューが初期状態では31項目に渡り分類され、各種設定の変更などが行えます（詳細はP.52を参照）

App Store
アプリやSafariの拡張機能の購入・ダウンロードを行えます(詳細はP.167を参照)

強制終了
動かなくなってしまったアプリを強制的に終了します

スリープ／再起動／システム終了
スリープ：電源が入った状態でMacBookを休止させます
再起動：電源を一度落としMacBookを自動的に起動させます
システム終了：macOSを正常に終了させ電源を落とします

○○(ユーザ名)をログアウト
使用中のユーザをシステムより退出させ、MacBookに登録されたほかのユーザに切り替えます

1 このMacについて

使用中のMacのハードウェア情報、macOSのソフトウェア情報を確認できます。ストレージ全体の使用量や残容量などを知ることができます

[このMacについて]を選択すると[概要]タブが開きます。タブを切り替えると、詳細情報を確認できます。

[ストレージ]ではHDDやSSDの使用状況がわかります。

2 最近使った項目

最近利用したアプリケーションやファイルをすばやく呼び出すことができます

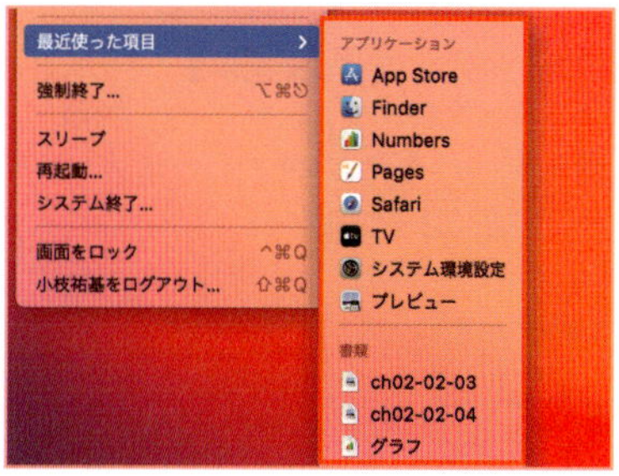

初期状態では10個のアプリやファイルが表示されます。[システム環境設定]の[一般]で表示数を増やすこともできます。

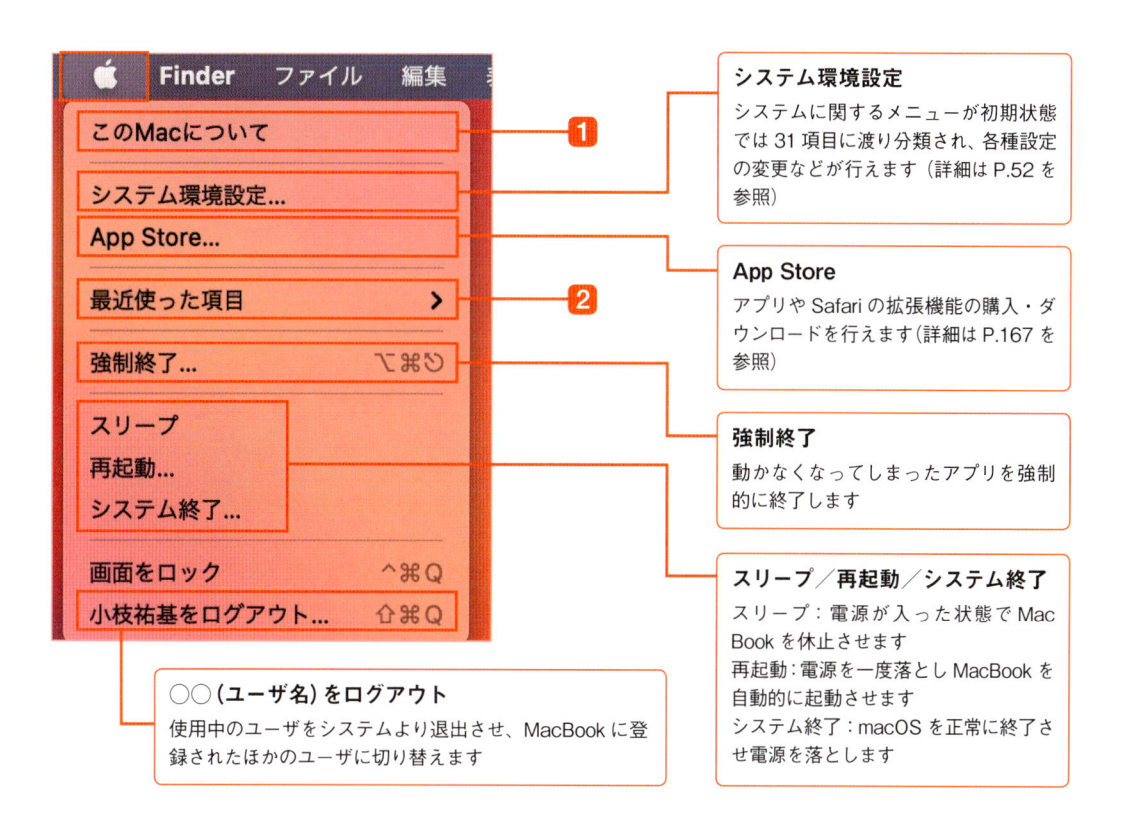

知ろう　Finderの各種メニュー

メニューバーでは、メニュー名をクリックすると、詳細なメニューが表示されます。内容は使用するアプリにより異なりますが、共通しているものも多いです。ここではFinderメニューを中心に、メニューの内容を紹介します。

≫［Finder］メニュー

Finderについて
Finder のバージョンを確認できます

Finderを非表示／ほかを非表示／すべてを表示
Finder を非表示：展開中のフォルダやメニューなどの Finder ウインドウを非表示にします
ほかを非表示：展開中のアプリウインドウを非表示にします
すべてを表示：非表示にしたすべてのウインドウを表示させます

1 環境設定

［Finder 環境設定］パネルを呼び出します。［一般］、［タグ］、［サイドバー］、［詳細］の 4 つの項目に分類され、各項目のタブを開いて設定の変更を行えます

デスクトップにアイコン表示させる項目や新規ウインドウで開く場所などを設定します。

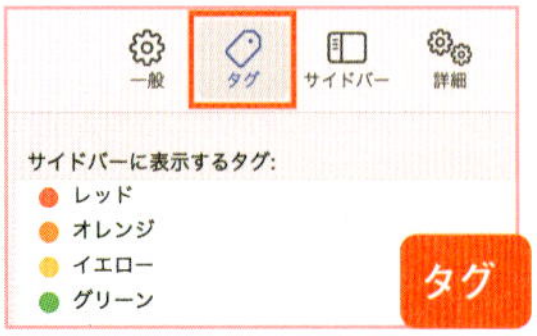

サイドバーに表示するタグの種類や、新たなタグの作成などを行えます。

［よく使う項目］など、サイドバーに表示させる項目の追加や削除を行えます。

拡張子の表示設定や各種警告、検索実行時の範囲など細かな設定を行えます。

2 ゴミ箱を空にする

ゴミ箱に入れた不要なファイルやフォルダは［ゴミ箱を空にする］を実行することで、Mac から完全に削除されます

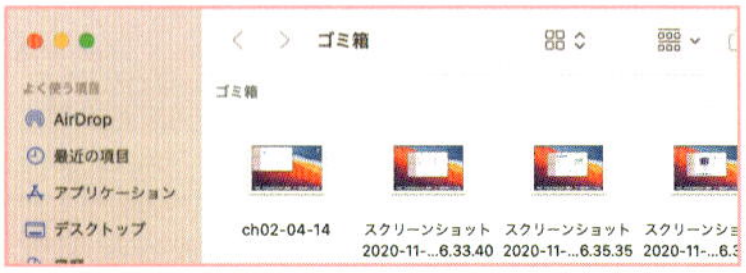

ファイルやフォルダはゴミ箱に入れた状態では削除されずゴミ箱に保管されています。

3 サービス

選択中のファイルやフォルダに対して行える操作メニューを表示します。コンテクストメニューにも同じ内容が表示されます

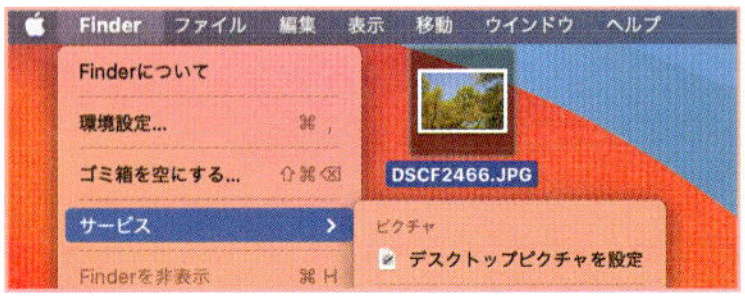

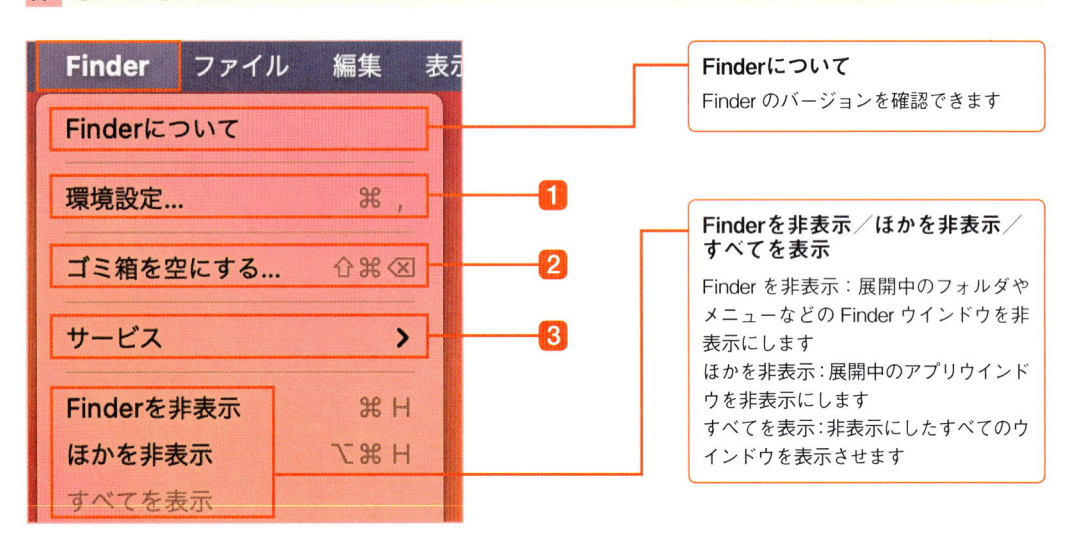

［ファイル］メニュー

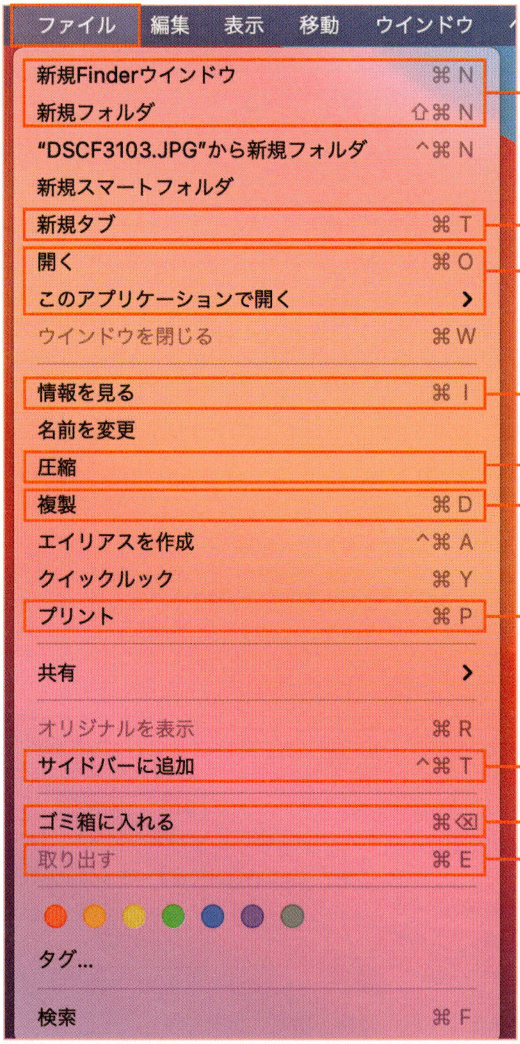

新規Finderウインドウ／新規フォルダ
新しいウインドウやフォルダを作成します（詳細は P.76 を参照）

新規タブ
展開中のウインドウ内にタブを作成します（詳細は P.81 を参照）

開く／このアプリケーションで開く
開く：選択したファイルを既定のアプリで開きます
このアプリケーションで開く：特定のファイルを開くアプリを指定します

圧縮
選択中のファイルやフォルダを ZIP という形式で圧縮します

複製
選択したファイルやフォルダと同じデータを複製します

サイドバーに追加
アプリやファイル、フォルダをサイドバーに登録します（詳細は P.82 を参照）

ゴミ箱に入れる
選択したファイル、フォルダをゴミ箱に移動します

取り出す
CD や DVD などのメディアやファイルを Mac から取り出します

1 情報を見る

ファイルやフォルダのサイズや種類、作成・変更日、保存場所などの情報がわかります

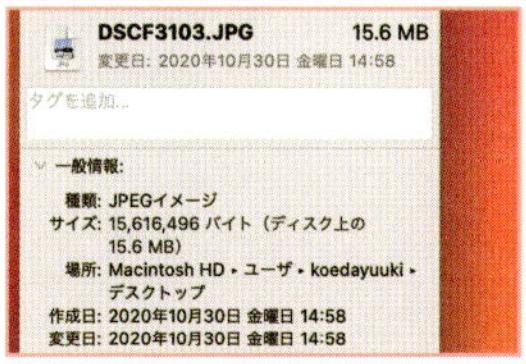

2 プリント

写真やWebページ、WordやExcelで作成した文書などを、プリンタで印刷することができます。またPDFとして保存することも可能です

［プリント］を選ぶとダイアログが表示され、プレビューを見ながら印刷方法の調節が行えます（プリンタの設定はP.296を参照）

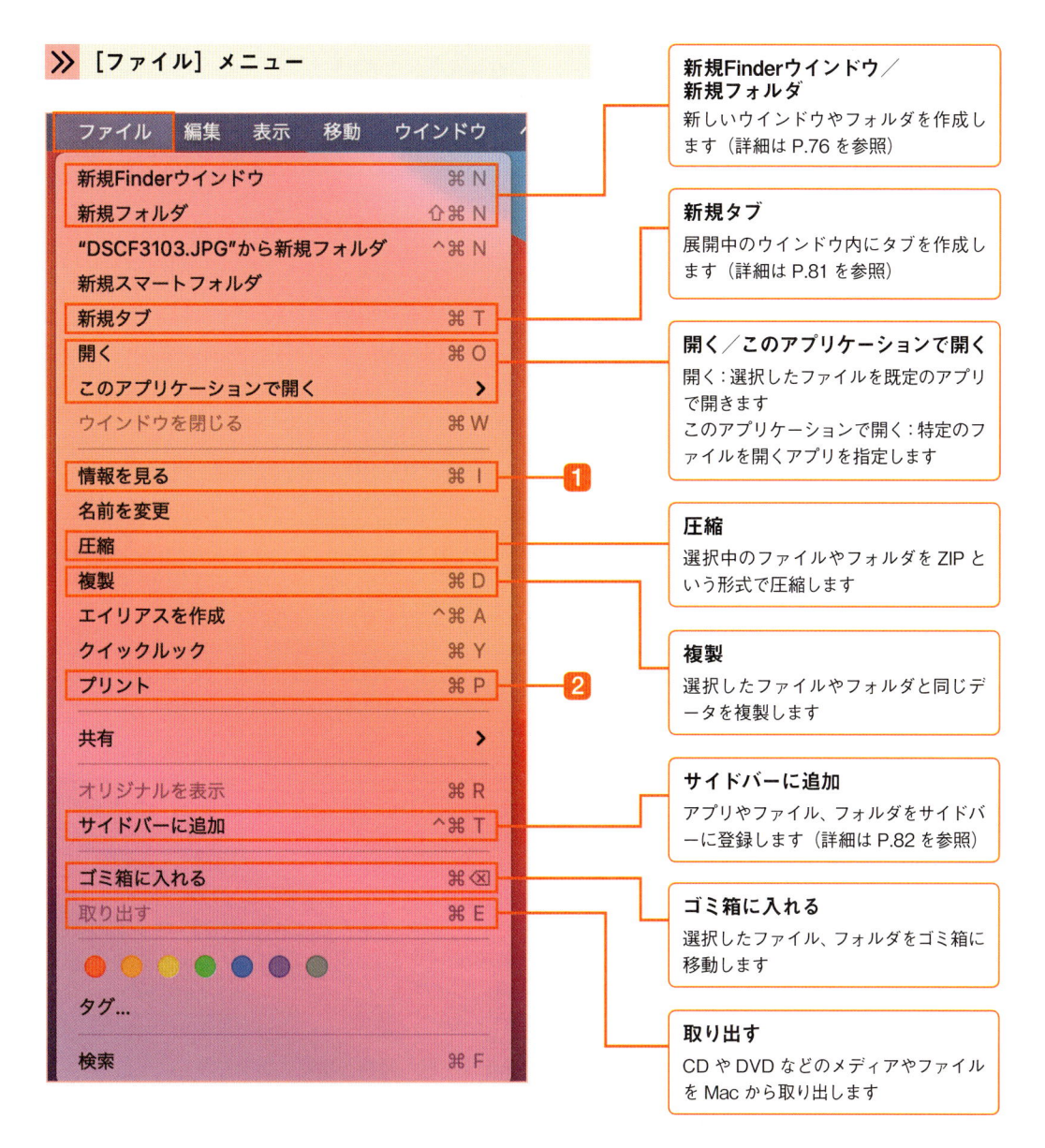

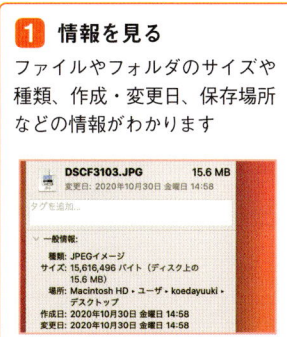

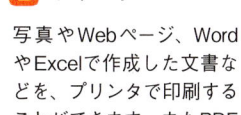

[編集] メニュー

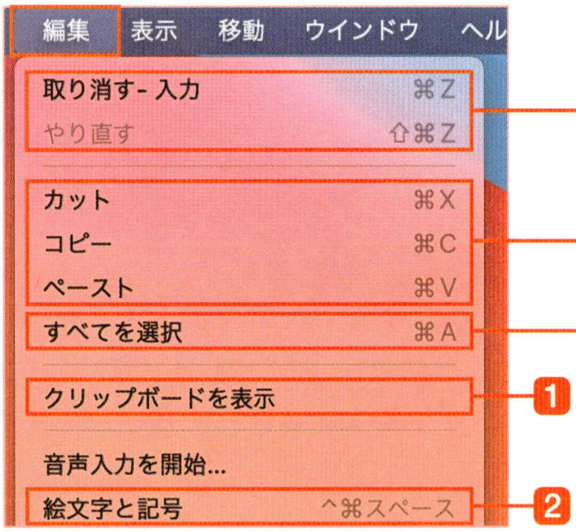

取り消す／やり直す

取り消す：ファイルやフォルダに対して直前に行った操作を取り消すことができます

やり直す：取り消した操作を再度元に戻せます

カット／コピー／ペースト

カット：選択箇所をコピーし切り取ります

コピー：ファイルやフォルダ、テキストなどをコピーします。コピー元の情報はそのまま残ります

ペースト：コピーしたファイルやフォルダ、テキストなどを指定した場所に貼り付けます

すべてを選択

デスクトップやフォルダ内などアクティブなウインドウ内にあるすべてのファイルやフォルダを選択状態にします

1 クリップボードを表示

コピーしたファイルやフォルダ、テキストはクリップボードに一時的に保存されます

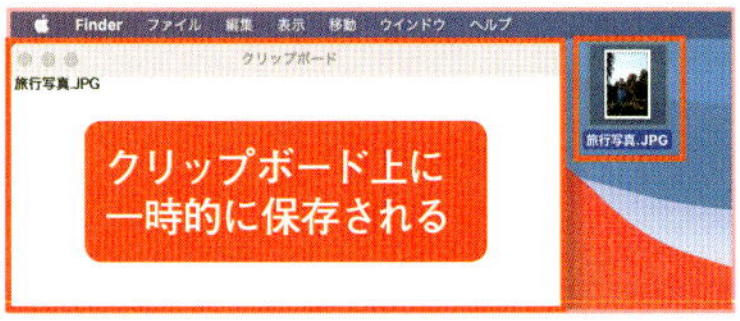

2 絵文字と記号

人物や動物、食べ物や建物など多様な絵文字や、単位、象形文字、技術用記号、標識などの特殊文字を呼び出し、クリック操作でテキスト内に入力できます

[表示] メニュー

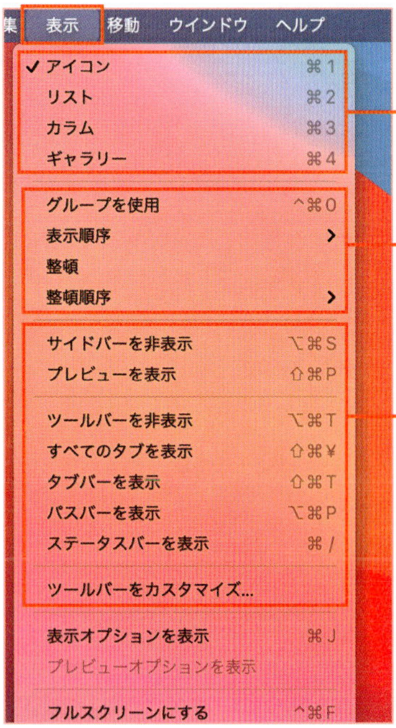

アイコン／リスト／カラム／ギャラリー

大きくファイルをプレビューする［ギャラリー］など、フォルダ内のファイルの表示方法を変更できます。P.80 のツールバーを使った操作と同じ結果を得られます

グループを使用／表示順序／整頓／整頓順序

デスクトップやフォルダ内のアイコンを整列させたり、ファイルの種類や作成日で並べ替えができます。グループ別に表示変更もできます

ウインドウ内の各種表示

Finder ウインドウに 1［タブバー］、2［パスバー］、3［ステータスバー］、4［サイドバー］、5［プレビュー］、6［ツールバー］を表示したり隠したりできます

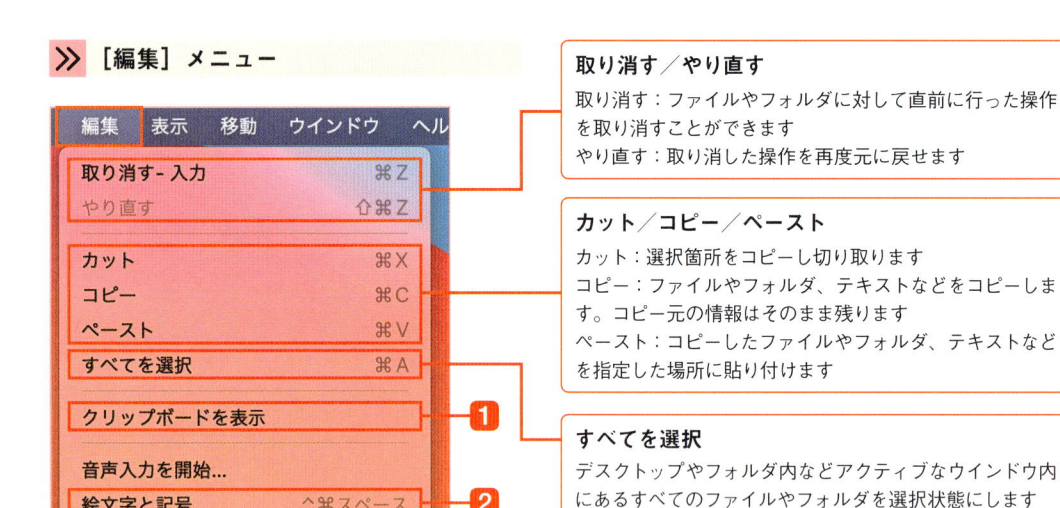

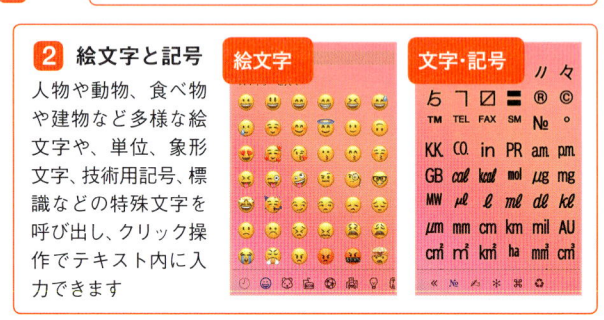

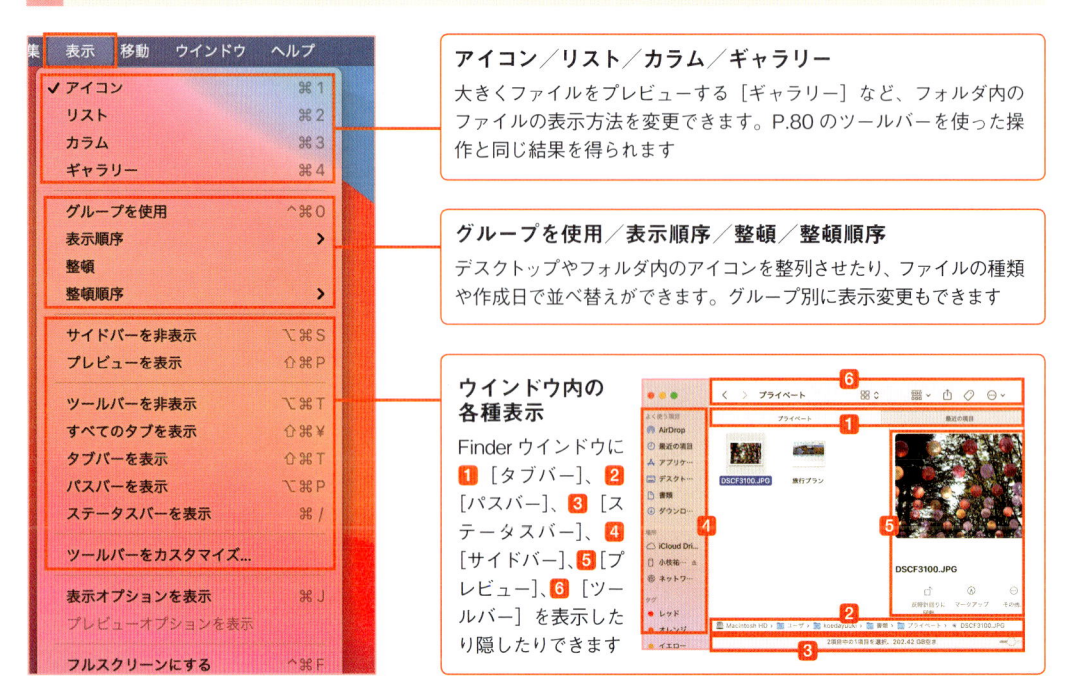

》［移動］メニュー

戻る／進む

戻る：直前にFinderウインドウで開いていた場所に移動します
進む：［戻る］操作前の場所に進みます

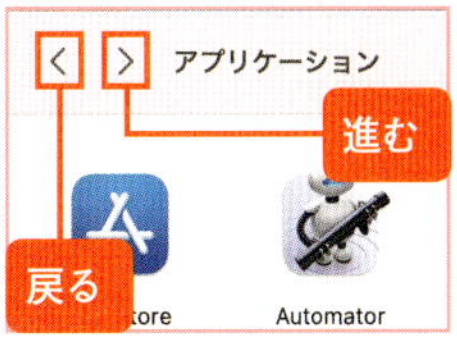

最近使った項目

保存場所に依らず直近で操作したファイルから順に、同一のFinderウインドウで表示します。

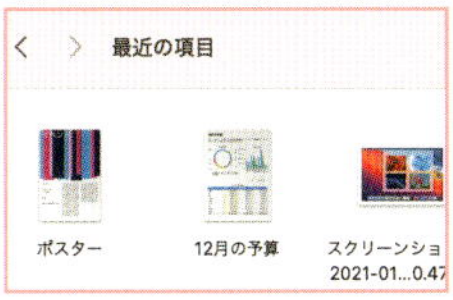

各種フォルダに移動

Mac内に用意された各種フォルダを開きます

フォルダへ移動

コマンドを使用してMac内のフォルダへ移動ができます

》［ウインドウ］メニュー

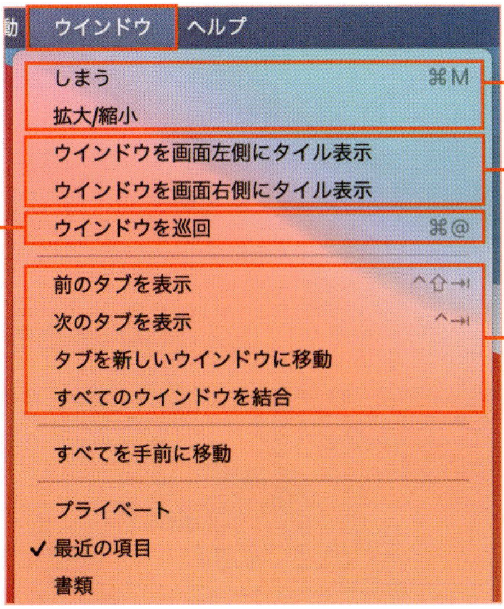

しまう／拡大/縮小

しまう：開いているウインドウをDockに格納します
拡大/縮小：ウインドウのサイズを拡大・縮小します

ウインドウを画面左側（右側）にタイル表示

2つのアプリケーションやフォルダウインドウなどを並べて閲覧、比較できるSplit Viewモードに切り替わります

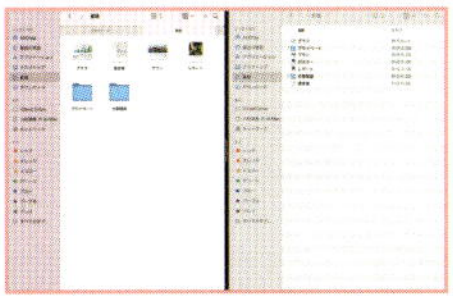

ウインドウを巡回

複数のウインドウが開かれている場合、順々にアクティブウインドウを切り替えます

各種タブメニュー

前のタブ（次のタブ）を表示：Finderウインドウ内で表示中のタブを切り替えます
タブを新しいウインドウに移動：タブを独立したFinderウインドウで開きます
すべてのウインドウを結合：デスクトップ上で複数のウインドウが開かれている場合、それらをひとつのウインドウにまとめ、タブとして分類表示します

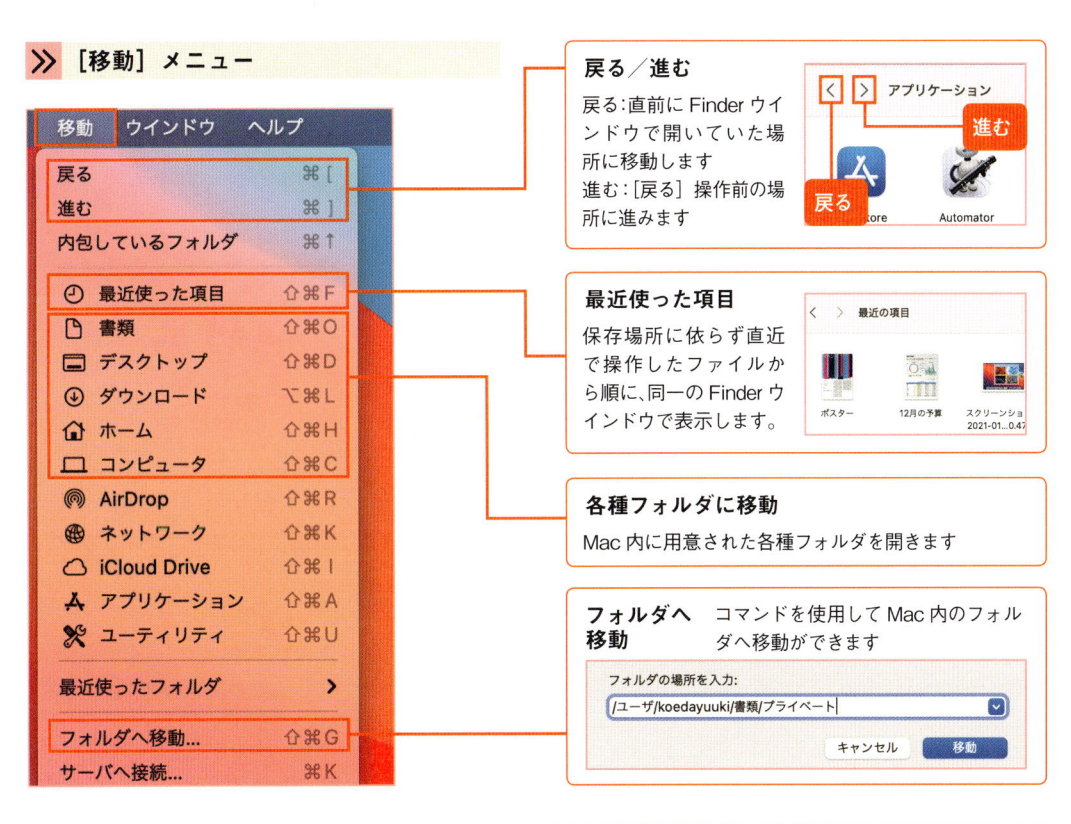

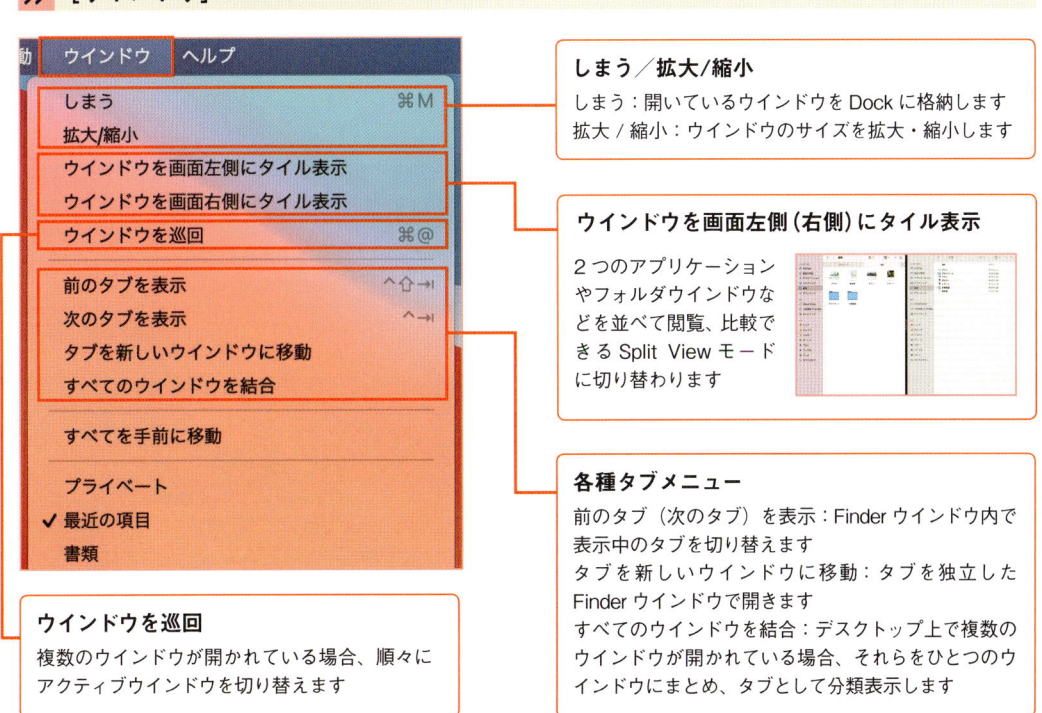

知ろう　ステータスと通知センター

メニューバーの右側部分には、システムの状態をあらわすステータス領域と、通知などのメニューが見やすくアイコンで配置されています。各アイコンをクリックすると詳細メニューが表示され設定の変更などを行えます。

サードパーティアプリ
メニューバー表示に対応する他社製アプリのアイコンが随時追加されます

システム関連のアイコン
Wi-Fiなどの通信状態や音量、充電などシステム関連のアイコンが表示されます

Spotlight検索
Mac内部のファイルやフォルダなどの検索を一括で行えます

Siriの呼び出し
音声検索などを行える機能［Siri］を呼び出せます（詳細は P.62 を参照）

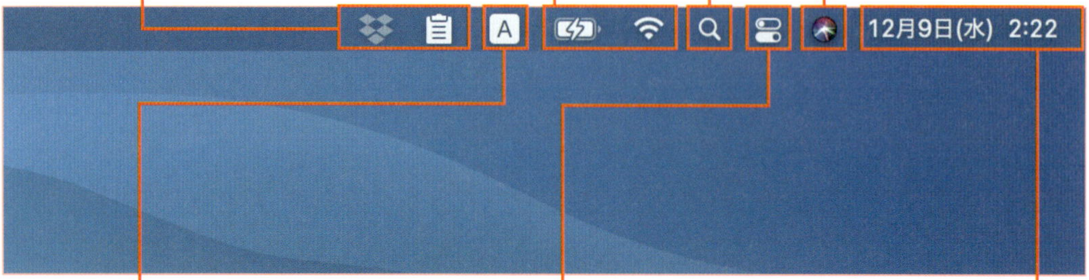

文字入力の状態（入力メニュー）
ひらがな入力モードの時は［あ］、英数モードでは［A］、カタカナは［ア］などに切り替わります

コントロールセンター
Wi-Fi や Bluetooth、音量、輝度などMacBookをコントロールするメニューが集約されています

通知センター／システム時刻
時刻をクリックして、メールや SNS、各種アプリから届くメッセージが表示される通知センターを呼び出します

使おう　通知センターを表示する

［通知センター／システム時刻］をクリックすると、画面の右端から通知センターが引き出され、新着メールやアプリの更新といった各種通知および、連携するアプリのウィジェットが確認できます。

1 ［通知センター／システム時刻］をクリック

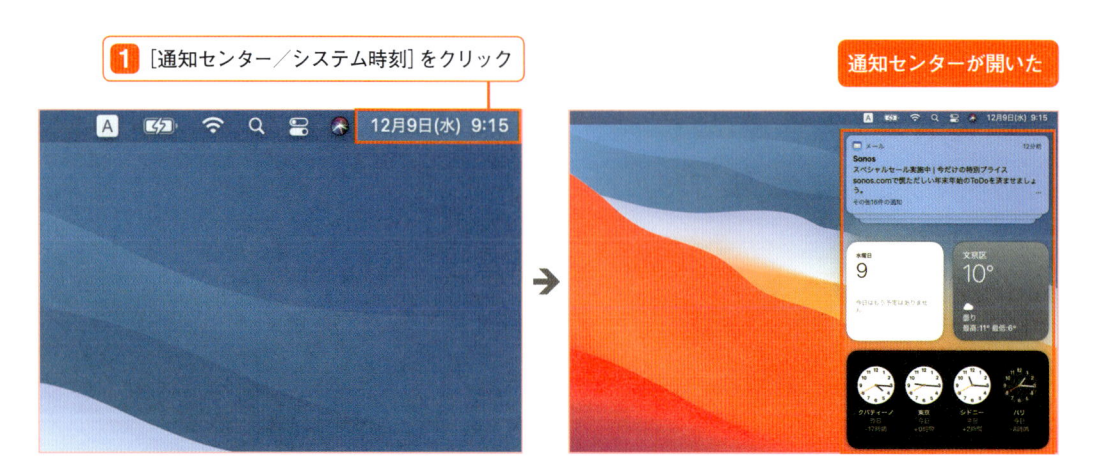

→

通知センターが開いた

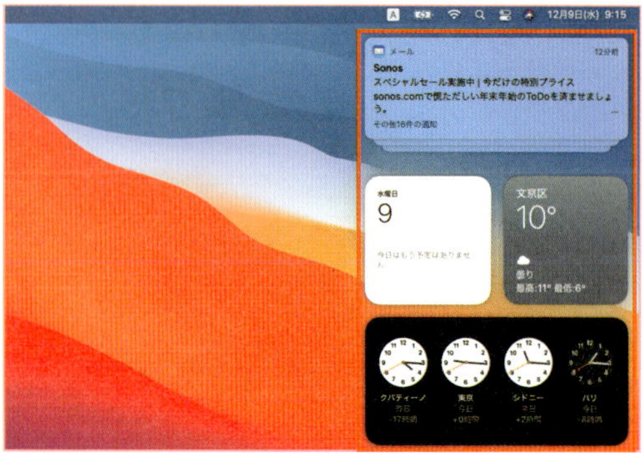

知ろう 通知センターにウィジェットを追加しよう

通知センターでは、カレンダーや天気などデフォルトで5種類のウィジェットが配置されています。このウィジェットの種類を増やしたり、サイズを変更したりできます。

通知センターを開いておく

1 通知センターを上にスクロール

2 通知センター最下部の[ウィジェットを編集]をクリック

3 ウィジェットのサイズを選択

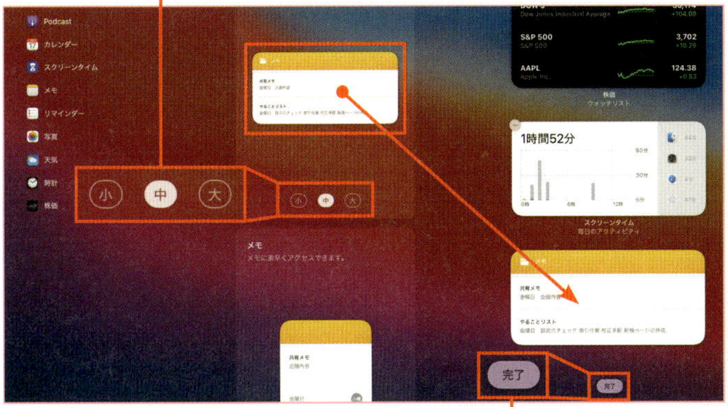

4 ウィジェットを通知センターにドラッグ&ドロップ

5 [完了]をクリック

ウィジェットが追加された

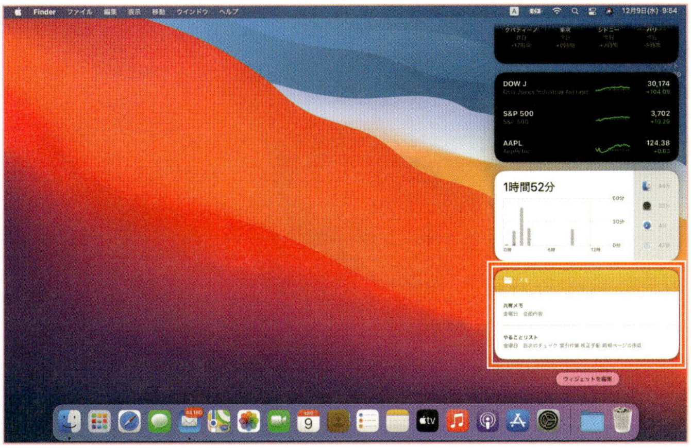

ウィジェットの並び順を変えたいときには、もう一度ウィジェットの編集画面を開いて、動かしたい場所にウィジェットをドラッグ&ドロップで移動します。

ヒント

ウィジェットの数を減らすには

ウィジェットの表示数を減らしたいときには、ウィジェットの編集画面を開き、ウィジェットの左上の[−]マークをクリックします。

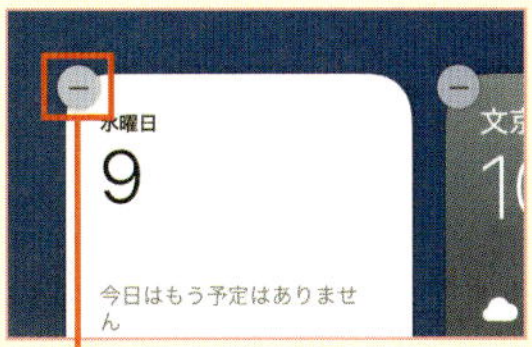

[−]をクリック

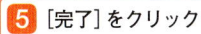

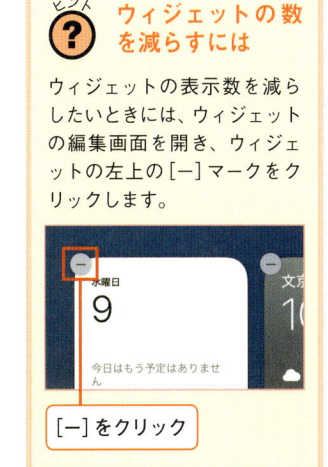

知ろう　通知のスタイルを設定しよう

macOSに付属する「メール」や「メッセージ」など通知に対応したアプリは、着信と同時にデスクトップの右上に小さな通知を表示してくれます。

通知のスタイル

バナー

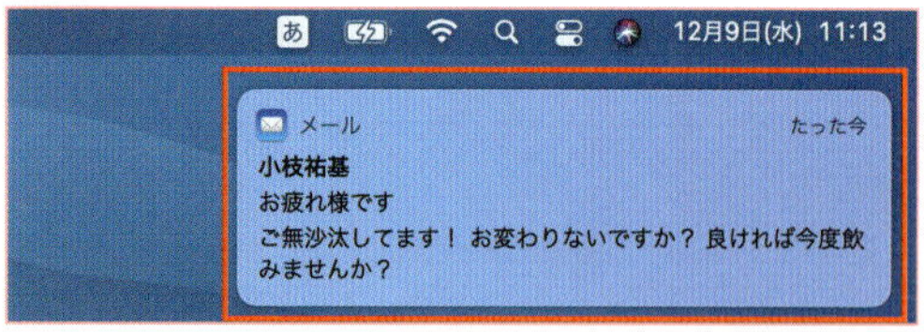

デスクトップに数秒間だけ通知を表示するモード。クリックすると「メール」アプリで内容が確認できます。通知は何も操作しないと数秒で消えてしまいます。

通知パネル

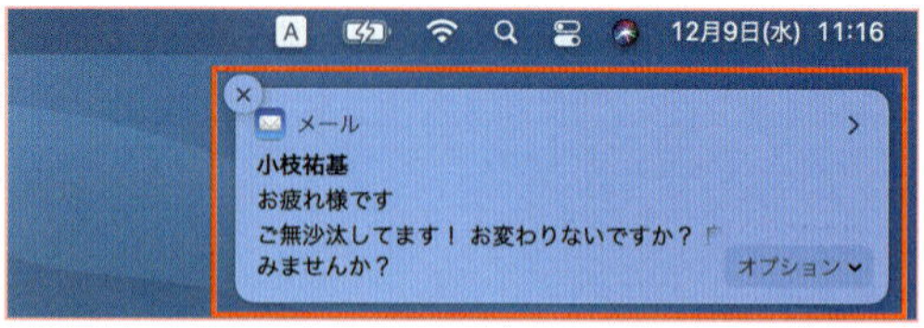

操作を行わない限り、デスクトップに通知を表示し続けるモード。ポインタを合わせると［閉じる］アイコンや［オプション］が表示されます。

通知のスタイルを変更する

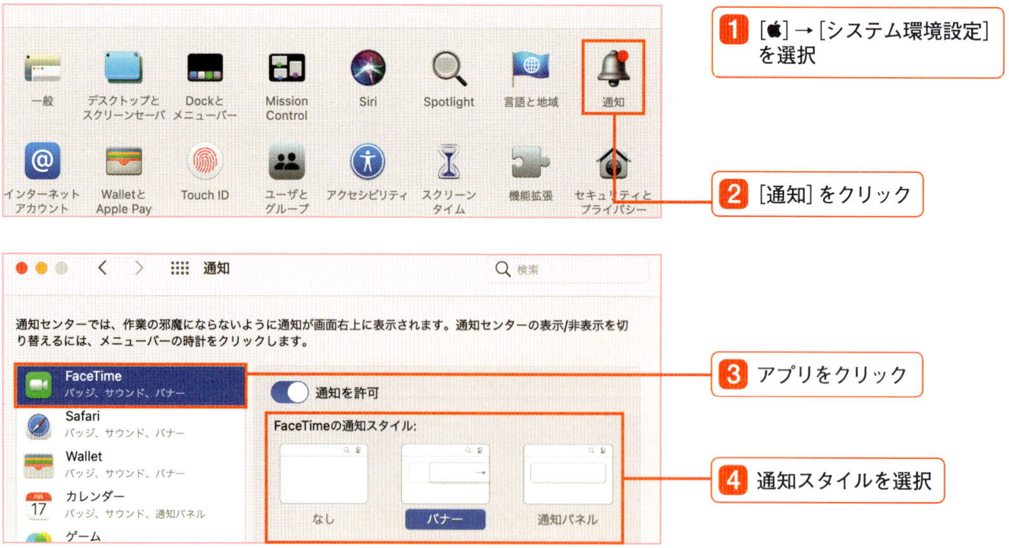

プラスワン

通知を受けたくない時には

就寝時や移動中、Macを使ったプレゼン中など、通知を受けても対応できない場合は、［システム環境設定］の［通知］を開き、［おやすみモード］をオンにすることで通知を一時的にオフにすることができます。

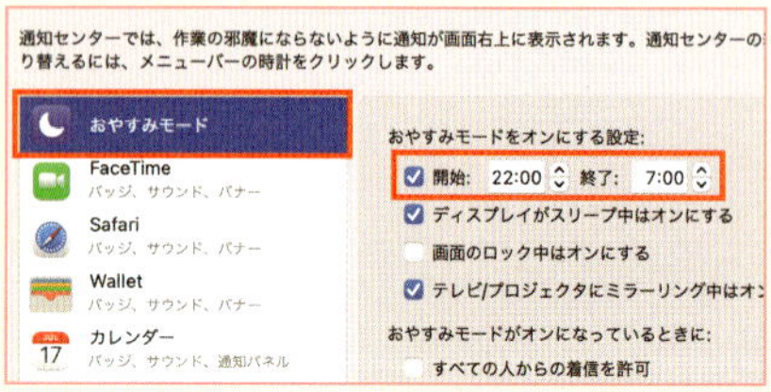

知ろう　メニューバーにアイコンを追加しよう

メニューバーに音量やBluetoothなどのアイコンを追加できます。Macの使用中、頻繁に変更する設定項目をメニューバーに登録しておくと、すばやく呼び出せるようになります。

[システム環境設定]を開いておく

1 [Dockとメニューバー]をクリック

2 追加したい項目をクリック

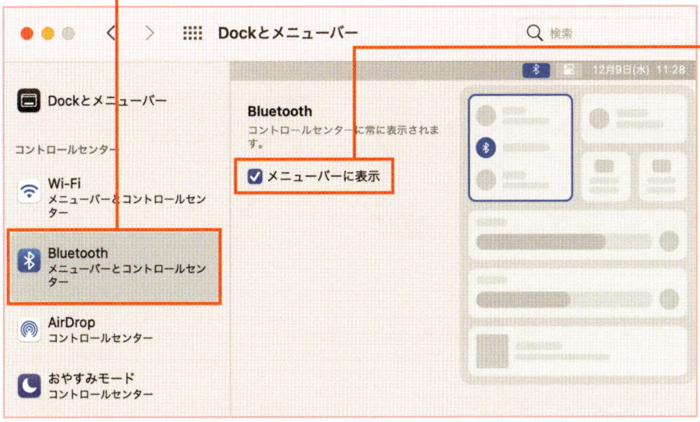

3 [メニューバーに表示]をチェック

ヒント　メニューをさらに追加するには

文字の入力など、[Dockとメニューバー]にはないメニューもあります。その場合、[システム環境設定]で専用の項目がないか確認しましょう(文字入力の追加はP.99を参照)。

メニューバーにアイコンが追加された

4 追加したアイコンをクリック

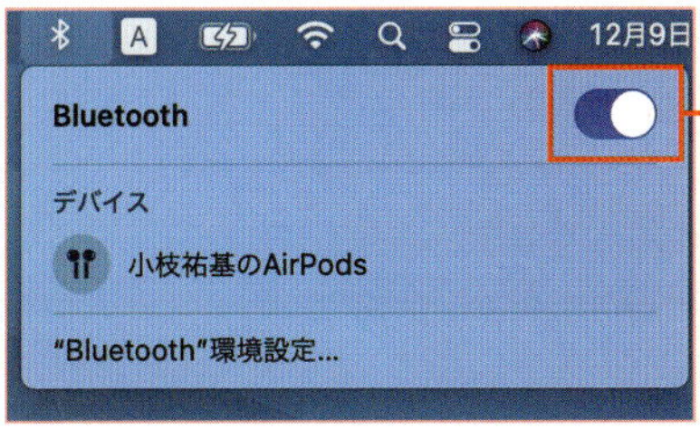

操作パネルから機能のオン・オフやデバイスの選択ができる

プラスワン　メニューバーを必要な時だけ表示させる

[システム環境設定]の[Dockとメニューバー]で、[メニューバーを自動的に表示/非表示]をオンにすると、ポインタをデスクトップの上部に合わせた時だけメニューバーが表示されるようになります。

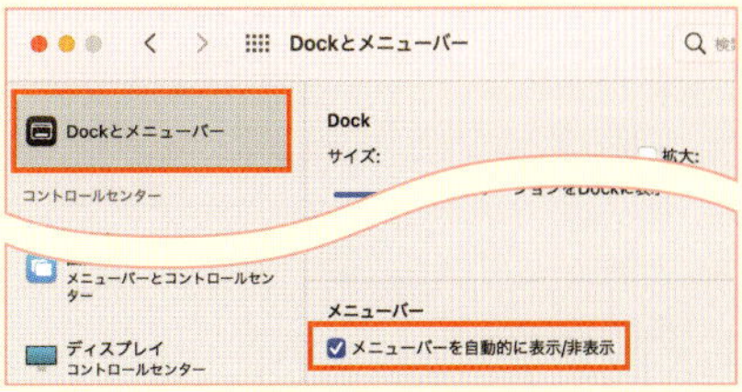

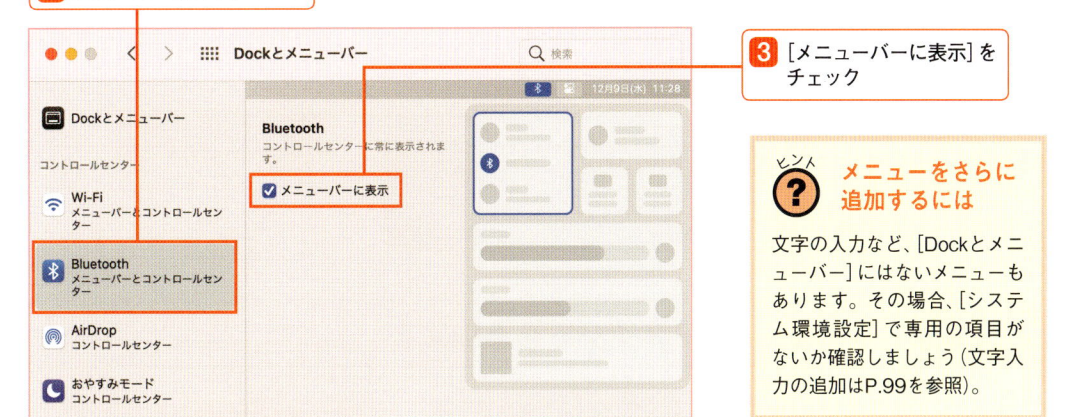

知ろう　時刻の表示を変更する

［通知センター／システム時刻］にはデジタル時計が表示されています。この部分の表示の変更も、［システム環境設定］の［Dockとメニューバー］で行います。

[Dockとメニューバー]を開いておく

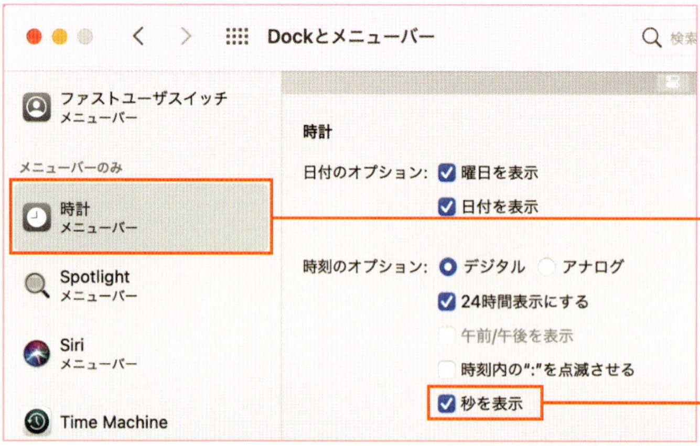

1 ［時計］をクリック

2 ［秒を表示］をチェック

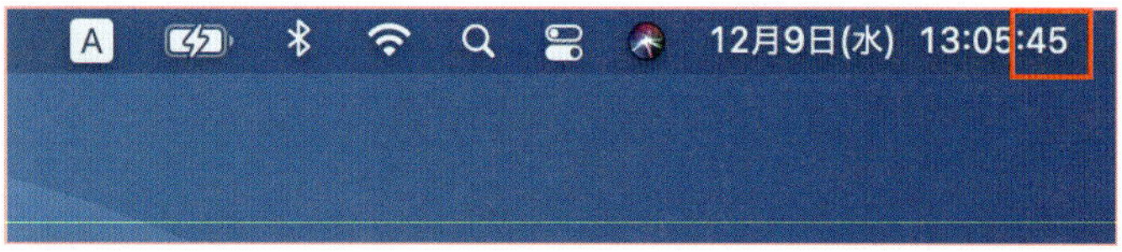

秒の表示が追加された

ここでは秒の表示を追加しましたが、曜日や日付の表示・非表示や、アナログ時計への変更なども行えます。

知ろう　ファストユーザスイッチを追加する

1台のMacBookを複数のユーザで使っている人は、メニューバーに「ファストユーザスイッチ」を表示しておくと、ユーザの切り替えがスムーズになります。

［Dockとメニューバー］を開いておく

1 ［ファストユーザスイッチ］を選択

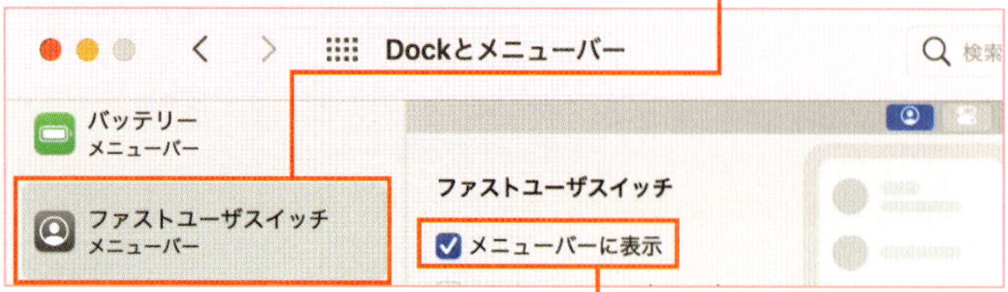

2 ［メニューバーに表示］をチェック

ファストユーザスイッチが追加された

MacBookにほかのユーザを登録する方法はP.287を参照してください。

ヒント
表示の並びを変更するには

ステータス領域に表示されるアイコンは、並びを手動で変更できます。［command］キーを押しながらドラッグすると、指定した場所にアイコンを移動させることができます。

［command］キー＋ドラッグで移動

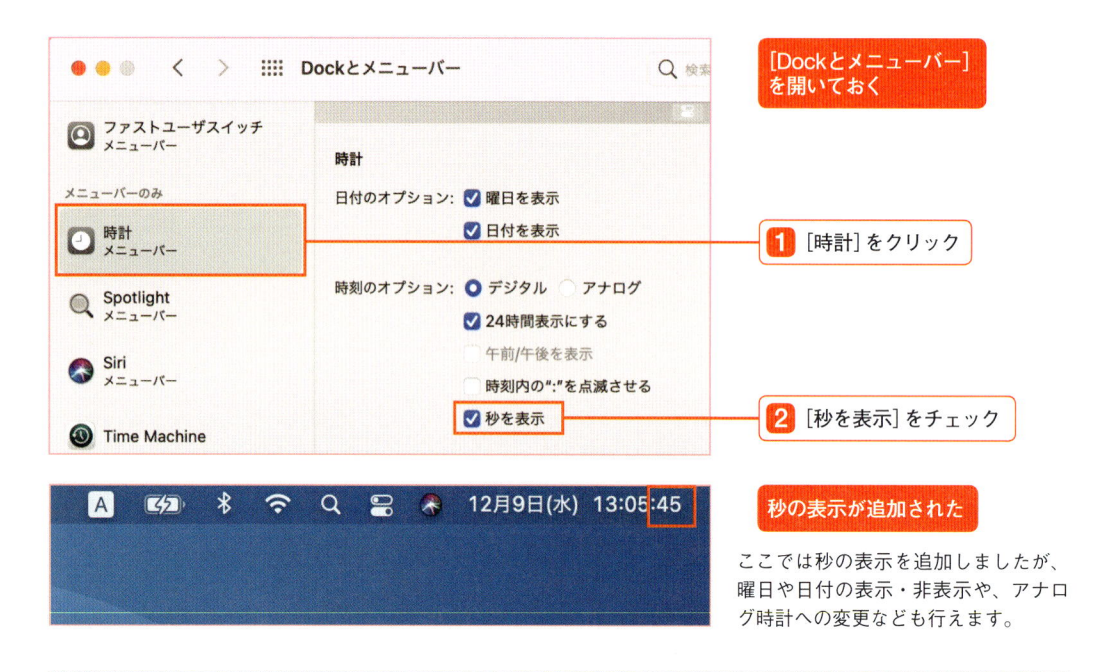

知ろう　iPhoneのように設定を変更できるコントロールセンター

コントロールセンターは、macOS Big Surから搭載された新しい機能です。従来はメニューバーや［システム環境設定］などでアクセスしていた設定項目のうち、使用頻度の高い設定項目がコントロールセンターに集約され、スムーズに呼び出しやすくなりました。

1 ［コントロールセンター］アイコンをクリック

コントロールセンターが開かれた

アイコンをクリックしてすばやく機能のオン・オフができる

スライダーを動かしてここから直接設定を変更可能

2 パネルにポインタを合わせてクリック

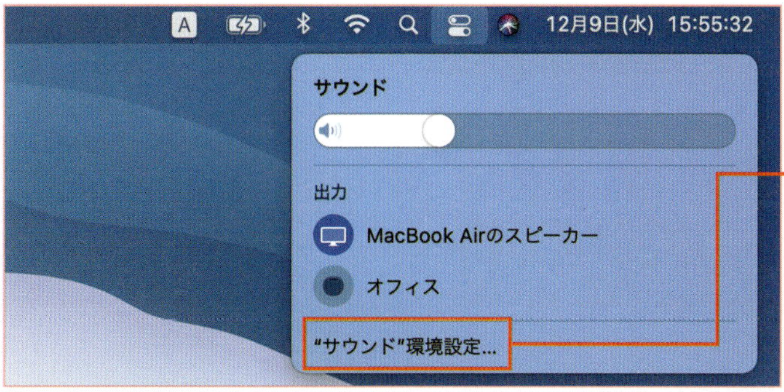

選んだ機能のパネルが開かれメニューが表示された

さらに詳細な設定をする場合は［システム環境設定］にアクセス可能

コントロールセンターは直感的に使いやすい設計なので、ぜひ積極的な活用をおすすめします。

コントロールセンターから直接メニューバーにも登録できる

コントロールセンターにある設定項目は、ドラッグ&ドロップで直接メニューバーに登録ができます。なお、登録した項目を取り除きたい場合は、［command］キーを押しながらメニューバーの外にドラッグします。

メニューバーにドラッグ&ドロップ

知ろう　コントロールセンターの項目を変更する

コントロールセンターにデフォルトで用意されていない項目を、[システム環境設定] の [Dockとメニューバー] から追加できます。

[Dockとメニューバー] を開いておく

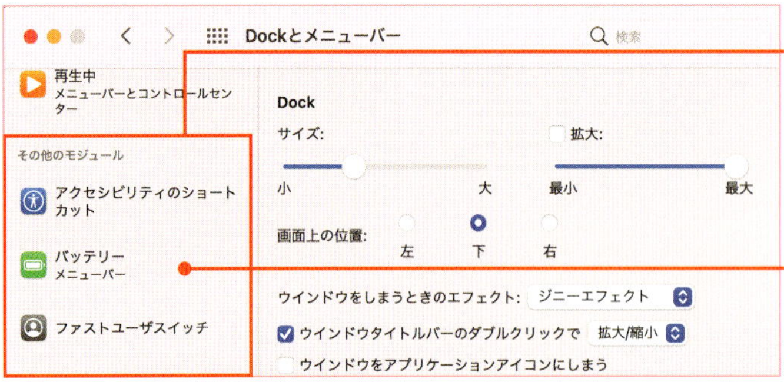

[その他のモジュール] に格納された項目は追加が可能

1 追加する項目をクリック

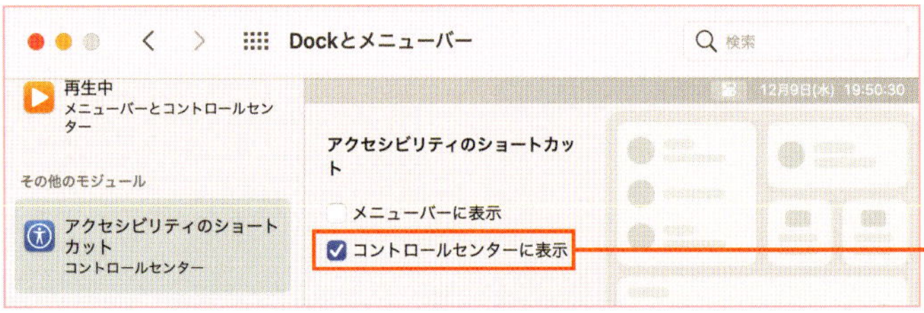

2 [コントロールセンターに表示] をチェック

コントロールセンターに項目が追加された

左からバッテリー、ファストユーザスイッチ、アクセシビリティと並びます。

ヒント

デフォルトの項目は削除できない

コントロールセンターに最初から登録されている項目はユーザ側で取り除くことはできません。またコントロールセンター内のパネルレイアウトも変更できません。

プラスワン

コントロールセンターの項目を使用中だけメニューバーに表示

コントロールセンターの項目のいくつかは、使用中だけメニューバーに表示させるように設定できます。[Dockとメニューバー] を開き、[メニューバーに表示] をオンにしたあと [使用中のみ] を選択すればOKです。

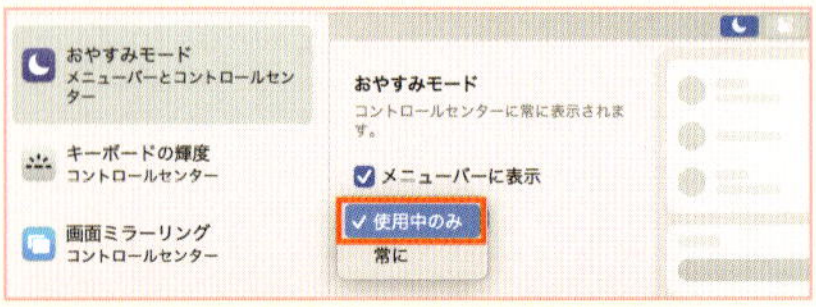

対応する項目で [使用中のみ] を選択

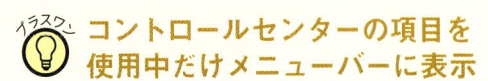

chapter 3

キーボードで文字を入力する

chapter 3
01

文字入力の切り替え方法

日本語入力の基本をマスターしよう

メールやインターネット、書類の作成など、文字の入力は基本中の基本です。ここでは、文字入力時の入力方式や書式について紹介します。なおローマ字入力の場合で解説を行っていきます。

知ろう　メニューから文字の入力を切り替える

文字の入力を日本語に切り替えるには、デスクトップ画面の右上のステータスメニューにある[入力メニュー]をクリックします。すると、[英字][ひらがな][カタカナ]に切り替えるメニューが表示されます。(入力メニューが見つからない場合はP.99を参照)。

1 [入力メニュー]をクリック

2 [ひらがな]を選択

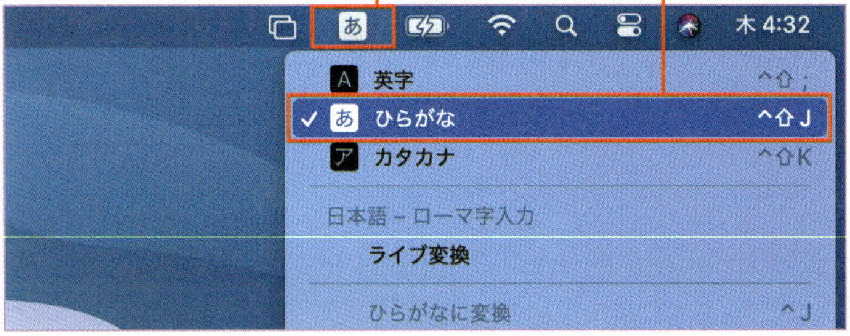

プラスワン
入力モードでアイコンが変化

入力メニューの表示は選択している文字入力モードに準拠し、ひらがなだと[あ]、英字だと[A]と変化します。

知ろう　キーボードですばやく英字・ひらがな入力を切り替える

文字入力の切り替えは、キーボードからも簡単に行うことができます。ひらがなと英字の切り替えは頻繁に行うことになるので、使用頻度はかなり高いです。

MacBook Proのキーボード

1 [英数]キーを押すと英字入力に

2 [かな]キーを押すとひらがな入力に

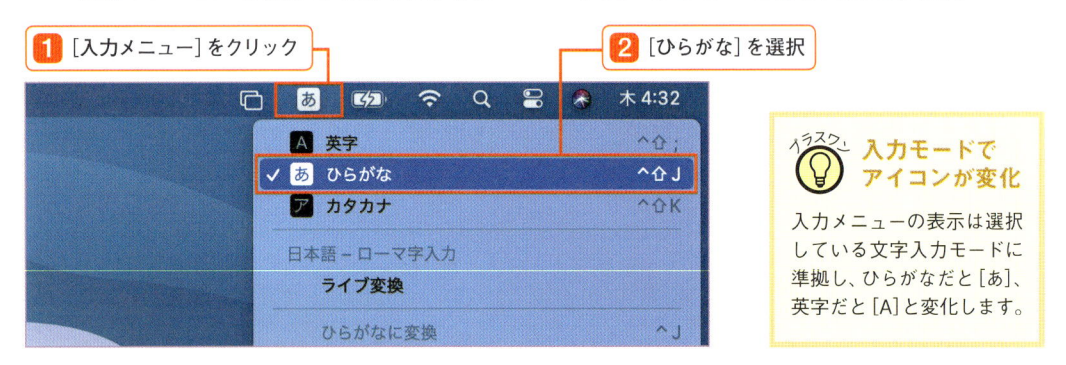

知ろう　入力モードに全角英字・半角カタカナを追加する

入力メニューの初期設定では、英字、ひらがな、カタカナの入力モードを選択できますが、［日本語環境設定］から全角英字や半角カタカナなどの入力モードを追加できます。

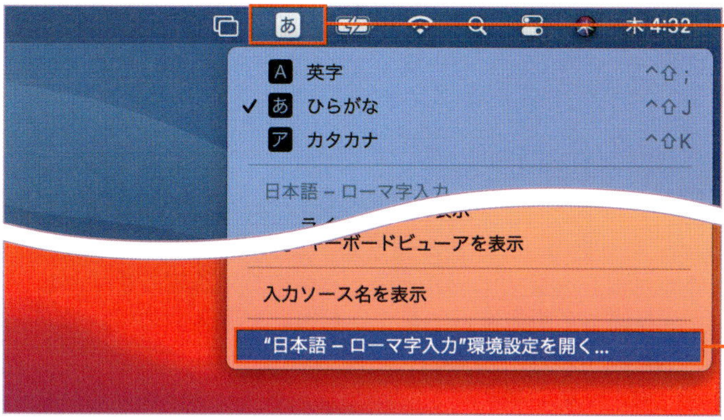

1 ［入力メニュー］をクリック

2 ［"日本語-ローマ字入力"環境設定を開く］を選択

日本語環境設定パネルが表示される

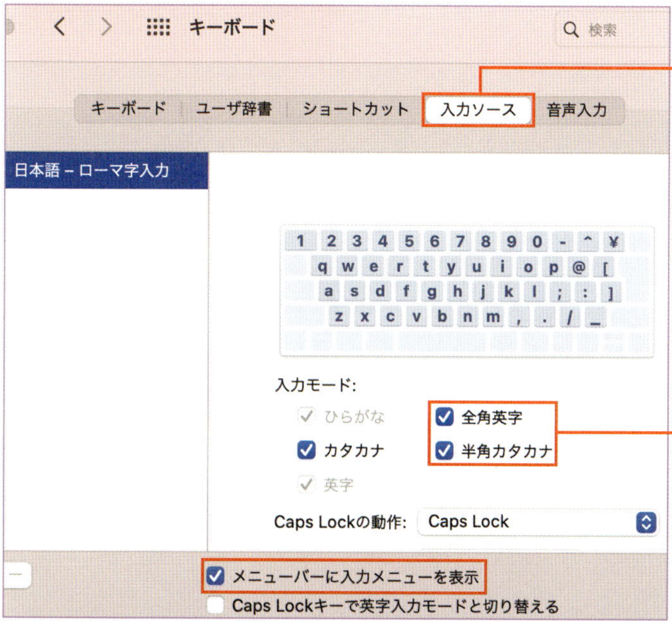

3 ［入力ソース］をクリック

4 追加したい入力モードにチェックを入れる

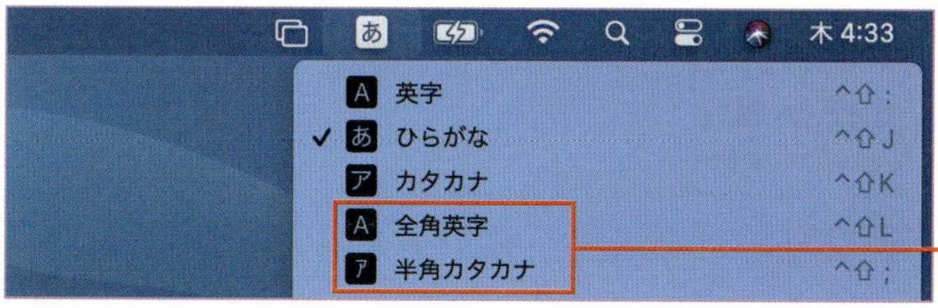

全角英字と半角カタカナが入力モードに追加された

プラスα　サードパーティもここで設定

Google日本語入力などのサードパーティIMEを導入した際の設定も、［"日本語"環境設定を開く］でキーボードの設定を呼び出し［入力ソース］から行えます。

ヒント　入力メニューが見つからない！

ステータスメニューから［入力メニュー］が消えた場合は、［システム環境設定］の［キーボード］を開きます。［入力ソース］タブを選ぶと左の画面が開きますので、［メニューバーに入力メニューを表示］にチェックを入れます。なお、［日本語-ローマ字入力］が見つからない場合や［日本語-かな入力］を使用したい場合は、P.111の手順を参考に、入力ソースを追加してください。

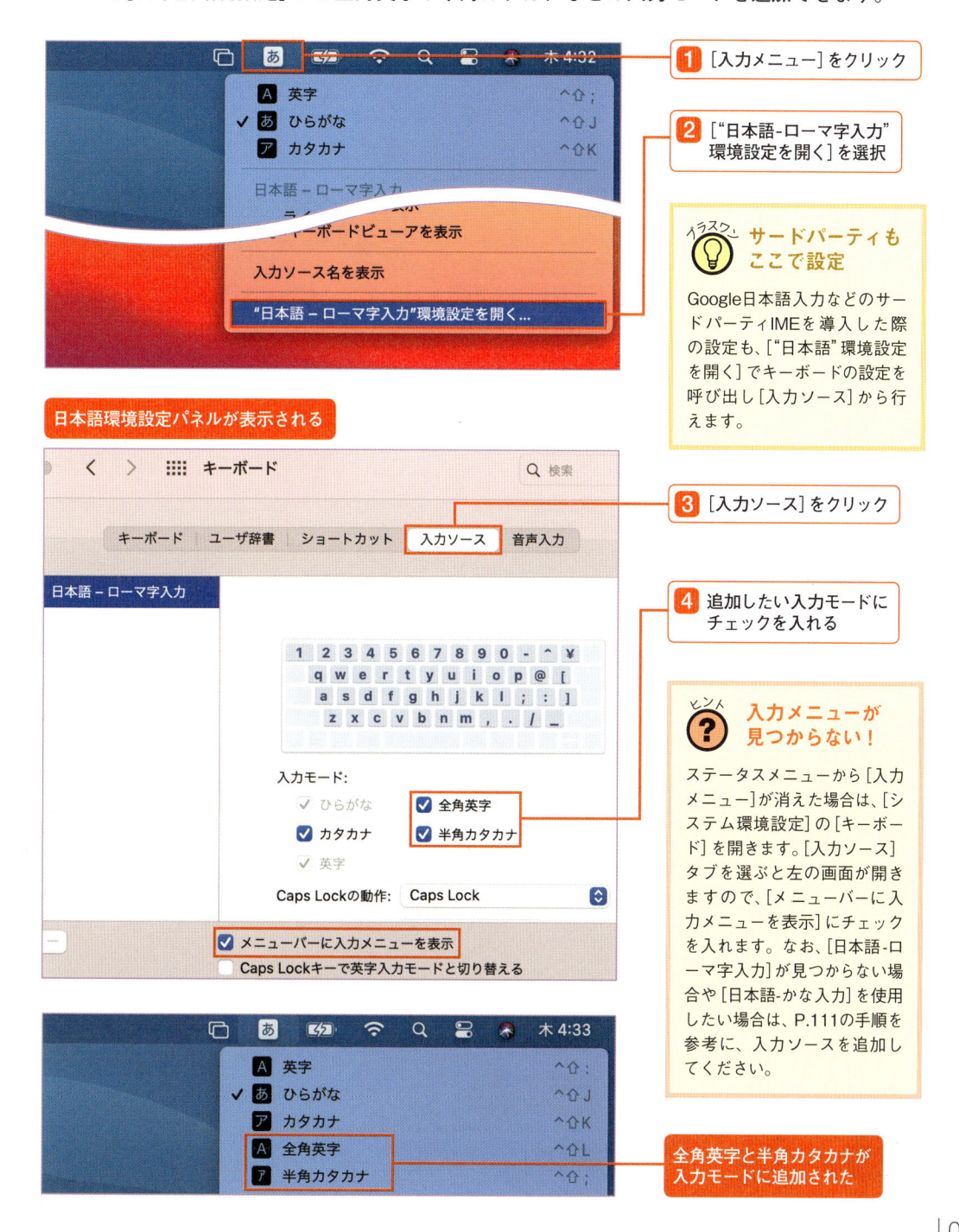

chapter 3
02

文字の入力方法

文字の入力と変換を覚えよう

漢字やひらがな、カタカナなどを織り交ぜた日本語の文章は、ひらがなの入力モードで行います。ひらがなを入力後に[space]キーを押すと、適正な変換候補が表示され、漢字などへの変換が行えます。

使おう　漢字を入力する

ひらがなで文字を入力後、[space]キーを押して変換候補を表示します。さらに[space]キーを繰り返し押して変換候補を選択し、最後に[return]キーを押して確定します。ここでは標準のテキストエディットを使って解説を行います。なお、文字入力の解説のため、[ライブ変換]をオフにしています。(ライブ変換の詳細はP.108を参照)。

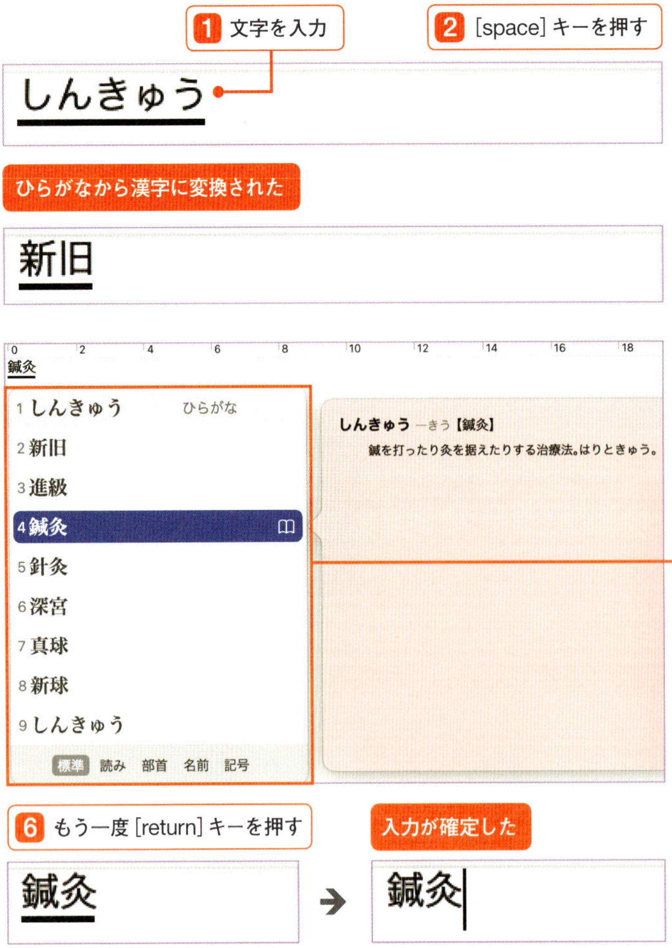

入力モードが[ひらがな]の状態で、キーボードの[S][I][N][N][K][Y][U][U]キーを押します。

3 もう一度[space]キーを押す

変換候補が表示される

4 繰り返し[space]キーを押して語句を選択

5 [return]キーを押す

ヒント

下線のある状態なら再変換できる

語句を選択後、完全に確定していない状態(下線がついている状態)なら、[space]キーで再変換が可能です。

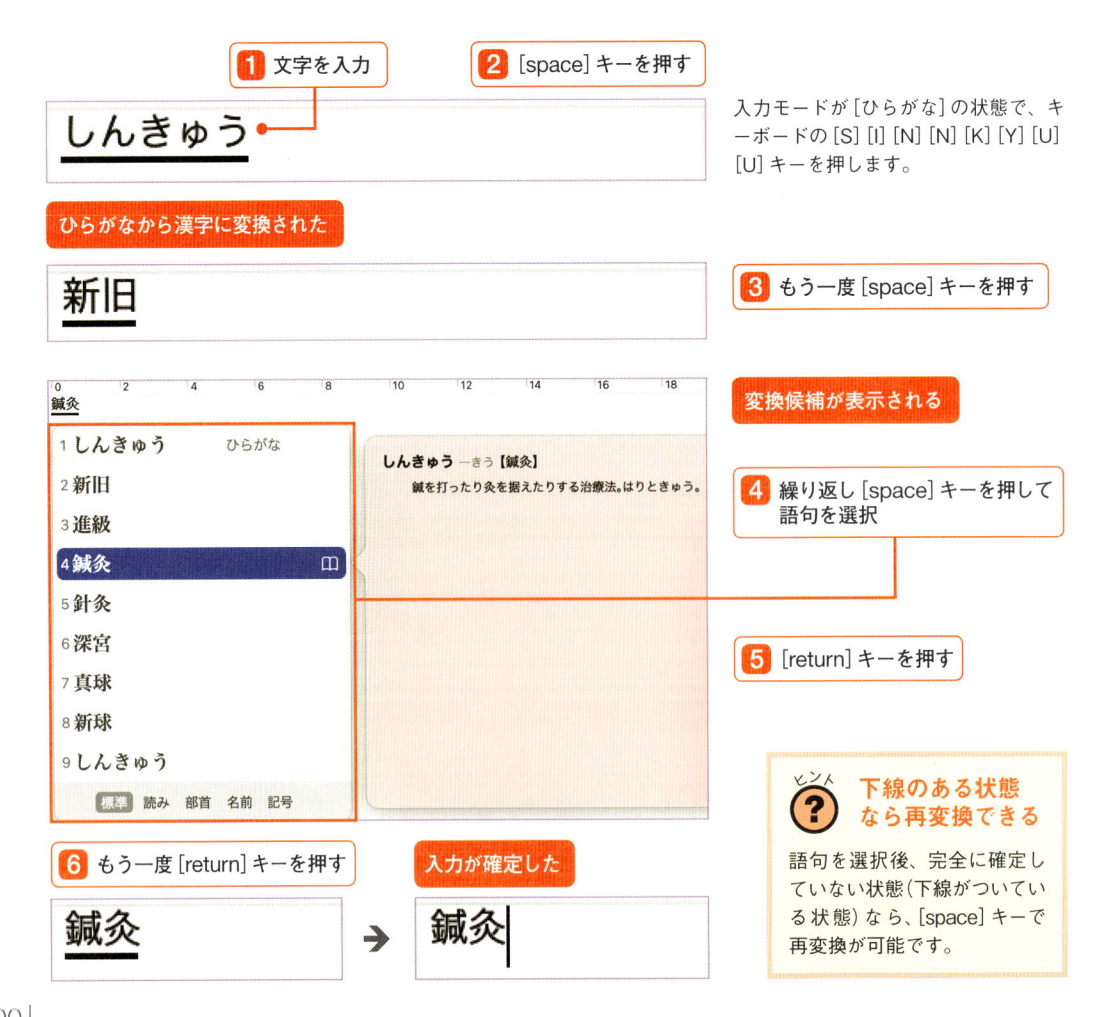

使おう　推測候補から変換する

MacBookの日本語入力設定は、初期設定だと［推測候補表示］がオンになっており、文字を入力すると予測された変換候補が複数表示されます。推測候補は［tab］キーを押して選択します。慣用句などをすばやく入力する際に役立つ機能です。

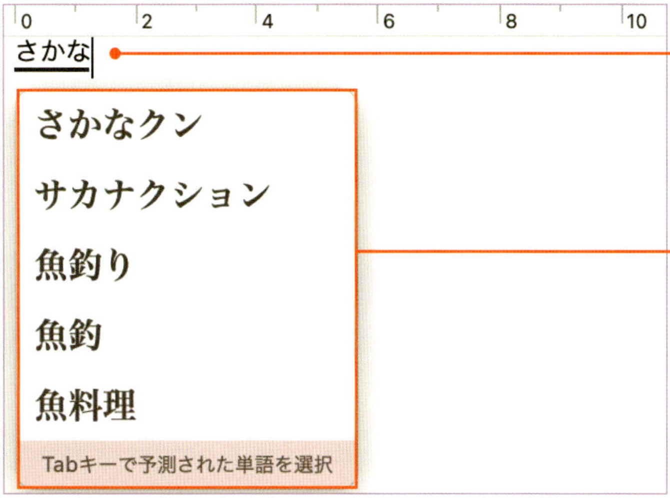

1 ひらがなで「さかな」と入力

推測候補が表示される

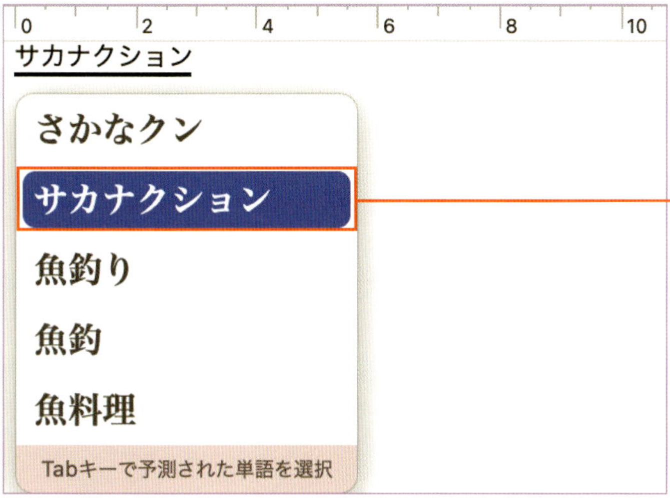

2 ［tab］キーを押し候補を選択

3 ［return］キーを押す

入力が確定した

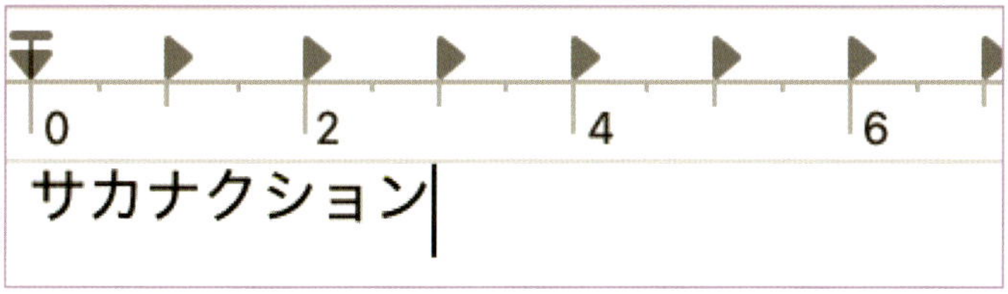

設定

推測候補機能の設定を変えるには

推測候補の表示は、日本語環境設定の［入力ソース］タブを開き、［推測候補表示］のチェックを外すことでオフにすることができます。

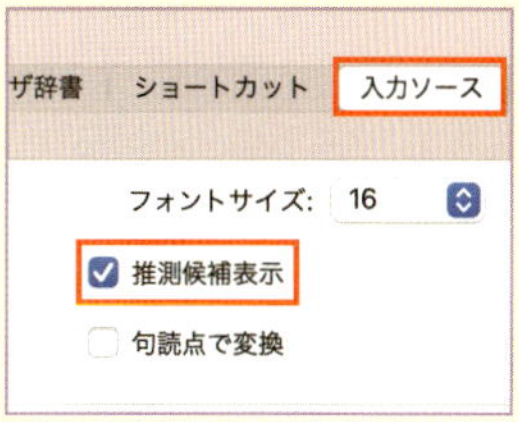

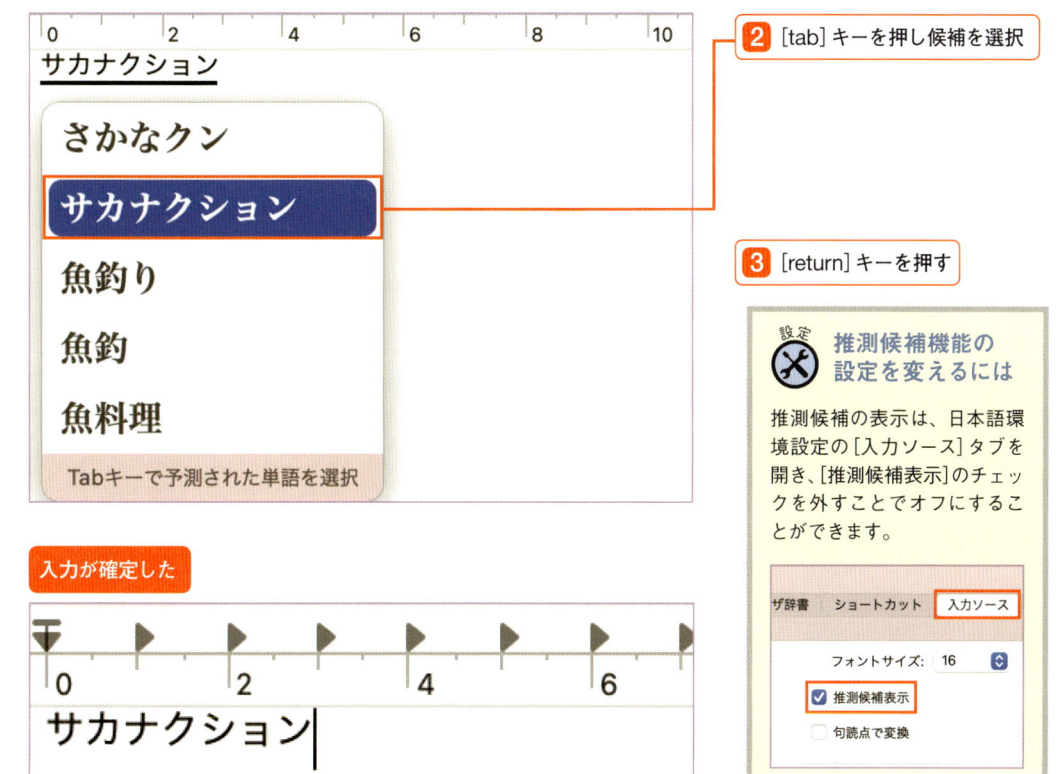

使おう　続けて入力した文章をまとめて変換する

文章を単語ごとに入力して変換を行うと正確性は増しますが、効率はあまりよくありません。そこで、ここではまとめて文章を入力する際の変換方法を紹介します。

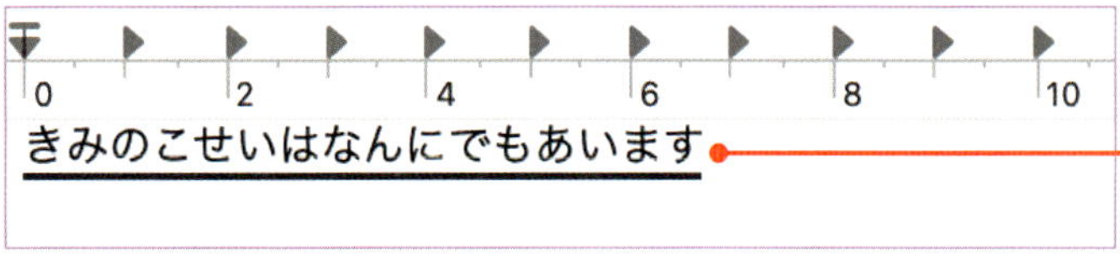

1 文章を入力して［space］キーを押す

文章全体で単語などが変換される

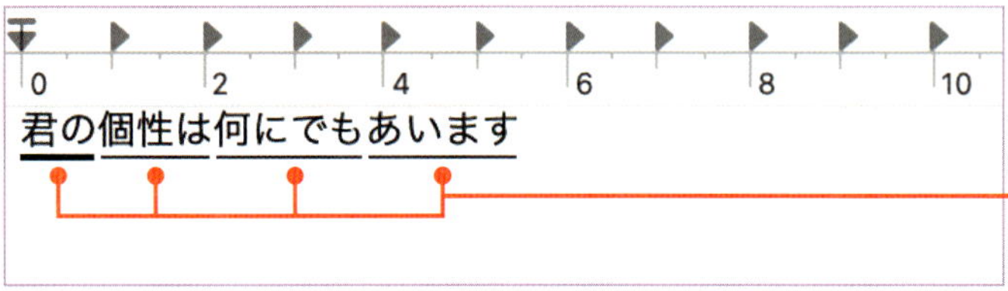

自動的に文節で区切られ、選択中の文節は下線が太く表示される

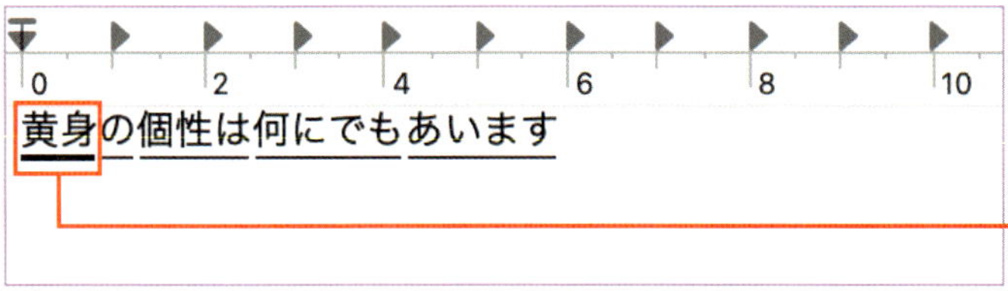

2 ［shift］＋［←］［→］キーで文節の区切りを変更

ここでは、「君の」が選択された状態で［shift］キーを押しながら［←］キーを押します。すると、右側の1文字（ここでは「黄身」）までが文節として選択されます。

3 ［←］［→］キーで別の文節を選択

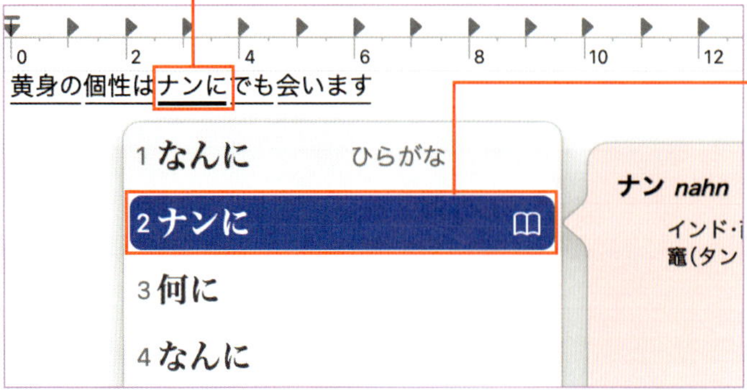

4 ［space］キーを押して選択した文節のみ変換を行う

ここでは次に「何に」を「ナンに」に変換し直します。［→］キーを押して「何に」を選択した状態で［space］キーを押すと変換候補が表示されるので、「ナンに」を選択して［return］キーを押します。

5 ［return］キーを押す

入力が確定した

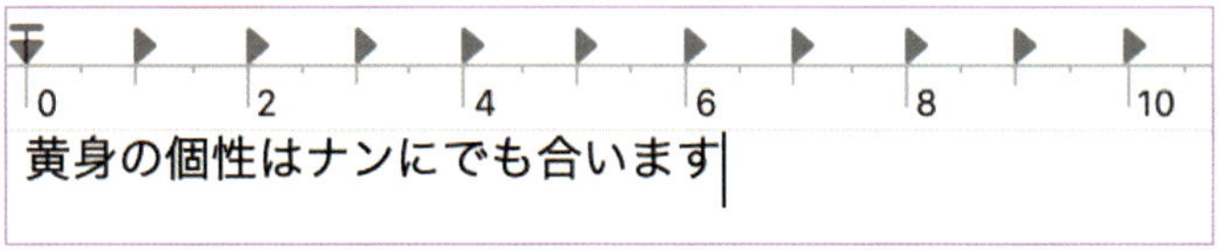

ヒント
効率的な文字の選択方法

入力した文字を選択する際、［shift］キーと［←］［→］キーでも選択ができますが、ダブルクリックで語句単位、3回クリックで段落単位での文章が選択できます。

使おう　確定した文字を再変換する

一度確定してしまった語句や文章を修正したい場合、再変換を行うことができます。再変換は [control] ＋ [shift] ＋ [R] キーのショートカットを使用して行います。

1 再変換したい文字をドラッグして選択

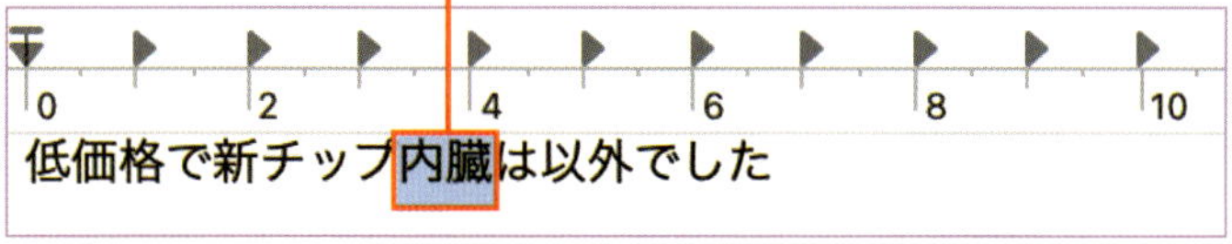

2 [control] ＋ [shift] ＋ [R] キーを押す

選択した箇所に下線が表示される

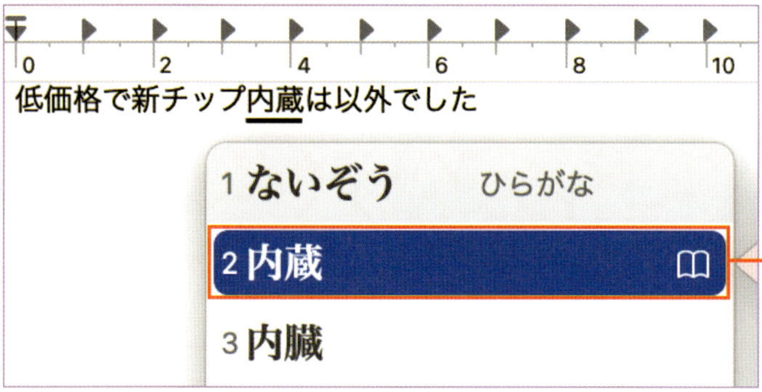

3 [space] キーを押して正しい語句に再変換を行う

4 [return] キーを押す

まとめて再変換も可能

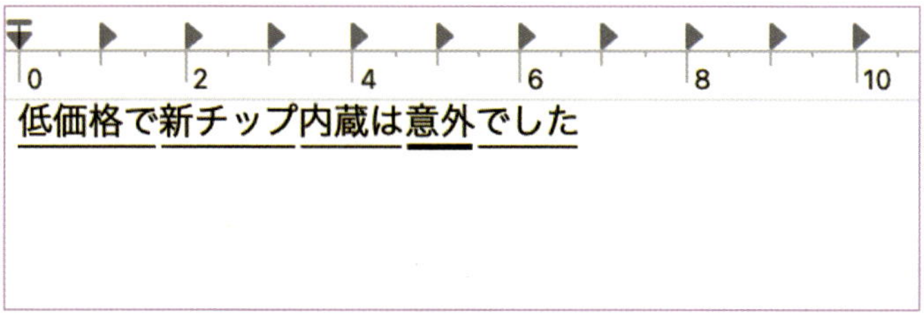

手順1では特定の語句のみを選択した状態で [control] ＋ [shift] ＋ [R] キーを使用しましたが、 文章全体を選択（[command] ＋ [A] キー）した状態で再変換を行うことも可能です。

ファンクションキーを使用してカタカナや英字に変換を行う

ひらがなで入力した文字をカタカナや英字に変換するには、ファンクションキーを使用すると簡単です。MacBookでは文字変換時に [fn]（ファンクション）キーを押しながら [F7] などのキーを押すと、割り当てられた文字種に変換ができます。Touch Bar も同様です。

キー操作	変換文字種
[fn] ＋ [F6]	ひらがな
[fn] ＋ [F7]	全角カタカナ
[fn] ＋ [F8]	半角カタカナ
[fn] ＋ [F9]	全角英字
[fn] ＋ [F10]	半角英字

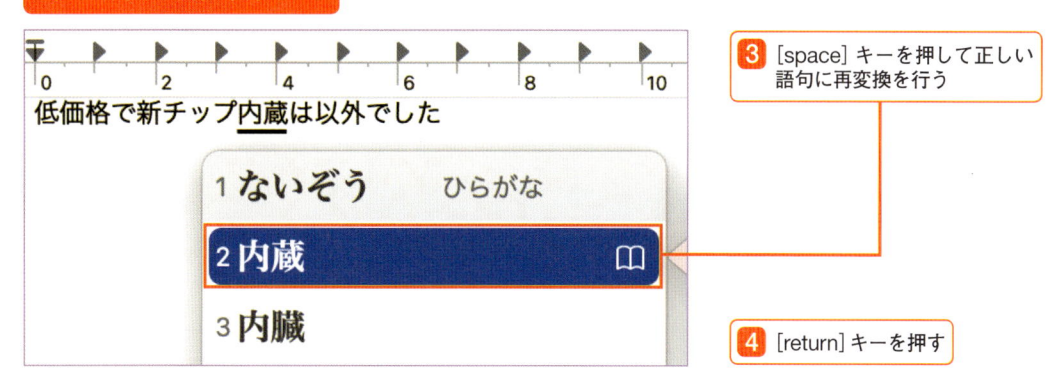

chapter 3
03 難読漢字や記号を入力しよう

文字ビューアを使ってみる

テキストを入力中に、入力方法がわからない記号や文字を入力するのに便利なのが[文字ビューア]です。画数や部首で漢字を探すことができ、そのままクリック操作で文字の入力も行えます。

知ろう 記号や特殊文字を入力できる文字ビューア

「テキストエディット」などのアプリを起動中に、[入力メニュー]から[文字ビューア]を呼び出すと、文字を探してそのままクリック操作で文字の入力を行えます。

1 [入力メニュー]をクリック

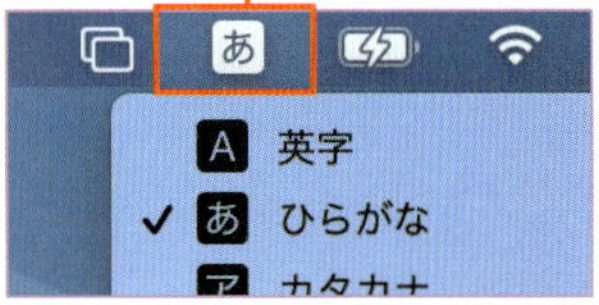

2 [絵文字と記号を表示]を選択

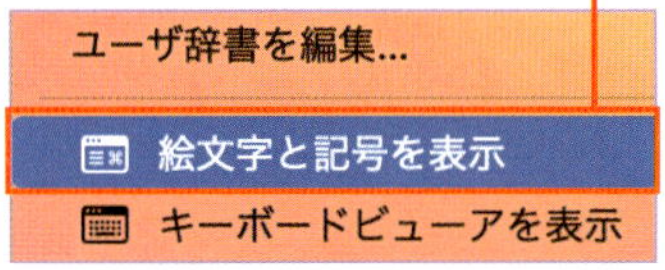

3 アイコンをクリック

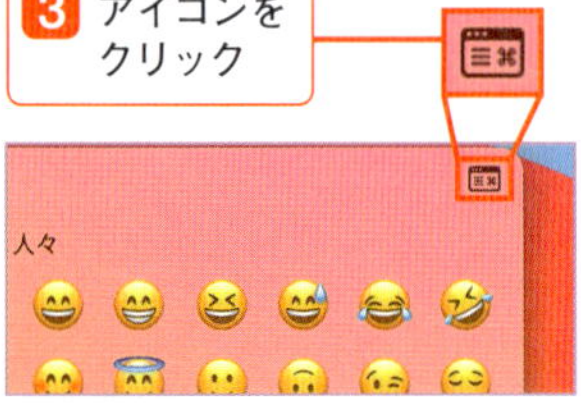

文字ビューアの基本画面

文字ビューアの設定
文字の表示サイズを大・中・小から選択したり、リスト内のカテゴリの追加が行えます

文字・記号のカテゴリ
各種文字が分類されるカテゴリのリストです。選択すると、そのカテゴリ内の文字が表示されます

文字の一覧
入力できる文字の一覧が表示されます。文字をダブルクリックすると、アプリなどで入力ができます

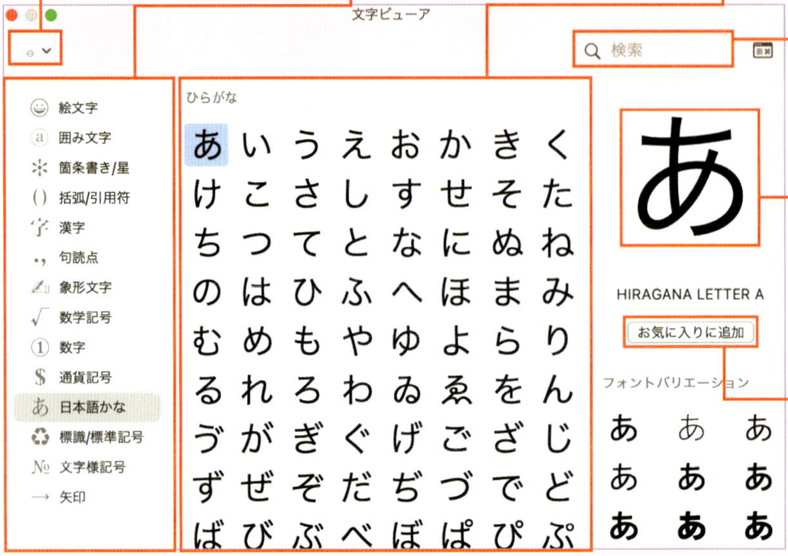

検索ボックス
入力したい文字を探すことができます。関連文字を探す場合などに利用します

拡大表示
文字を拡大表示します。漢字の細部を確認する際などに便利です

お気に入りに追加
調べた文字をお気に入りとして保存します。登録した文字は、カテゴリの[お気に入り]から呼び出すことができます

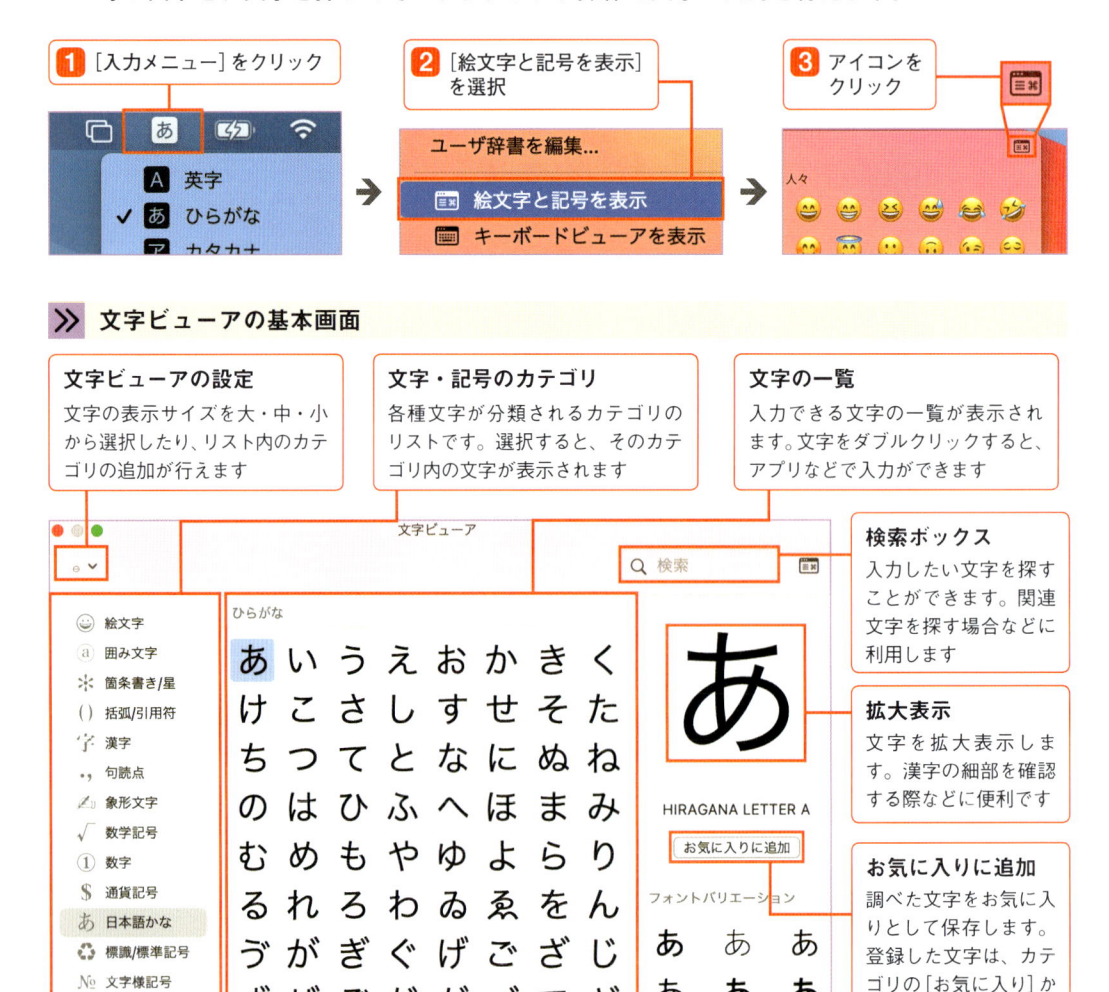

使おう　読み方のわからない漢字を部首から探して入力する

読み方がわからず、入力ができない難読漢字は、[漢字] カテゴリを開き、その漢字の部首から探すことができます。読み方を調べるだけでなく、そのままテキストエディットなどに入力することもできます。ここでは例として「釵」という漢字を部首から探して入力してみます。

1 カテゴリから [漢字] を選択

文字の一覧が切り替わり漢字の部首が表示される

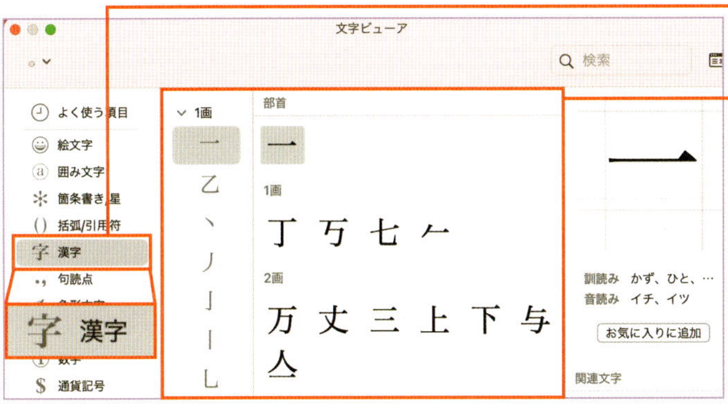

2 部首の画数をクリック

3 候補から部首をクリック

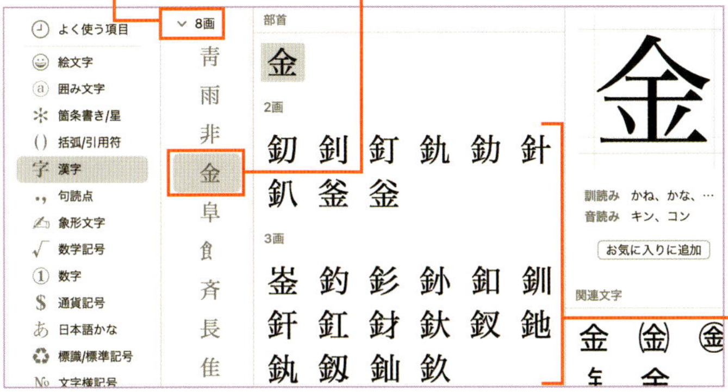

選んだ部首が含まれる漢字が画数ごとにリストアップされる

4 漢字をクリック

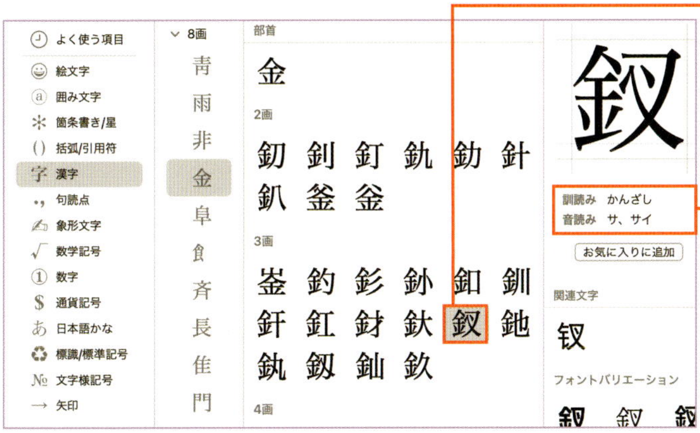

漢字の音読みと訓読みが確認できる

5 漢字をダブルクリックして入力

文字入力が可能なアプリを開いている状態でダブルクリックすると、その漢字がテキストとして入力されます。

ヒント

ビューアを広げて読みを表示できる

部首の表示欄は、[文字ビューア] ウインドウを広げると読み仮名が表示されます。はじめに [文字ビューア] ウインドウの右端をドラッグして広げると、部首の枠もドラッグで動かせるようになります。なお、部首欄が狭くて正しく表示されない場合も、前述の方法で解消できます。

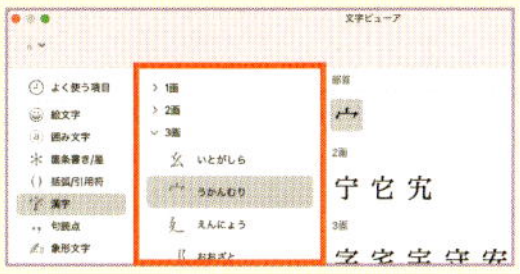

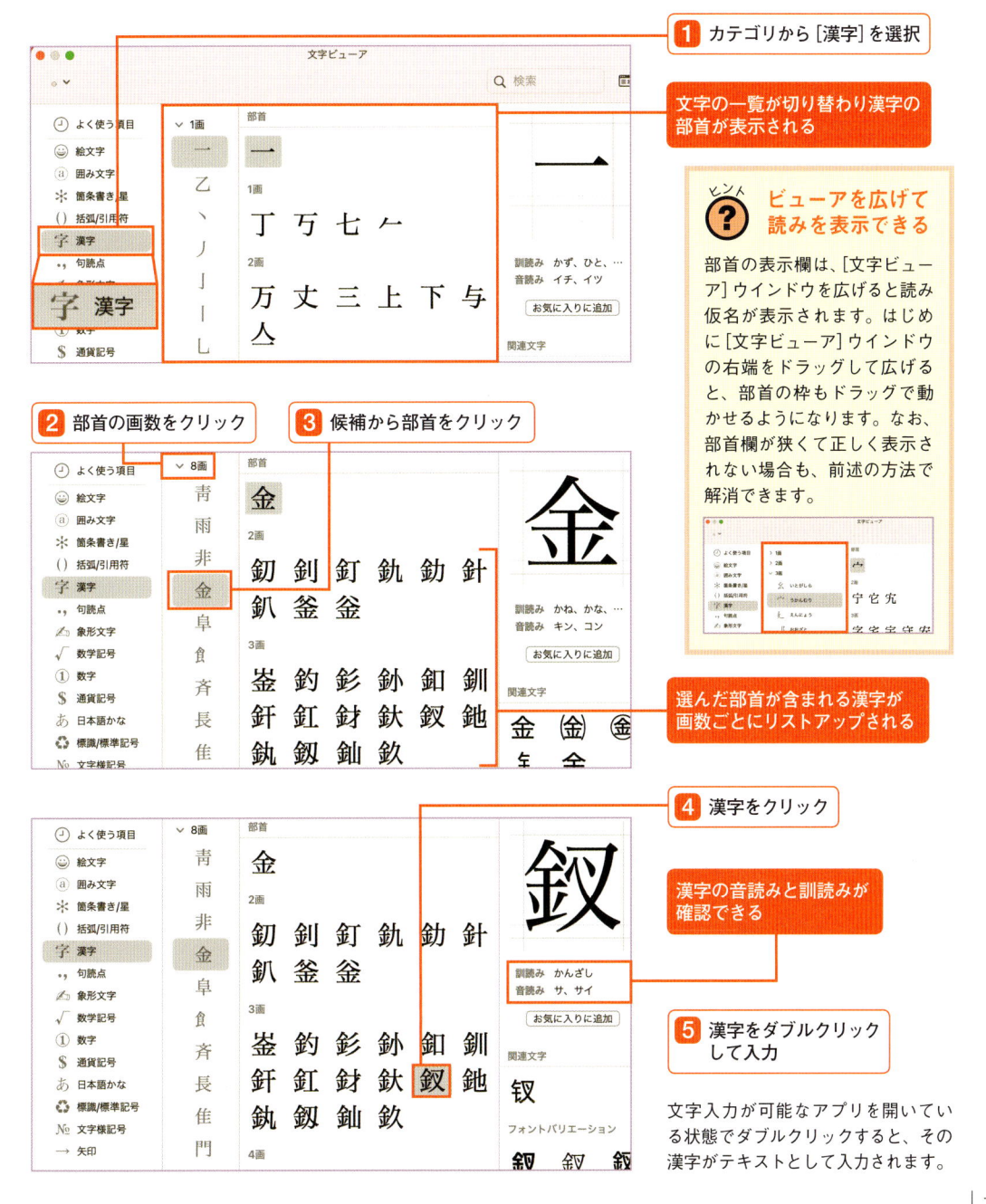

chapter 3
04

ユーザ辞書で文字入力を簡略化

よく使う語句を辞書に登録しよう

テキスト作成中に、よく使う単語や人名などを毎回入力するのは手間です。そこで、それらの語句をユーザ辞書に登録してみましょう。打ち間違いなど誤変換のリスクが軽減されるメリットもあります。

使おう　ユーザ辞書に語句を登録する

頻繁に入力を行う言葉や人名などは、ユーザ辞書に登録すると、スムーズに呼び出すことができます。読み仮名を簡略にしておくと、少ない入力でも変換ができます。まずは「びっぐさー」と入力すると「Big Sur」と変換されるように登録を行ってみます。

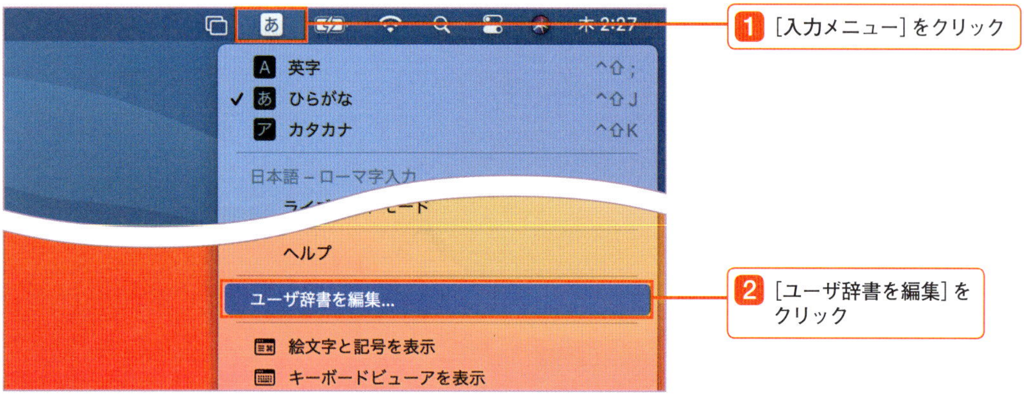

［ユーザ辞書］パネルが表示される

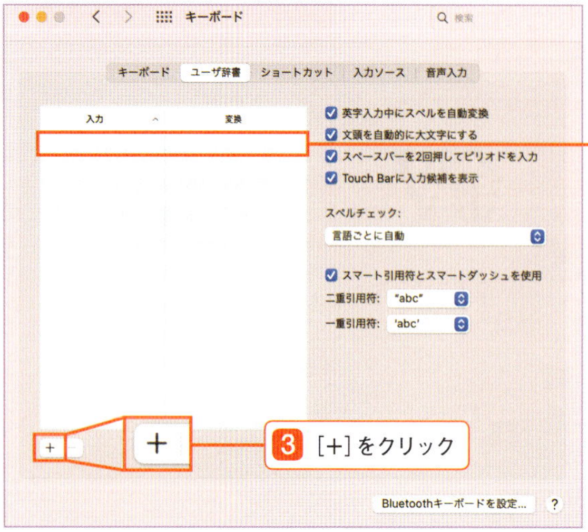

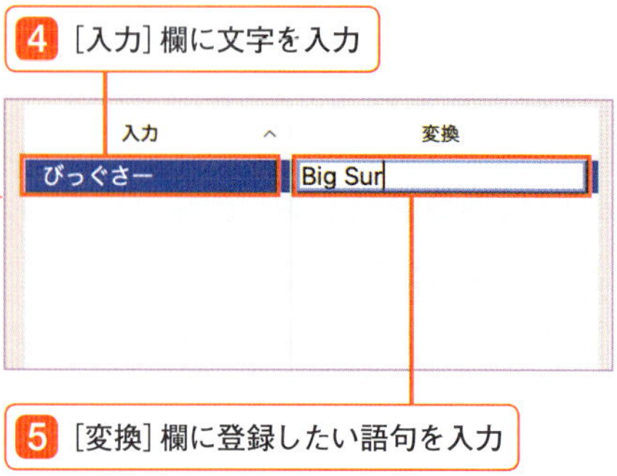

ユーザ辞書の4［入力］欄に入れる読み仮名は、簡略な表現で登録すると入力の手間が軽減します。5［変換］欄には、語句だけでなく文章の登録もできます。

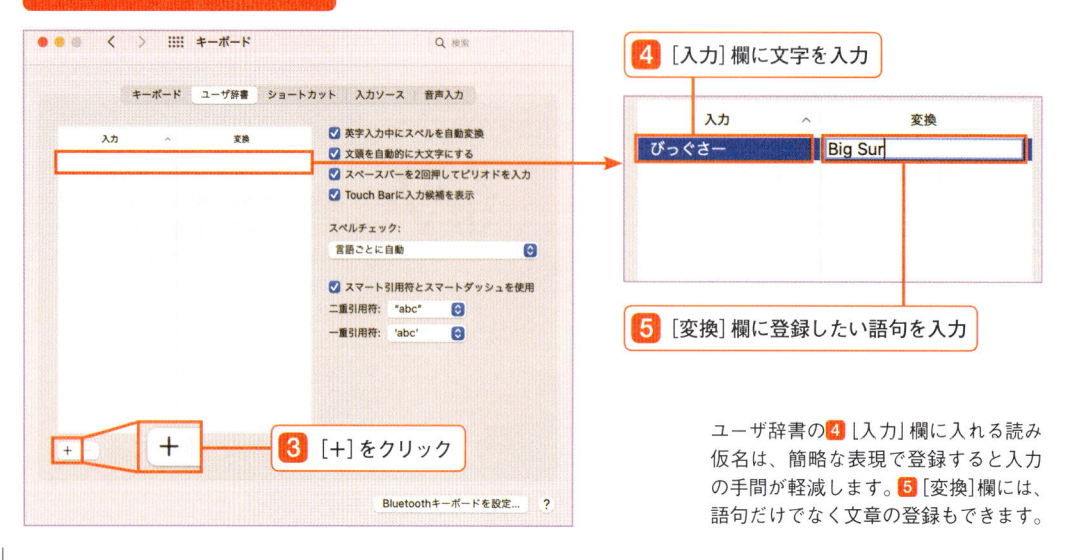

使おう　メールアドレスなども辞書に登録できる

ユーザ辞書には、単語だけでなく、メールアドレスやURLのような長い文字列も登録できます。登録の手順は通常の語句登録とまったく同じです。ここでは「そしむ」と入力するだけでメールアドレスが変換候補に表示されるように登録します。

テキストエディットで変換の確認を行う

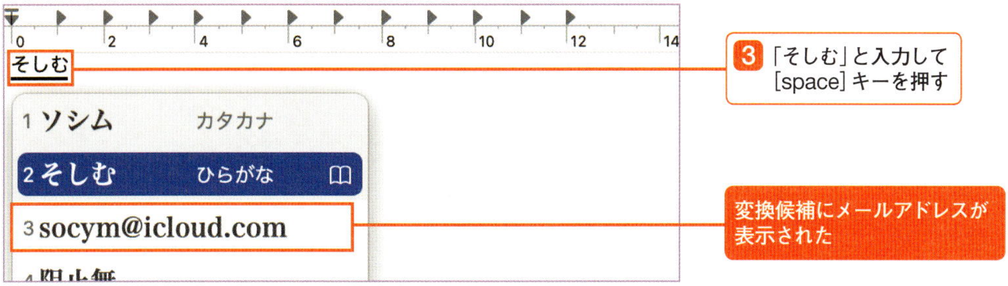

使おう　登録したユーザ辞書を削除する

登録した語句の編集や削除も可能です。[ユーザ辞書] パネルを開き、登録した語句を選択状態にして [－] をクリックすると、語句が削除されます。

[ユーザ辞書] パネルを開く

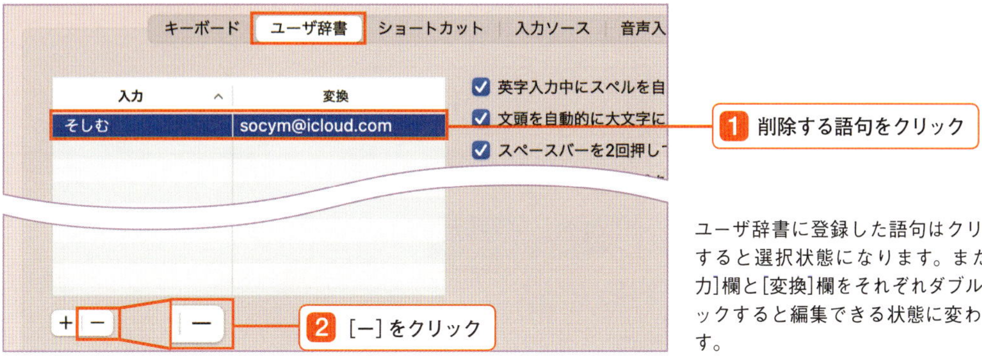

ユーザ辞書に登録した語句はクリックすると選択状態になります。また[入力]欄と[変換]欄をそれぞれダブルクリックすると編集できる状態に変わります。

chapter 3

05

文字入力の便利な機能を活用

文字入力と編集の達人を目指そう

macOSには、文字の入力状況に沿ってリアルタイムに変換を行ってくれるライブ変換が搭載されています。それ以外にも、音声による入力など、文字入力をサポートする便利な機能が用意されています。

使おう　入力した文字を自動的に変換できるようにする

ライブ変換の機能をオンにしておくと、文字入力の際に［space］キーを押さずに自動変換が行われるようになります。

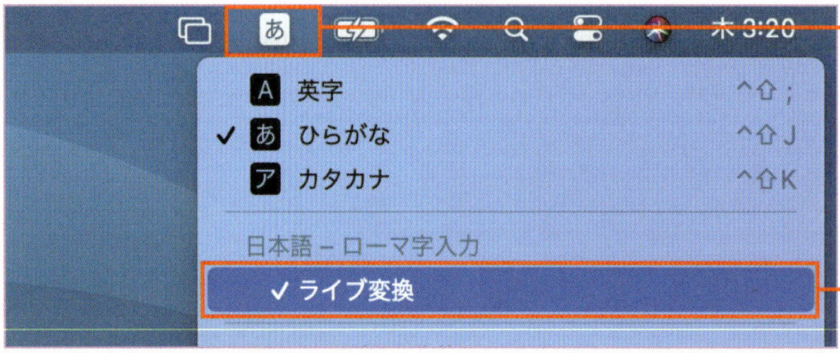

1 ［入力メニュー］をクリック

2 ［ライブ変換］にチェックを入れる

テキストエディットでライブ変換を確認

3 テキストエディットで文字を入力

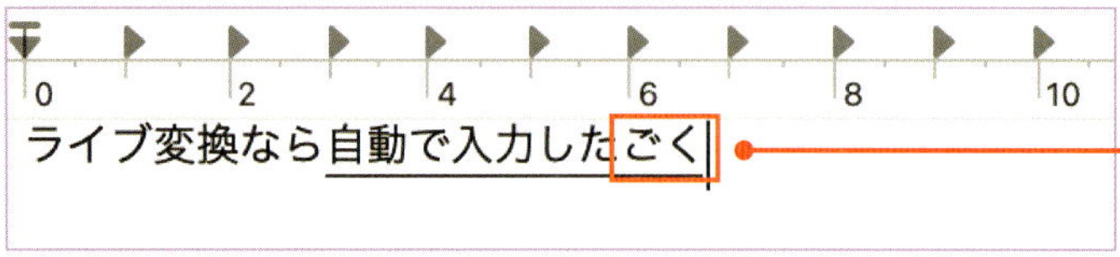

4 入力した文字が自動的に変換されていく

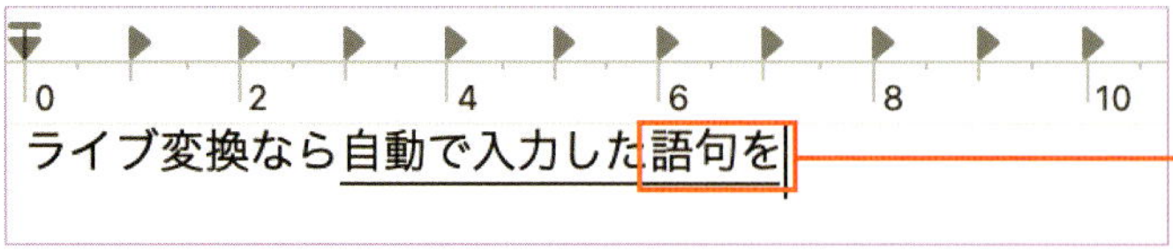

5 入力を進めるとよりふさわしい変換に補正される

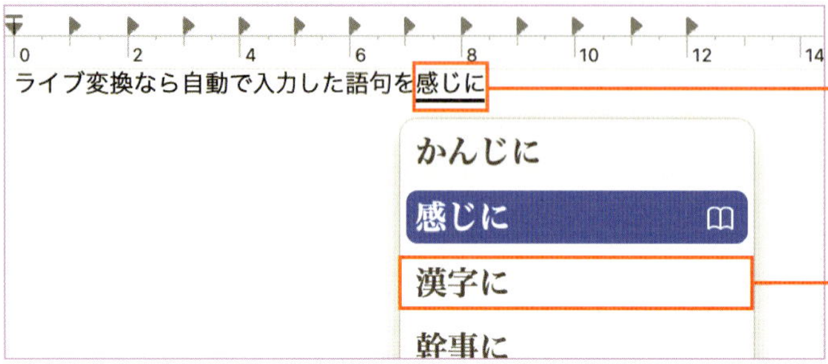

6 変換内容が間違いの場合は［space］キーを押す

7 変換候補から正しい内容を選んで確定

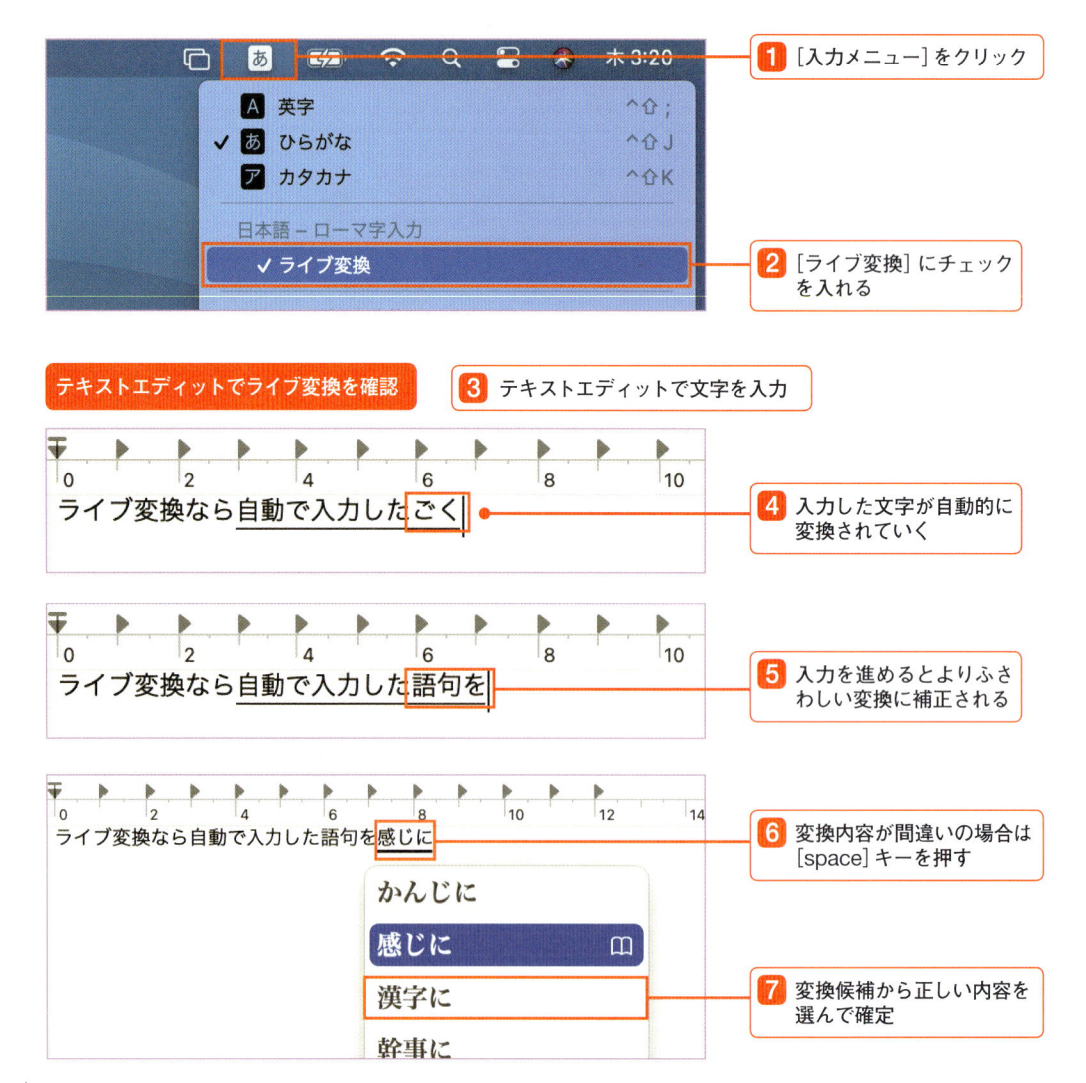

使おう　音声入力を試す

macOSには標準で音声入力機能が備わっています。特別な機器を用意せずに、MacBookに向かって話しかけるだけで文字の入力を行うことが可能です。精度もよく、両手がふさがっているときなどに活用するとよいでしょう。

テキストエディットを起動しておく

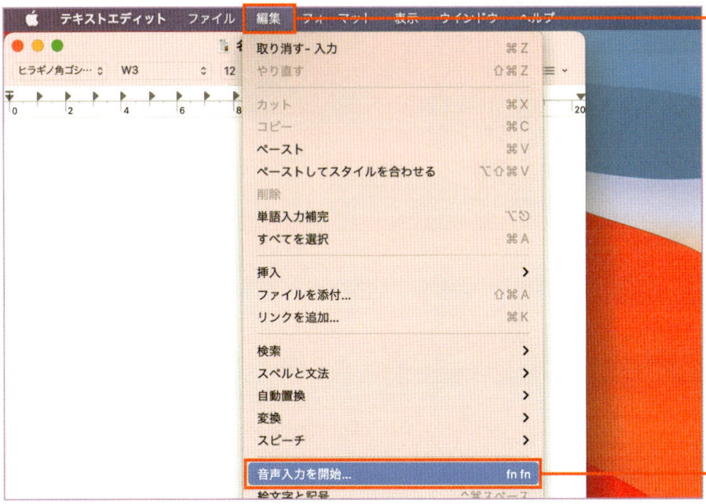

1 [編集] をクリック

2 [音声入力を開始] をクリック

設定

音声入力を有効化する

文字入力ができるアプリなら音声入力が利用できます。初回起動時は有効化の設定が発生します。

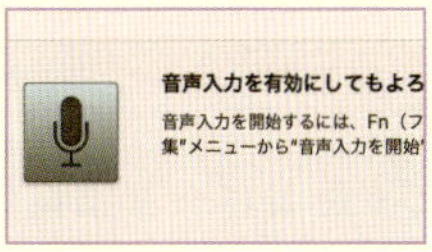

音声入力の準備が完了

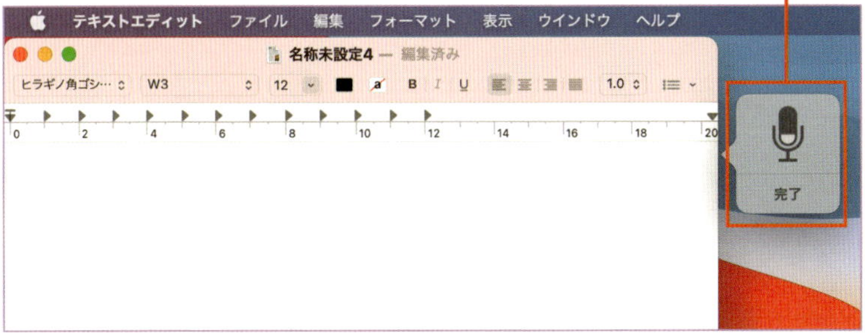

3 MacBookに向かって入力したい文章などをしゃべってみる

ヒント

M1 MacBookは[F5]キーで起動

M1 MacBookはキーボードが一部変更され、新たに[F5]キーにマイク機能が割り当てられました。なおキーの割り当ては、システム環境設定の[キーボード]にある[音声入力]から変更できます。

しゃべった内容がテキストとして入力される

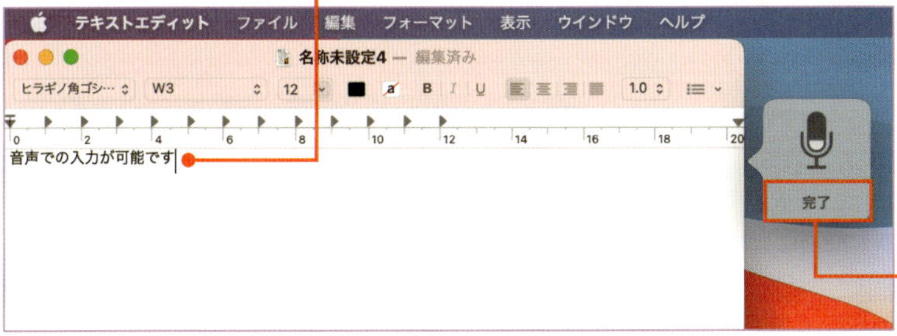

4 [return] キーを押して入力を確定

[完了] をクリックすると音声入力が終了する

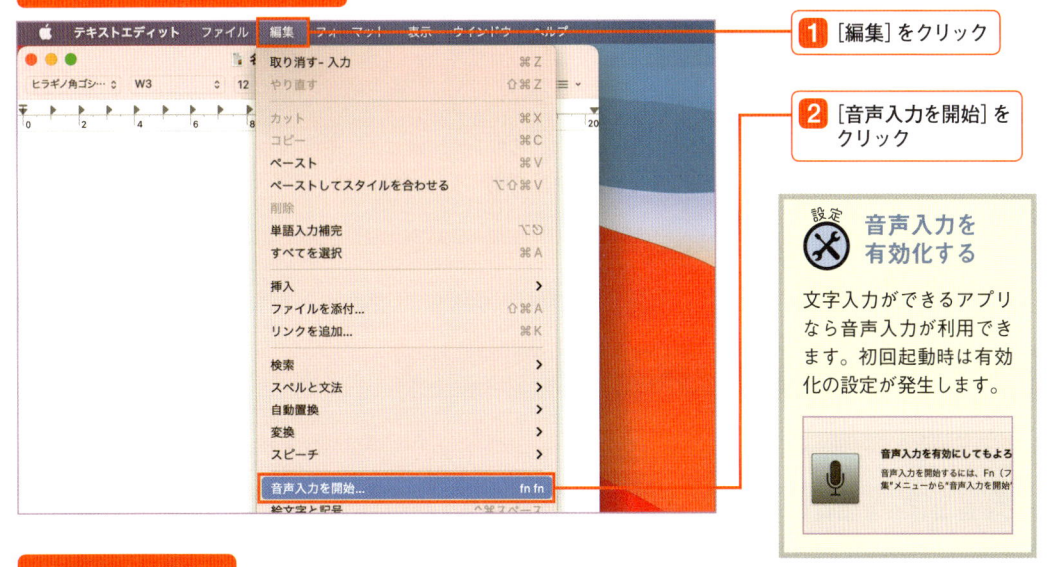

使おう　文字のコピーや貼り付けを行う

同じ文字列を何度も入力したり、メールやWebページの文字を入力し直したりするのは面倒です。そこで、ここでは選択した文字列をコピーし、複製する方法を紹介します。

1 コピーしたい文字をドラッグして選択

2 選択箇所にカーソルを合わせて[control]キー＋クリック

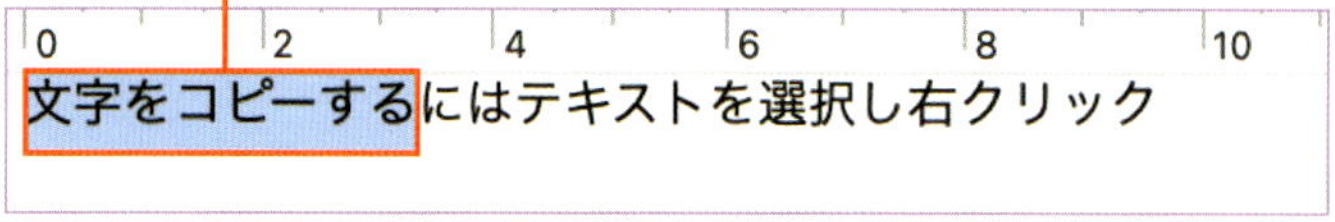

3 コンテクストメニューから[コピー]を選択

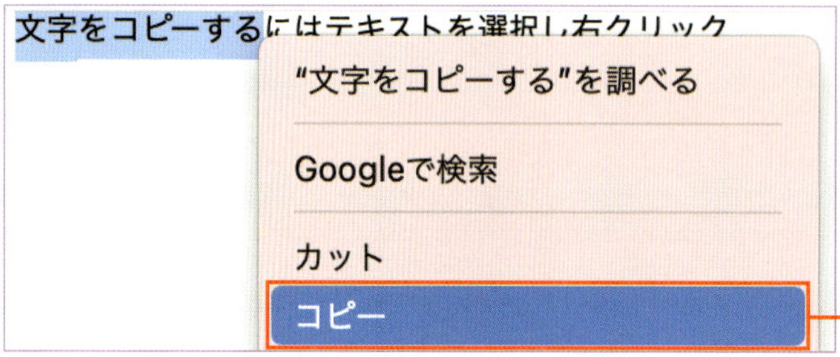

4 文字列の挿入位置にカーソルを合わせて[control]キー＋クリック

5 コンテクストメニューから[ペースト]を選択

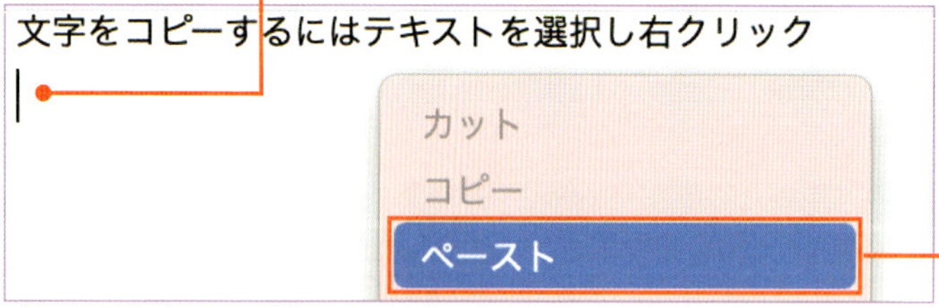

指定した位置に文字列が挿入された

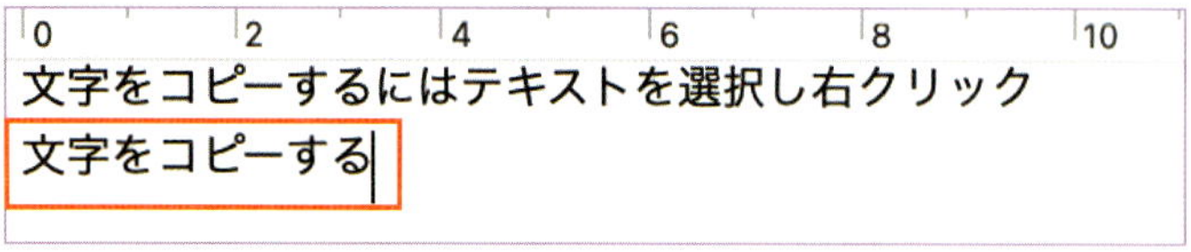

ヒント

Macで右クリックを設定するには

MacBookのトラックパッドで右クリックを有効にするには、[システム環境設定]の[トラックパッド]から設定が行えます(トラックパッドの詳しい設定はP.28を参照)。

プラスワン

[コピー]や[貼り付け]はショートカットを覚えて作業効率をアップ!

文字列の[コピー][ペースト]などの操作は、キーボードショートカットを利用すると劇的に効率がアップします。ほかにも[すべて選択]や[カット]なども使用頻度の高い操作ですので、最低限のショートカット操作として覚えておきましょう。

キー操作	変換文字種
[command] + [C]	コピー
[command] + [V]	ペースト(貼り付け)
[command] + [X]	カット(切り取り)
[command] + [A]	すべて選択
[command] + [Z]	ひとつ前の操作に戻す

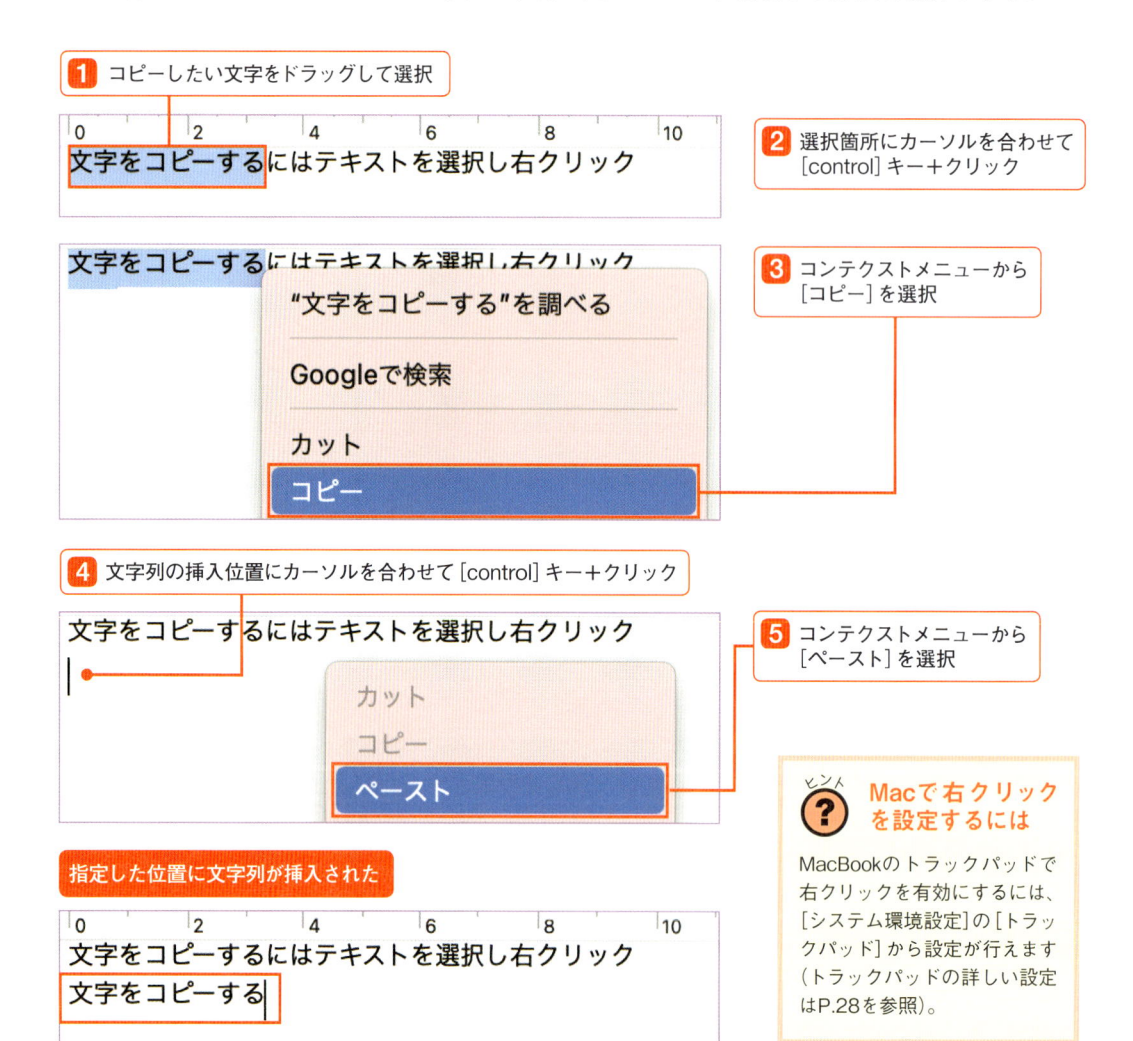

知ろう　入力方法やキーの割当を変更する

システム環境設定の［キーボード］にある［入力ソース］パネルでは、入力方法を［かな入力］に変更したり、入力時に［shift］キーや［caps lock］キーを押した際の動作を変更したりできます。ここでは日本語環境設定の押さえたいポイントを解説します。

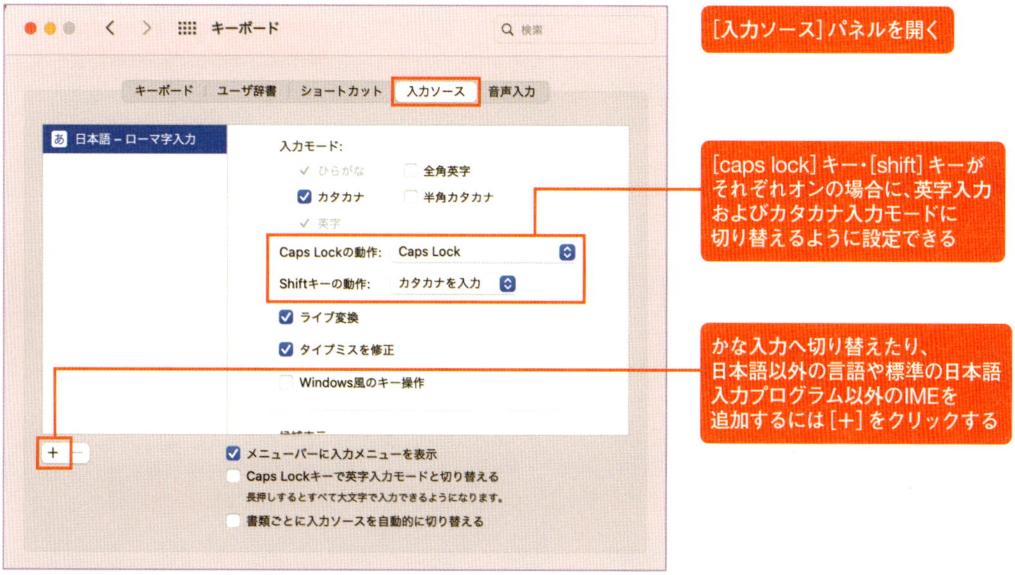

使おう　かな入力を追加する

MacBookのセットアップ時にユーザがカスタマイズを行わない場合は、入力方法として［日本語-ローマ字入力］が設定されます。かな入力を設定したい場合は、上記の［入力ソース］パネルで［日本語-かな入力］を追加します。

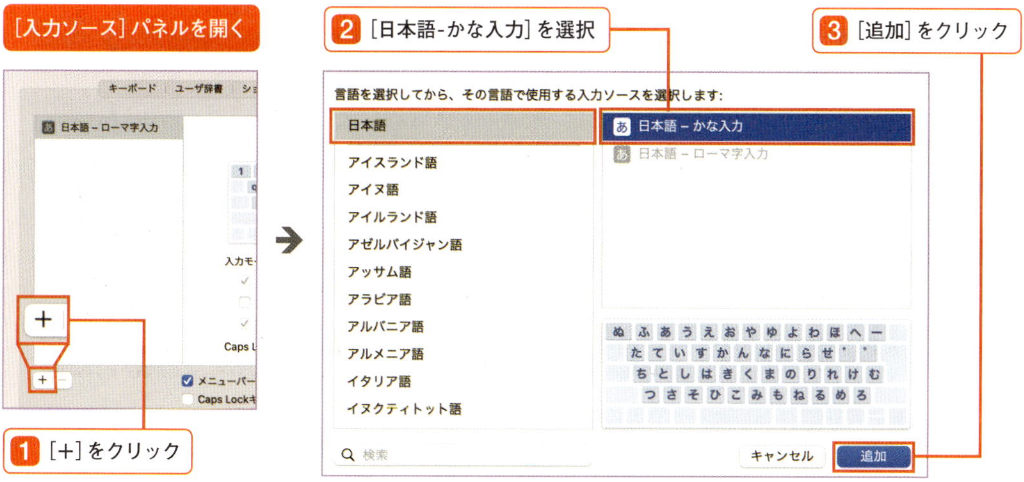

使おう　変換学習をリセットする

macOSの日本語入力プログラムは、よく入力する語句などを記憶し、変換候補として優先的に表示するように常に学習しています。複数人でMacBookを共用する場合など、変換学習結果を消したい場合には、日本語環境設定でリセットを行うことができます。

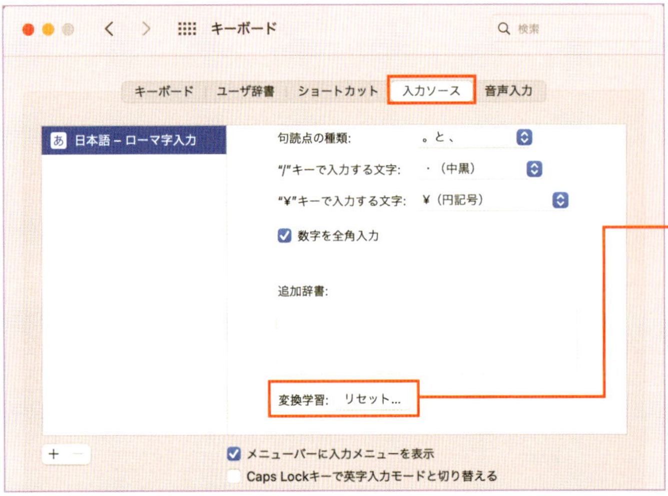

[入力ソース]パネルを開く

1 [変換学習]項目内の[リセット]をクリック

学習結果が消去された

M1 MacBookでは新しいショートカットキーが追加された

M1チップを搭載するMacBookのキーボードは、新たに[地球儀]キーが追加され、言語の切り替えがすばやく行えます。またMacBook Airでは[F4]キーに「スポットライト」、[F5]キーに音声入力や「Siri」、[F6]キーに「おやすみモード」が設定されています。

英語キーボードは左下の[fn]キーが[地球儀]キーと兼用になっています。

上記はM1チップ搭載のMacBook Airの日本語キーボードです。右下の[地球儀]キーで言語の切り替えができます。またシステム環境設定の[キーボード]から、音声入力の起動といったショートカットキーに変更も可能です。

chapter

4

iPhone・iPadとつなげる

chapter 4

01

MacBookでiPhone・iPadも管理

iPhone・iPadとデータを同期する

MacBookには、iPhoneやiPadを管理する機能も搭載されています。音楽や動画、アプリの転送をはじめ、データのバックアップやリストア（復元）、アップデートなどの操作も可能です。

知ろう MacBookにiPhone・iPadをつなげる

iPhoneやiPadなどの機器をMacBookと接続するとデバイスの管理画面が表示されます。ここから音楽の転送やバックアップ、各種設定を行うことができます。

デバイスの概要

接続したデバイスに導入されている OS の情報やストレージの容量、型番などの情報が表示されます

コンテンツの管理メニュー

動画や音楽などのコンテンツを確認したり iPhone や iPad などのデバイスへ転送したりすることができます

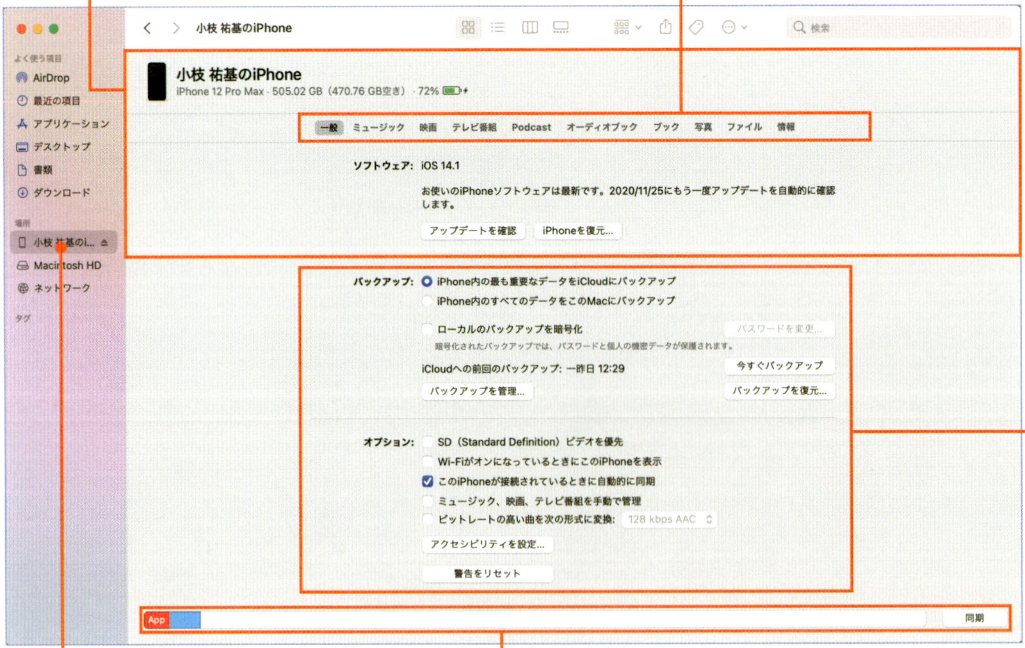

接続中のデバイス

iPhone や iPad など、MacBook と接続中のデバイスが表示されます。接続解除もここで行います

ストレージ情報

デバイスに搭載されるストレージの容量と音楽や動画、アプリなどがどれだけ容量を利用しているかが表示されます

バックアップ設定

iPhone や iPad などのデータ保存方法を選択することができます。iCloud へのバックアップ設定もここから行えます

使おう iPhone・iPadをMacBookに接続する

iPhoneやiPadは、USBケーブルなどを使ってMacBookと接続します。また、MacBookと接続するiPhone・iPadを設定することで、Wi-Fiで接続することもできます。

iPhoneやiPadをMacBookと接続しておく

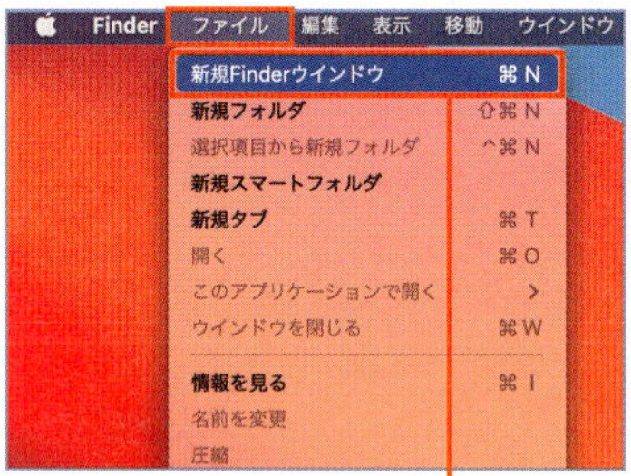

1 ［ファイル］→［新規Finderウインドウ］を選択

2 ［iPhone］をクリック

デバイス情報が表示された

使おう iPhone・iPadとMacBookを同期する

MacBookで管理している音楽や動画などの各種データは、同期を行うことでiPhone・iPadへ転送されます。音楽や動画の転送設定を行ってから同期してみましょう。

音楽の同期設定

1 ［ミュージック］を選択

2 ［ミュージックを“〇〇”と同期］にチェックを入れる

動画の同期設定

1 ［映画］を選択

2 ［映画を“〇〇”と同期］にチェックを入れる

同期設定が完了したら［同期］をクリックして同期を開始する

chapter 4

02

大事なデータをMacBookで保護

iPhone・iPadをバックアップする

iPhoneやiPadに含まれるデータをMacBookにバックアップしておけば、紛失したり機種変更などを行ったりした際にすばやく復元することができます。

使おう MacBookにiPhone・iPadのデータをバックアップする

iPhone・iPadのバックアップもFinderから行います。iCloudの自動バックアップを利用していない場合は、同期時に自動バックアップされますが、手動でも設定できます。

デバイスの管理画面を開いておく

1 [〇〇内のすべてのデータをこのMacにバックアップ]にチェックを入れる

2 [今すぐバックアップ]をクリック

バックアップが開始される

プラスワン

パスワードやヘルスケアデータは暗号化して保存する

[ローカルのバックアップを暗号化]にチェックを入れてバックアップを行えば、パスワードやヘルスケアデータなどの個人情報もバックアップできます。この操作を行うには、管理者権限をもつコンピュータアカウントでMacBookにログインする必要があります。

1 チェックを入れる

2 パスワードを入力

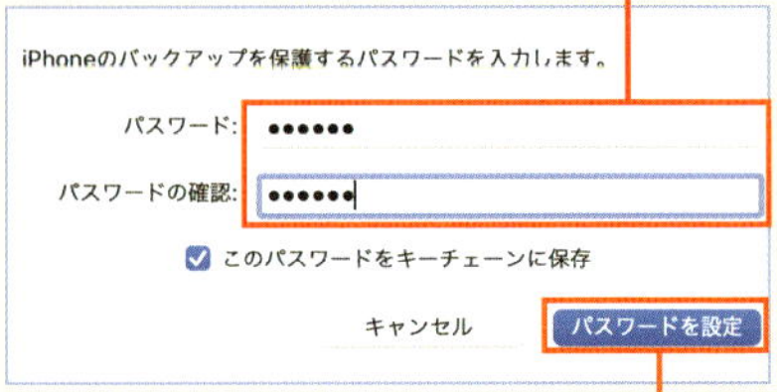

3 クリックしてバックアップ

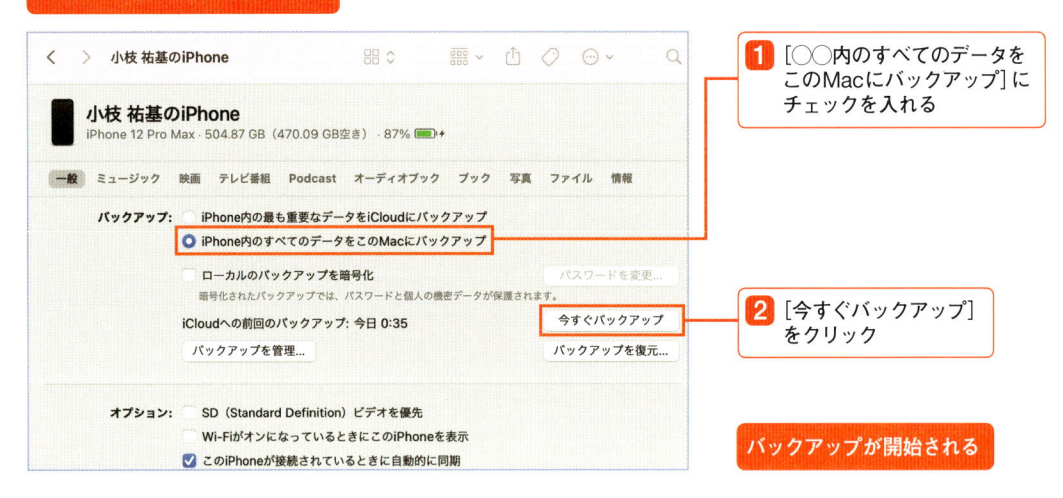

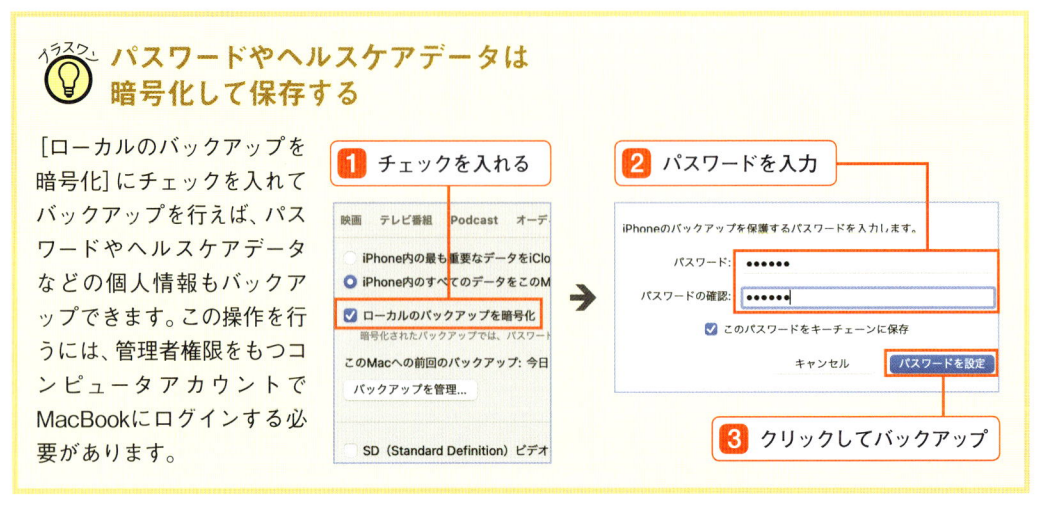

使おう バックアップデータから復元する

バックアップしたデータから復元する場合もFinderを利用します。基本設定はもちろん、連絡帳やアプリの利用状態も復元することができます。

1 ［バックアップを復元］をクリック

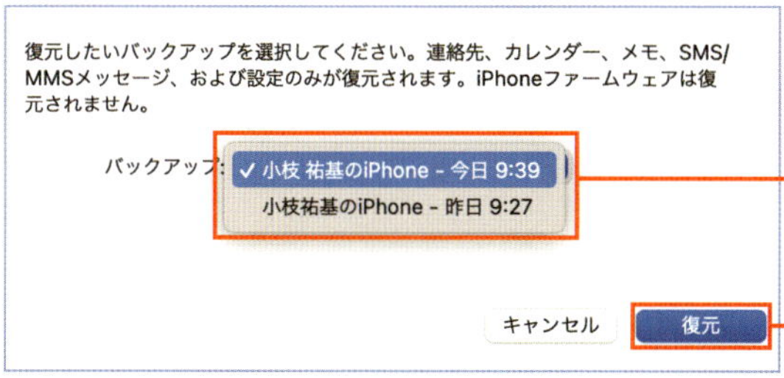

2 復元したい日付のバックアップを選択

3 ［復元］をクリック

暗号化している場合

暗号化の際に設定したパスワードの入力が必要

バックアップデータを暗号化している場合、復元ポイントは直近のデータとなり、それより過去の復元ポイントは選べません。

バックアップのメリット

こまめにバックアップをしておくことで、iPhone・iPadを復元する際、復元ポイントの選択を行えます。なお復元項目は連絡先やカレンダーなどのアプリやデバイスの設定が対象となり、ファームウェアのバージョンは復元されません。

［探す］の設定をオフにしておく

iCloudで［探す］の機能をオンにしている場合、復元する際に［探す］をオフにするように求められます。

初期設定を済ませたらバックアップしておこう

機種変更で新しいiPhoneに交換した場合や初期化を実行した場合は、初回起動時にデバイスとMacBookを接続しておけば初期設定を済ませた状態で復元することができます。［このバックアップから復元］からデバイスを選択して復元できます。

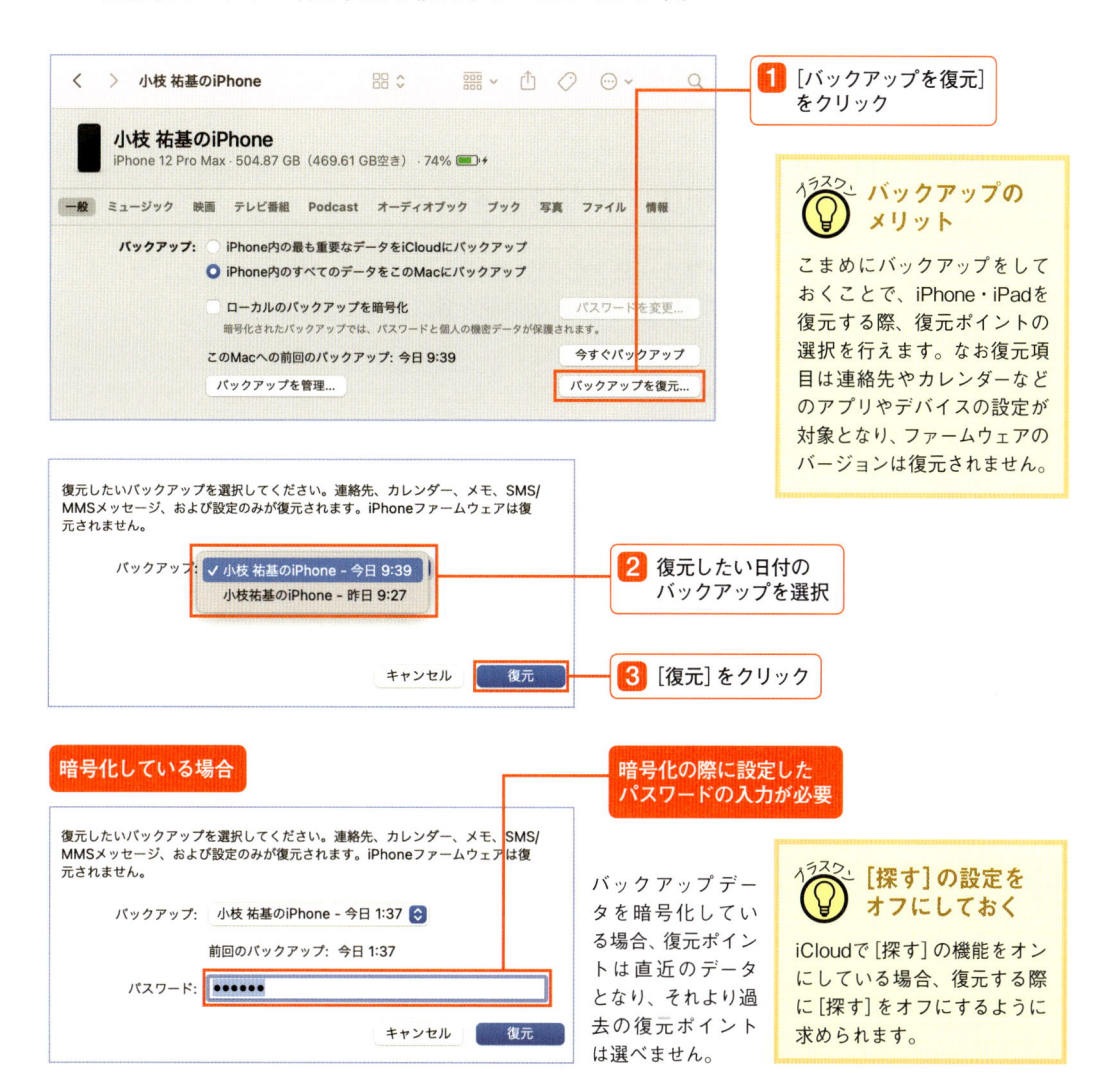

chapter 4
03

iPhone・iPadとつなげる

iPhone経由でネットに接続する

MacBookを外出先で利用する際、Wi-Fiなどの環境がない場所ではインターネットに接続できません。そんなときに活用したいのがスマホの回線を使ってインターネット接続するテザリング機能です。

使おう iPhone側でテザリングの設定を行う

契約中のキャリアとテザリングサービスの契約を結んでいれば、iPhoneの［インターネット共有］の設定を変更するだけでテザリング機能を使えます。

iPhone でテザリングの設定を行う

iPhoneの［設定］アプリを開いておく

13:48
設定
小枝祐基
Apple ID、iCloud、メディアと購入
機内モード
Wi-Fi
koeda0001
Bluetooth
オン
モバイル通信
インターネット共有
オフ
通知
サウンドと触覚
おやすみモード
スクリーンタイム

1 ［インターネット共有］を選択

13:49
設定
インターネット共有
iPhoneの"インターネット共有"機能を使用すると、iCloudにサインインしている別のデバイスからパスワード入力なしでインターネットにアクセスすることができます。
ほかの人の接続を許可
"Wi-Fi"のパスワード
msz006rx93v2
"インターネット共有"設定で、またはコントロールセンターで"インターネット共有"をオンにしたときに、iCloudにサインインしていないほかのユーザーまたはデバイスが共有ネットワーク"小枝 祐基のiPhone"を検索できるようにします。
ファミリー共有
"インターネット共有"をファミリー共有メンバーと共有します。
互換性を優先
オンにすると、あなたのインターネット共有に接続しているデバイスでインターネットのパフォーマンスが低下する場合があります。

2 ［ほかの人の接続を許可］をオンに

P.119の手順3でMacBookにパスワードを入力する際は、この画面に表示された［"Wi-Fi"のパスワード］を参照してください。

ヒント テザリングのパスワードを変更する

テザリングの設定を行う際、Wi-Fiにアクセスするためのパスワードとして、複雑な文字列が自動設定されます。［"Wi-Fi"のパスワード］項目で任意の文字列に変更できるので、頻繁に入力する場合は見直してみましょう。

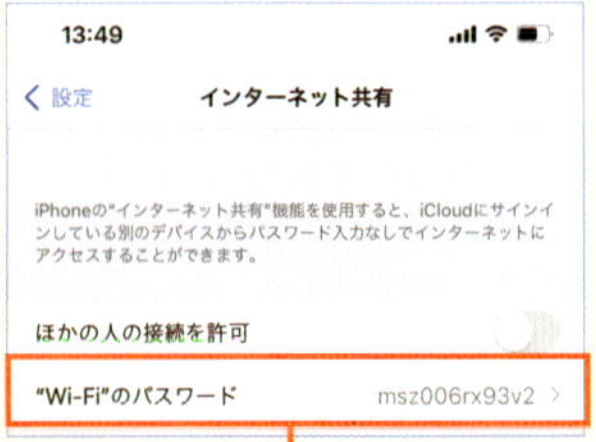

13:49
設定
インターネット共有
iPhoneの"インターネット共有"機能を使用すると、iCloudにサインインしている別のデバイスからパスワード入力なしでインターネットにアクセスすることができます。
ほかの人の接続を許可
"Wi-Fi"のパスワード
msz006rx93v2

1 ［"Wi-Fi"のパスワード］を選択

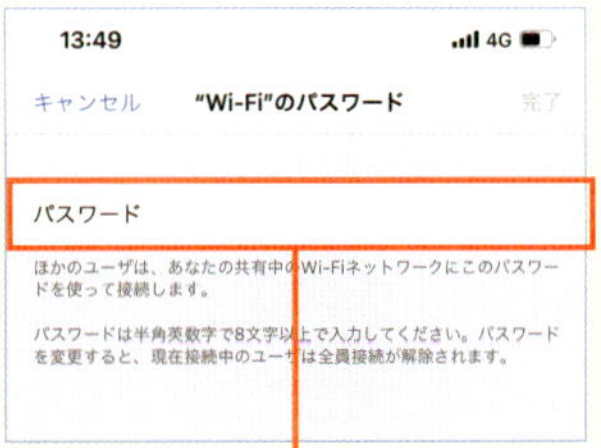

13:49
キャンセル
"Wi-Fi"のパスワード
完了
パスワード
ほかのユーザは、あなたの共有中のWi-Fiネットワークにこのパスワードを使って接続します。
パスワードは半角英数字で8文字以上で入力してください。パスワードを変更すると、現在接続中のユーザは全員接続が解除されます。

2 任意のパスワードを入力

使おう　Wi-FiでiPhoneに接続する

テザリングでiPhoneとMacBookを接続する方法はWi-Fi、Bluetooth、USBの3パターンがありますが、ここでは無線で通信速度も速いWi-Fiによる接続方法を紹介します。

1 ［ネットワーク］アイコンをクリック

2 ［iPhone］を選択

3 iPhoneに表示されたパスワードを入力

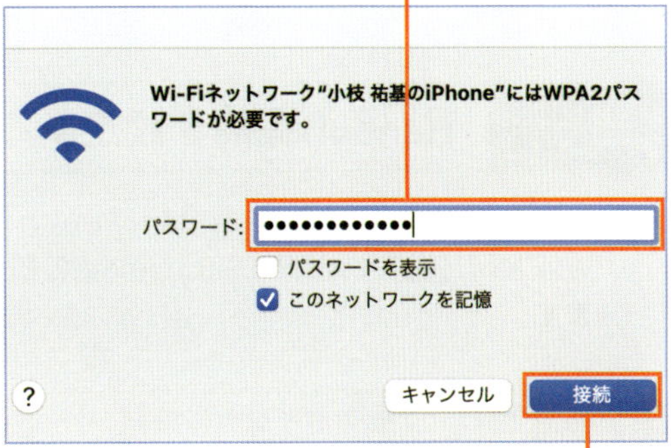

4 ［接続］をクリック

5 ステータスが［接続済み］になったことを確認

ほかの機器が接続されるとスマホに表示される

iPhoneの場合、PCなどの機器が接続されると、画面の上部にその旨が表示されます。テザリングをオフにすると、自動的に接続は解除されます。

プラスワン

Wi-Fi以外のテザリング方法を選ぶメリットはある？

Bluetoothテザリングは、通信速度がWi-Fiよりも遅くなる反面、Wi-Fiに比べて省電力で、機能のオン／オフを親機（スマホ）ではなく、子機（PC）だけで行えるメリットがあります。設定は、親機（スマホ）と子機（PC）でペアリングを行う必要があり、Wi-Fiよりも多少手間がかかりますが、一度設定を行えば以降はスムーズに使えます。またUSBテザリングは、Wi-Fiのように複数マシンを接続させることはできませんが、電波の干渉を受けないため、通信が安定するのがメリットです。ただし、USBテザリングはモデムの設定が必要で、PC以外の機器では基本的に使えません。

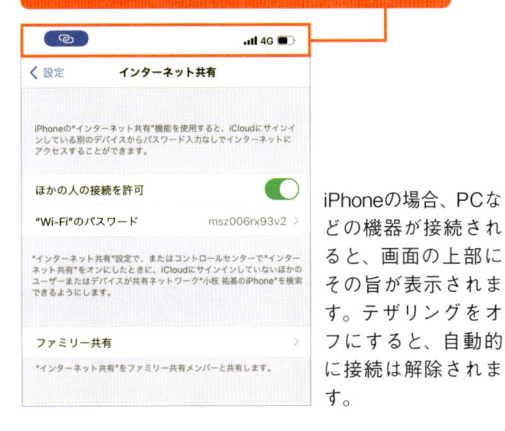

chapter 4
04

やりかけの作業もすぐ引き継げる

iPhoneとコピペを共有する

Handoffは同一のApple IDでサインインをしているMacBookとiPhone間で、編集作業を引き継ぐことができる機能です。コピー&ペーストでファイルを転送できる「ユニバーサルクリップボード」も使えます。

知ろう　Handoff機能を設定する

Handoff機能を利用するにはMacBookとiPhoneで共通のApple IDでのサインイン、同一Wi-Fiへの接続、HandoffやBluetoothの設定がオンであるという条件を満たす必要があります。

条件1　同じアクセスポイントに接続

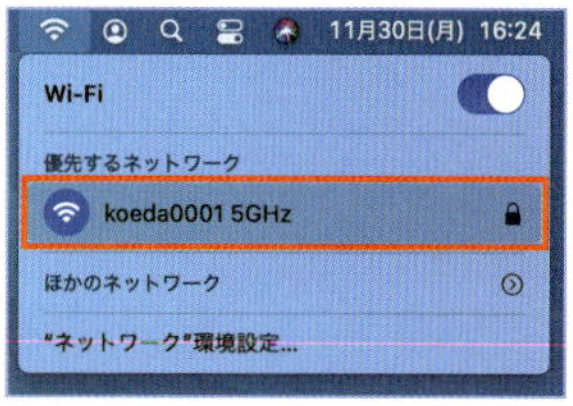

MacBookおよびiPhoneを共通のWi-Fiアクセスポイントに接続します。

条件2　共通のApple IDでサインイン

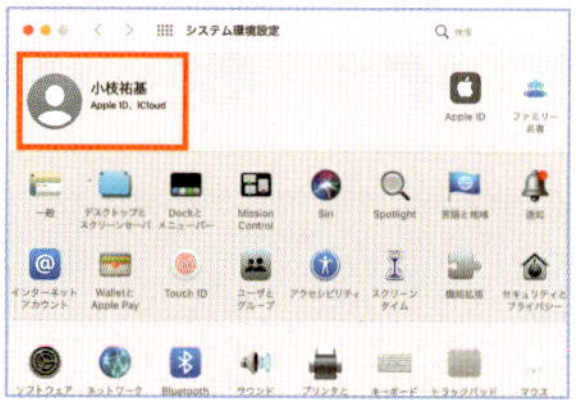

サインインするApple IDもMacBookとiPhoneとで同じものを使用します。

条件3　Bluetoothをオンにする

MacBookとiPhoneのBluetoothをオンにしておきます。

条件4　Handoffをオンにする

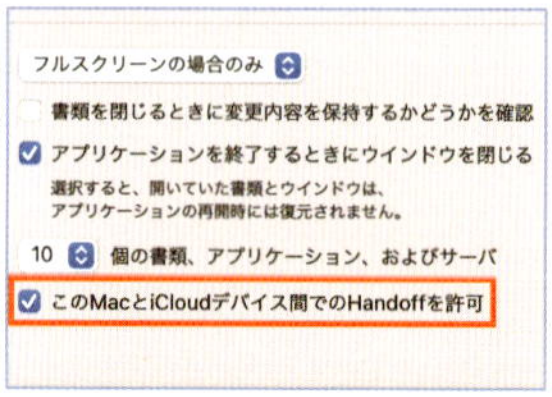

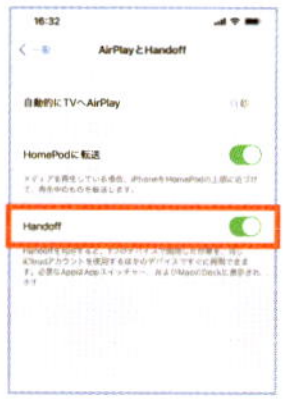

MacBookは[システム環境設定]の[一般]で、iPhoneは[設定]の[一般]でHandoffをオンにします。

使おう　MacBookで閲覧中のWebページをiPhoneで開く

Handoffでは、MacBookの画面に表示されたWebページをiPhoneの方にシームレスに送ることができます。外出先で読みかけのページの続きを読むなどの使い方が可能です。

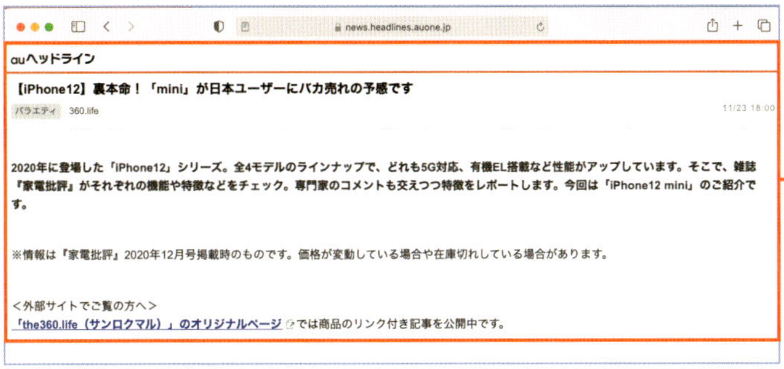
news.headlines.auone.jp
auヘッドライン
【iPhone12】裏本命！「mini」が日本ユーザーにバカ売れの予感です
バラエティ　360.life　11/23 18:00
2020年に登場した「iPhone12」シリーズ。全4モデルのラインナップで、どれも5G対応、有機EL搭載など性能がアップしています。そこで、雑誌『家電批評』がそれぞれの機能や特徴などをチェック。専門家のコメントも交えつつ特徴をレポートします。今回は「iPhone12 mini」のご紹介です。
※情報は『家電批評』2020年12月号掲載時のものです。価格が変動している場合や在庫切れしている場合があります。
＜外部サイトでご覧の方へ＞
「the360.life（サンロクマル）」のオリジナルページ では商品のリンク付き記事を公開中です。

1 MacBookの「Safari」でWebページを開く

2 iPhoneで起動中アプリの一覧を開く

3 「Safari」の通知をタップ

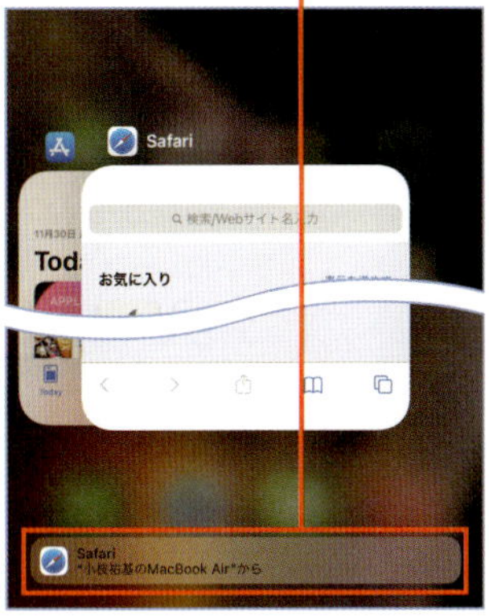
Safari
お気に入り

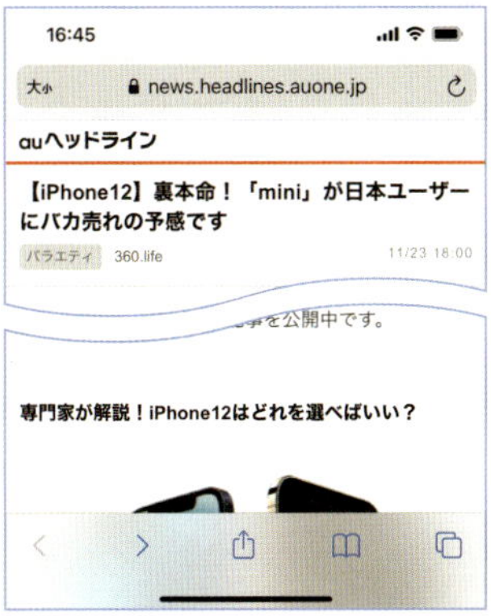
16:45
news.headlines.auone.jp
auヘッドライン
【iPhone12】裏本命！「mini」が日本ユーザーにバカ売れの予感です
バラエティ　360.life　11/23 18:00
専門家が解説！iPhone12はどれを選べばいい？

Webページが開いた

「Safari」を例にアプリの引き継ぎを紹介しましたが、ほかにもメモアプリなどで作業を引き継ぐことができます。

使おう　iPhoneで閲覧中のWebページをMacBookで開く

MacBookからiPhoneだけでなく、iPhoneからMacBookでもページの引き継ぎが可能です。Dockの右側にiPhoneで使用しているアプリのアイコンが表示されるのでクリックします。

1 Dockから［Safari］をクリックして起動

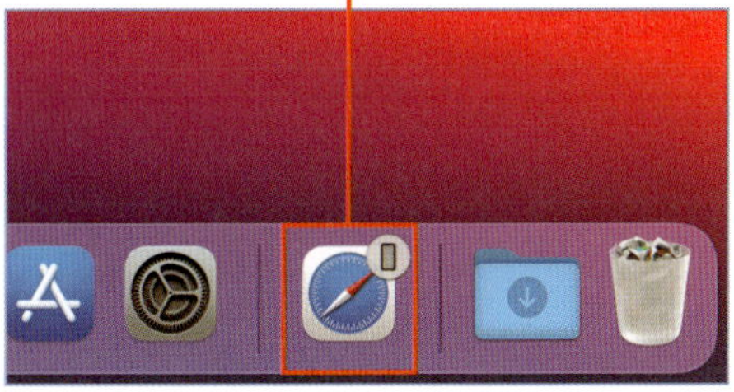

Webページが開いた

NEWS PICKS
Rakuten Travel
Rakuten Mobile
Rakuten
Rakuten Card
検証 楽天5大サービス

知ろう　ユニバーサルクリップボードでコピペをする

Handoffの設定を行うと、MacBookとiPhoneやiPadの間でクリップボードを共有する「ユニバーサルクリップボード」が利用できます。テキストはもちろん、写真などの画像やiWorkで作成した書類なども、異なる端末同士で簡単にコピー&ペーストができます。

端末間でのデータの受け渡しがコピペで可能

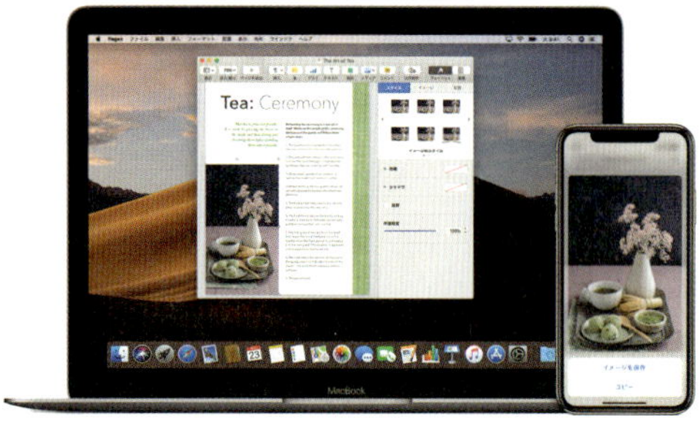

使用の条件

- 同じApple IDを使ってサインイン
- BluetoothとWi-Fiがオンになっている
- Handoff がオンになっている

部分的に選択したテキストはもちろん、保存したテキストファイルや写真などの画像ファイル、さらに、iWorkなどのアプリで作成したファイルも共有できます。転送元のマシンで複数ファイルをコピーし、転送先のマシンにまとめてペーストするといった使い方もできます。

使おう　MacBookでコピーしたファイルをiPhoneにペーストする

ユニバーサルクリップボードは、通常のコピペと同様にアクションメニューやショートカットキーから行えます。ここでは、MacBookでコピーしたファイルをiPhoneにペーストする方法を紹介しますが、iPhoneからMacBookへコピペをする場合もやり方は同じです。

MacBookでファイルを選択しておく

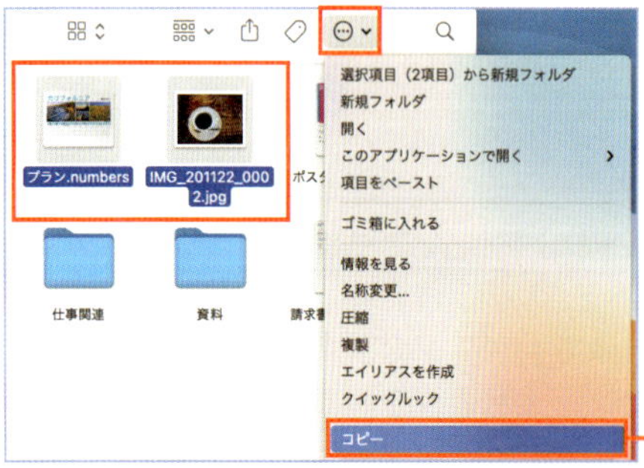

1 アクションメニューの[コピー]をクリック

ファイルを選択した状態で[command]＋[C]キーのショートカットキーでコピーしてもOKです。

ヒント

ファイル次第では開けないこともある

MacBookから受け取ったPDFなどのファイルがiPhoneで開けないことがあります。その場合は、AirDropなど別の共有方法を試してみてください。

iPhoneで[ファイル]アプリを開いておく

2 長押しメニューで[ペースト]を選択

ファイルがコピペされた

プラスワン

Mac同士でもコピペができる

同一アカウントを設定していれば、Mac同士でもユニバーサルクリップボードが利用できます。Mac同士なら対応するファイルも多く、 複数のMacを使う人には、積極的に活用して欲しい機能です。

chapter 4
05

MacBookでもSMSや通話ができる

SMSや電話をMacBookで受信する

iPhoneに送られてきたSMS/MMSメッセージをMacBookで返信したり、iPhoneにかかってきた電話をMacBookで受話することができます。同一のApple IDでのサインインやWi-Fiの使用などが条件です。

知ろう MacBookにSMSやMMSを転送する

iPhoneに送られてきたSMSやMMSをMacBookでも受信するには、iPhone側の設定を変更する必要があります。同一のApple IDで「メッセージ」にサインインしておきます。

iPhoneの[設定]→「メッセージ」を開いておく

15:27
設定
メッセージ
iMessage
送受信
2件のアドレス
iMessageはiPhone、iPad、iPod touch、Mac間で送信することができます。iMessageの送受信はワイヤレスデータを使用します。
iMessage/FaceTimeとプライバシーについて
名前と写真を共有
オフ
メッセージをパーソナライズするには、自分の名前と写真、および共有する相手を選択してください。
連絡先の写真を表示
"メッセージ"で連絡先の写真を表示します。
SMS/MMS転送
同じiMessageアカウントにサインインしている他のデバイスでもお
1 iMessageをオンにする
2 [SMS/MMS転送]をタップ

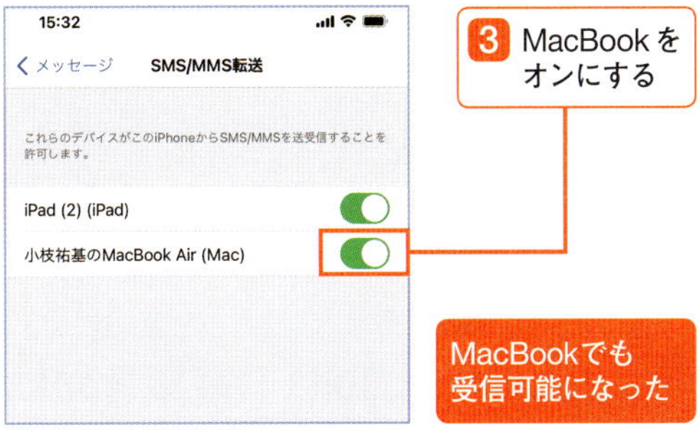
15:32
メッセージ
SMS/MMS転送
これらのデバイスがこのiPhoneからSMS/MMSを送受信することを許可します。
iPad (2) (iPad)
小枝祐基のMacBook Air (Mac)
3 MacBookをオンにする
MacBookでも受信可能になった

もしもここでMacBookが表示されない場合、MacBookの方の「メッセージ」アプリを開き、[環境設定]の[iMessage]で同一のApple IDが使用されているかを確認します。

使おう SMS/MMSの続きをMacBookで編集する

SMS/MMS転送を設定すると、iPhoneで受信したメッセージがMacBookにも届きます。SMSやMMSで送られてきたメッセージに返信すると吹き出しの色が緑になります。

MacBookで「メッセージ」を開いておく

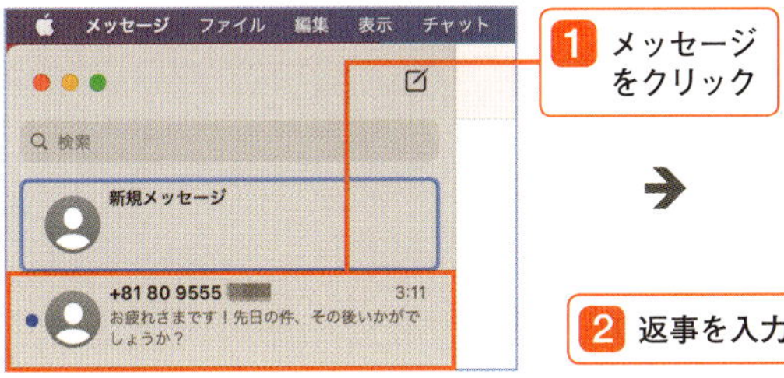
メッセージ ファイル 編集 表示 チャット
検索
新規メッセージ
+81 80 9555 [redacted]
3:11
お疲れさまです！先日の件、その後いかがでしょうか？
1 メッセージをクリック

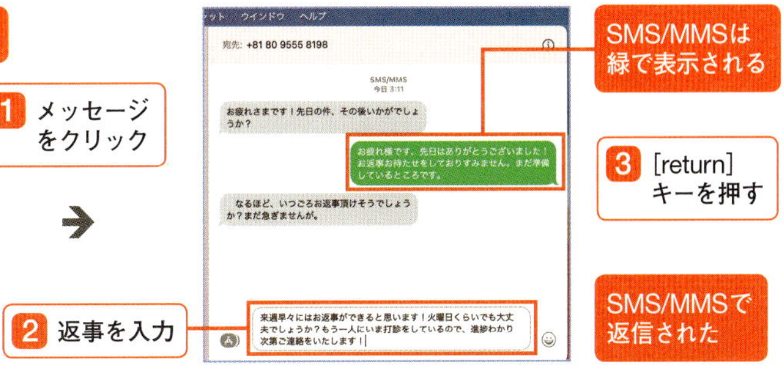
ャット ウインドウ ヘルプ
宛先: +81 80 9555 8198
SMS/MMS
今日 3:11
お疲れさまです！先日の件、その後いかがでしょうか？
お疲れ様です、先日はありがとうございました！お返事お待たせをしておりすみません。まだ準備しているところです。
なるほど、いつごろお返事頂けそうでしょうか？まだ急ぎませんが。
来週早々にはお返事ができると思います！火曜日くらいでも大丈夫でしょうか？もう一人にいま打診をしているので、進捗わかり次第ご連絡をいたします！
2 返事を入力
SMS/MMSは緑で表示される
3 [return]キーを押す
SMS/MMSで返信された

知ろう　MacBookで電話機能を使う準備をする

「FaceTime」の設定を変更すると、MacBookで電話を受けたり、MacBookから電話をかけたりすることができます。Wi-Fiをオンにし、同一のネットワークに接続しましょう。

「Launchpad」から「FaceTime」を開いておく

1 [FaceTime] をクリック

2 [環境設定] を選択

3 [iPhoneから通話] にチェックを入れる

使おう　MacBookで電話を受ける

[iPhoneから通話]をオンにすると、iPhoneに着信があった際にMacBookの画面右上に通知が表示されます。[応答]をクリックするとMacBookでのハンズフリー通話が開始されます。

1 [応答] をクリック

iPhoneに電話がかかってくると、MacBookにも着信中の通知が表示されます。[応答]をクリックすると本体のスピーカーおよびマイクで通話ができます。

2 [終了] をクリック

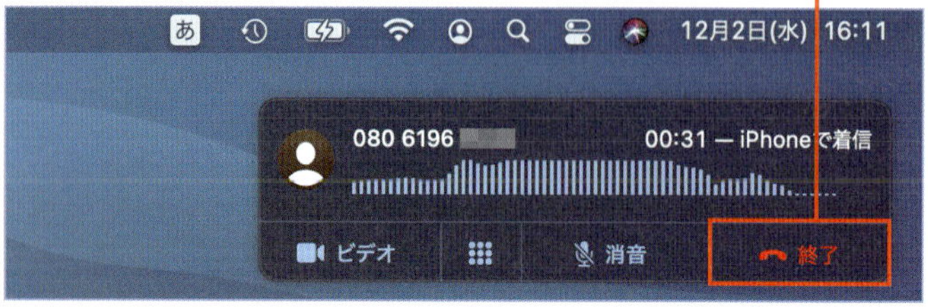

[終了] をクリックするとiPhoneには一切触れずに通話を終えられます。

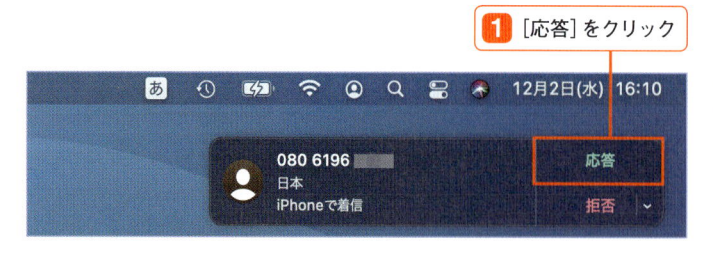

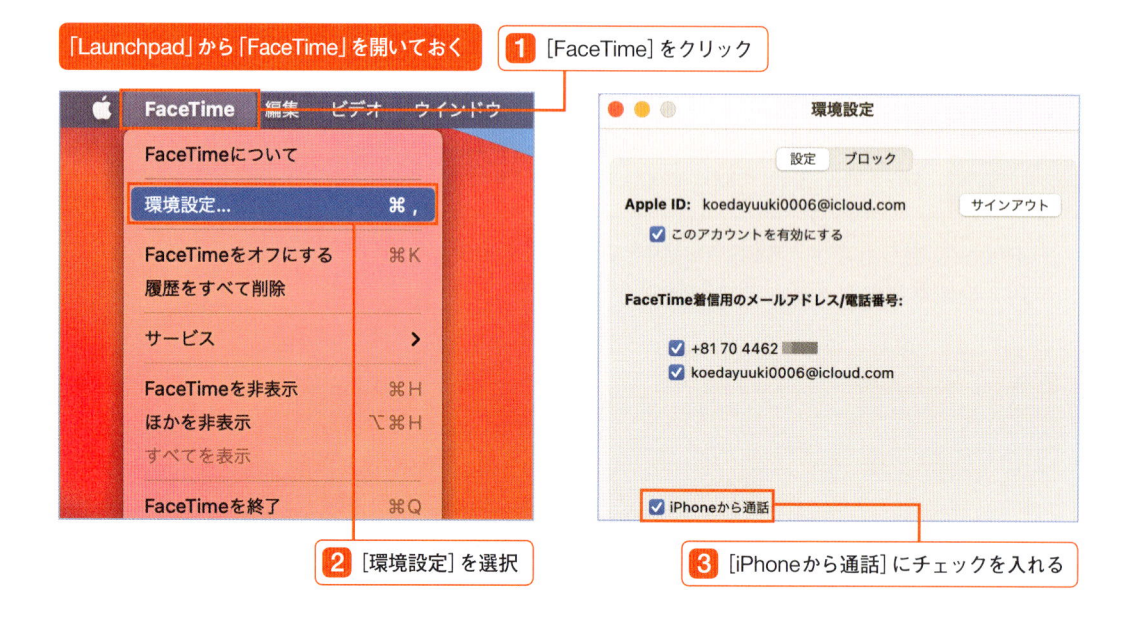

使おう MacBookから電話をかける

MacBookから電話をかけることもできます。この機能を使うには、あらかじめiPhoneの[連絡先]アプリに相手の電話番号を登録しておく必要があります。

MacBookで「FaceTime」アプリを開いておく

1 電話番号を入力

2 [return]キーを押す

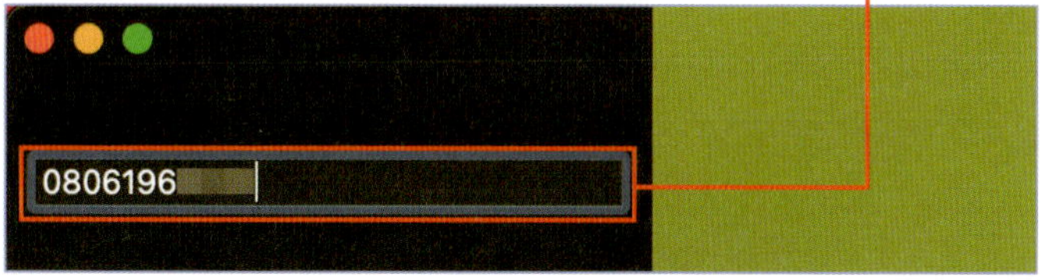

あらかじめ連絡先アプリに電話番号を登録している状態で、ボックスに電話番号を入力します。入力後、キーボードの[return]キーを押します。

3 [V]をクリック

4 電話番号を選択

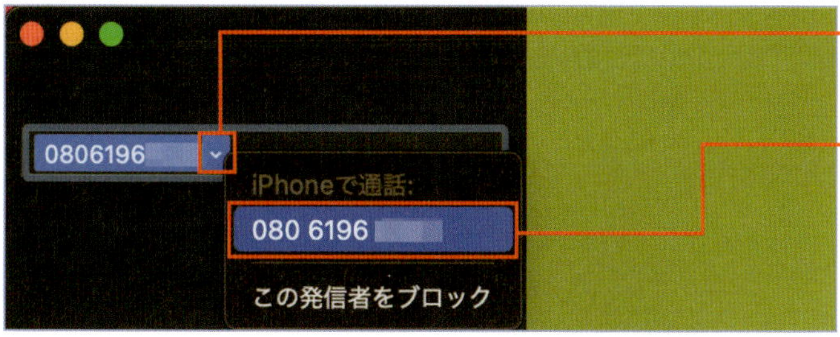

電話番号の右側の[V]をクリックし、[iPhoneで通話]メニューから電話番号を選びます。

相手が応答すると通話を開始できる

5 [終了]をクリック

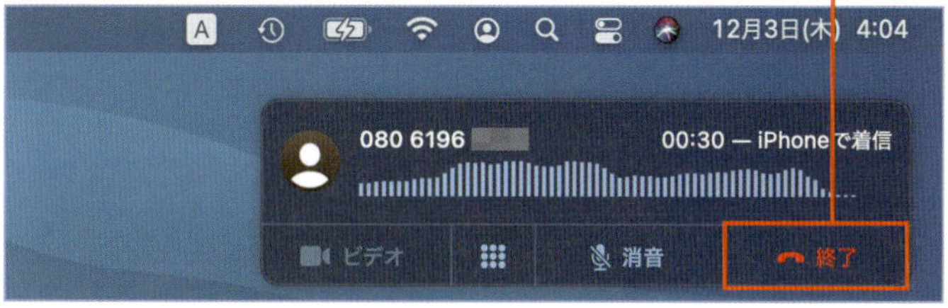

電話の発信がiPhoneを介して行われます。着信時と同じく、[終了]をクリックして通話を終了させられます。

ヒント

電話に出られないときには通知を活用

着信時に電話に出られないときにはMacBookに表示される通知で[拒否]を選択すれば、着信を切ることができます。その際に、後でかけ直すのを忘れないように、通知を設定しておくこともできます。5分後や1時間後など落ち着きそうな時間を選んで通知を設定しておくとよいでしょう。

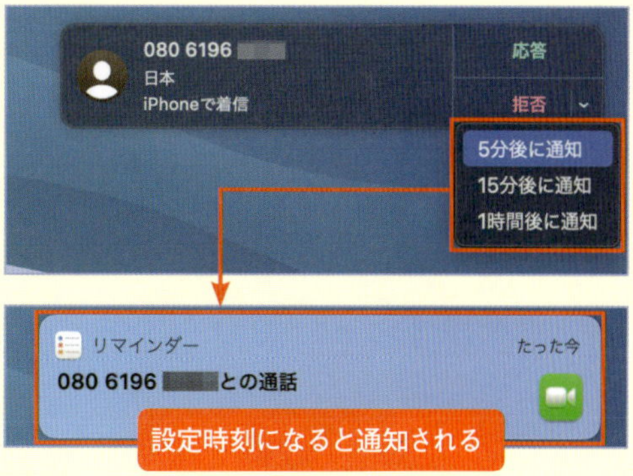

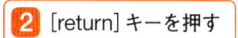

chapter 4
06

データのやり取りがスムーズになる

AirDropでiPhoneにデータ送信

MacBookには、手軽にファイルのやり取りができるAirDropという機能が備わっています。近くにいるほかの人とやり取りするのにも便利です。

使おう MacBookからiPhoneへファイルを送る

AirDropは、Finderウインドウのサイドバーにあるメニューから、簡単に呼び出すことができます。送信可能なユーザは自動的に検出されます。

新規Finderウインドウを開いておく

1 [AirDrop] をクリック

AirDropでやり取りできる相手が検出される

ヒント

AirDropを利用する条件はある？

AirDropを使うには双方のデバイスでWi-Fi と Bluetoothを有効にします。またデバイス同士が9メートル以内の位置関係にあることも条件です。

2 送りたいファイルを相手のアイコンの上にドラッグ

ファイルが送信された

[受け入れる] をタップすると受信側のiPhoneに送信されたデータが表示される

使おう MacBookで開いている写真やWebページを送る

AirDropは共有メニューから呼び出すことも可能です。開いている写真やWebページ、地図などをウインドウのメニューからそのまま送ることもできます。

送りたい写真を開いておく

1 [共有]をクリック

2 [AirDrop]を選択

送信可能な相手が検出される

3 送信相手をクリック

選択した相手に写真が送られる

設定 共有範囲を設定しておく

AirDropでファイルを受け取るには、共有範囲を設定します。「連絡先のみ」にすると相手を制限できます。

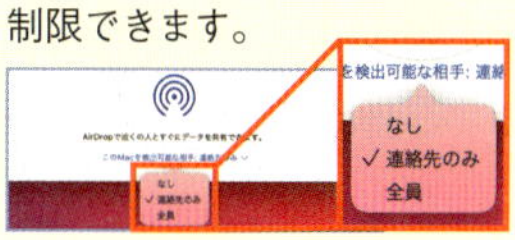

マップなどのページを送る

MacBookの「マップ」アプリを開く

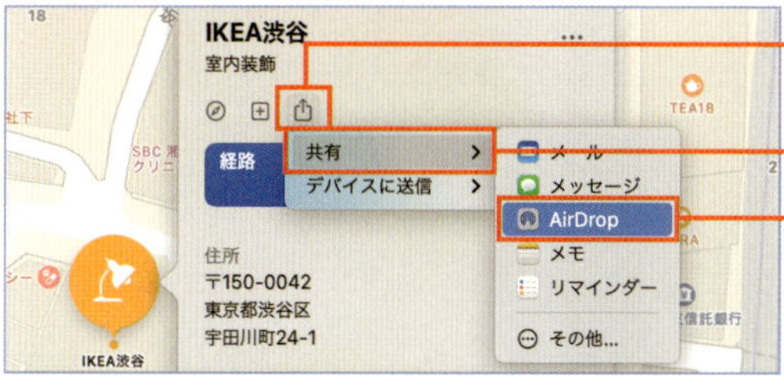

1 [共有]をクリック

2 [共有]を選択

3 [AirDrop]を選択

4 送信相手をクリック

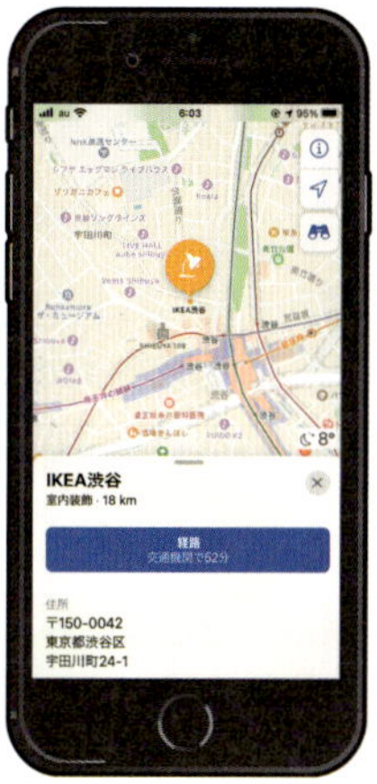

iPhoneの「マップ」アプリが開き、場所が表示される

chapter 4
07

iPadがMacBookの液晶タブレットになる

SidecarでiPadをディスプレイ化する

Sidecar（サイドカー）を使うと、iPadをMacBookの拡張画面として活用できます。macOS上でもApple Pencilを使った操作が可能となり、MacBookをさらに便利に使えます。

使おう SidecarでMacBookにiPadをつなぐ

SidecarでMacBookとiPadをつなぐには、各機器のBluetoothとWi-Fiをオンにし、同一のApple IDでサインインをします。USBケーブルによる有線接続でも構いません。

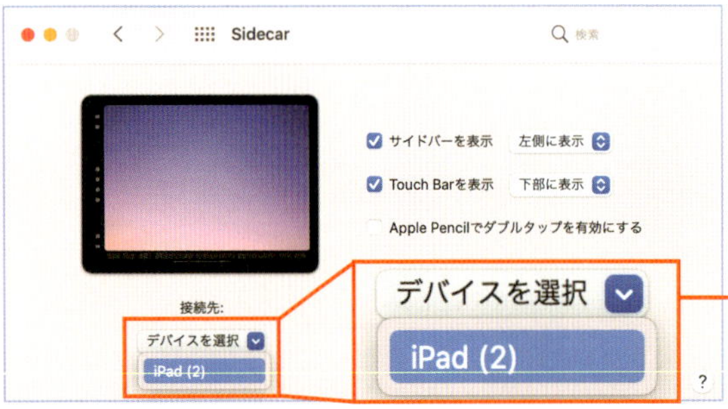

MacBookとiPadで同一のApple IDにサインインしておく

1 ［システム環境設定］→［Sidecar］を開く

2 ［デバイスを選択］で［iPad］を選ぶ

Sidecarが有効になりiPadにmacOSの画面が表示された

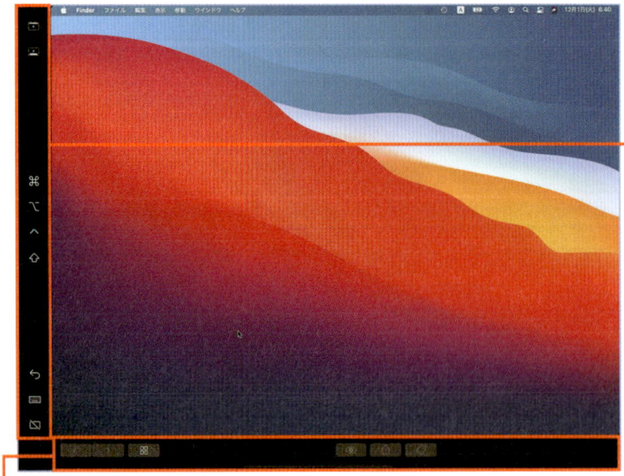

サイドバー

iPadの画面に表示される補助メニューです。指でのタッチ操作にも対応しています。

メニューを表示／Dockを表示
ファイルメニューを表示（フルスクリーン時）したりDockを表示したりします

修飾キー
［command］、［option］、［control］、［shift］の順に上から並びます。ダブルタップするとキーロックが有効になります

取り消し
一つ前の操作を取り消します

スクリーンキーボード
オンスクリーンのキーボードを表示します

接続解除
iPadとの接続を解除します

Touch Bar 領域

アプリなどの操作メニューが表示されます。作業内容やアプリごとに表示が変わります。

「Safari」

「写真」

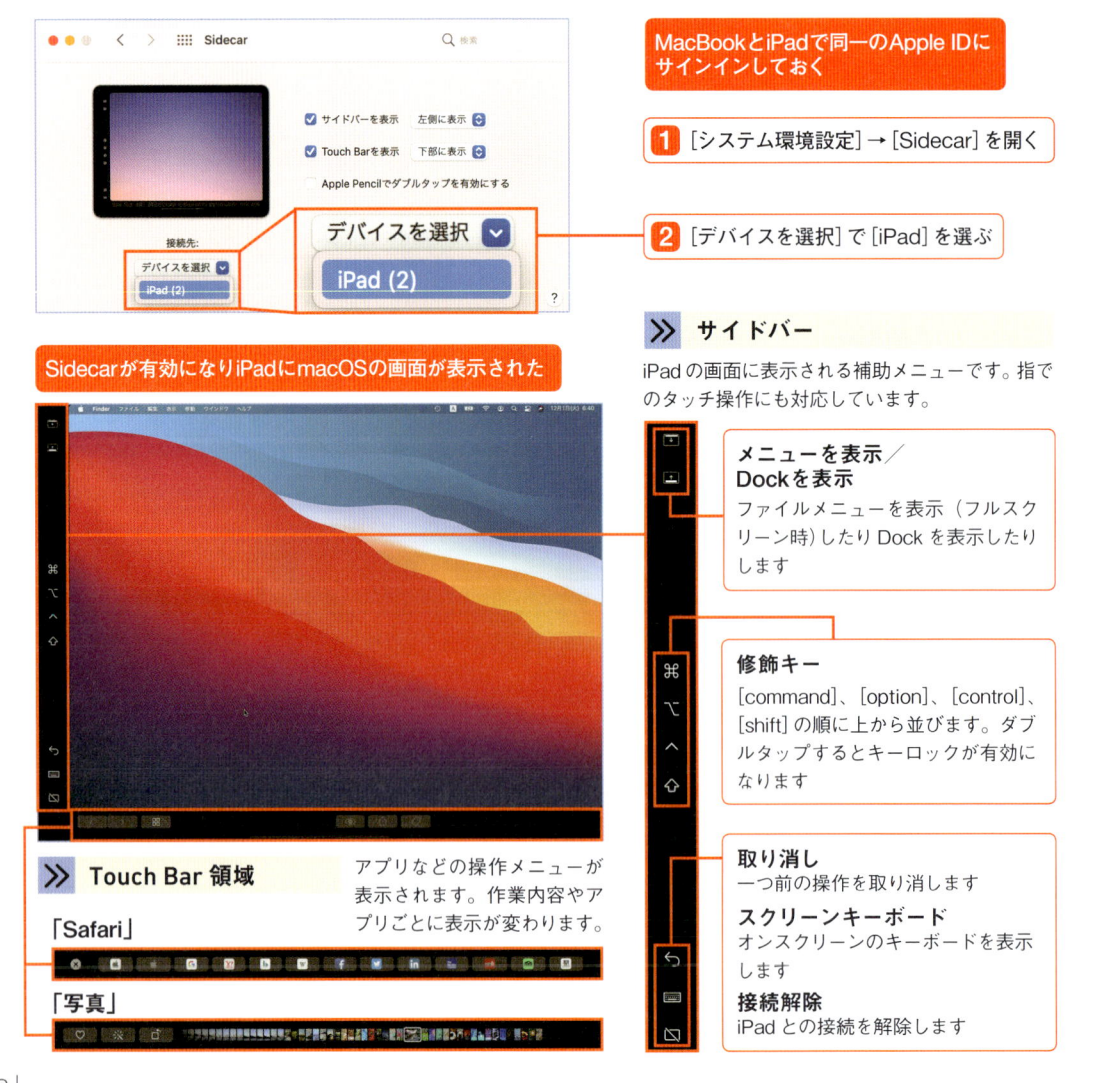

使おう iPadをセカンドディスプレイに設定

Sidecarでつながったの iPadは、MacBookの拡張ディスプレイとして認識されます。[システム環境設定]の「ディスプレイ」で、使いやすく設定しましょう。

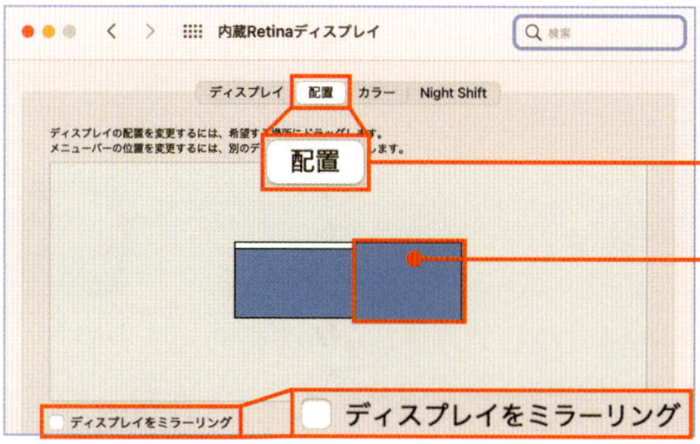

1 [システム環境設定]→[ディスプレイ]を開く

2 [配置]タブをクリック

3 ドラッグしてiPadの位置を調整する

MacBook と iPad で同じ画面を表示させるには［ディスプレイをミラーリング］をチェックします。外部ディスプレイの詳細設定は P.290 を参照してください。

使おう Sidecarの便利な操作を覚える

Sidecarで接続したiPadは、Apple Pencilを使ったタップ操作も可能です。ここではSidecarを使う際に覚えておきたい操作や設定、アプリの操作例などを紹介します。

≫ ウインドウを iPad に切り替える

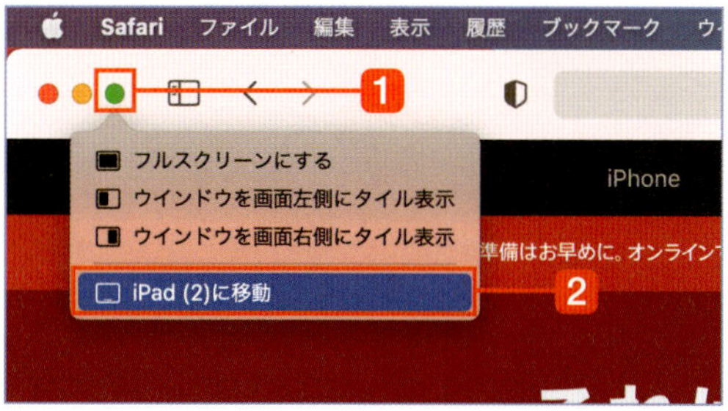

MacBook で表示中のウインドウを iPad の画面にすばやく移動するには、1［フルスクリーンボタン］にマウスポインタを合わせ、メニューから2［iPad に移動］を選択します。

≫ サイドバーや Touch Bar を変更する

［システム環境設定］の［Sidecar］では表示のカスタマイズができます。1［サイドバーを表示］でサイドバーを右側に2［Touch Bar を表示］で Touch Bar を上部に表示の変更ができます。また3にチェックを入れるとApple Pencilでのダブルタップが使えるようになります。

≫ Apple Pencil 対応アプリを使ってみる

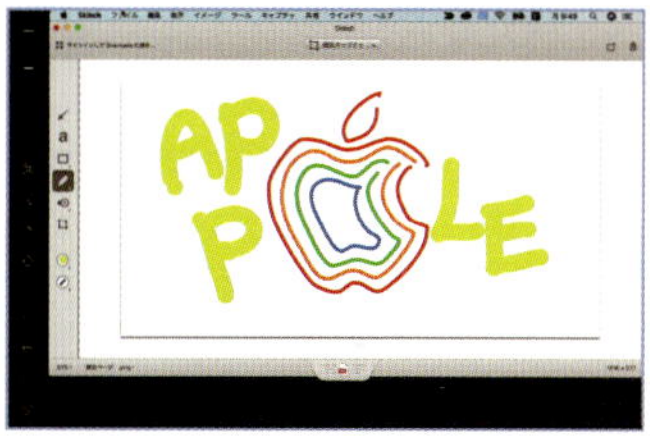

無料の「Skitch」。メニューはシンプルですがスラスラと手書きできます。

有料ですが、Adobe 社の「Illustrator」も対応。なめらかに描画ができます。

ヒント

Sidecar対応のモデルはどれ？

Sidecarに対応するMacBookシリーズは、2016年以降に発売されたMacBookとMacBook Pro、2018年以降に発売のMacBook Airです。またiPadはApple Pencilに対応するモデルのみとなります。

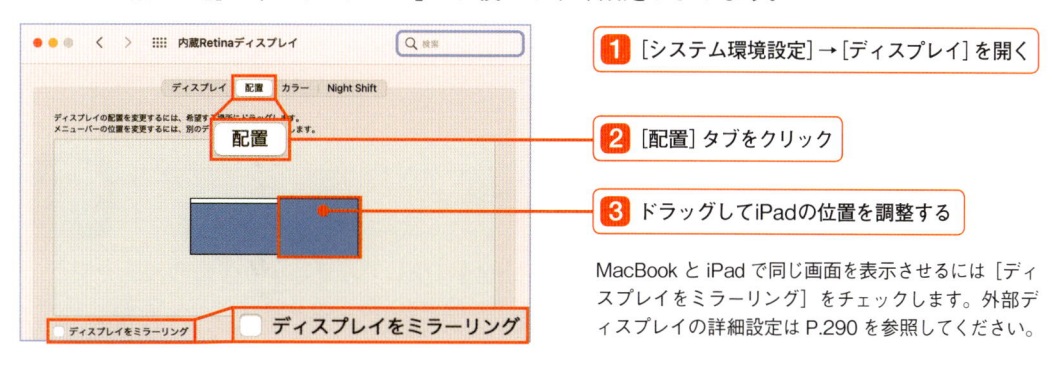

chapter 4
08

手順解説動画もカンタンに作れる

iPhoneの画面をMacBookに映す

iPhoneの操作画面を録画したい場合には標準アプリの「QuickTime Player」を使用します。iPhoneとMacBookを接続し、カメラの種類をiPhoneに設定すれば、MacBookにiPhoneの画面を映し出します。

使おう iPhoneの画面をMacBookに映す

「QuickTime Player」でiPhoneの画面をMacBookに映してみましょう。この機能を使うにはiPhoneがiOS 8以降、MacBookがOS X Yosemite以降である必要があります。

iPhoneとMacBookをUSBで接続しておく

1 [Launchpad]を開く

2 [QuickTime Player]をクリック

「QuickTime Player」が起動した

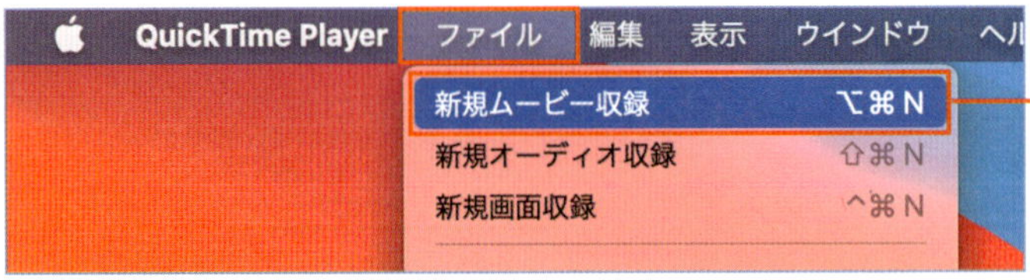

3 [ファイル]→[新規ムービー収録]を選択

[ムービー収録]ウインドウが表示された

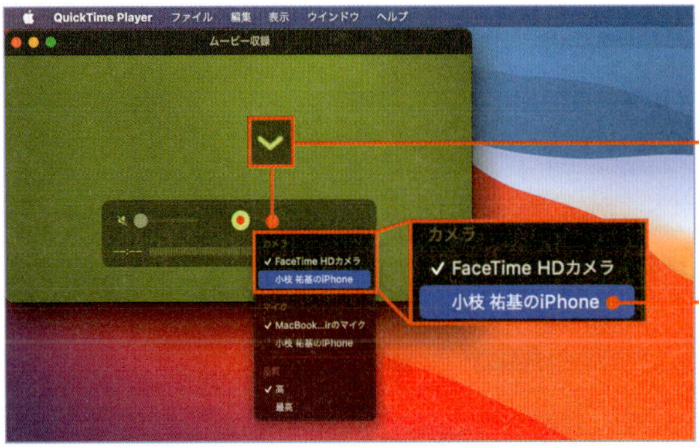

4 [∨]をクリック

5 [カメラ]項目で[iPhone]をクリック

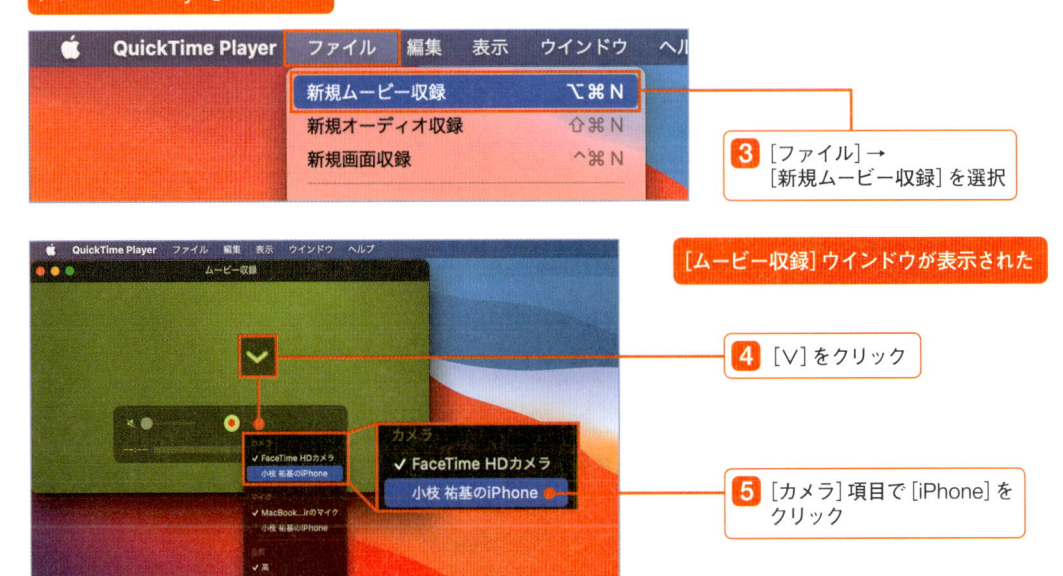

MacBookにiPhoneの画面が映し出された

iPhoneの表示画面の向きに応じて表示の向きが自動的に切り替わります。ウインドウサイズは変更できますが比率は固定です。

iPhoneを横画面にするとMacBookの表示も横向きに

使おう　iPhoneの画面をMacBookで録画する

iPhoneの画面をMacBookに映すことができたら、録画してみましょう。録画した動画はサイズを調整して保存し、iPhoneやiPadなどで再生することもできます。

MacBookにiPhoneの画面を表示させておく

1 [録画開始] アイコンをクリック

録画が開始される

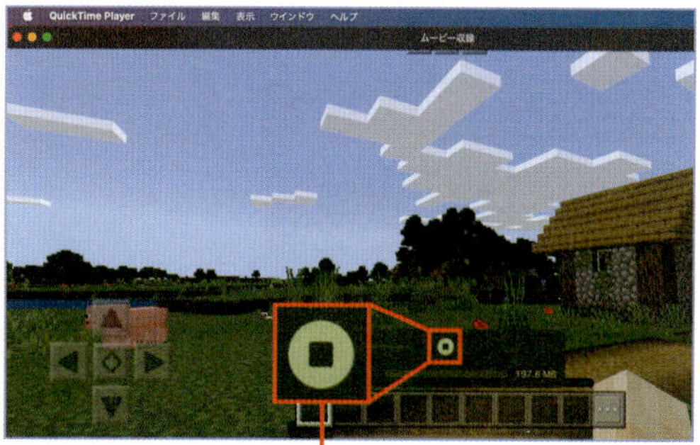

2 [停止] アイコンをクリック

録画が停止する

3 [ファイル] → [書き出す] を選択

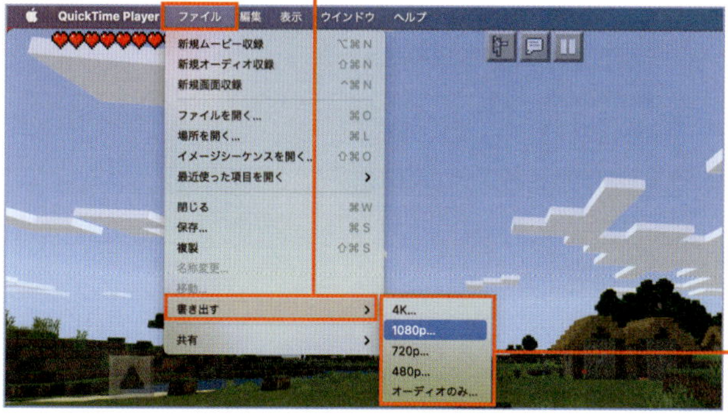

4 保存形式を選んでクリック

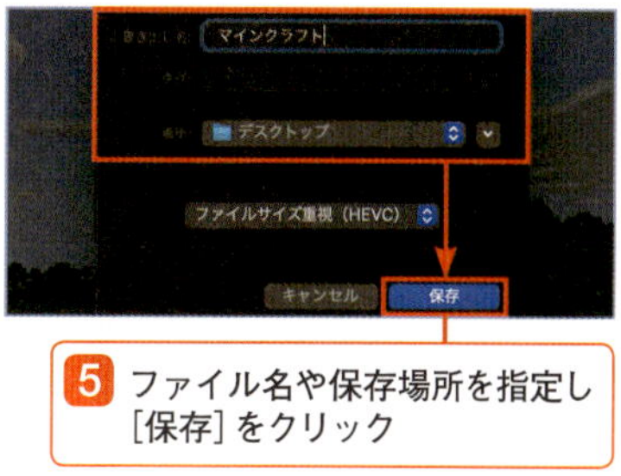

5 ファイル名や保存場所を指定し [保存] をクリック

動画が保存された

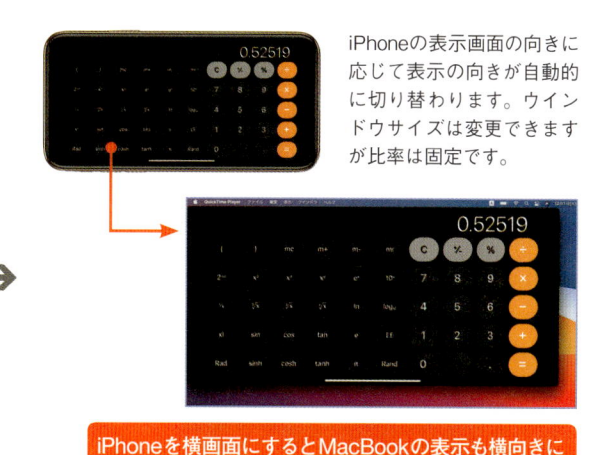

chapter 4

09

MacBookでiPhoneのカメラを活用

iPhoneのカメラで書類をスキャン

iPhoneのカメラをMacBookから起動し、撮影した写真をダイレクトにMacBookに保存することができます。書類のスキャンにも対応します。なおApple IDの2ファクタ認証をあらかじめ設定しておきましょう。

使おう　撮影から加工、転送までをワンアクションで行う

「連携カメラ」は、同一のApple IDでサインインしているMacBookとiPhone・iPadとの間で利用できます。使用時にはWi-FiとBluetoothを有効にしておく必要があります。

Finderウインドウを開いておく

1 ［アクション］ボタンをクリック

2 ［iPhoneまたはiPadから読み込む］→［書類をスキャン］を選択

iPhoneの「カメラ」アプリが開く

書類を認識しマスクがかかった部分を自動撮影する

3 ［保存］をクリック

撮影データがMacBookに転送される

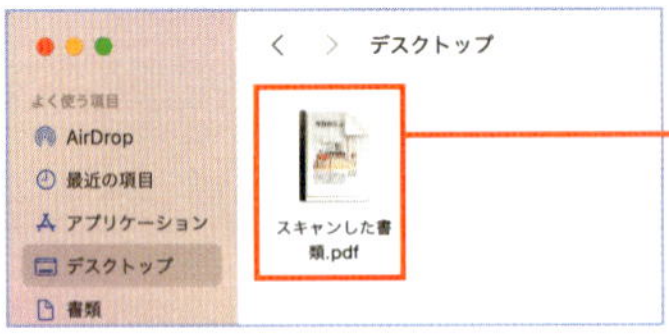

4 ［スキャンした書類］を開く

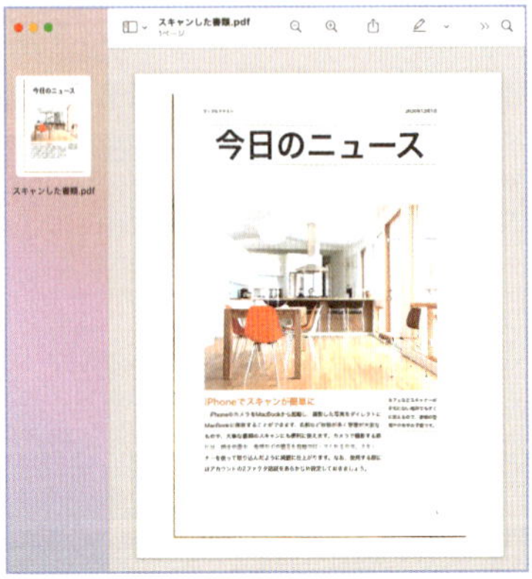

保存の際には、傾きや色味が自動的に補正されます。かさばる名刺の整理や、ちょっとした紙資料のデータ保管、レシート撮影などに使うと便利です。

chapter

5

「Safari」で インターネットを 楽しむ

chapter 5
01

「Safari」の基本画面と起動方法

「Safari」でWebページを見る

MacBookには、Webページを閲覧するための「Safari」というアプリが用意されています。ニュースサイトやSNSなどさまざまなページの表示ができ、インターネットを楽しむ上で欠かせないアプリです。

知ろう 「Safari」の基本画面

「Safari」はインターネット上のさまざまなWebページを表示し、閲覧することができるブラウザアプリです。インターネットを楽しむためのもっとも身近なアプリです。

戻る[<]／進む[>]ボタン
[戻る]で前のページに、[進む]で戻る操作をする前のページに移動します

アドレスバー
URLを入力してWebページを直接開くことができます。キーワードを入力して、Webページの検索を行うこともできます

更新ボタン
開いているWebページを読み込み直し、ページを最新の状態にします

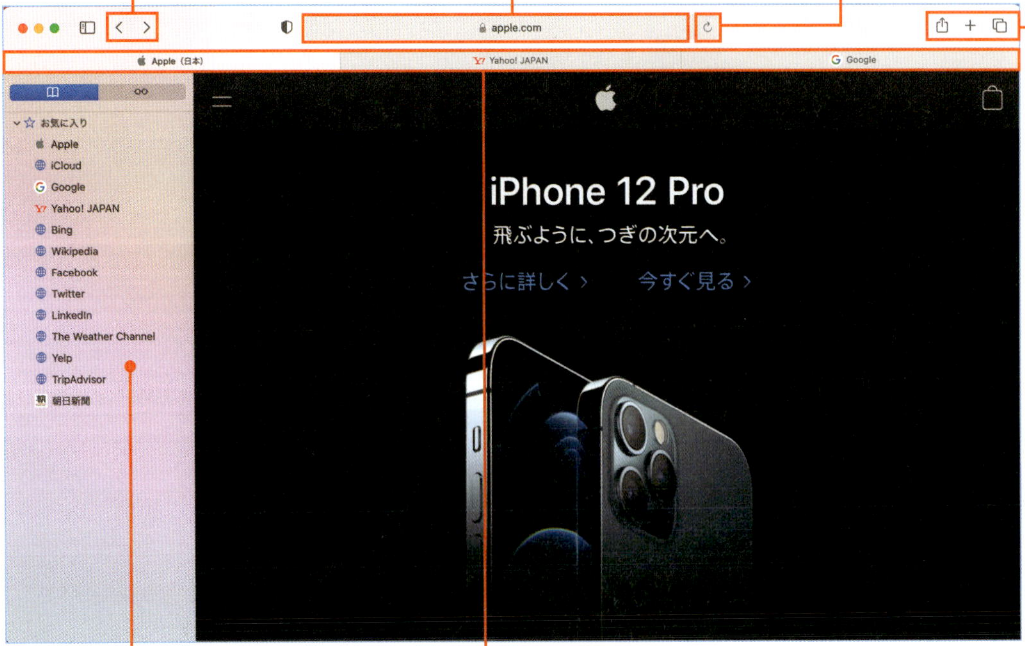

サイドバー
お気に入り登録したWebページやリーディングリスト、共有リンクなどの一覧を表示することができます

タブ
開いたままの状態にしておきたいWebページをストックしておくことができます。タブをクリックすることで、Webページをすばやく切り替えることができます

ツールボタン
新規タブの作成やWebページの共有、開いているタブの一覧表示などのメニューが用意されています

使おう 「Safari」を起動する

「Safari」を起動するには、Dockから呼び出す方法が一般的です。画面の下部に配置されているDockから［Safari］アイコンをクリックするとアプリが起動します。

1 ［Safari］アイコンをクリック

「Safari」が起動した

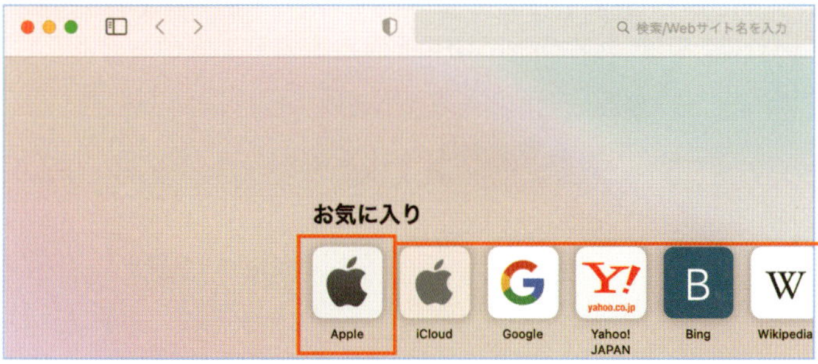

お気に入り一覧が表示される

初期設定で新規ウインドウを作成すると、お気に入りの一覧が表示されます。

2 ［Apple］をクリック

Appleのトップページが表示された

ヒント

「Safari」がDockにない場合には

もしもDockに「Safari」が見つからないときには「Launchpad」のアプリ一覧から起動できます。

設定

起動時に表示される画面を変更するには

起動時に特定のWebページを表示させたい場合は、1［Safari］メニューから［環境設定］を選択。2［新規ウインドウを開く場合］項目で［ホームページ］を選択し、3 URLを入力します。

1 ［Safari］→［環境設定］を選択

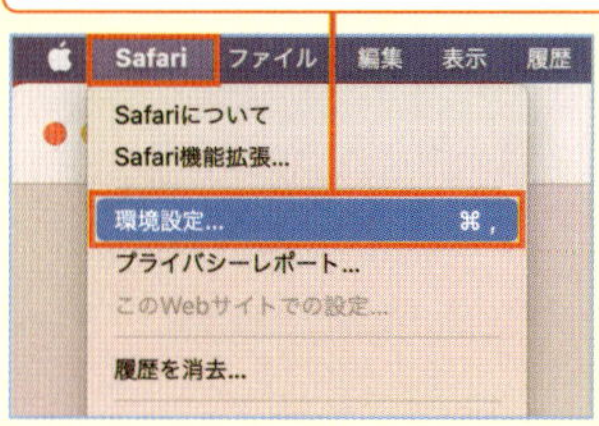

2 ［ホームページ］を選択

3 URLを入力

chapter 5
02

Webページの検索方法

便利な検索でWebページを探す

インターネットでWebページを閲覧する場合に欠かせないのが、検索機能の活用です。「Safari」では、URLを入力するアドレスバーに、直接キーワードを入力して検索を行うことができます。

使おう　キーワードでWebページを検索する

キーワード検索はインターネットで調べ物をする際の基本的な操作です。表示したいWebページのURLがわかっていれば、アドレスバーにURLを直接入力して表示させることができます。

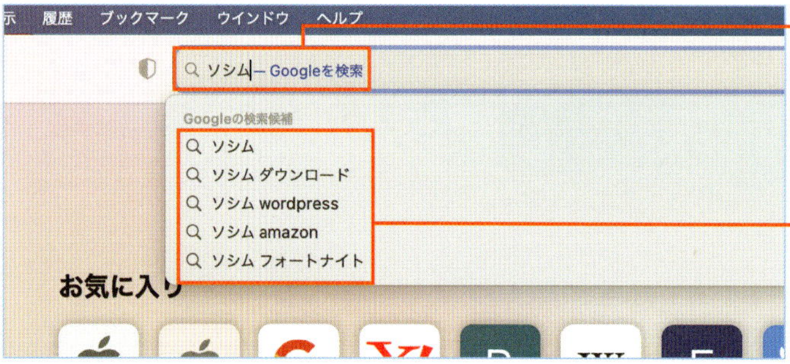

1 検索キーワードを入力

2 [return] キーを押す

3 検索候補を選択

検索結果が表示された

プラスワン
トラックパッドで快適ブラウズ

トラックパッドを2本指で上下になぞると、「Safari」のスクロール操作が簡単になります。

ヒント
検索エンジンを変更するには

検索エンジンは [Google] が選択されていますが、「Safari」の [環境設定] の [検索] タブでほかの [Yahoo] などに変更できます。

1 [環境設定] を開き [検索] タブをクリック

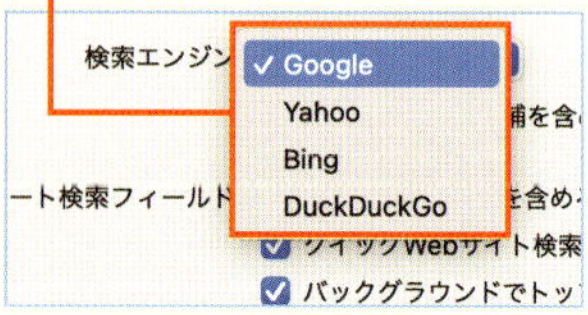

2 [検索エンジン] を選択

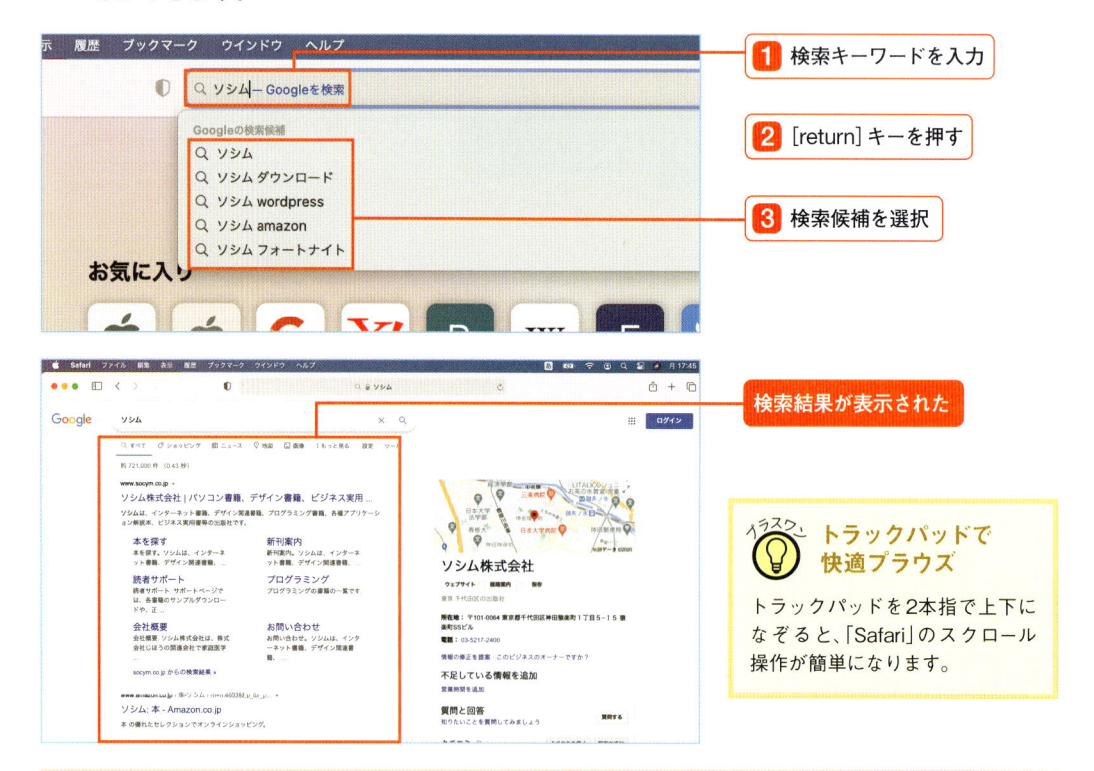

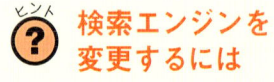

使おう URLを入力してWebページを開く

Webページはそれぞれ[URL(Webアドレス)]という住所を持っています。検索を行っても見つからないWebページなどは、アドレスバーにURLを直接入力すれば、アクセスすることができます。

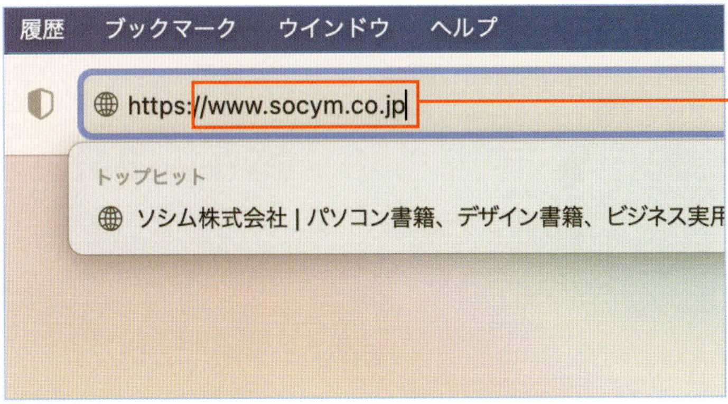

1 アドレスバーにURLを入力

2 [return]キーを押す

Webページが表示された

プラスワン 検索のテクニックを活用する

ブラウザでインターネット検索を行う際に覚えておくと便利な検索方法は多数あります。例えば、キーワード検索時に特定の用語を除外するときには[−○○]のように除外したい用語の頭にマイナスを入力します。ほかにも["○○"]のようにダブルクォーテーションで括ると完全一致、キーワードの一部分が不明な場合は[○○*○○]と不明な箇所に[*](アスタリスク)を入れるワイルドカード検索などがあります。

プラスワン 特定のWebページのタブを固定する

作業している場合など、開いている状態を維持しておきたいWebページはタブの固定を行うことができます。タブを固定しておくと「Safari」を一度終了した場合にもタブが維持され再検索の手間が省けます。

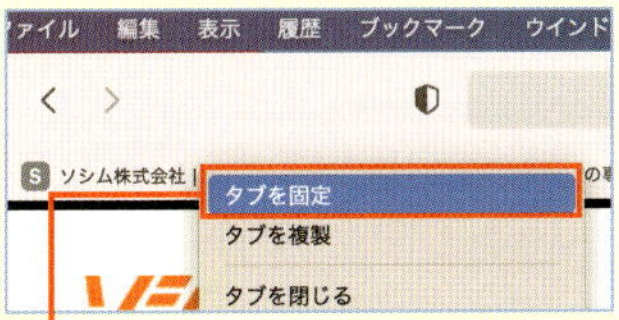

1 タブを[control]キー+クリックして[タブを固定]を選択

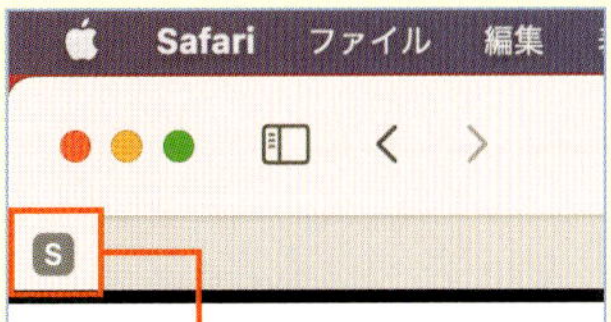

そのページのタブが固定された

使おう　広告を非表示にしてWebページを閲覧する

「Safari」には［リーダー表示］というモードがあります。Webページの広告などを排除し、文字と写真だけで見やすく表示する機能で、ブログやニュース記事などを効率よく読むことができます。

1 ［リーダー表示］をクリック

リーダー表示に切り替わった

広告などが消えて読みやすくなった

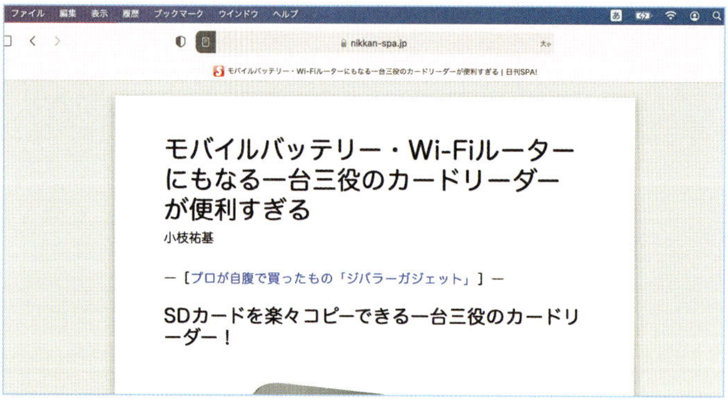

ヒント
リーダー表示が非対応の場合もある

リーダー表示はサイトのトップページなど非対応のページも存在し、また記事により一部非表示になることもあります。その場合はアイコンをクリックして元の表示に戻しましょう。

設定
リーダー表示をカスタマイズする

リーダー表示ではアドレスバーの右側のアイコンをクリックし、メニューから文字サイズやスタイルを変更できます。

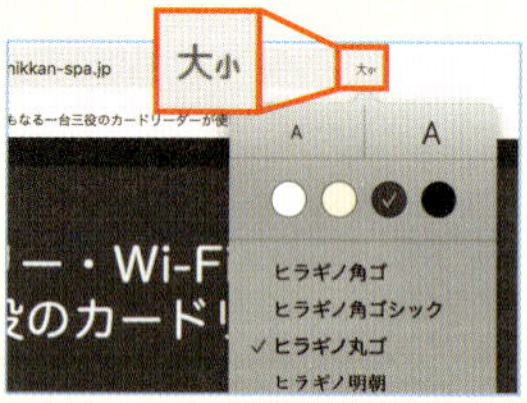

プラスワン
特定のWebページだけをリーダー表示するように設定する

Webページごとに、リーダー表示のオン／オフを細かく設定することも可能です。［環境設定］で［Webサイト］タブを開き、［リーダー］を選択。閲覧中のWebページがリストされるので、今後、自動的にリーダーで開くかどうかを設定できます。

1 ［Webサイト］をクリック

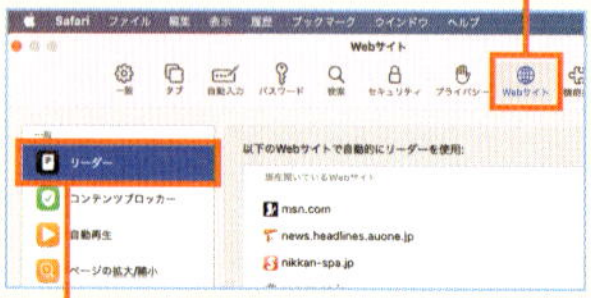

2 ［リーダー］を選択

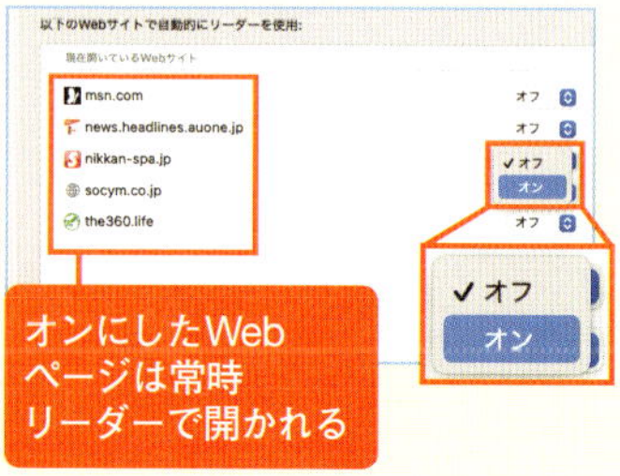

オンにしたWebページは常時リーダーで開かれる

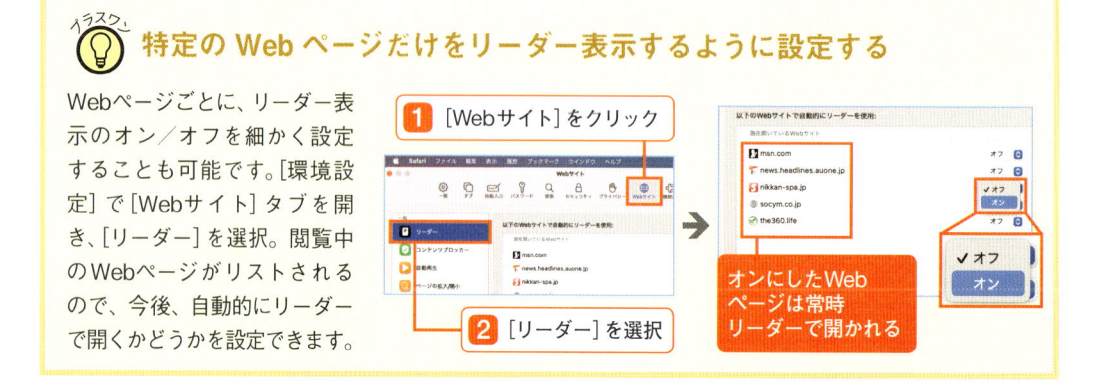

使おう Webページ内のテキストを検索する

検索ボックスを使うと、表示しているWebページ内をキーワード検索することができます。ページ内検索ボックスは、編集メニューの［検索］を選択するか、［command］＋［F］キーというショートカットキーを用いるかして呼び出します。

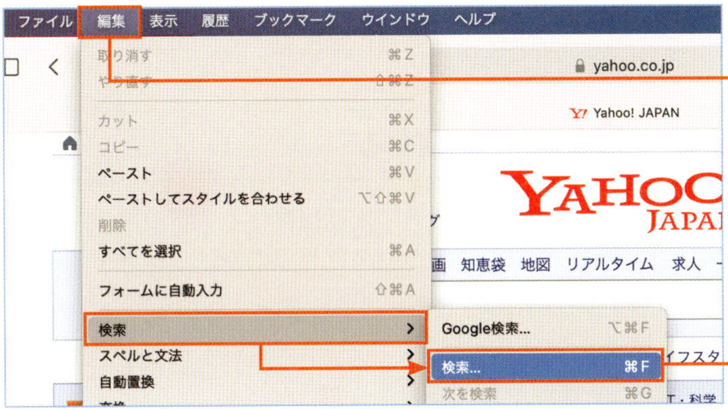

1 ［編集］をクリック

2 ［検索］→［検索］を選択

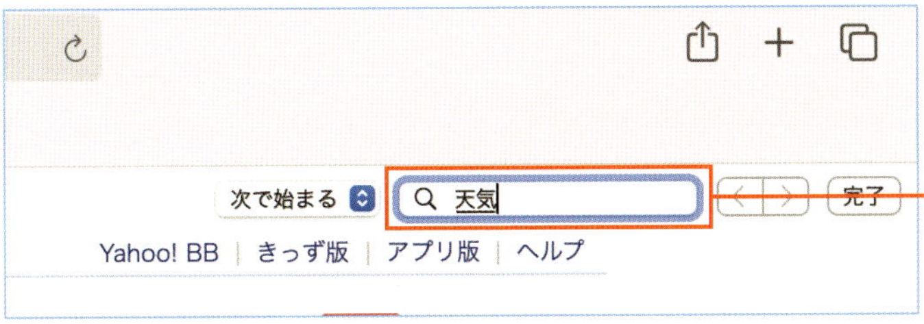

検索ボックスが表示される

3 キーワードを入力

4 ［return］キーを押す

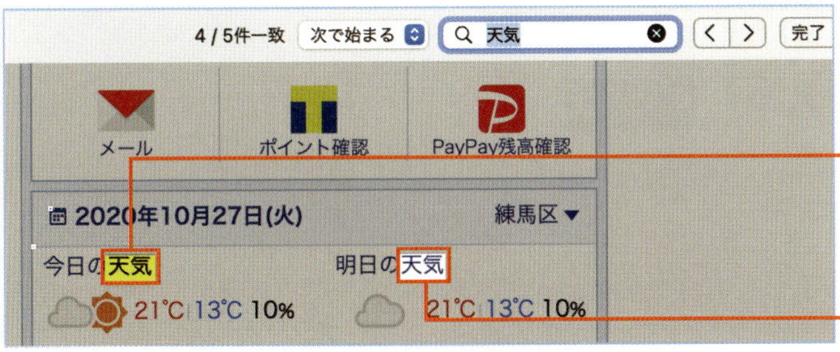

ページ内にあるキーワードがピックアップされた

キーワードがハイライトされる

5 ［return］キーを押す

移動する

Webページを拡大表示する

「Safari」では［command］＋［＋］キーで拡大表示、［command］＋［−］キーで縮小表示が可能です。［表示］メニューでも変更できます。

1 ［表示］→［拡大］を選択

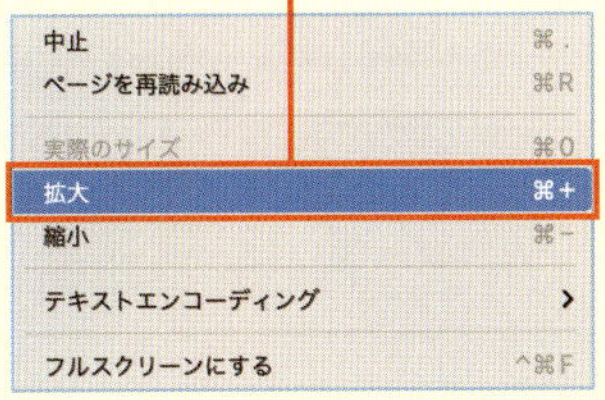

拡大表示になった

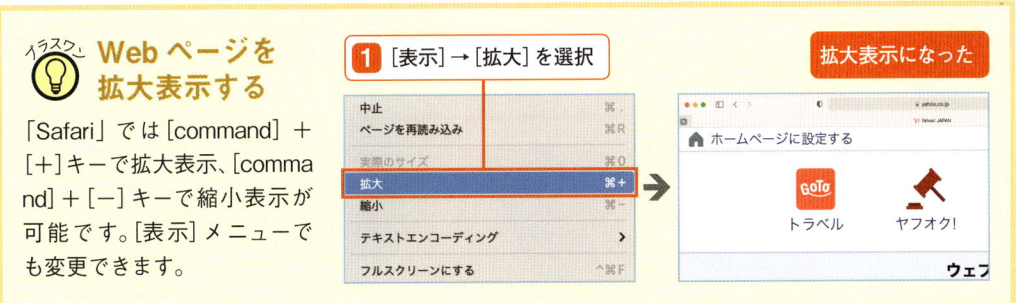

chapter 5
03

ブックマークを活用する

好きなページにすぐアクセスする

ブックマークは、特定のWebページにすぐにアクセスできるように、URLを保存する機能です。Webページをいくつでも登録でき、すばやくWebページが開けるようになる便利な機能です。

使おう　Webページをブックマークに登録する

頻繁にアクセスするページはブックマークに登録すると、次回以降すぐにアクセスできます。検索などを行わずダイレクトにWebページにアクセスできるのがメリットです。

登録するWebページを開いておく

1 ［ブックマーク］をクリック

2 ［ブックマークに追加］を選択

3 追加先のフォルダを選択

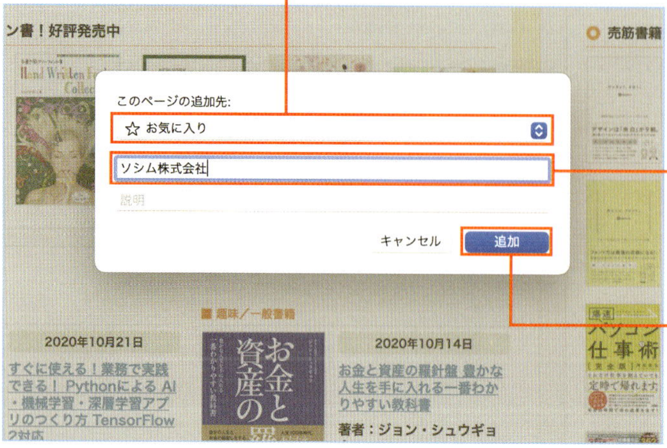

4 登録名を入力

5 ［追加］をクリック

設定　フォルダを作って整理する

ブックマークはフォルダを作成して整理ができます。［ブックマーク］メニューで［ブックマークを編集］を選択後、［新規フォルダ］をクリックします。

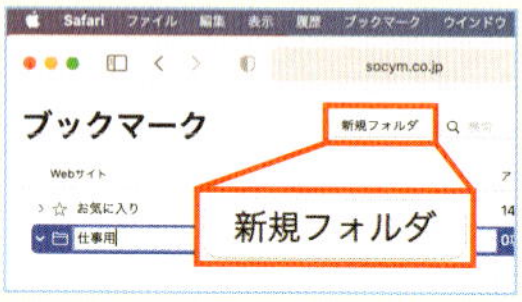

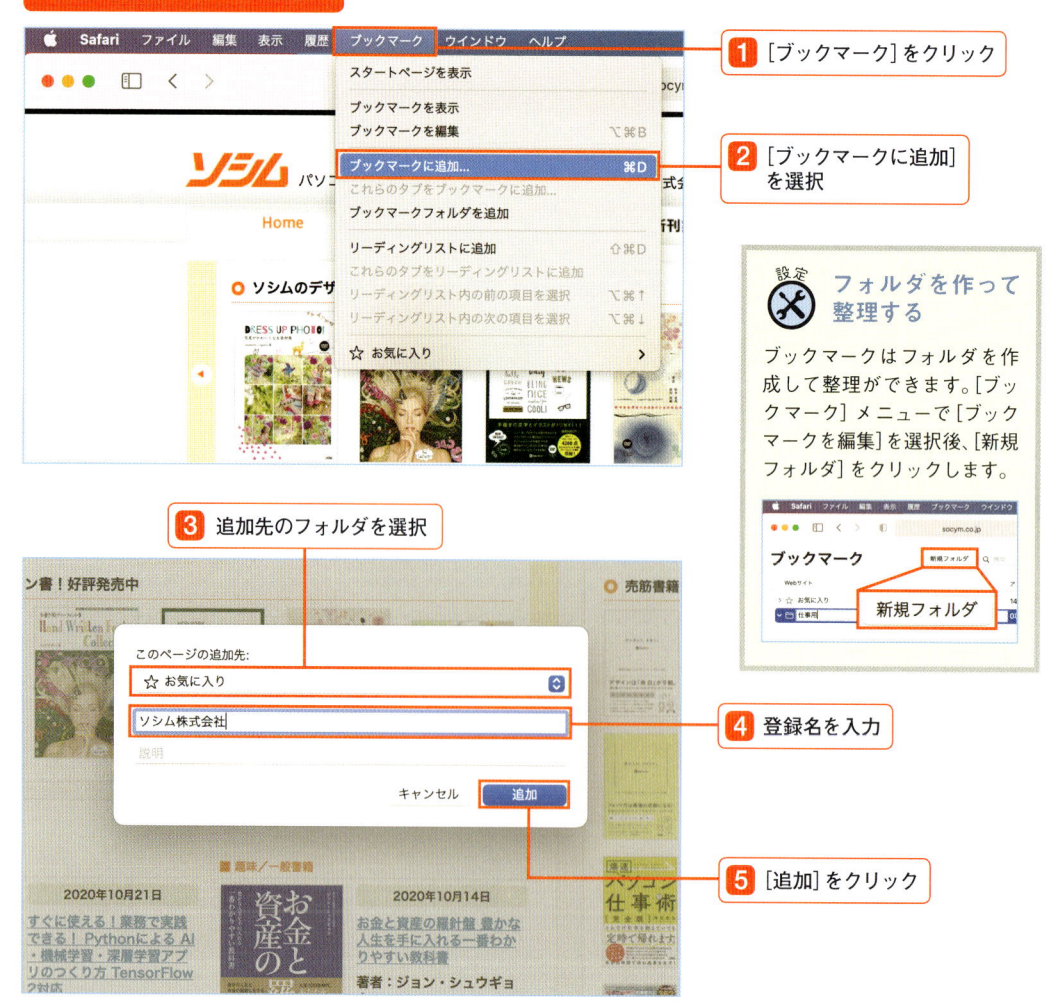

使おう　ブックマークに登録したWebページを開く

ブックマークに登録したWebページは、指定したフォルダに保存され、いつでも呼び出すことができます。登録したWebページを呼び出すには、メニューバーから行う方法やサイドバーから呼び出す方法があります。

1 [ブックマーク]をクリック

2 先ほど追加した[お気に入り]から登録したブックマークを選択

ブックマーク登録したWebページが開かれた

プラスワン　サイドバーからページを開く

ブックマークしたWebページは、「Safari」の左側に表示されるサイドバーからも呼び出すことができます。サイドバーはウインドウ左上にあるアイコンをクリックすると表示／非表示を切り替えられます。

プラスワン　お気に入りバーを表示させる

ブックマークをさらに便利に利用するには、ブラウザ上にお気に入りバーを表示させましょう。[表示]メニューから[お気に入りバーを表示]を選ぶと、表示されます。

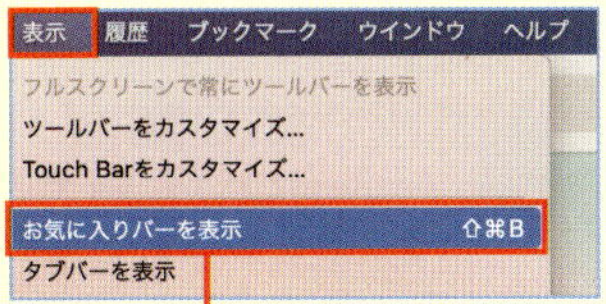

1 [表示]→[お気に入りバーを表示]を選択

お気に入りバー

使おう　あとで読みたい記事をリーディングリストに登録する

リーディングリストはブックマークとよく似た、読みたい記事を保存する機能です。ブックマークの場合にはインターネットにつながっていないと記事を読むことができませんが、リーディングリストならオフラインでも記事が読めるというメリットがあります。

1 リーディングリストに登録したいページを表示する

2 [ブックマーク]をクリック

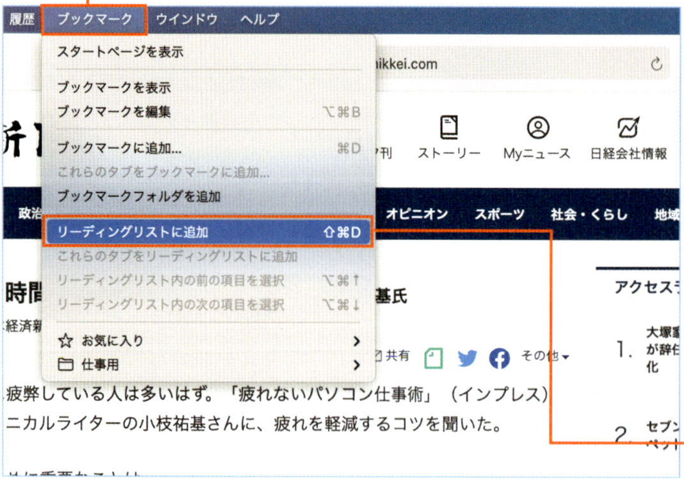

3 [リーディングリストに追加]を選択

さらに簡単に登録する方法

リーディングリストに記事を登録する際、アドレスバーの左端にカーソルを合わせ[＋]をクリックすると簡単に登録ができます。また[共有]アイコンをクリックし[リーディングリストに追加]を選んで登録することも可能です。

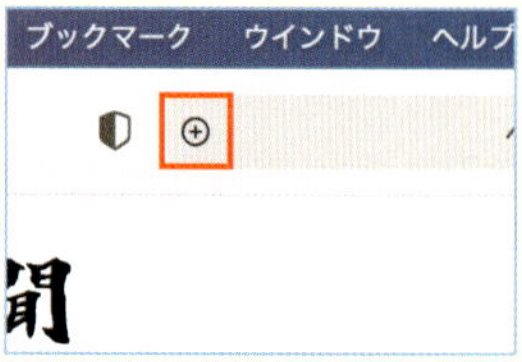

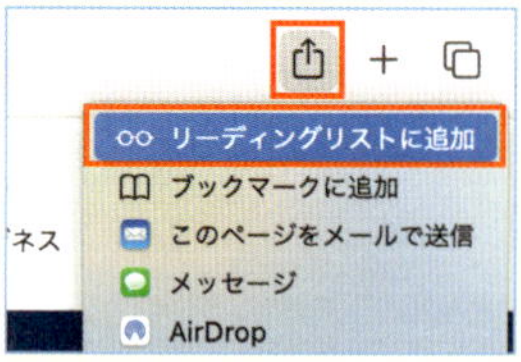

読み終わった記事をリストから削除するには

読み終えた記事をリーディングリストから削除するには、サイドバーで記事のサムネイルにカーソルを合わせてコンテクストメニューを呼び出し、[項目を削除]をクリックします。

[control]＋クリック→[項目を削除]を選択

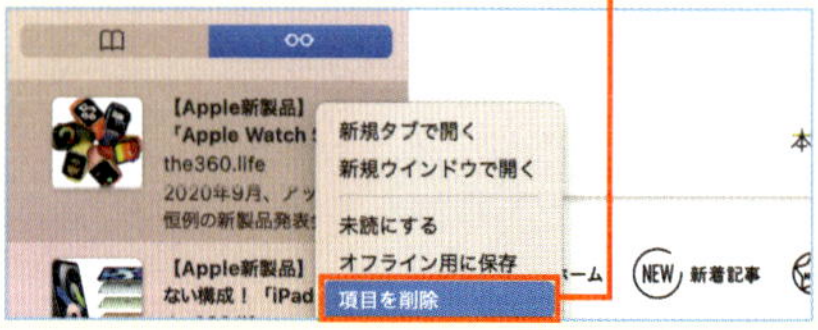

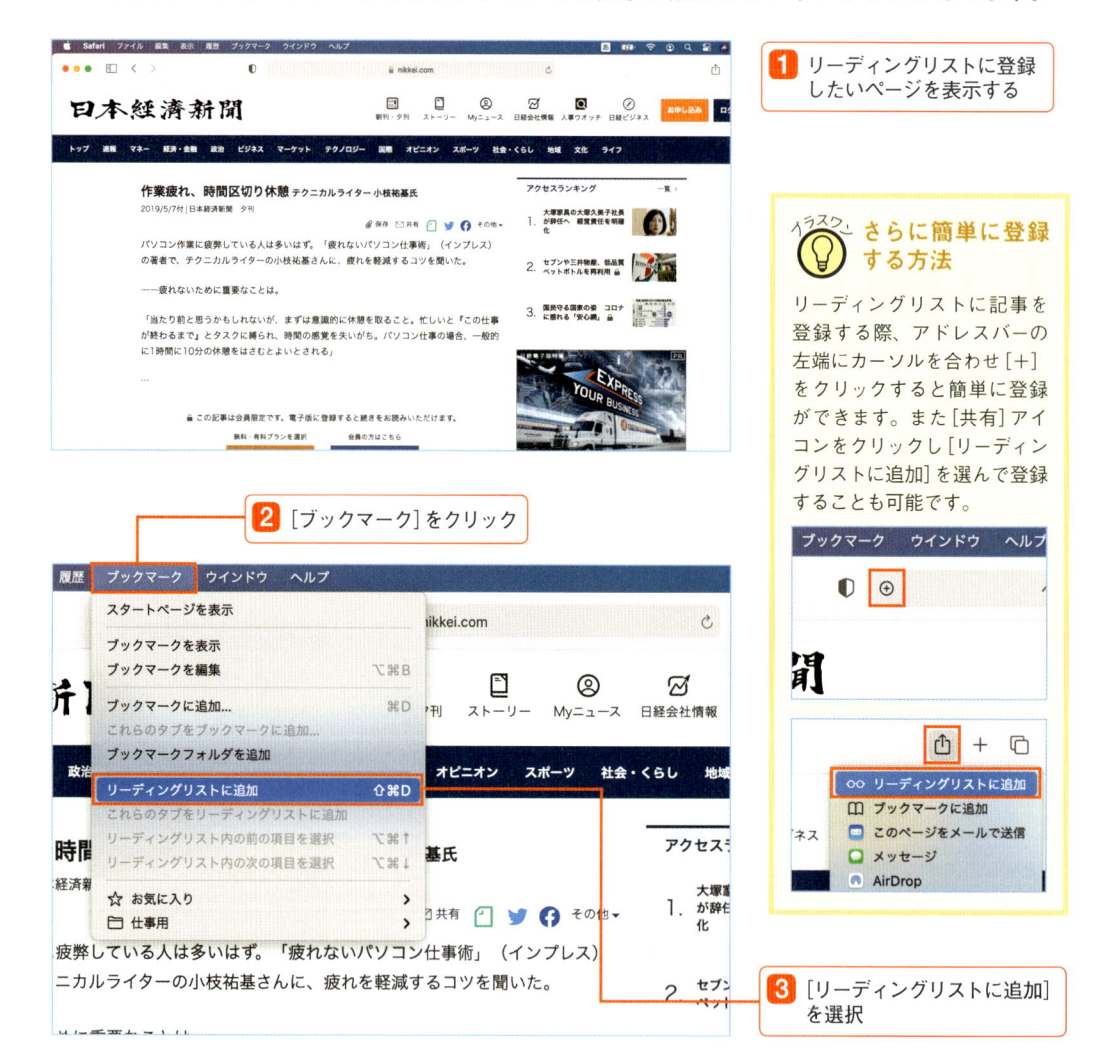

使おう リーディングリストに登録した記事を読む

リーディングリストに登録した記事は、サイドバーの［リーディングリスト］へ追加されます。登録した記事は、登録順に上から下へリストアップされていきます。サイドバーを開いて、記事のタイトルをクリックすると、保存してある記事ページが開きます。

1 ［サイドバー］をクリック

2 ［リーディングリスト］をクリック

3 項目を選択

リーディングリストの記事が表示された

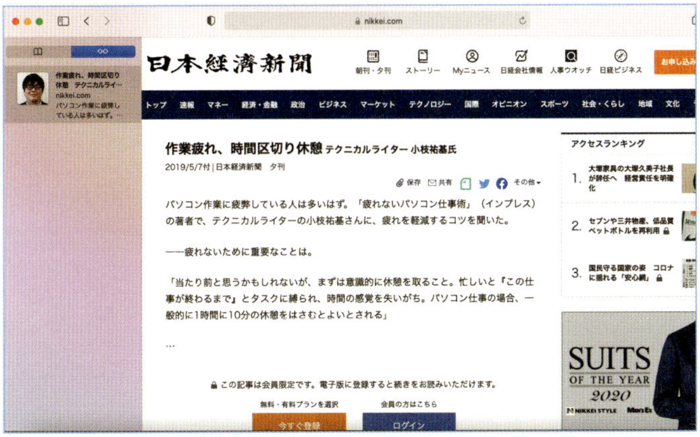

新しいタブで記事を表示

リーディングリストの記事を選択する際、［command］キーを押しながら記事のタイトルをクリックすると、新しいタブで記事を開くことができます。表示中のWebページを維持したいときに覚えておくと便利です。

複数のタブをまとめて登録

複数のタブで開いているWebページをまとめて登録したい場合には、［ブックマーク］メニューで［これら○個のタブをリーディングリストに追加］を選択します。

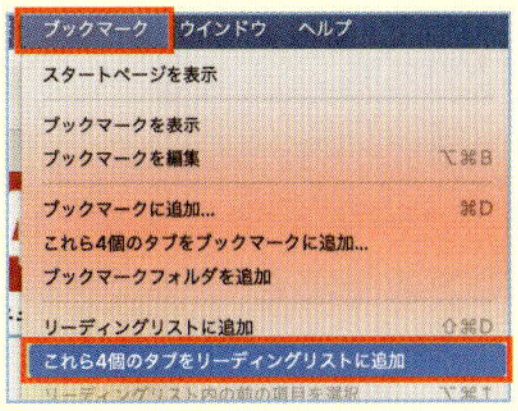

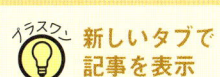

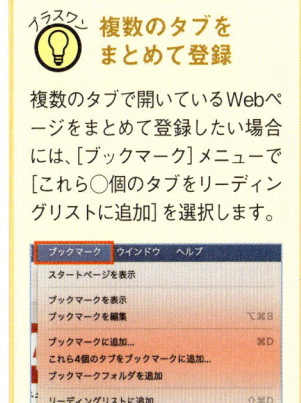

chapter 5

04

閲覧履歴を活用する

一度開いたWebページを呼び出す

一度でもアクセスしたページはブラウザに記録され、履歴として残ります。以前開いたページをすばやく開きたいときや、目的のページが検索で見つけられないときなどに便利です。

使おう　過去に開いたWebページを履歴から呼び出す

以前アクセスしたページを履歴から簡単に探せます。[履歴] メニューを開くと、過去の閲覧履歴の一覧が時系列に表示され、直接アクセスすることができます。

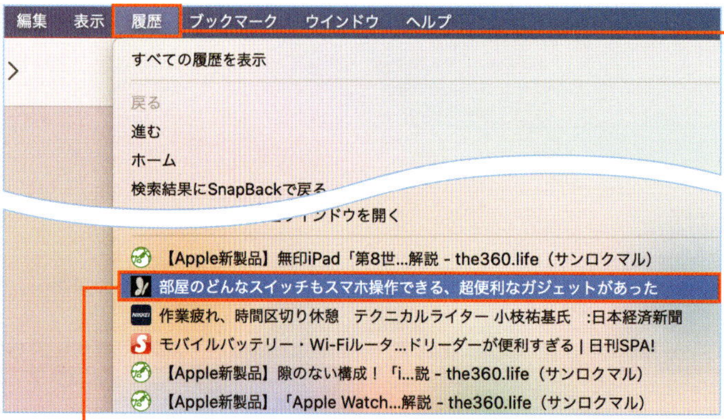

1 [履歴] をクリック

過去に閲覧したWebページの履歴が表示された

2 開きたいWebページを選択

履歴からWebページが表示された

ヒント

履歴の期間を変えるには？

メニューバーの [Safari] → [環境設定] をクリックし、[一般] タブの [履歴から削除] で履歴を残す期間を設定できます。

プラスワン

閉じてしまったタブをまとめて復帰する

タブを開いたまま「Safari」を終了させると、次に起動したときに [履歴] メニューの [最後のセッションの全ウインドウを開く] から、すべてのタブを復帰させることができます。

[最後のセッションの全ウインドウを開く] を選択

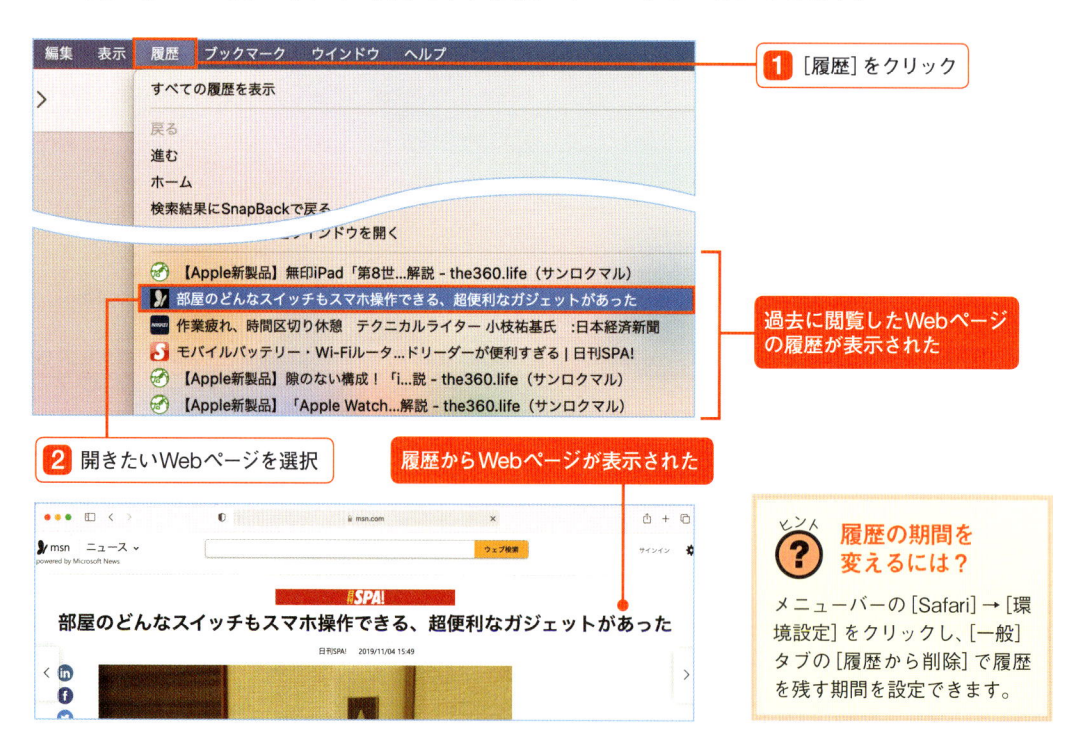

使おう　閲覧履歴を消去する

閲覧履歴の消去は、履歴の一覧から行えます。すべての履歴をまとめて消す場合には右上の［履歴を消去］をクリックします。特定の履歴を消去する場合は、履歴を選択後にコンテクストメニューの［削除］を選択するか、［delete］キーを押して消去できます。

1 ［履歴］をクリック

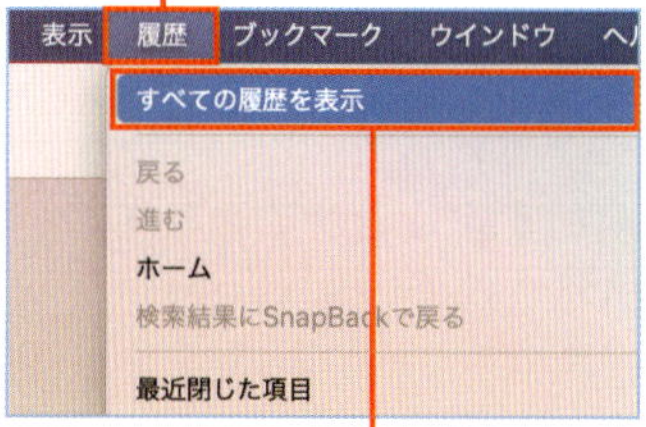

2 ［すべての履歴を表示］を選択

履歴の一覧画面が表示された

3 一括消去や消去対象の絞り込みは右上にある［履歴を消去］をクリック

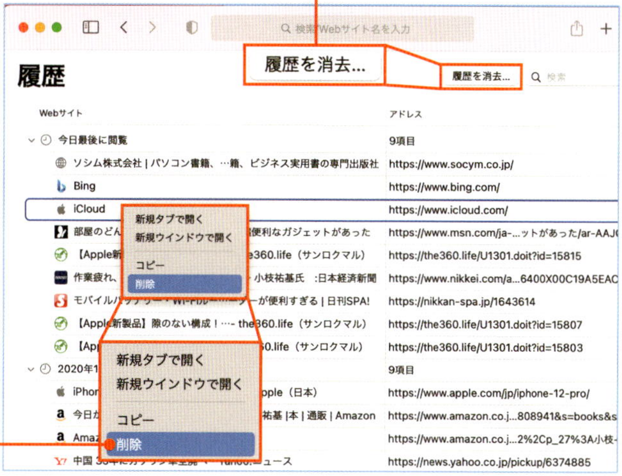

4 個別消去は［control］キー＋クリックで［削除］を選択

使おう　履歴を残さずにWebページを閲覧する

「Safari」には［プライベートウインドウ］という機能が用意されています。このウインドウでWebページを表示しても、検索履歴や自動入力などの情報は一切「Safari」に記録されませんので、ほかの人とMacを共用する場合に便利です。

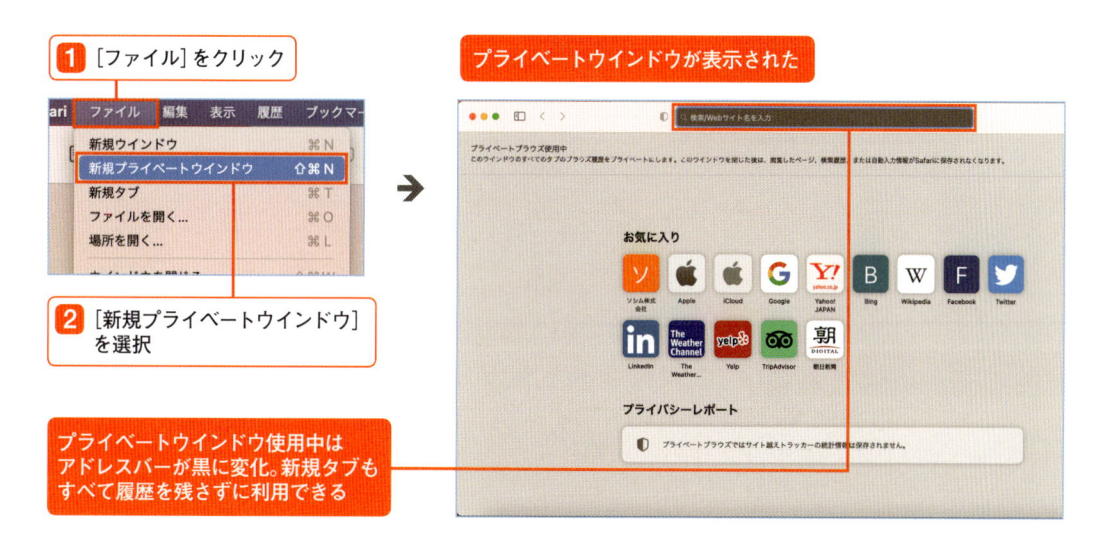

1 ［ファイル］をクリック

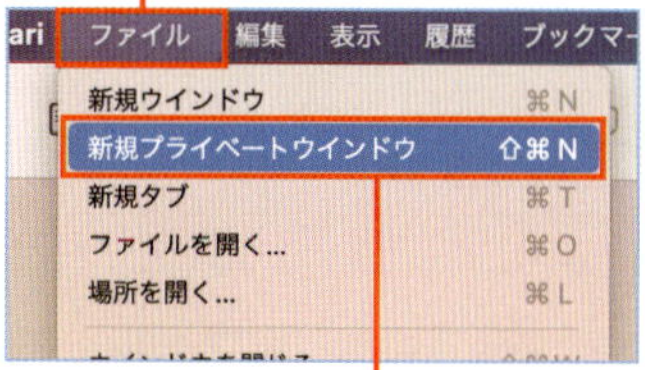

2 ［新規プライベートウインドウ］を選択

プライベートウインドウが表示された

プライベートウインドウ使用中はアドレスバーが黒に変化。新規タブもすべて履歴を残さずに利用できる

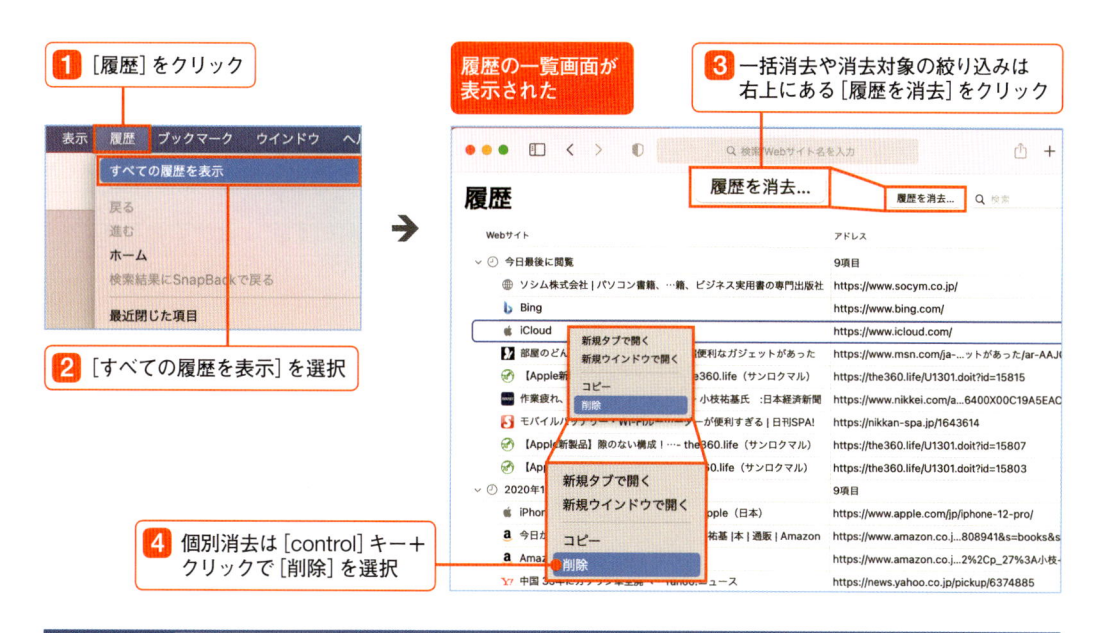

chapter 5
05

「Safari」の設定を変更

「Safari」をもっと便利に使う

ここでは、ツールバーをカスタマイズしたり、機能拡張を追加したりすることで、「Safari」をパワーアップする方法を紹介します。インターネットをより快適かつ安全に楽しみましょう。

使おう 「Safari」のツールバーをカスタマイズする

「Safari」のツールバーに標準では配置されていないツールを追加することができます。文字の拡大／縮小やメール、プリントといった追加ツールが用意されています。

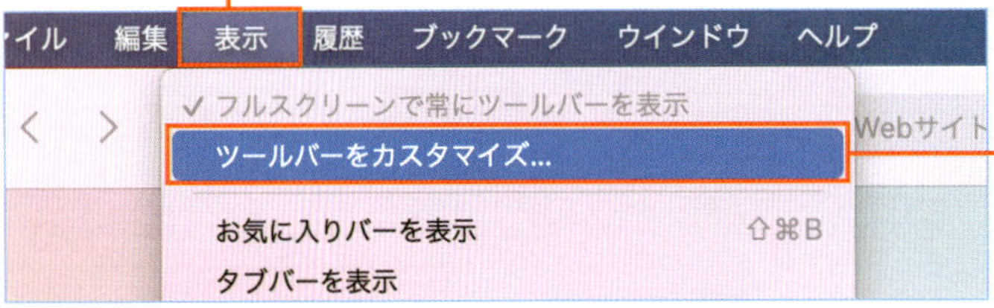

1 ［表示］をクリック

2 ［ツールバーをカスタマイズ］を選択

カスタマイズ項目が表示される

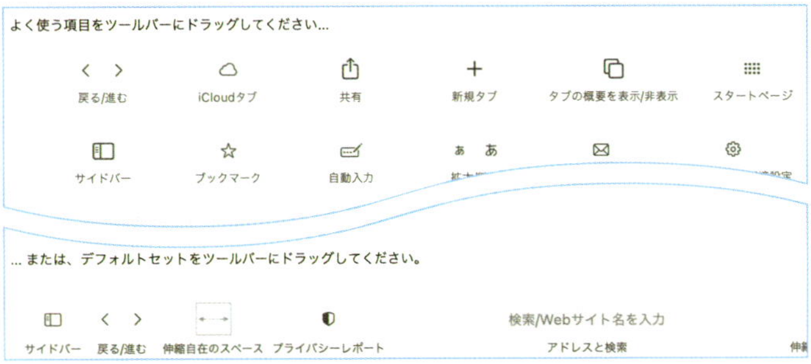

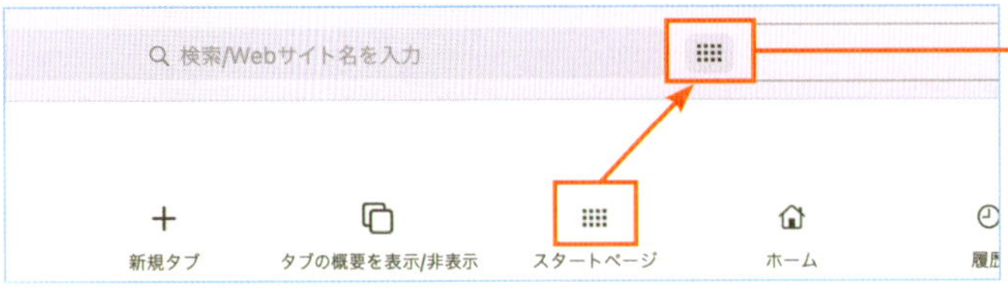

3 ツールバーにアイコンをドラッグ&ドロップ

ツールバーに項目が追加された

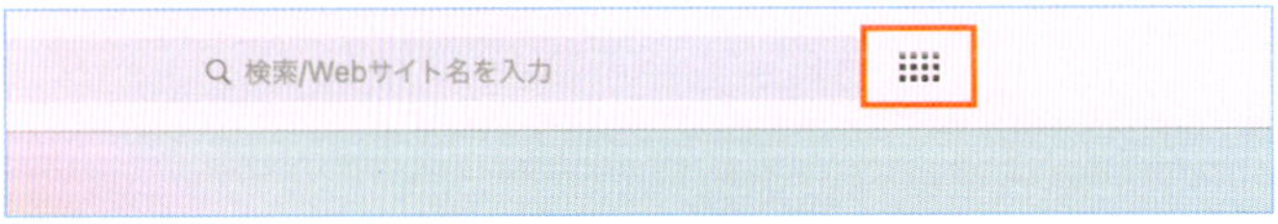

カスタマイズはリセットできる

ツールバーをカスタマイズし過ぎてしまった場合、項目の下にあるデフォルトセットをツールバーにドラッグ&ドロップすれば、いつでも元の状態に戻せます。

追加したツールを取り出すには

追加したツールは、［ツールバーをカスタマイズ］をもう一度開き、ツールバーにあるアイコンを「Safari」のウインドウ外にドラッグして消去することができます。

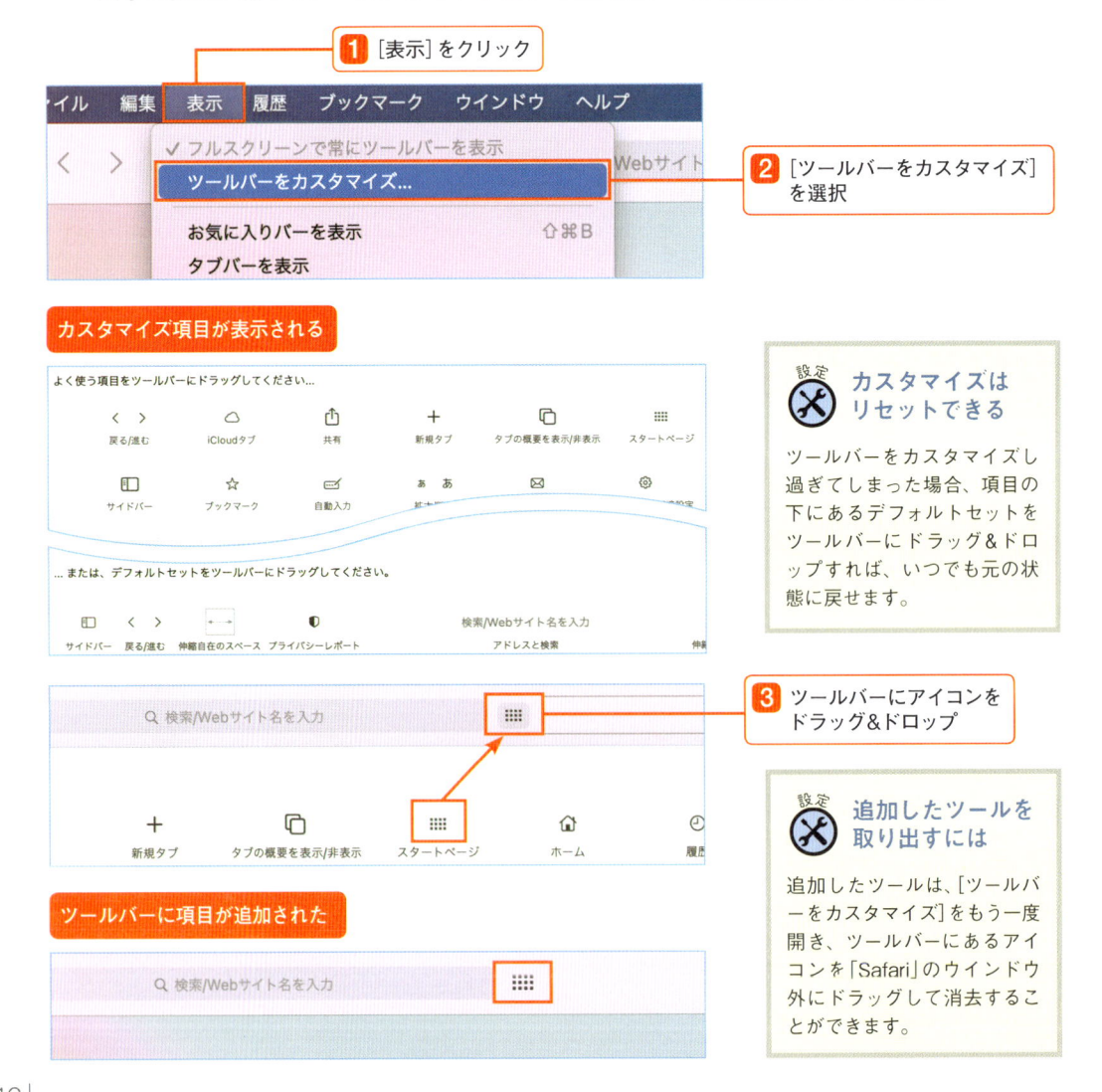

使おう パスワードを自動入力しないように設定する

「Safari」にはパスワードを保存し、該当のサービスにログインする際に自動入力を行う機能が搭載されていますが、セキュリティ上不安な場合には機能をオフにできます。

1 [Safari]をクリック

2 [環境設定]を選択

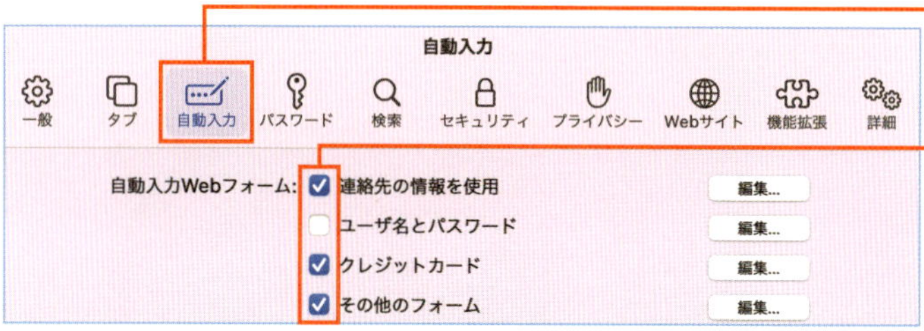

3 [自動入力]をクリック

4 必要に応じてチェックを外す

自動入力がオフになる

使おう 機能拡張を有効化する

「Safari」では、本来備わっていない機能を追加できる[機能拡張]が利用できます。環境設定で任意の機能拡張を有効化すると、ツールバーにアイコンが表示されるようになります。

環境設定を開いておく

1 [機能拡張]タブをクリック

2 追加したい機能拡張にチェックを入れる

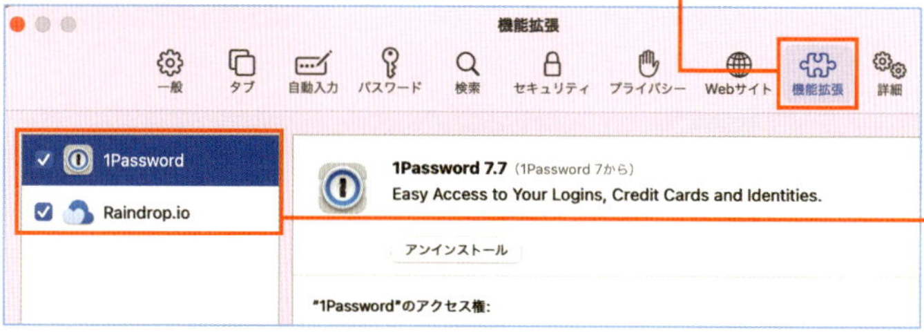

「Safari」のウインドウを開く

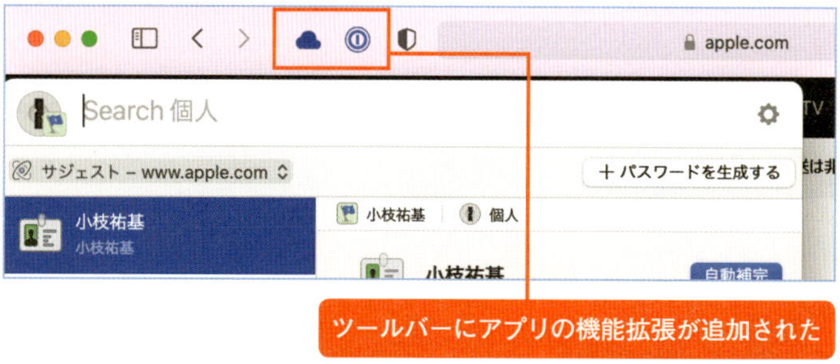

ツールバーにアプリの機能拡張が追加された

機能拡張はApp Storeで探す

「Safari機能拡張」は、通常のMacアプリと同様に、App Store経由でインストールできるようになりました。App StoreではAppleによる審査が行われるため、安全性が一段向上したといえるでしょう。

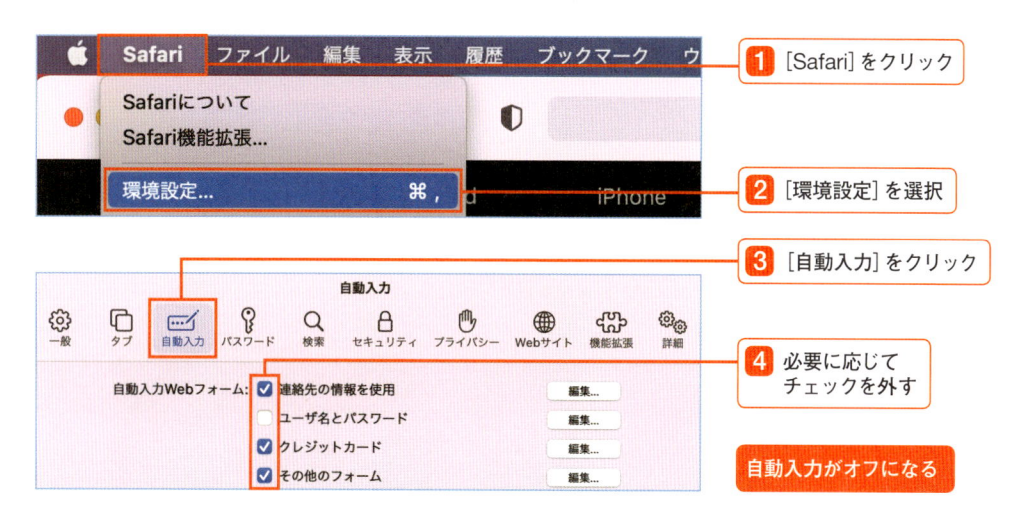

column

スタートページのカスタマイズ

macOS Big Surでは、「Safari」のスタートページをカスタマイズできるようになりました。また、ユーザ情報を不正に入手しようとするトラッカーを防御(ブロック)して、ユーザに通知する「プライバシーレポート」を表示するようになりました。

表示項目や背景をカスタマイズできる

トップページのカスタマイズメニューは、トップページの右下にある[設定]アイコンをクリックして呼び出します。トップページに表示させておく項目を自由に選べるほか、背景イメージの変更も可能。用意されている壁紙に加えて、好きな写真などを背景に設定できます。

1 [設定]アイコンをクリック

トップページの表示項目が選べる

背景イメージに写真や壁紙を設定できる

プライバシーレポートの設定

「Safari」の環境設定で[サイト越えトラッキングを防ぐ]が有効化されていれば、トラッカーによる追跡状況がプライバシーレポートとして表示されます。初期設定では機能がオンになっています。

「Safari」のトップページ

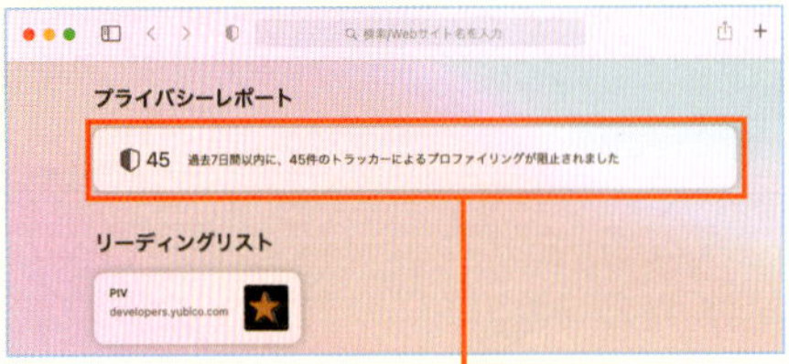

プライバシーレポートが開く

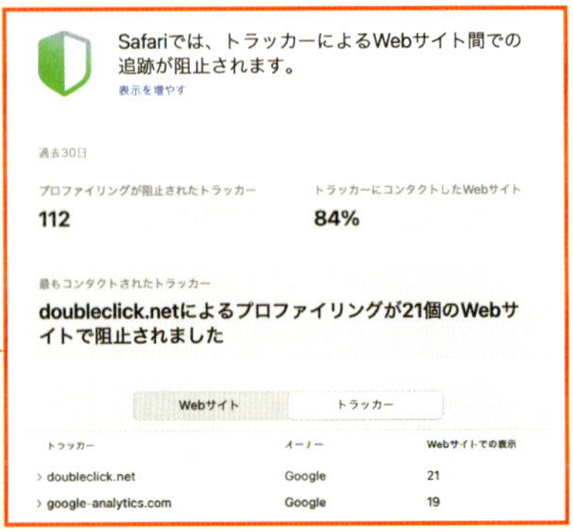

「Safari」のトップページで「プライバシーレポート」をクリックすると、「Safari」によるトラッカーのブロック状況が詳細に確認できます。

chapter 6

「メール」で電子メールをマスターする

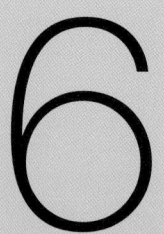

chapter 6
01

「メール」アプリの基本設定

メールの基本を押さえる

MacBookにはすぐに利用できる「メール」アプリが搭載されています。幅広いメールサービスに対応しており、Apple社が提供する「iCloudメール」のほか、「Gmail」などのフリーメールも簡単に利用できます。

知ろう 「メール」アプリの基本画面

まずは「メール」の基本画面を紹介します。画面は縦に3分割され、送られてきたメールは左側のメールボックスに届きます。このメールボックスを選択するとメールの一覧が表示され、そこから読みたいメールを選択すると、右側にメールの内容が表示されます。

よく使う項目

[＋] をクリックすると任意のメールボックスを追加できます

ツールバー

左からメール受信、新規メール作成、アーカイブ、メール削除、迷惑メール、返信、全員に返信、転送、フラグ、ミュート、移動、検索の順にアイコンが並んでいます

メールボックス一覧

受信や送信済み、下書きなどメールの状態ごとにボックスに分類されます

メール一覧

選択したメールボックス内に格納されているメールがリスト表示されます

メール本文

メールの内容や差出人、日時、添付ファイルなどの情報が表示されます

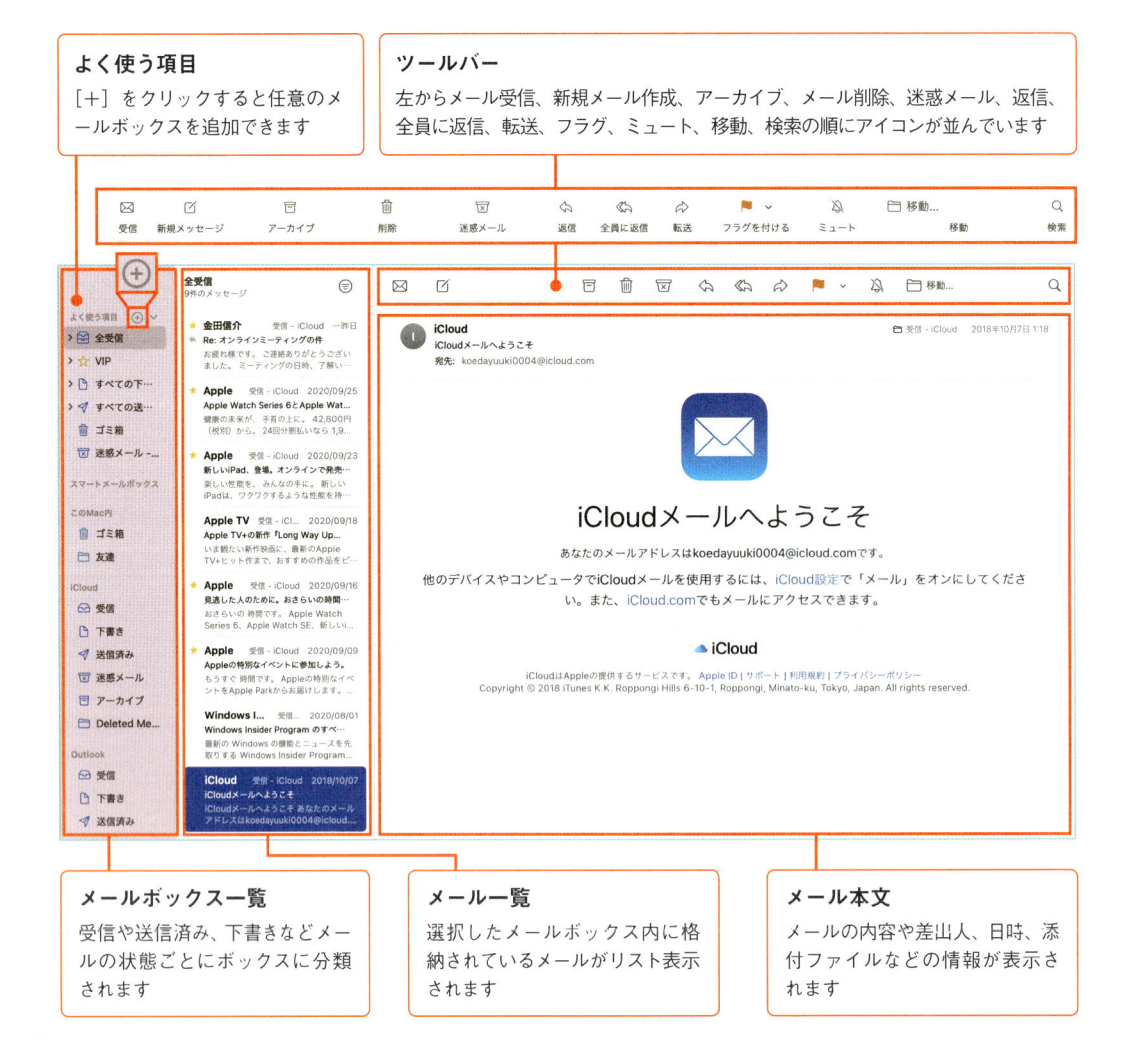

使おう 「iCloudメール」を設定する

MacBookでiCloudの設定を行っておくと自動的に「iCloudメール」の設定も行われます。iCloudの設定をしていない場合はメールアプリ上で設定ができます。

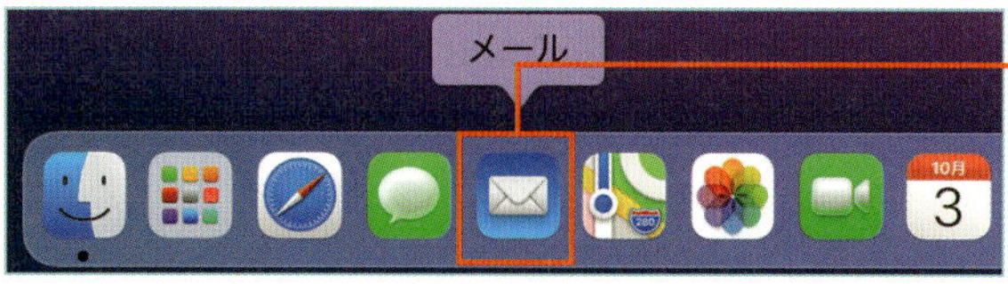

1 ［メール］アイコンをクリック

2 ［iCloud］を選択

3 ［続ける］をクリック

4 Apple IDとパスワードを入力

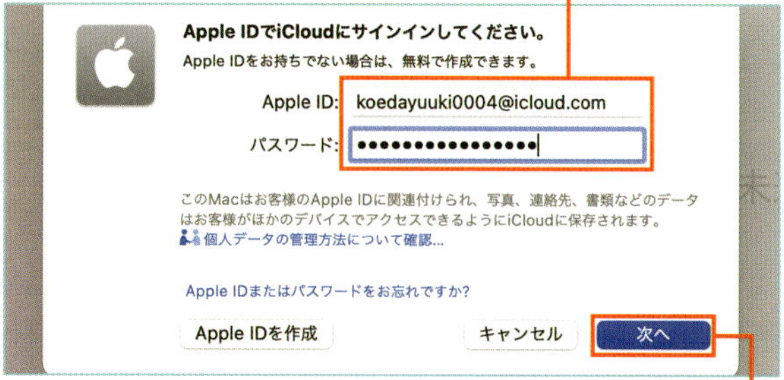

5 ［次へ］をクリック

メールが設定された

メールの種類	内容
iCloudメール	Apple IDを登録時に利用可能となるメール
Microsoft Exchange	ビジネス用途の情報管理サーバーを用いたメール
Google	Googleが提供するWebメール（Gmail）
Yahoo! メール	Yahoo!が提供するWebメール
Aolメール	米国の通信事業社AOLが提供するWebメール
その他のメールアカウント	POP3またはIMAPでのやり取りが可能なプロバイダーメールに対応

設定

「iCloudメール」を新しく作成するには

「iCloudメール」のメールアドレスを新たに取得したい場合は、まずApple IDのサインイン画面で［Apple IDを作成］を選びます。続く画面で既存のメールアドレスを登録せず［無料のiCloudメールアドレスを入手］をクリックすると、新規で「iCloudメール」の作成ができます。

［無料のiCloudメールアドレスを入手］をクリック

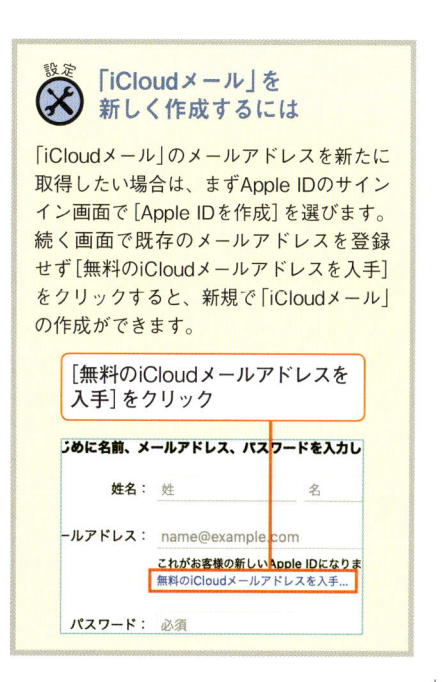

chapter 6
02

メールの作成と返信方法

メールのやり取りをする

「メール」アプリはシンプルで使いやすいデザインがセールスポイントです。新規メールの作成や、受信メールへの返信などの基本操作も直感的に迷わず行えます。文字の装飾やファイル添付も簡単です。

使おう　メールを新規作成する

新たにメールを作成するときには[ファイル]メニューから[新規メッセージ]を選択するか、ツールバーの[新規メッセージ]アイコンをクリック。宛先や件名、本文を入力し、[送信]アイコンをクリックします。

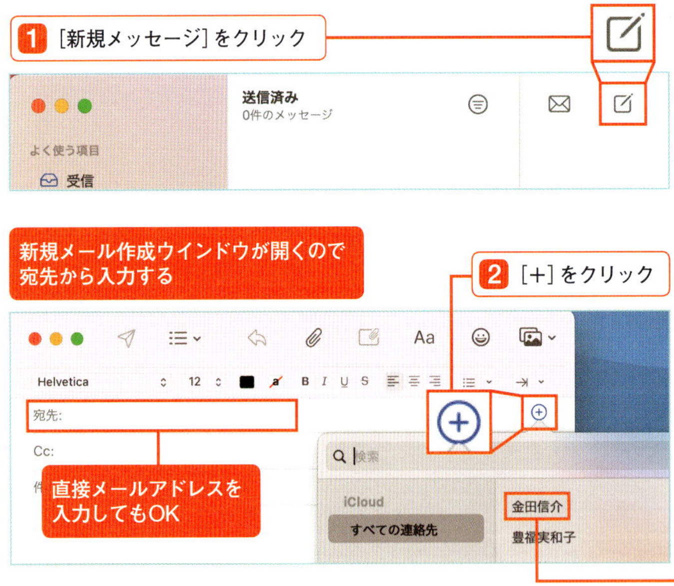

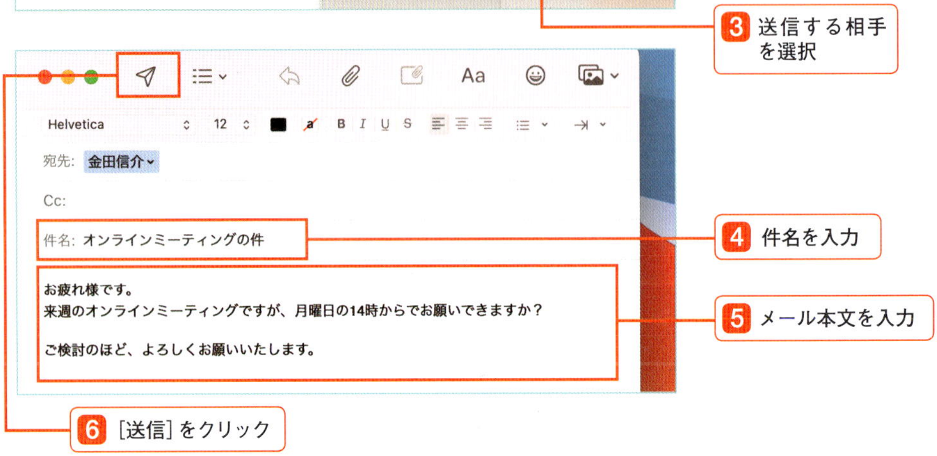

プラスワン　相手を連絡先に登録する

よくやり取りする相手は連絡先に登録しておきましょう。受信したメールアドレスをそのまま連絡先に登録するには、登録相手のアドレスの右にある[∨]をクリックし[“連絡先”に追加]を選択します。

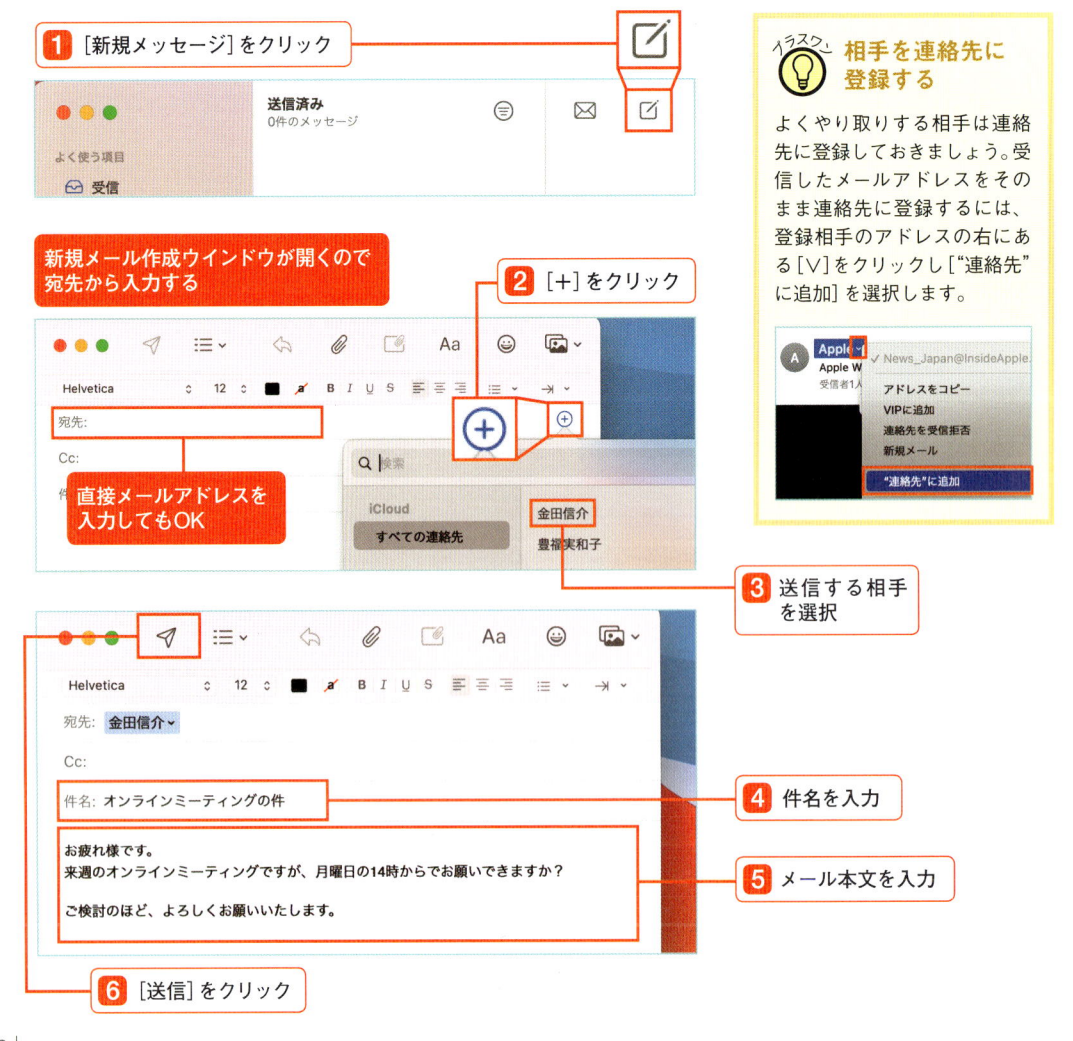

使おう　送られてきたメールに返信をする

相手からメールを受け取ったら、返信を行いましょう。メールを開いている状態で[返信]アイコンをクリックするとメールの作成画面に切り替わり、すぐに返事を送れます。

1 [受信]をクリック
2 メールを選択
3 [返信]をクリック

4 メール本文を入力
5 [送信]をクリック

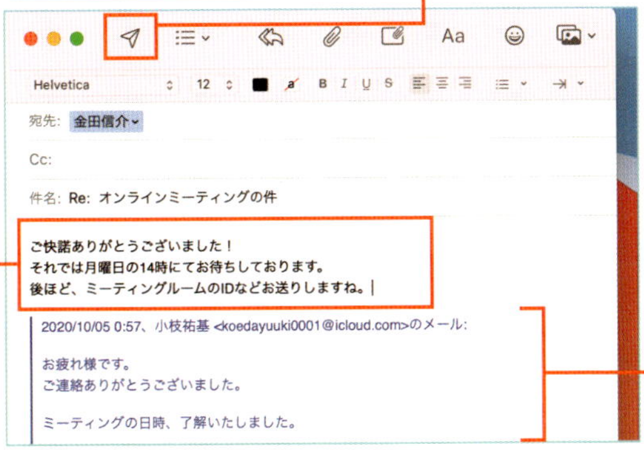

相手のメールを引用
返信を選択すると、受信したメールの内容が引用され編集できるようになります

2つの返信方法を使い分ける

返信をする際、[返信]は送信者のみに、[全員に返信]はCC（同報）に含まれるすべての相手にも返信します。

使おう　下書きに保存したメールを呼び出す

メール作成中に受信トレイをクリックするなどして画面を切り替えた場合、途中まで作成したメールは[下書き]として自動保存され、あとから続きを編集できます。

1 [下書き]をクリック
2 メールを選択
3 メールの続きを作成

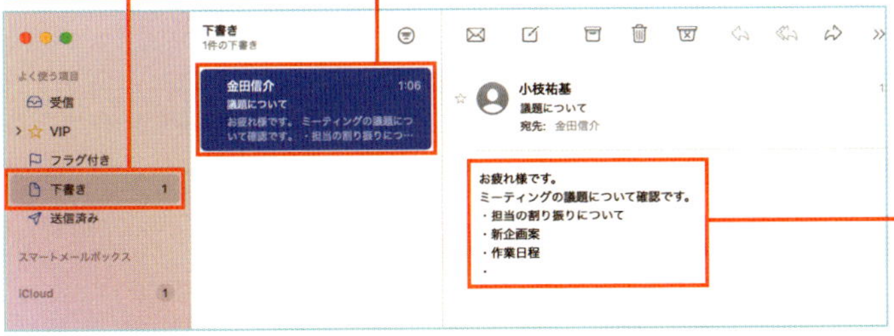

[下書き]メールボックスが表示されない場合、[よく使う項目]というタイトルにポインタを合わせ「＋」をクリックすると、手動で[下書き]が追加できます。

ヒント
メールの一部だけを引用する方法

相手に返信をする際に、本文の一部だけを選択して[返信]をクリックすると、その部分だけが引用されます。

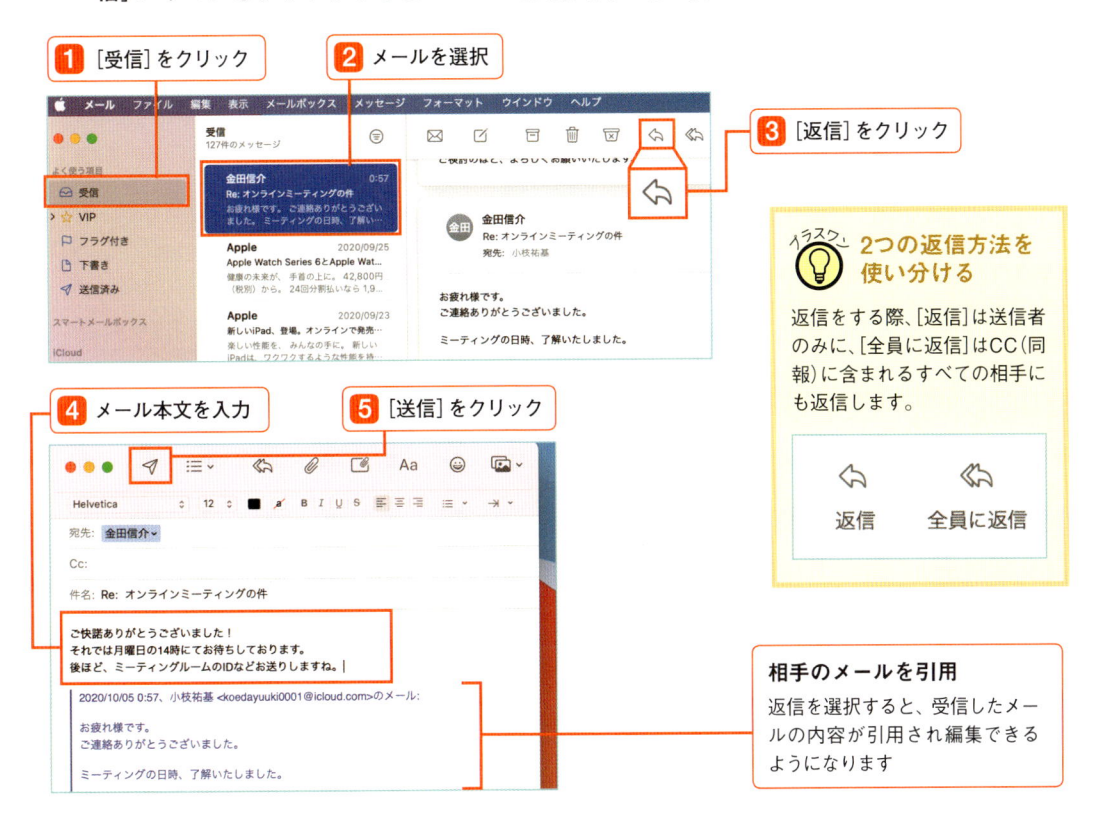

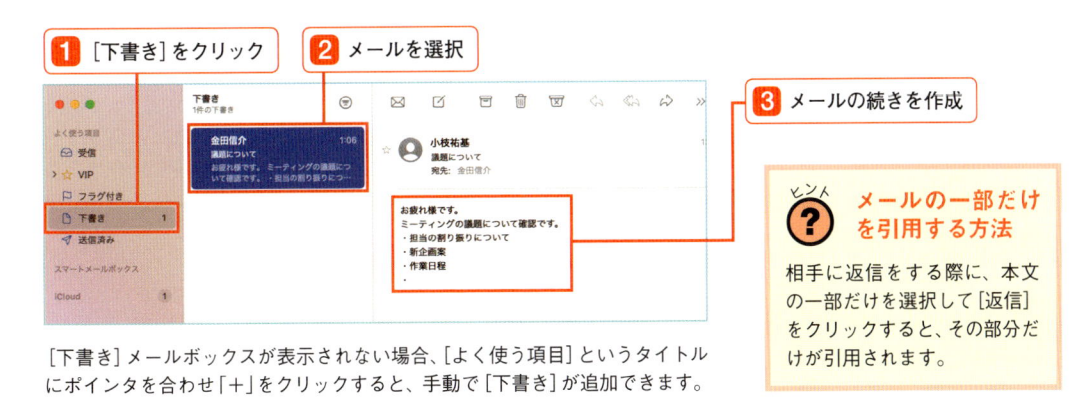

使おう　メールに写真などのファイルを添付する

メールに写真やMacBookで作成したファイルなどを添付して相手に送ることができます。さまざまな形式のファイルを添付可能です。

メッセージ作成画面を開いておく

1 ［添付］をクリック

ファイルの選択画面が表示される

2 ファイルを選択

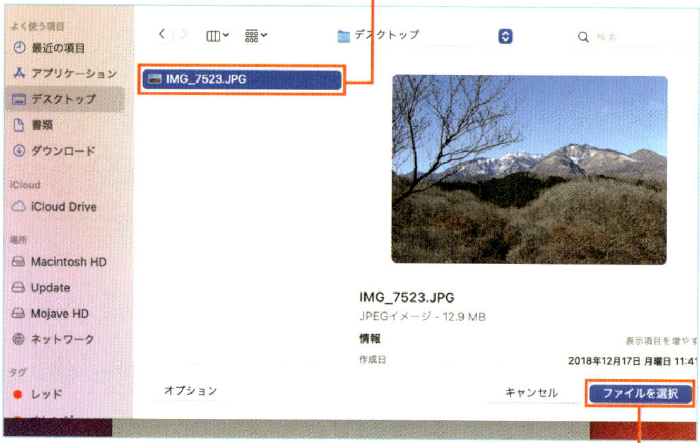

3 ［ファイルを選択］をクリック

ファイルが添付された

プラスワン

ドラッグ&ドロップで添付も可能

ファイルを添付する場合、作成中のメールウインドウに添付したいファイルをドラッグ&ドロップすれば、添付を行うことができます。

プラスワン

返信時に元の添付ファイルを含める

相手にメールを返信する際、元々のメールに添付されていたファイルをもう一度添付するには下記のアイコンを選択します。

ヒント

画像が大きすぎてメールが送れないときには

画像を添付する際に気をつけたいのがファイルサイズです。もし容量が大きすぎてメールが相手に届かないときには、イメージサイズを小さくして、送り直しましょう。

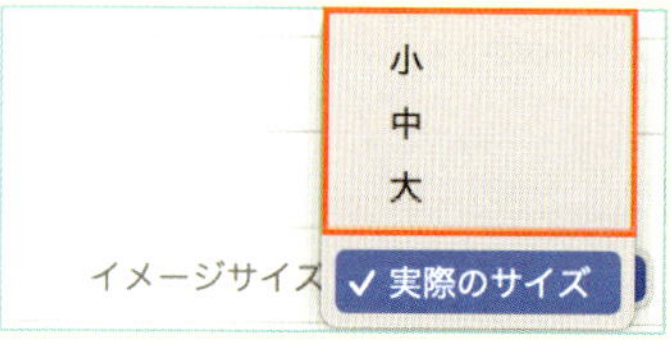

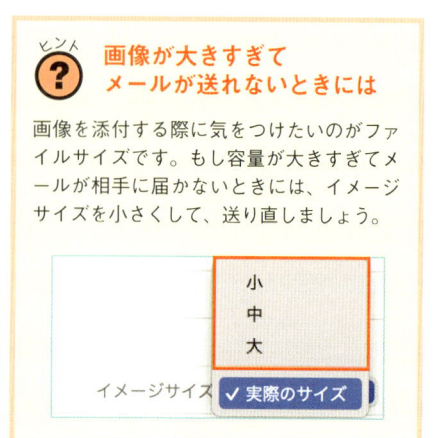

使おう　メールの本文を装飾する

「メール」アプリには編集ツールが用意されており、メールの本文で強調したい箇所を太くしたり、行揃えを変更して読みやすくしたりといった装飾が行えます。文字の装飾は、装飾したい部分を選択してから行います。

メッセージ作成画面を開いておく

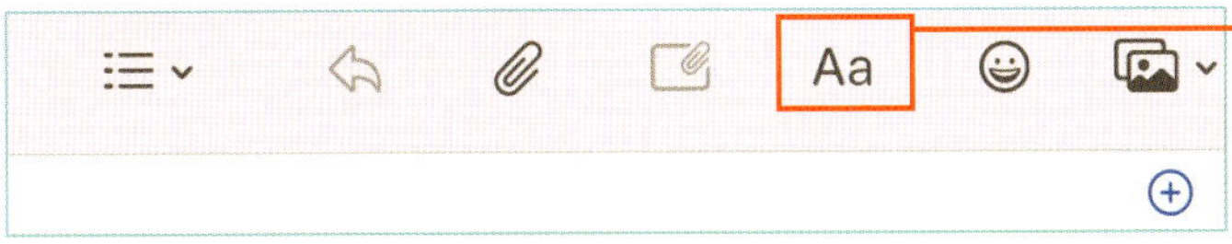

1 ［フォーマット］をクリック

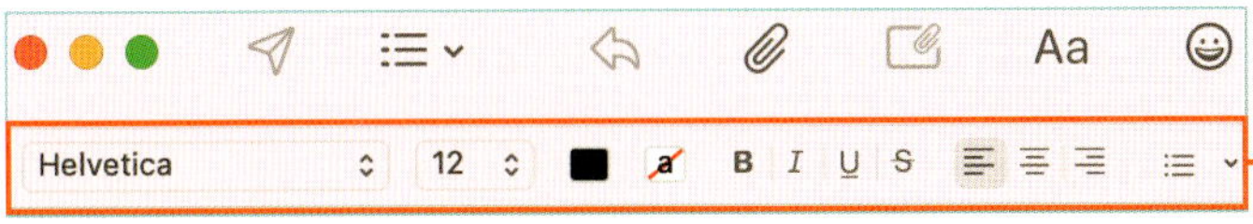

文字編集ツールが表示される

テキストを太くする

1 編集したい箇所を選択

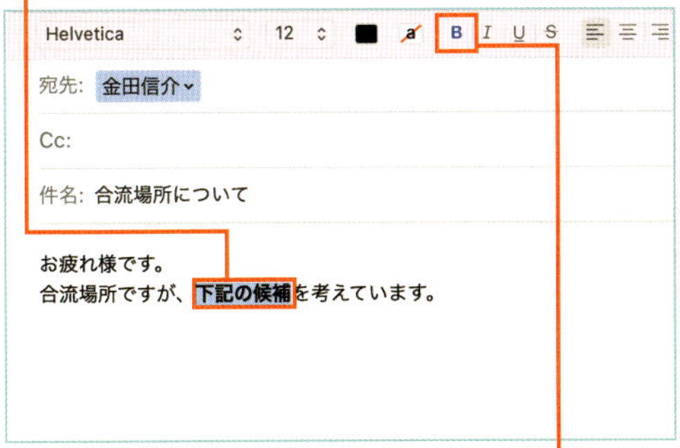

2 ［B（ボールド）］を選択

テキストの色を変える

1 編集したい箇所を選択

2 ［カラーパネル］を選択

3 カラーパネルから色を選択

行揃えを編集

1 編集したい箇所を選択

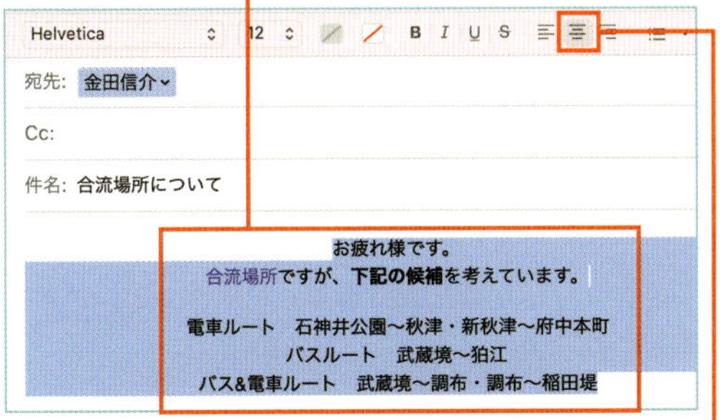

2 ［中央揃え］を選択

箇条書きにする

1 編集したい箇所を選択

2 ［箇条書き］をクリック

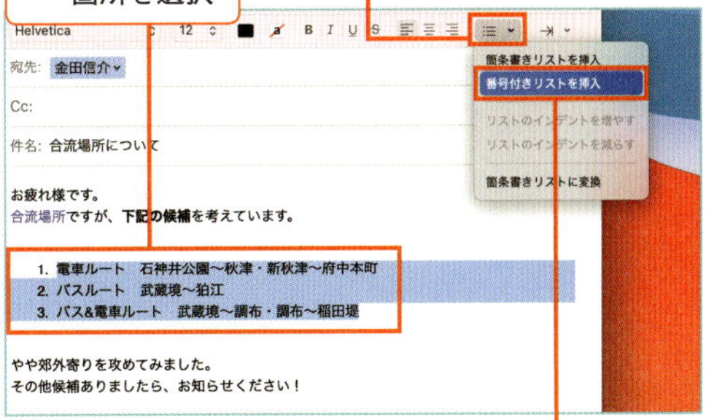

3 ［番号付きリストを挿入］を選択

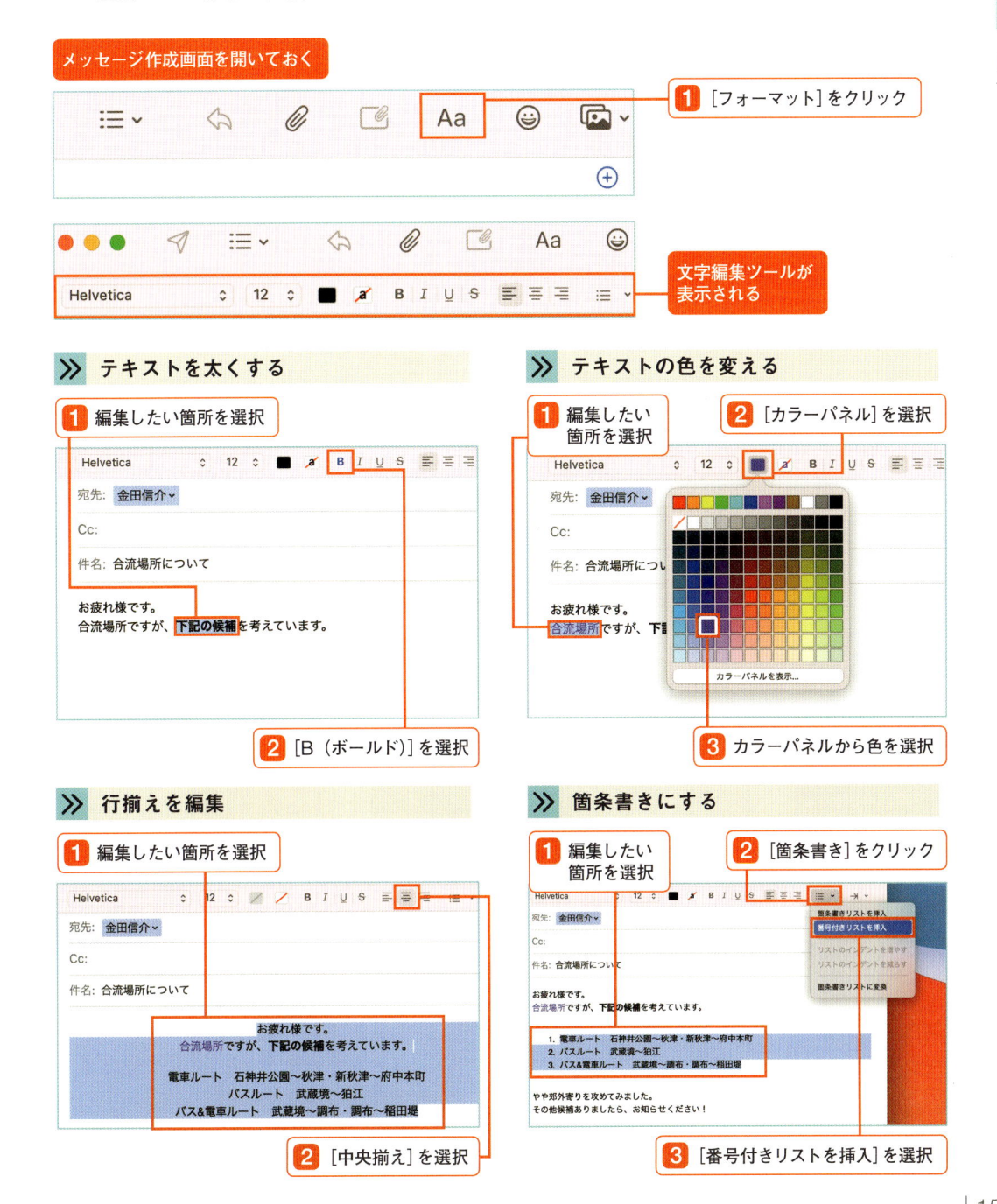

chapter 6

03 メールの削除や管理をする

不要メールの削除や迷惑メール対策

不要なメールの削除や迷惑メール対策、重要なメールのマーキングなど、日々メールボックスに溜まっていくメールを整理することで、より快適に利用できるようになります。

使おう　メールを削除する

メール一覧でメール選択時に表示される［削除］アイコンをクリックすると、［ゴミ箱］フォルダに移動します。そのあと［削除］を行うとメールが完全に削除されます。

1 ［受信］をクリック

2 削除したいメールを選択

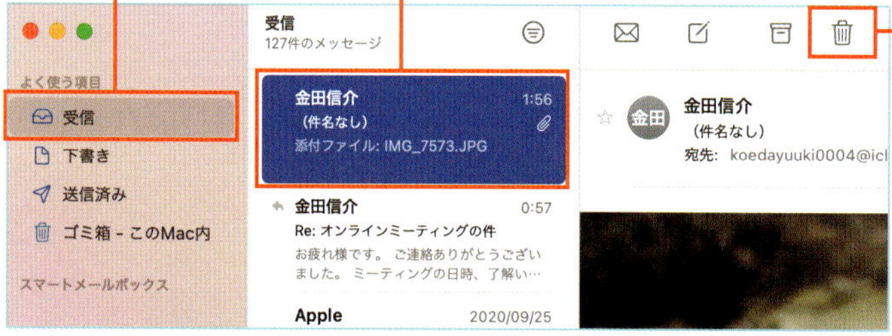

3 ［削除］をクリック

メールがゴミ箱に移動する

4 ［ゴミ箱］をクリック

メールがゴミ箱に保管されている

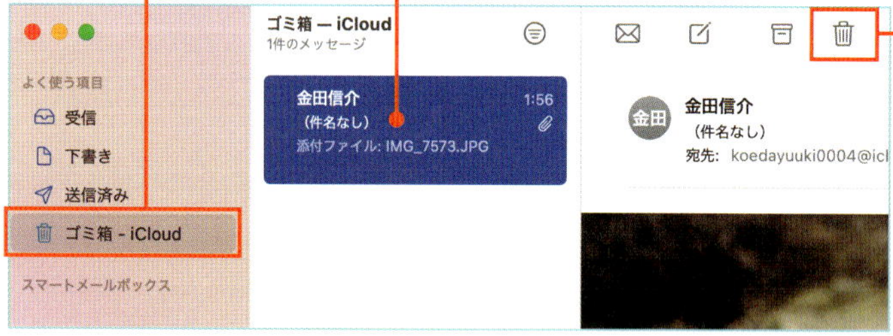

5 メールを選択し［削除］をクリック

メールが完全に削除された

設定

メールボックスにゴミ箱が見つからないときは

メールボックス一覧にゴミ箱がないときには、［メール］メニューから［環境設定］を選択して［アカウント］タブを開き［メールボックスの特性］をクリックします。［ゴミ箱メールボックス］項目で［このMac内］の［すべてのゴミ箱］を選び、不要なメッセージを削除すると［ゴミ箱 - このMac内］が表示されます。

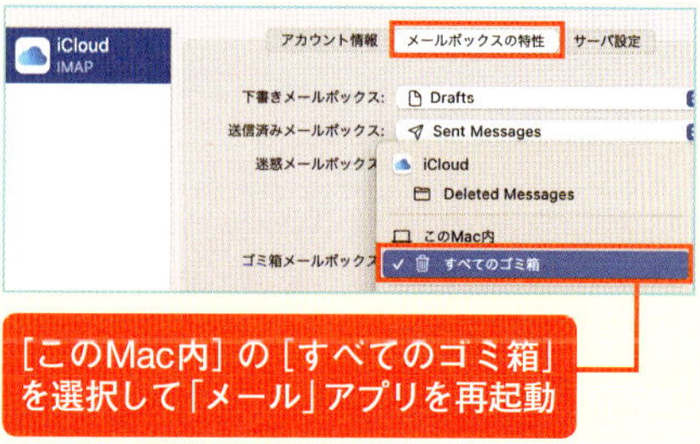

［このMac内］の［すべてのゴミ箱］を選択して「メール」アプリを再起動

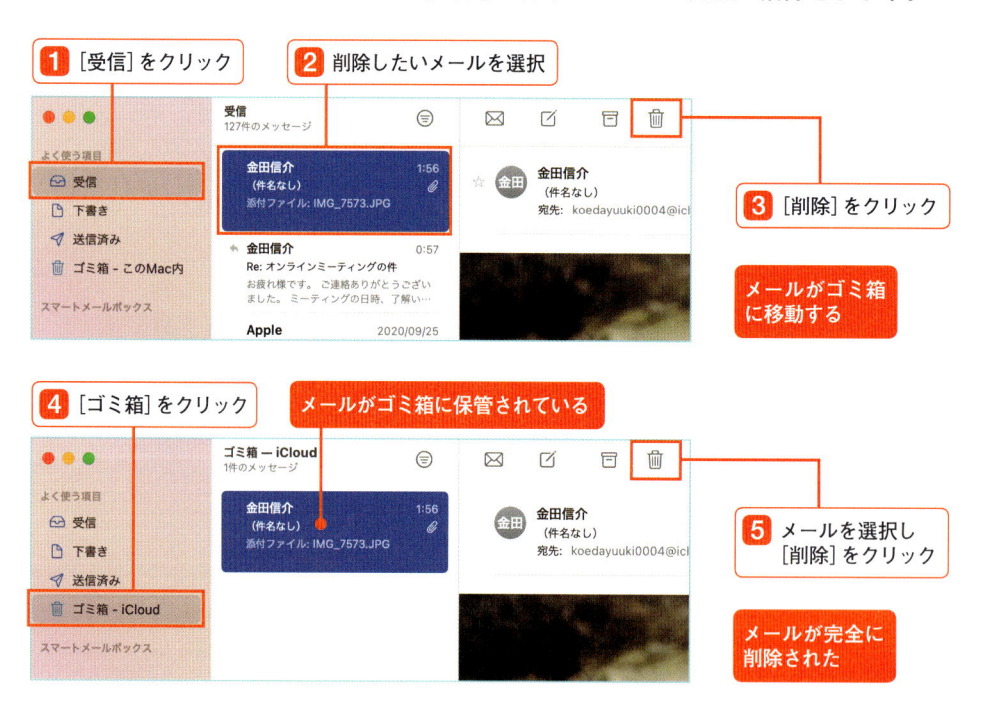

使おう　迷惑メールを登録する

「メール」アプリのフィルタ機能により、迷惑メールが送られてきた場合は、通常自動的に［迷惑メール］フォルダに分類されますが、迷惑メールが受信トレイに届いてしまったときには手動で迷惑メールの登録をすることができます。

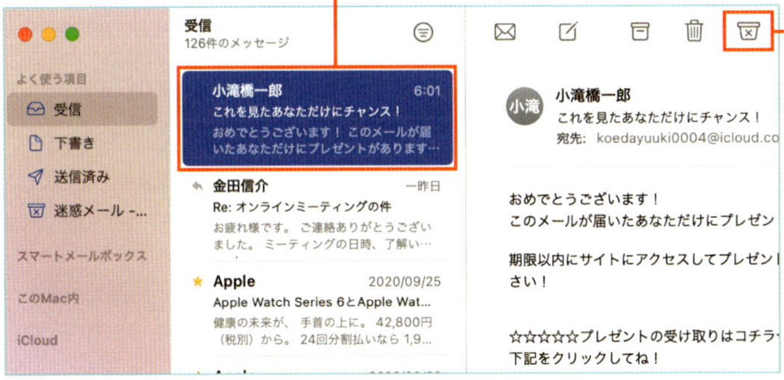

プラスワン　迷惑メールフィルタを有効にするには

迷惑メール受信時の設定を行うには［メール］メニューの［環境設定］を開き［迷惑メール］タブを選択します。［迷惑メールフィルタを有効にする］にチェックを入れると、アプリが迷惑メールを自動で判別するようになります。迷惑メールを受信したときの動作を細かく指定できるので、一度設定を見直しておくとよいでしょう。

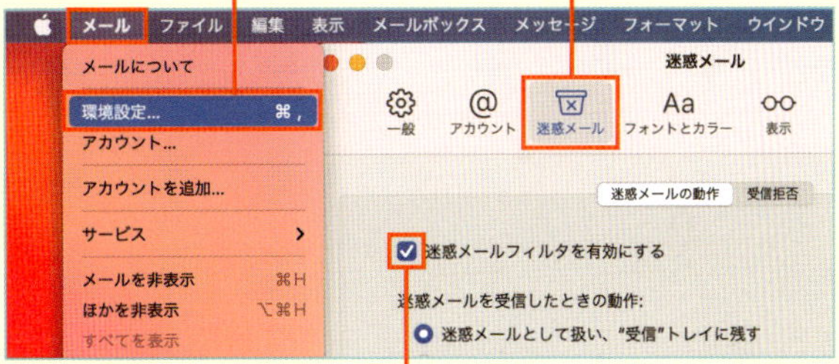

ヒント　受け取ったメールを間違えて迷惑メールにしてしまった！

知り合いから受け取ったメールを間違って迷惑メールに登録してしまった場合には、［迷惑メール］ボックスを開き、メール選択時にツールバー上に表示される［迷惑メールではない］をクリックすると登録が解除されます。

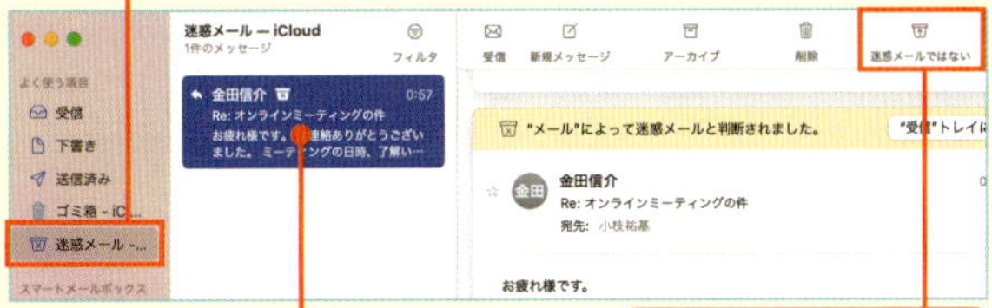

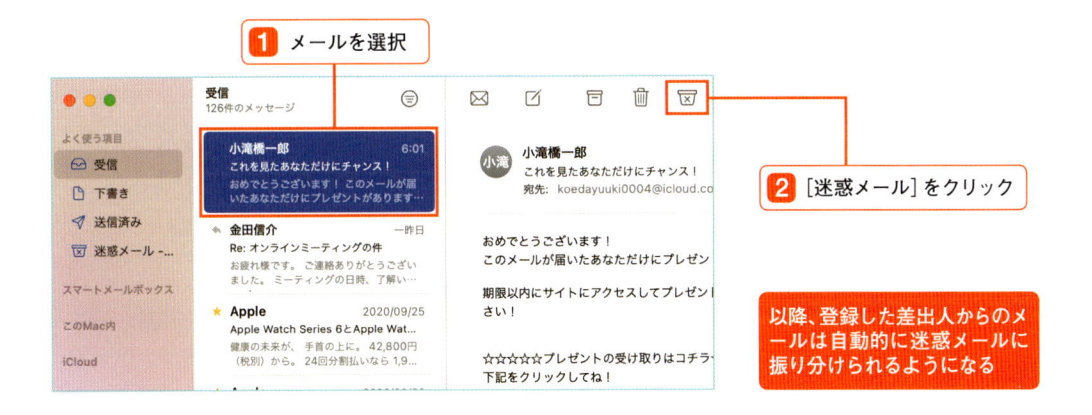

使おう　メールの振り分けを設定する

受信トレイ内のメッセージが増えすぎてしまうと、必要なメッセージを探しづらくなります。新しくメールボックスを作成し、受信したメールを分類・整理しましょう。「メール」アプリの［ルール］機能を使えば、「メール」アプリが分類・整理を自動化してくれます。

1 ［メールボックス］をクリック

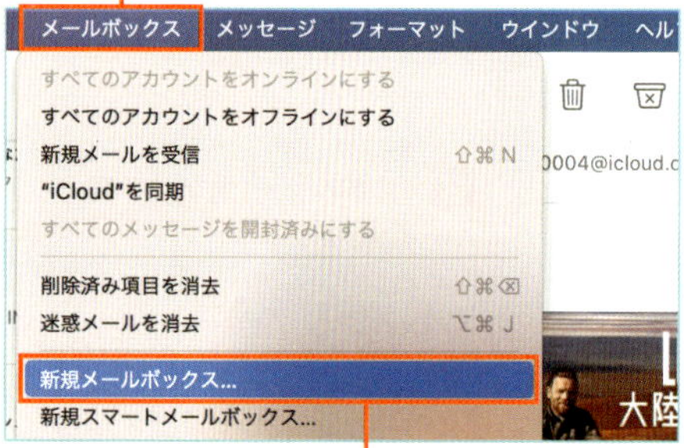

2 ［新規メールボックス］を選択

3 メールボックスの名前を入力

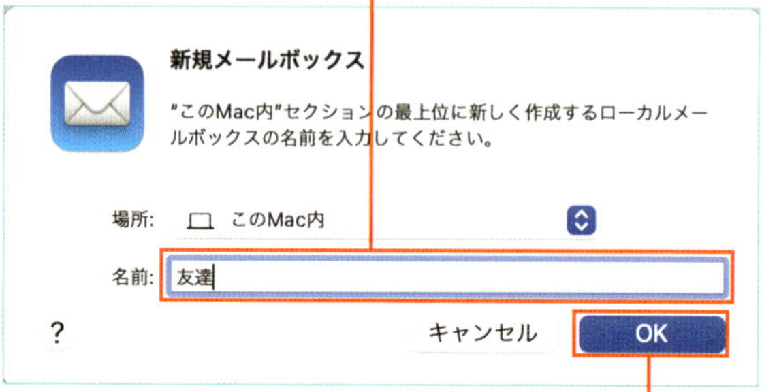

4 ［OK］をクリック

新規メールボックスが作成された

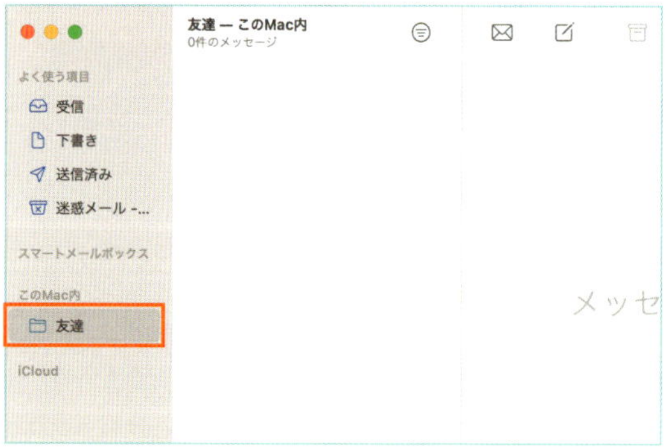

設定　メールボックスの作成場所は本体とiCloudが選択可能

新規メールボックス作成時には、ボックスの保存場所をMac内とiCloud上のいずれかが選択できます。iCloud上にメールボックスを作成すると、同一のApple IDでサインインしているほかのデバイスでもメールボックスを共有できます。

振り分けルールの追加

振り分け先のメールボックスを作成できたら、次に振り分けルールを追加します。

1 ［メール］→［環境設定］を選択

2 ［ルール］をクリック

3 ［ルールを追加］をクリック

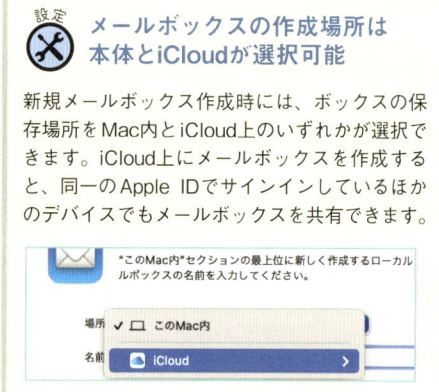

4 ルールの説明を入力

5 ルールの条件を指定

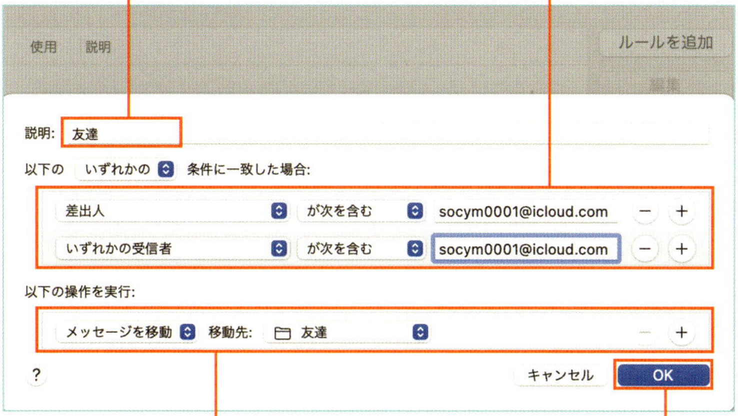

6 処理方法を指定

7 [OK] をクリック

ルール機能では、条件を指定し、その条件を満たすメールに対しての動作を選択します。細かく設定でき、特定のアドレスからのメールや、件名に特定の用語が含まれるメールなどを、指定したメールボックスに振り分ける設定などが行えます。

ルールに条件を追加する方法

条件を追加するときは[+]を、削除するときは[−]をクリックします。

メールが自動で振り分けられた

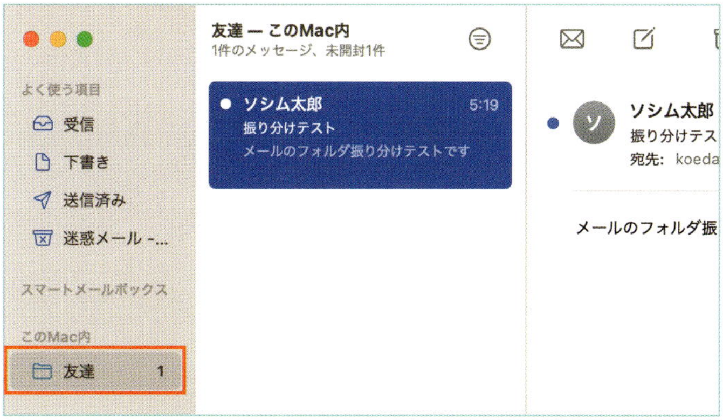

設定

個別通知音の設定方法

ルール機能では特定のメールが届いた場合にサウンドを再生する設定も可能です。任意のサウンドが選択できます。

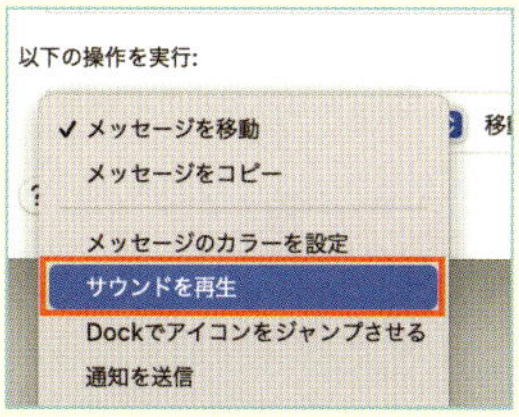

VIP登録で手軽に振り分けする

「メール」アプリには、特定の相手をお気に入りのように登録できるVIPという機能があります。VIP登録をした相手から届いたメールは、自動的に[VIP]というメールボックスに振り分けられます。登録は簡単です。

1 相手の[∨]をクリック

2 [VIPに追加]をクリック

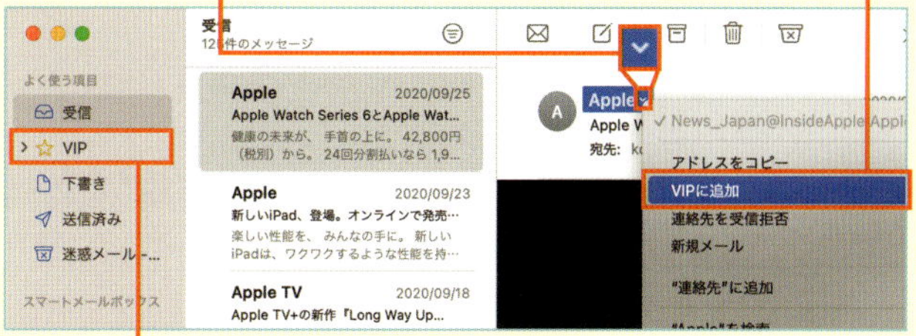

自動的に[VIP]ボックスに振り分けられる

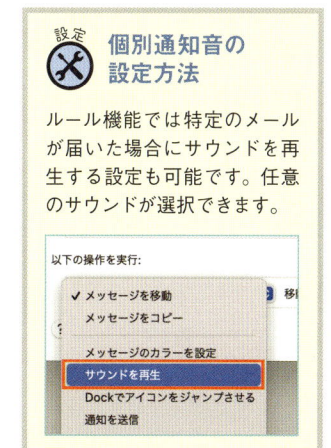

chapter 6
04

Webメールの設定

「Gmail」や「Outlookメール」を使う

「メール」アプリは、複数のメールアカウントを登録し、まとめて管理することができます。「Gmail」などのフリーメールやプロバイダーメールなど、さまざまなメールサービスのアカウントを登録できます。

使おう 「Gmail」を登録する

「メール」アプリは、あらかじめ取得したユーザ名とパスワードを登録するだけで「Gmail」アプリとして使うことができます。普段「Gmail」を使っていれば、ほとんど手間もなく設定を行えます。

1 [メール]→[アカウントを追加]を選択

2 [Google]を選択

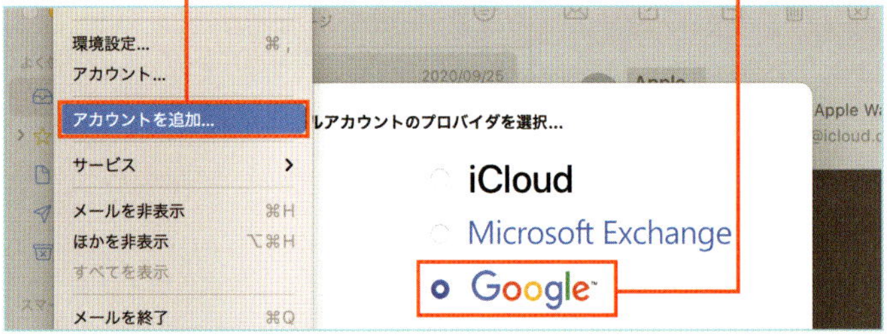

プラスワン 「Yahoo!メール」も設定は同じ

「Yahoo!メール」もアカウントとパスワードの入力で設定できます。

3 [メールアカウント]を入力

4 [次へ]をクリック

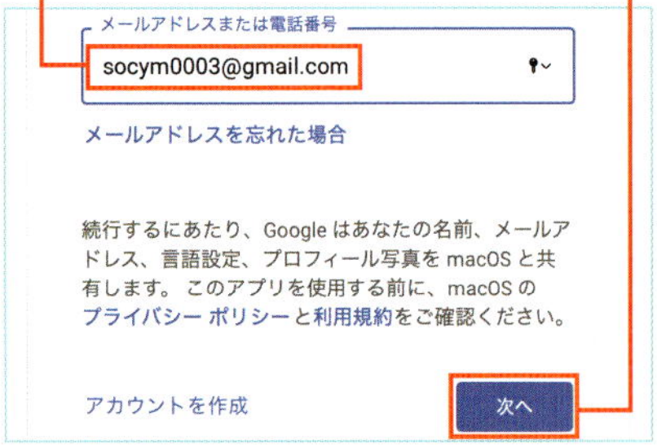

5 続く画面でパスワードも入力

6 [メール]にチェック

7 [完了]をクリック

「Gmail」が「メール」アプリに読み込まれる

設定

送信に使うアドレスをほかのアドレスに設定する方法

メール送信時のアカウントを変更するには、[メール]メニューから[環境設定]を選択して[作成]タブを開き、[新規メッセージの送信元]でメインにするアドレスを選択します。

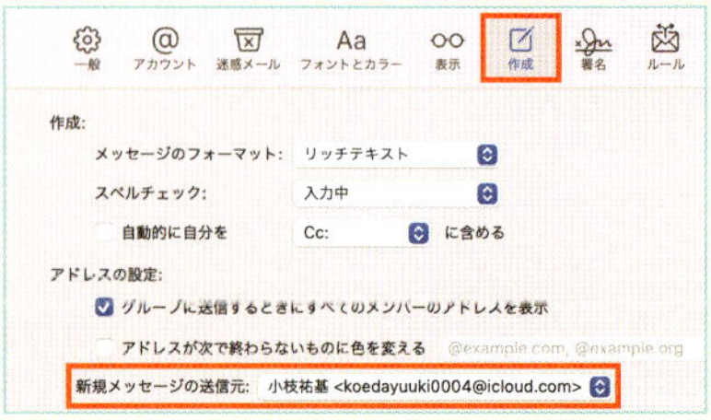

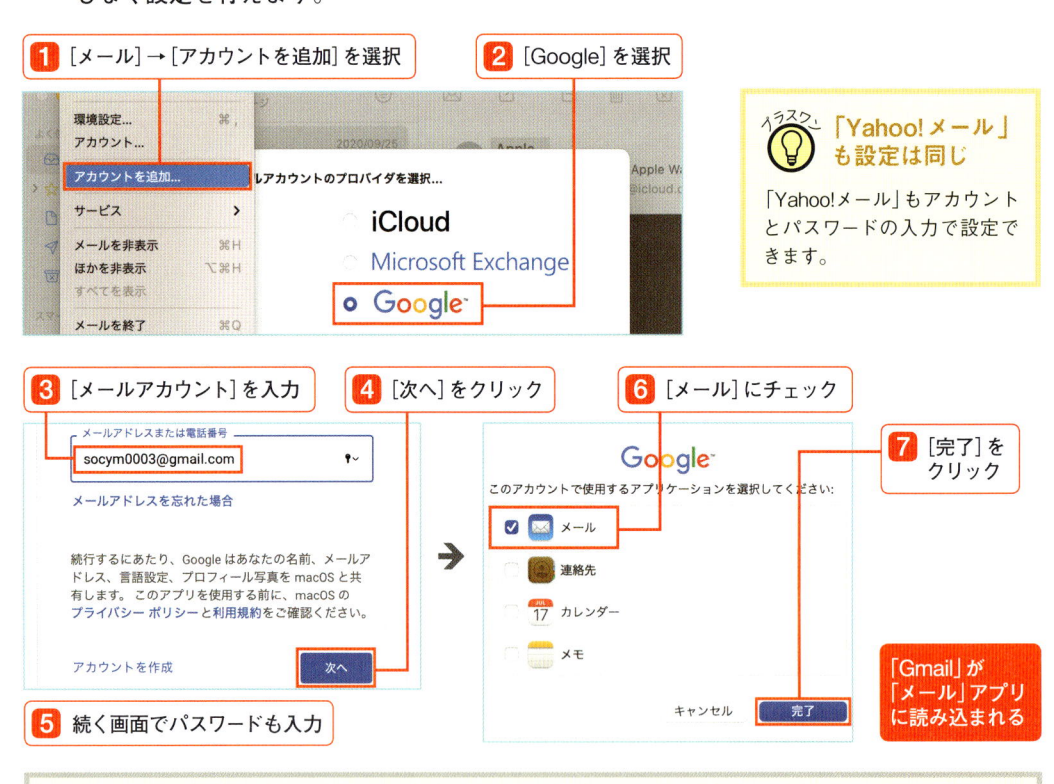

使おう 「Outlookメール」を登録する

「iCloudメール」や「Gmail」、「Yahoo!メール」の場合はそれぞれメニューが用意されますが、その他のメールでは、アカウントの登録だけではメールが利用できない場合もあります。そこでここでは「Outlookメール」を使って、アカウントの基本設定を解説します。

アカウントの追加画面

1 ［その他のメールアカウント］を選択

2 ［続ける］をクリック

3 名前・メールアドレス・パスワードを入力

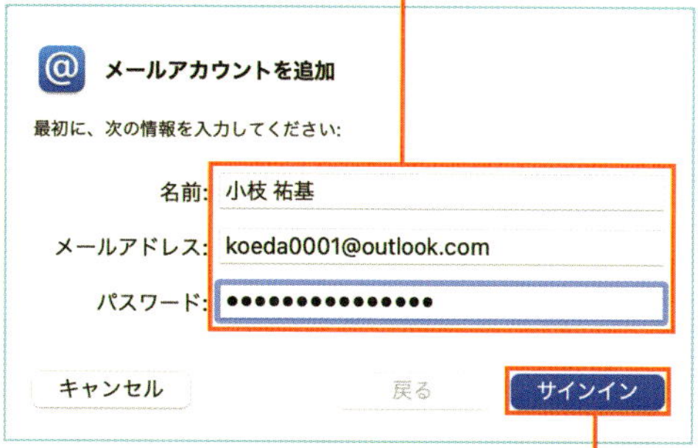

4 ［サインイン］をクリック

5 ［メール］にチェック

メールが設定された

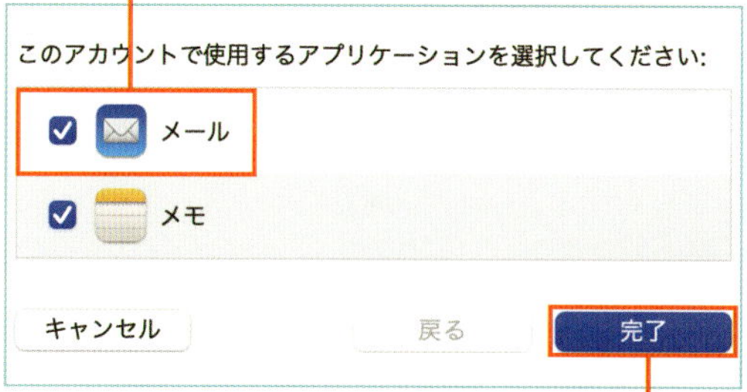

6 ［完了］をクリック

設定

メールアカウントの削除方法

追加したメールアカウントを削除するには、［メール］メニューで［環境設定］を選択。［アカウント］タブを開き、アカウントを選んで［−］をクリックします。

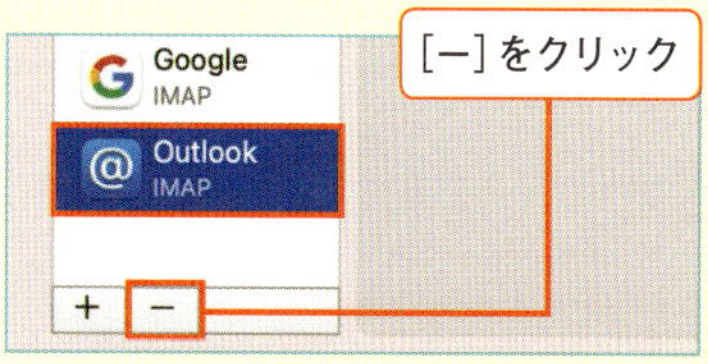

［−］をクリック

設定

メールサーバの設定を確認する場合は

メールサーバは利用するメールサービスにより異なります。「Outlookメール」では、受信用メールサーバに「imap-mail.outlook.com」、送信用に「smtp-mail.outlook.com」と自動的に入力されます。メールサーバの詳細は、環境設定の［アカウント］タブで確認ができます。

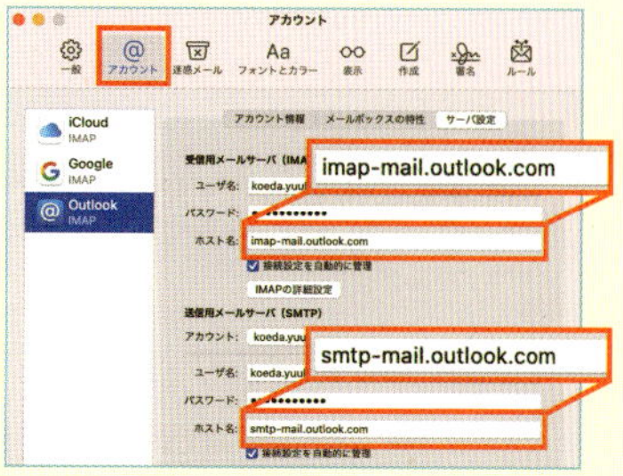

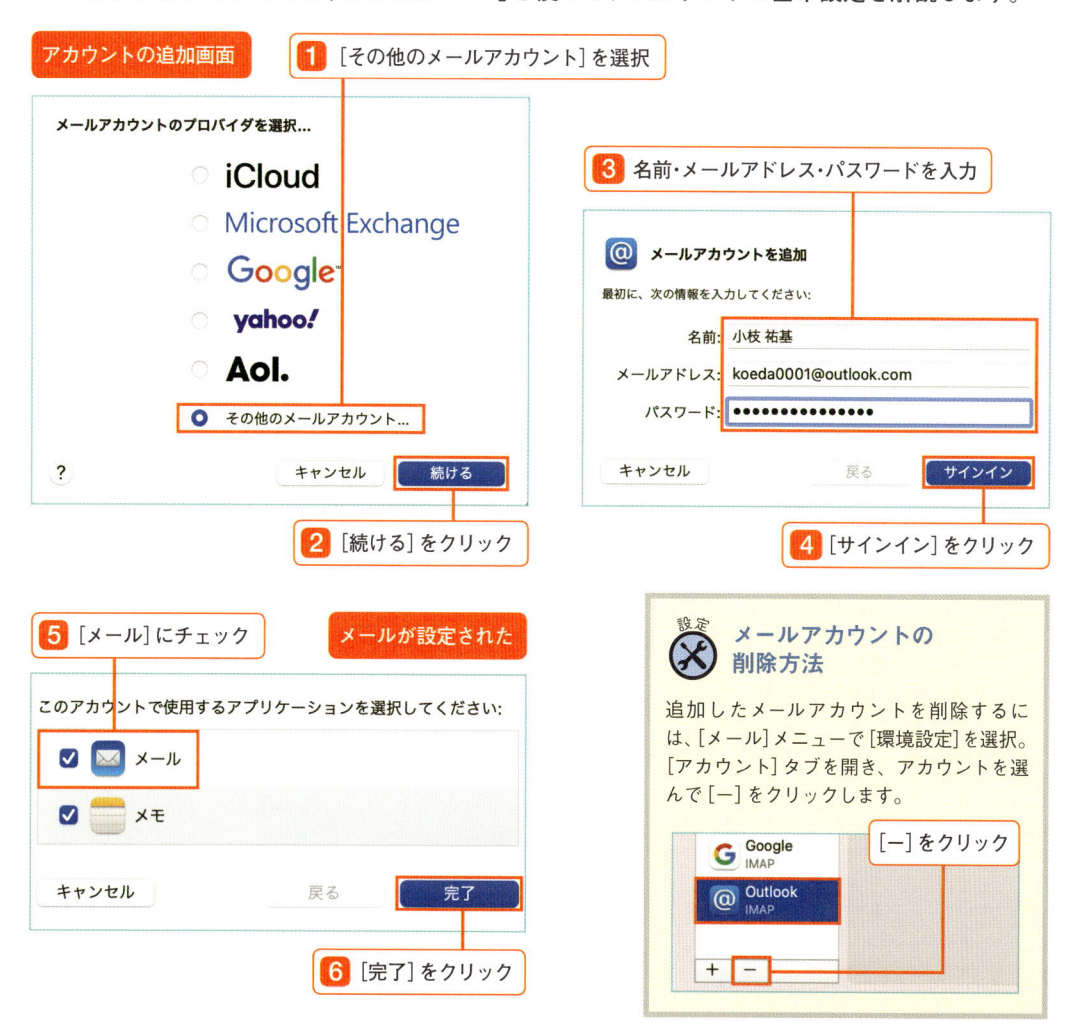

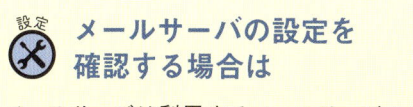

chapter 6
05

署名の設定方法

署名の自動入力を活用する

メールを作成するときに、自分のメールアドレスや電話番号などの連絡先情報を本文の末尾に付記することを署名といいます。署名を設定しておくと、その都度署名を入力する手間を省くことができます。

使おう　署名を設定する

連絡先などの署名を登録しておくと、メール作成時に自動で入力するように設定ができます。ここではシンプルな署名の作成方法の手順を解説します。

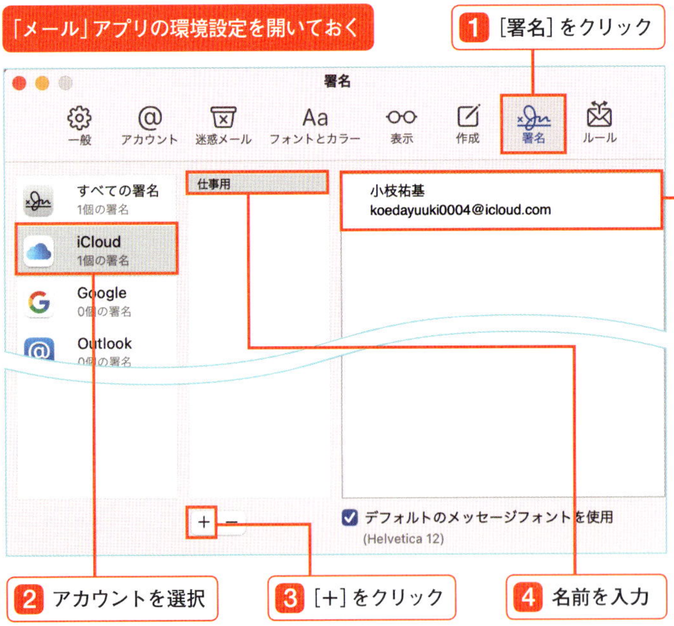

プラスワン　署名は複数作成できる

署名は手順3の[+]をクリックすると、複数作成ができます。同じアカウントで複数の署名を使い分けたいときに活用しましょう。

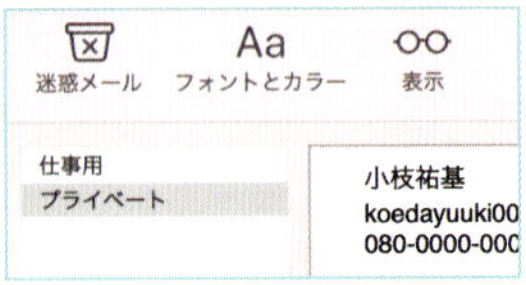

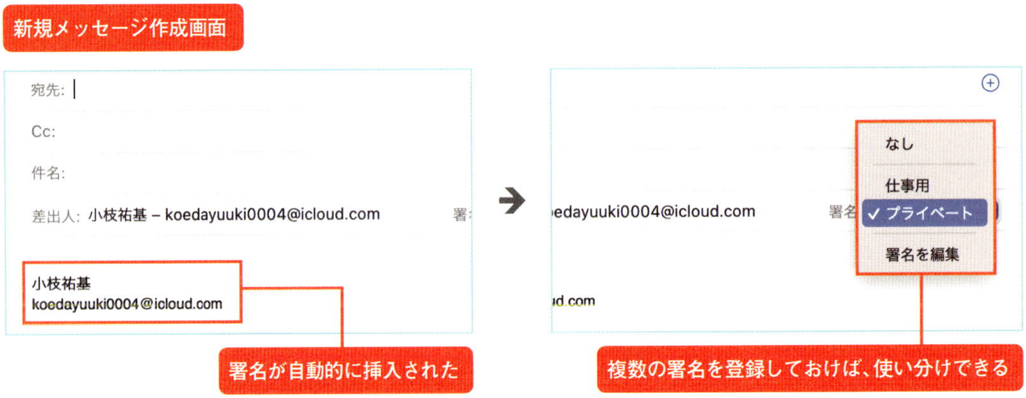

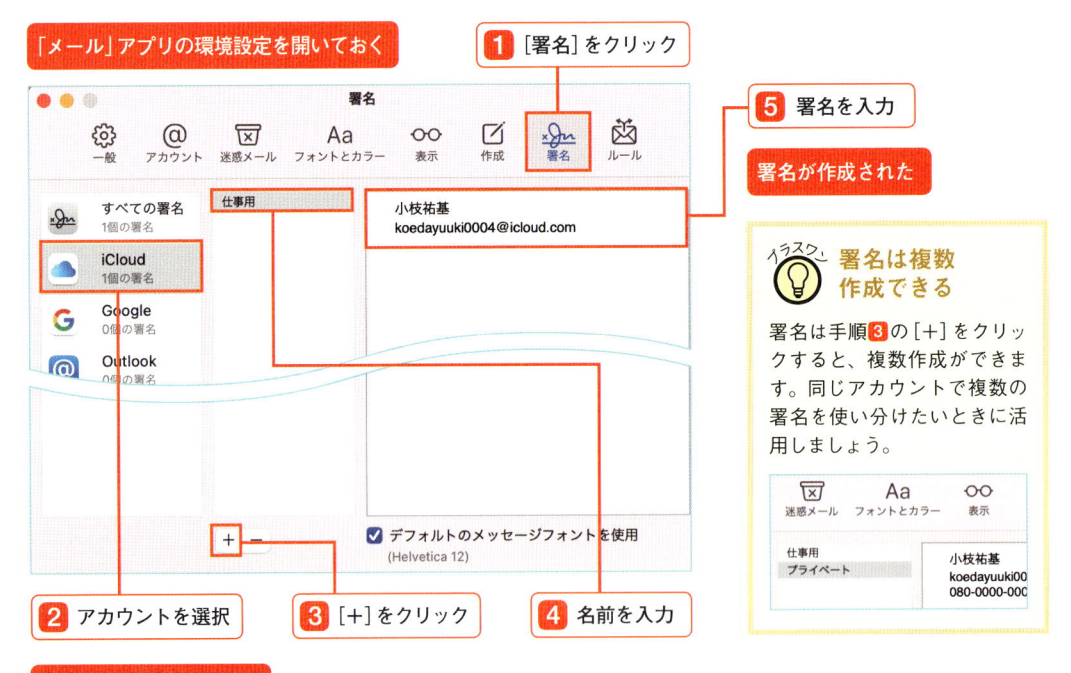

chapter

7

App Storeで アプリを探す

chapter 7

01

Mac専用のアプリストア

アプリの宝箱App Store

インターネットに接続した状態で「App Store」アプリを使うと、MacBookに新しいアプリを導入したり、購入したり、導入済みのアプリをアップデートしたりできます。

知ろう 「App Store」の基本画面

アプリの探し方や入手方法など、「App Store」アプリの基本操作を覚えましょう。App Storeでは多くの無料&有料アプリを探すことができます。なおApp Storeを利用するには、Apple IDでサインインを行う必要があります。

1 検索ボックス
アプリをキーワードで探せます。具体的なアプリ名がわかっている場合に便利です

2 アプリを探す
用途ごとに分類されたアプリの一覧にアクセスできます

3 アプリのアップデート
入手したアプリの更新やOSのバージョンアップなどができます。自動更新の設定もできます

4 Apple ID
サインイン中のApple IDが表示されます。クリックするとアカウントページに移動します

5 特集
Apple社が特定のテーマで人気のあるアプリを紹介してくれます。読み物としても楽しめます

6 アプリの一覧
画面をスクロールしていくと、お気に入りのアプリやゲーム、ランキングなどが一覧表示されます

使おう　ランキングでアプリを探す

人気のアプリは［ランキング］で確認することができます。有料、無料とそれぞれにランキングが用意され、リアルタイムで順位が変動します。

「App Store」のトップページを表示しておく

1 画面を下にスクロール

有料アプリと無料アプリのランキングが表示される

2 ランキング右端にある［すべて表示］をクリック

ランキングページに切り替わった

3 アプリのアイコンをクリック

アプリの詳細ページが表示された

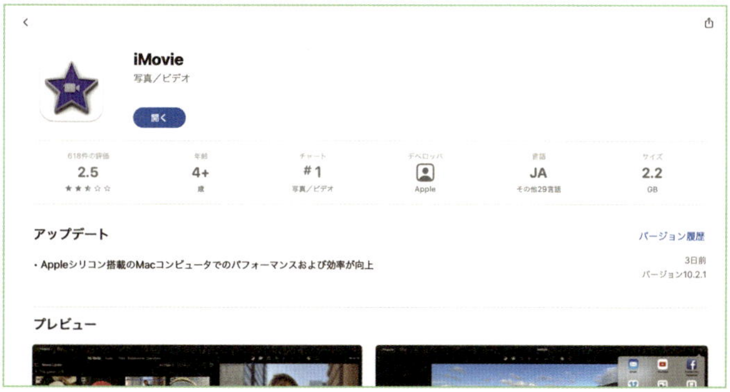

プラスワン

おすすめからランキングを確認

トップページを下にスクロールすると、App Storeのエディターが厳選したおすすめのアプリを知ることができます。

プラスワン

金額表示の違いとは

App Storeに並ぶアプリのうち、有料アプリの場合には金額が、無料アプリには［入手］という文字列が表示されています。有料・無料問わず購入済みのアプリにはクラウドマークが表示され、クリックするとダウンロードとインストールが行われます。

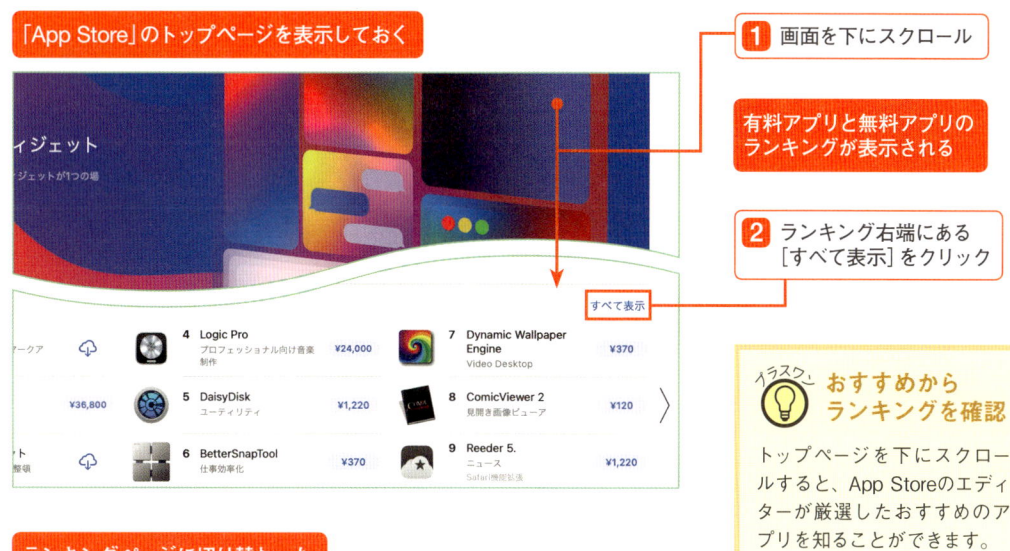

使おう　カテゴリでアプリを探す

用途からアプリを探したいときには[カテゴリ]を使うのがおすすめです。トータルで21のカテゴリに分類され、各カテゴリ内では有料、無料別のランキングを確認できます。

1 [カテゴリ]をクリック

カテゴリページが表示される

2 見たいカテゴリを選択

選択したカテゴリの詳細ページに移動した

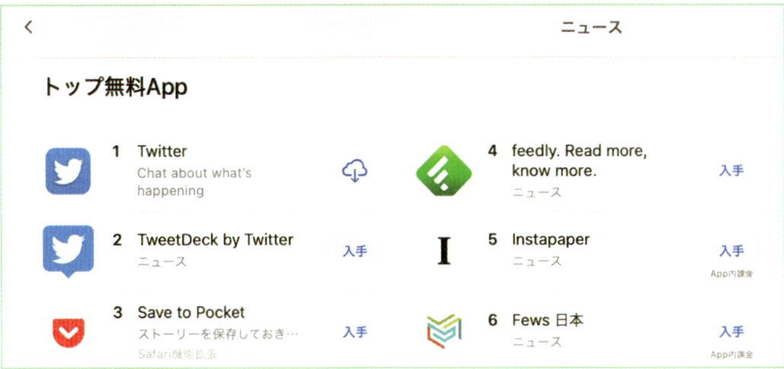

コラム　カテゴリの切り換え方法

ランキングページでカテゴリをすばやく切り替えるには、画面の右上に表示されたカテゴリ名をクリックします。

使おう　キーワード検索でアプリを探す

導入したいアプリが決まっている場合や、キーワードでアプリを探すときには検索機能を使います。検索ボックスは常にウインドウの左上に表示されています。

1 検索ボックスにキーワードを入力

キーワードにヒットしたアプリが一覧表示される

chapter 7
02 アプリの購入とインストール

無料のアプリも多数用意

欲しいアプリがある場合には、App Storeの詳細ページなどからインストールします。Apple IDでサインインをすれば簡単にアプリを入手できますが、有料アプリは支払い情報の登録が必要となります。

使おう 無料アプリの入手とインストール

無料アプリをインストールしてみましょう。無料でもApple IDでのサインインが必要となりますが、支払い情報の登録は必須ではありません。

アプリの詳細ページを開いておく

1 [入手] をクリック

2 [インストール] をクリック

サインインウインドウが表示

3 Apple IDとパスワードを入力

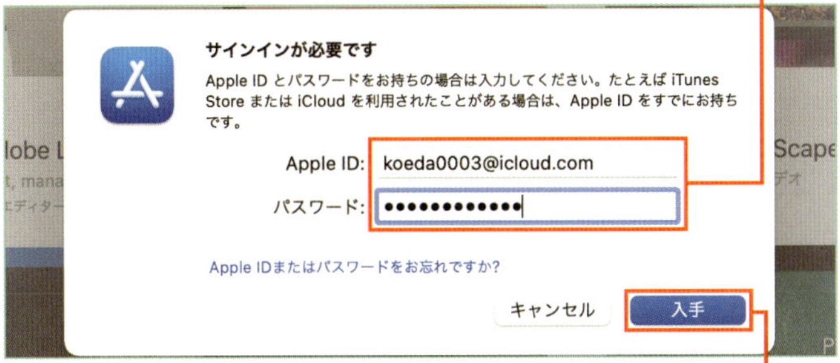

4 [入手] をクリック

アプリがダウンロードされた

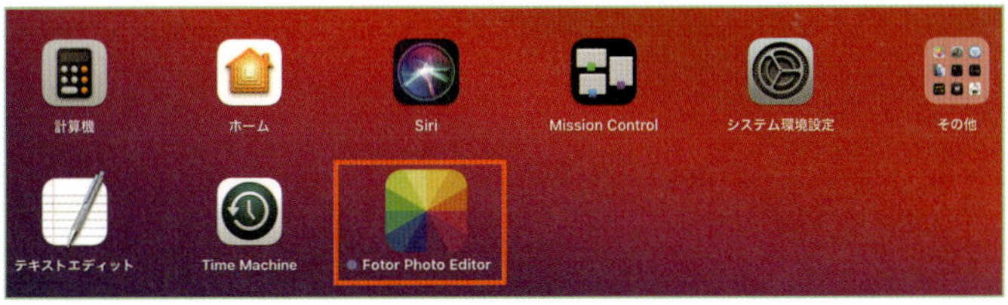

App Storeからインストールしたアプリは、「Launchpad」に追加され、簡単に呼び出すことができます。

設定 はじめて利用するアカウントの場合

アプリの購入をはじめて行うアカウントの場合、手順4のサインイン時に下記のような画面が表示されることがあります。その場合は［レビュー］をクリックし、続く画面で利用規約に同意すると、サインインができるようになります。

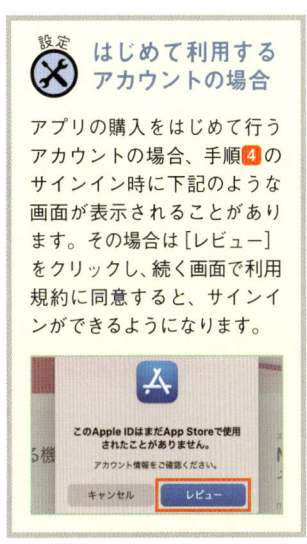

使おう　有料アプリ購入前に支払い情報を登録する

App Storeには有料のアプリも多数登録されています。有料アプリの購入は、利用するApple IDに支払い情報を登録する必要があります。ここではApple IDにクレジットカードを登録する手順を紹介します。

「App Store」を起動しておく

1 アカウント名をクリック

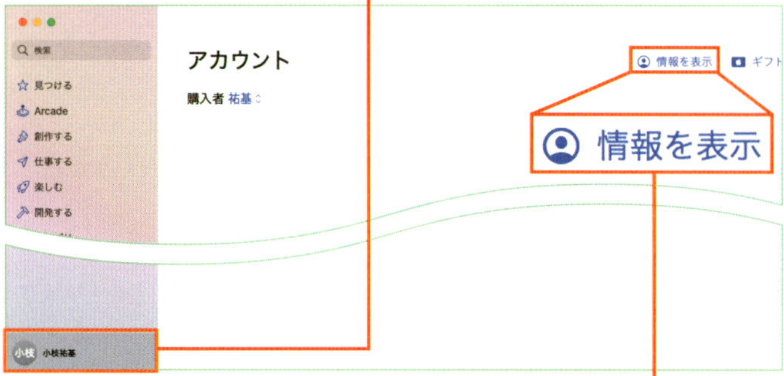

2 ［情報を表示］をクリック

3 ［お支払い方法を管理］をクリック

4 クレジットカード情報を入力

支払い情報が登録された

ウラワザ

マイアカウントで呼び出しも可能

アカウント情報の編集は、［ストア］メニューの［マイアカウントを表示］を選択して開くこともできます。

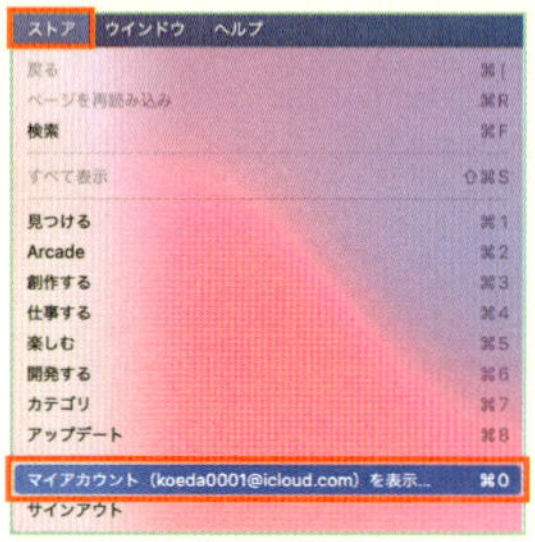

設定

プリペイドでの支払いも可能

クレジットカードが手元にない場合、プリペイド方式のiTunesカードを購入・登録して決済を行うことができます（iTunesカードの詳細はP.172を参照）。

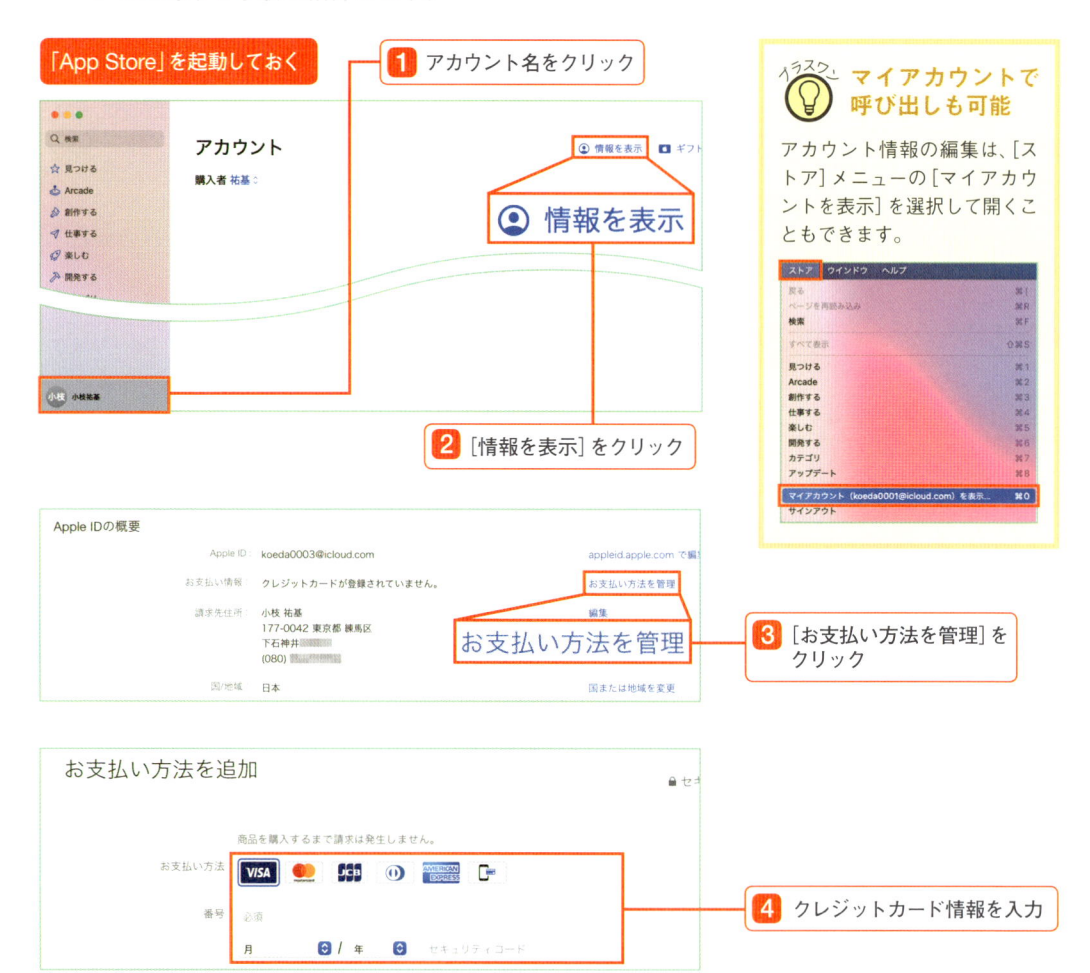

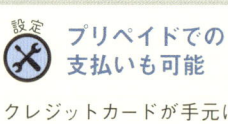

使おう 有料アプリを購入する

有料アプリを購入する場合も、基本的には無料アプリと同じ手順で行えます。支払い情報の登録が済んでいれば、[APPを購入] をクリックするだけで決済が行われ、アプリがインストールされます。

アプリの詳細ページを開く

1 [金額] をクリック

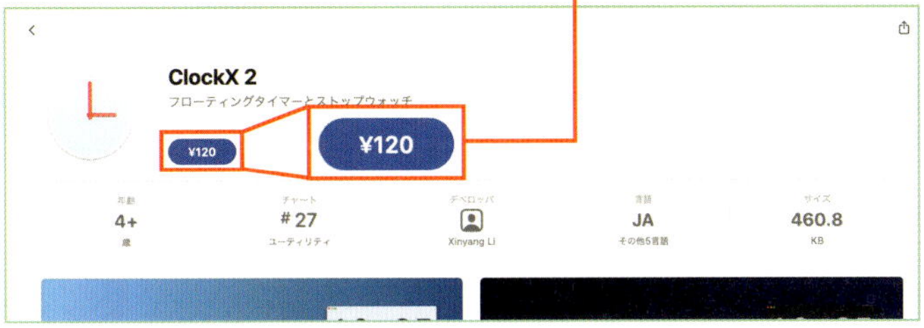

2 [APPを購入] をクリック

3 [購入する] をクリック

インストールが開始される

購入手続きの進捗状況が表示されます。インストールが完了すると「Launchpad」にアプリが追加され、起動することができます

プラスワン 詳細ページ以外でアプリを購入する

アプリの詳細ページを開かなくても、アプリの一覧から金額をクリックして購入することもできます。

プラスワン 購入したアプリは再ダウンロード可能

一度App Storeから購入したアプリは、何度でもダウンロードすることができます。ただし購入したときと同じApple IDでサインインをしておく必要があります（再ダウンロードの詳細はP.171を参照）。

使おう インストールしたアプリを削除する

不要になったアプリは、いつでもMacBookから削除することができます。ここでは「Launchpad」から削除する方法を紹介します。

1 「Launchpad」アイコンをクリック

インストール済みアプリの一覧が表示される

2 アプリのアイコンを長押し

3 [×]をクリック

4 [削除]をクリック

アプリが削除された

設定 アプリのデータを保管しておくには

アプリを削除するとアプリ内のデータも消えてしまいますが、iCloud対応アプリなら、アプリ内のデータを残しておけます。[システム環境設定]で[Apple ID]→[iCloud]を開き、[iCloud Drive]の[オプション]で、データを保管したいアプリにチェックを入れておきます。

使おう App Store以外からアプリをインストールする

App Store以外のサイトから入手したアプリをインストールするには、macOSの[セキュリティとプライバシー]の設定を変更する必要があります。この設定はメニューの[システム環境設定]から行うことができます。

1 [システム環境設定]を開く

2 [セキュリティとプライバシー]をクリック

3 [App Storeと確認～許可]を選択

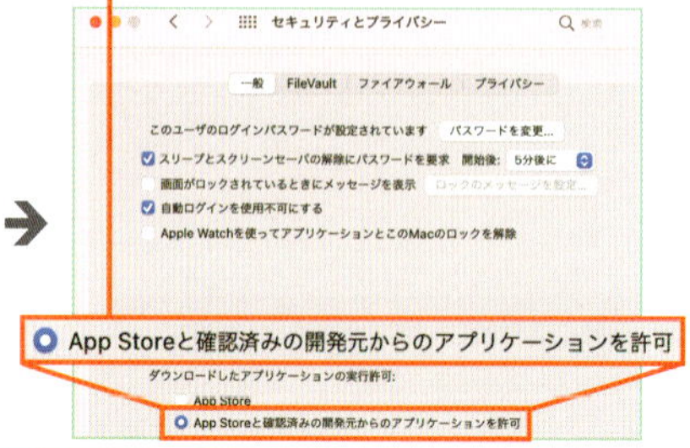

イラスク M1 MacBookはRosetta 2を使用

インテルMac向けのアプリは、M1 MacBookでは「Rosetta 2」上で動作します。初回のみRosettaのインストールが必要ですが、以降はユーザが意識せずにアプリが追加できます。

使おう アプリを再ダウンロードする

削除したアプリをもう一度インストールしたいときには、アカウントページからアプリをもう一度ダウンロードします。購入済みアプリの再ダウンロードを行うには、購入時のApple IDでサインインをしている必要があります。

購入時と同じApple IDでサインインを行っておく

1 アカウント名をクリック

購入済みアプリの一覧が表示される

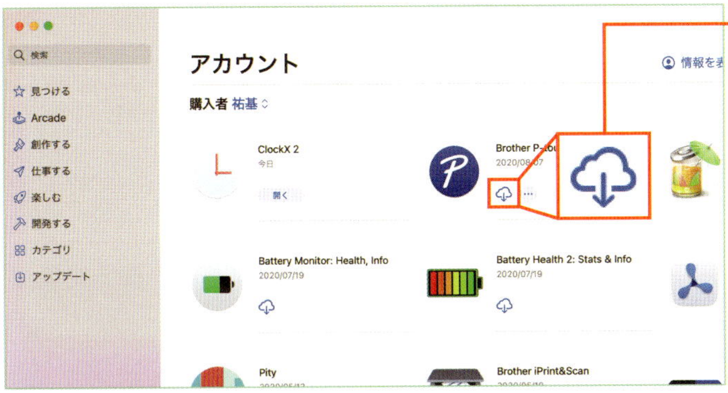

2 ダウンロードをクリック

再インストールが開始される

「Launchpad」を開く

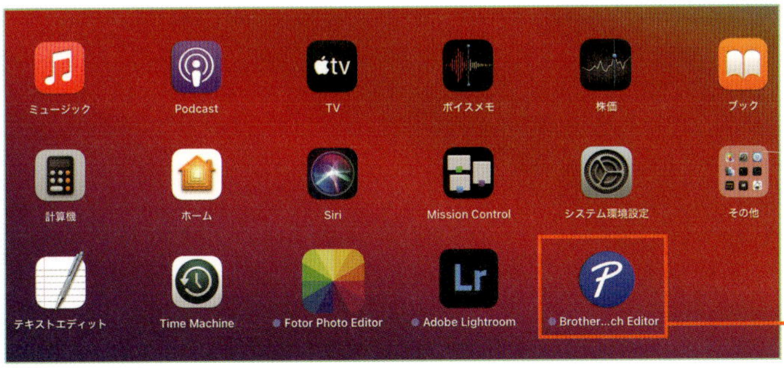

アプリが再インストールされているのが確認できた

プラスα Launchpadが Dockにないときは

Dockに「Launchpad」が見当たらない場合には、Mac HDD内の［アプリケーション］フォルダから呼び出すことができます。

プラスα M1 MacBookは iOSアプリも対応

M1チップ搭載のMacBookなら、iPhone・iPadで購入したアプリも使えます。ただし、macOSへの対応状況はアプリにより異なります。

［iPhoneおよびiPad App］をクリック

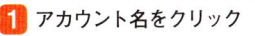

chapter 7

03

クレジットカードがなくてもアプリが買える

プリペイドカードの登録

クレジットカードが手元にない場合、コンビニをはじめさまざまなところで販売されているAppleのプリペイドカード「App Store & iTunes ギフトカード」を使って、有料アプリを購入できます。

使おう　利用中のApple IDにチャージする

App Store & iTunes ギフトカードには1500円、3000円、5000円、10000円の4つの種類があります。カードの裏面に記載されたコード番号を使うと、簡単にチャージすることができます。

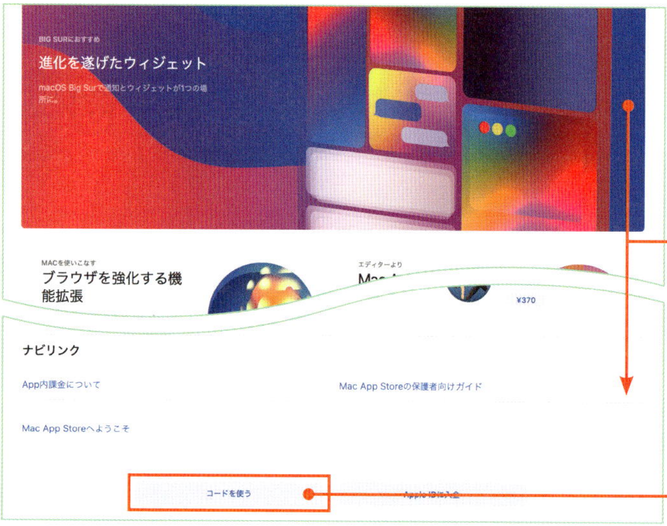

BIG SURにおすすめ
進化を遂げたウィジェット
macOS Big Surで通知とウィジェットが1つの場所に。
MACを使いこなす
ブラウザを強化する機能拡張
エディターより
¥370
ナビリンク
App内課金について
Mac App Storeの保護者向けガイド
Mac App Storeへようこそ
コードを使う

1 画面を下にスクロール

2 ［コードを使う］をクリック

コードを使う

App Store & iTunes
XMRKTY9XT52NV5JR
1500
利用にあたっては、appstore.com/redeemをご覧ください。
App、ゲーム、音楽、映画、ブック、iCloudの購入に。
サポートが必要な場合は、support.apple.com/giftcardをご覧ください。
日本国内においてのみ有効です。返金はできません(法律の要求する場合を除く)。転売はできません。利用には Apple IDと、ライセンスおよび利用規約へ事前の同意が必要です。紛失、盗難、あるいは不正使用された場合でも、カードを再発行できません。カードを使用することにより利用規約に同意したものとみなされます。apple.com/jp/go/legal/gcをご覧ください。カードは iTunes 株式会社によって発行、管理されます。
© 2018 iTunes K.K. All rights reserved.　D7278J/A　C5889
CP4
4580295816884000637502274043589 4
GCA231215
367688748

App Store & iTunes ギフトカードの裏面

App Store & iTunes ギフトカードを用意する

3 記載されたコードを確認

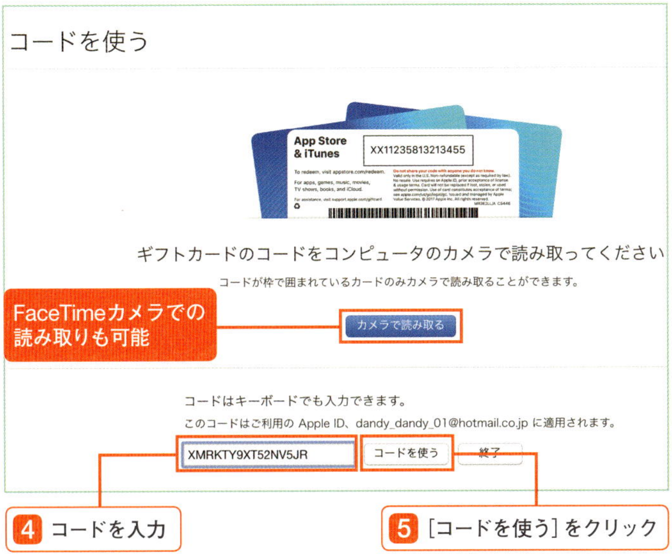

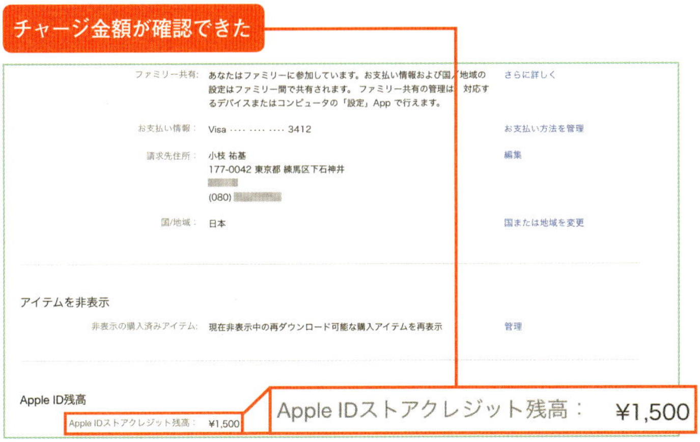

プラスワン

コードはWebからでも購入できる

App Store & iTunes ギフトカードに記載されているコードだけをWebで購入することも可能です。大手携帯キャリアのネットショップなどでは、割引購入できるキャンペーンなどを定期的に行っており、タイミングによってはおトクに購入することができます。

プラスワン

プリペイド払いが優先される

プリペイドチャージを行ったApple IDからアプリを購入する場合、クレジットカードを登録していても支払いはプリペイドから行われます。ただし購入額がプリペイドの残高を超える場合は、不足分がクレジットカードで補填されます。

ヒント

ギフトカードの番号が使えない

App Store & iTunes ギフトカードのコードは一度使用すると、以降は無効になります。また返金やほかのApple IDへの振替にも対応していません。チャージの際には、チャージ先のApple IDを間違えていないか十分に確認してください。

column

子どものアプリ購入はファミリー共有で管理

iCloudのファミリー共有を使えば、親となるApple IDで登録した支払い情報を使用して、子となるApple IDからのアプリ購入などを行えるようになります。子となるApple IDで購入したアプリは親となるApple IDで共有できるほか、子となるApple IDでの購入アプリの制限なども行えます。

1 [ ]→[システム環境設定]を開く

2 [ファミリー共有]をクリック

ファミリー共有の設定画面

3 [+]をクリック

設定画面では、決済方法やコンテンツの共有範囲、ファミリーとの位置情報の共有などの設定を行います。

4 [登録を依頼]をクリック

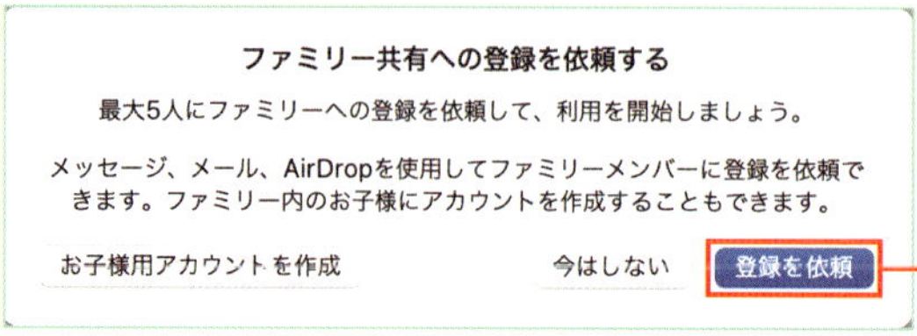

メンバーの追加では既存のApple IDだけでなく、子ども用のアカウントを新規作成することもできます。通常Apple IDの作成は13歳以上という制限がありますが、ファミリーメンバーなら年齢制限を受けずにApple IDを作成できます。

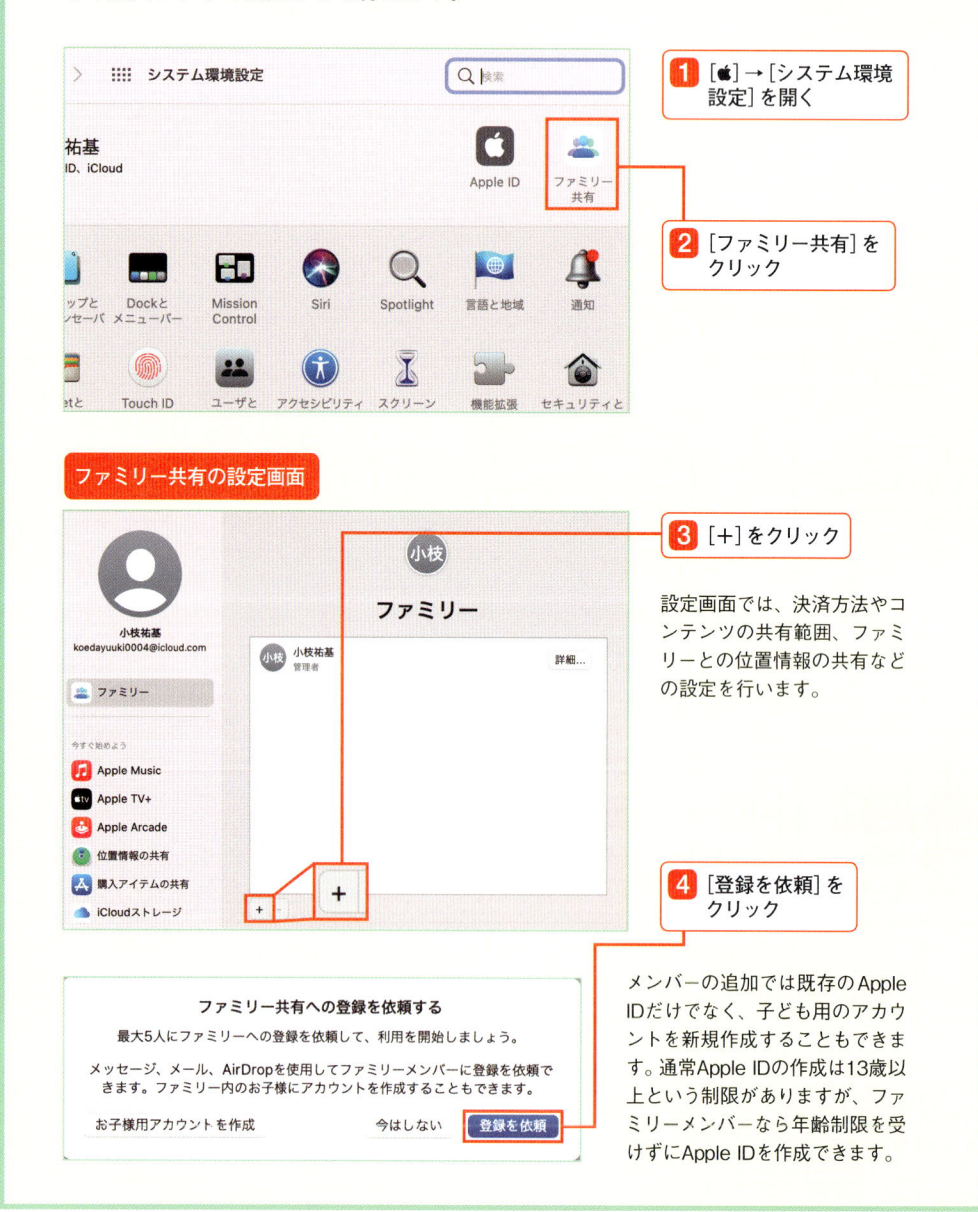

chapter

8

MacBookではじめるテレワーク入門

さまざまなアプリやデータを共有できる

iCloudを設定する

iCloudはAppleが提供するクラウドサービスです。複数の機器に同じApple IDでサインインすることで、パスワードや位置情報などを共有できるうえ、無料で5GBのWebストレージを利用できます。

知ろう iCloudでできること

iCloudを使用すると、同一のApple IDでサインインしているデバイス間で最新の情報が共有できます。また無料で5GBまで使えるクラウドストレージや、位置情報を利用してほかの端末の場所を特定するなどの機能も備えています。

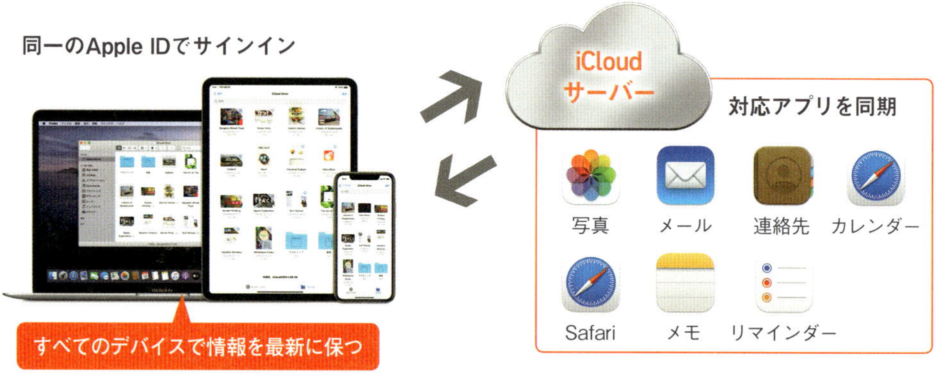

iCloud Drive

5GBまで無料のオンラインストレージ

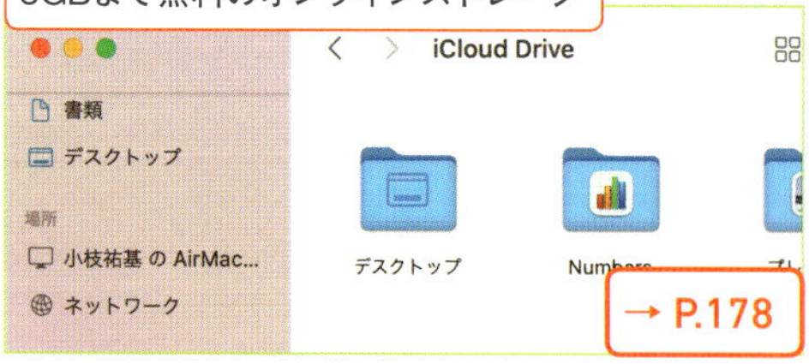

→ P.178

iPhone、iPad、Mac を探す

盗難・紛失防止の切り札

→ P.182

iCloud キーチェーン

面倒なパスワード管理をカンタンに

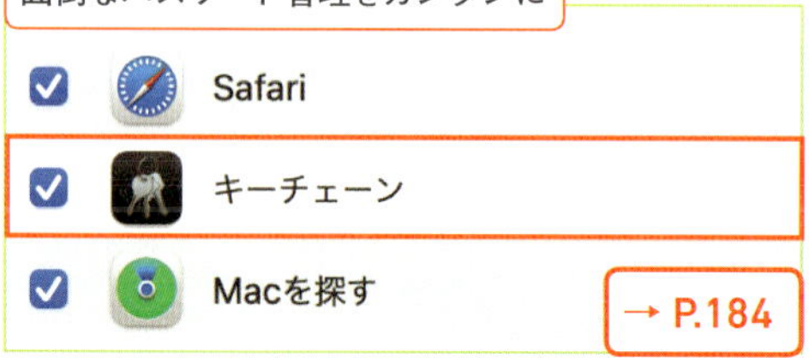

→ P.184

Webブラウザからもアクセスができる

iCloudへのアクセスはWebブラウザを使用して行うこともできます。[iPhoneを探す]などの機能もブラウザ上で使用できます。

使おう iCloudを設定する

Apple IDがあれば、iCloudは無料で使いはじめることができます。[システム環境設定]にあるiCloudをクリックし、Apple IDとパスワードを入力し、サインインします。

[システム環境設定]を開いておく

1 [サインイン]をクリック

2 Apple IDとパスワードを入力

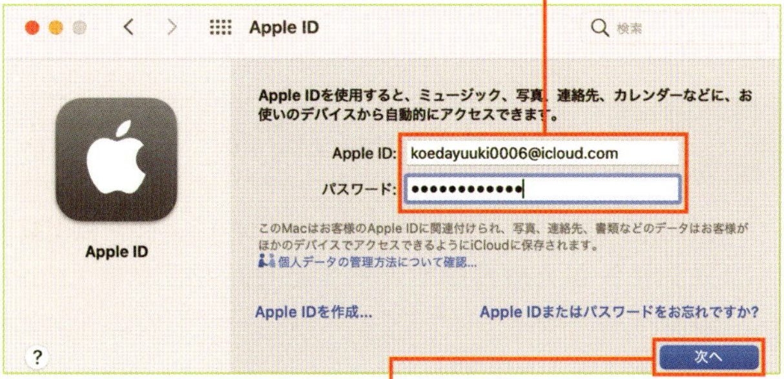

3 [次へ]をクリック

4 [iCloud]をクリック

5 使いたいアプリにチェックを入れて有効化

iCloudにサインイン後、チェックを入れたアプリやサービスのみ他の同一Apple IDで紐付いたデバイスと同期されます。

iCloudが設定された

同期の設定はアプリ単位で行うことができます。不要な項目はチェックを外しておきましょう。

設定

iOS デバイスで iCloud を設定

iPhone・iPadでは、「設定」アプリから[iCloud]を選択しサインインします。選択したアプリ間でMacとの同期が行われるようになります。

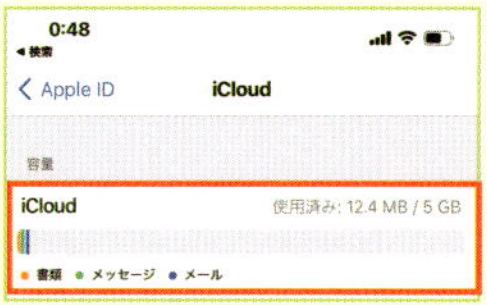

プラスワン

iCloudのセキュリティをより強固に設定する「2ファクタ認証」

2ファクタ認証は、新しいアップルデバイスにサインインするときに、もう1台のアップルデバイス、もしくは電話番号を登録し、それらからの認証を必要とさせる仕組みです。セキュリティの観点から機能の有効化をおすすめします。

chapter 8
02

無料で使えるWebストレージ

iCloud Driveを使う

iCloud DriveはAppleが提供するWebストレージサービスです。インターネット上に保存領域が割り当てられ、同じApple IDでサインインしている複数のMacやiPhone、iPadとデータを共有できます。

知ろう　iCloud Driveの機能

iCloud Driveは単純にクラウド上にデータを保存できるだけでなく、同じApple IDでサインインした機器間でデータを共有できます。iPhoneやiPadとのデータ交換が簡単になります。

iCloud Driveを選ぶ
iCloudを導入するとFinderにiCloud Driveが表示されます。これをクリックして表示させます

iCloud Drive上のフォルダやファイル
iCloud Driveを選ぶと、iCloud Drive内のファイルやフォルダが表示されます

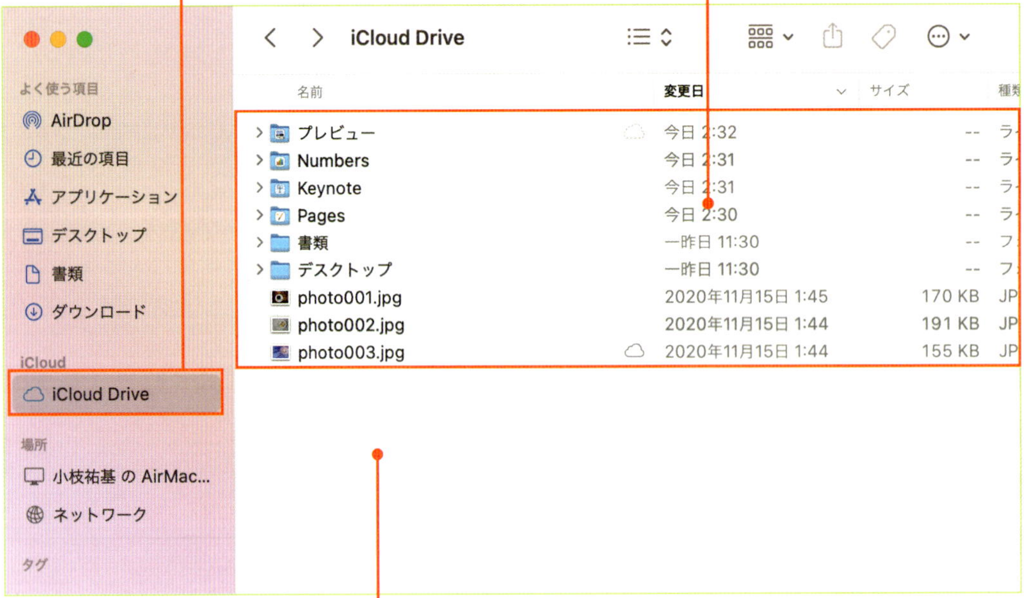

iCloud Drive上のフォルダやファイルを管理する
iCloud DriveのファイルはMac上ではFinderと変わらない表示となっています。しかし、ファイルはクラウド上にあるので、追加や削除、編集などを行うと、同じApple IDでサインインしているほかの機器にも変更が反映されます。重要なファイルは削除する前に、［書類］などのローカルフォルダに移しておきましょう。ローカルフォルダにファイルをコピーしても、元のファイルはクラウド上に残ったままになります

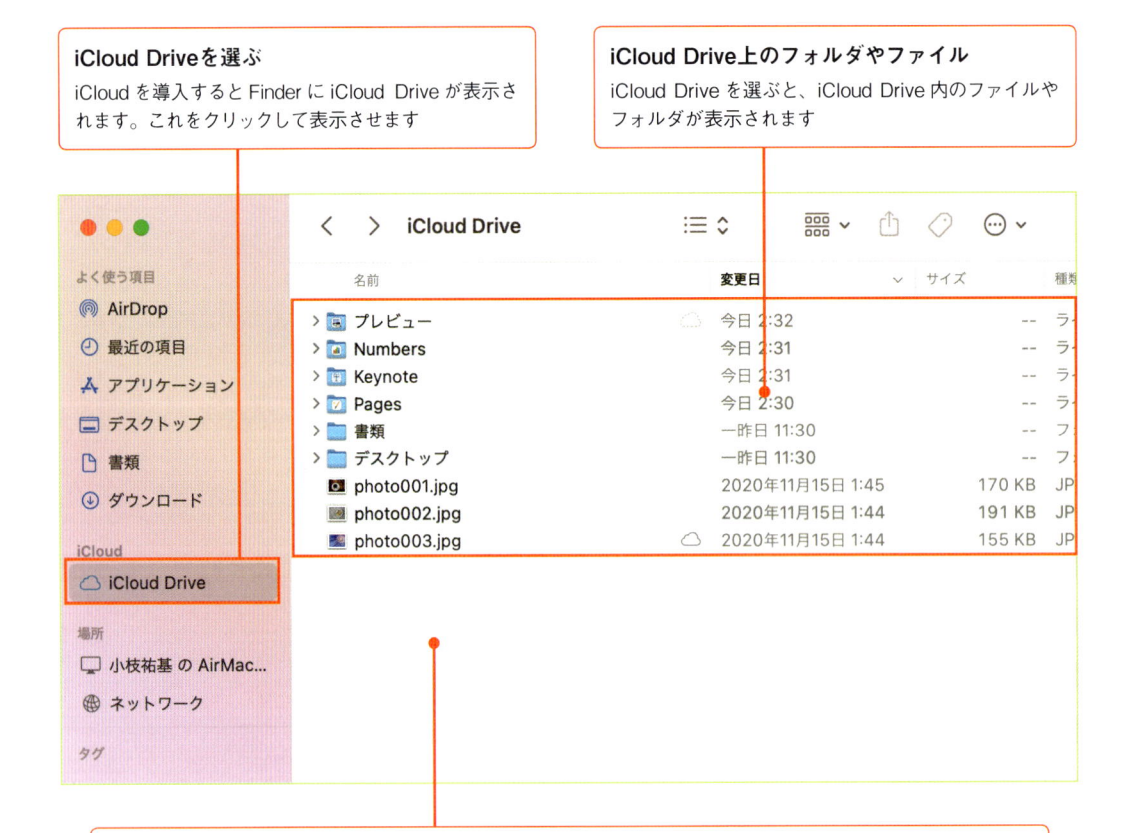

使おう　iCloud Drive対応アプリを使ってファイルを保存する

iWorkなどApple製のアプリは、iCloud Driveに対応しているので、保存先にiCloud Driveを指定することができます。クラウドに直接保存できるようになるので、iPadなどでも頻繁に編集・閲覧するファイルは保存先をiColud Driveにすると便利です。

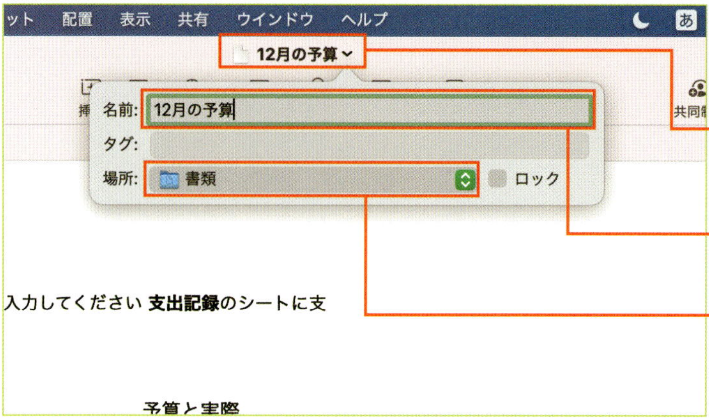

iWorkのファイルを開いておく

1 ファイル名の部分をクリック

2 ファイル名を入力

3 ［場所］欄をクリック

ヒント iCloud Driveに自動保存される？

［場所］欄で「〇〇ーiCloud」となっているものは、自動的にiCloud Drive内の該当アプリのフォルダに保存されます。

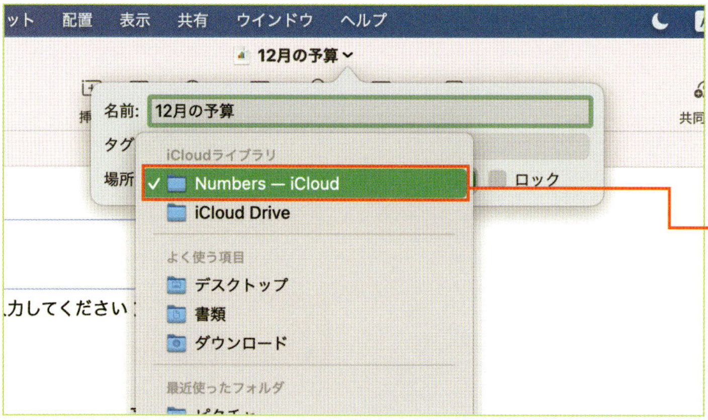

4 ［〇〇ー iCloud］をクリック

プラスワン iCloud Driveは5GBまで無料

iCloud Driveは、登録するだけで、5GBの容量までは無料で使えます。これ以上の容量を使いたい場合はアップグレードが必要で、使用容量に応じた費用がかかります。月額税込で50GBは130円、200GBは400円、2TBは1300円です（2020年12月現在）。

5 ［iCloud Drive］をクリック

6 保存ファイルを確認

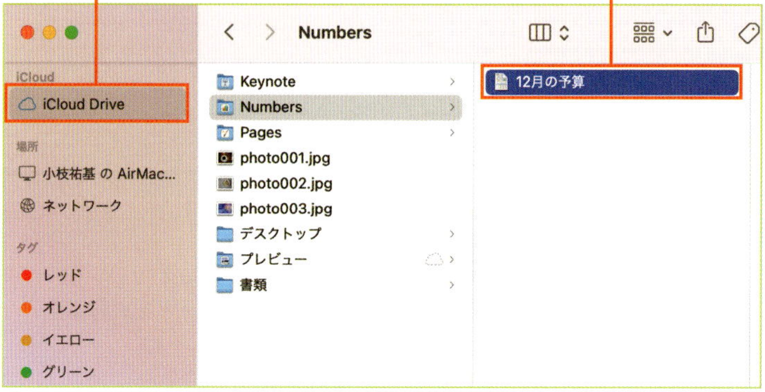

iCloud Driveに保存された

実際にファイルが保存されたか、Finder でiCloud Drive フォルダを開いて確認しましょう。

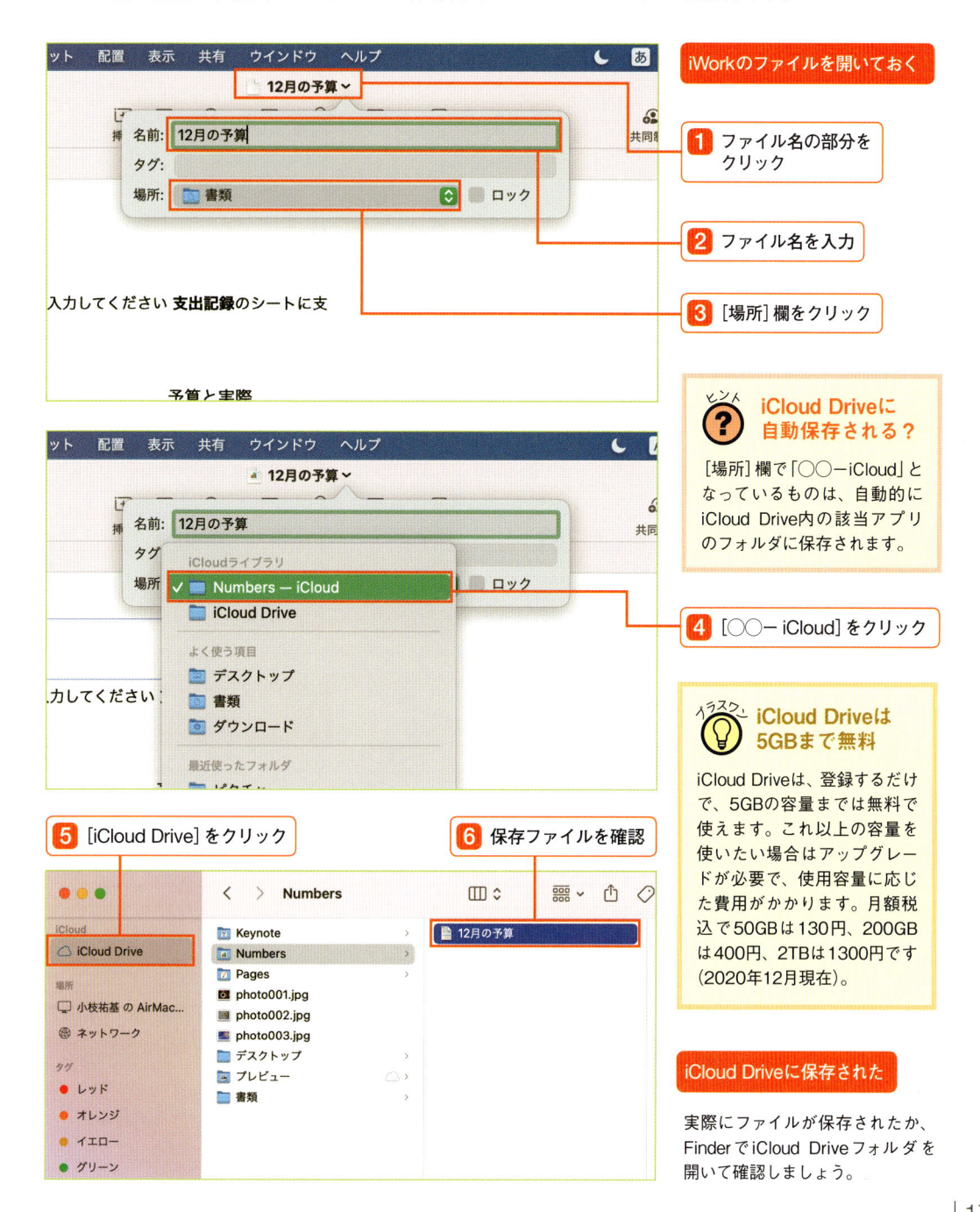

使おう　iCloud Drive非対応アプリを使ってファイルを保存する

iCloud Driveに非対応のアプリのファイルを保存する場合でも、保存先をiCloud Driveに指定することで、iCloud Driveに保存することができます。

1 ［ファイル］をクリック

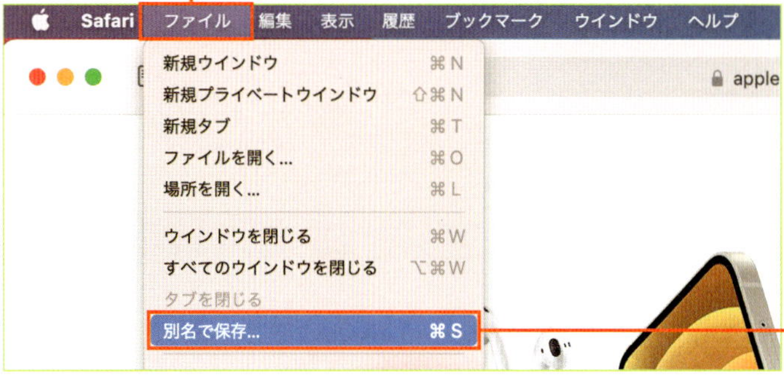

ここでは「Safari」で開いたWebページをiCloud Driveに保存してみます。Safariで任意のWebページを開いておきましょう。

2 ［別名で保存］を選択

3 ファイル名を入力

4 ［iCloud Drive］に変更

5 ［保存］をクリック

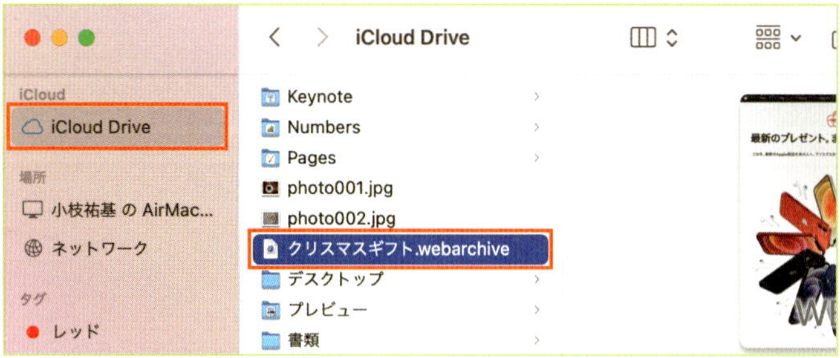

iCloud DriveにWebページが保存された

FinderでiCloud Driveフォルダを開いて、ファイルが保存されていることを確認します。バックアップを残すなら、MacBook本体のストレージにも保存しておきましょう。

iCloud Driveにアップロードできるのは ひとつのファイルで15GBまで

iCloud Driveにアップロードできるひとつのファイルの最大容量は15GBです。無料で使っている人は5GBの容量しかないので、15GBの制限を気にする必要はありませんが、アップグレードで容量を増やしている人は注意しましょう。

使おう iCloud Driveに保存したファイルを削除する

無料で使えるiCloud Driveの容量は多くないため、使用しなくなったファイルは頻繁に整理する必要があります。いらなくなったファイルを[control]キー+クリックして表示されるメニューから[ゴミ箱に入れる]を選択すれば、簡単に削除することができます。

1 削除するファイルを[control]キー+クリック

2 [ゴミ箱に入れる]を選択

ファイルが削除された

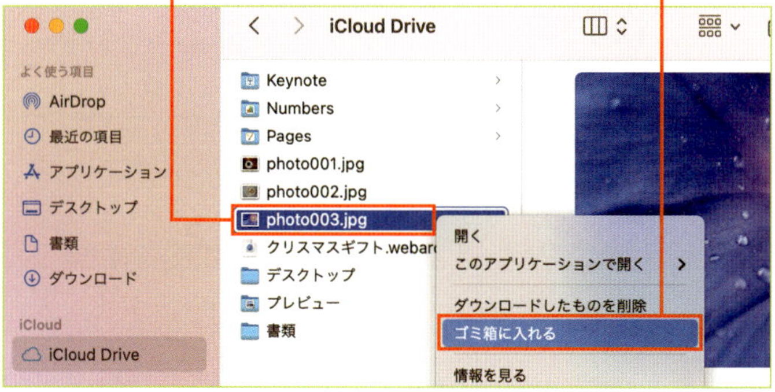

プラスα 削除したファイルを復元する

誤ってファイルを削除した場合は、Web版のiCloudにアクセス。[設定]を選び、[詳細設定]の[ファイルの復元]を選ぶと復元ができます。ただし、復元できる期間は、30日間です。

使おう デスクトップファイルをiCloudに保存する

デスクトップファイルの保存先をiCloud Driveに変更することができます。複数のマシンで同じデスクトップ環境を構築したいときなどに便利な機能です。

[システム環境設定]からiCloudの設定画面を開いておく

1 [iCloud Drive]項目の[オプション]をクリック

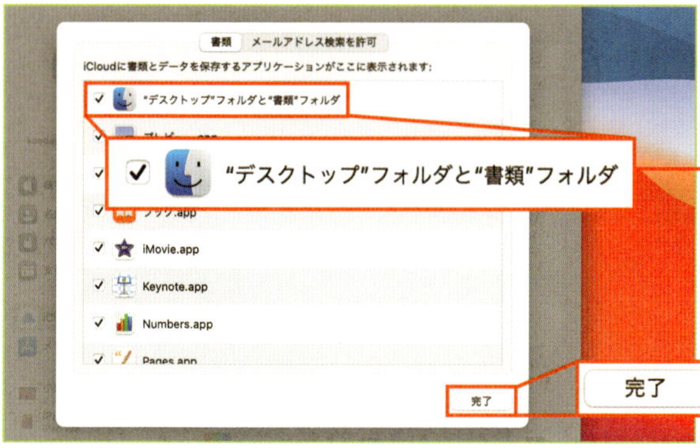

2 ["デスクトップ"フォルダと"書類"フォルダ]をチェック

3 [完了]をクリック

この機能は、新規ユーザが初期設定をする際に、セットアップメニューで有効化できることがあります。あとから機能をオフにしたい場合は、["デスクトップ"フォルダと"書類"フォルダ]をチェックを外してください。

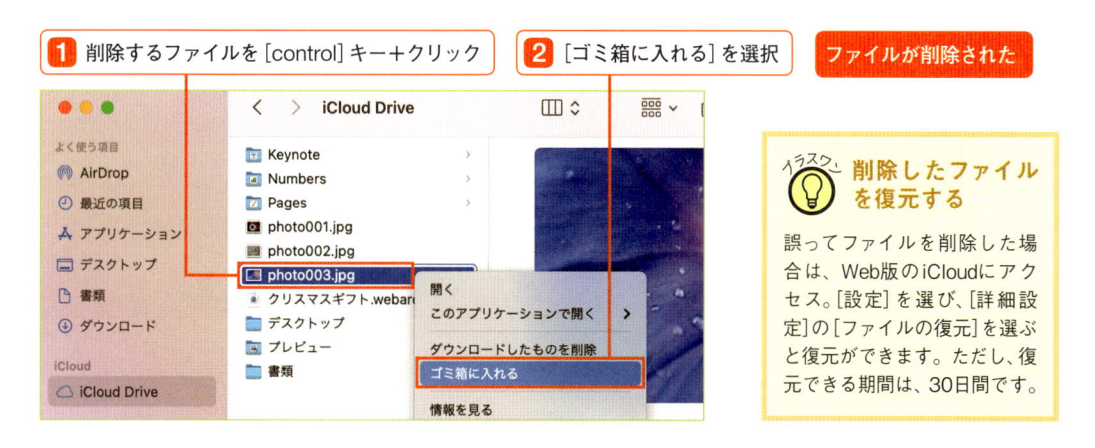

chapter 8

03

紛失や盗難時に備える！

MacやiPhoneの紛失に備える

iCloudの[Mac、iPhone、iPadを探す]機能を使えば、紛失したiPhoneやMacBookを、位置情報を利用してほかの端末から探すことができます。万が一に備えて機能の有効化をおすすめします。

使おう　MacBookやiPhoneを探せるように設定する

まずは端末で機能を有効にしておきましょう。MacBook、iPhoneともに同一のApple IDを使ってiCloudにサインインを行い、機能を有効化します。

[Macを探す]を設定する

[システム環境設定]で[Apple ID]を開いておく

1 [iCloud]をクリック→[Macを探す]にチェックを入れる

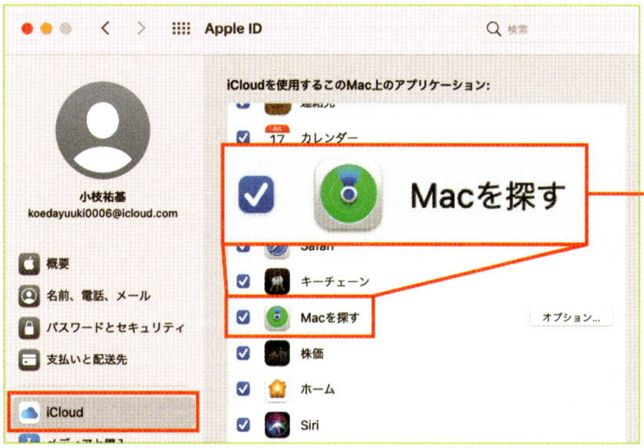

2 [許可]をクリック

[Macを探す]が有効になった

設定中、位置情報の使用許諾のダイアログが表れます。[許可]をクリックすると[Macを探す]が有効になります。

[iPhoneを探す]を設定する

iPhoneの[設定]で[iCloud]を開く

1 [探す]をタップ

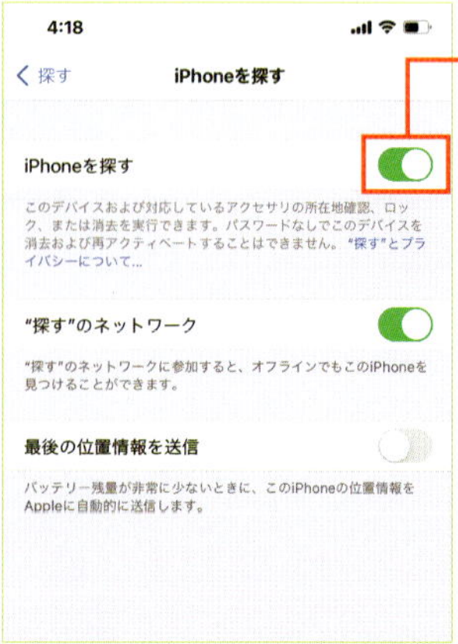

2 [iPhoneを探す]をオン

[iPhoneを探す]が有効になった

iPadでも同じ手順で設定を有効化することができます。

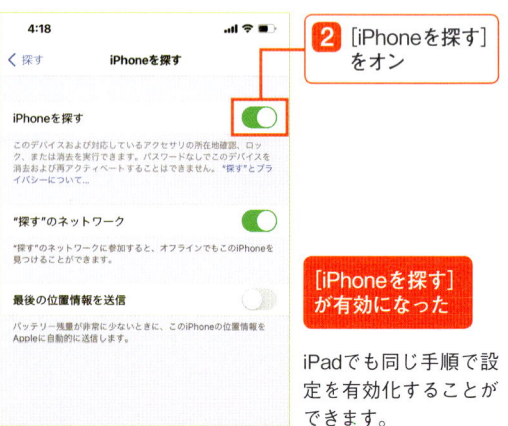

使おう 実際にMacBookやiPhoneを探す

iCloud.com

[Mac、iPhone、iPadを探す] 機能を有効化したら実際に位置を確認してみましょう。Macから端末を探すには、ブラウザでWeb版のiCloudにアクセスします。

ブラウザで [https://www.icloud.com] にアクセスする

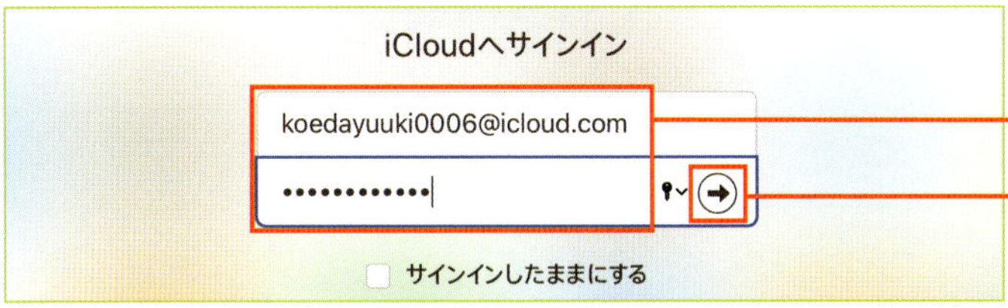

1 Apple IDとパスワードを入力

2 [→] をクリック

Web版のiCloudが表示された

3 [iPhoneを探す] をクリック

プラスワン
iPhoneからも探せる

iPhoneからMacやiPadの場所を探すこともできます。その場合は [iPhoneを探す] アプリを使用します。

iPhoneの場所がマップ上で確認できた

特定のデバイスに切り替えも可能

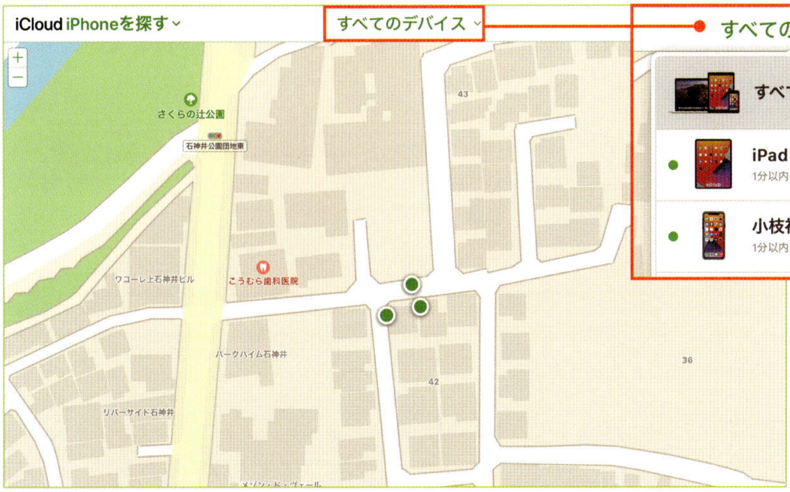

Apple IDでサインインした端末がマップ上に表示され場所を確認できます。[iPhoneを探す] というメニュー名ですが、MacやiPadも対象となります。

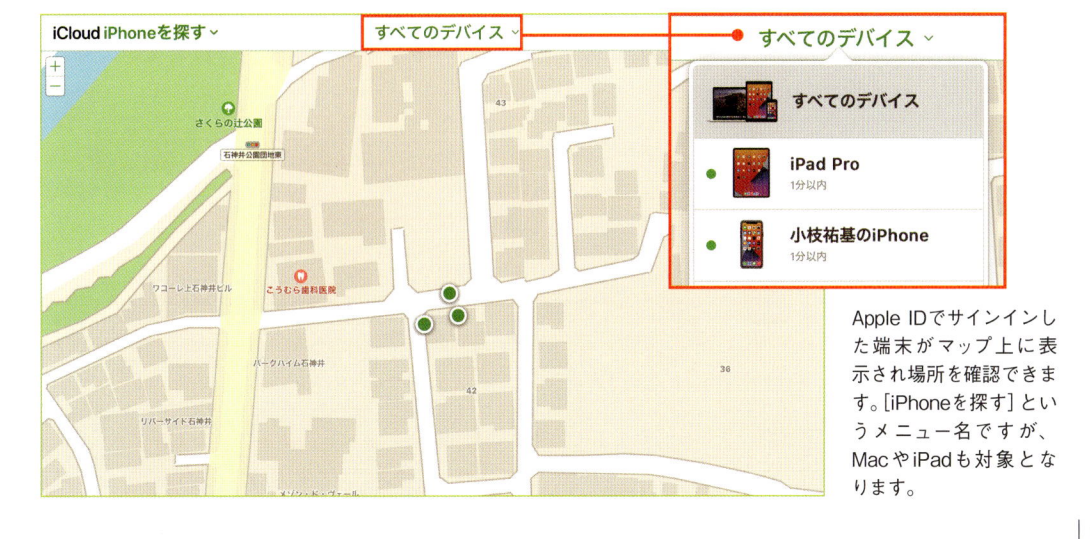

chapter 8
04

パスワードを自動で入力できる

パスワードを安全に管理する

iCloudキーチェーンは、各種Webサービスで登録するIDやパスワードを集中管理できる機能です。機能を有効にしておくと、Webサービスへ加入した際に作成するIDやパスワードをiCloud上で私的に共有できます。

知ろう　iCloudキーチェーンとは

同一のApple IDでサインインしている機器なら、登録したサイトでログインを行う際に、ユーザ情報を自動で入力できるようになります。

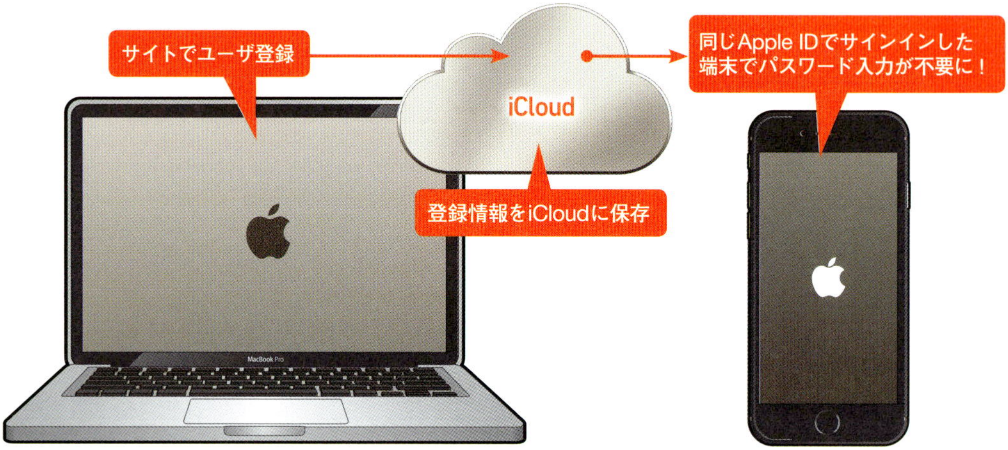

使おう　iCloudキーチェーンを有効にする

iCloudキーチェーンは、iCloudの設定画面から機能をオンにできます。機能を有効にするには、本人確認のための電話番号が必要となります。

2 [iCloud] をクリック

3 [キーチェーン] にチェックを入れる

キーチェーンが有効になった

使おう　iPhoneでiCloudキーチェーンを有効にする

MacBookでキーチェーンの設定が済んだら、ほかのデバイスでもキーチェーンを有効にしましょう。ここではiPhoneを例にiOS 14での設定方法を解説します。

iPhoneの設定を開いておく

1 ユーザ名をタップ

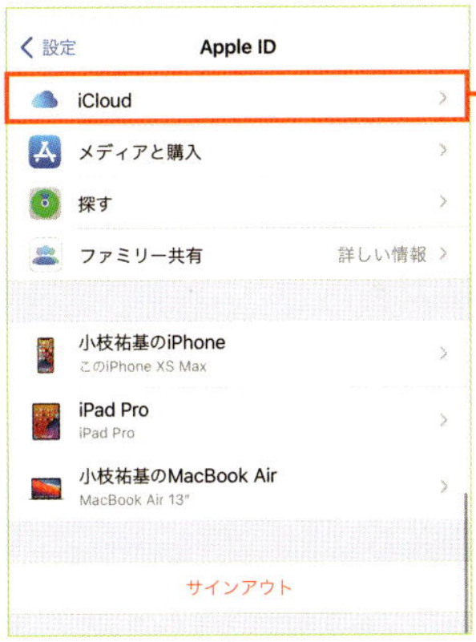

2 [iCloud] をタップ

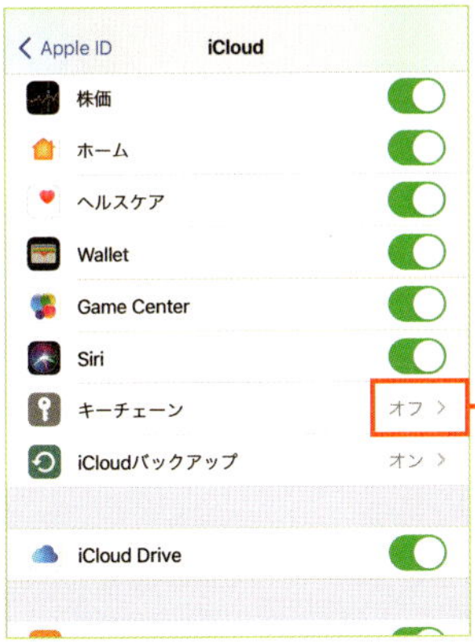

3 [キーチェーン] をタップ

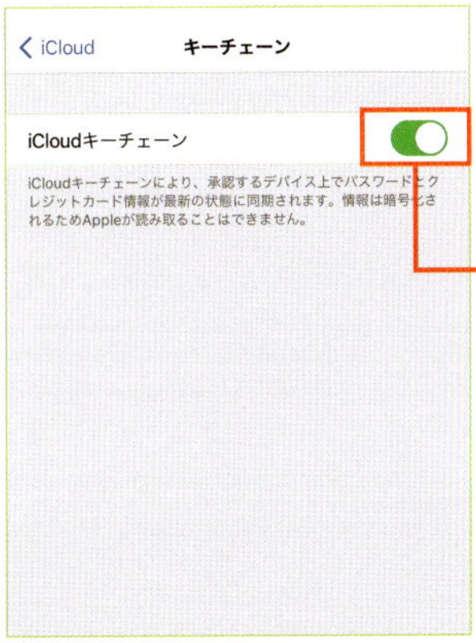

4 [iCloudキーチェーン] をオン

キーチェーンが有効になった

使おう　キーチェーンに記憶されたパスワードを確認する

キーチェーンは、登録したWebサービスなどのパスワードを自動で入力してくれるので大変便利な機能ですが、パスワードがわからなくなってしまったときに困ることがあります。そこで、キーチェーンに登録したパスワードの調べ方も覚えておきましょう。

[Launchpad]→[その他]を開いておく

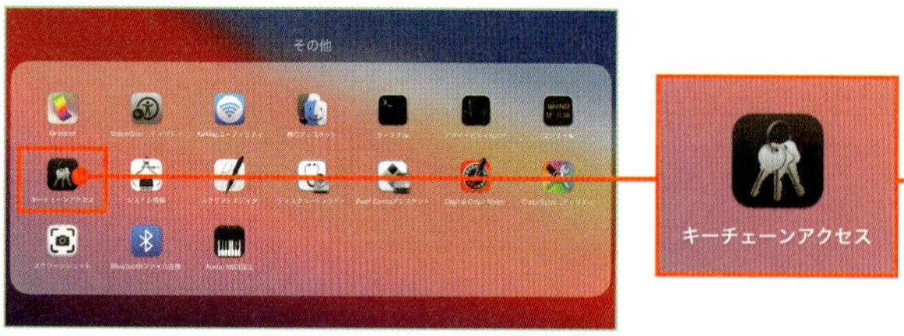

1 [キーチェーンアクセス]をクリック

2 [iCloud]を選択

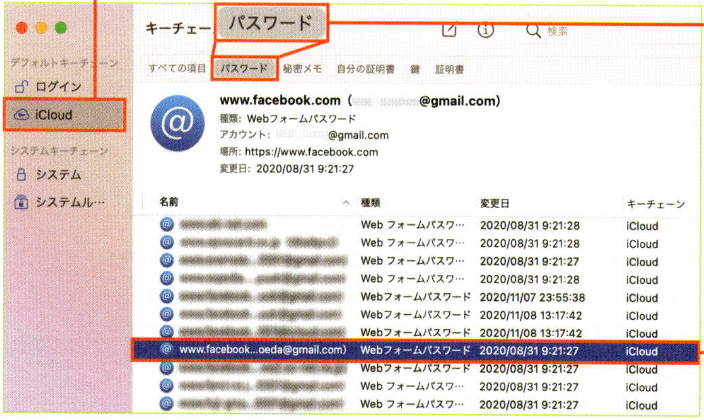

3 [パスワード]を選択

4 パスワードを調べたいサービスをダブルクリック

5 [パスワードを表示]項目のボックスをクリック

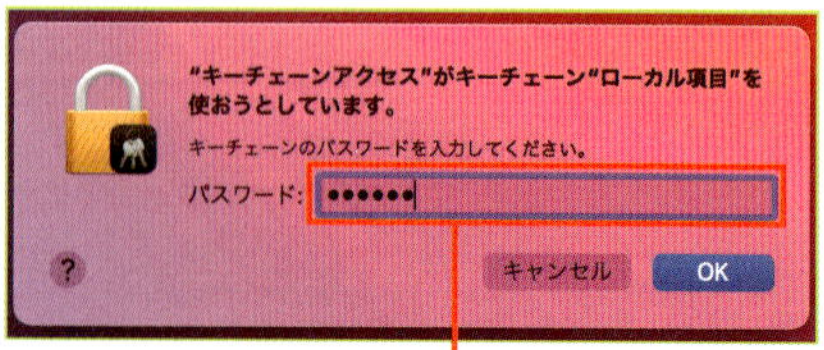

6 MacBookのパスワードを入力する

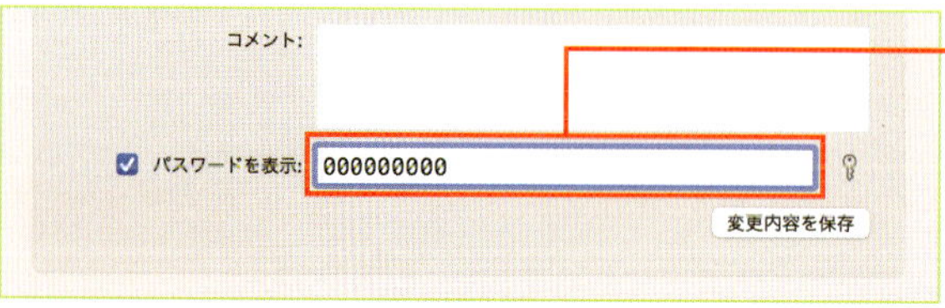

パスワードが表示された

ここではインターネットサービスのパスワードを例にしましたが、ほかにもWi-Fiアクセスポイントのパスワードなど、キーチェーンに記憶されたあらゆるパスワードを調べられます。

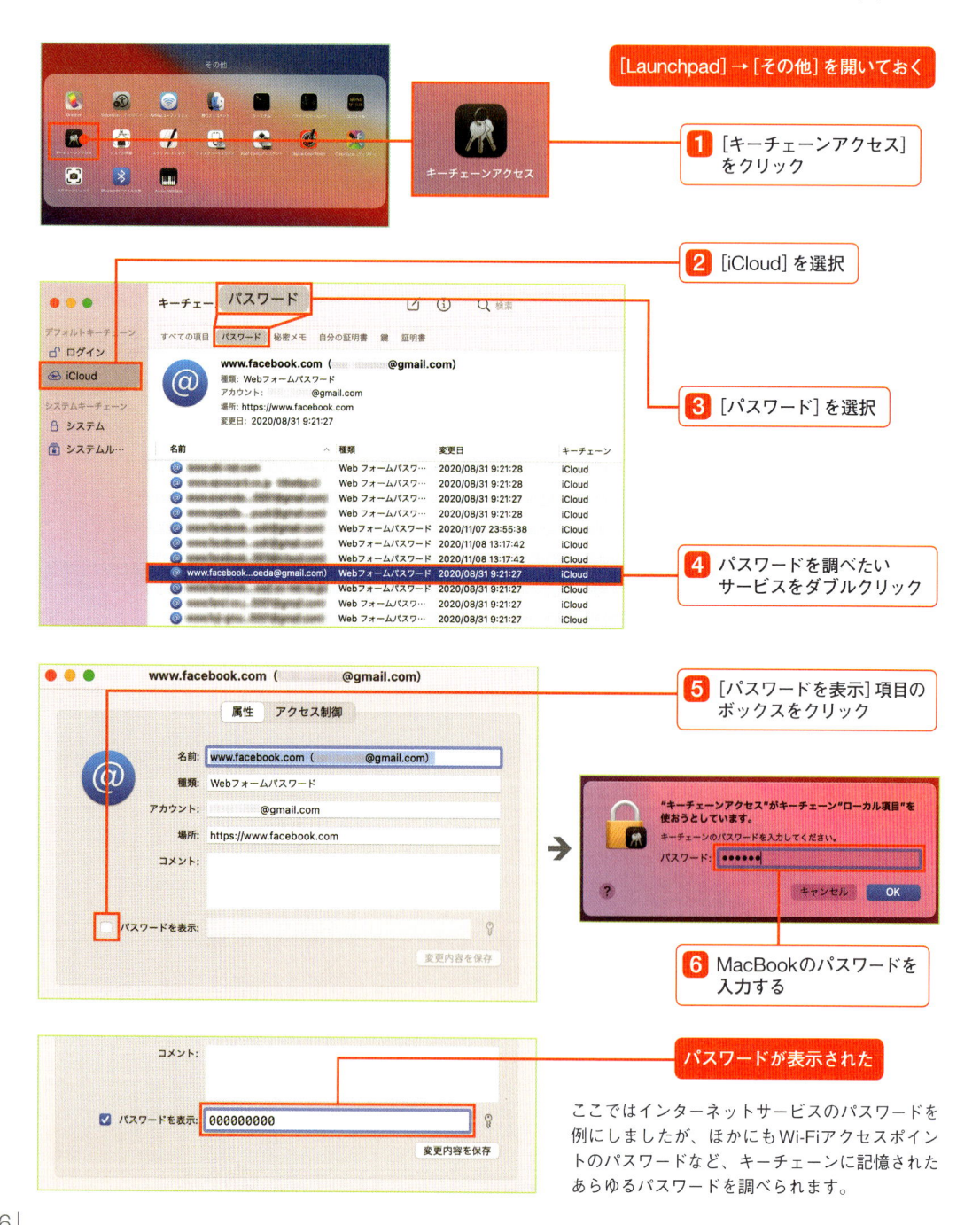

chapter 8
05

オフィスアプリを試す

iWorkでビジネス文書を作成する

iWorkを利用すれば、文書ファイルや表計算といったビジネス文書の作成ができます。作成した文書ファイルは、iCloudに直接アップロードし、スマートフォンで開いたり編集したりすることもできます。

使おう 「Pages」を使ってビジネス文書を作成する

「Pages」は、文章や写真を中心とした文書ファイルを作成するアプリです。ここでは簡単なテキストの飾り付けや、新たな写真の挿入方法を紹介します。

新規で空白ページを作成しテキストを用意しておく

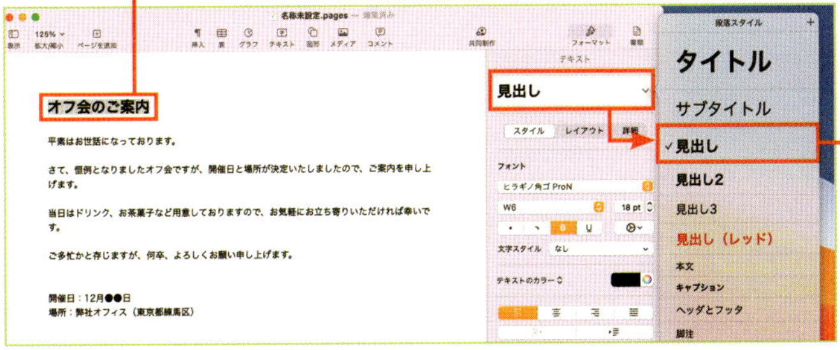

1 編集するテキストを選択

2 スタイルを選択

タイトルなど、文書内で目立たせたい部分は［スタイル］を適用しましょう。数種類の書式があらかじめ用意されており、スタイルを選ぶだけで、選択したテキスト部のフォントやサイズなどが変更されます。

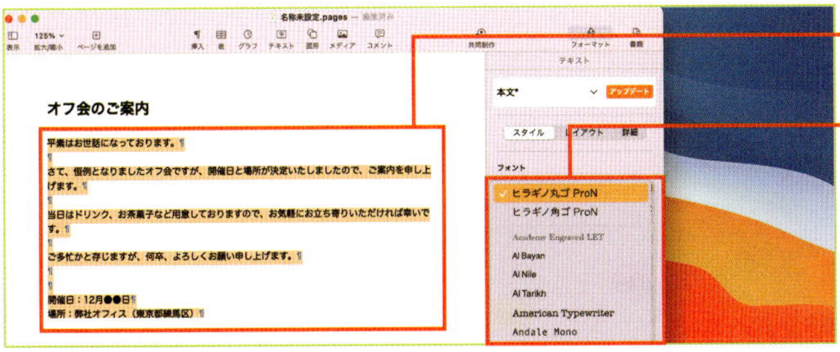

3 編集するテキストを選択

4 フォントを選択

本文の書体を変えたいときには［フォント］を変更します。ゴシック体や明朝体、丸ゴシック体など、さまざまな日本語書体が用意されています。

5 画像ファイルをドラッグ＆ドロップ

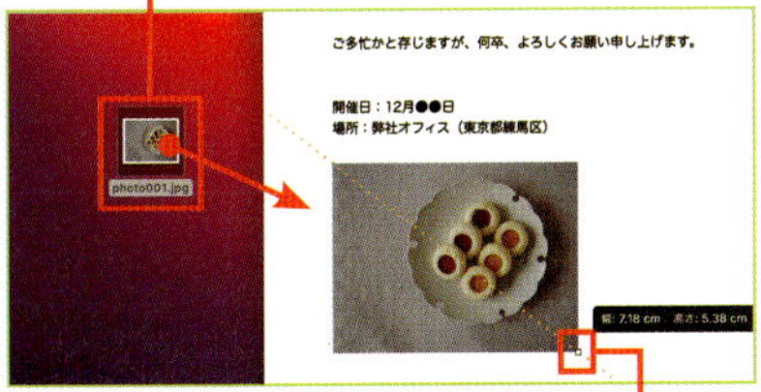

6 ドラッグしてサイズを変更

7 ドラッグで画像を移動可能

8 スタイルで画像を装飾

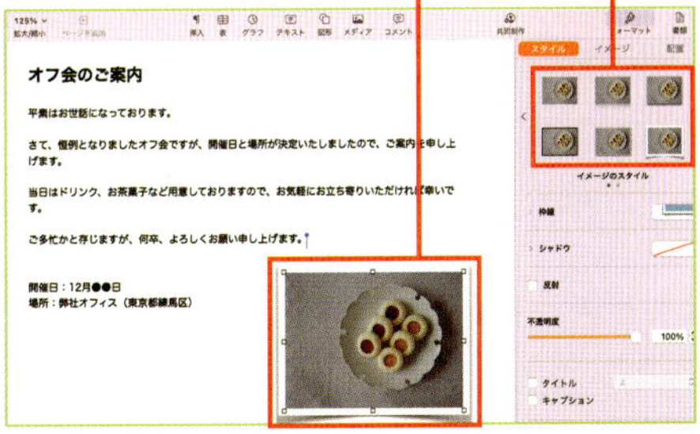

写真はデスクトップなどからドラッグ＆ドロップで挿入できます。またスタイルを適用すると写真の飾り付けも簡単です。

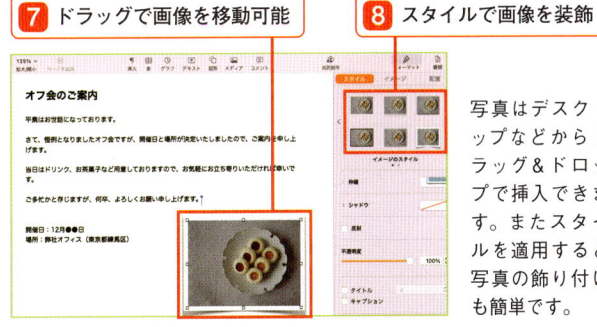

使おう 「Numbers」でグラフを作成する

「Numbers」では、選択された表をもとにグラフを作成することができます。豊富なグラフフォーマットから利用するものを選ぶだけで美しいグラフを作成できます。

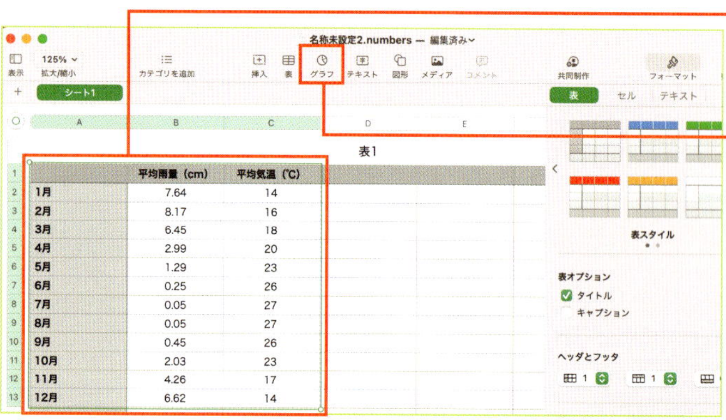

1 グラフ化する範囲をドラッグして選択

2 ［グラフ］をクリック

「Numbers」を起動後に新規で空白ページを作成し、グラフの元となるデータを入力しておきます。

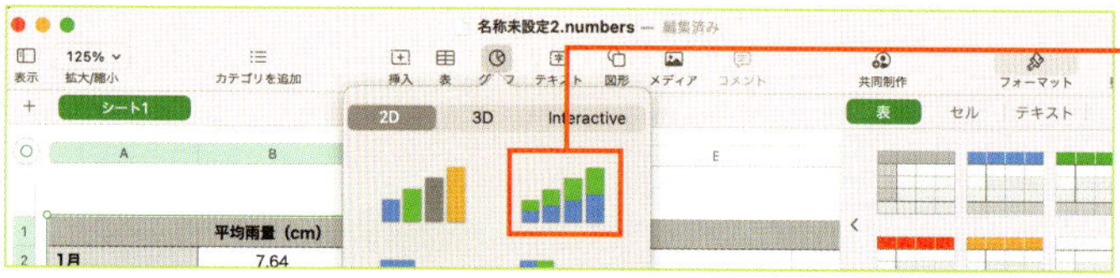

3 フォーマットを選択

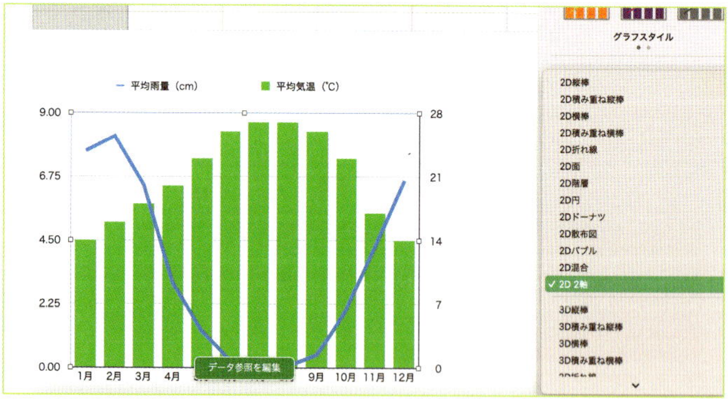

グラフが表示された

作成したグラフを選択すると、右側にグラフの編集メニューが表示されます。グラフのカラーを変更したり、2軸グラフなどデザインの変更もできます。

プラスワン

一般的な関数や数式の計算にも対応

「Numbers」では、セルに入力された数値を関数や数式を使って処理することができます。よく使われる関数は、［挿入］ボタンからクリック操作で呼び出すことができます。計算する範囲を選んで数式を選択すれば結果が表示されます。

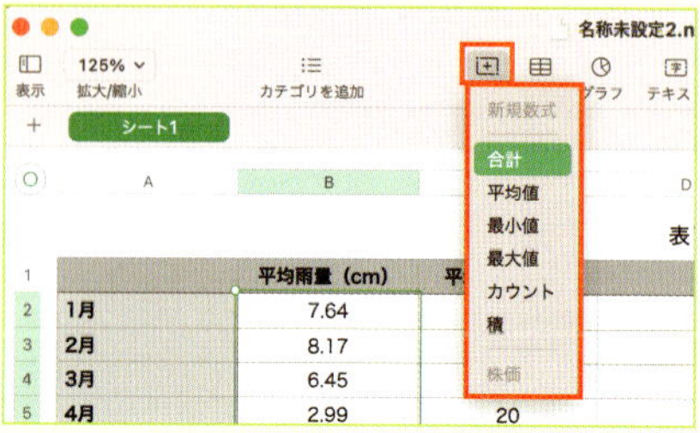

使おう 作成したファイルを保存する

iWorkで作成した文書は、MacBook本体だけでなくiCloudに直接保存することもできます。保存は［ファイル］メニューから行います。

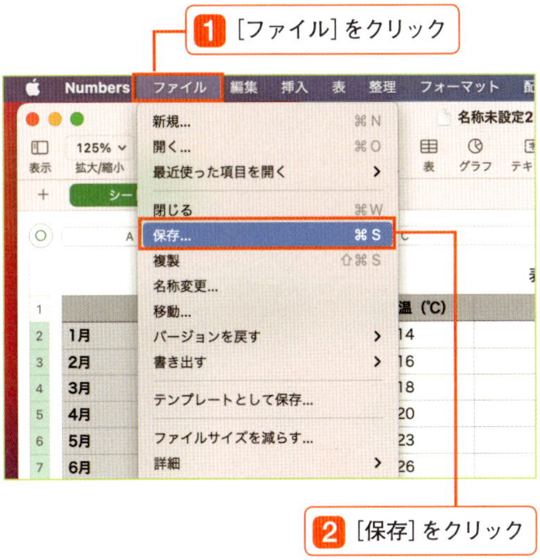

ファイルの保存は［ファイル］メニューから行います。基本的な保存方法は「Pages」や「Keynote」も共通です。

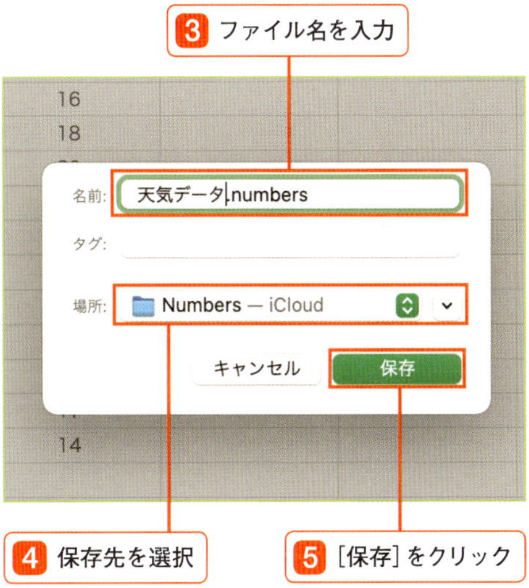

ここではファイルの保存場所としてiCloudを選択しましたが、デスクトップなどに保存することもできます。

使おう Excel形式やWord形式で書き出す

iWorkで作成した書類は、Microsoft Office形式で書き出すことができます。ここでは例として、NumbersからExcel形式で書き出してみます。

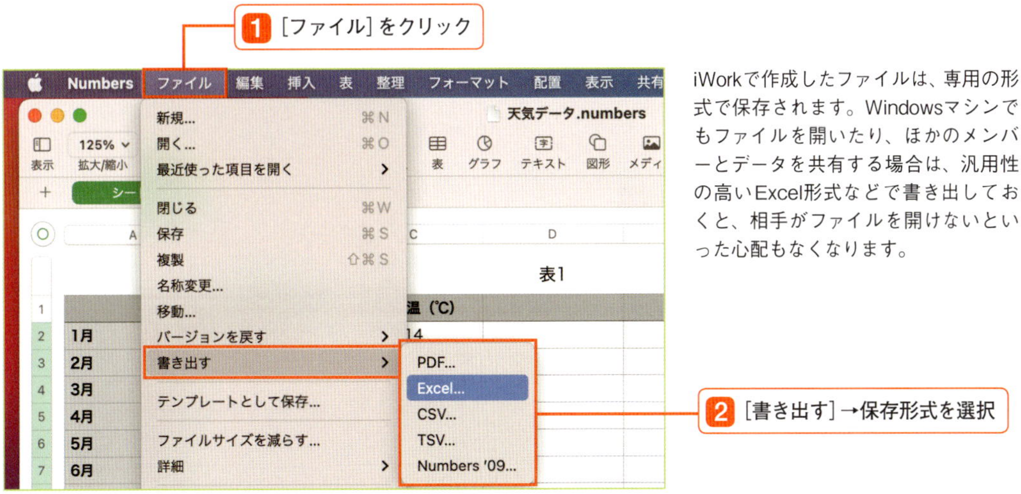

iWorkで作成したファイルは、専用の形式で保存されます。Windowsマシンでもファイルを開いたり、ほかのメンバーとデータを共有する場合は、汎用性の高いExcel形式などで書き出しておくと、相手がファイルを開けないといった心配もなくなります。

使おう 「Keynote」でスライドを作成する

「Keynote」を利用すれば、プレゼンテーションなどで利用されるスライドを作成することができます。ベースとなるテンプレートを選択し、文字を編集したり写真を追加したりするだけで美しいスライドを手軽に作成することができます。

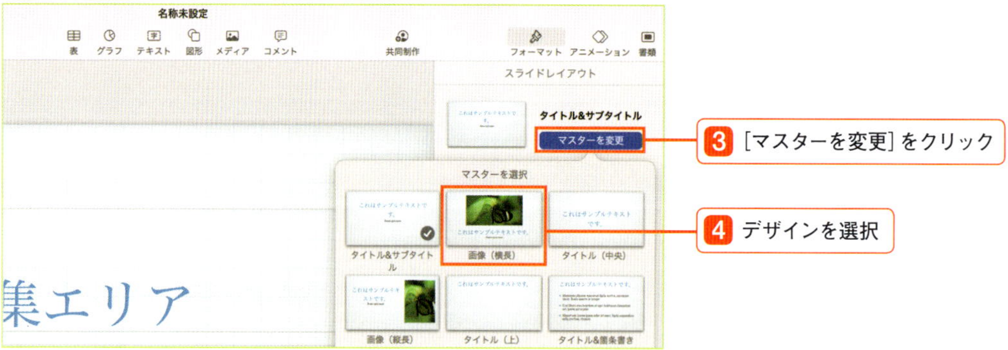

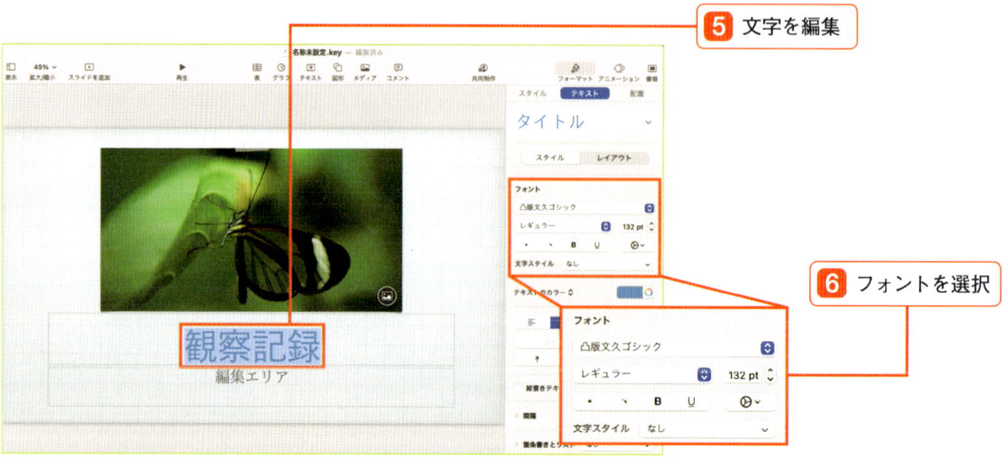

使おう　スライドを追加する

スライドのページ追加操作は、[スライドを追加] メニューから行えます。あらかじめ選択したテンプレートに含まれるデザインを選べば追加することができます。

1 [スライドを追加] をクリック
2 デザインを選択

追加できるスライドのデザインは、テンプレートごとに異なります。

スライドが追加された

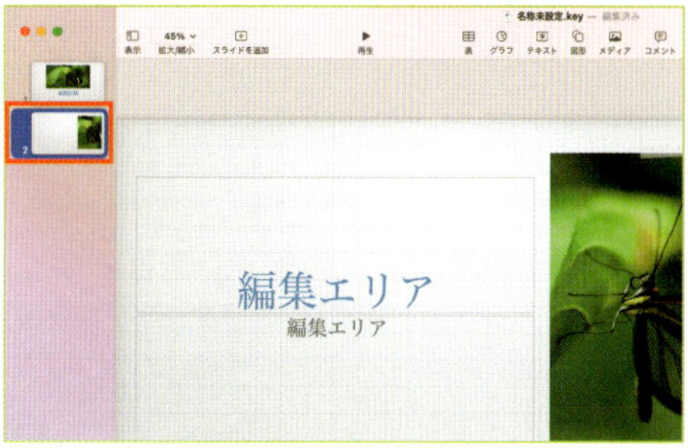

さらにスライドを追加する場合も、同じ手順で操作を繰り返します。

使おう　写真を追加する

写真の追加は、[メディア] から行うことができます。写真や音楽、動画などの追加に対応しているのでスライドに追加したいものを選びましょう。

1 [メディア] をクリック
2 [写真] をクリック

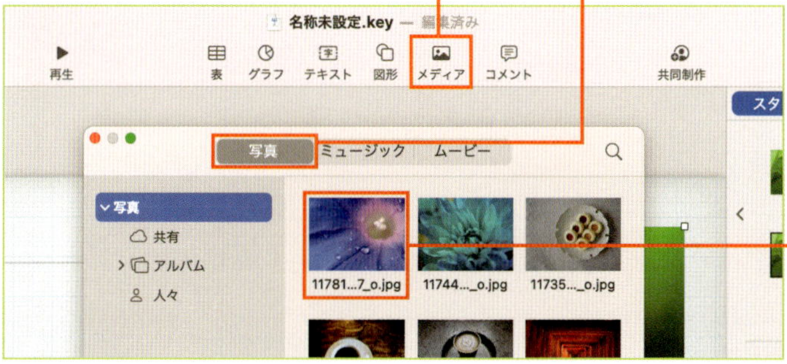

3 画像を選択

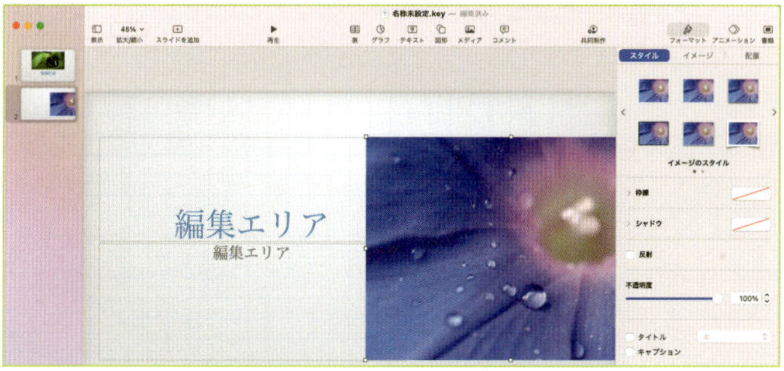

画像が追加された

画像をドラッグすると移動、四隅をドラッグすると拡大や縮小が行えます。またスタイルを選ぶと、簡単に画像の装飾ができます。

chapter 8

06

みんなで書類を作り上げる

iWorkで書類を共同制作する

iWorkアプリで作成した書類に複数のメンバーを招待し、最大100人での共同編集ができます。ひとつの書類に複数メンバーが一斉にアクセスして、リアルタイムに編集作業を進めることもできます。

使おう　書類を共同制作する相手を招待をする

iWorkを使うと、Mac同士だけでなく、iPhoneやiPad、さらにWebブラウザでも共同制作が可能になります。参加するための条件や編集の権限はいくつかありますが、ここでは「Numbers」を使って特定のメンバー間で編集を行う方法を紹介します。

共同制作用に作成した書類を開いておく

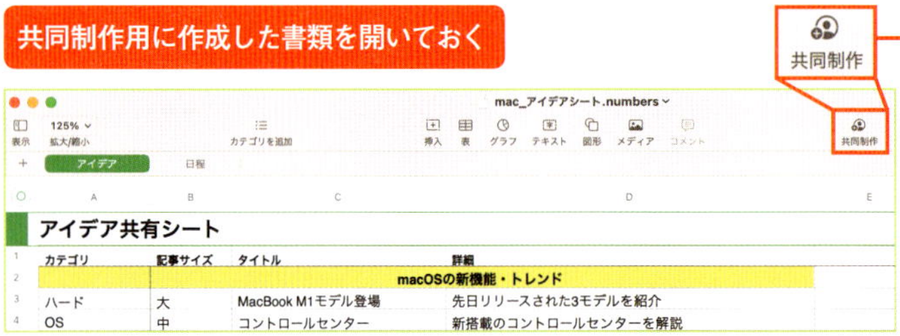

1 ［共同制作］をクリック

ここでは「Numbers」の書類を使用しますが、「Pages」や「Keynote」で作成した書類でも基本操作は同じです。なお、共同制作を行う書類は、あらかじめiCloud Drive上に保存しておいてください。

2 参加依頼の方法を選択

3 対象と権限を選択

4 ［共有］をクリック

共有用の書類が添付される

5 ［送信］をクリック

依頼メールが送信された

ここではメールに添付する形で招待しましたが、リンクをコピーしてほかのメッセージングアプリで送信するなどの方法もあります。

ヒント

対象とアクセス権の使い分け方は？

対象は「リンクを知っている人はだれでも」も選べます。この場合は誰でも書類にアクセスできる状況になってしまうため、書類にパスワードをかけるオプションが用意されています。またアクセス権は「閲覧のみ」を選ぶこともできます。不特定多数の人に公開したいときなどはこちらを選びましょう。

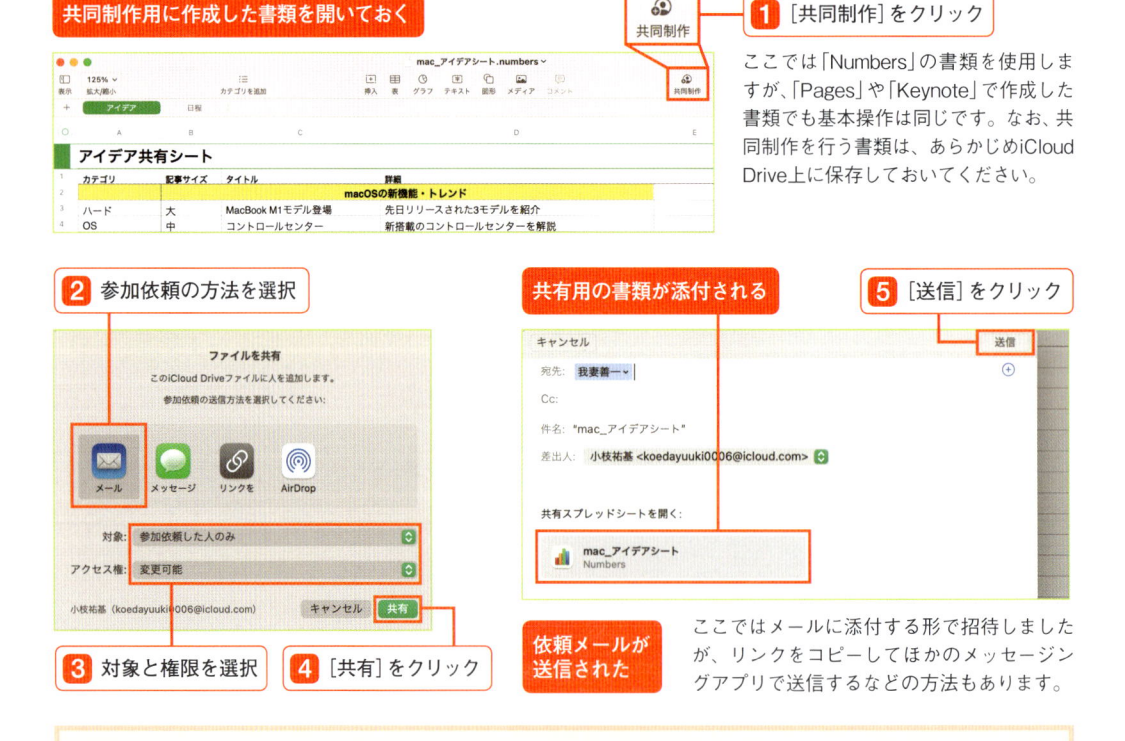

使おう　複数メンバーとリアルタイムに書類を編集する

iWork書類の共同制作に参加したユーザは、自由に書類の編集ができます。書類は常にiCloud上で保存・管理されており、ユーザがファイル保存の操作を行う必要もありません。

メンバーが共同制作に参加すると通知がくる

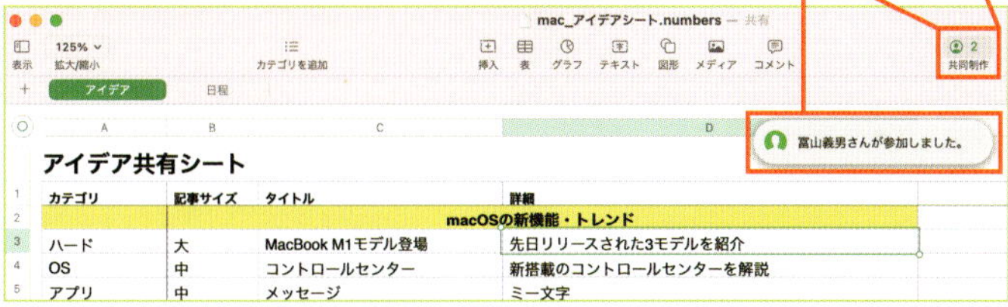

1 ［共同制作］をクリック

共同制作にほかのユーザが参加すると、そのユーザが行った編集は即座に反映されます。なお、ほかのユーザが編集中のセルのフチには目印となるようにタグカラーが適用されます。

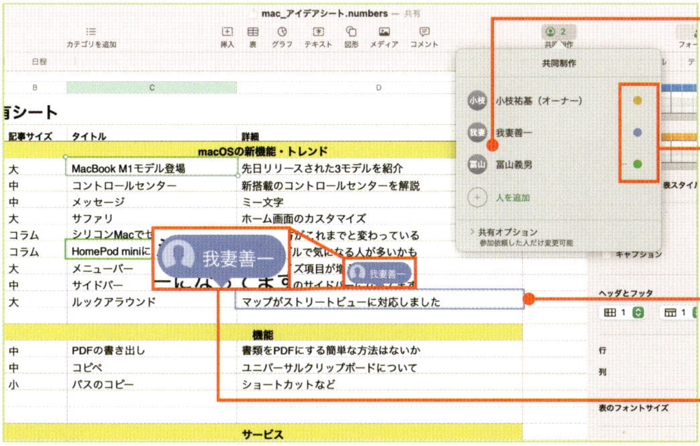

共同制作に参加中のユーザがリストアップされる

ユーザのタグカラーが確認できる

2 カラーのついたセルにポインタを合わせる

セルを編集中のユーザ名がポップアップ表示された

ヒント

書類を共同制作をするための条件は？

iPhone、iPad、Macで共同制作をする場合、macOS Catalina以降のMacおよび、iOS 13.1、iPadOS 13.1以降のiPhone・iPadが必要です。また、「Pages」「Numbers」「Keynote」のバージョンが10.2 以降が対応です。iCloud.com上での共同作業も、Macの場合、Safari 9.1.3以降などの条件があります。

プラスワン

コメントを活用すると変更箇所がわかりやすい

複数メンバーとリアルタイムで作業している場合はセルの動きなどが視認できますが、どこを誰が編集したのかなど、ユーザごとの編集履歴は残りません。共同制作をする場合は、後々の確認作業などが円滑に進むように、例えばコメント機能を活用するなどのルールを決めておくことをおすすめします。

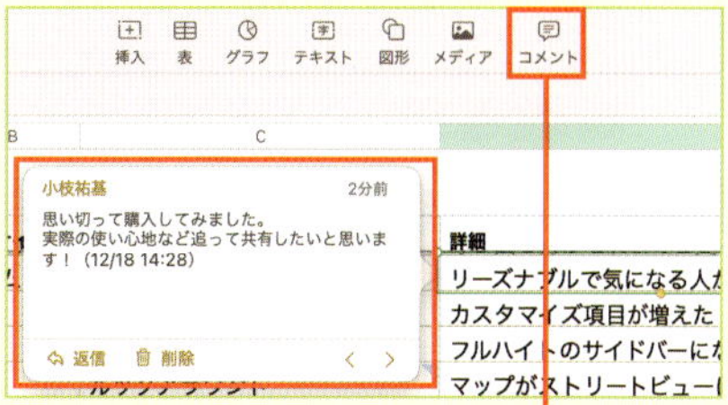

［コメント］を押すとセルにコメントが残せる

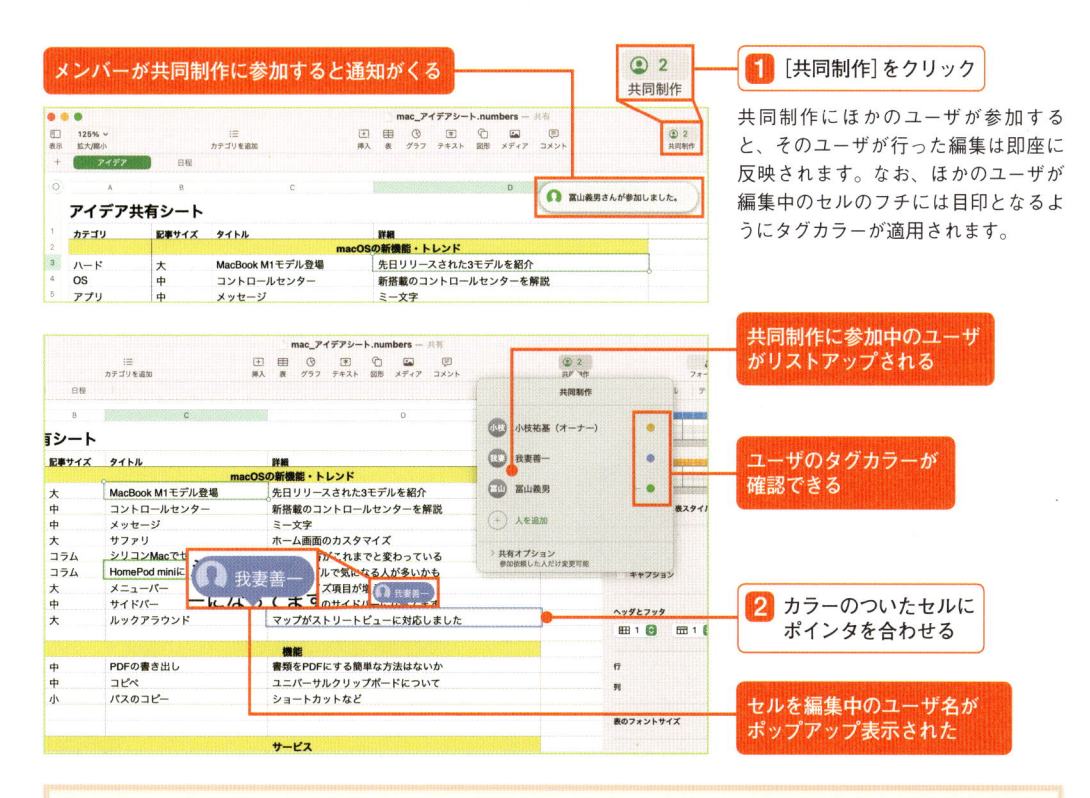

chapter 8

07

テレワーク時代に必須のビデオ通話サービス

ZoomでWeb会議をする

Web会議のツールとして、いまやビジネスには欠かせない存在となったZoom。MacBookがあれば、特別な機材を用意せずとも、すぐに利用可能です。まずは無料プランからはじめてみましょう。

知ろう　オンラインミーティングに欠かせないZoom

Zoom

Zoomはオンラインミーティング機能を提供するサービスです。無料の「ベーシック」をはじめ多彩なプランがあり、ゲストとしての参加はアカウントの取得も不要です。

URL ▶ https://zoom.us

Zoom のおもな個人向けプラン

プラン	ベーシック	プロ
同時接続	100人	100人（追加可能）
通話時間	3人以上は40分まで	24時間まで
料金	無料	2000円/月（税抜）

料金は月額定額料金の一例です。「プロ」の同時接続数は追加料金により拡張できます。「ベーシック」でも2人での使用は通話時間の制限はありません。有料プランにはこのほかに「ビジネス」「教育」「Zoom Rooms」があります。

使おう　Zoomにサインインする

アプリダウンロード

ZoomはWebブラウザからも参加できますが、機能が制限されるため、基本的には専用アプリの使用を推奨します。また、ミーティングを主宰する（ホストになる）場合や、制限のかかったミーティングに参加するにはアカウント登録（右記コラムを参照）が必要です。

「Zoom」アプリを起動しておく

1 ［サインイン］をクリック

2 メールアドレスとパスワードを入力

3 ［サインイン］をクリック

「Zoom」アプリは配布サイト（https://zoom.us/download）より入手できます。アカウントの取得が済んでいれば、アプリにサインインできます。なお、アカウント取得をせずにゲストとして参加する場合は、［ミーティングに参加］を選びます。

使おう ミーティングをスケジュールして参加者を招待する

仕事の打ち合わせなどでZoomを使う場合、あらかじめ日程をスケジュールしておくとスムーズです。ここではスケジュールの方法から参加者の招待までの手順を解説します。

Zoomのホーム画面

［新規ミーティング］を選ぶとすぐにミーティングを開始できる

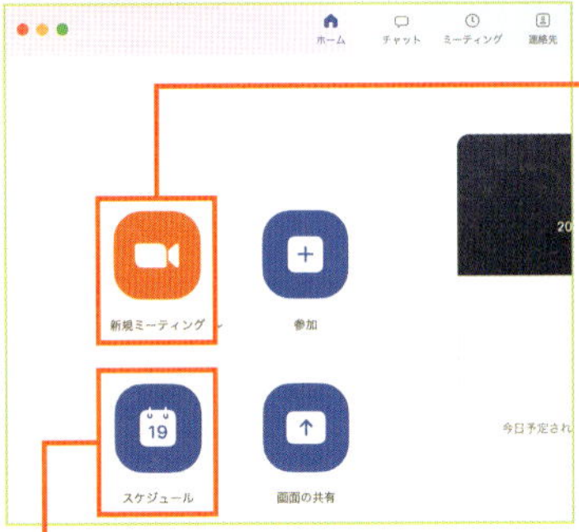

1 ［スケジュール］をクリック

参加者との予定のすり合わせが必要な場合などは、［スケジュール］を使うとスムーズです。なお、すぐに開始したいときには［新規ミーティング］から行います。

2 ミーティングの日時を設定

［待機室］をオンにするとホストが許可したユーザのみ参加できる

3 ［保存］をクリック

指定した日時にミーティングが作成された

ホーム画面が表示される

4 ［ミーティング］をクリック

5 作成したミーティングを選択

6 ［招待のコピー］を選択

クリップボードにコピーされた

メールなどにペーストできる

設定

Zoomアカウントの取得はメールアドレスがあればOK

Zoomアカウントは、公式サイト（https://zoom.us）にアクセスし、［サインアップは無料です］をクリックして取得します。メールアドレスを入力すると、ユーザー登録の案内メールが届くので、手順に沿って入力を進めます。アプリのインストールが済んでいない場合は、アカウント登録時にアプリのダウンロードも行えます。

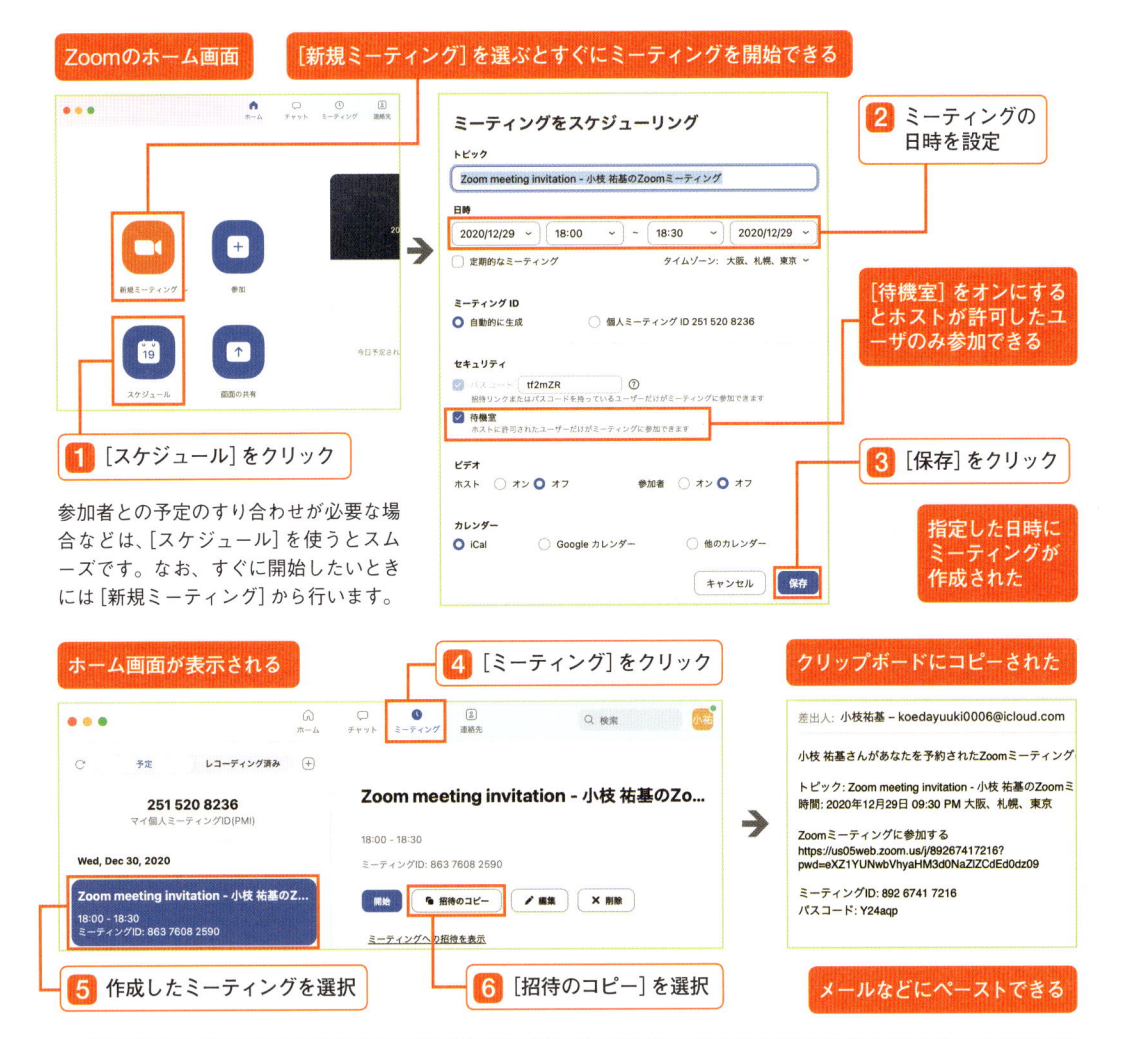

使おう　Zoomミーティングに参加する

自分がゲストの場合、送られてきた招待リンクをクリックするか、ミーティングIDとパスコードを入力することでミーティングに参加できます。自分がホストの場合は、招待したユーザの参加を待ちます。

招待リンクから参加

1 ［招待リンク］をクリック

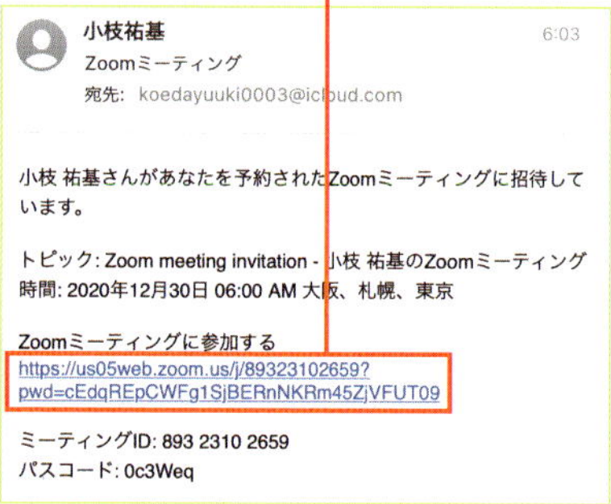

ホストから送られてきた招待メール（メッセージ）を開き招待リンクをクリックするとアプリが起動。ミーティングに参加できます。

ミーティングID・パスコードを入力して参加

1 ホーム画面で［参加］を選択

2 ミーティングIDを入力

ユーザ登録をしていない場合は任意の名前を入力

3 ［参加］をクリック

4 パスコードを入力

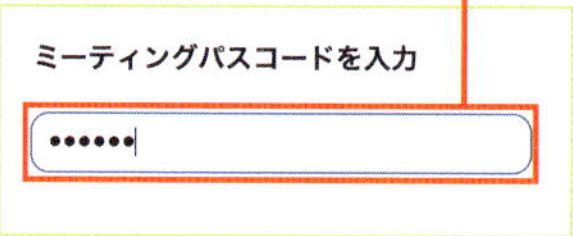

招待リンクがつながらない場合などは、招待メール（メッセージ）に記載されたミーティングIDとパスコードを入力します。

Zoom ミーティングを開始する

ホストが特別な設定をしていなければ、上記の手順を経てミーティングが開始されます。ホストが［待機室］を設定している場合は、ホストの許可が必要です。

ゲストの画面

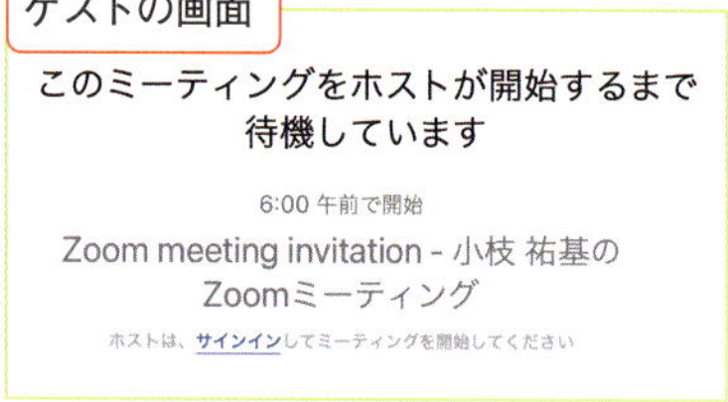

ホストの画面

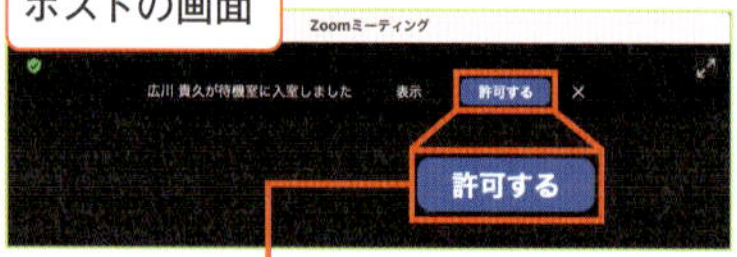

1 ［許可する］をクリック

［待機室］が有効化されている場合、ホストが許可をしないとゲストは参加できません。許可が出るまで待機していましょう。

Zoomミーティングが開始された

表示モードを切り替える

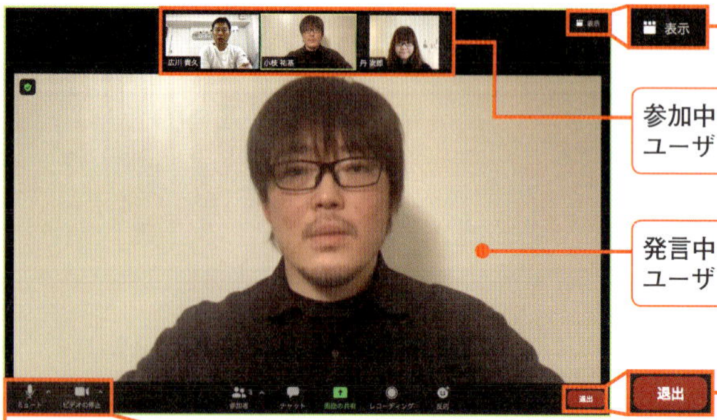

参加中のユーザ

発言中のユーザ

ビデオをオン・オフ

ミーティングを退出

マイクをオン・オフ

発言中のユーザを大きく表示する「スピーカービュー」が設定されています。［表示］を開くと、参加者を一覧表示する「ギャラリービュー」も選べます。

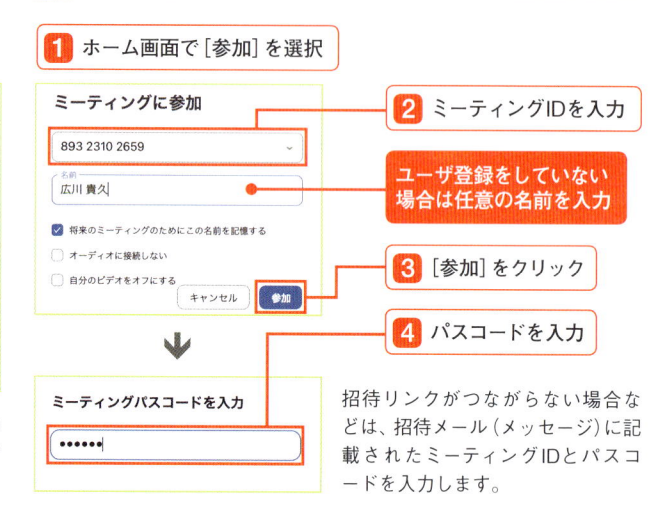

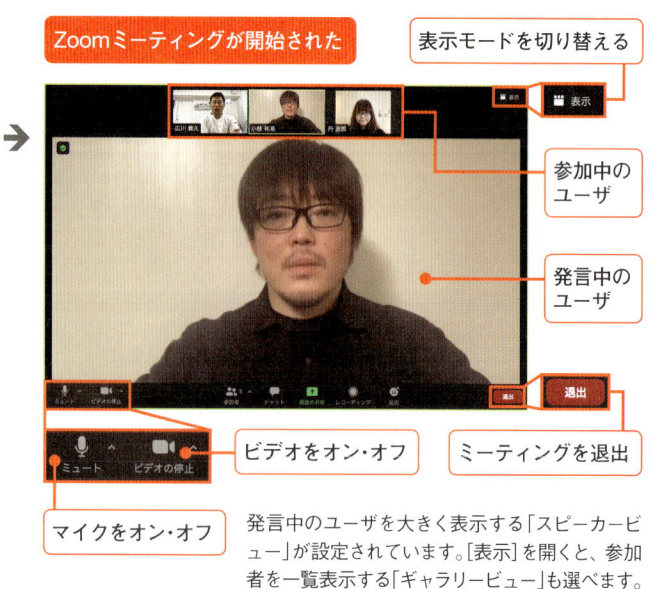

使おう ミーティング中にチャットやファイルのやり取りをする

ミーティング中に［チャット］を開くと文字やファイルを交換できます。ゲストの場合、初期設定では、ホストのみか、参加者全員に公開する形でチャットが送れます。

1 ［チャット］をクリック

チャットが開く

2 ［宛先］を選択

3 テキストを入力

4 ［return］キーを押す

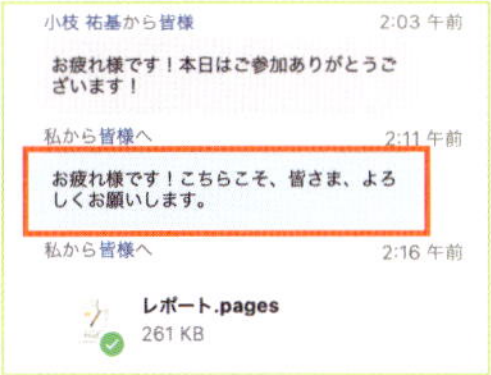

チャットが送信された

ホスト以外のユーザ間でチャットをするには、ホストの許可が必要です。

使おう 背景を変更する

自宅での通話など、背景を映したくない場合は、バーチャル背景が設定できます。自動的に画面の近くにいる人物だけが切り抜かれるため、不要なものが映りません。

1 ［∧］をクリック

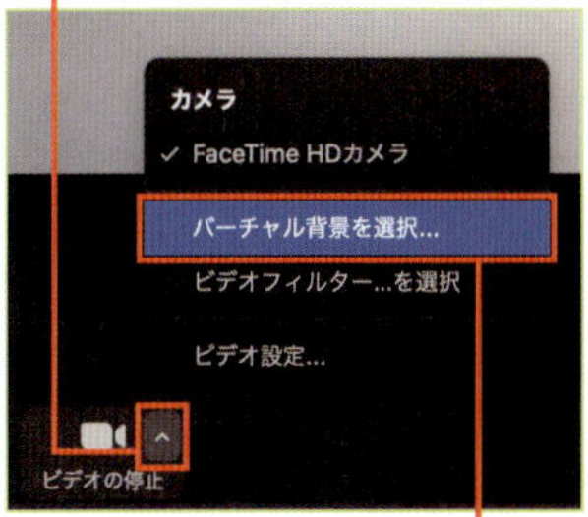

2 ［バーチャル背景を選択］をクリック

［設定］が開く

3 ［背景とフィルター］をクリック

4 バーチャル背景を選択

［バーチャル背景］が設定された

デフォルトで5種類のバーチャル背景が用意されています。デジカメで撮影した写真など、MacBook内に保存された写真や動画を背景として設定することもできます。

ホストとゲストではメニューも異なる

※上記メニューは、ホストとして参加した場合の表示

ホストとして参加した場合はミーティングを退出する際、そのミーティング自体を終了させるか、別のユーザをホストとして指定することができます。また［セキュリティ］で特定の参加者の退席、個別のユーザに対して［ビデオの開始を依頼］［レコーディングの許可］などの操作ができます。

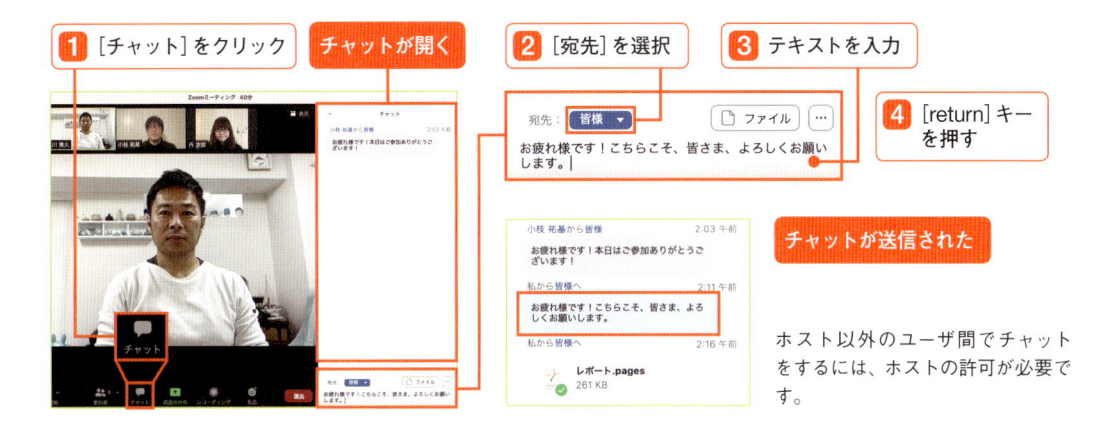

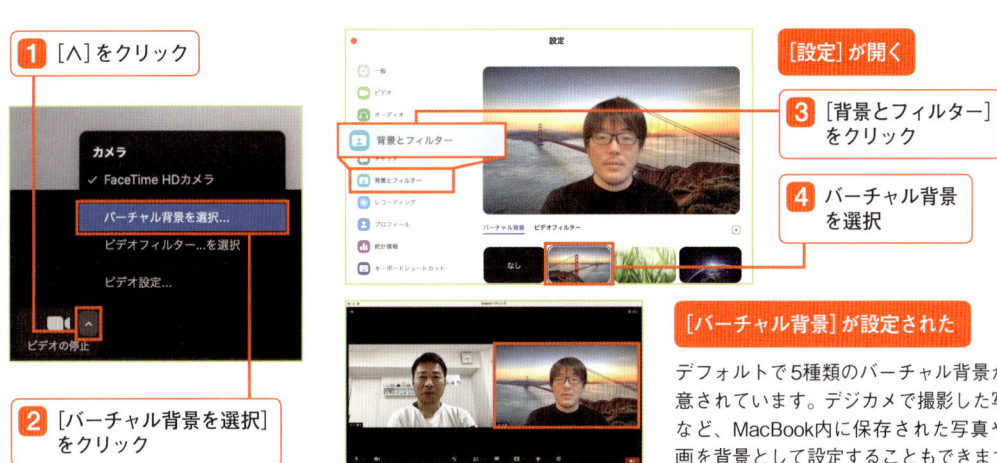

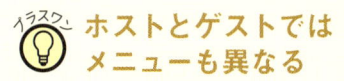

chapter 8

08 Slackでプロジェクトを共有する

ビジネスのために開発されたグループチャットサービス

Slackは会社や部署など、チームでの利用を想定したビジネス向けのチャットサービスです。メンバーは「ワークスペース」という空間の中で、プロジェクトごとに「チャンネル」を作り、交流します。

知ろう ビジネス向けのチャットサービス

Slack

Slackは基本的にはワークスペース単位でプランを選択し、参加メンバーが増えるごとに追加料金が発生します。基本の機能は無料プランの「フリー」でも利用できます。

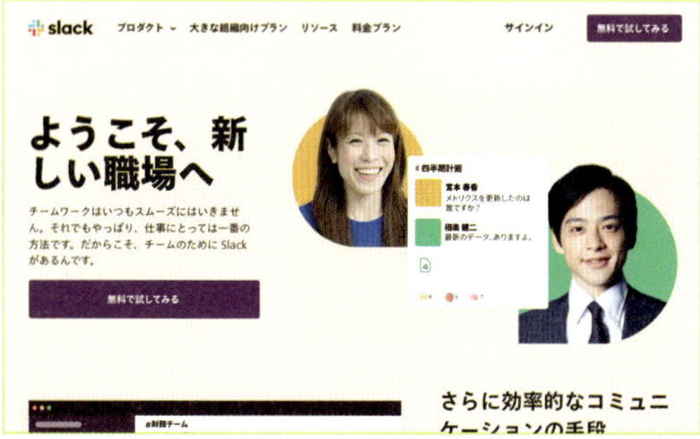

URL ▶ https://slack.com/intl/ja-jp/

Slack のプランの違い

プラン	フリー	スタンダード
メッセージ	最大10000件	無制限
アプリ連携	最大10個まで	無制限
ストレージ	全体で5GB	1人につき10GB
料金（1人）	無料	1800円/月（税抜）

料金はワークスペースに参加するメンバー1人あたりに発生する月額定額料金の一例です。有料プランはほかに「プラス」「Enterprise Grid」があります。

Slack の基本の仕組み

●ワークスペースの構成イメージ

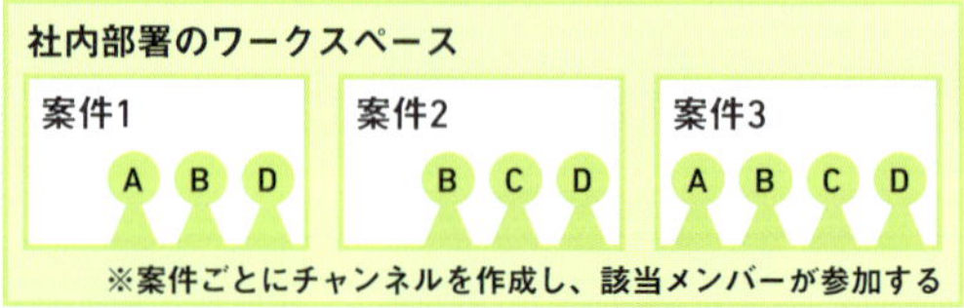

Slackはオーナーがワークスペースを作成し、メンバーを招待します。ワークスペース内では複数のチャンネルが作成でき、それぞれのチャンネル内でグループチャットが行えます。例えば、社内案件ごとにチャンネルで管理が可能です。

プラスワン

ワークスペースの作成やログインはメールアドレスが必要

登録ページ

ワークスペースの作成は公式サイト（https://slack.com/intl/ja-jp/get-started#/createnew）で、メールアドレスを登録して行います。ログイン時には登録したアドレスに認証コードが届きます。

使おう　ワークスペースにメンバーを追加する

公式サイトでワークスペースを作成（左記コラムを参照）したら、メンバーを招待しましょう。招待したい相手にメールを送り、相手が承認すればメンバーとして追加されます。

使おう　ワークスペース内にチャンネルを作成する

チャンネルの作成は、サイドバーのメニューからすぐに行えます。なお、チャンネルの作成時にはメンバー全員が参加できる「パブリックチャンネル」が選ばれています。

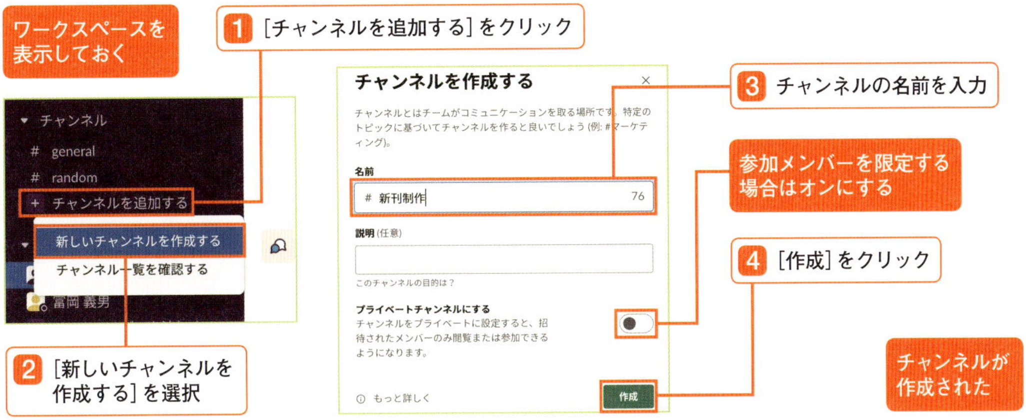

プラスワン　アプリを使えば複数のワークスペースを切り替えられる

Slackは専用のアプリをMac App Storeから入手できます。基本的な使い方はブラウザと同じですが、アプリなら複数のワークスペースを簡単に切り替えたり、アプリ専用のショートカットキーを利用できたりします。

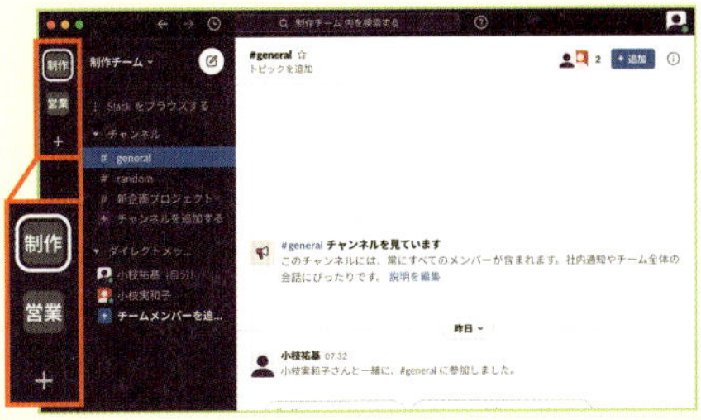

column

ブラウザでiWorkを利用する

iCloud.com

iWorkで作成した書類をiCloudに保存しておくと、出先などで手元に自分のMacがない場合でも、パソコンのブラウザ上で書類の編集が可能になります。使用するパソコンはMacはもちろん、ウィンドウズパソコンでもOK。いざという時に備えて、パソコンでの編集方法を覚えておきましょう。

1 ブラウザを起動しiCloud (https://www.icloud.com) にアクセス

2 Apple IDとパスワードを入力

iCloudにサインインした

3 使いたいiWorkアプリをクリック

iCloudに保存したファイルが表示された

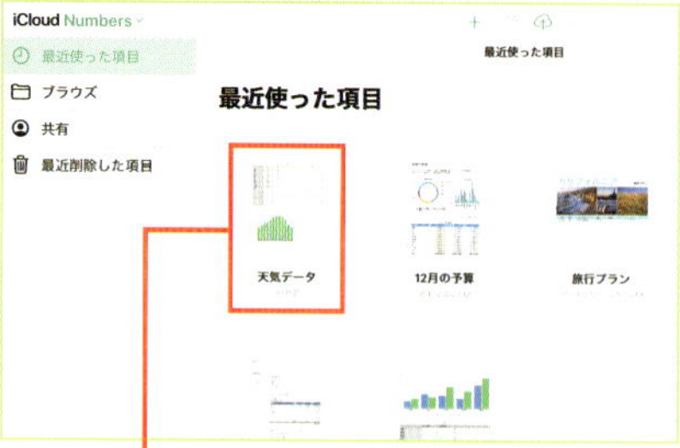

4 編集したいファイルをダブルクリック

編集画面に切り替わり編集が可能になった

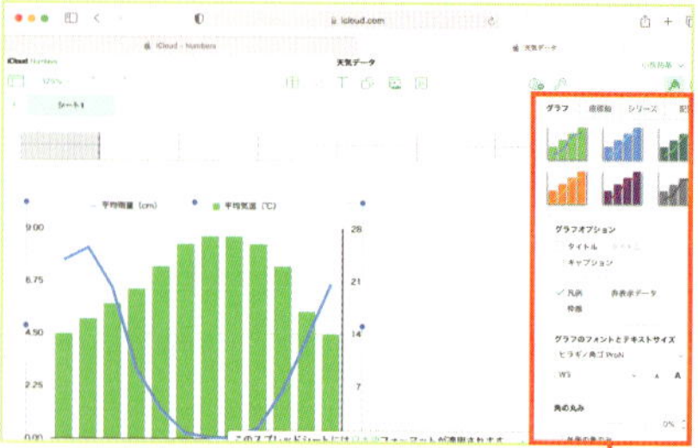

デスクトップアプリと同様に各種編集パネルも利用できる

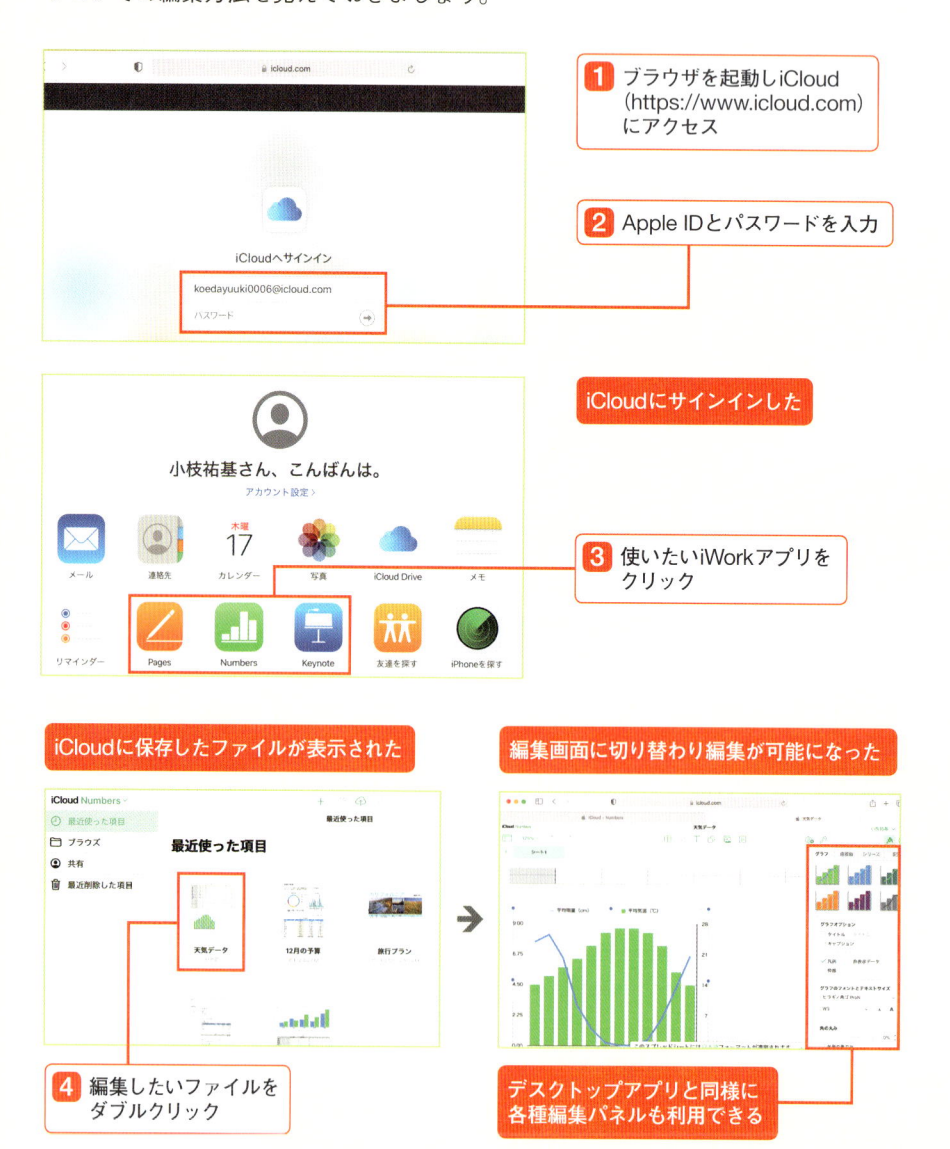

chapter 9

Big Sur 標準アプリを使う

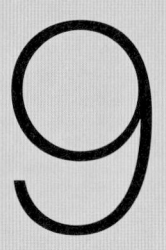

chapter 9

01

macOSにおけるアプリ利用時の流儀

標準アプリの種類を知る

Macには、Dockに登録されたもの以外にも、たくさんのアプリが用意されています。すべてを網羅するのは大変ですが、覚えておくと役に立つアプリもきっとあります。まずはアプリの種類を確認してみましょう。

知ろう　すぐに使える便利なアプリが盛り沢山！

Macには、35種類もの標準アプリや17種類のユーティリティアプリ、さらに、App Storeから無料で追加できるApple純正アプリがあります（アプリの起動方法はP.49を参照）。

≫ 標準アプリ & 純正アプリ

App Store
Mac専用のアプリを販売するアプリストアにアクセスします。

Automator
複数アプリや操作のワークフローを作成して、作業を自動化できます。

FaceTime
音声通話やビデオ通話ができます。グループ通話にも対応します。

Font Book
Macで使用する文字データ（フォント）を管理するアプリです。

Launchpad
Macのなかにあるアプリを探して開いたり、整理をしたりができます。

Mission Control
展開中のウインドウや操作スペースが一望でき、切り替えられます。

Photo Booth
内蔵・外付けカメラでの写真撮影やビデオ収録などができます。

Podcast
Podcastの番組をMacで視聴したり、番組データの管理ができます。

QuickTime Player
動画の視聴や編集などができます。iPhoneやMacの画面の収録もできます。

Safari
インターネットを楽しむためのウェブブラウザです。機能の追加もできます。

Siri
パーソナルアシスタント「Siri」を呼び出して、音声などで要件を伝えます。

Time Machine
Time Machineで作成したMacのバックアップデータにアクセスします。

TV
Apple TVのチャンネルやiTunesの映画などの視聴ができます。

イメージキャプチャ
Macにつないだデジカメや iPhoneなどから、写真・動画の転送ができます。

カレンダー
予定を入力して管理できます。他社のカレンダーサービスとも連携します。

システム環境設定
システム環境設定を呼び出して、Macを使いやすくカスタマイズできます。

スティッキーズ
付箋のようにデスクトップの空きスペースに貼り付けておけるメモです。

チェス
チェスをプレイできます。ほかのユーザとオンライン対戦も可能です。

テキストエディット
シンプルにみえてさまざまな形式に対応するテキスト編集アプリです。

ブック
電子書籍を購入したり、購入した書籍の閲覧・保管ができます。

プレビュー
標準の画像ビューワ。画像だけでなくPDF書類などの編集機能も備えます。

ボイスメモ
音声の録音や編集ができるアプリ。ボイスレコーダーのように使えます。

ホーム
スマートホームアプリ。HomeKit対応製品の設定や機器の操作ができます。

マップ
施設の情報を調べたり、位置情報を使った経路検索もできる地図アプリです。

ミュージック

曲の購入もできる音楽再生・管理アプリ。自分だけのプレイリストも作れます。

メール

iCloud メールをはじめ、さまざまなメールサービスに対応するメーラーアプリ。

メッセージ

Apple ユーザ同士でのチャットやグループチャットなどが楽しめるアプリです。

メモ

同期型の多機能なメモツールです。テキスト以外の画像なども添付できます。

リマインダー

タスク管理アプリ。予定の分類がしやすく、複数ユーザとリストの共有もできます。

株価

株価情報、インタラクティブなチャート、経済ニュースなどを表示します。

計算機

四則演算ほか科学計算や単位変換など多彩な計算機能を持つ電卓アプリ。

辞書

大辞林や英和・和英など、トータル 39 もの辞書の内容が検索できます。

写真

アルバム管理やレタッチ編集もこなせる多機能な写真管理アプリです。

探す

登録された Apple デバイスの位置を特定してマップ表示などができます。

連絡先

電話番号やメールアドレスなどを登録して、すばやく呼び出せます。

GarageBand

さまざまな音源を使って Mac で楽曲作成などができます。

iMovie

動画編集アプリ。テンプレートから簡単にムービー作品を製作できます。

Keynote

ツールやエフェクトを使ってプレゼン用のスライドなどが作れるアプリです。

Numbers

表計算アプリです。Excel 形式での保存にも対応しています。

Pages

写真や表組み入りのビジネス書類も作れるワープロアプリです。

ユーティリティ

AirMac ユーティリティ

Mac につながっている AirMac ベースステーションを管理します。

Audio MIDI 設定

マイクロフォンなど、オーディオ入出力装置の設定を行います。

Bluetooth ファイル交換

スマホなど Bluetooth を接続した対応機器とファイルの送受信ができます。

Boot Camp アシスタント

Mac の内蔵ストレージに Windows をインストールすることができます。

ColorSync ユーティリティ

ColorSync プロファイルの管理や検証などができます。

Digital Color Meter

Mac の画面上でマウスカーソルを合わせた箇所の色情報が取得できます。

Grapher

関数などの方程式を入力して 2D や 3D のグラフを作成できます。

VoiceOver ユーティリティ

音声読み上げ機能である VoiceOver の詳細設定ができます。

アクティビティモニタ

Mac の動作状況の確認や応答しないプロセスの終了などができます。

キーチェーンアクセス

Mac に保存されたパスワードやアカウント情報などを表示できます。

コンソール

Mac の診断データや解析データなどのレポートを表示します。

システム情報

Mac のハードウェア、ソフトウェアなどの概要情報を確認できます。

スクリーンショット

Mac の操作画面を画像や動画として収録できます。タイマー撮影も可能です。

スクリプトエディタ

テキストエディタのような操作でスクリプトの編集ができます。

ターミナル

キーボードからコマンドを入力して Mac の操作ができます。

ディスクユーティリティ

内蔵・外付けストレージの初期化や修復、分割などができます。

移行アシスタント

別の Mac にデータや設定の情報を転送するなどの移行作業ができます。

chapter 9
02

手軽にチャットを楽しめる

「メッセージ」を使う

「メッセージ」アプリはMacBookにプリインストールされているチャットアプリです。iPhoneやiPadにも標準搭載されており、MacBookとiPhone、iPadなどとメッセージを交換できます。

知ろう 「メッセージ」アプリの基本画面

「メッセージ」アプリは、LINEのような手軽にメッセージを交換できるアプリです。送受信したメッセージはチャットのように見やすく表示されます。

検索ボックス
検索ボックスに文字を入力することで、過去に送受信したメッセージを検索することができます

メッセージ欄
相手とやりとりしたメッセージが時間軸で表示されます。右側の青い吹き出しがあなたの発言です

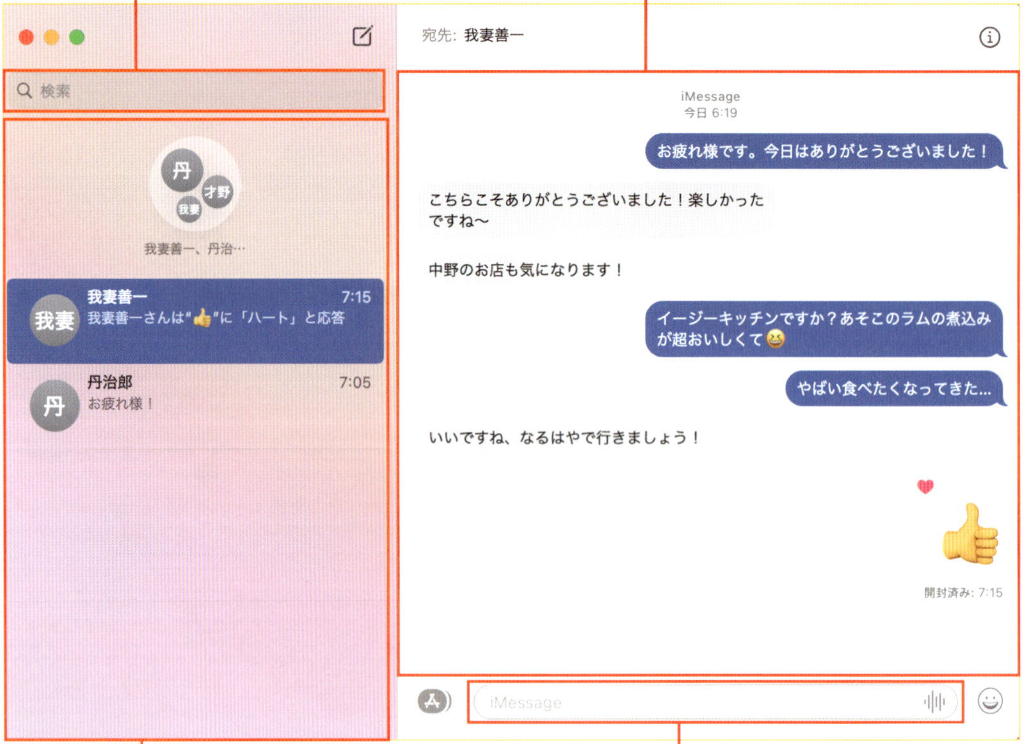

宛先: 我妻善一
検索
我妻善一、丹治…
我妻善一 7:15
我妻善一さんは"👍"に「ハート」と応答
丹治郎 7:05
お疲れ様！
iMessage
今日 6:19
お疲れ様です。今日はありがとうございました！
こちらこそありがとうございました！楽しかったですね〜
中野のお店も気になります！
イージーキッチンですか？あそこのラムの煮込みが超おいしくて
やばい食べたくなってきた...
いいですね、なるはやで行きましょう！
開封済み: 7:15
iMessage

メッセージ履歴
過去にメッセージをやりとりした相手が一覧表示されます。名前をクリックするとメッセージの交換を始められます

メッセージボックス
新たなメッセージを書き込みます。送信したメッセージは上のメッセージ欄に表示されます

使おう 「メッセージ」アプリでメッセージを送信する

「メッセージ」アプリは、「連絡先」アプリから宛先を選んで、メッセージを送信します。ただし、相手もメッセージアプリを使っている必要があるので、あらかじめ確認をしておきましょう。

1 [新規メッセージ] アイコンをクリック

メッセージ作成画面が開く

2 [+] をクリック

3 [すべての連絡先] をクリック

4 宛先を選択

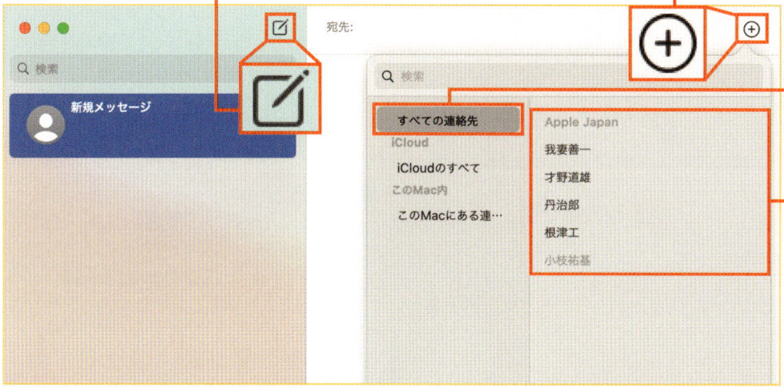

初めてメッセージを使うときや初めてメッセージを送る相手の場合は、画面右上の [+] をクリックし、連絡先を呼び出します。

メッセージの宛先が追加される

5 メッセージを入力し [return] キーを押す

送信された

送信したメッセージが右側に表示される

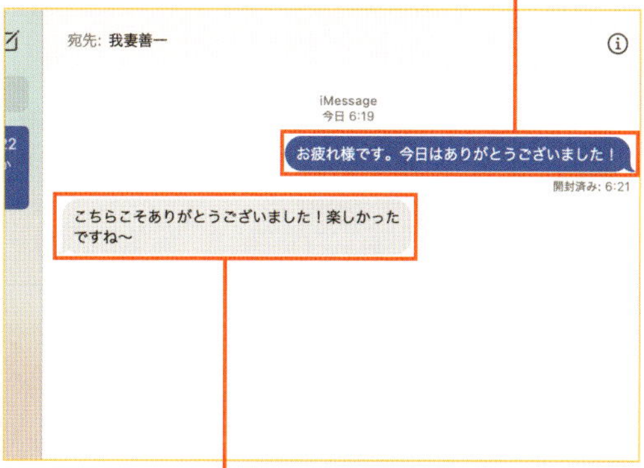

相手から返信があると左側に表示される

ヒント

メッセージ履歴の活用方法

一度やりとりした相手は履歴に表示され、いつでもやりとりを再開できます。不要になった履歴は左に2本指スワイプなどで手軽に消去することも可能です。

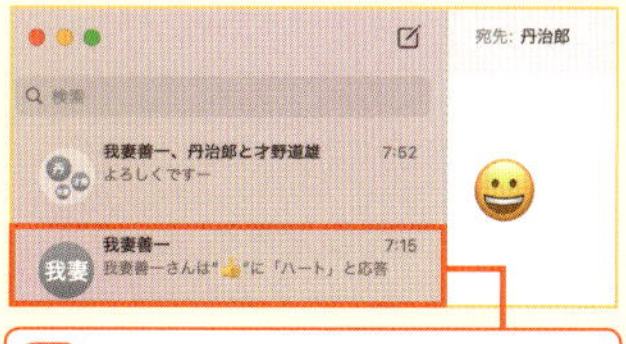

1 履歴を左に2本指でスワイプ

2 [ゴミ箱] アイコンをクリックして消去

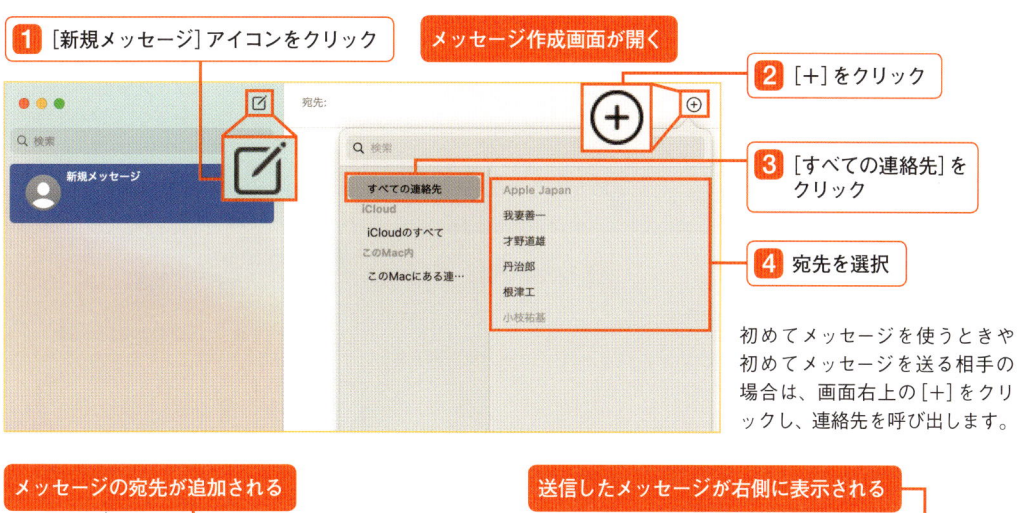

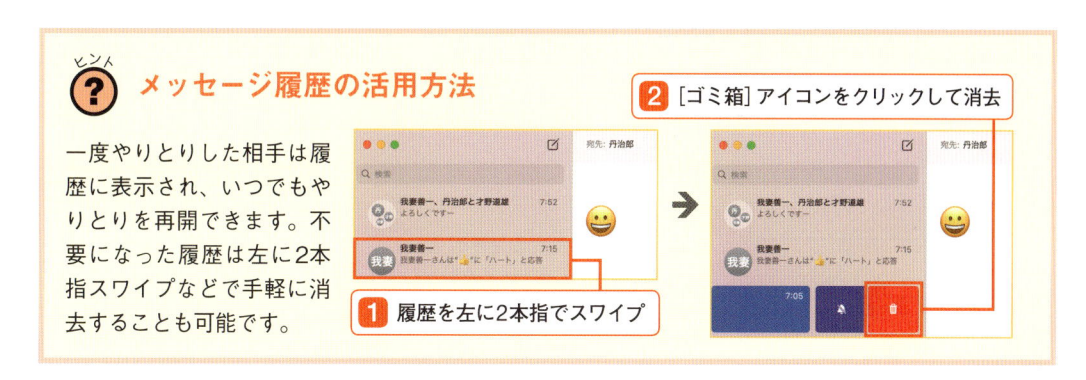

使おう　「メッセージ」アプリで絵文字を送信する

「メッセージ」アプリは、携帯電話やスマートフォンのSMSのように、絵文字を使うことができます。絵文字はカテゴリ分けされているので確認しておきましょう。

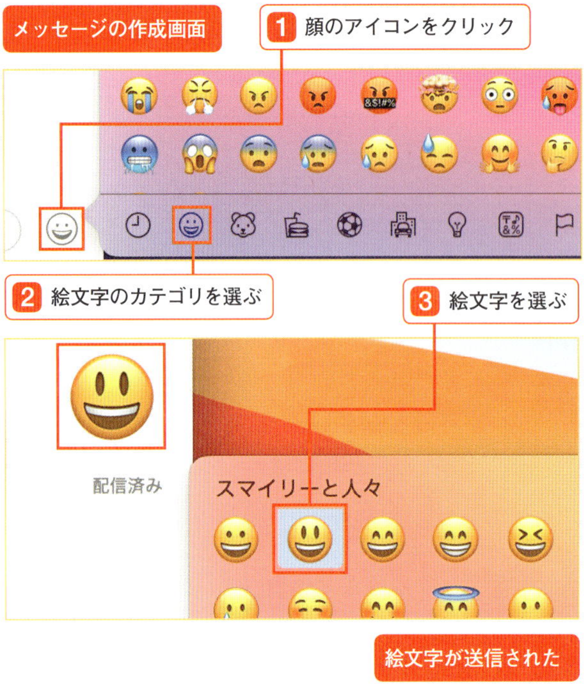

メッセージの作成画面

絵文字が送信された

プラスワン　クリックだけで[いいね]ができるTapback

Tapbackを使うと、クリックひとつで相手のメッセージに[いいね]が付けられます。

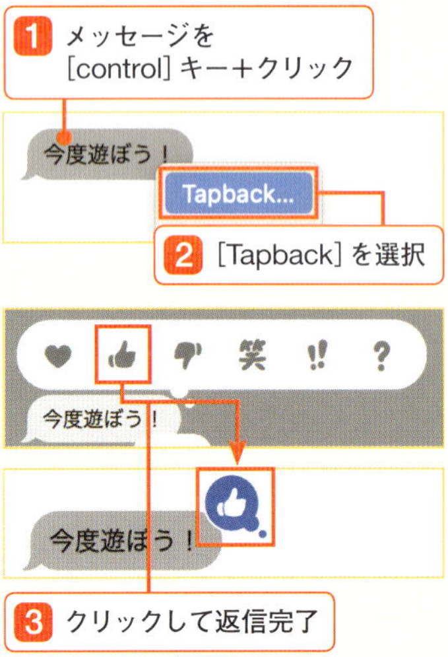

使おう　相手に既読を通知する

送り先の相手に、メッセージを見たかどうかをお知らせする機能です。重要な案件など、自分が読んだことをすぐに相手に伝えられるため、円滑なやり取りに欠かせません。

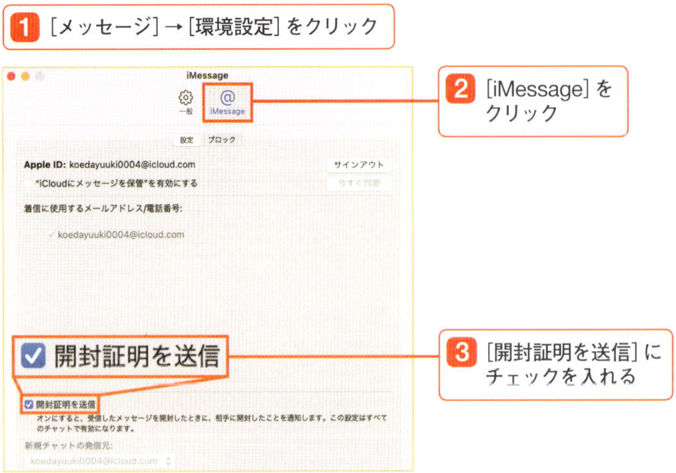

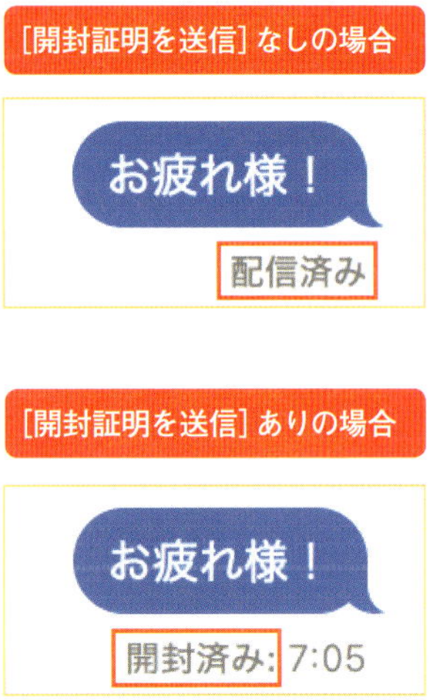

[開封証明を送信]なしの場合

[開封証明を送信]ありの場合

使おう グループメッセージを作成する

新規メッセージ作成時に複数の宛先を追加すると、グループでメッセージを交換できるようになります。

新規メッセージを開いておく

1 宛先を複数追加する

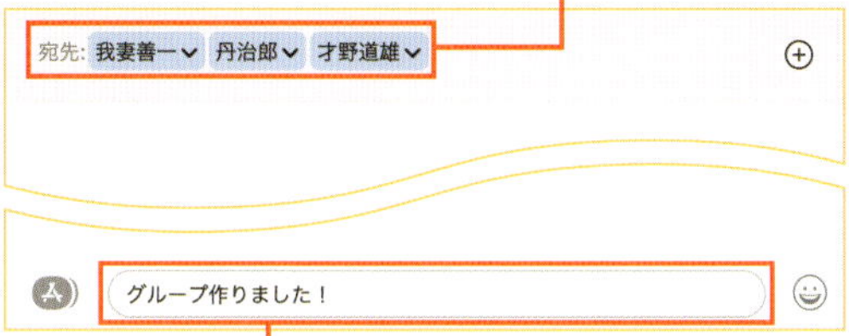

2 メッセージを入力し［return］キーを押す

送信された

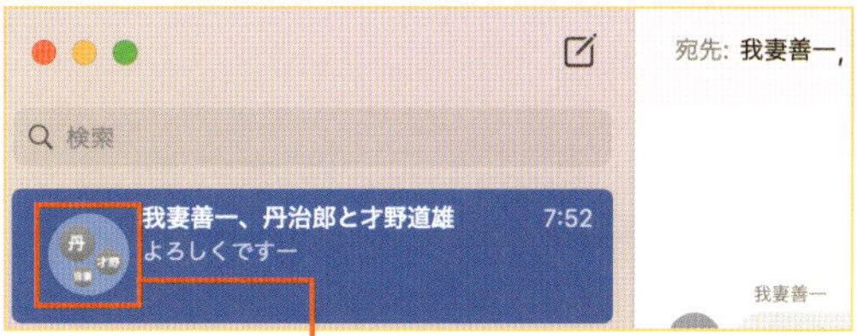

履歴のアイコンにグループのメンバーがまとめられる

使おう グループメッセージ内でスレッドを作成する

グループメッセージ内の特定のメッセージに返信すると、スレッドを作成できます。スレッドは通常のメッセージと表示が変わるため、独立して見やすくなります。

グループメッセージを開いておく

1 メッセージを［control］キー＋クリック

2 ［返信］を選択

スレッド用の返信画面が表示される

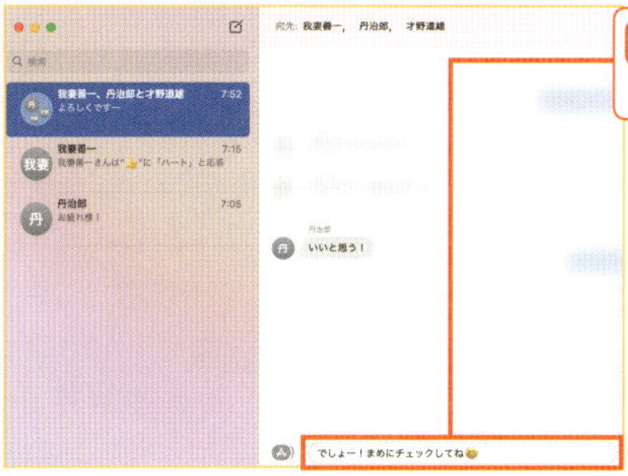

3 メッセージを入力し［return］キーを押す

送信された

スレッドへの返信はひとまとめになる

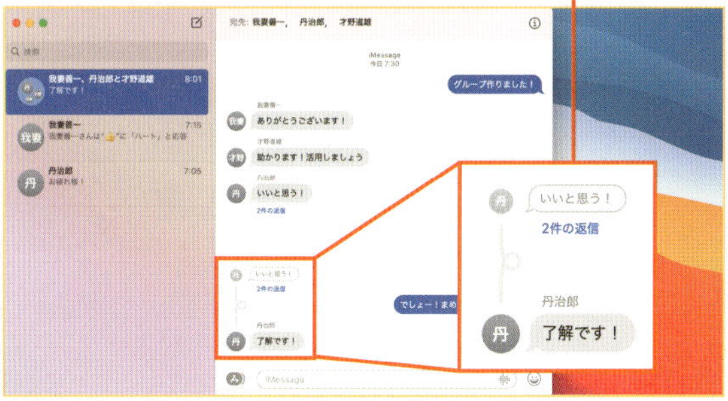

プラスワン タブをピンで固定してメッセージの見落としを防ぐ

頻繁にやり取りをするメッセージや重要なメッセージは、タブを固定しておくと見落としにくくなります。

右に2本指スワイプし［ピン］アイコンを選ぶ

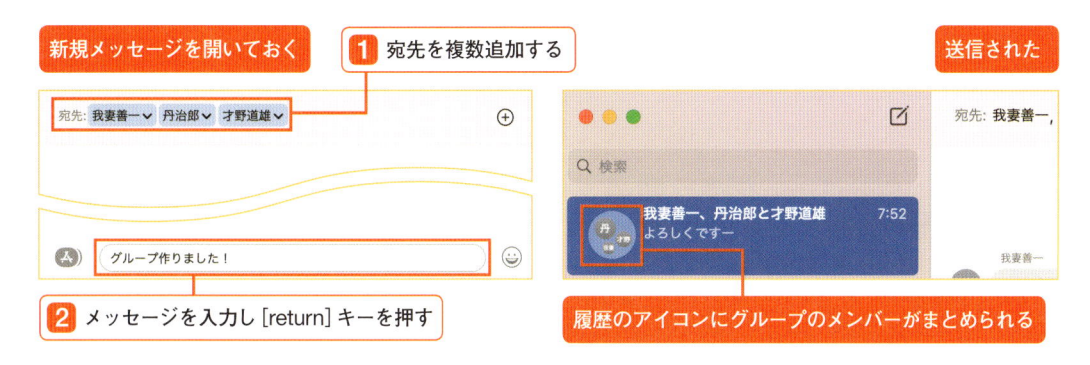

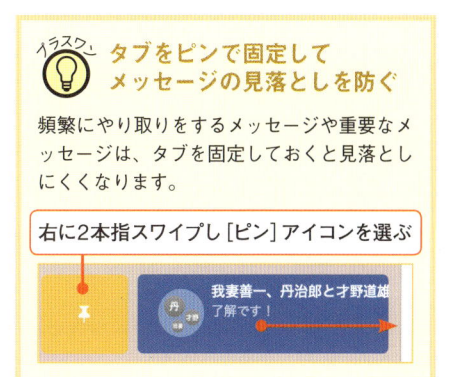

インターネットがあれば使えるお得なサービス

「FaceTime」を使う

FaceTimeは、インターネット回線を利用して、無料で通話やメッセージを楽しめるアプリです。Mac以外にiPhone用のアプリもあるので、Mac同士はもちろん、iPhone・iPadユーザともやり取りできます。

知ろう　FaceTimeを使う準備

FaceTimeは、MacBookにあらかじめインストールされています。必要なものはApple IDとパスワードだけです。Dockの「Launchpad」を開いて起動し、初期設定を行います。

1 カメラ映像
MacBookに内蔵されているカメラが撮影した映像です。ビデオ通話で相手側に表示される映像です

2 履歴表示の切り替え
発信履歴や通話履歴を含む［すべて］と、不在着信履歴のみを表示する［不在着信］とを切り替えます

3 検索ボックス
通話したい相手の名前やメールアドレスなどを入力します。また入力内容をもとに連絡先の相手を検索します

4 通話履歴の一覧
通話した相手の一覧が表示されます。携帯電話のように、通話履歴から相手を選び、再発信できます

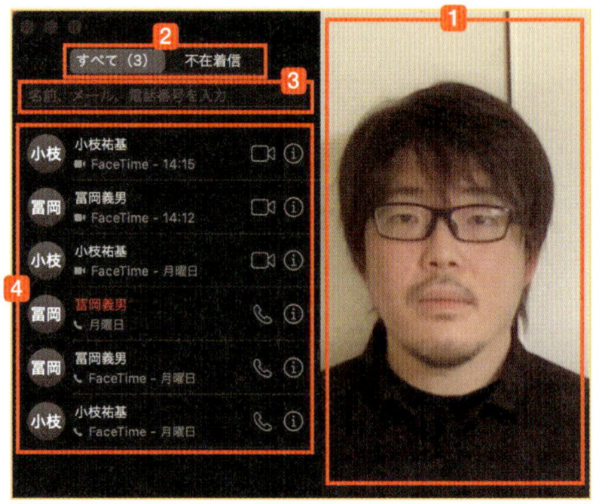

使おう　iPhoneに音声通話をかける

FaceTimeを使って通話するには、相手側もFaceTimeを使用している必要があります。通話相手は「連絡先」アプリに登録してある連絡先から探します。

≫ 相手を呼び出す

1 名前かメールアドレス、電話番号を入力して検索

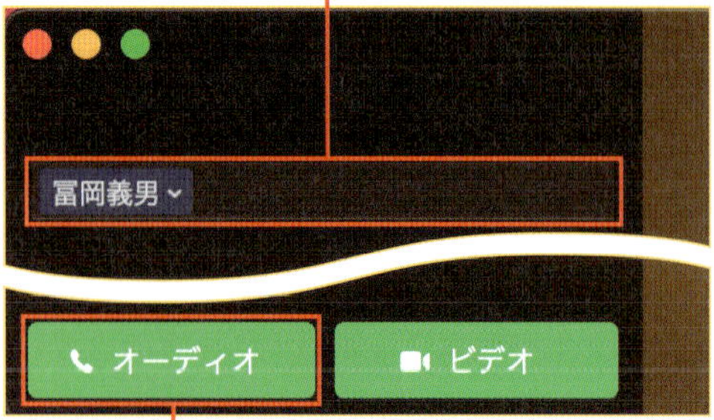

2 ［オーディオ］をクリック

≫ 通話を終了する

1 ［終了］をクリック

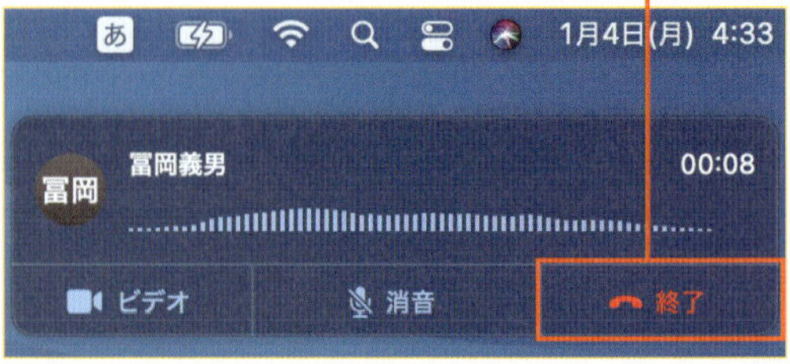

通話中に［終了］をクリックすると、通話を終了できます。なお、通話中に［消音］をクリックするとこちらの会話が相手に聞こえなくなります。

知ろう 相手が応答できなかった場合の通知を受ける

FaceTimeで電話をかけたとき、相手に何らかの理由があって受けられない場合、相手からメッセージが届くことがあります。

相手のiPhone

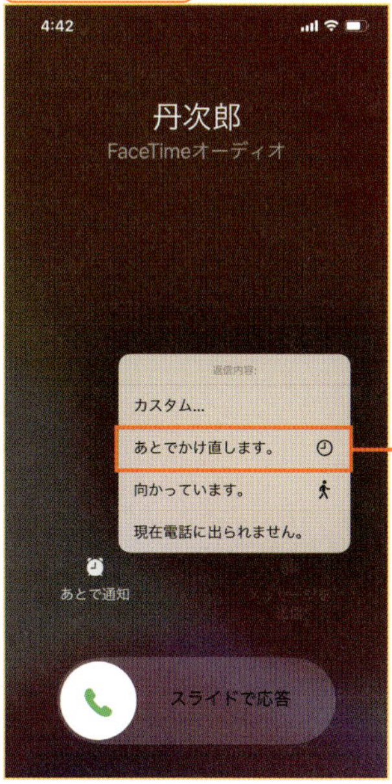

相手側のiPhoneの画面です。相手が応答できない理由を選択すると、こちらのMacBookにメッセージが届きます。

自分のMacBook

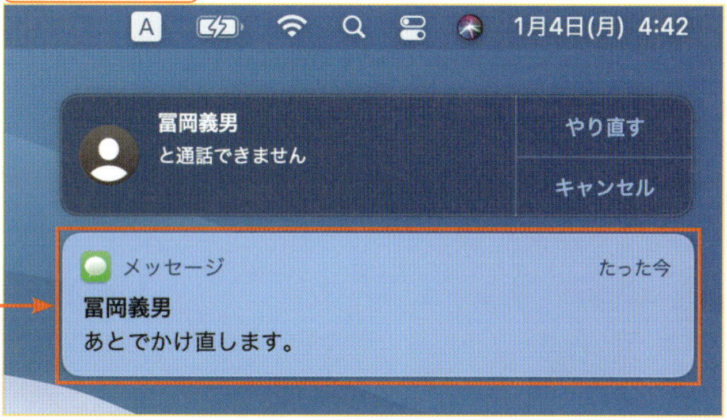

設定

メッセージの通知設定をする

FaceTimeのメッセージを表示させるには、「メッセージ」アプリを起動しておく必要があります。また、[システム環境設定]の[通知]から、[FaceTimeの通知スタイル]を[通知パネル]にします。

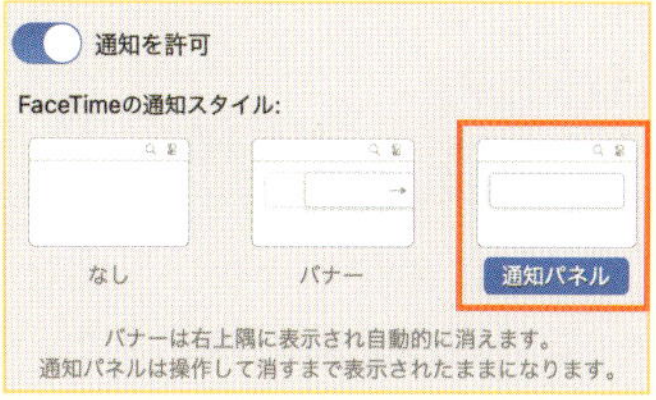

使おう 通話履歴から音声通話をかける

一度通話したことのある相手の場合、「連絡先」アプリから通話相手を検索したり、直接メールアドレスを入力したりしなくても、通話履歴からかけ直すことができます。

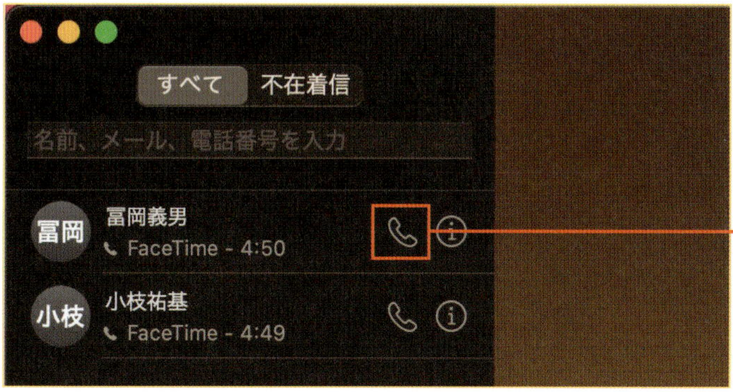

1 かけ直したい相手の[通話]アイコンをクリック

使おう　FaceTimeの着信に応答する

MacBookでFaceTimeの着信を受けることができます。通話は音声通話でもビデオ通話でもどちらでも受けられます。

着信に応答する

1 [応答] をクリック

着信があると、通知領域にこのような表示が現れます。応答する場合は [応答] をクリックします。

通話を終了する

1 [終了] をクリック

使おう　着信拒否のメッセージを送る

すぐに応答できない時には [拒否] を選んで着信を切ることができます。その際に出られない理由を相手に伝えたい場合には、メッセージの返信も可能です。

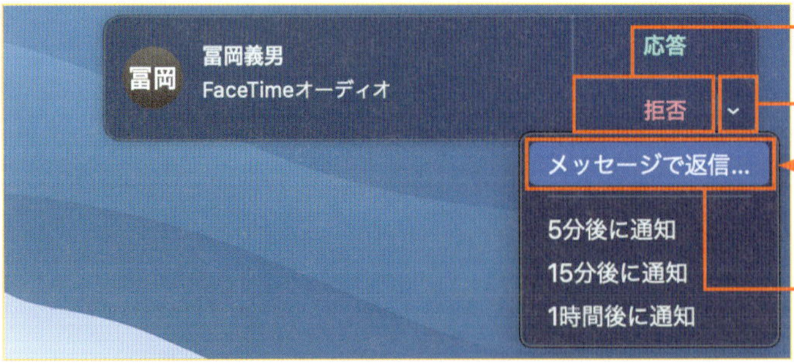

拒否する場合は [拒否] をクリック

メッセージを返信する場合は [∨] → [メッセージで返信] を選択

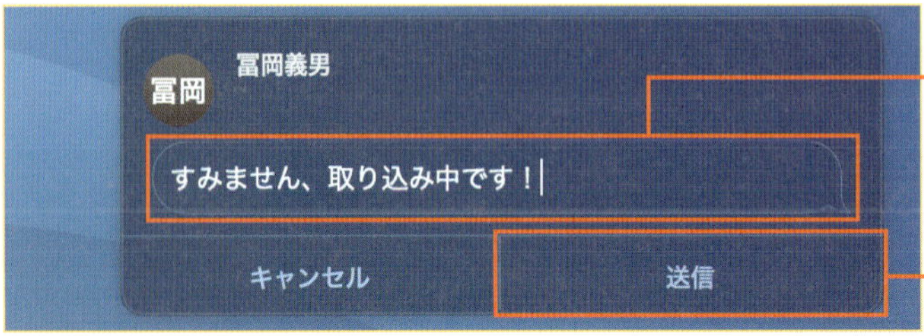

1 メッセージを入力

2 [送信] をクリック

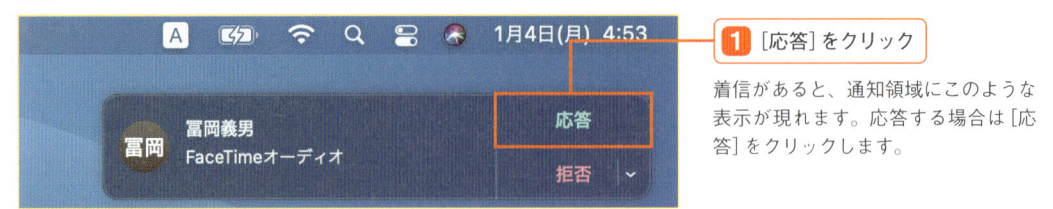

使おう　ビデオ通話をかける

FaceTimeはビデオ通話にも対応しており、MacBookのカメラを使って通話します。通話の方法は、音声通話と同様で、こちらからかける場合は、アドレスブックからの検索、メールアドレスの入力、通話履歴から相手を選んで通話します。

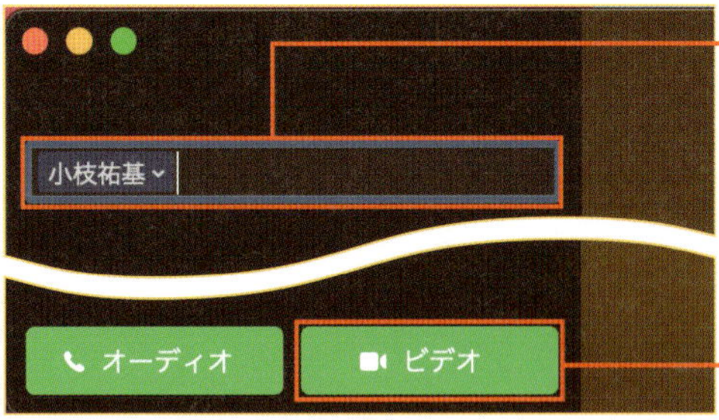

1 名前かメールアドレス、電話番号を入力して検索

2 [ビデオ]をクリック

名前やメールアドレス、電話番号で相手先を検索して[ビデオ]をクリックすると、ビデオ通話で発信します。履歴が残っている相手にかける場合は、[ビデオ]アイコンをクリックします。

ビデオ通話の着信時

1 FaceTimeで電話がかかってくる

ビデオ通話着信時はカメラが起動し着信が通知される

2 [応答]をクリック

ビデオ通話が開始

3 [×]をクリック

会話が終了したら[×]をクリックし、通話を終えます。

ビデオ通話中の操作ボタン

マイクをオフ　ビデオをオフ　全画面表示　画面を撮影

プラスワン　グループでのビデオ通話にも対応

FaceTimeは最大32人までのビデオ通話に対応しています。基本的な操作は一対一の通話時と同じですが、通話中に別のユーザを招待したり、カメラをオフにして音声だけで参加することもできます。ミーティング用途にも便利な機能なので、ぜひ活用してみてください。

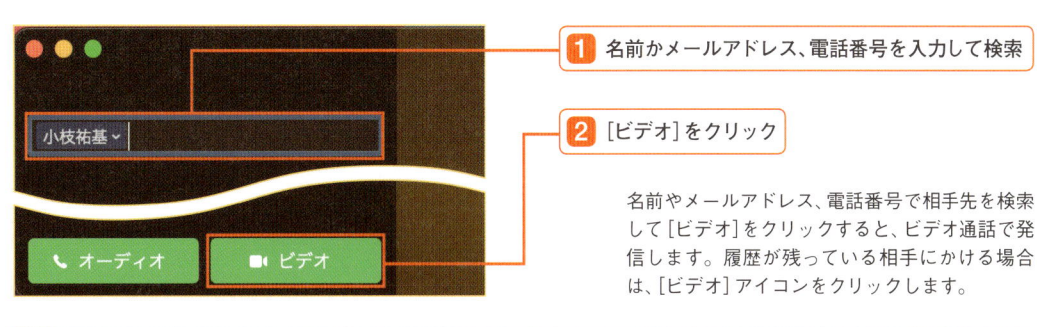

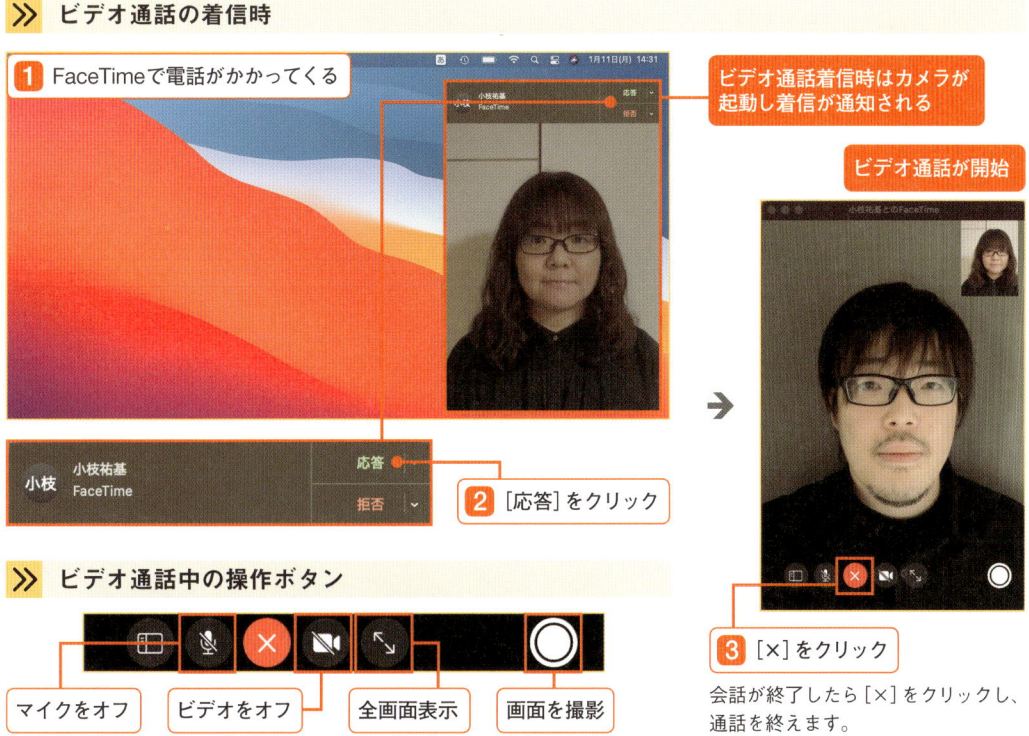

chapter 9

04 「マップ」を使う

地図アプリがあれば紙の地図はいらない

macOSに標準搭載の「マップ」アプリを利用すれば、現在地周辺の地図はもちろん、任意の場所の地図も自由に表示させることができます。経路検索や乗り換え案内もサポートし、ナビとしても使えます。

知ろう 「マップ」アプリの基本画面

「マップ」アプリは、シンプルな見た目ながらたくさんの機能が詰まっています。地図内の移動や縮尺変更、表示の切り替えなど、基本的な操作から押さえていきましょう。

検索ボックス
住所や施設名などのキーワードを入力して検索できます

ツールバー
左から「現在地を表示」「地図モードメニュー」「3D モード」「Look Around」「経路を表示」「新規」「共有」のアイコンが並びます

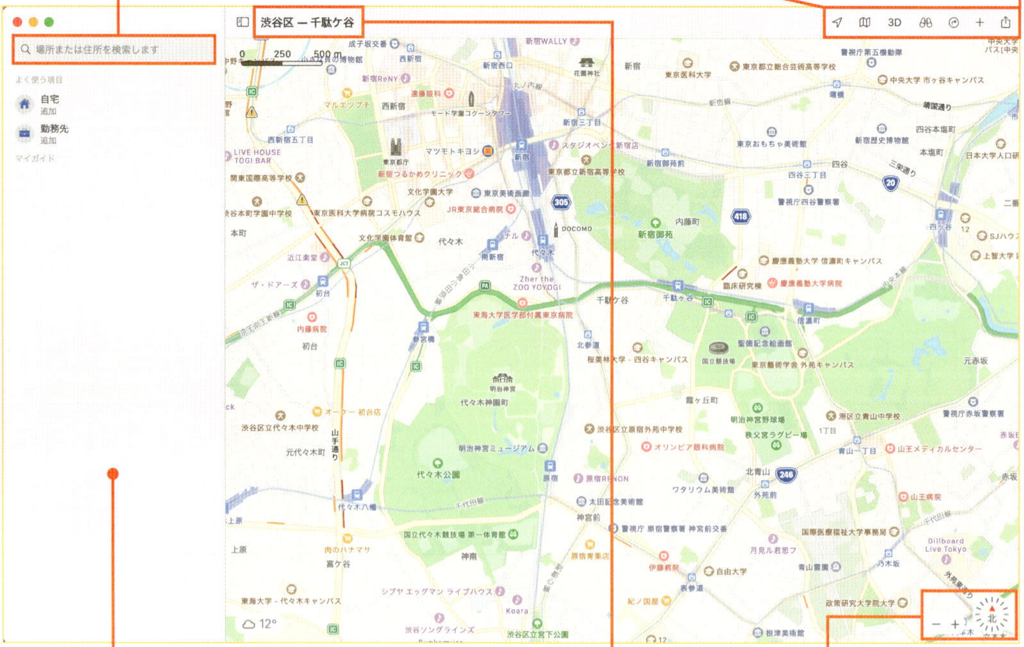

サイドバー
自宅や勤務場所などよく使う場所を登録したり、検索したスポットの履歴などを表示します。お気に入りのスポットを登録できる「マイガイド」機能も利用できます

表示エリア
マップの中心部近辺の地名が表示されます。縮尺や場所を変更すると表示も変わります

縮尺変更／方角変更
「－」「＋」をクリックしてマップの縮尺を変更できます。またコンパスをドラッグするとマップが回転し、方角を変更できます

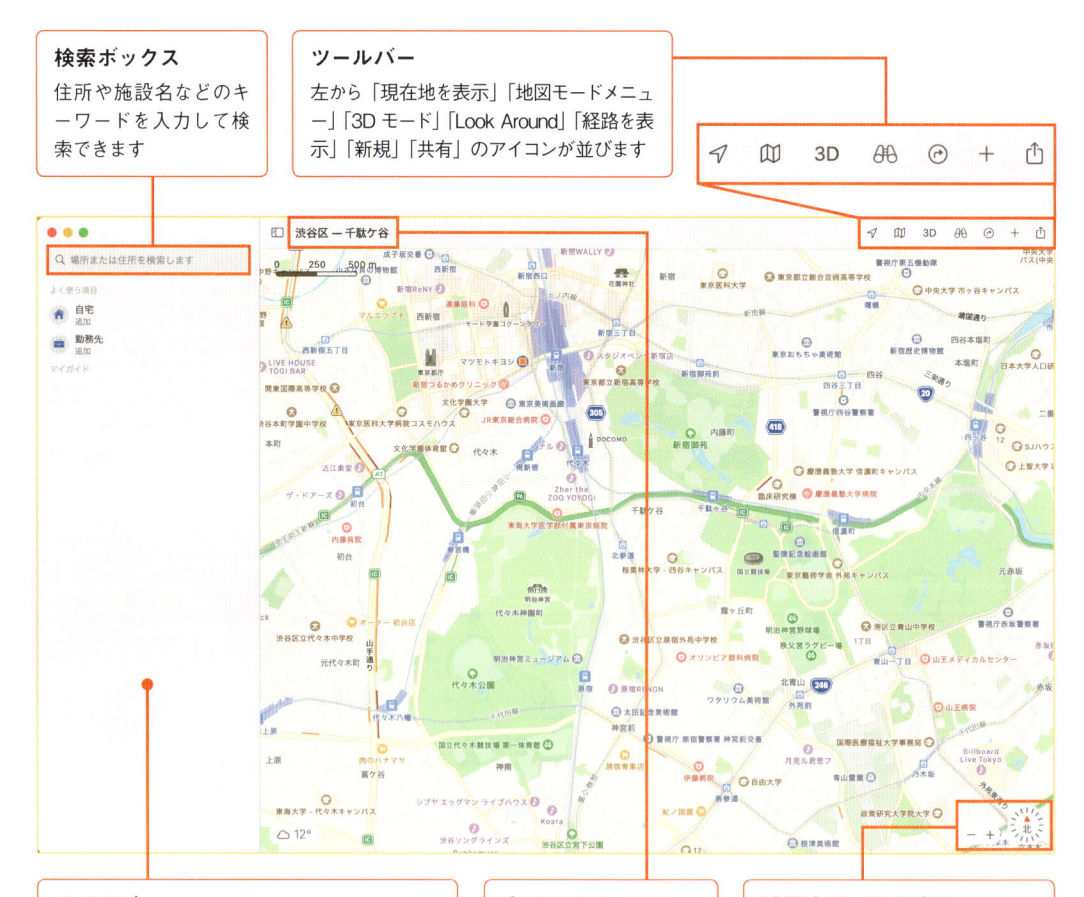

使おう　地図の表示位置調整や拡大／縮小を行う

表示エリアのスクロールや表示の拡大／縮小はドラッグやマップ内のボタン操作、またはトラックパッドジェスチャー操作で行います。直感的に使いやすい方法をおすすめします。

地図をスクロールする

上下左右にドラッグ

地図内の移動は上下左右にドラッグで行います。トラックパッドでは2本指でのドラッグでも移動ができます。

地図の縮尺を変更する

1 [−]や[+]をクリック

縮尺の変更は画面右下の[+][−]ボタンをクリックします。トラックパッドではピンチイン・アウトでも行えます。

使おう　交通機関の地図を表示させる

[交通機関]をクリックすると、道路やランドマークといったスポット情報の表示が最小限に抑えられ、JRや私鉄などの駅や路線が強調表示されるようになります。都市部など交通網が入り組んだ地域で、駅の場所を確認したいときなどにも役立ちます。

1 [地図モードメニュー]アイコンをクリック

2 [交通機関]をクリック

交通機関がくっきり表示された

通常のマップ表示よりも道路名の表示や色分けなどが減少し、鉄道などの公共交通機関の情報が見やすく表示されました。

プラスワン　複数地図を同時に表示できる

複数の地図を同時に表示させたいときには、メニューバーの[ファイル]を開き[新規ウインドウを選択します]。

1 [ファイル]をクリック

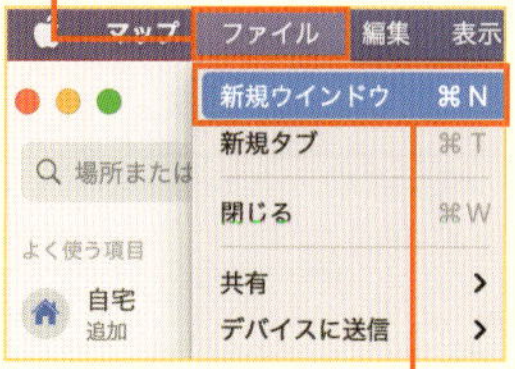

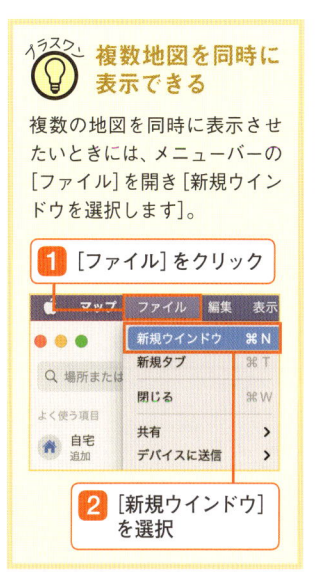

2 [新規ウインドウ]を選択

chapter 9

05 「マップ」アプリをナビとして使う

道順もマップにおまかせ

「マップ」アプリには、目的地まで案内してくれるナビ機能が搭載されています。自動車や徒歩、電車などの公共交通機関などから移動手段を選んで経路検索することができます。

知ろう　経路検索の基本操作

経路検索は［経路］メニューを開いて行います。現在地から目的地までの経路を検索できるのはもちろん、任意の2地点間の経路検索にも対応しています。なお、表示中の地図内から目的地を指定して経路案内させることもできるので併せて紹介します。

1 ［経路］アイコンをクリック

2 出発地と目的地名を入力

3 候補から目的地を選ぶ

ルートと道順が表示された

4 ［>］をクリック

ルートの詳細が表示された

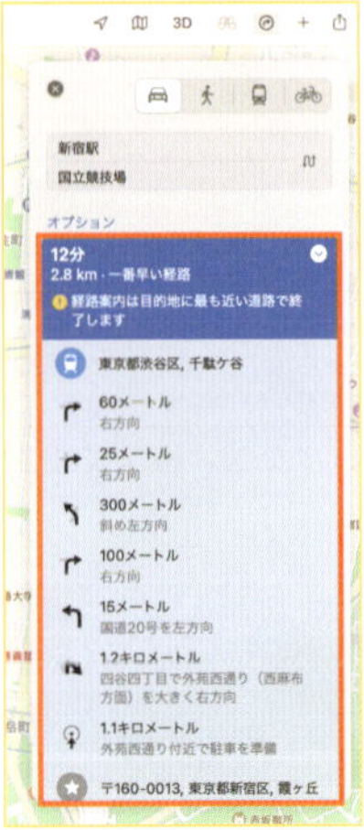

目的地までの具体的な道順や目印となるポイントなどを詳細表示します。

> プラスワン　**交通手段を切り替える**
>
> 経路の検索画面で最上部のアイコンを押すと電車や徒歩でのルートに切り替わります。自転車は日本未対応です（2020年12月現在）。
>
> 

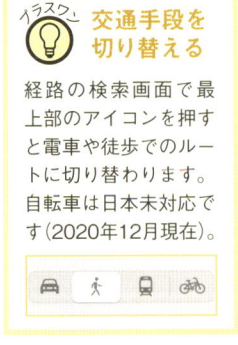

使おう 現在地周辺の地図を表示させる

「マップ」アプリには、現在地周辺の地図を表示させる機能が搭載されています。ボタンひとつで手軽に表示できるので周辺地図を確認したい場合に利用してみましょう。

1 [現在地を表示します]アイコンをクリック

現在地が表示された

設定
位置情報を有効にする

現在地を表示するには、[システム環境設定]の[セキュリティとプライバシー]を開き、[位置情報サービス]を有効にします。

使おう 目的地を検索して地図を表示する

サイドバーの検索ボックスに目的地に関するキーワードを入力すると、目的地周辺の地図を表示させることができます。地名や駅名、店舗名などで検索できます。

1 キーワードを入力

2 候補から目的地を選ぶ

目的地が表示された

「マップ」の表示が目的地周辺に切り替わり、目的地の詳細を表示します。

[経路]を選ぶと現在地からの経路を表示する。[経路を作成]を選ぶと、この地点から別の目的地までの経路を検索できる

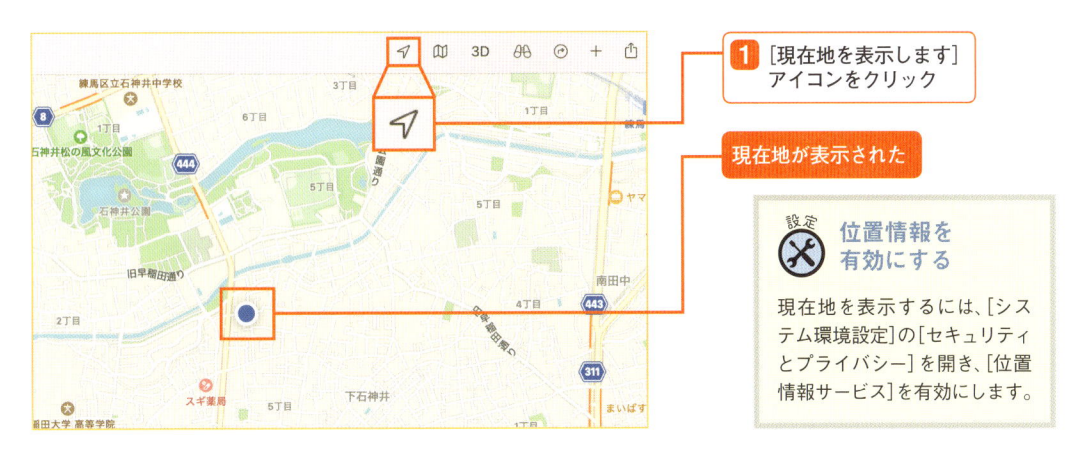

使おう　検索した場所をマイガイドに保存する

「マップ」アプリで検索した場所は、サイドバーの「マイガイド」に追加しておくと、繰り返し検索する手間を省けるほか、同じApple IDを登録するiPhoneなどとも共有ができ便利です。

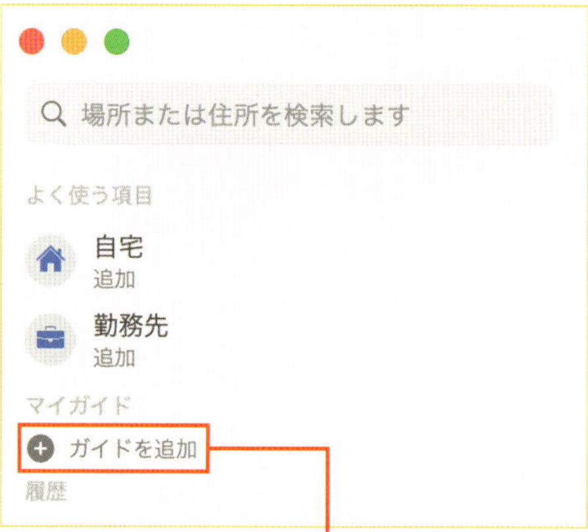

1 ［ガイドを追加］をクリック

「新規ガイド」が作成された

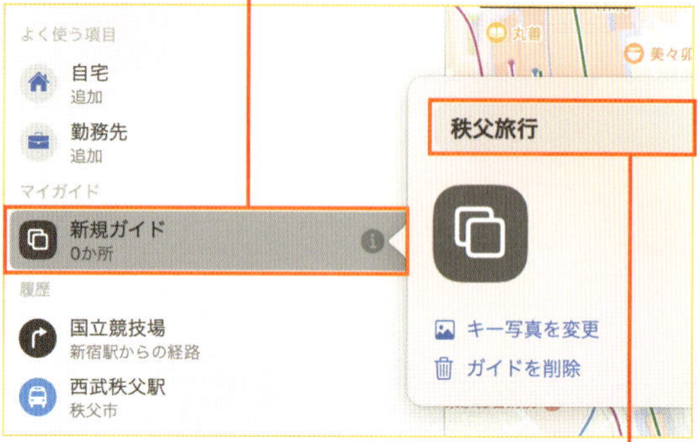

2 ガイド名を入力して［return］キーを押す

目的地を検索しておく

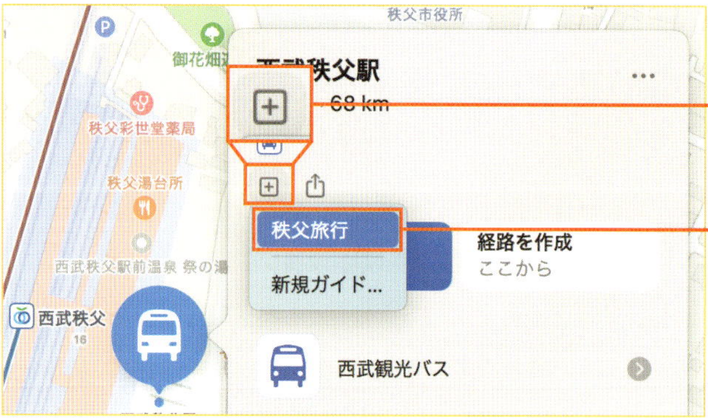

3 ［+］をクリック

4 作成しておいたガイドを選ぶ

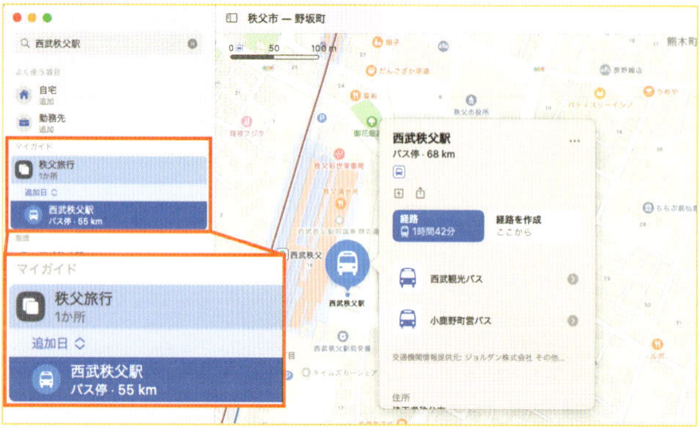

場所がマイガイドに登録された

「マイガイド」はいくつでも作成ができます。旅行の際に観光地ごとの名所をまとめたり、お気に入りのカフェなどをまとめたりなど、目的ごとに使い分けするとよいでしょう。

使おう 経路情報をiPhoneやiPadに送る

検索した経路情報は、手持ちのiPhoneやiPadに送信することができます。それぞれの端末では受け取った経路情報を「マップ」アプリで表示することができるほか、音声によるナビゲーションも可能です。

1 [共有メニュー]をクリック

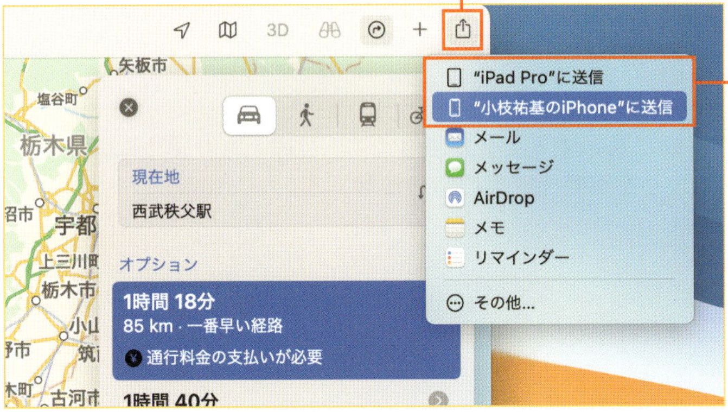

2 転送先のデバイスを選択

設定
同一の Apple ID でサインインを実行

経路を転送する場合は、Macと iPhone・iPadの双方が同じApple IDでサインインしている必要があります。

Mac Book から受信したルートを iPhone でナビゲートする

iPhoneに通知が届く

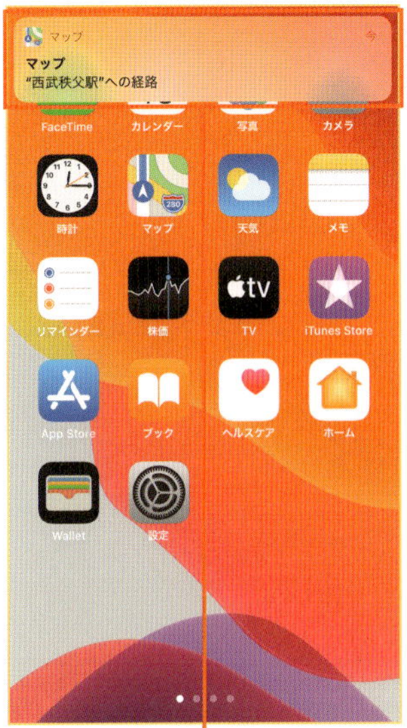

1 「マップ」の通知をタップ

MacBookから送った経路を受信すると、iPhoneに通知が届きます。

MacBookから送った経路が開く

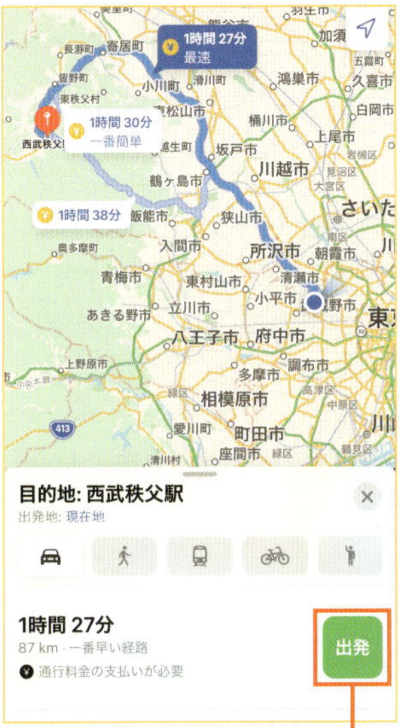

2 [出発]をタップ

通知をタップするとマップが開き、経路が表示されます。

経路案内が開始された

[出発]をタップすると画面が切り替わり、音声ガイダンスとともに経路案内が開始されます。

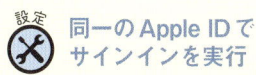

chapter 9

06

地図を立体的に確認する

3D表示や実写地図を活用する

「マップ」アプリには、建物を立体的に表示してくれる3Dや実際の航空写真を使った実写地図を表示する機能が備わっています。また新搭載の「Look Around」機能なら、現地を訪れているかのような体験ができます。

使おう　3D地図を表示する

3D地図では対応する地域を立体的に表示することができます。目印となりそうな建物を探せるので、土地勘のない場所などを下調べするのにも便利です。

1 [3D] アイコンをクリック

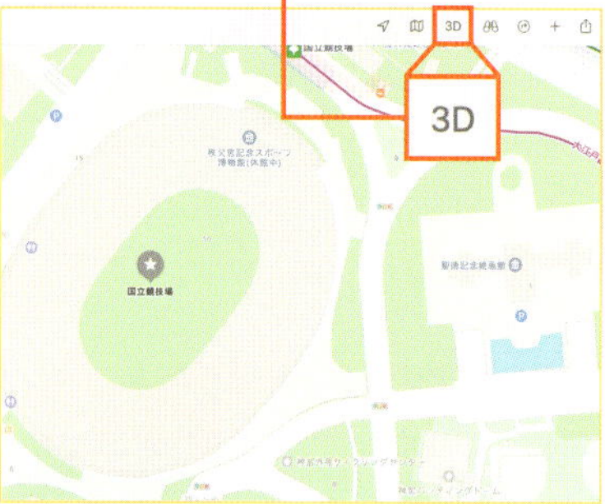

地図上にある建物が立体表示されます。初めて行く土地でも建物を頼りに目的地が探せます。

地図上の建物が立体化された

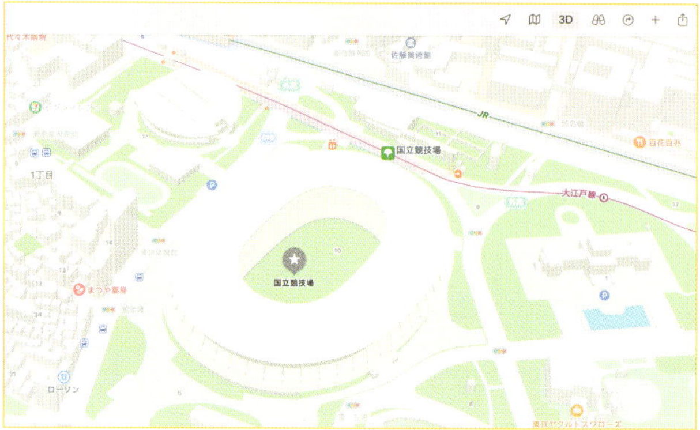

使おう　実写地図に切り替える

「マップ」アプリは、上空から撮影した実写による地図表示にも対応しています。目的地やその周辺の状況を視覚的に捉えたい場合などに活用すると便利です。

1 [地図モードメニュー] アイコンをクリック

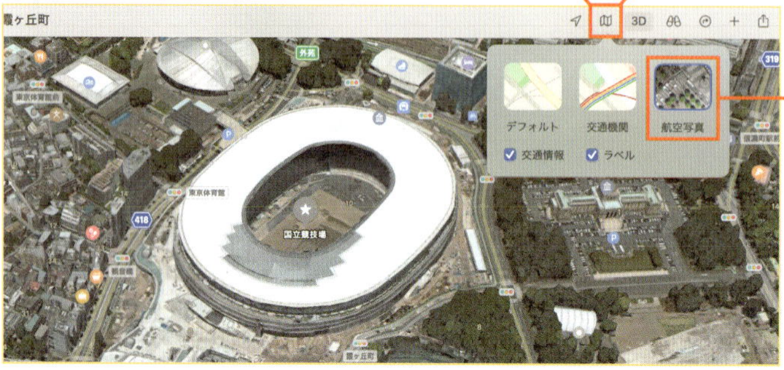

2 [航空写真] をクリック

実写地図に切り替わった

ここでは3D表示で紹介しましたが、通常のマップ表示でも利用できます。

使おう 写真でマップの現地を訪れてみる

Big Surで追加された「Look Around」機能を使うと、現地の様子を写真で確認できます。360度全方位で風景を表示するので、実際に現地を訪れたかのような気分を味わえます。

調べたい場所の地図を表示しておく

1 [Look Aroundにする] アイコンをクリック

「Look Around」に切り替わった

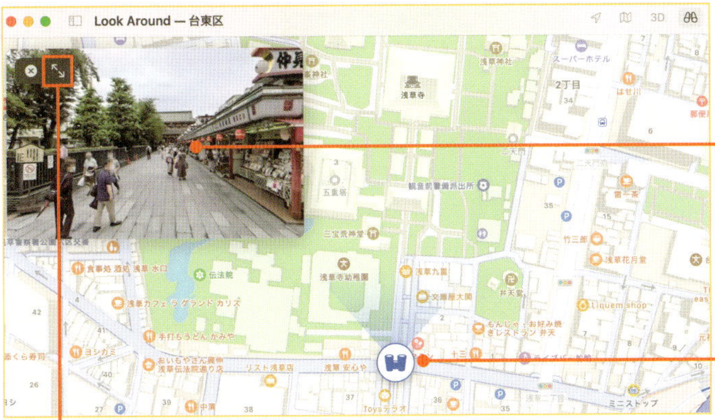

双眼鏡のアイコンが表示された地点の写真を、画面の左上に小窓で表示する

双眼鏡のアイコンはマップの中央に固定され、マップをドラッグで動かすと、左上の写真の風景も変化する

2 [最大化] アイコンをクリック

最大化表示になった

施設名やアイコンが表示される

写真内でドラッグすると画角が変わる

もう一度アイコンをクリックすると最大化表示を終了する

3 道路の正面方向をクリック

道路の前方に移動した

chapter 9

07

MacBookを買ったその日から使える

Big Sur標準アプリを使う

Macにはさまざまな種類のアプリが標準で搭載され、Macを購入したそのままの状態でも十分に活用できます。幅広いジャンルが用意されているなかから、基本のアプリを紹介します。

知ろう iPhone・iPadとデータを共有できる「メモ」

「メモ」アプリ同一のApple IDでサインインしていると、Mac BookとiPhone、iPadなどの複数端末間でデータを同期できます。iPhoneで途中まで作成したメモの続きを自宅のMacで作業したり、事前にMacで作成しておいたリストをiPhoneで持ち出すなど幅広い使い方ができます。端末間でのメモの共有は、[システム環境設定] の [iCloud] で [メモ] にチェックを入れるだけで可能になります。

プラスワン 同期はWi-Fi接続時にのみ行われる

同期はWi-Fi接続時に行われます。複数端末利用時は同期のタイミング次第で作成内容が消えることもあるため、外で作成したメモを同期する際は注意しましょう。

使おう 「メモ」の基本的な使い方

「メモ」アプリでは、複数の単ページのメモを管理することができます。メモの画面にはテキストの入力のほか、iPhoneなどと連携すると手書きの画像も一緒に保存できます。

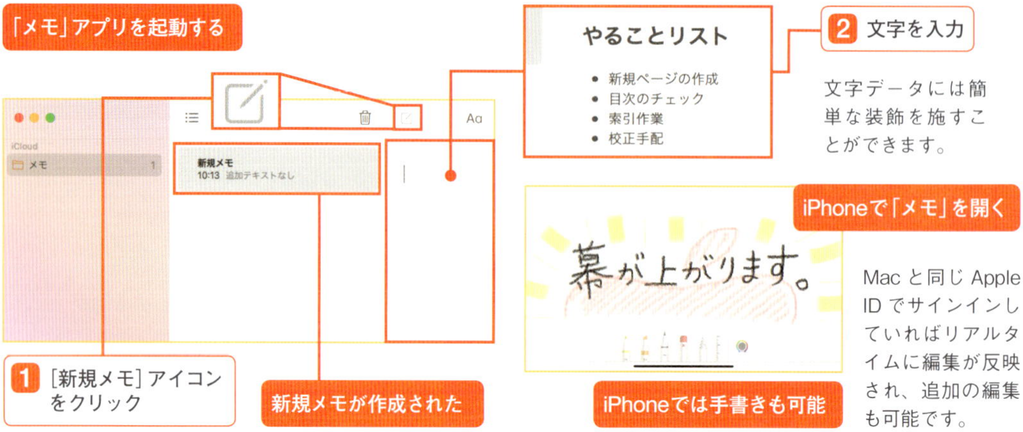

文字データには簡単な装飾を施すことができます。

Mac と同じ Apple ID でサインインしていればリアルタイムに編集が反映され、追加の編集も可能です。

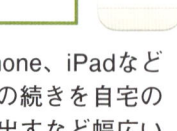

使おう 「メモ」の便利な機能を使おう

入力されたテキストをもとにして、チェックリストや表組みを簡単に作成できます。チェックリストは、チェック後の処理のカスタマイズにも対応しています。

チェックリストを作成する

1 テキストを選択

2 [チェックリストを作成] アイコンをクリック

チェックリストが作成された

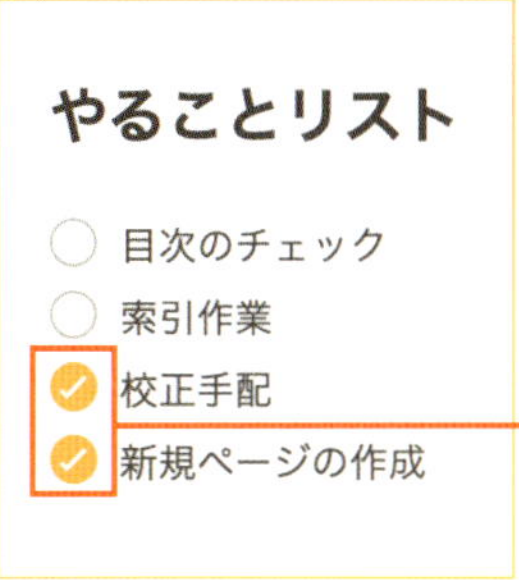

ボックスをクリックするとチェック済みに変わる

[ファイル] メニューの [フォーマット] → [その他] で、チェック済みの項目を削除したり、表示を一番下に移動するなどの設定ができます。

表組みを作成する

1 [表を追加] アイコンをクリック

テキストが表組みに変わった

表組みの左と上に表示されるアイコンをクリックすると列や行数の変更ができる

プラスワン
溜まっていくメモは検索で探し出す

保存したメモを探すには検索機能を使います。チェックリスト付きや添付ファイル付きなどで、メモの絞り込みも可能です。画像内に含まれる文字も検索対象となるため、名刺や雑誌記事のスクラップなどを保管するのにも便利です。

使おう ほかのユーザを招待して共同編集する

ほかのユーザを招待して、メモを共同で編集することができます。メモ単位だけでなく、フォルダ単位で複数のメモをまとめて共有することもできます。

共同編集したいメモを開いておく

1 [人を追加] アイコンをクリック

2 共有方法を選択

3 招待したいユーザのアドレスを入力

4 [共有] をクリック

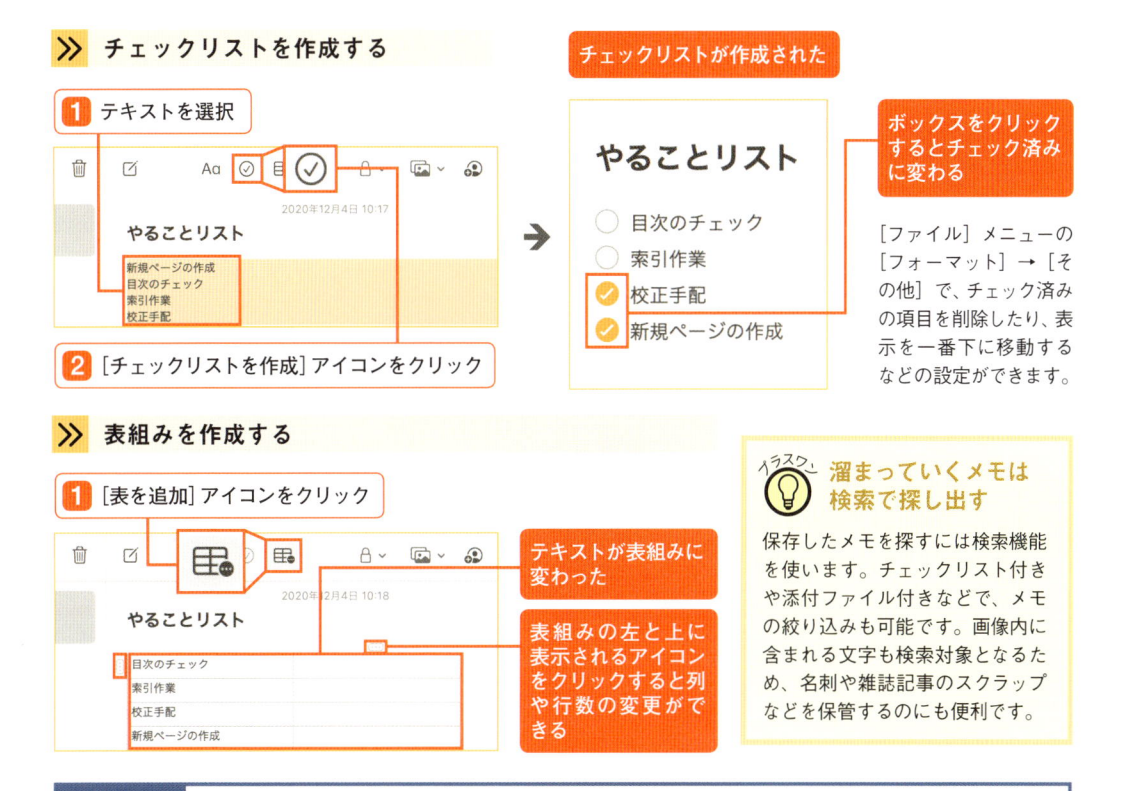

使おう 「リマインダー」に大切な用事を記録する

日々のささいな用事から、重要な仕事の要件まで、タスク管理に便利なアプリが「リマインダー」です。シンプルに利用でき、iCloudでの同期にも対応しています。

Dockから「リマインダー」を起動する

1 [+]をクリック

2 時間や要件を入力

入力した時刻になると通知が表示される

場所や日付、時刻などを詳細に設定するなら［i］をクリックし詳細設定で行えます。

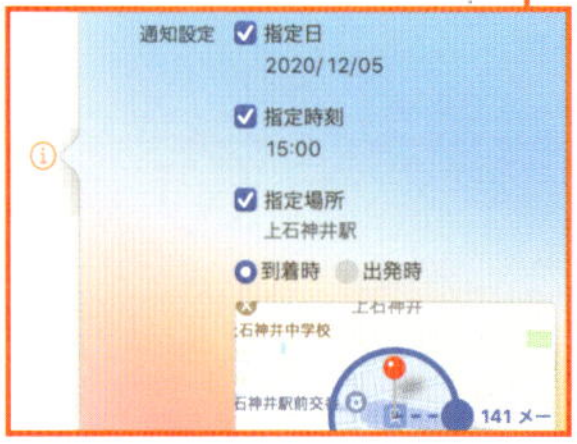

3 先頭の［○］をクリック

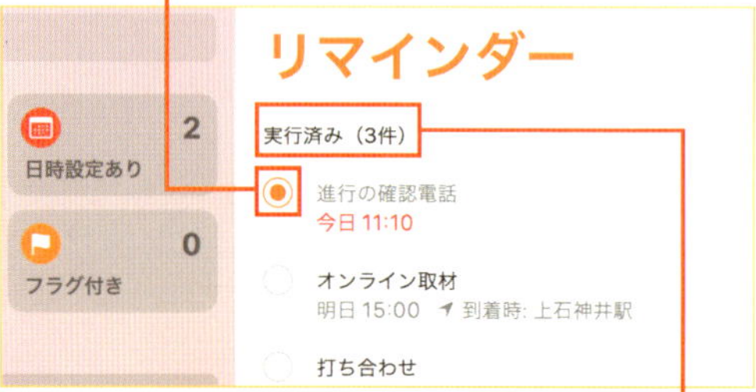

リマインダーが［実行済み］に格納される

使おう 予定を見やすく分類する

［リマインダー］に入力した要件などは、リストを使って分類・整理することができます。ここでは新たなリストを作成し、アイコンを変更する方法を紹介します。

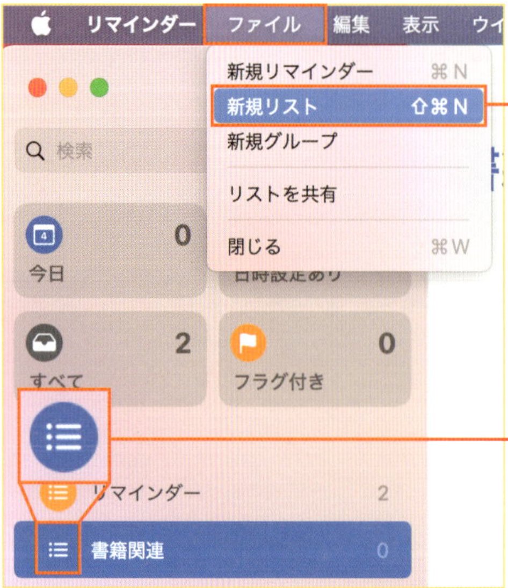

1 ［ファイル］→［新規リスト］を選択

2 リスト名の左にあるアイコンをダブルクリック

アイコンのカラーやイラストを変更できる

使おう 「探す」アプリで端末の場所を表示する

これまでiCloudの一機能として提供されていた、端末や友だちを探す機能は「探す」アプリに統合されました。ここでは端末の探し方から解説をしていきます。

1 ［システム環境設定］→［Apple ID］→［iCloud］を開く

2 ［Macを探す］をチェック

3 位置情報のダイアログで［許可］をクリック

4 「探す」アプリを起動し［デバイスを探す］をクリック

同じApple IDでサインイン中の端末がマップに表示

5 端末を選択

選択した端末の詳細が表示された

サウンドを鳴らして場所を知らせることもできる

使おう ほかのユーザと位置情報を共有する

ほかのユーザと位置情報を共有し、マップ上で自分の位置を知らせ合うことができます。一定時間のみ共有することもできるため、待ち合わせの際などにも便利です。

1 ［人を探す］をクリック

2 ［自分の位置情報を共有］アイコンをクリック

3 位置情報を共有したいユーザを入力

4 「送信」をクリック

相手が承認するとマップ上に位置情報が表示される

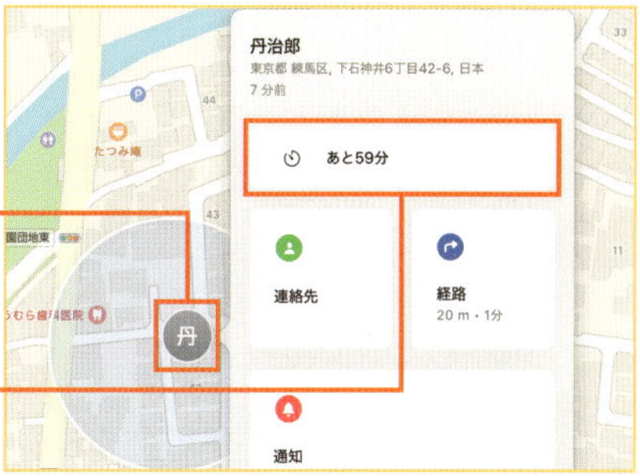

時間を設定し一時的に共有することもできる

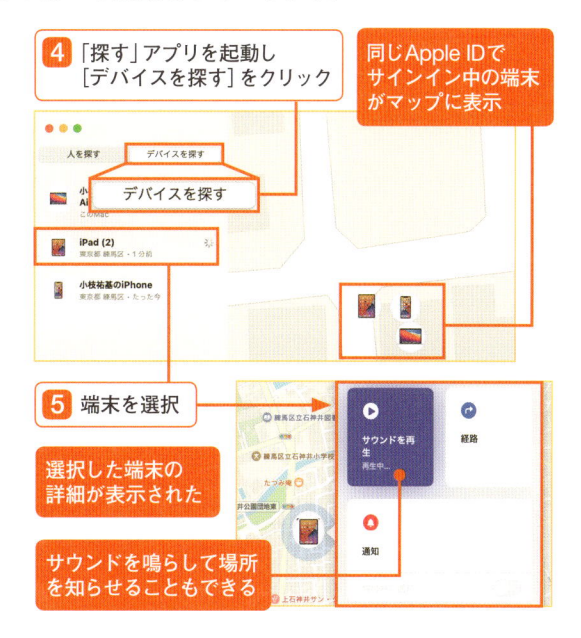

知ろう 「スクリーンショット」アプリなら動画も撮れる

MacBookの画面を画像として取り込むには、ショートカットキーを使うのが簡単ですが、「スクリーンショット」アプリを使えば静止画はもちろん、画面上の操作を動画として取り込むこともできます。

操作画面の動画撮影ができるように進化した

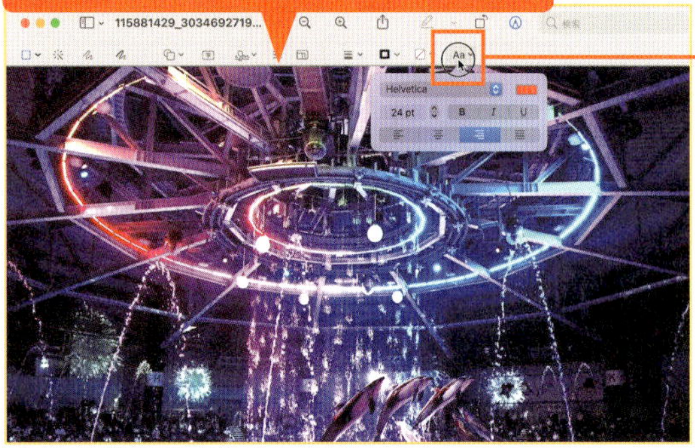

クリックポイントも追加できる

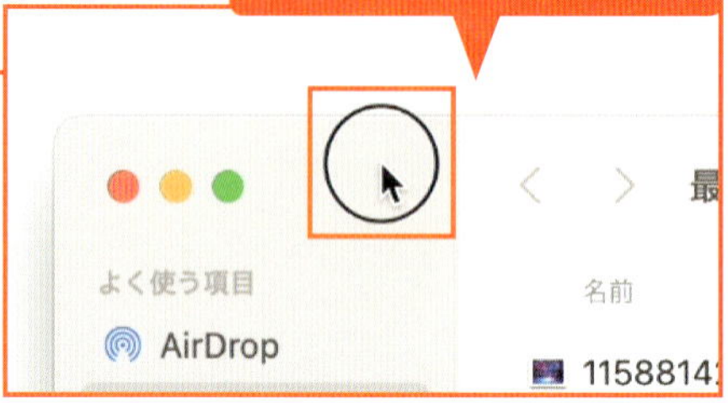

ただ画面の動画を録画するだけでなく、オプションの設定でマウスクリックのポイントを見やすく強調してくれる機能なども用意されています。

使おう 「スクリーンショット」アプリで画面の動画を撮影する

操作の手順を相手に伝えるときなどは、画面の録画機能を使って動画を作成しましょう。オプションでタイマーや音声の有無なども選択できます。

「Launchpad」の［その他］から「スクリーンショット」を開く

1 ［画面全体を収録］アイコンをクリック

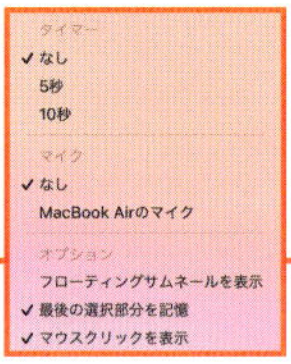

2 ［オプション］をクリックして必要な設定を選択

タイマー
撮影開始までの時間を5秒・10秒から選べる

マイク
録音に使用するマイクを選択する

オプション
撮影時にマウスクリックを含めるかなどを選択できる

ポインタがカメラに変わる

3 デスクトップ上をクリック

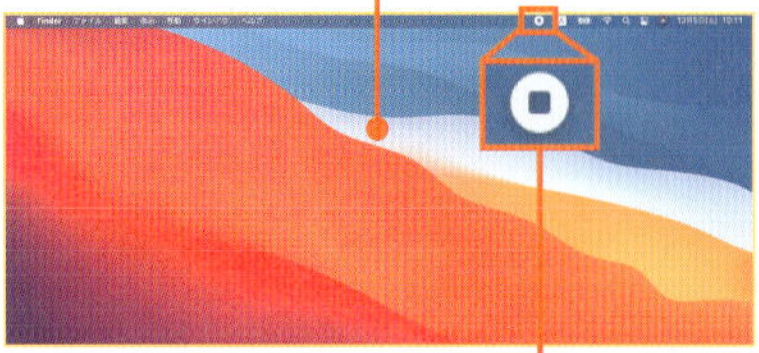

録画が開始される

4 ［停止］アイコンをクリック

録画が終了し動画ファイルが作成された

「QuickTime Player」で再生できる

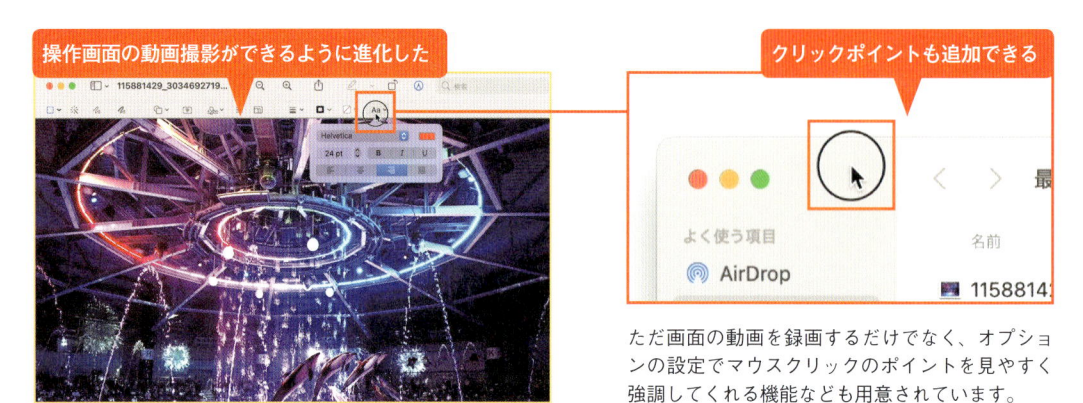

知ろう シンプルに使える録音アプリ「ボイスメモ」

「ボイスメモ」はシンプルな音声記録アプリです。あらかじめ位置情報の使用を許可していれば、位置情報を音声データのファイル名としてつけることもできます。

「Launchpad」から「ボイスメモ」を開く

「ボイスメモ」での録音操作は、録音開始と停止を行うだけと非常にシンプル。録音中の一時停止なども行えます。

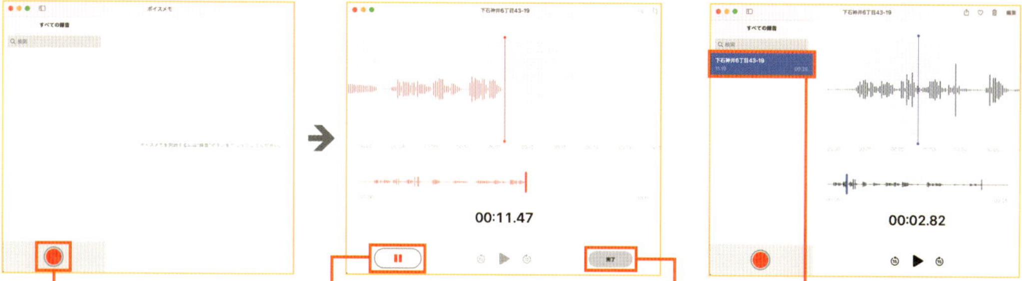

1 [開始]ボタンをクリック

一時停止もできる

2 [完了]をクリック

音声データが作成された

使おう 音声データを聞いたり編集したりする

「ボイスメモ」で作成した音声データは、そのまま「ボイスメモ」アプリで再生できます。音声データはトリミングや、メールなどで共有もできます。

録音した音声データを聞く

1 録音データを選択

2 [再生]をクリック

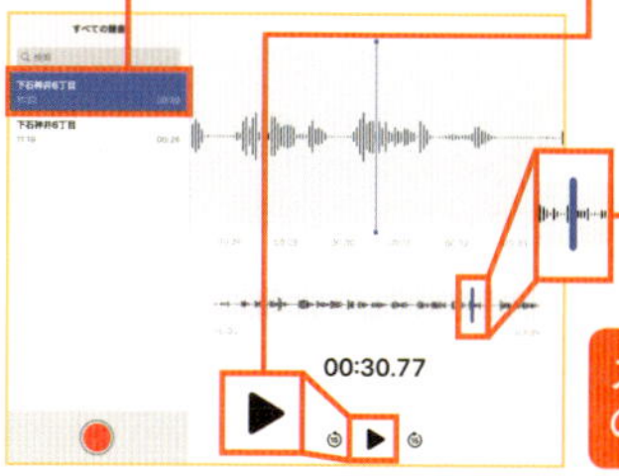

スライドして位置の選択もできる

録音したデータを共有する

1 [共有]をクリック

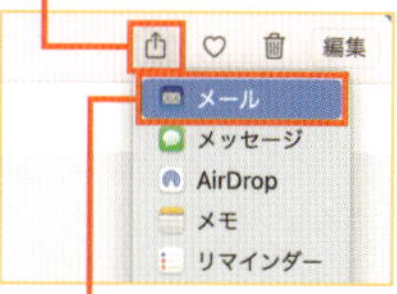

2 [メール]を選択

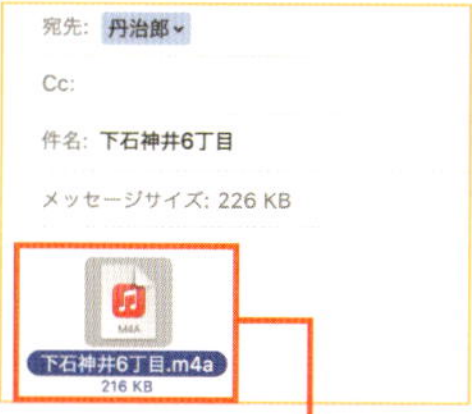

録音データが添付された

音声データをトリミングする

1 [編集]をクリック

編集画面が開く

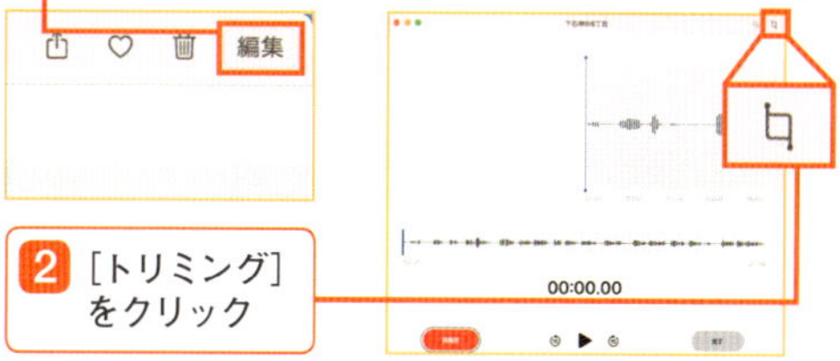

2 [トリミング]をクリック

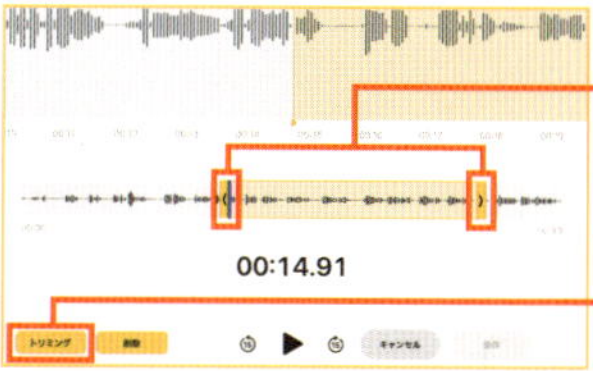

3 スライダーを動かし再生時間を調節

4 [トリミング]をクリック

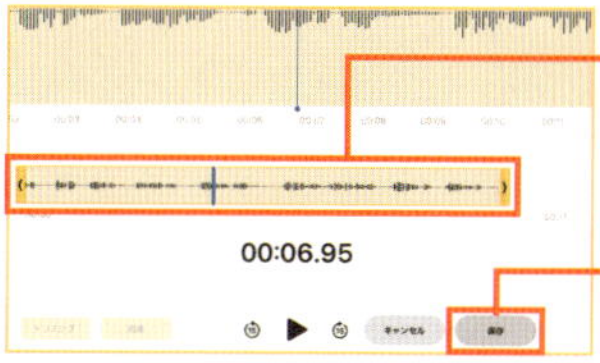

音声データの長さが調節された

5 [保存]をクリック

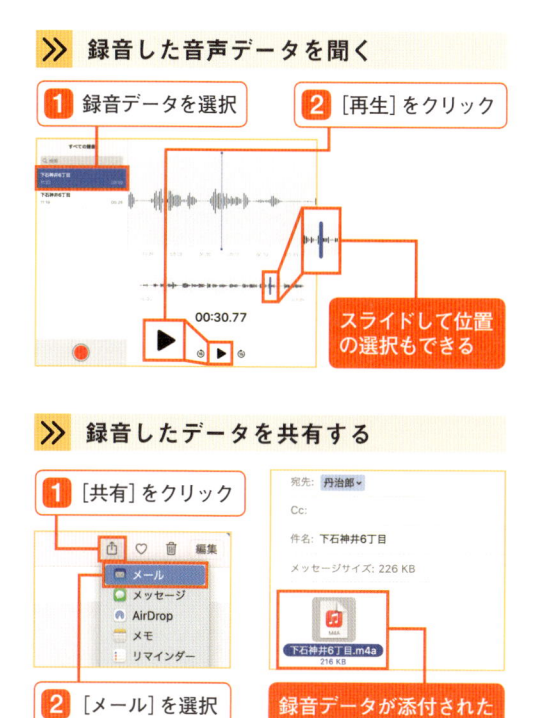

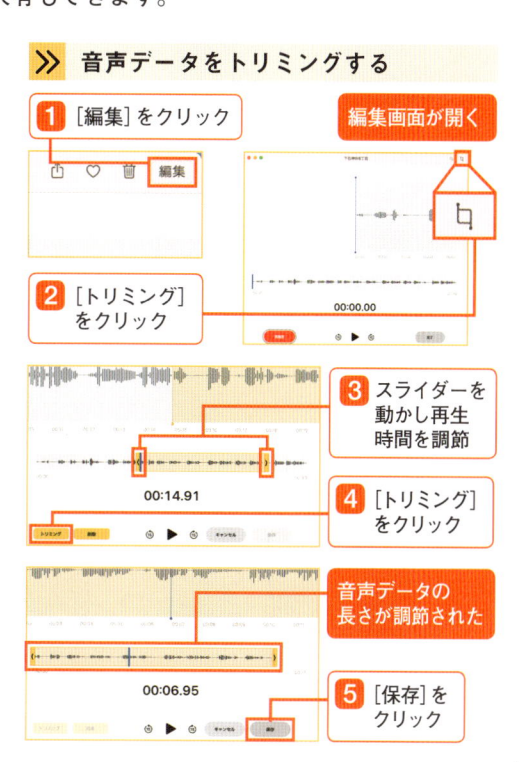

知ろう 「ブック」で電子書籍を楽しむ

Apple社の提供する電子書籍サービスが「Apple Books」です。MacBookには標準で「ブック」アプリが用意されており、簡単に電子書籍の購入や閲覧を行えます。[ブックストア]には多数の無料タイトルも用意されているので、気軽に読書をはじめてみましょう。

Macの画面で電子書籍が読める！

無料タイトルも豊富に用意！

「ブック」アプリから［ブックストア］にアクセスし電子書籍を購入すれば、自分のライブラリに本が登録されます。無料のタイトルも用意されています。

使おう 「ブック」で電子書籍を購入する

「ブック」なら電子書籍の購入から管理・閲覧まですべて行うことができます。ここでは購入から閲覧まで実際に試してみましょう。なお購入にはApple IDを使用します。

「Launchpad」から「ブック」を開く

1 ［ブックストアに移動］をクリック

［ブックストア］が開かれた

2 タイトルをクリック

3 ［（金額）購入］をクリック

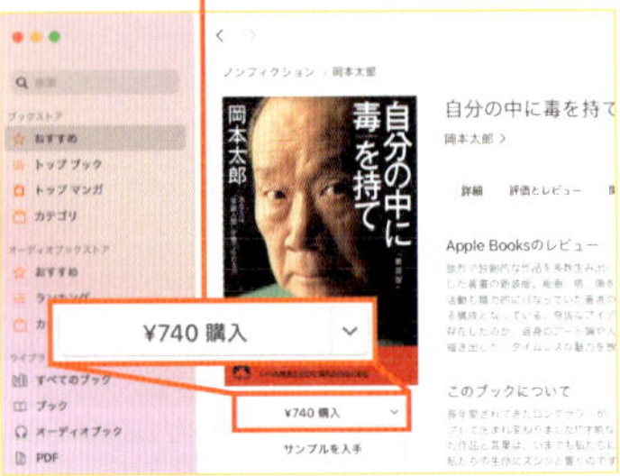

購入した本がライブラリに追加された

ダブルクリックするとビューワが起動

購入した本はダブルクリックで開けます。ページめくりは画面の左右をクリックします。

使おう 「カレンダー」で日々の予定を管理する

日々の予定管理に欠かせないのがカレンダーです。Macの「カレンダー」ならiCloud端末間だけでなく、他社のカレンダーアプリとの同期もこなせます。

Dockから「カレンダー」を開く

1 [日付]をダブルクリック

2 予定を入力

3 ラベルを選択

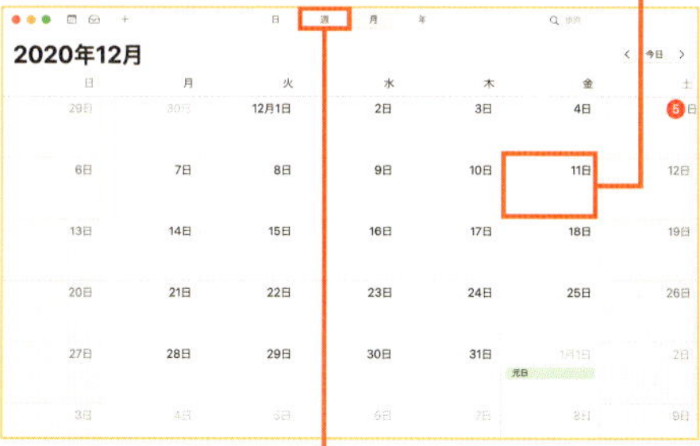

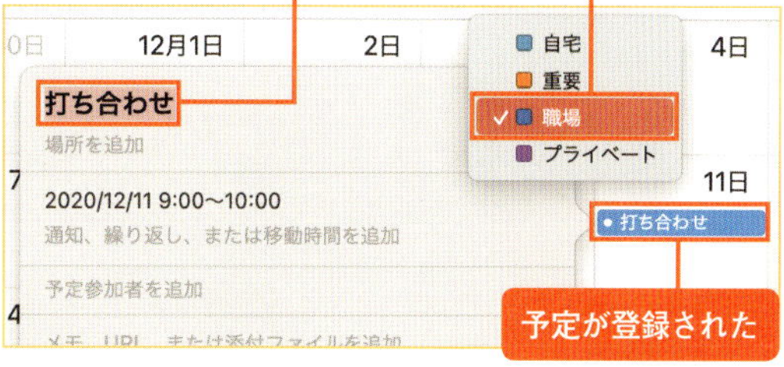

予定が登録された

タブをクリックして[週]表示などに変更も可能

プラスワン Googleなど他社のカレンダーとの共用も可能

[カレンダー]メニューの[アカウント]を選択すると、GoogleやYahoo!などのサービスで作成したカレンダーの内容を読み込めるようになります。

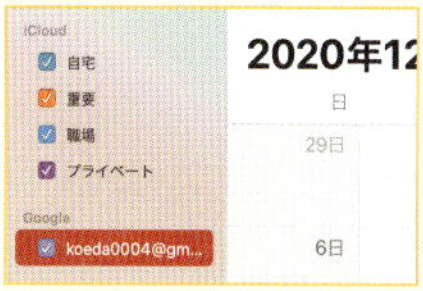

使おう 「株価」で気になる銘柄の情報をチェック

「株価」アプリを使うと、さまざまな取引市場の株価やニュースをすばやくチェックできるほか、気になる銘柄をウォッチリストに登録できます。

「Launchpad」から「株価」を開く

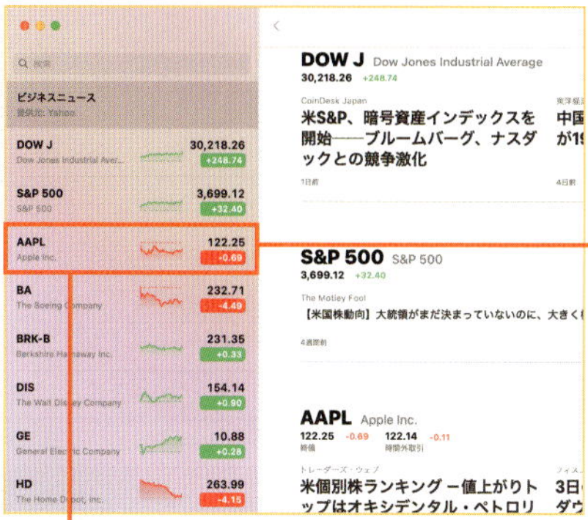

1 株価を確認したい銘柄名をクリック

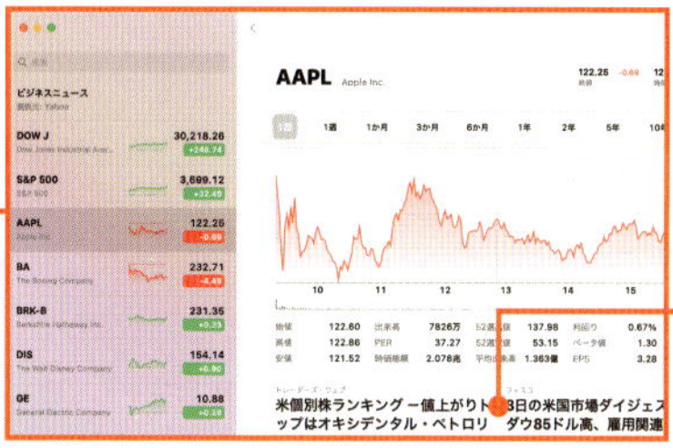

選択した銘柄の株価が表示された

選択中の銘柄に関するニュースが並んでいる

2 検索ボックスに銘柄名を入力

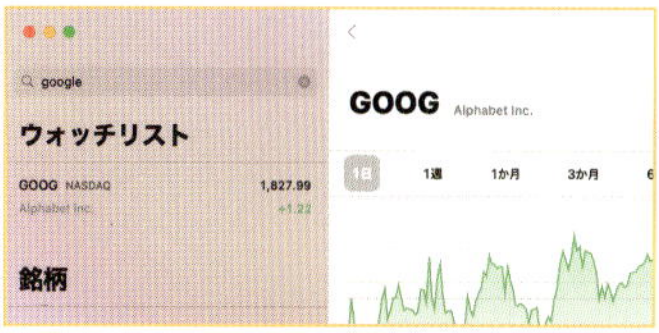

3 [control]＋クリック→[ウォッチリストに追加]を選択

ウォッチリストに追加された

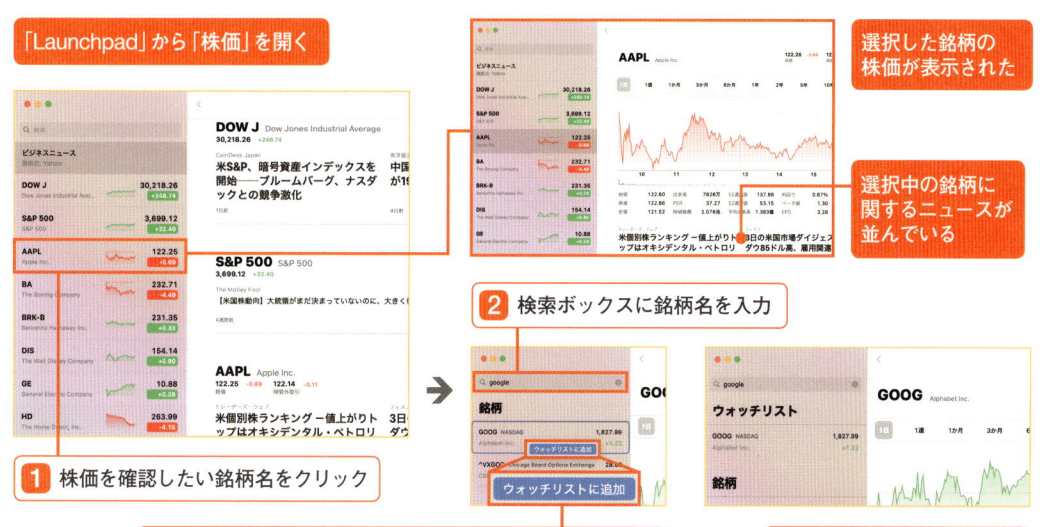

使おう 「Automator」で作業を自動化する

「Automator」は複数の操作を組み合わせたワークフローを作成し、作業を自動化できるアプリです。用意されたメニューを選ぶだけなので、難しいコマンド入力は必要ありません。ここでは一例として、画像をリサイズするアプリを作成してみます。

ワークフローを実行するアプリを作成する

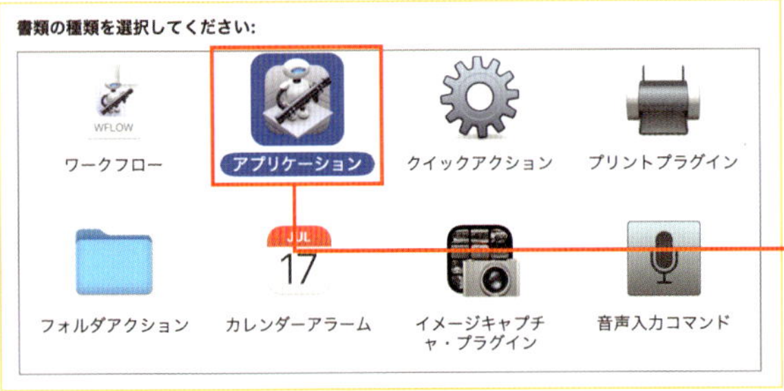

「Launchpad」から「Automator」を開く

1 「Automator」の［ファイル］メニューから［新規］を選択

2 ［アプリケーション］をクリック

ここでは自己実行型のワークフローアプリを作成します。

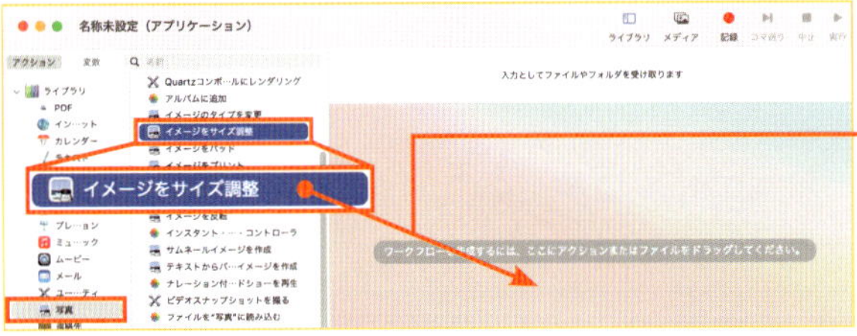

ワークフローの作成画面が開かれる

3 ［写真］項目の［イメージをサイズ調整］アクションを右側にドラッグ&ドロップ

ドラッグ＆ドロップの際、［Finder 項目をコピー］アクションは自動的に追加されます。

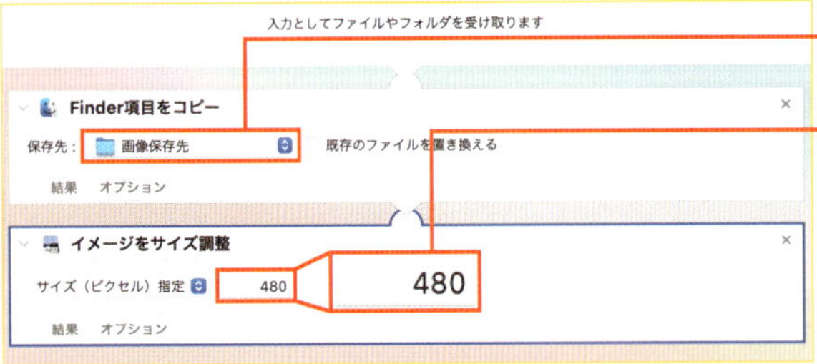

4 リサイズ後の画像の保存先を指定

5 リサイズ時の長辺のピクセル数を入力

6 ［ファイル］メニューから［保存］を選択

画像のリサイズアプリが作成された

作成したアプリを使ってみる

作成したアプリを確認

わかりやすく「リサイズ」という名前でデスクトップに置いてあります。

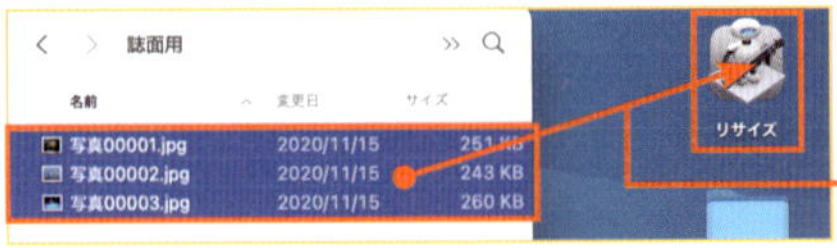

1 元となる画像をアプリのアイコンの上にドラッグ&ドロップ

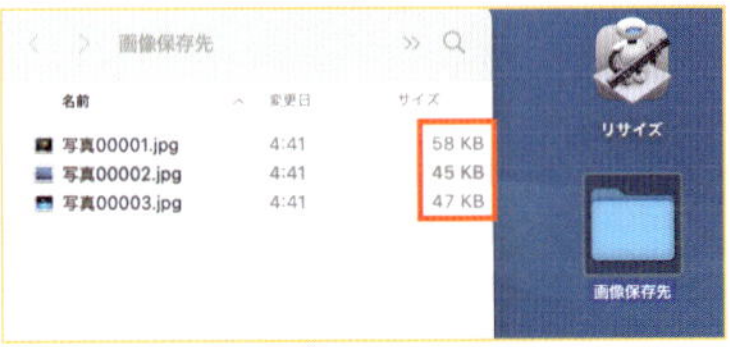

リサイズ後の画像が保存された

リサイズ画像の保存先フォルダを開くとリサイズ済みの画像が複製保存されています。なお、アプリの置き場所はデスクトップ以外でも構いません。

chapter 10

写真を楽しむ

chapter 10
01

「プレビュー」の基本操作

「プレビュー」で写真を閲覧・編集する

「プレビュー」はmacOSに標準搭載されているMacBookには欠かせないビューワアプリです。JPEG、PNG、TIFF、RAW、PDFなどの画像形式に対応しており、簡単な編集機能も備えています。

使おう 「プレビュー」で写真を開く

まずは「プレビュー」を使って写真ファイルを開いてみましょう。デジカメなどで撮影した写真ファイルをダブルクリックするだけで「プレビュー」が自動的に起動します。

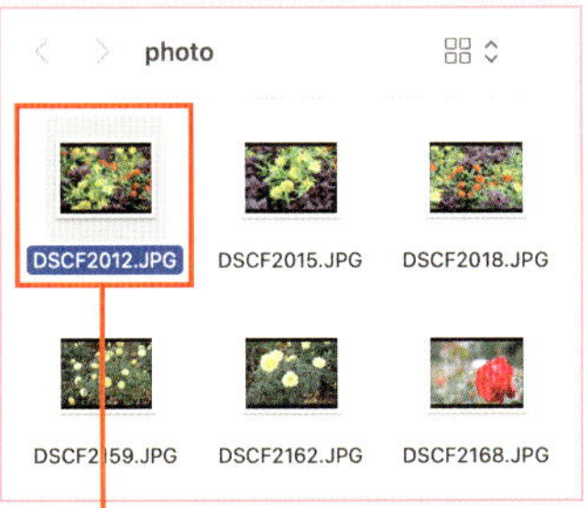

1 写真ファイルをダブルクリック

写真が「プレビュー」で開かれた

2 複数の写真ファイルをドラッグして選択

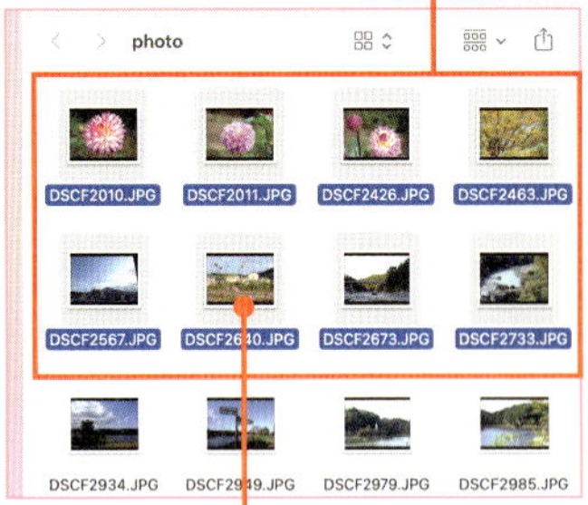

3 選択した写真をダブルクリック

複数選択した写真がひとつのウインドウで開かれた

複数選択した写真がサイドバーに一覧表示され、サイドバーのサムネイルをクリックすると大きく表示される

複数写真を開いている状態では、ウインドウ上でスクロールを行うことで、前後の写真に表示を切り替えられます。

使おう　「プレビュー」で写真を編集する

「プレビュー」には写真の編集機能が備わっています。画像の回転やトリミングなどは、本格的なツールを使わなくても充分にこなせます。

画像の回転

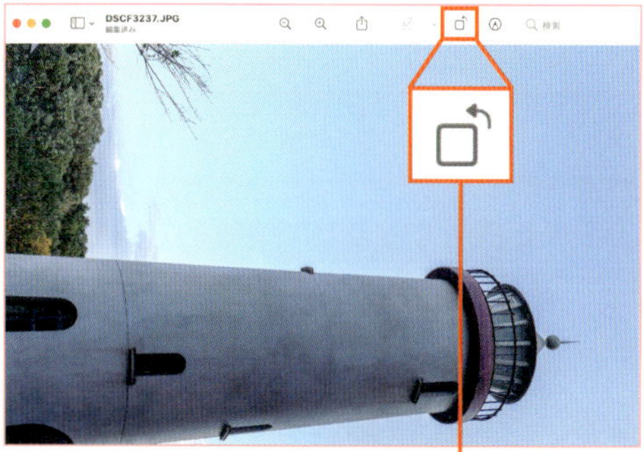

1 ［回転］をクリック

写真が回転し正しい向きに編集された

写真の切り取り（トリミング）

1 ［マークアップ］をクリック

ツールバーが表示された

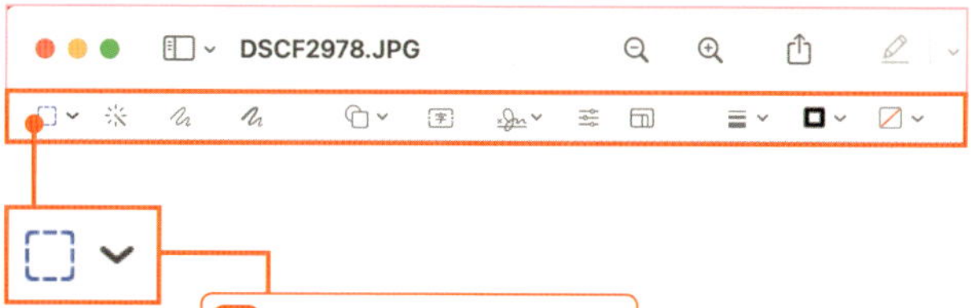

2 ［選択ツール］をクリック

3 切り取りたい範囲をドラッグ

4 ［切り取り］をクリック

選択範囲が切り取られた

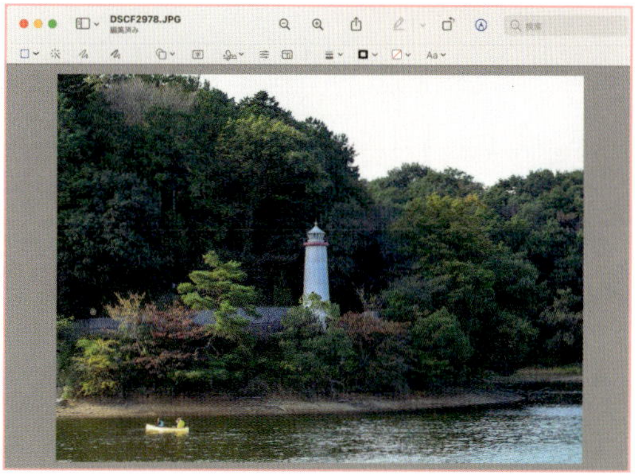

chapter 10

02

「写真」アプリの基本操作

「写真」アプリであらゆる写真を管理

本格的な写真管理を行うなら、「写真」アプリを使うのがおすすめです。シンプルな操作感で、撮影日やロケーションなど、検索方法も多彩。デジカメやiPhoneなどで撮影した写真も手軽に取り込めます。

知ろう 「写真」アプリの基本画面

「写真」アプリは、非常にシンプルなインターフェイスを採用することで直感的な操作を実現しています。ひとつの画面ですべての操作を行えるのも大きな魅力といえます。

縮尺変更
写真のサムネイルサイズを変更するスライダーが表示されます。右にスライドすると拡大され、左にスライドすると縮小されます

表示の切り替え
ライブラリの写真全体をまとめて表示する［すべての写真］のほか、［年別］［月別］［日別］などの表示に切り替えられます

検索ボックス
任意のキーワードで写真の検索ができます。撮影場所や日付、ファイル名など、写真の絞り込みをしたいときに便利です

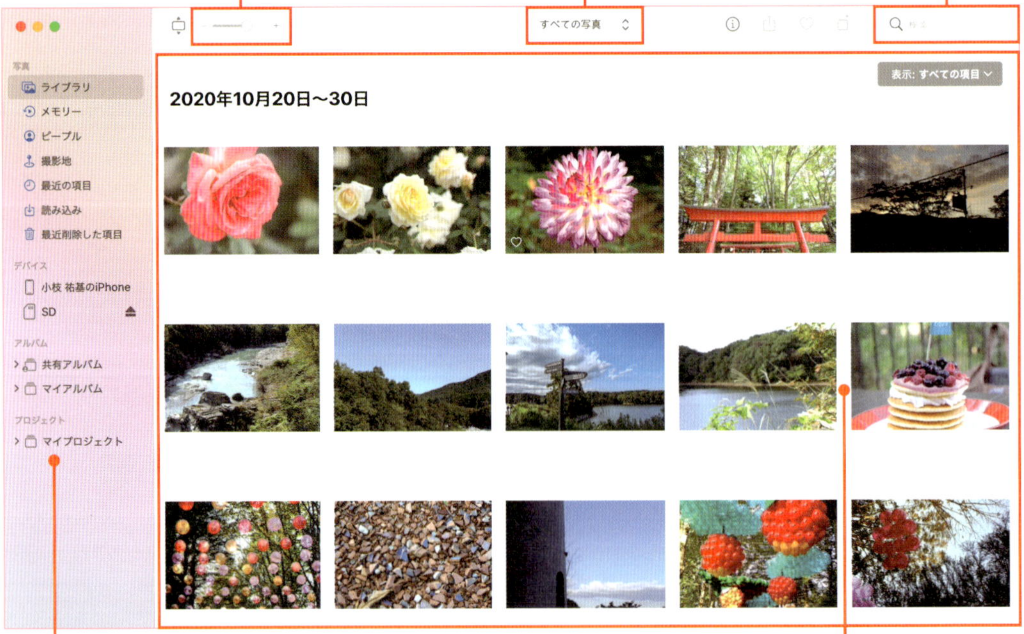

サイドバー
すべての写真やアルバムごとの写真を表示させるなどの操作を行います。MacBook と接続した iPhone やデジカメ、SD カードの写真もここから選択します

写真の一覧
写真のサムネイルが表示されます。「すべての写真」表示では、撮影の日付や場所が画面の左上に表示され、日付の新しい写真が下方向に追加されていきます

使おう iPhoneやSDカードから写真を読み込む

iPhoneで撮影した写真は、MacBookとiPhoneを接続してコピーできます。特別な設定は一切不要ですが、枚数が多いと読み込みに時間がかかる場合があります。

「写真」アプリを起動する

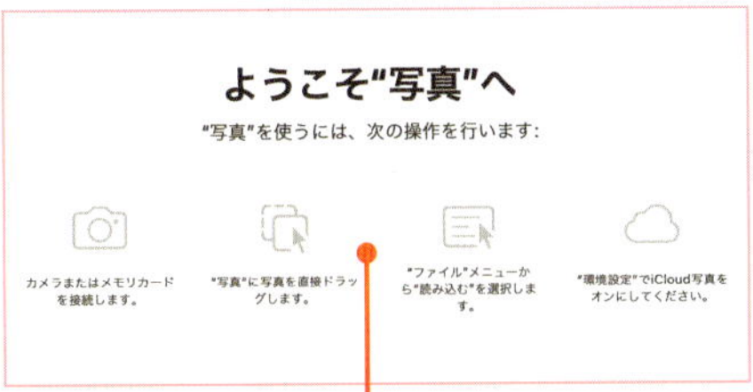

1 SDカードやiPhoneを本体と接続する

MacBook本体にSDカードスロットが搭載されている場合はSDカードを挿入します。スロットが非搭載のモデルでは別途SDカードリーダーが必要です。

iPhoneはLightningケーブルでMacBookと接続

iPhoneやiPadの場合はLightningケーブルでMacと接続します。USB-Cポートが採用されているMacBookでは、専用のアダプタが必要となります。

2 読み込むデバイスを選択

3 [すべての新しい写真を読み込む]をクリック

プラスワン 特定の写真だけを読み込むのも可能

特定の写真のサムネイルをクリックして選択し、その写真だけを読み込むことができます。

1 サムネイルをクリック

2 [○個の選択項目を読み込む]をクリック

画像が読み込まれた

SDカードやiPhoneの写真が読み込まれ「写真」アプリのライブラリに登録されます。取り込まれた写真は、撮影日時や場所で自動的に分類されます。

使おう　写真をiCloudへバックアップする

「写真」アプリでは、設定画面から共有設定を行うことで、写真を自動的にiCloudと同期できます。Macで保存した写真をiCloudにバックアップしておくといった使い方もできます。

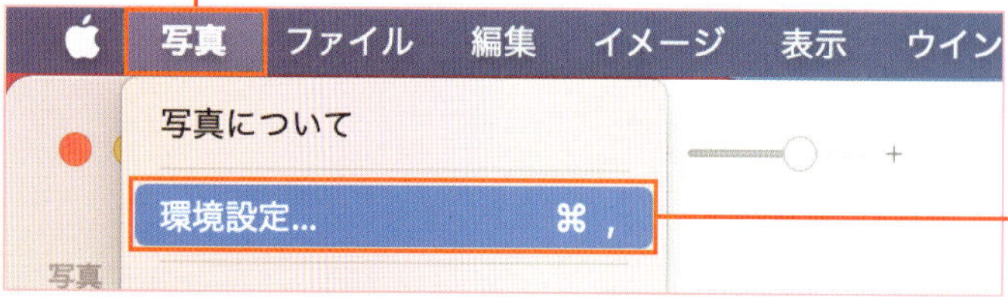

1 ［写真］をクリック

2 ［環境設定］を選択

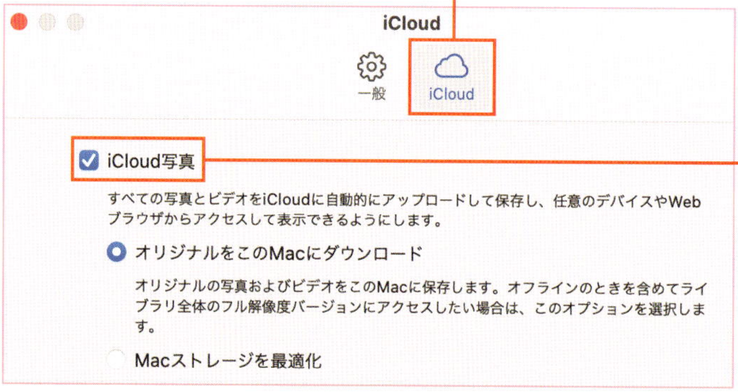

3 ［iCloud］をクリック

4 ［iCloud写真］にチェックを入れる

［iCloud写真］にチェックを入れれば、iCloud写真が「写真」アプリと同期されます。

知ろう　デジカメで撮った写真を読み込む

デジカメにある写真の読み込みもiPhoneと同様の操作で行うことができます。デジカメに付属するUSB-Aケーブルで最新のMacBookと接続するには、純正のアダプターを使って接続する必要があります。

» USB-C - USB アダプタで接続

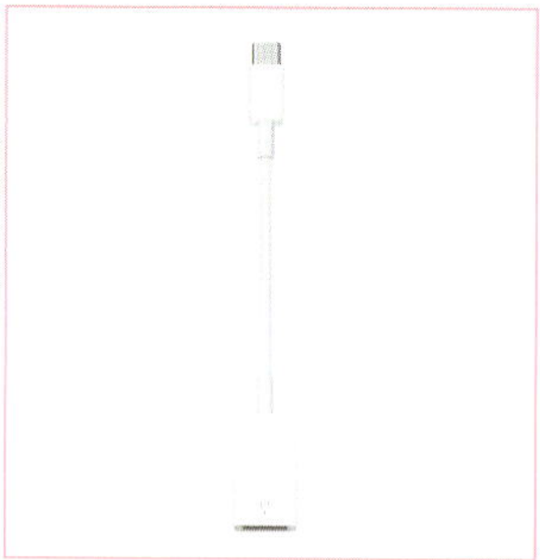

［USB-C - USBアダプタ］（税別1800円）を利用すれば、USB-Cポートを通常のUSB-Aポートに変換でき、デジカメと接続できます。ただし、充電しながらは使えません。

» USB-C Digital AV Multiport アダプタで接続

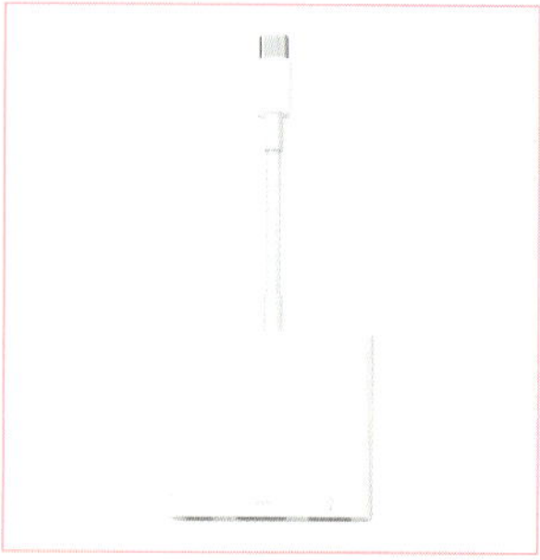

［USB-C Digital AV Multiportアダプタ］（税別6800円）を利用すれば、アダプタ経由で充電しながらUSB-Aポートを利用するデジカメと接続できます。

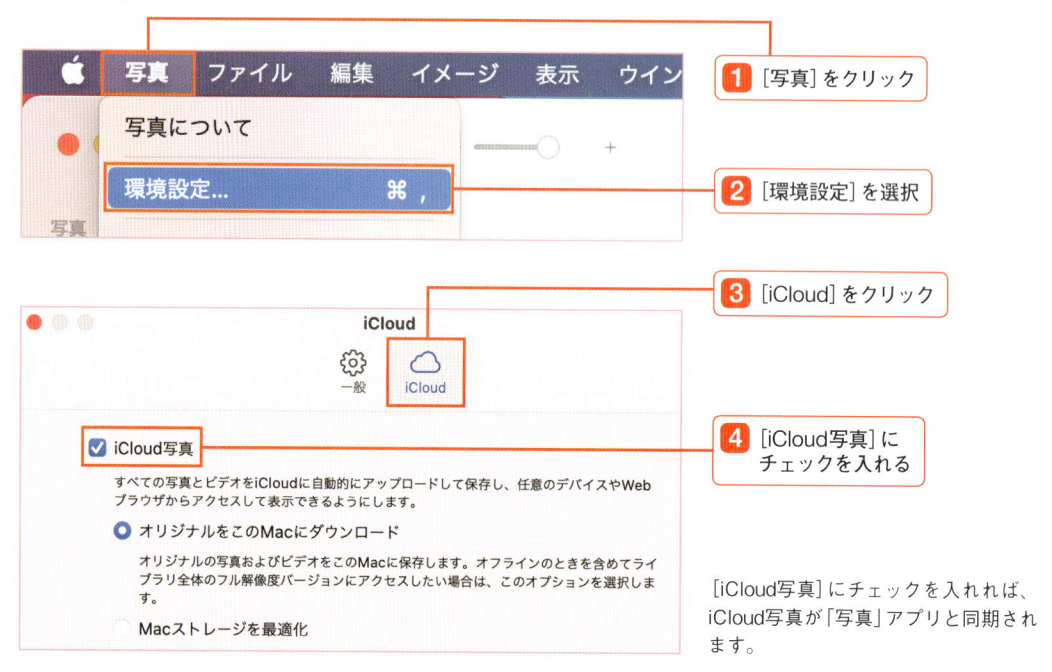

使おう 写真を外付けディスクへバックアップする

多くの写真を読み込むと、システムドライブのHDD容量を圧迫してしまうことがあります。写真のライブラリを外部HDDに移動してシステムドライブの容量を確保しましょう。

[ピクチャ]フォルダを開いておく

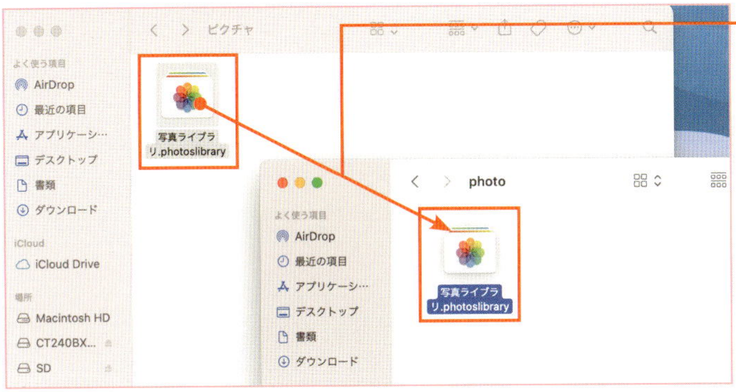

1 [写真ライブラリ]を外付けHDDにコピー

写真ライブラリは、デフォルトでは[ホーム]フォルダ内の[ピクチャ]フォルダに作成されています。

ホームフォルダはどこにある？

ホームフォルダへのアクセスは、Finderメニューの[移動]から[ホーム]を選択します。

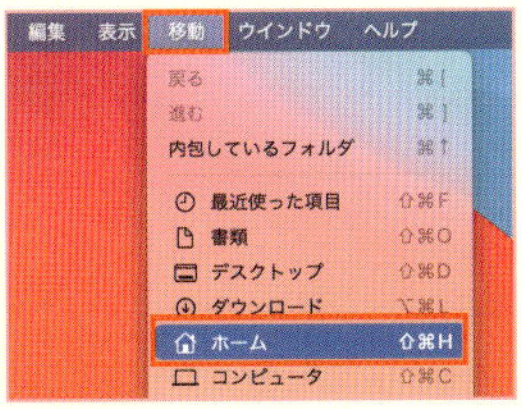

2 ライブラリ名を変更

3 [option]キーを押しながら「写真」アプリを起動

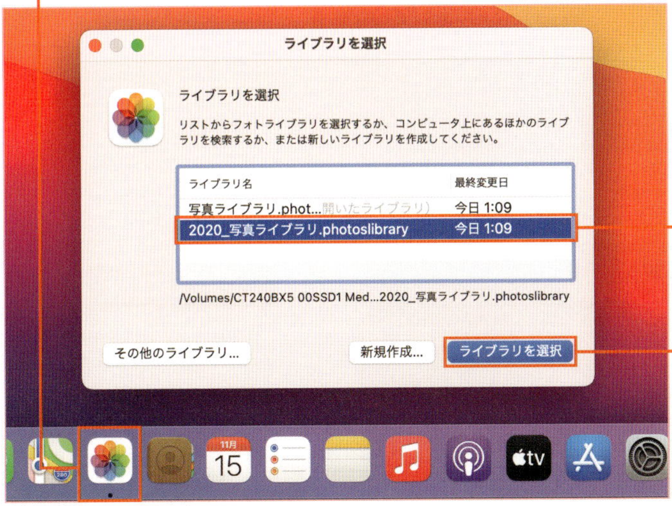

4 外付けHDDに保存したライブラリを選択

5 [ライブラリを選択]をクリック

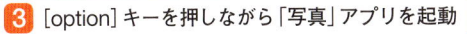

chapter 10
03

写真の探し方や表示方法

ライブラリ内の写真を閲覧する

「写真」アプリなら、ライブラリ内に読み込まれている写真を一望することができます。マウスやキーボードで手軽にサムネイル表示と拡大表示を切り替えでき、複数枚の写真のチェックにも最適です。

使おう サムネイルの表示とサイズを変更する

「写真」アプリに読み込まれている写真は、内容がわかるようにサムネイル形式で表示されます。まずはサムネイルやアイコン表示の変更方法を覚えておきましょう。

1 [ライブラリ] をクリック

2 [年別] をクリック

[年別] で表示された

[年別] は、写真が撮影された年度別に分類表示します。

3 [月別] をクリック

[月別] で表示された

[月別] は、写真が撮影された月単位で分類表示を行います。日付ごとに、ピックアップされた1枚がサムネイル表示されます。

4 [日別] をクリック

[日別] で表示された

[日別] では、選択した日に撮影された写真が一覧表示されます。

[すべての写真] をクリックすると
ライブラリ内の一覧表示に戻る

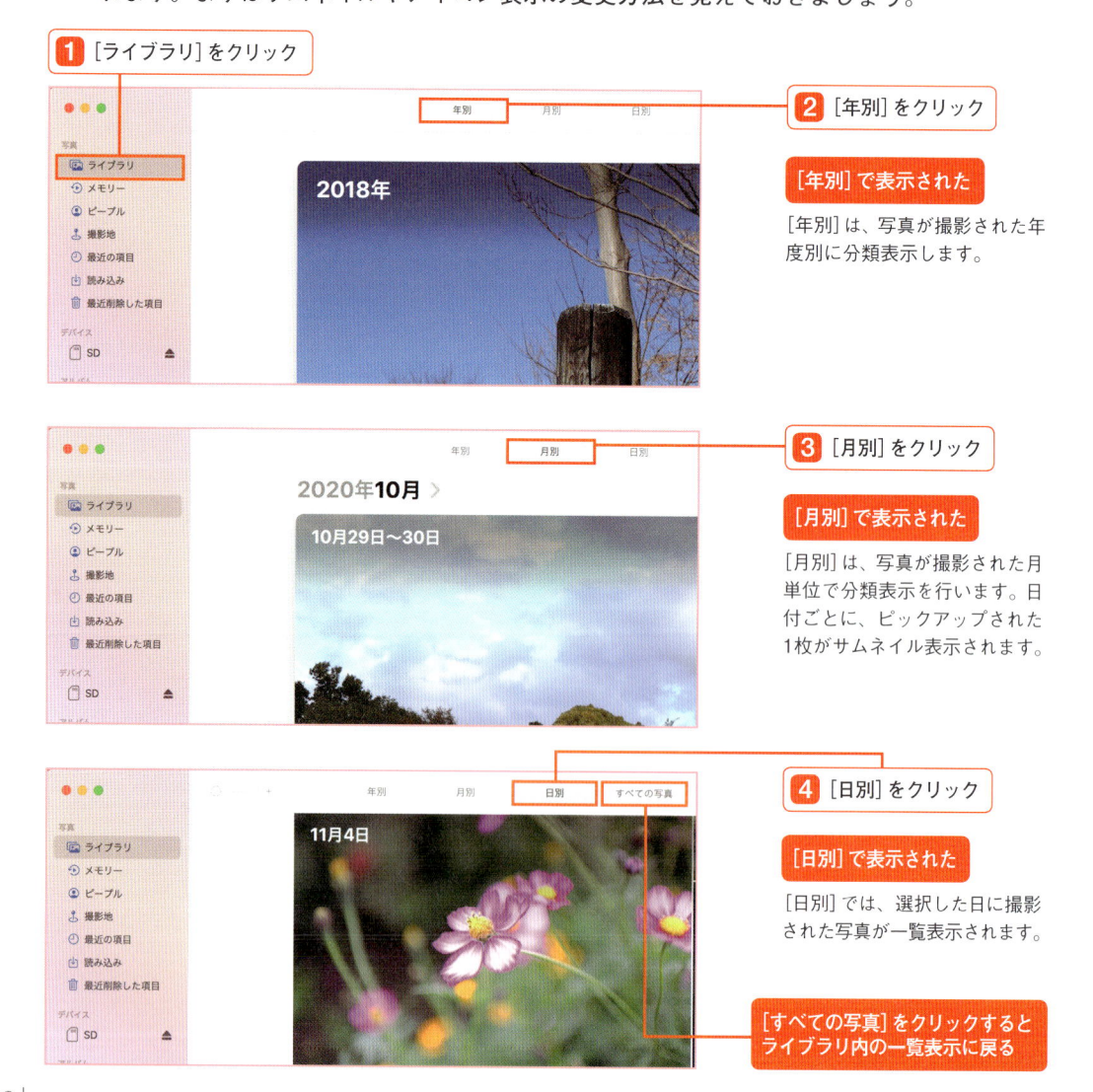

使おう　写真を拡大表示する

サムネイル表示される写真のアイコンをダブルクリックすれば開くことができます。スライダーを左右にスライドすれば、写真の拡大や縮小を行うこともできます。

1 サムネイルをダブルクリック

写真が拡大表示された

もう一度ダブルクリックするとサムネイル表示に戻る

2 スライダーを右に動かす

写真がさらに拡大表示された

写真をドラッグすると表示位置が移動

プラスワン　表示画像を回転する

開いた写真を回転させたい場合は、[control] ＋クリック→[時計回りに回転] を選択しましょう。

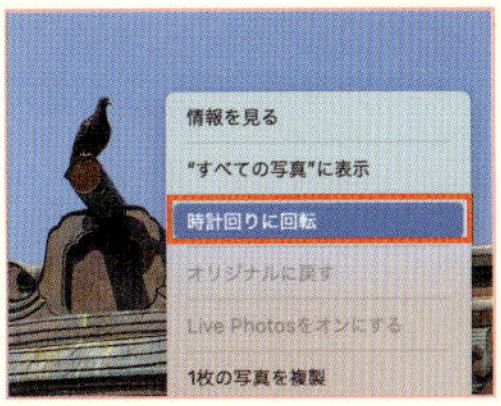

スライダーを右に動かすことで最大400%まで拡大表示ができます。拡大した状態で写真をドラッグすると、写真の表示位置を移動できます。

使おう　お気に入りの写真をアルバムにまとめる

お気に入りの写真だけをまとめたアルバムを作成することができます。フォルダを作成して写真を選び、ドラッグ&ドロップで追加するだけなので操作も簡単です。

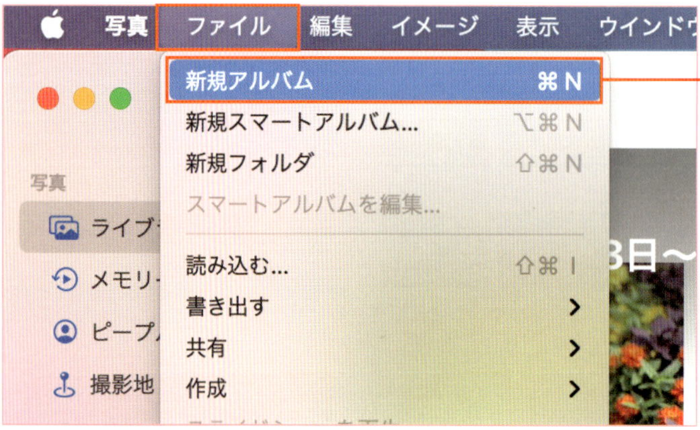

1 [ファイル]→[新規アルバム]を選択

サイドバーから アルバムを作成

新規アルバムはサイドバーの[マイアルバム]の右にある[+]のクリックでも行えます。

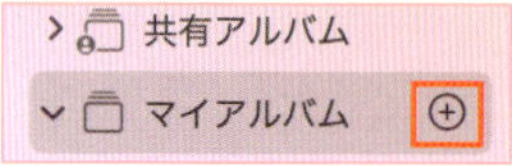

新規アルバムが作成された

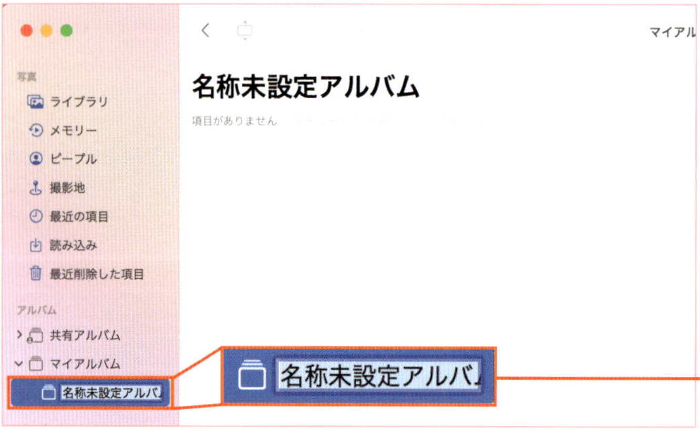

アルバム名をクリックすると任意のアルバム名に変更できる

手軽にお気に入りに登録する方法

写真をすばやくお気に入り登録するには、サムネイルの左下にある[♡]をクリックします。自動的に[お気に入り]アルバムが作成され、[♡]を付けた写真が随時登録されていきます。

2 [写真]をクリック

3 画像を選択

サムネイルをクリックすると、アルバムに追加する写真を選択できます。[command]キーまたは[shift]キーを押しながらクリックすると、複数選択できます。

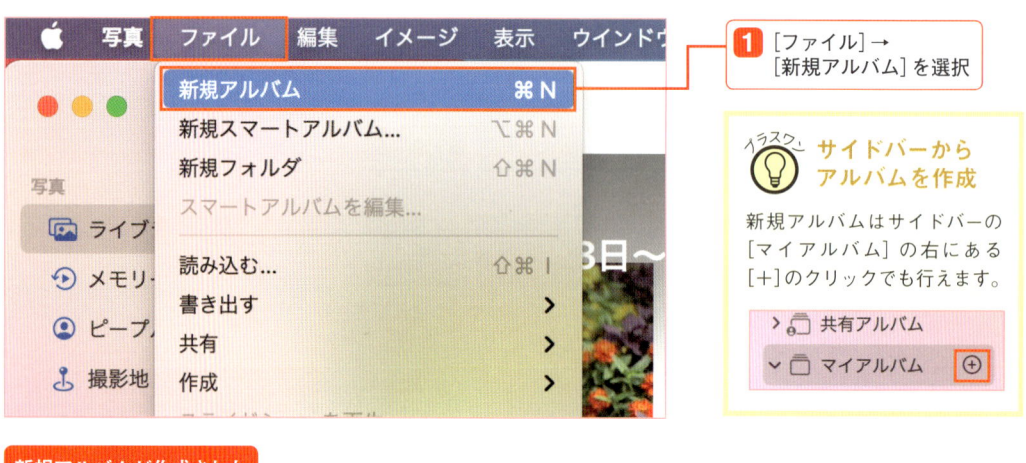

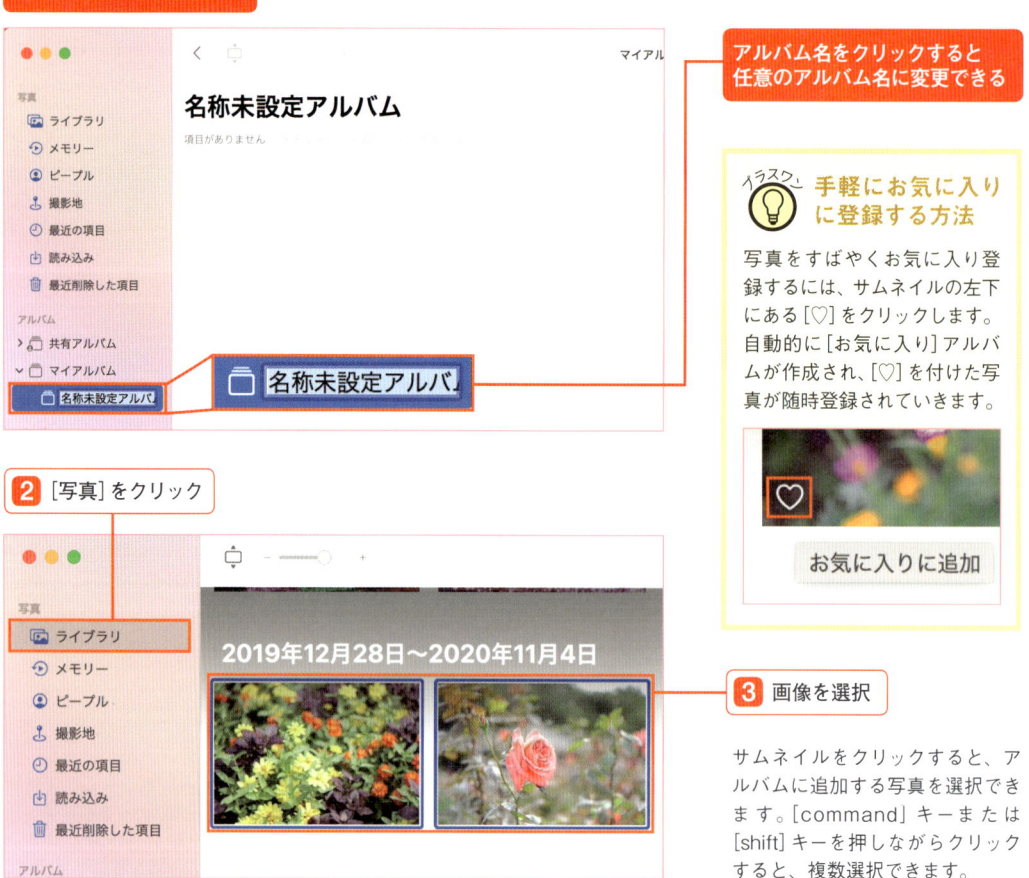

4 画像を選択した状態でサムネイルを作成した新規アルバムにドラッグ&ドロップ

複数画像の選択時には、選択中のサムネイルのいずれかをドラッグすると、すべての選択した画像をまとめて移動できます。なお、ドラッグの際には選択している画像の枚数が小さく表示されます。

5 [マイアルバム] を開く

6 アルバムのサムネイルをダブルクリック

アルバムにまとめた写真が表示された

スライドショーを再生する

アルバムに追加した写真をスライドショーで楽しむことができます。[スライドショー] をクリックするとバックグラウンドで流れる楽曲の選択や、再生時の効果などを指定することも可能です。

[スライドショー] を選択

再生効果のテーマやバックグラウンドに流れる音楽を設定できる

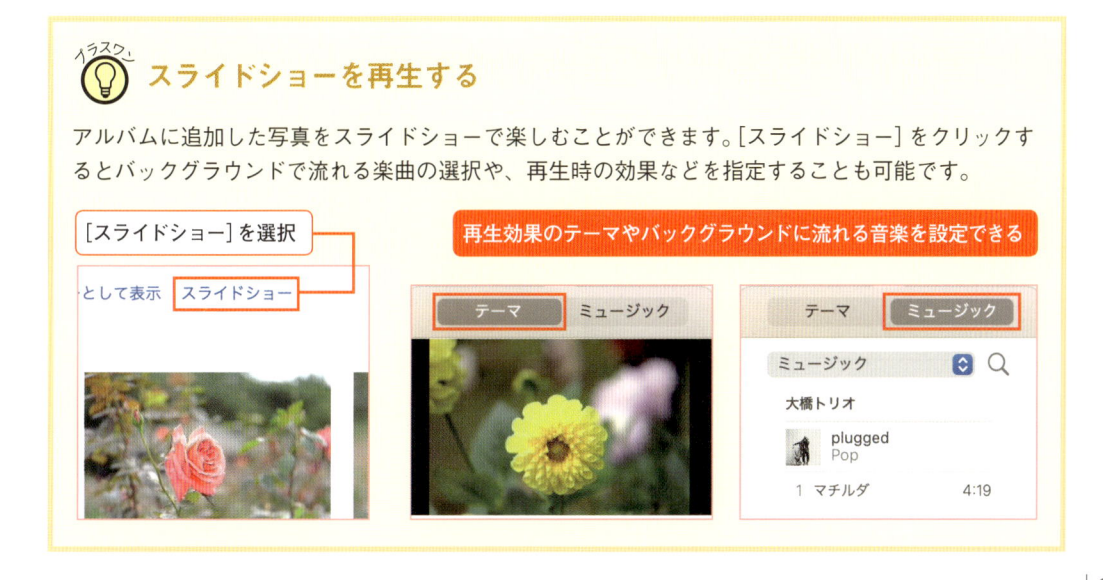

使おう　開いた写真を印刷する

「写真」アプリを使うと、さまざまなサイズやスタイルで写真を印刷できます。用紙サイズの選択肢が多いため、設定をしっかり確認してから印刷を実行しましょう。

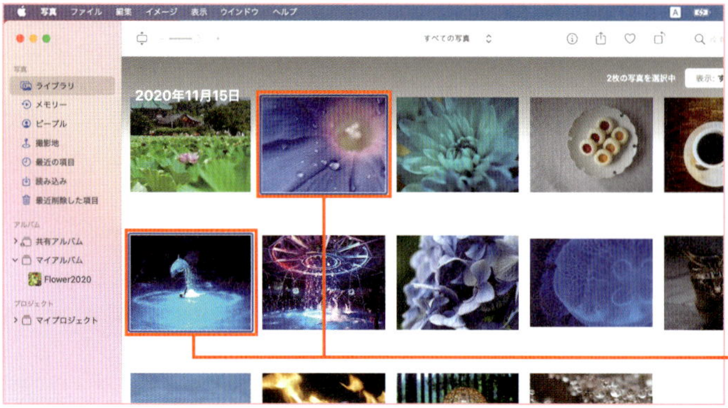

1 印刷したい画像を選択

プラスワン　画像をランダムに選択する方法

[command] キーを押しながらクリックすると、複数画像を選択することができます。

2 ［ファイル］をクリック

3 ［プリント］を選択

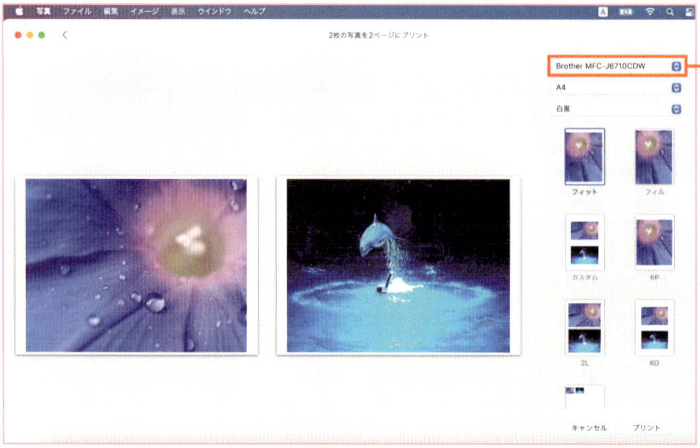

4 プリンタを選択

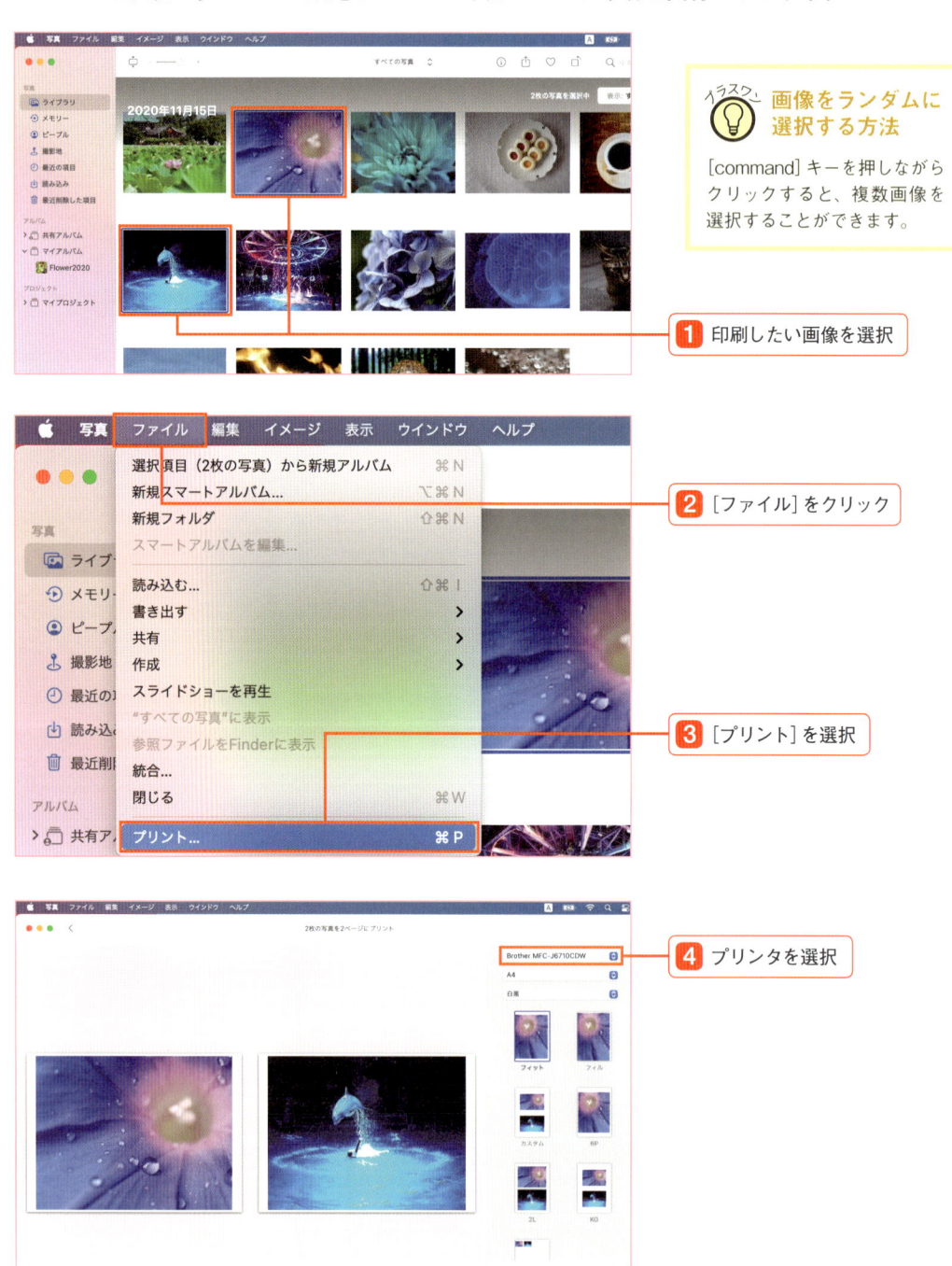

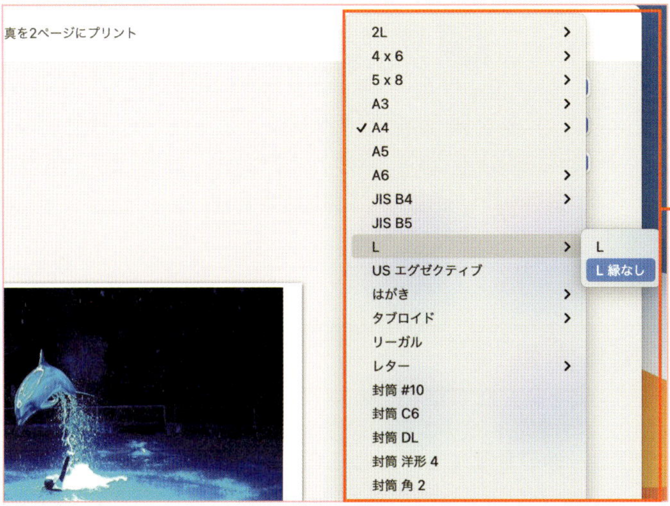

印刷に利用する用紙サイズを選択します。表示される用紙のサイズや種類は使用するプリンタにより異なります。

5 用紙サイズを選択

用紙サイズに合わせる[フィット]やフチなし印刷の[フィル]など、サムネイルを確認しながら印刷方法を選択します。

6 印刷方法を選択

7 [プリント]をクリック

写真の印刷が開始される

ヒント

インデックスシートの印刷にも対応

印刷設定画面の右側にある印刷方法の設定画面から[インデックスシート]を選択すれば、選択した画像をサムネイルのように印刷するインデックスシートが印刷できます。表示する列数を設定したり、カメラの機種やシャッター速度といったEXIF情報をキャプションとして表示させることもできます。

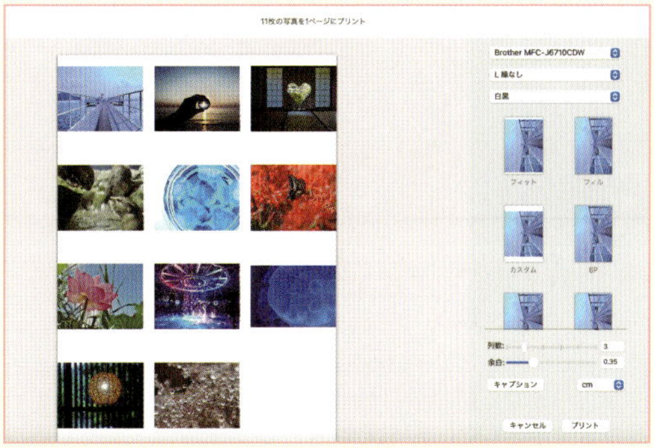

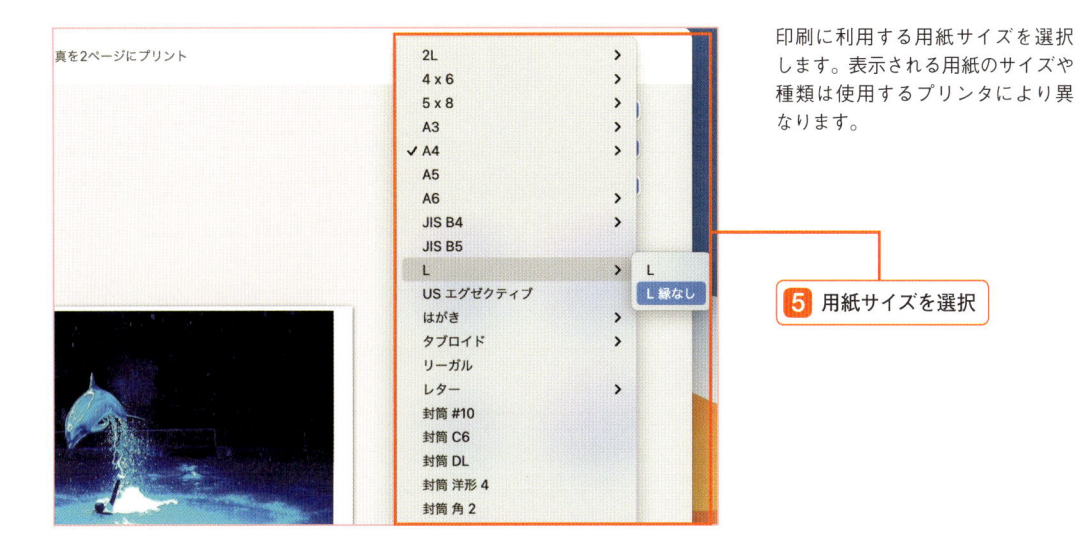

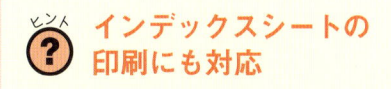

chapter 10

04 写真をキレイに編集する

写真の編集方法

「写真」アプリには、さまざまな編集機能が備わっています。細かな色調整やフィルタ、不要な部分を消すレタッチなど、本格的な編集機能もあり、思い出の写真をより印象的に演出することができます。

知ろう 「写真」アプリの編集画面

「写真」アプリの編集画面は、ひとつの画面上ですべての操作が行えるように設計されています。まずは編集画面の見方をしっかり覚えておきましょう。

拡大／縮小
スライダーを右にスライドすると写真を拡大、左にスライドすると縮小します。細部の編集時に活用しましょう

編集項目
明るさや色味などを細かく編集できる［調整］、ワンクリックで写真の雰囲気を変える［フィルタ］、一部を切り出す［切り取り］に切り替えられます

完了
編集完了時にクリックすると編集した内容を保存してライブラリに戻ります。編集しない場合もここからライブラリに戻れます

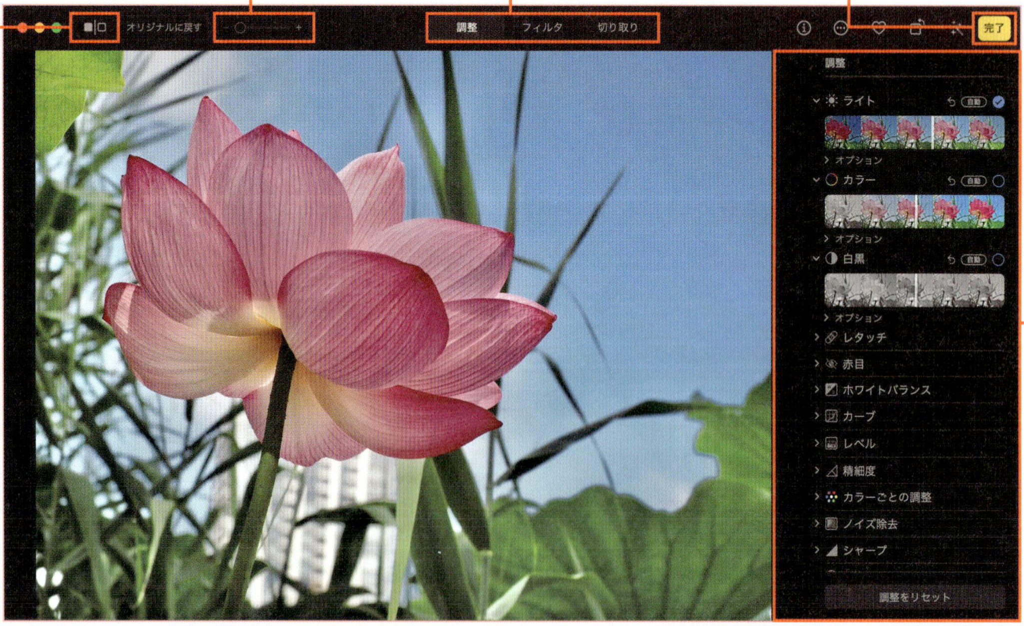

オリジナルと比較
アイコンをクリックしている間は、編集内容を維持したまま、一時的に編集前の状態の写真を表示します。オリジナルからの変化を確認するときに便利です

編集メニュー
編集ツールが一覧表示されます。ここから編集内容に合ったツールを選択しましょう（詳細は P.243-247 を参照）

使おう　写真を回転させる

[回転] メニューを利用すれば、写真の向きを変えることができます。[回転] を1回クリックすると写真が反時計回りに90度回転します。ここでは編集画面を呼び出してから、写真を回転させてみます。

編集したい写真をダブルクリックして開く

1 [編集] をクリック

編集画面が表示された

画面が黒く反転し、編集画面であることがひと目でわかるようになっています。

2 [回転] をクリック

写真が反時計回りに90度回転した

プラスワン

編集前の状態に戻す

写真を編集前の状態に戻したい場合は、画面左上の [オリジナルに戻す] をクリックすると、編集前の元の状態に戻ります。編集操作をひとつ戻る場合には [command] + [Z] キーのショートカットを使用します。

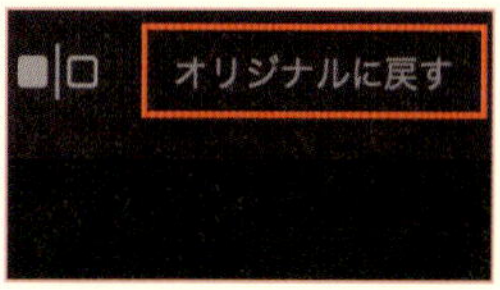

使おう　写真をトリミングする

写真の必要な部分だけを切り取ったり、一部分を拡大したりする場合に活用すると便利なのが［切り取り］と呼ばれる操作です。縦横比を維持したままトリミングできるほか、自由自在にサイズを選択してトリミングすることもできます。

写真の編集画面を開いておく

1 ［切り取り］をクリック

トリミング画面に移行する

2 トリミング範囲を調整

4 ［完了］をクリック

3 ドラッグして角度を調整

トリミングの範囲は四隅をドラッグ、角度はスライダーで調整します。完了後も完全には切り取られず、編集画面の［オリジナルに戻す］からいつでも元に戻すことができます。

ヒント 縦横比を自由自在にカスタマイズする

トリミング範囲の縦横比が固定されてしまっている場合、［アスペクト］をクリックして［自由形式］を選択することで縦横比の固定を解除できます。逆に、元の縦横比のままトリミングしたい場合や、写真用紙に印刷したい場合は、縦横比を設定した方が便利です。例えばiPhoneで撮った写真は4：3で、ほぼL版と同じ比率になります。また、フルHD液晶を搭載したスマホで撮影した場合は、16：9（用紙サイズはHVサイズ）の場合が多いです。

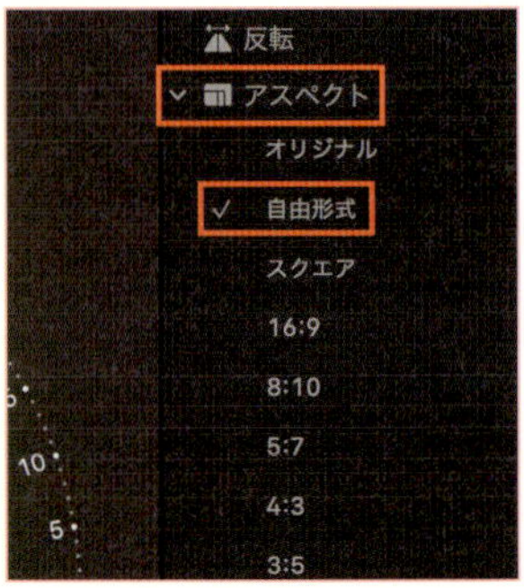

使おう　アートフィルタで写真の印象を変える

フィルタ機能を利用すれば、ビビッドやシルバートーンといった具合に写真の印象を変えることができます。適用したフィルタを再びクリックすれば適用を取り消せます。

写真の編集画面を開いておく

1 ［フィルタ］をクリック

2 適用するフィルタを選択

3 ［完了］をクリック

使用できるフィルタは白黒写真にする［モノ］や鮮やかに加工する［ビビッド］など9種類用意されます。ここでは［ビビッド（暖かい）］を選択してます。

プラスワン

Liveフォトの編集もできる

「写真」アプリは6s以降のiPhoneなどで利用できるLiveフォトの編集にも対応しています。ループなどの効果を適用できます。

プラスワン

クリックひとつで自動補正できる

［補正］機能を利用すれば、明るさやコントラストなどをクリックひとつで自動的に補正することができます。補正した写真を元にして、手動で微調整を行うこともできるので、ぜひチャレンジしてみてください。

［補正］をクリック

使おう　写真の色合いやコントラストを細かく調整する

［調整］メニューを利用すれば、写真の色合いやコントラスト、露出など細かな調整を行えます。暗く潰れてしまった写真の編集などに効果的です。標準設定で表示される項目はシンプルですが、オプションから詳細な調整項目を呼び出せます。

写真の編集画面を開いておく

1 ［調整］をクリック

2 調整項目を選び
スライダーを動かす

ここでは［ライト］と［カラー］のスライダーを動かしています。

3 調整項目を増やすには
［オプション］をクリック

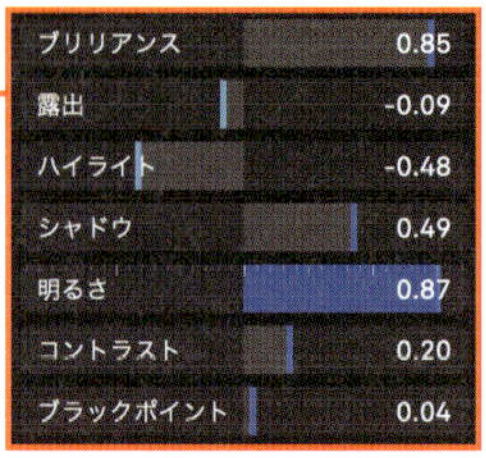

詳細な調整項目が表示され
好みの項目を変更できる

「写真」アプリには、さらに本格的な画像編集機能も搭載されており、好みの方法で画像の編集が行えます。高機能な画像編集アプリに備わっているトーンカーブ機能も使えます。

使おう　レタッチ機能で不要な被写体を消す

写真に映り込んでしまった不要な被写体を消したい場合、[レタッチ] 機能を利用すると便利です。不要な被写体をブラシでこするだけで手軽に消すことができます。

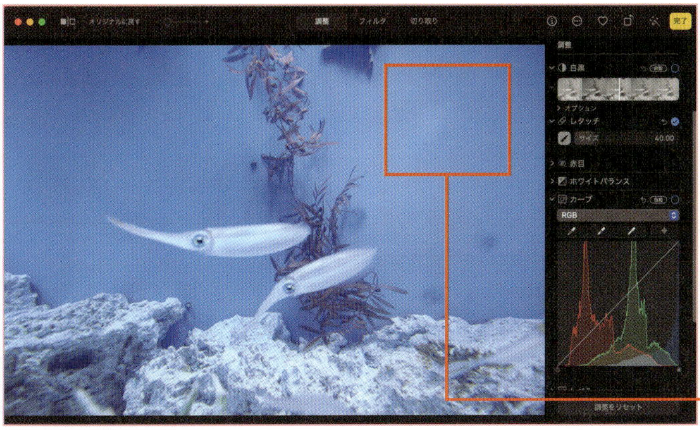

ドラッグした部分にあった被写体が消去されました。

ヒント
うまく削除できない場合は？

削除がうまくいかない場合は、ブラシのサイズを太めにして被写体の周りを大きく囲んでみましょう。

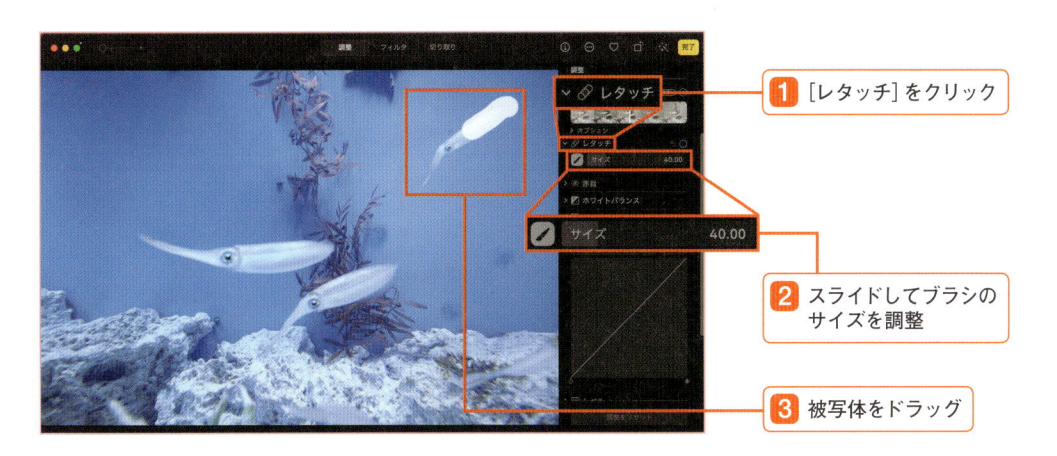

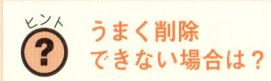

使おう　編集した写真をJPEG形式で保存する

写真の加工が完了したら新規ファイルとして保存してみましょう。「写真」アプリでは、写真のファイル形式や品質などを設定して保存することもできます。

1 ［ファイル］をクリック

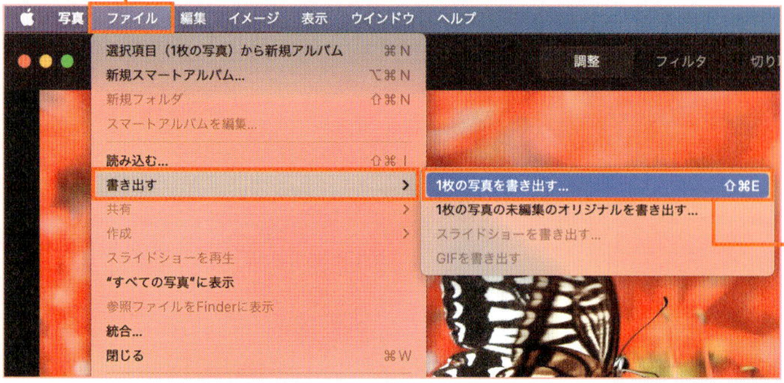

写真の加工が完了したらファイルを書き出してみましょう。未編集の写真と編集後の写真の写真の両方を書き出すこともできます。

2 ［書き出す］→［1枚の写真を書き出す］を選択

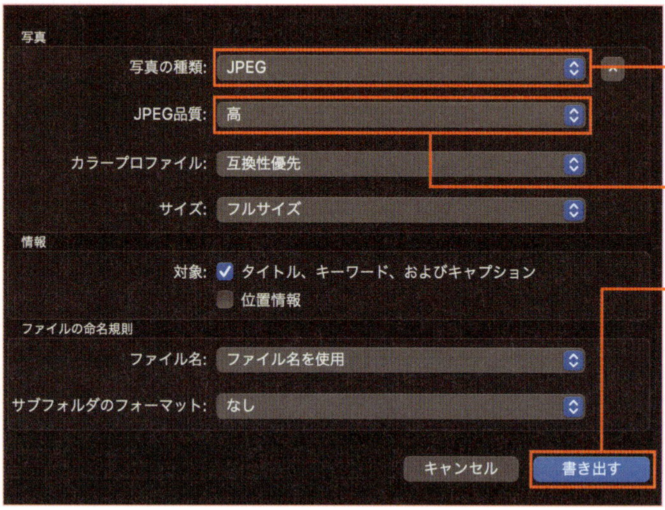

3 保存形式を選択

4 品質を選択

5 ［書き出す］をクリック

書き出しの際にリサイズする方法

［サイズ］欄のプルダウンメニューから画像のサイズが4段階から選択できます。保存容量に制限のあるSNS向け写真の保存などに利用しましょう。

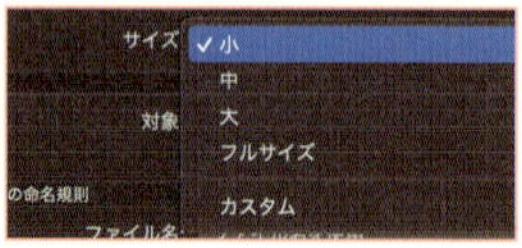

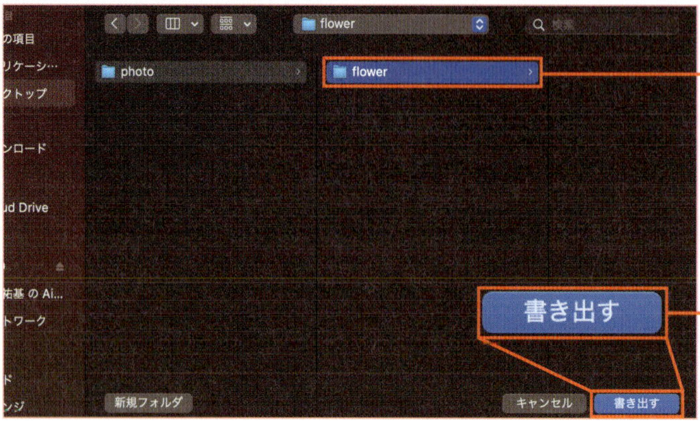

6 保存先のフォルダを指定して［書き出す］をクリック

編集した写真が保存された

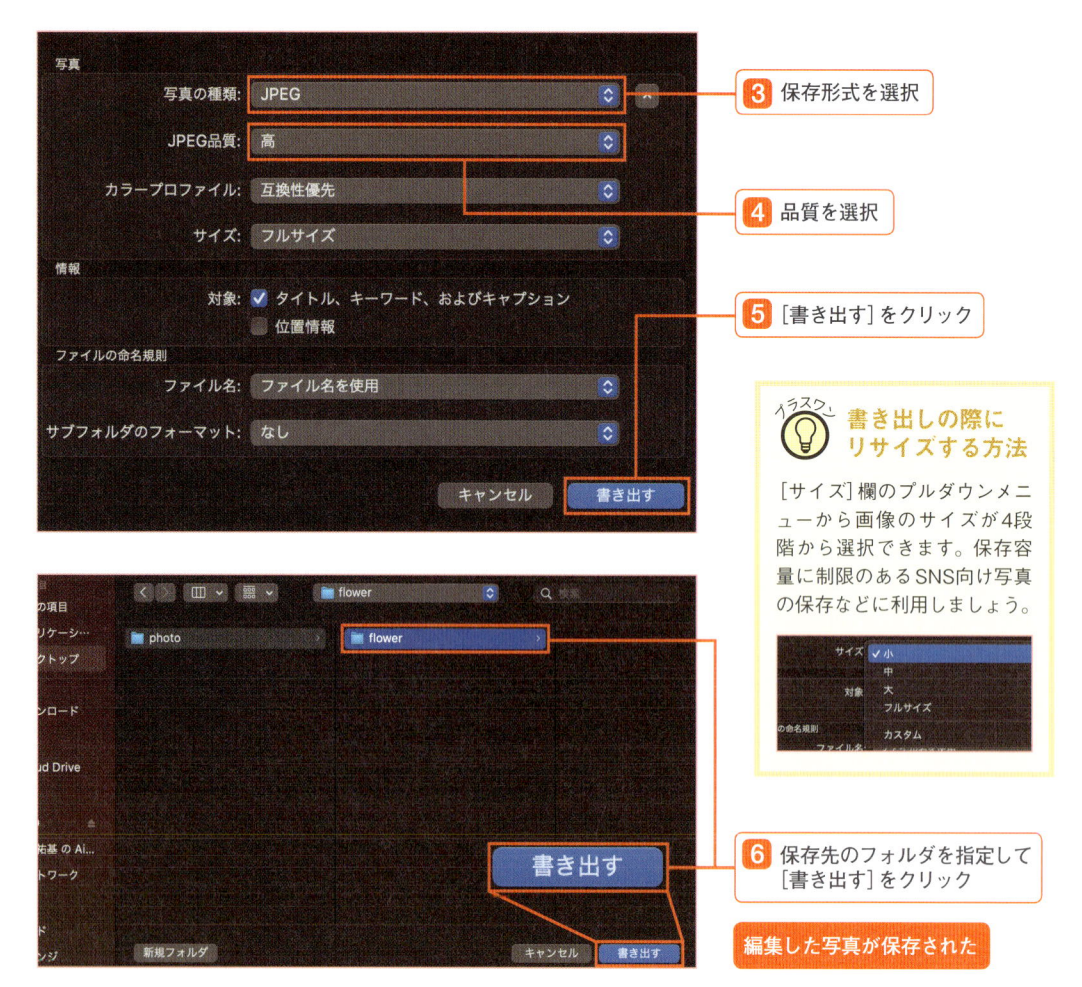

chapter 10
05

「写真」アプリの機能を拡張

「写真」アプリに便利な機能を足す

「写真」アプリには機能拡張という項目が用意されています。機能拡張を使えば外部アプリが持つ機能を「写真」アプリに追加することができ、より多彩な編集が「写真」アプリ上で行えるようになります。

知ろう 「PhotoScape X」で「写真」アプリをパワーアップする

「写真」アプリに対応しているサードパーティ製アプリであれば、MacBookへ追加インストールするだけで「写真」アプリの機能を拡張できます。

App Storeを開き対応アプリのページにアクセス

ここでは「PhotoScape X」をインストールしています（アプリのインストール方法はP.167を参照）。

使おう 「写真」アプリに機能を追加する

「PhotoScape X」のインストールが済んだら、「写真」アプリから呼び出せるように、システムへ登録する必要があります。登録は［システム環境設定］の［機能拡張］から行うことができます。

［システム環境設定］の［機能拡張］を開いておく

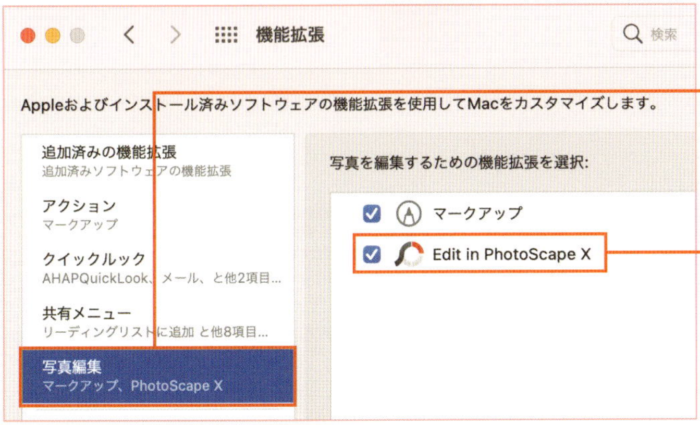

使おう　追加した機能で編集する

続いて登録した「PhotoScape X」の機能を「写真」アプリから呼び出してみましょう。「写真」アプリの編集画面で［機能拡張］アイコンを押し、［Edit in PhotoScape X］を選ぶと、初期設定では用意されていないフィルタなどで写真の編集を行えます。

「写真」アプリの編集画面を開いておく

1 ［機能拡張］をクリック

2 ［Edit in PhotoScape X］を選択

「写真」アプリにサードパーティアプリの機能が読み込まれた

「写真」アプリの初期設定では入っていないフィルタなどが利用できるようになりました。なお機能拡張の内容は追加するアプリにより異なります。

プラスワン

機能拡張できるアプリはほかに何があるの？

ここでは「PhotoScape X」アプリの機能を追加しましたが、App Storeにはほかにも機能拡張を追加できるアプリは多数あります。無料アプリも多数存在しますので、いろいろと試してみるとよいでしょう。

chapter 11

動画を楽しむ

chapter 11
01

Apple純正の動画編集アプリ

「iMovie」を使ってみよう

「iMovie」は、Apple社が開発している無料の動画編集アプリです。デジタルビデオカメラやスマートフォンなどで撮影した動画をMacBookに取り込み、映像作品を制作できます。

知ろう　「iMovie」の基本画面

「iMovie」は、素材となるファイルの指定から効果の追加、書き出しといった一連の操作が行いやすく設計されています。まずは画面の見方を覚えましょう。

プロジェクトや素材の読み込み
新規／既存のプロジェクトの読み込み画面を表示させたり、外部機器からの素材の読み込みを行ったりする場合に利用します

画質調整
映像の明るさやコントラスト、トリミングなどの各種操作ツールが表示されます

ビューア
編集中の動画を再生する画面です。編集内容は即座に反映され、その場で仕上がりイメージを確認できます

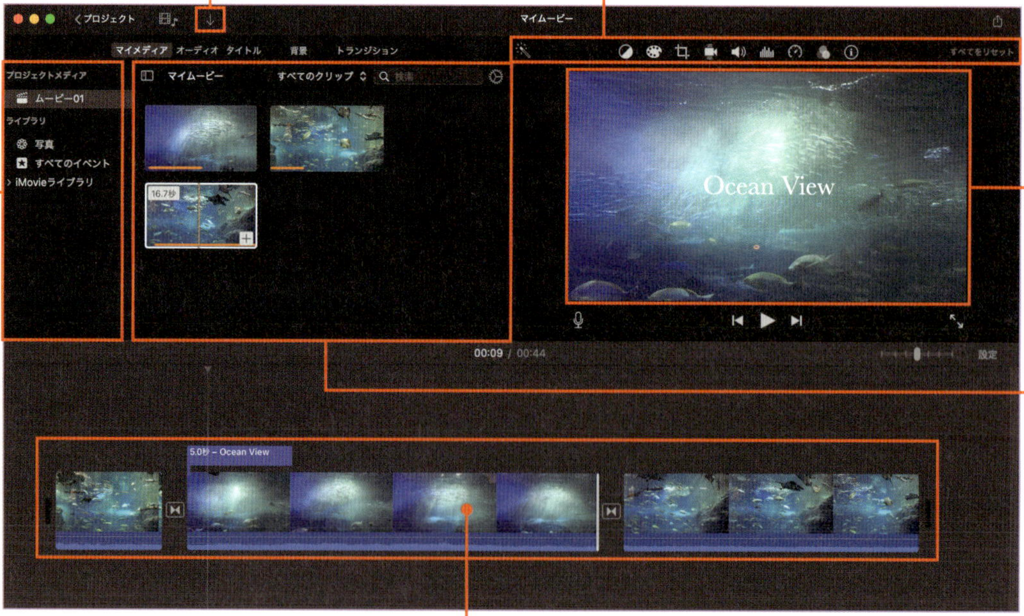

ライブラリ
素材となる動画や音楽、写真などのデータを開くことができます

タイムライン
動画や音楽、写真、字幕など映像を構成する素材が時系列順に並びます。ここに表示されている素材を伸ばしたり縮めたりすることで表示タイミングを変えられます

ブラウザ
ライブラリから選択したフォルダに収録されている動画や音楽、写真などの素材が一覧表示されます

使おう　新規プロジェクトを作成する

「iMovie」では、自由度の高い編集が楽しめる［ムービー］と手軽に編集できる［予告編］という2つの作成方法を選べ、それぞれ［プロジェクト］と呼ばれる編集状態を記録しておくファイルで管理されます。ここではムービーのプロジェクト作成方法を紹介します。

「iMovie」を起動する

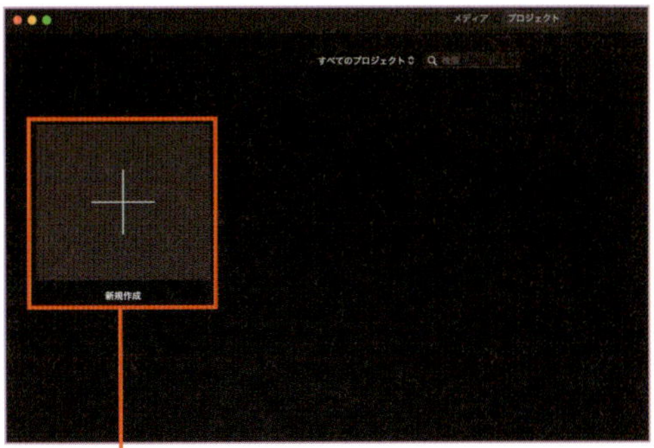

1 ［新規作成］を選択

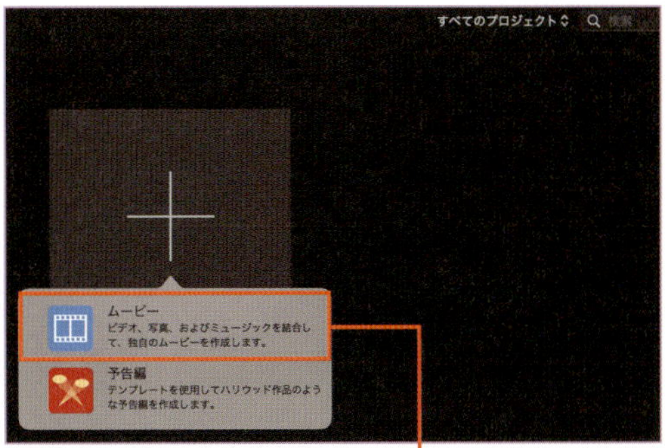

2 ［ムービー］を選択

3 ［ウインドウ］→［テーマセレクタ］を選択

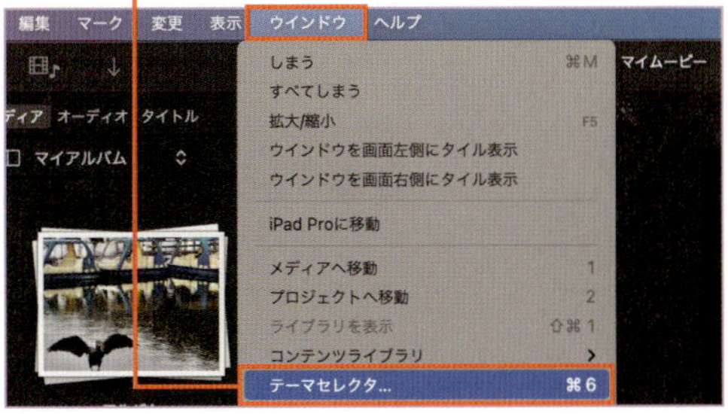

テーマは、作成するムービーのひな型です。ひな型を選ばない場合は、6から操作してください。

4 利用したいテーマを選択

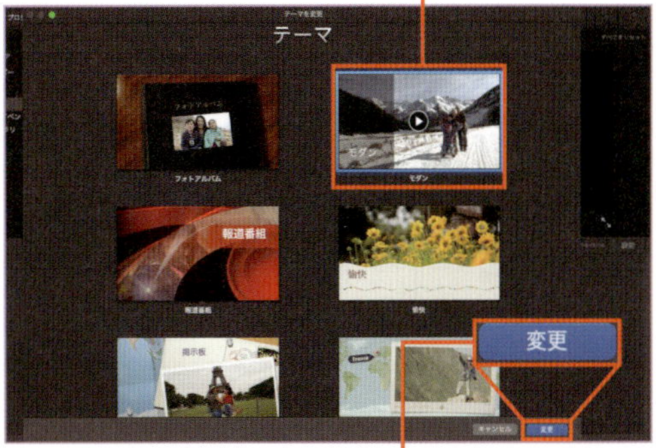

5 ［変更］をクリック

6 ［プロジェクト］をクリック

7 プロジェクト名を入力

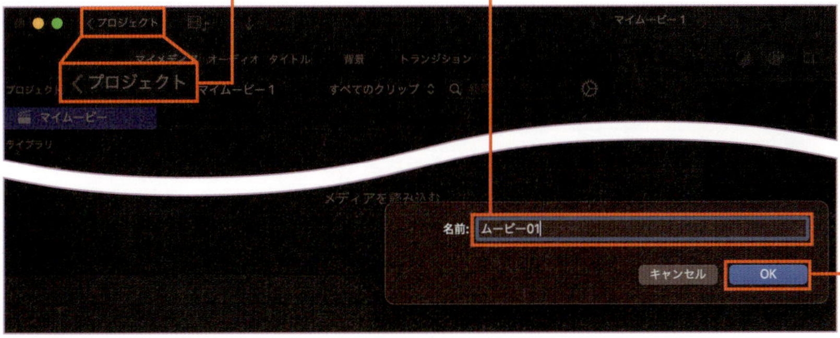

8 ［OK］をクリック

プロジェクトが保存された

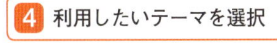

chapter 11

02

動画編集の下準備

プロジェクトに動画を読み込む

プロジェクトを作成したら撮影した動画を読み込んでみましょう。MacBook本体に保存されている動画ファイルはもちろん、スマートフォンやデジカメなどからも、直接動画を読み込むことができます。

使おう　MacBookに保存されている動画を読み込む

MacBook本体に保存されている動画ファイルは、作成したプロジェクトに読み込むことでiMovieで編集できるようになります。Webからダウンロードした動画を読み込む場合も、同じ方法で利用することができます。

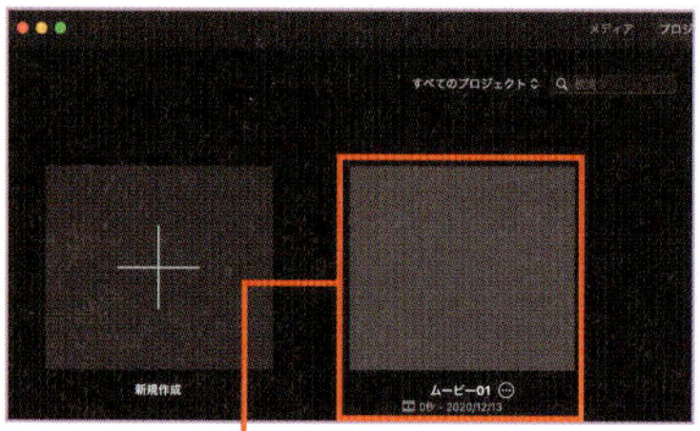

1 作成したプロジェクトをダブルクリック

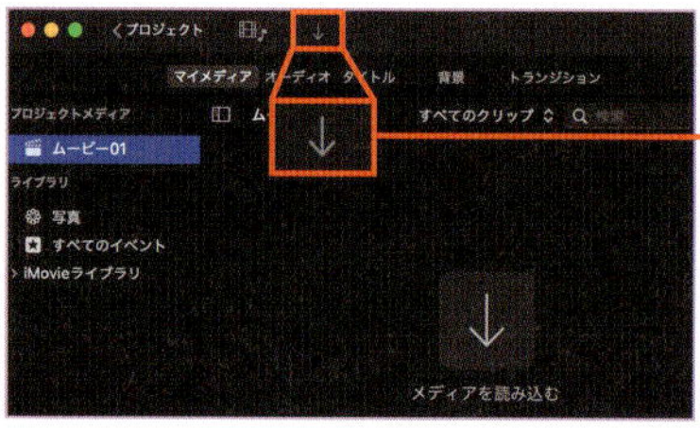

2 [読み込む] アイコンをクリック

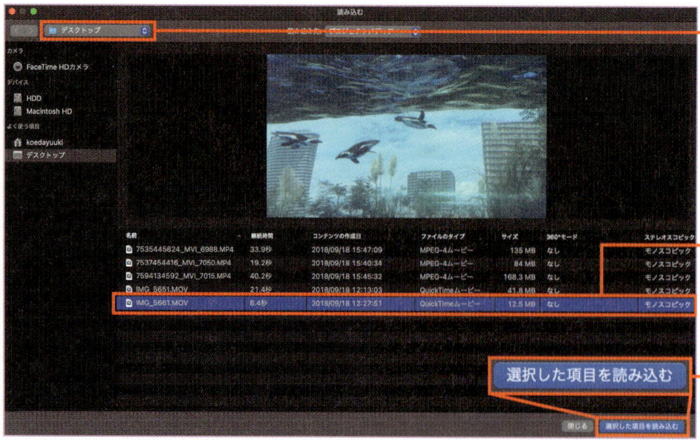

[読み込む] ダイアログが開く

3 動画が保存されているフォルダを選択

4 読み込む動画を選択

5 [選択した項目を読み込む] をクリック

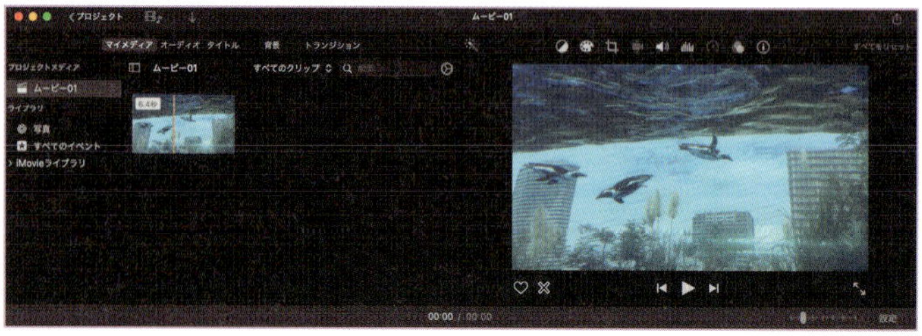

動画が表示された

「iMovie」のプロジェクトに動画が読み込まれ、編集可能な状態になります（編集方法はP.256を参照）。

使おう　iPhoneやiPad内にある動画を読み込む

iPhoneやiPad内の動画ファイルは、[読み込む]ダイアログでiPhoneやiPadなどのデバイスを選択することで読み込むことができます。

iPhoneをUSBケーブルで接続しておく

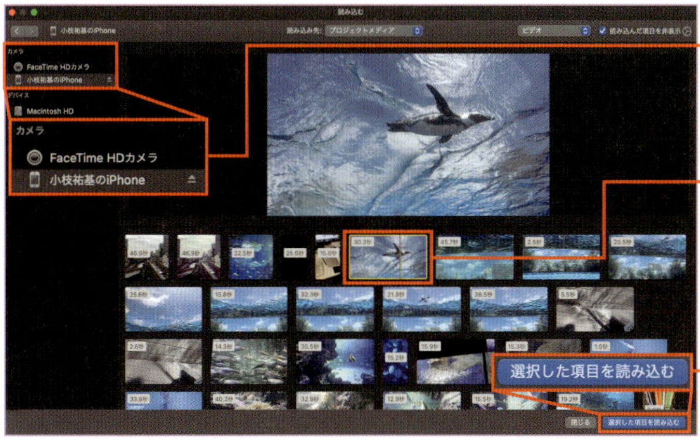

1 [カメラ] 欄から動画が保存されているデバイスを選択

2 一覧から読み込む動画を選択

3 [選択した項目を読み込む] をクリック

動画が表示された

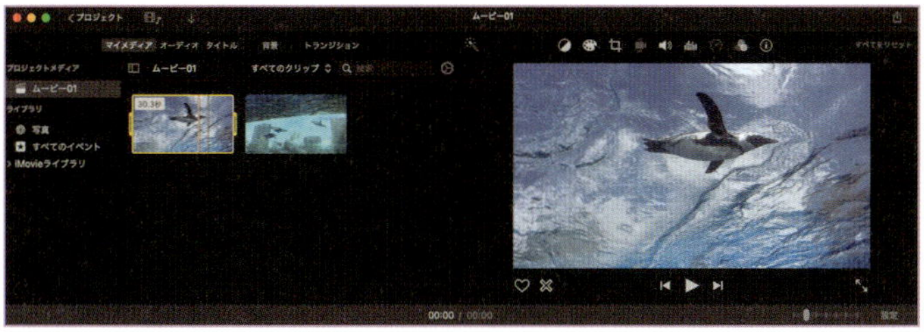

iPhoneから動画が読み込まれ、「iMovie」のブラウザに表示されます（編集方法はP.256を参照）。

プラスワン　すべての動画をまとめて読み込む

デバイスの選択後、動画を選択せずに [すべてを読み込む] を選択すればすべての動画をまとめて読み込めます。

プラスワン　写真を「iMovie」に読み込むには

デジカメやビデオカメラから写真を読み込むこともできます。USBケーブルを使ってMacBookと接続し、[読み込む] ダイアログで機器を選択後に、画面上部のプルダウンメニューから [写真] を選びます。

1 [写真] を選択

2 ムービーに取り込みたい写真を選択

3 [選択した項目を読み込む] をクリック

chapter 11
03

動画に効果やタイトルをつける

読み込んだ動画を編集しよう

動画を読み込んだら、次は編集に挑戦してみましょう。「iMovie」では、マウス操作で不要な部分をカットしたり、動画の繋ぎ目にアニメーションを入れたりするといった操作を行うことができます。

使おう　クリップをタイムラインに追加する

「iMovie」では読み込んだ映像や写真などの素材のことを[クリップ]と呼びます。クリップは[タイムライン]という場所に追加することで、編集できるようになります。まずは、クリップをタイムラインに追加する方法を覚えておきましょう。

1 読み込み済みの動画を含むプロジェクトを選択

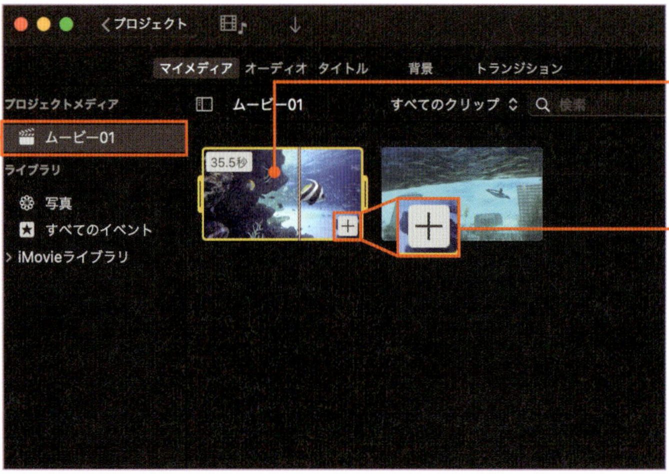

2 タイムラインに配置する動画を選択

3 [+]をクリック

タイムラインに追加された

プラスワン
コンテクストメニューで各種操作ができる

クリップを[control]キー＋クリックすると、クリップの分割、音声の無効化、トリム情報の表示、再生速度の編集など、さまざまな操作を行えます。

使おう　動画をプレビュー再生する

タイムラインに追加したクリップは、プレビュー画面で再生できます。再生したい部分に編集点を置き［再生］ボタンをクリックすればプレビューが開始されます。

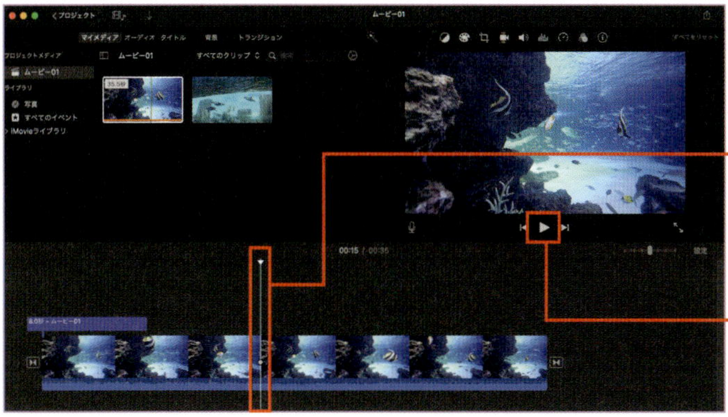

タイムラインに配置したクリップの再生したい位置をクリックすると編集点が表示されます。

1 クリックして編集点を表示

2 ［▶］をクリックで再生

使おう　クリップの不要な部分をトリミングする

タイムラインに追加した動画の無駄な部分を省きたい場合は、［トリミング］と呼ばれる操作を行います。ここでは動画の終了位置からトリミングしてみます。

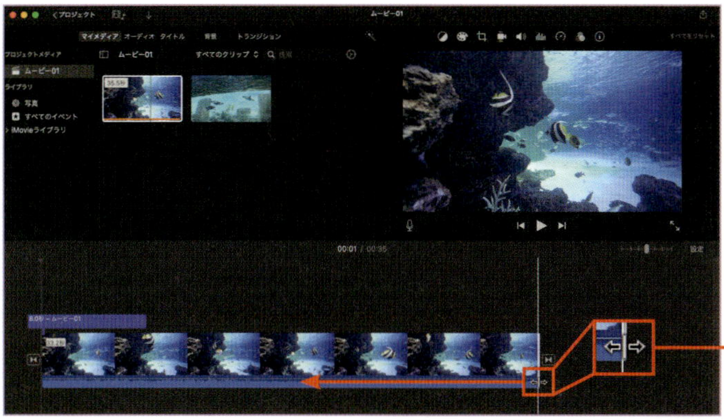

タイムラインに表示されたクリップの端を内側にドラッグするとトリミングできます。

1 ドラッグしてトリミング

ヒント
トリミングは クリップ単位で行う

トリミング操作はクリップごとに行う必要があります。クリップの途中をトリミングしたい場合は分割してから行います。

プラスワン
トリミングは後から調整できる

トリミングは、クリップの始点と終点部分をクリップの内側へ向けてドラッグすることで、クリップを縮める（＝表示されている部分のみ再生する）操作です。表示されていない部分は、削除されたわけではありませんから、ドラッグして元に戻せます。

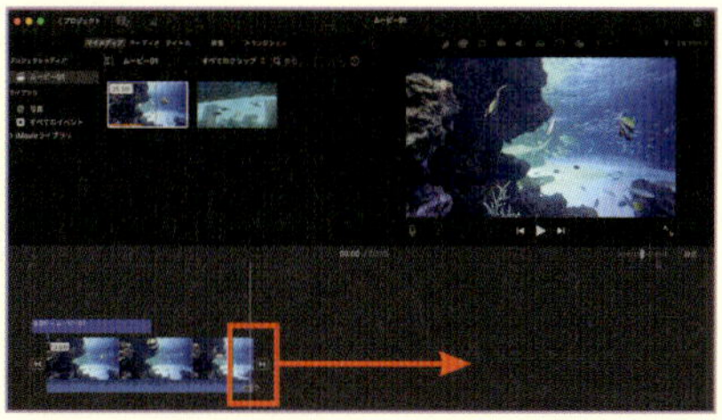

使おう　クリップを分割する

タイムラインに登録したクリップは、任意の位置で2つに分割することができます。P.257で紹介したトリミング操作は、基本的に動画の両端でしか操作できないため、動画の途中をトリミングするにはクリップを分割してから行う必要があります。

タイムラインに登録したクリップの分割したい部分をクリックすると編集点が表示されます。

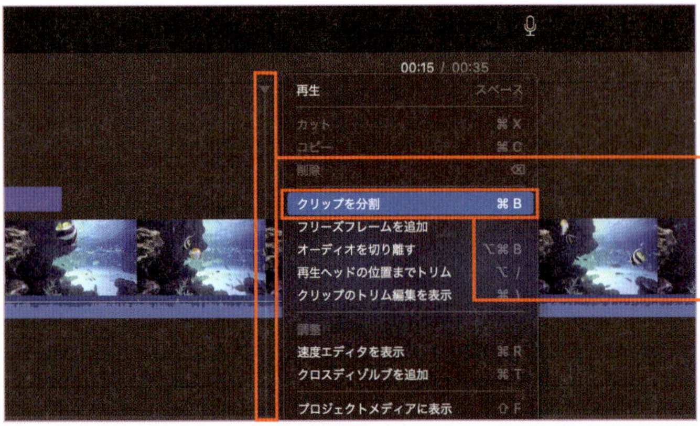

クリップが分割されました。分割した位置からトリミング操作や移動などを行えます。

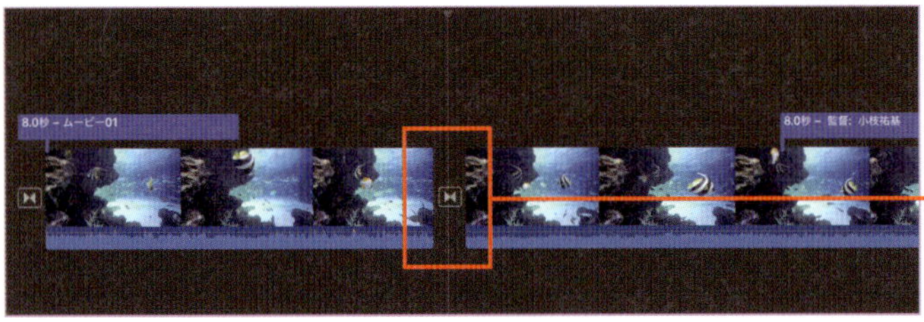

使おう　クリップの繋ぎ目に効果を付ける

複数のクリップを繋ぎ合わせる際に利用する映像効果を[トランジション]と呼びます。個性あふれるトランジションを活用すれば、動画の印象をガラリと変えることができます。

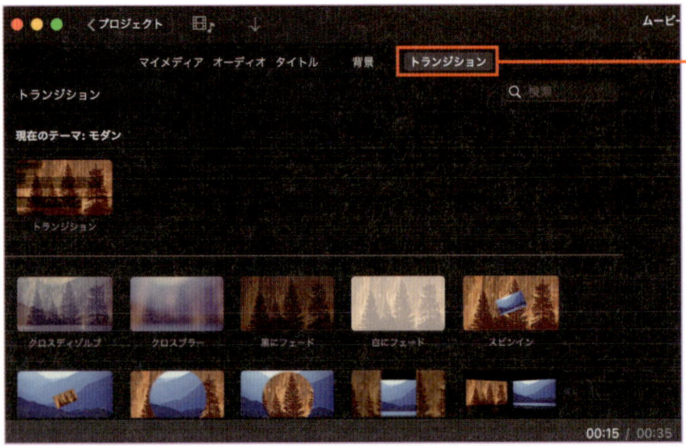

ヒント 効果をプレビューで確かめるには

トランジションの効果を確認するには、トランジションの一覧のサムネイル上で、マウスポインタを左右に動かします。

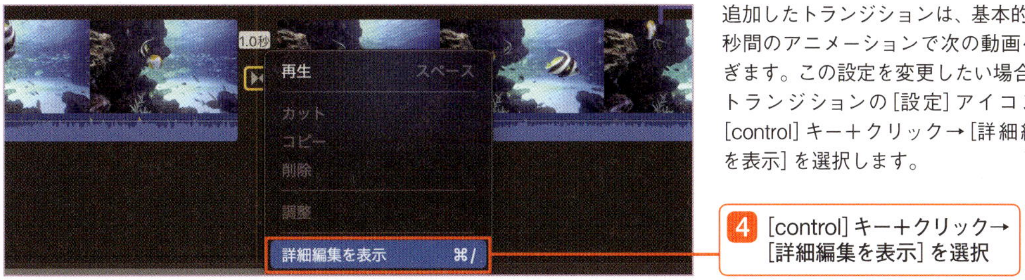

追加したトランジションは、基本的に1秒間のアニメーションで次の動画へ繋ぎます。この設定を変更したい場合は、トランジションの [設定] アイコンを [control] キー＋クリック→ [詳細編集を表示] を選択します。

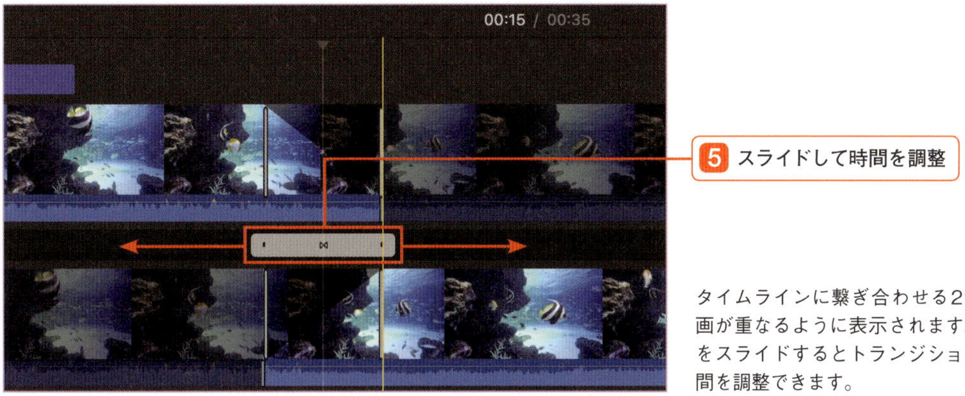

タイムラインに繋ぎ合わせる2つの動画が重なるように表示されます。矢印をスライドするとトランジションの時間を調整できます。

プラスワン トランジションを削除するには

追加したトランジションを削除したい場合は、クリップとクリップの間に表示される 1 [トランジションの設定] アイコンを選択して [delete] キーを押します。

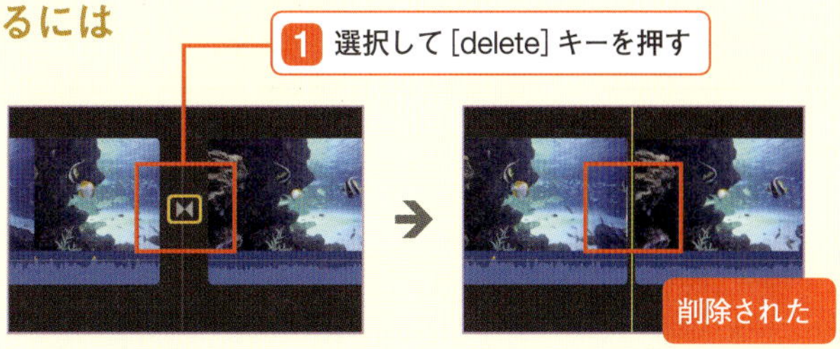

使おう　ムービーに字幕を挿入する

作成したムービーに字幕を挿入したい場合は［タイトル］を使用します。表示させる位置や時間、文字などを自由自在に設定することができます。

1 ［タイトル］をクリック

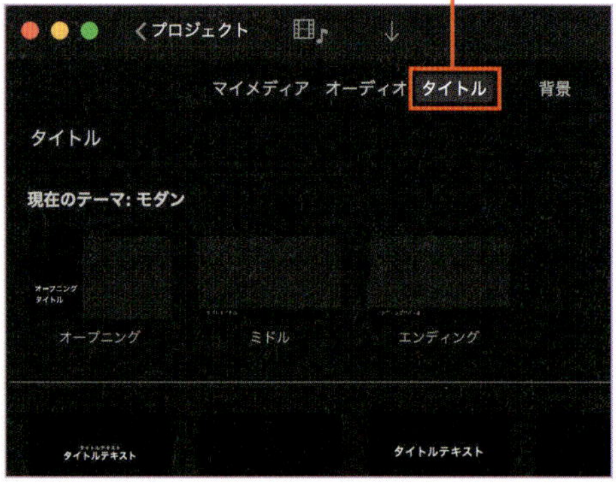

2 挿入したいタイトルのデザインを選択

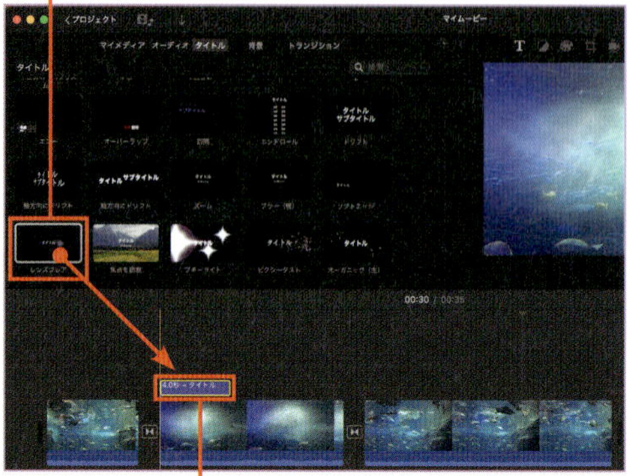

3 タイムラインにドラッグ＆ドロップ

4 挿入されたタイトルを選択

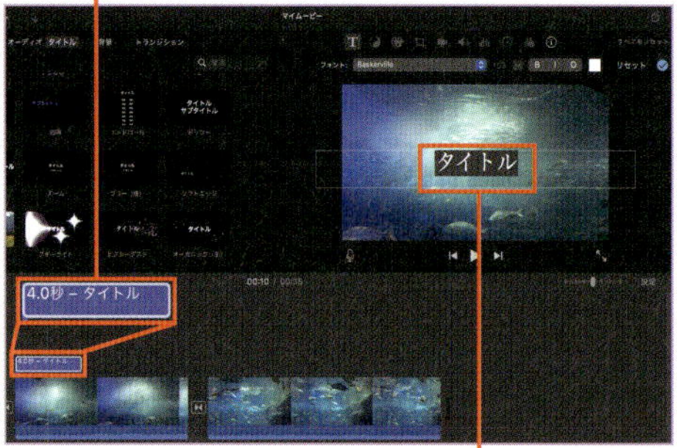

編集画面が表示される

5 タイトルの文字を入力

6 クリックして確定

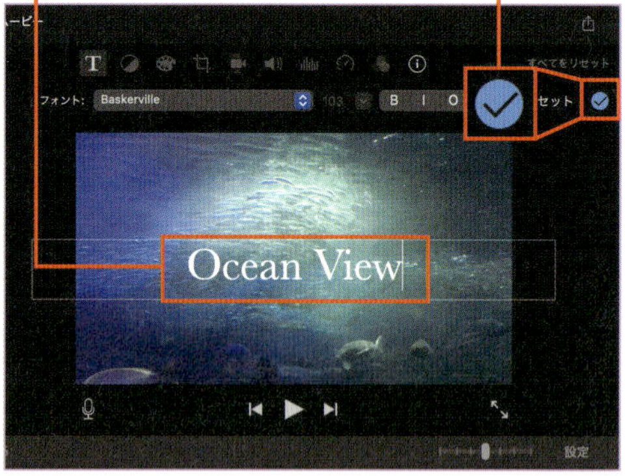

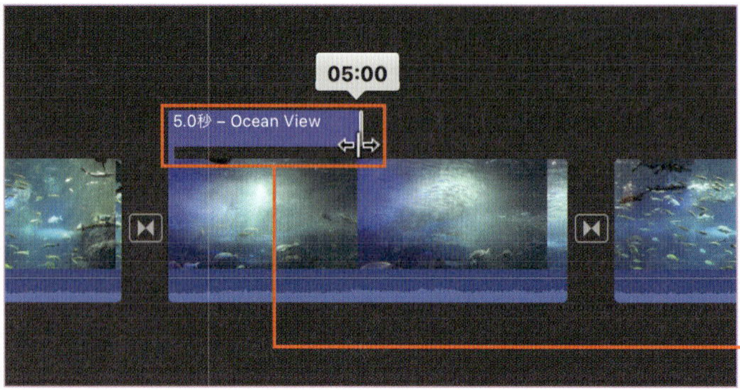

タイトルの挿入が完了した

タイムライン上のタイトルをドラッグしたりスライドしたりすれば、表示するタイミングや時間を調整できます。

7 表示タイミングや時間を調整

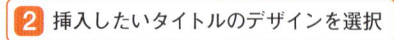

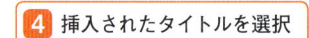

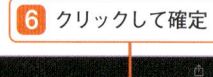

chapter 11
04 ムービーを書き出して保存する

作成した動画を共有する方法

「iMovie」には、編集した動画をMacBookの本体に保存する機能に加えて、直接YouTubeなどの動画共有サイトやFacebookなどのSNSに最適化してアップロードする機能が備わっています。

使おう 作成したムービーを動画ファイルとして保存する

ムービーの保存は、[共有] メニューから行うことができます。動画ファイルとして保存したい場合は [ファイル] を選択します。

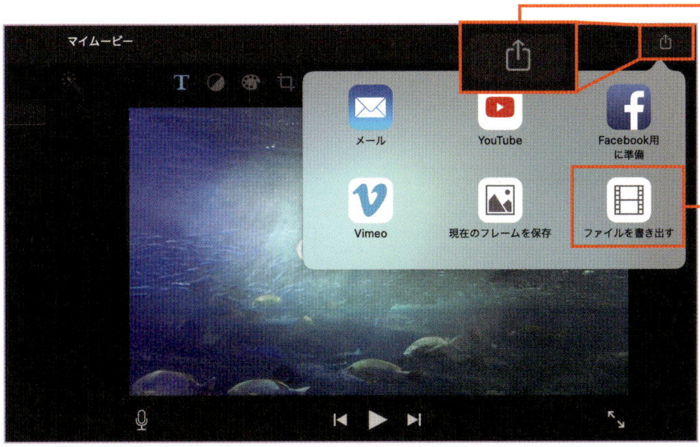

1 [共有] アイコンをクリック

2 [ファイルを書き出す] を選択

3 ファイル名を入力

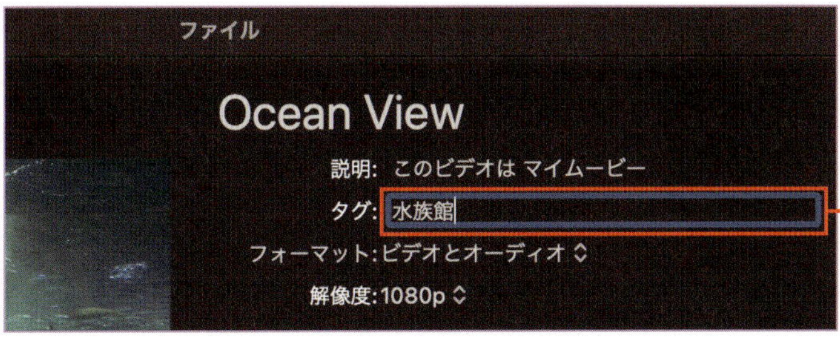

4 タグを入力

タグを入力しておくことで動画ファイルを見つけやすくなります。

続いて解像度や動画の品質、圧縮品質の選択を行います。それぞれ下記の説明に従って設定しましょう。

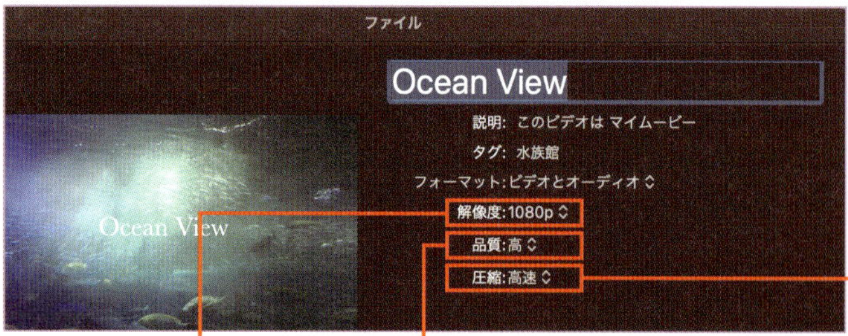

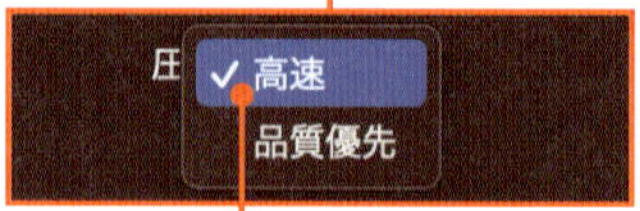

5 解像度を選択

映像の解像度を選択します。数値が大きいほど動画を構成する画素の密度が高まります。

6 映像の品質を選択

映像の品質を選択します。カスタムを選択すれば詳細に設定できます。

7 圧縮方式を選択

品質と速度、どちらを優先して圧縮するかを選ぶことができます。

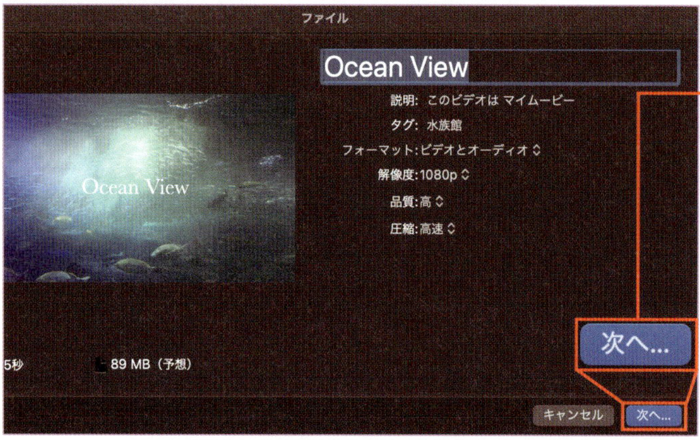

8 ［次へ］をクリック

> プラスα
>
> **事前にファイルの容量を確認する**
>
> 動画ファイルの作成画面にあるプレビュー画像の下に、おおよそのファイルサイズが表示されるので、動画ファイル作成の目安にしてみましょう。
>
> 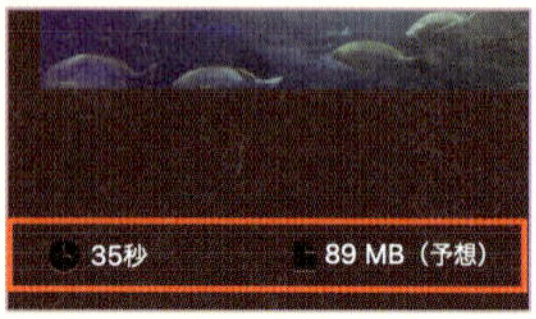
>

9 ファイル名を入力し、保存する場所を指定

10 ［保存］をクリック

動画ファイルが保存される

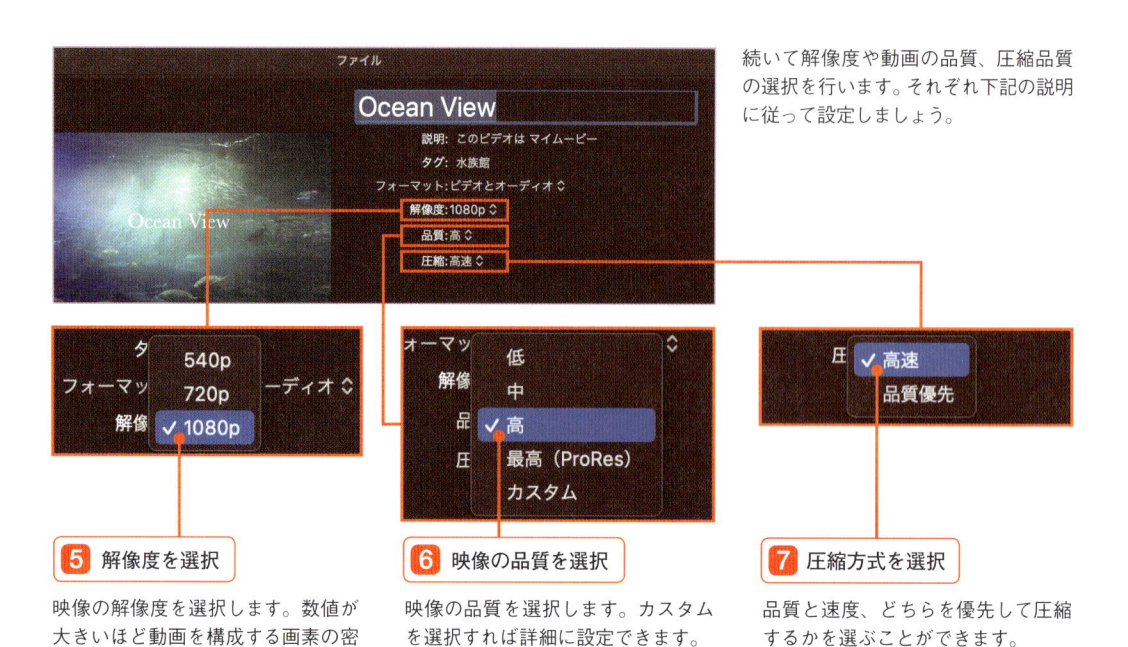

使おう　DVDプレイヤーで再生可能なDVDビデオを作成する

DVDビデオディスクを作成すると、外部のDVDプレイヤーでも再生できるようになります。iMovieにはDVDの書き込み機能が搭載されていないため、ここでは「Burn」というアプリを使ったDVDビデオの作成方法を紹介します。

1 DVD-Rドライブに空のDVD-Rを挿入

2 「Burn」を起動

Burn
ダウンロードURL／
http://burn-osx.sourceforge.net/Pages/English/home.html

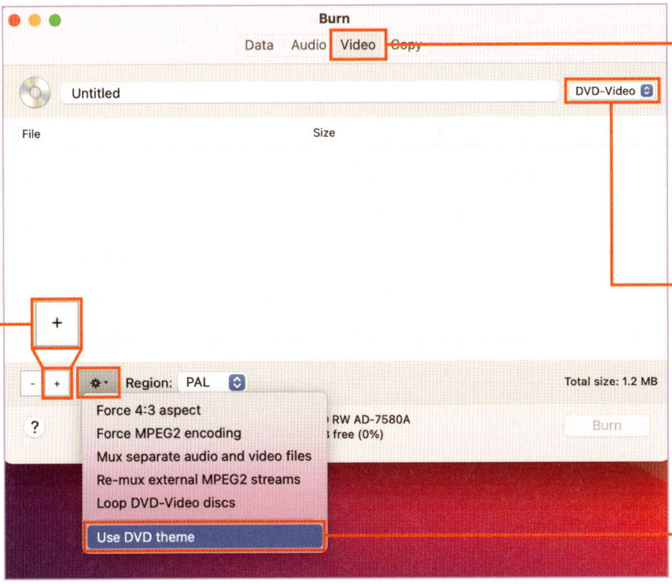

3 [Video]をクリック

4 [DVD-Video]を選択

5 チェックを外しておく

6 [+]をクリック

7 書き込む動画ファイルを選択

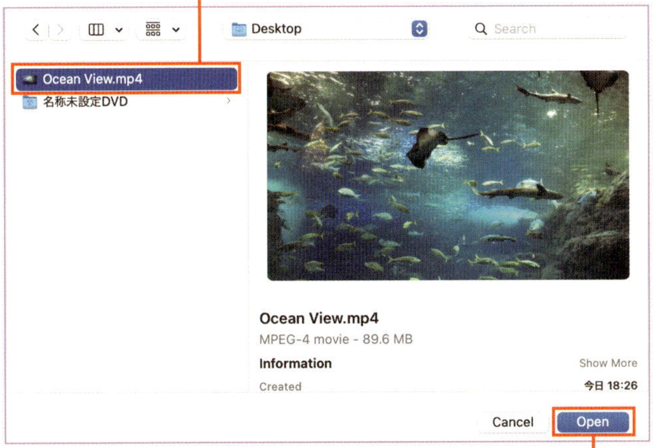

8 [Open]をクリック

変換の確認ダイアログが表示される

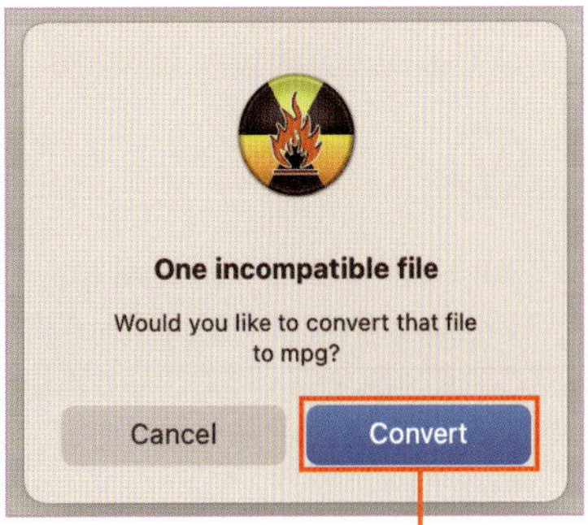

9 [Convert]をクリック

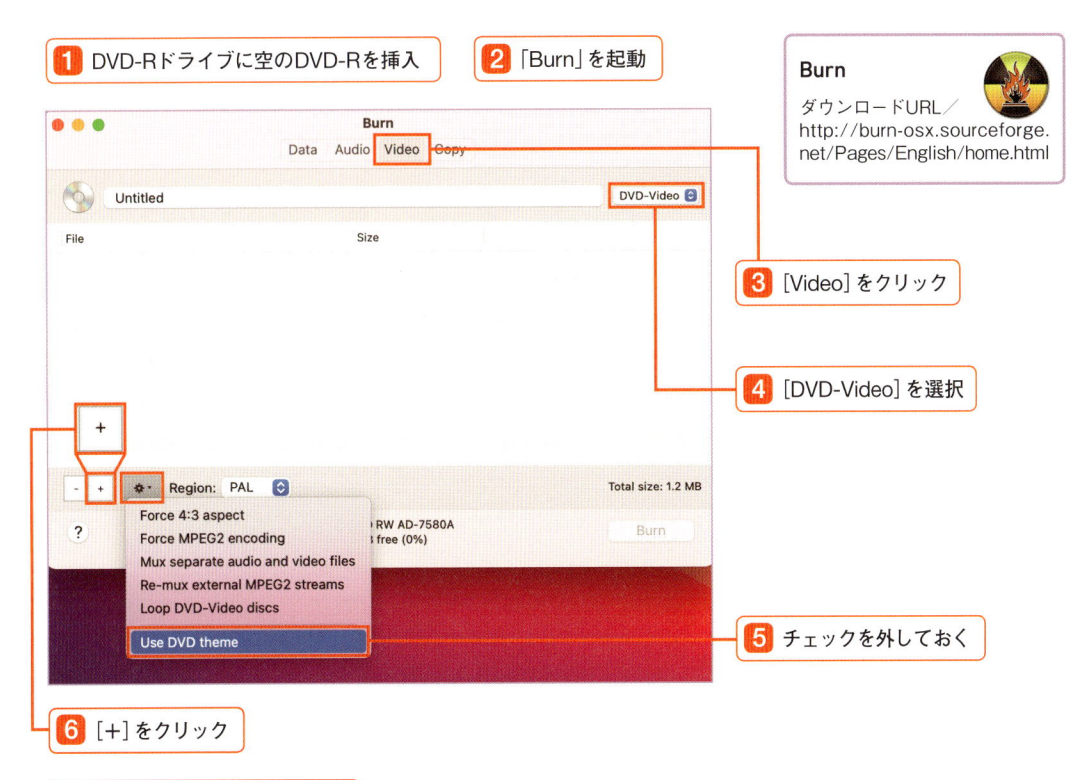

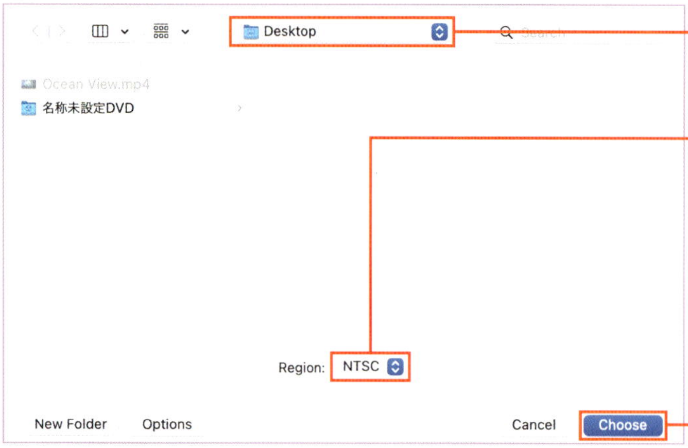

10 保存先を選択

11 [NTSC] を選択

[地域] では、各国の採用するテレビの基準信号を選びます。日本やアメリカでは [NTSC] 信号が採用されています。

12 [Choose] をクリック

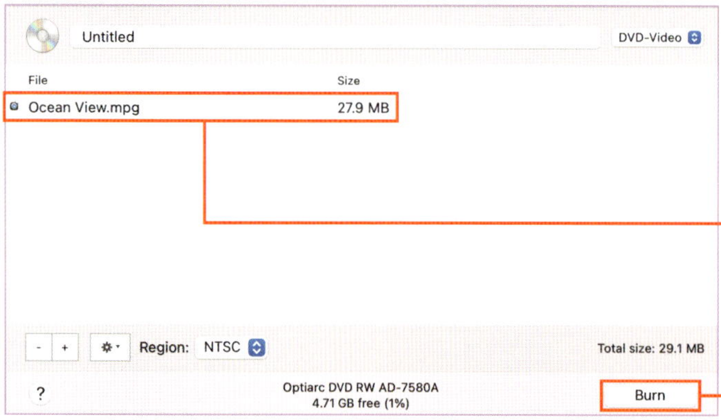

動画のエンコードが開始されます。作業が完了したら、保存先のフォルダを開いてMPEG形式のファイル（拡張子mpg）が作成されていることを確認します。

13 MPEG形式のファイルが作成されたことを確認

14 [Burn] をクリック

15 DVDドライブに空のDVDメディアをセット

16 [Burn] をクリック

プラスワン

作成したムービーを再生するには

「iMovie」で作成した動画ファイルは、「iMovie」のTheater機能や、MacBookに標準搭載される「QuickTime Player」アプリで再生できます。また上記で作成したDVDビデオの再生は、「DVDプレーヤー」アプリのほか、市販のレコーダー機器でも再生できます。なおMacBookには DVDドライブが搭載されていないため、DVDの再生には別途市販の製品が必要です。

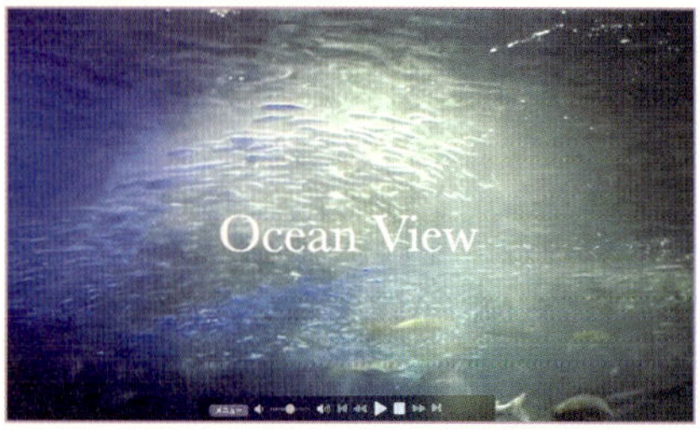

chapter 12

音楽を楽しむ

chapter 12
01

音楽の管理はぜんぶおまかせ

「ミュージック」を使う

音楽を再生したりコンテンツを購入したりする場合に活用すると便利なアプリが「ミュージック」です。さまざまなメディアの再生と保存に対応しており、音楽ライフがより充実するでしょう。

知ろう 「ミュージック」の基本画面

多彩な機能を持つ「ミュージック」ですが、操作画面はいたってシンプルです。使いたい機能をサイドバーから選択すれば、メイン画面に拡大表示される仕組みです。

「ミュージック」の画面の見方

検索ボックス
「ミュージック」に登録されているコンテンツを検索することができます。Apple MusicやiTunes Storeにあるコンテンツを探すこともできます

再生コントロール
楽曲の再生や一時停止、早送りや巻き戻しといった再生操作を行うためのパネルです。シャッフルなど再生方法も選べます

情報ウインドウ
再生中の楽曲の曲名やアーティスト名、アルバム名などの情報が表示されます。ここからミニプレイヤーの表示などを行えます

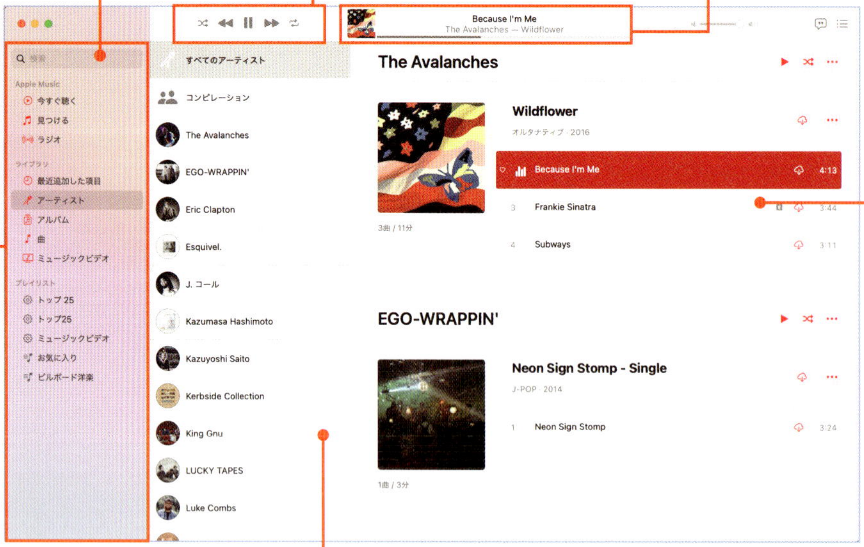

サイドバー
各種機能を呼び出したりiTunes Storeにアクセスしたりする際に利用します。iPhoneやiPadなどへもここからアクセスできます

アーティスト一覧
「ミュージック」に登録されたアーティストが一覧表示されます。[すべてのアーティスト]を選ぶとアルバムや楽曲が一覧表示されます

アルバム・楽曲一覧
アーティストごとのアルバムや収録楽曲が一覧表示されます。ここから聴きたい音楽を選択すれば再生が開始されます

知ろう 「ミュージック」のモード切り替えと楽曲の再生方法

「ミュージック」でライブラリに登録した曲は、アーティスト、アルバム、曲など任意の表示に切り替えて再生ができます。まずは、音楽の選択モードの変更方法と再生操作を覚えましょう。

アルバム表示

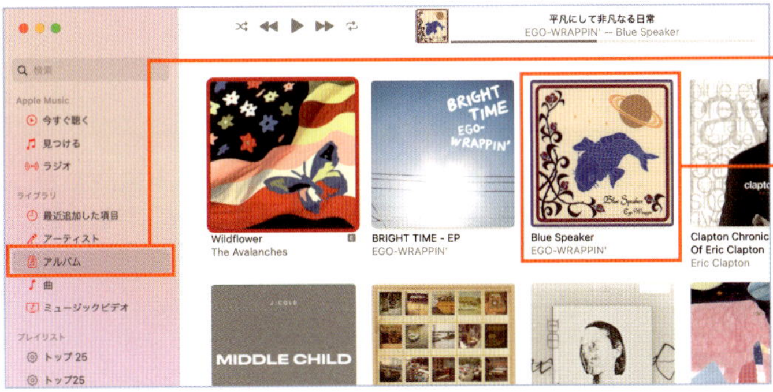

1 [アルバム]をクリック

ライブラリに登録したアルバムのサムネイルが一覧表示される。クリックするとアルバムの詳細が表示される

曲表示

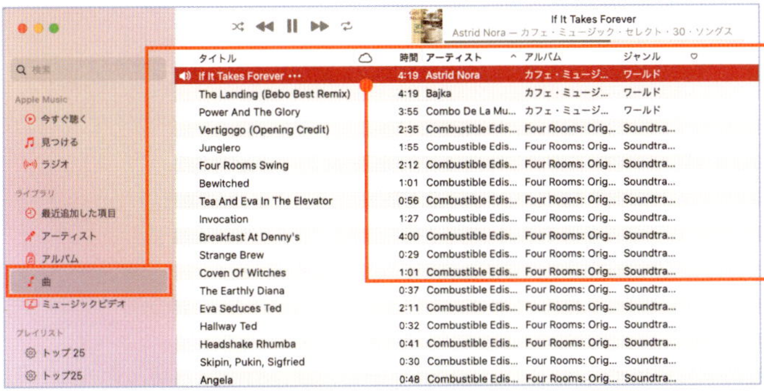

1 [曲]をクリック

ライブラリ内の楽曲が一覧表示される

2 曲名をダブルクリック

楽曲の再生が始まる

再生パネルの使い方

再生／一時停止
クリック操作で再生と一時停止操作を行うことができます

早送り／巻き戻し
クリックで次や前の曲に移動します。長押しすると早送りや巻き戻しを行えます

次はこちら・履歴／歌詞
次に再生される曲のリストや楽曲の再生履歴、歌詞情報を確認できます

シャッフル／リピート
アルバムやプレイリストをシャッフル・リピート再生します

シークバー
スライダーで再生位置を表示・変更することができます

ボリューム
音量を調整します。右側にスライドするほどボリュームは大きくなります

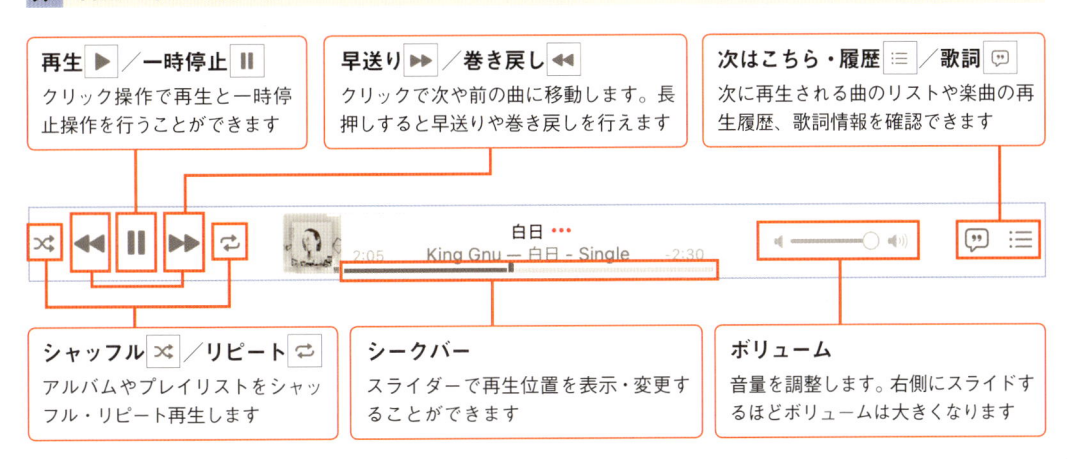

chapter 12

02

音楽CDを楽曲データに変換

CDから楽曲データを読み込む

「ミュージック」には、音楽CDから楽曲データを読み込むための機能が搭載されています。読み込みの際には音質の調整やアルバムアートの追加なども行えます。読み込んだ楽曲データの再生や音楽CDの作成もできます。

知ろう　楽曲データの読み込み方法を設定する

標準設定では、接続したドライブに音楽CDがセットされると自動的に読み込み画面が表示されます。ここでは、あらかじめ読み込む音楽ファイルの形式や音質を設定する方法を紹介します。なお、この設定は特に変更しなくても読み込みは行えます。

1 [ミュージック]をクリック

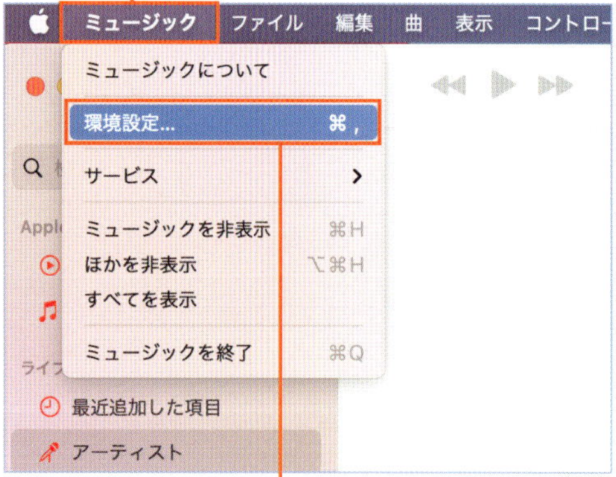

2 [環境設定]を選択

3 [ファイル]をクリック

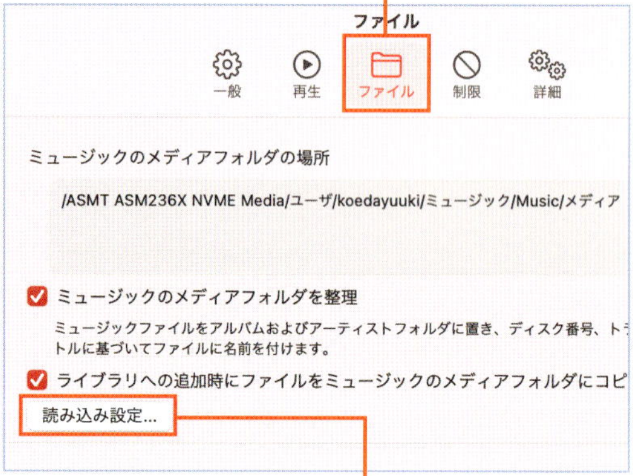

4 [読み込み設定]をクリック

5 読み込み方法を選択

6 必要に応じて[設定]からビットレートを選択

7 [OK]をクリック

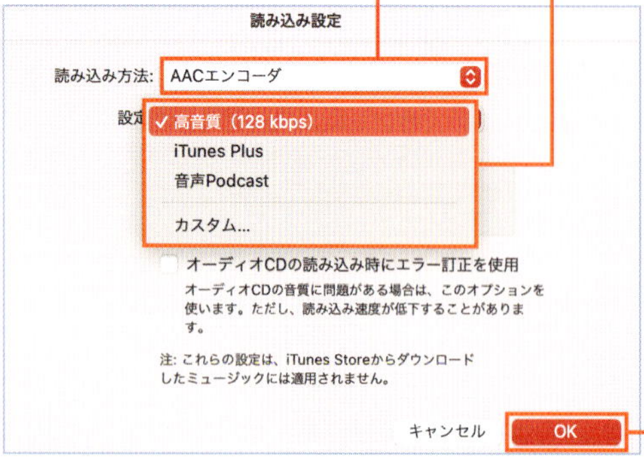

音質は、プリセットから選択できるほか[カスタム]を選択すると詳細設定を行えます。

ヒント

[読み込み方法]はどれを選ぶのが最適？

[読み込み方法]は、音楽CDから読み込んだファイルの保存形式を選択する項目です。再生する機器によって再生できる保存形式が異なるため、[読み込み方法]は再生機器に合わせるのが一般的です。Macやスマートフォンなどの機器で再生するなら圧縮率が高い[AACエンコーダ]、多彩な機器で再生するなら汎用性の高い[MP3エンコーダ]、高音質で再生したいなら圧縮による音質劣化が小さい[Apple Losslessエンコーダ]が最適です。

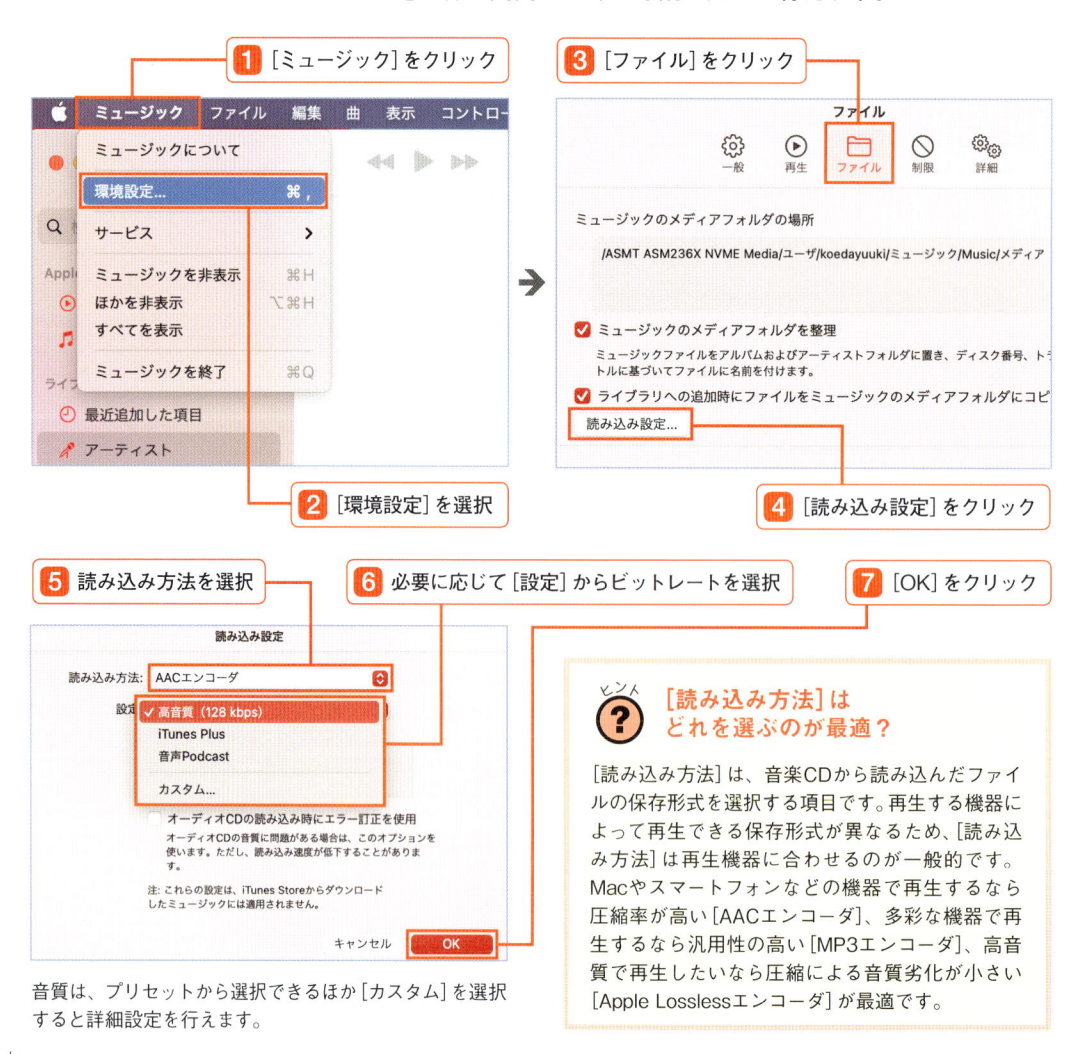

使おう　CDから楽曲データを読み込む

読み込み設定が済んだら読み込みを行ってみましょう。光学ドライブにCDをセットすると自動的に読み込み画面が表示され、すぐに読み込みを始めることができます。なお現行のMacBookシリーズには光学ドライブが搭載されていないため、別途市販の光学ドライブの用意が必要です。

1 音楽CDを接続した光学ドライブにセット

［次回から確認しない］をクリックすると、この画面は表示されなくなります。

2 ［はい］をクリック

進捗状況が表示される

楽曲データの読み込みが開始されます。作業の進捗状況は曲名の左側に表示されます。この作業は収録時間やドライブの性能によって異なりますが数分で完了します。

3 ［最近追加した項目］をクリック

読み込んだ楽曲が表示された

読み込んだ楽曲は、［最近追加した項目］に表示されます。アルバムを選ぶと楽曲の一覧が表示されます。

ヒント

読み込み画面が自動表示されない場合は!?

上記1の読み込み画面が自動表示されない場合、CDの音楽情報画面で［読み込み］をクリックし手動で読み込みましょう。手動の場合は、読み込み前に設定画面が表示されます（設定についてはP.268を参照）。

1 ［読み込み］をクリック

2 ［読み込み方法］と［設定］を確認

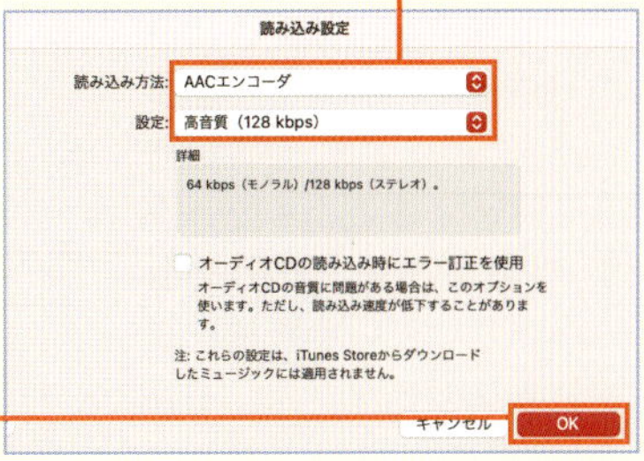

3 ［OK］をクリック

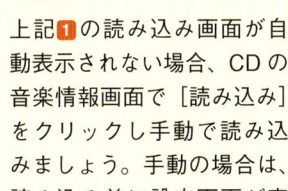

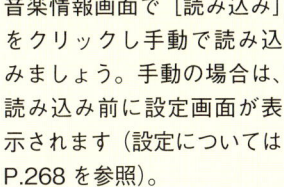

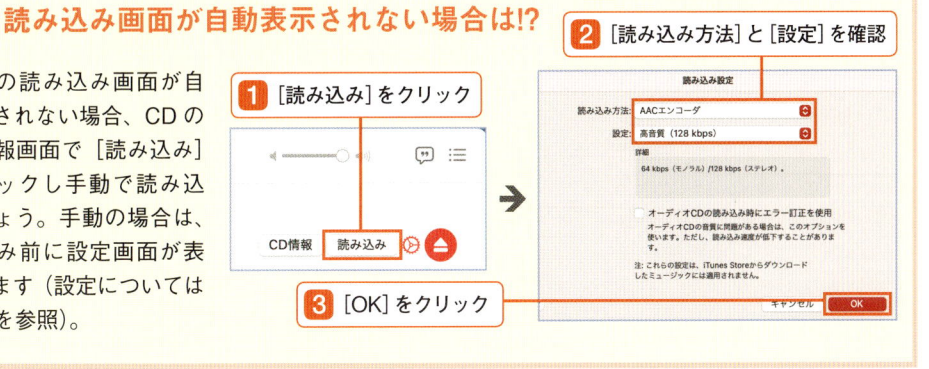

使おう　アルバムアートワークを入手する

「ミュージック」には、音楽CDのジャケット画像を入手して表示する［アルバムアートワーク］と呼ばれる機能が搭載されています。標準設定なら楽曲データを読み込む際、自動的に適用されますが、適用されていない場合は手動でダウンロードして適用してみましょう。

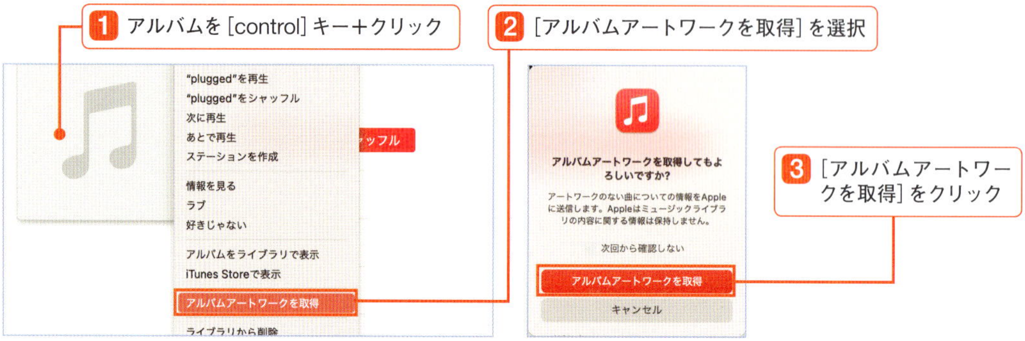

アルバムアートワークは自動的に取得され、すぐに反映されます。複数のアルバムアートワークが存在する場合は、選択画面が表示されるので好みのものを選択しましょう。なお、アルバムアートワークの取得には、Apple IDでサインインを行う必要があります。

プラスワン

アルバムアートワークを好みの画像に設定する

ミュージックで取得できるアルバムアートワークは、CD発売時のジャケット画像となっていますが、好みの写真を設定することもできます。右記の手順でMacBookに保存されている画像を選択できるのでぜひ試してみましょう。

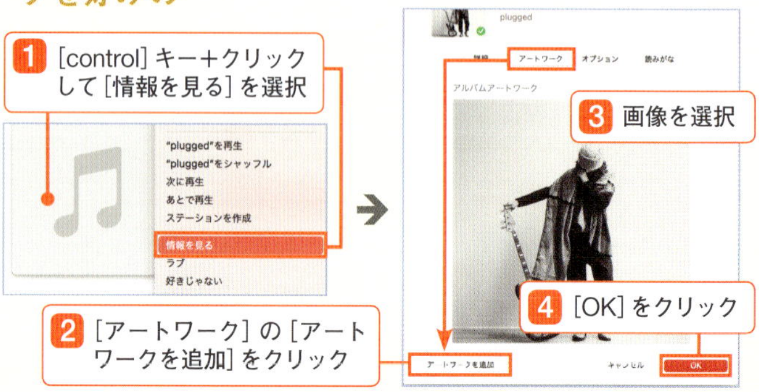

使おう　読み込んだ楽曲をCD-Rに書き込む

音楽CDから読み込んだりiTunes Storeで購入したりした楽曲データは、空のCD-Rディスクに書き込むことで音楽CDとしてさまざまな機器で再生ができます。

1 プレイリストを［control］＋クリック

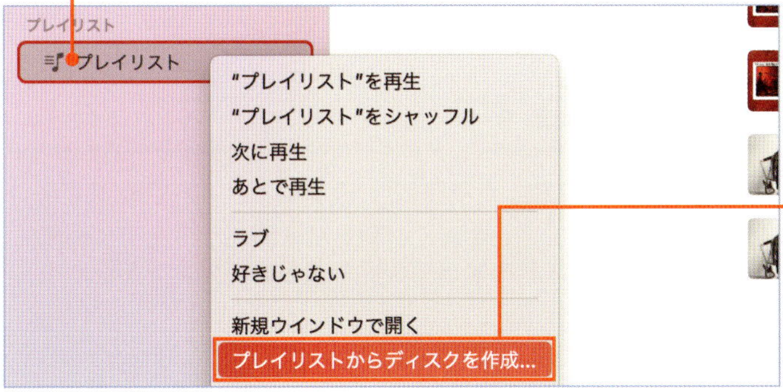

CD-Rへの書き込みは、プレイリストを用意して行います（プレイリストの作成方法はP.273を参照）。

2 ［プレイリストからディスクを作成］を選択

3 光学ドライブに空のCD-Rディスクをセット

4 ［ディスクを作成］をクリック

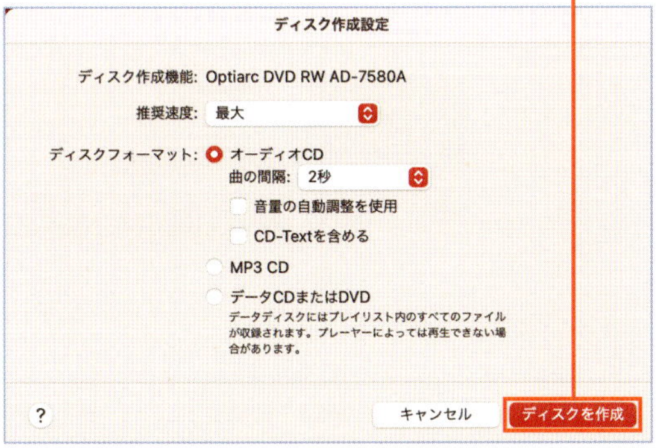

ディスクが作成された

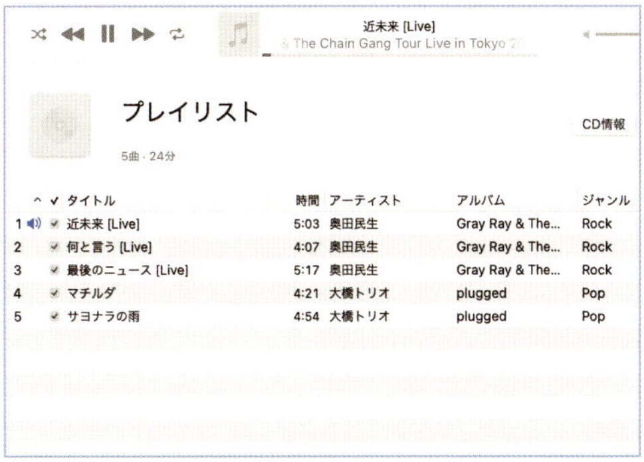

プラスワン

読み込んだ楽曲データを編集するには

音楽CDから読み込んだ楽曲データには、アーティストや曲名、アルバム名などを記録するID3タグと呼ばれる情報が記録されています。もし読み込んだ曲名やアーティスト名が異なっている場合、曲名を［control］キー＋クリックし［情報を見る］を選択するとID3タグの編集画面が開きます。手動で正しい内容に入力し直しましょう。

1 曲名を［control］キー＋クリック

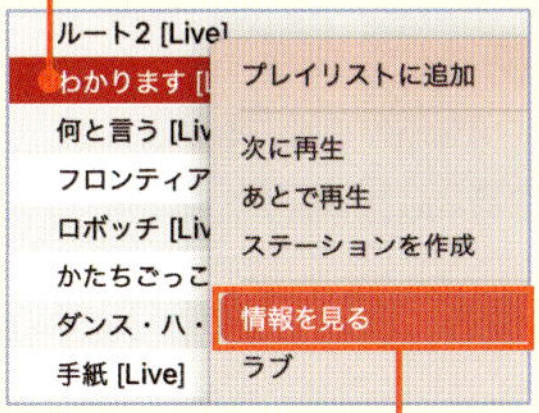

2 ［情報を見る］を選択

ヒント

曲と曲の間隔や書き込み速度を調整する

ディスクの作成画面にある［曲の間隔］欄では、曲と曲の間隔を調整できます。また、書き込みの失敗が頻発する場合は、［推奨速度］から速度を落としてみましょう。

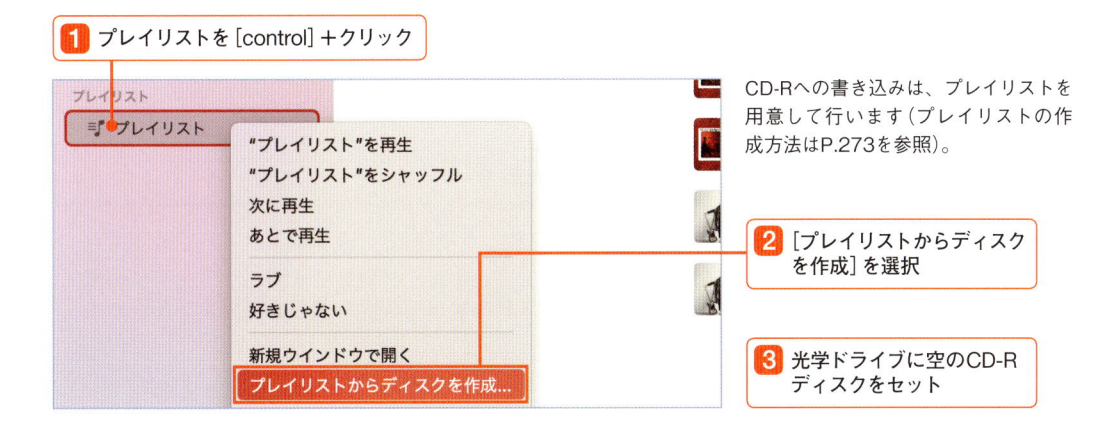

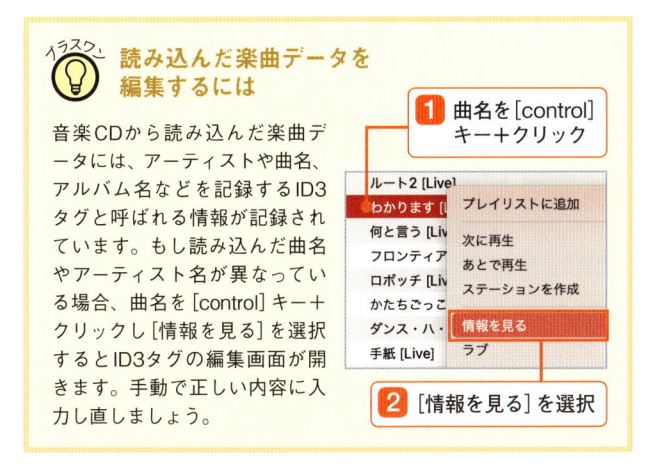

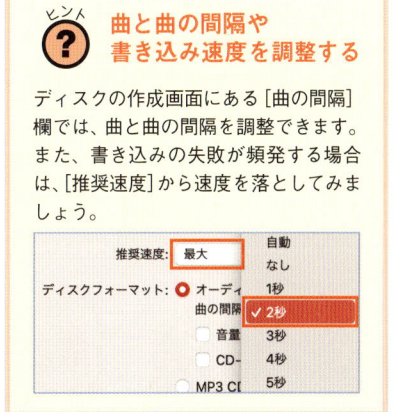

chapter 12
03
データ化した曲をMacBookで聞く
読み込んだ楽曲データを再生する

MacBookに読み込んだ楽曲データは、「ミュージック」で手軽に再生することができます。お気に入りの曲を集めてプレイリストとして登録しておけば、シーンごとに最適な音楽を楽しむことができます。

使おう 読み込んだ楽曲データを再生する

読み込んだ楽曲データは、サイドバーの[最近追加した項目]というプレイリストで確認できます。楽曲データを読み込んだ日付ごとに確認でき、直近で追加した楽曲データがすぐに見つかります。アルバム単位の再生や、プレイリスト内すべての曲をまとめて再生することもできます。

曲を指定して再生する

1 [最近追加した項目]を選択

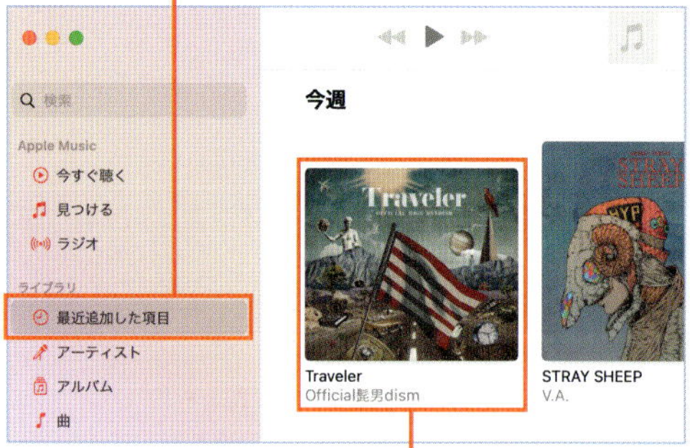

2 アルバムをクリック

アルバム全曲再生はここをクリック

3 楽曲をダブルクリック

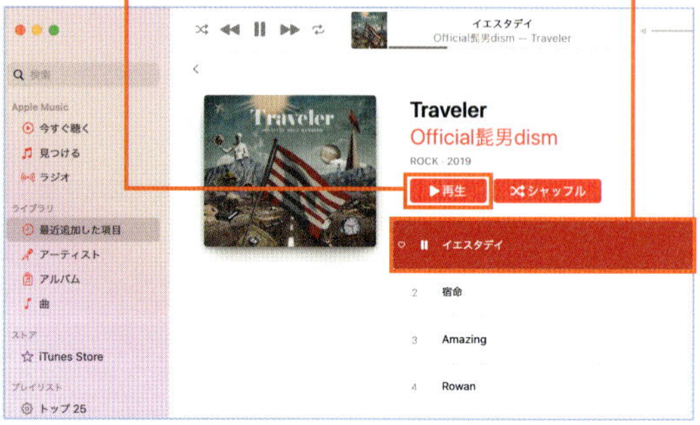

楽曲を選択して再生ボタン(P.267を参照)をクリックして再生することもできます。

アルバムの曲をすばやく全曲再生する

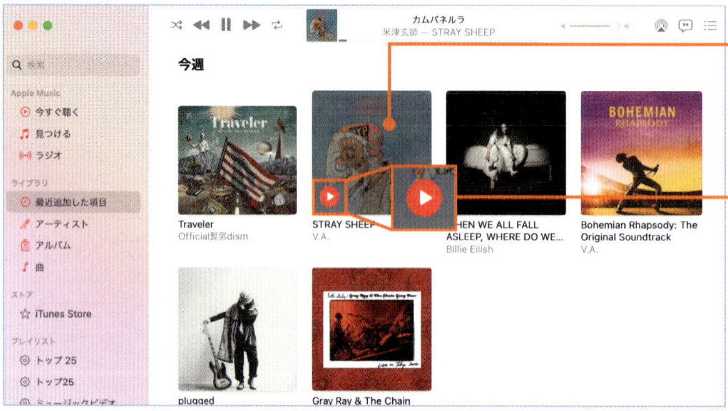

1 アルバムのサムネイルにマウスポインタをあわせる

2 再生ボタンをクリック

サムネイルをクリックするとアルバムの詳細が表示されますが、すばやく再生を始めたいときには、サムネイル上に表示される再生ボタンをクリックすれば、アルバム内の楽曲が全曲再生されます。

使おう　好きな楽曲を集めてプレイリストを作る

読み込んだアルバム単位ではなく、自分の好きな楽曲を集めてプレイリストを作成することもできます。

1 [ファイル]→[新規]をクリック

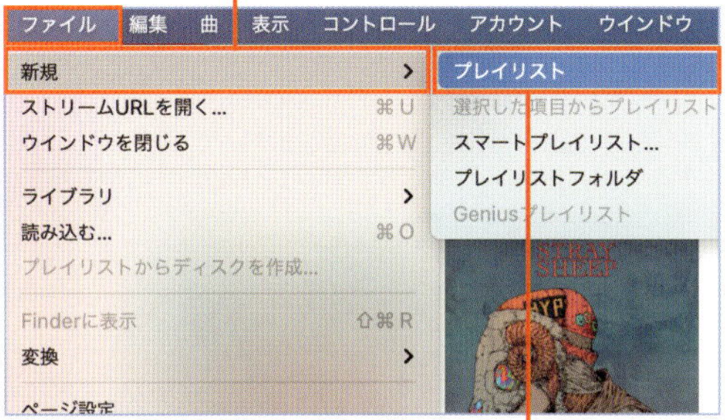

2 [プレイリスト]を選択

新規プレイリストが作成された

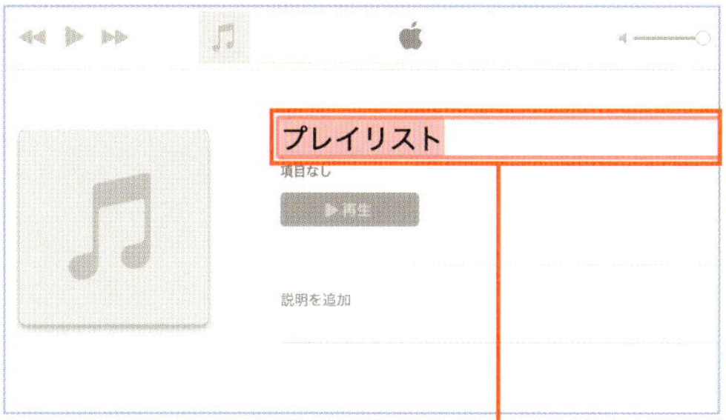

3 プレイリスト名を入力

4 [曲]をクリック

5 プレイリストに追加したい曲を選択

6 ドラッグ&ドロップ

プレイリストに楽曲が追加された

イラスワ 複数の音楽を同時に選択する

複数の音楽ファイルを同時に選択する場合は、[command]キーを押しながら楽曲をクリックしましょう。再生順が連続している楽曲を選択する場合は[shift]キーを押しながら最初の楽曲と最後の楽曲をクリックすれば一括選択できます。

使おう　スマートプレイリストを作成する

アーティスト名やジャンルといった条件を設定することで、ライブラリ内にある共通の楽曲を自動的に集められる［スマートプレイリスト］という機能があります。運動時に最適なリズムを持った楽曲だけを集めるといった一風変わった使い方も可能です。ここでは例として［作曲者］が［Billie Eilish］という条件でリストを作成します。

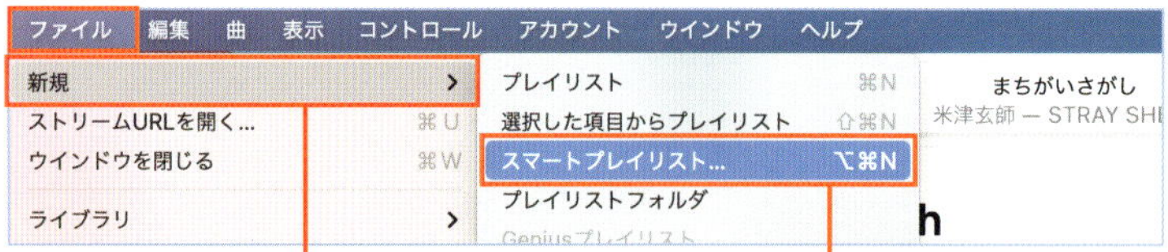

1 ［ファイル］→［新規］をクリック

2 ［スマートプレイリスト］を選択

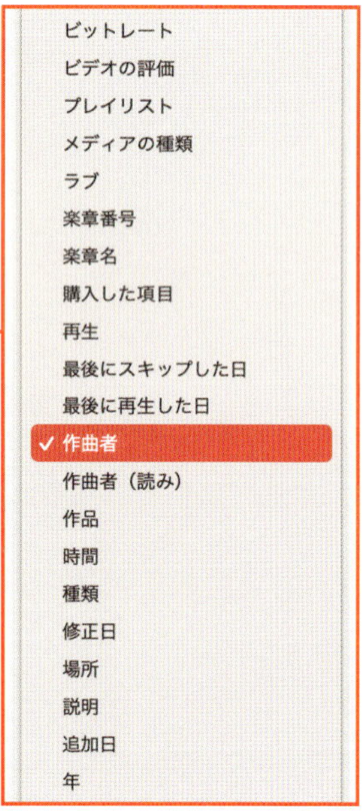

3 ひとつ目の条件を選択

4 キーワードを入力

スマートプレイリストの作成画面が表示されます。ひとつ目の条件に［作曲者］を選択、テキストボックスに「Billie Eilish」と入力し、画面右下の［OK］をクリックします。

スマートプレイリストが作成された

作成したプレイリストは左側の［プレイリスト］欄に表示される

自動的に条件に合う楽曲が収集されプレイリストが作成されます。

プレイリストとスマートプレイリストの違い

 プレイリスト　 スマートプレイリスト

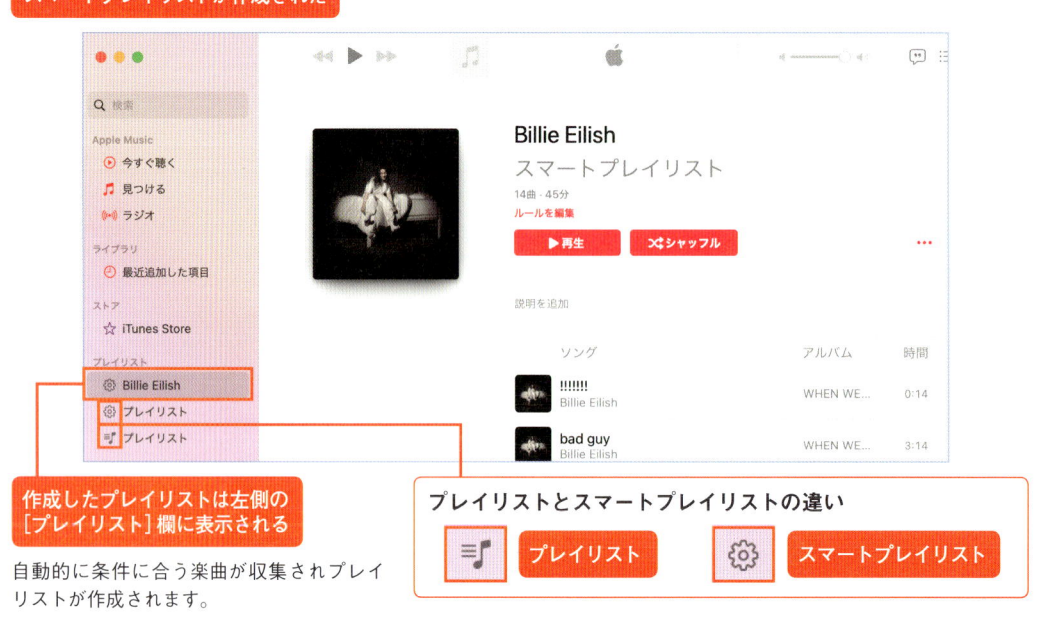

使おう　楽曲を検索して再生する

再生したい楽曲やアーティストが見つからない場合は、検索機能を活用してみましょう。iTunes Storeのコンテンツを探して購入することもできます。

イコライザで自分好みの音質に調整する

低音を効かせたり、ボーカルを引き立たせるなど、音質を自分好みに調整できる機能がイコライザです。［ウインドウ］→［イコライザ］を選択すると操作パネルが表示され、ロックやポップなど22種類のメニューから、好みの音質が選択できます。また、各項目のスライダーを動かし、より自分好みにチューニングも可能。設定を保存しておくこともできるため、いつでもこだわりの音質で音楽が楽しめます。

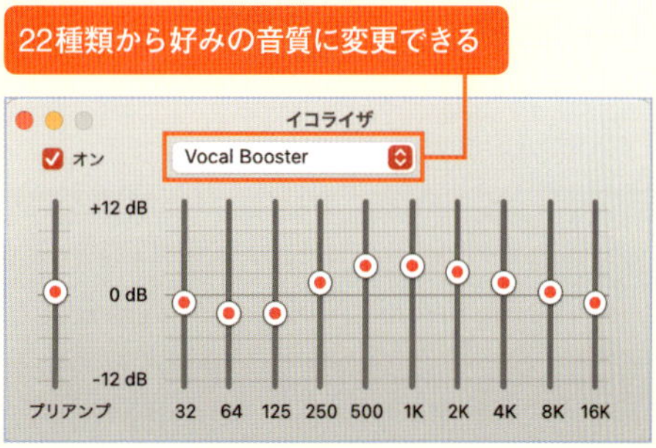

使おう　楽曲の保存先を変更する

「ミュージック」のライブラリは、管理する音楽や動画が増えると膨大なサイズとなります。MacBook本体のストレージ容量が圧迫されるので、外部ドライブでデータを管理する方法を覚えておきましょう。

1 ［ミュージック］をクリック

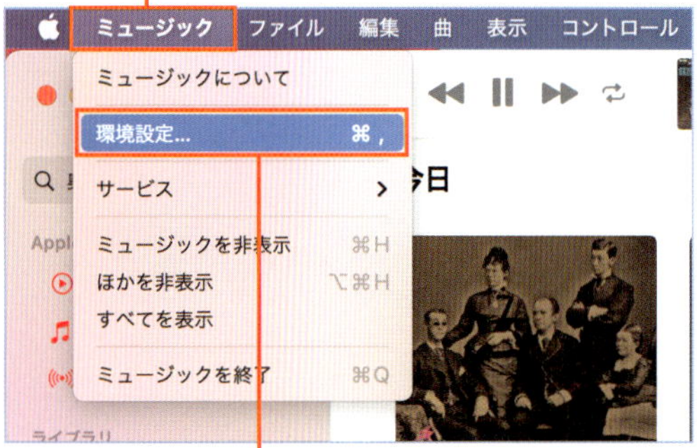

2 ［環境設定］を選択

3 ［ファイル］をクリック

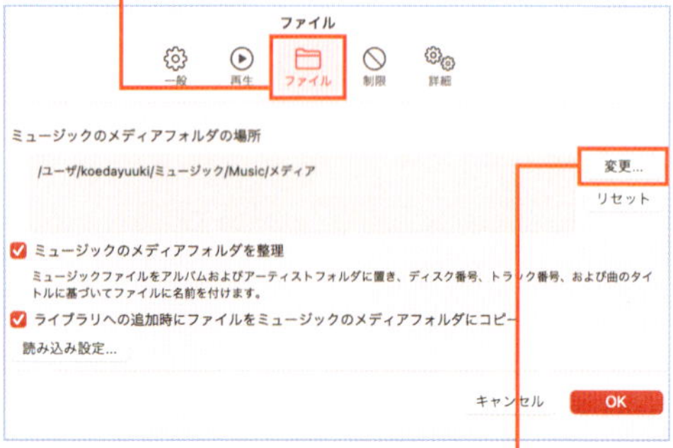

4 ［変更］をクリック

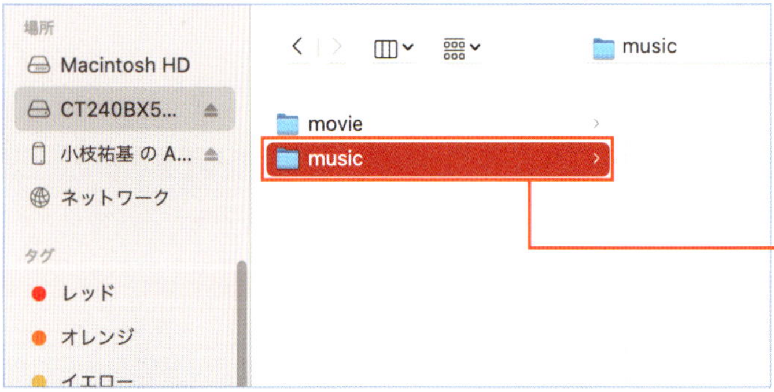

5 新たな保存先となる外付けHDDなどのフォルダを選択し［開く］をクリック

6 指定したフォルダが表示されていることを確認

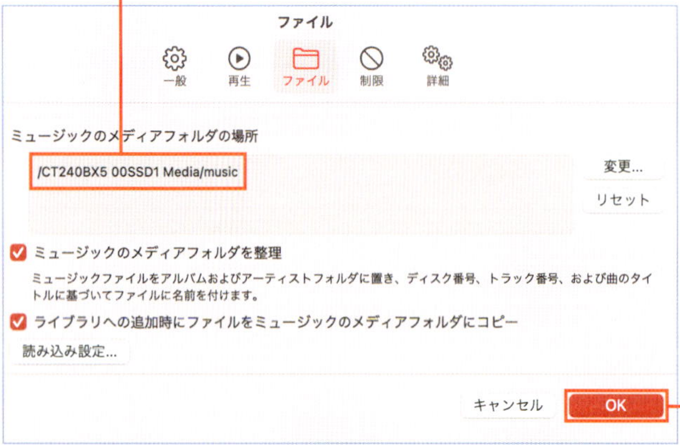

7 ［OK］をクリック

ヒント

音楽データを［iTunes Media］に保存するには

［ライブラリへの追加時にファイルをミュージックのメディアフォルダにコピー］にチェックを入れておくと、音楽CDから読み込んだ楽曲ファイルがこのページの手順で指定したフォルダに保存されます。

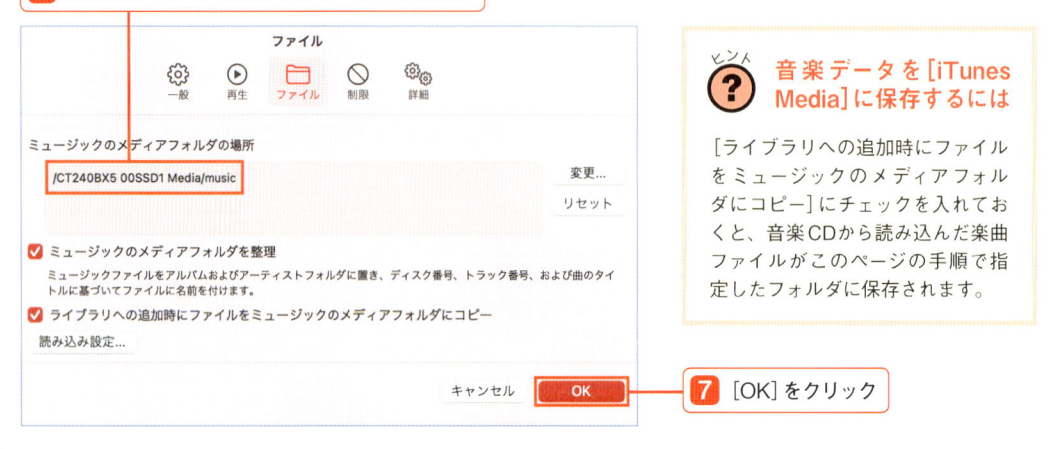

chapter 12
04

聞きたい時にすぐに購入できる

iTunes Storeで楽曲を購入する

iTunes Storeにアクセスすれば、音楽や動画をはじめPodcastなどさまざまなコンテンツを入手することができます。豊富なコンテンツを欲しい時にすぐダウンロードできるのがiTunes Storeの魅力といえるでしょう。

知ろう iTunes Storeの基本画面

iTunes Storeでは、国内外を問わずさまざまなアーティストのコンテンツが扱われています。ダウンロードによる販売が行われているため、24時間いつでもお気に入りのコンテンツを入手することができます。

iTunes Storeの画面の見方

ストア
クリックするとiTunes Storeにアクセスします

検索ボックス
キーワードを入力しiTunes Storeで扱われているコンテンツを探せます

おすすめ情報
新着の音楽の中から注目度が高いアーティストの音楽やアルバム情報が表示されます

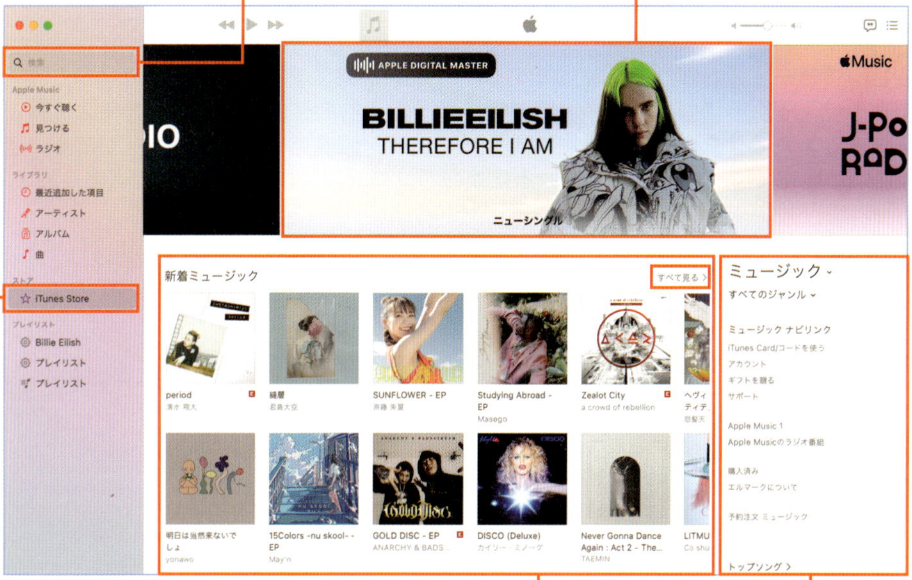

新着ミュージック
新着の楽曲から注目のものが表示され、[すべて見る]ですべてのコンテンツを確認できます。スクロールすると[Apple Music プレイリスト]や[最新リリース]などの項目が並びます

ミュージックナビリンク
楽曲をジャンルごとに表示させたり、アカウント情報や購入済みの楽曲情報などを確認することができます

知ろう　Apple IDでサインインする

iTunes Storeからコンテンツを購入する際には、クレジットカード情報など支払い情報が登録されたApple IDでのサインインが必要です。またクレジットカードが手元にない場合、プリペイドカードを使用してコンテンツの購入もできます（Apple IDへのプリペイドカード登録はP.172を参照）。

1 ［アカウント］をクリック

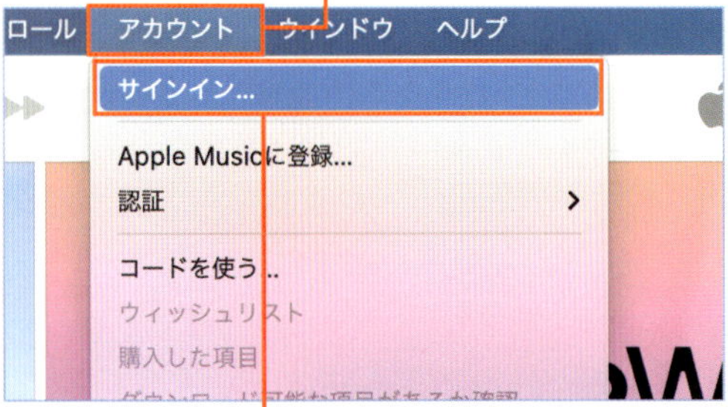

2 ［サインイン］を選択

3 Apple IDとパスワードを入力

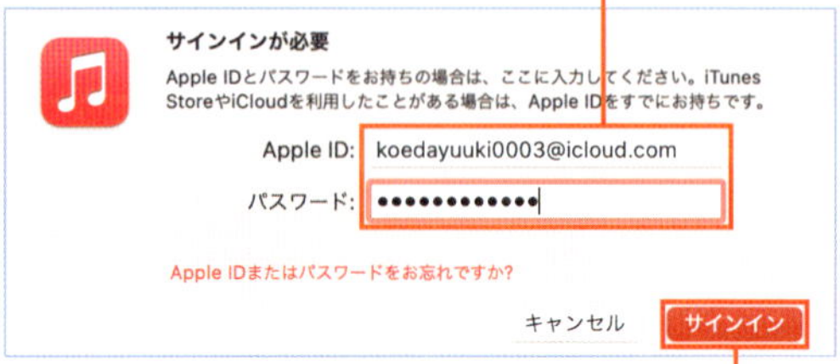

4 ［サインイン］をクリック

楽曲が購入できるようになった

使おう　iTunes Storeから楽曲をダウンロードする

支払い情報が登録されたApple IDでのサインインが完了するとiTunes Storeから楽曲の購入を行えるようになります。検索機能を使って目的の楽曲を探せば、効率よく買い物をすることができます。なお一度購入した楽曲は、何度でもダウンロードができ、購入時のApple IDでサインインをしているほかのパソコンやスマートフォンでも楽しめます。

1 検索ボックスをクリック

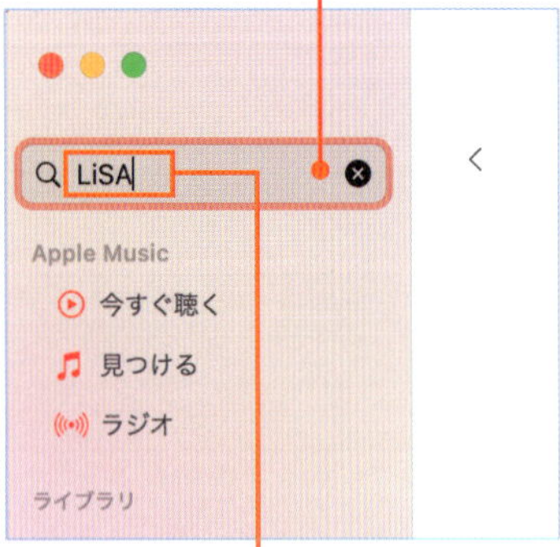

2 キーワードを入力

3 ［return］キーを押す

4 ［iTunes Store］をクリック

5 購入したい楽曲をクリック

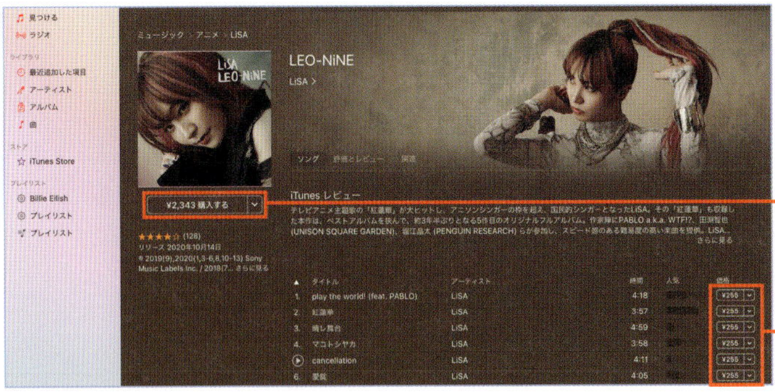

6 アルバムの購入は
ここの金額をクリック

6 1曲ごとの購入は
ここの金額をクリック

選択した楽曲の詳細画面が表示されます。音楽の場合は、アルバム単位または1曲単位で購入することができます。

7 ［購入する］をクリック

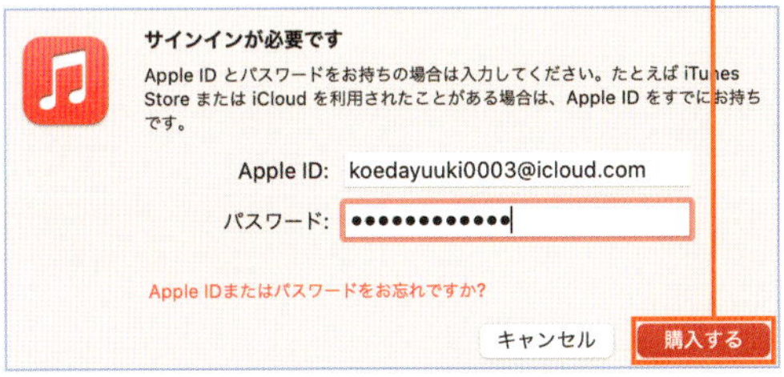

再度サインインが求められるので、Apple IDとパスワードを入力し［購入する］をクリックします。

8 ［購入する］をクリック

決済の確認ダイアログで［購入する］をクリックすると購入が完了します。

9 ［最近追加した項目］をクリック

購入した楽曲が表示された

楽曲の購入が完了するとダウンロードが開始されます。「ミュージック」では楽曲以外にもさまざまなコンテンツを購入することができますが、楽曲を購入した場合は、ライブラリを開いて［最近追加した項目］で楽曲をすばやく聞くことができます。

プラスワン 購入した楽曲を再ダウンロードする

楽曲の再ダウンロードは、ミュージックナビリンクにある1［購入済み］を開き、2［ダウンロード］アイコンを選択して行えます。上部の［アルバム／ソング］を切り換えて、曲単位やアルバム単位でのダウンロードが可能です。

1 ［購入済み］をクリック

2 ［ダウンロード］をクリック

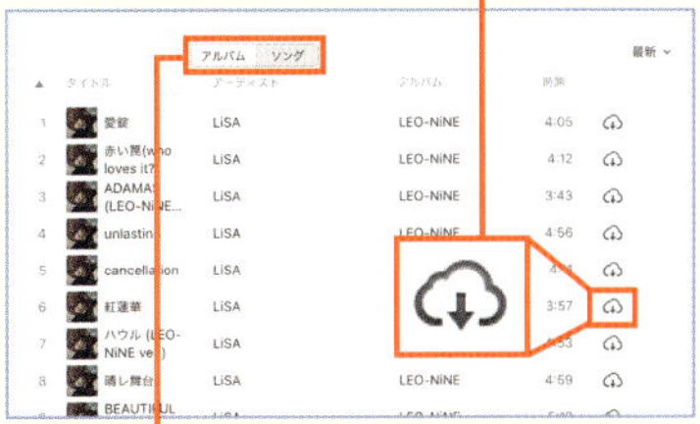

表示をアルバムに切り換えも可能

chapter 12

05 聴き放題サービスを利用する

豊富な楽曲が月額制で聴き放題に

Apple Musicは、Appleが提供する月額定額制の音楽聴き放題サービスです。「ミュージック」で取り扱われているすべての楽曲が聴けるわけではありませんが、数百万曲がラインナップされています。

知ろう Apple の音楽聴き放題サービス Apple Music

Apple Music は個人向けは月額 980 円、学生は月額 480 円、6 人まで利用できるファミリー向けは月額 1480 円で利用ができます。3 カ月間の無料期間が設けられていますので（2020 年 12 月現在）、とりあえず気になるという人は試してみましょう。※金額は税別

Apple Music で扱われている楽曲は自由に試聴できます。またユーザの嗜好に合わせて、好みのジャンルやアーティストをピックアップしてくれます。

ネットでのストリーミング再生に加え、楽曲を MacBook や iPhone にダウンロードも可能。ファイルの保護（DRM）が施されており制限はありますが、オフラインでの再生も行えます。

使おう Apple Music の利用を開始する

Apple Music は「ミュージック」から手軽に始めることができます。利用を開始するには支払い情報の登録がされている Apple ID が必要となります。

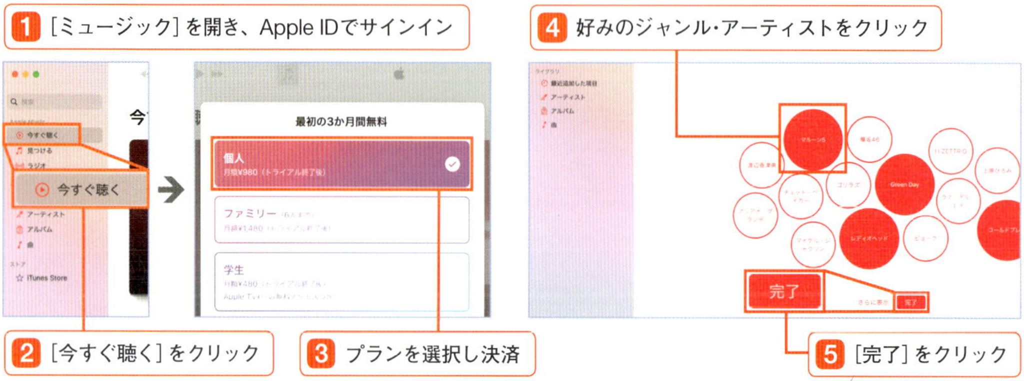

使おう Apple Music で楽曲を探す

Apple Musicで取り扱っている曲は、ジャンルや検索から探すことができます。また、ユーザの好みに合いそうな曲を自動的にピックアップしてくれます。

使おう Apple Music の曲をライブラリに登録する

検索で見つけた曲やアルバムはそのままでも再生を楽しめますが、[ライブラリ] に登録すればいつでも曲を呼び出せるようになり、聴きたいときにすぐに曲を楽しめます。

ダウンロードしたApple Musicの曲ファイルは「ミュージック」以外では利用できない

Apple Musicで追加した曲もiTunes Storeで購入した場合と同様、MacBook本体へダウンロードできます。ただしDRMで保護されており、「ミュージック」以外のプレイヤーでは再生できません。

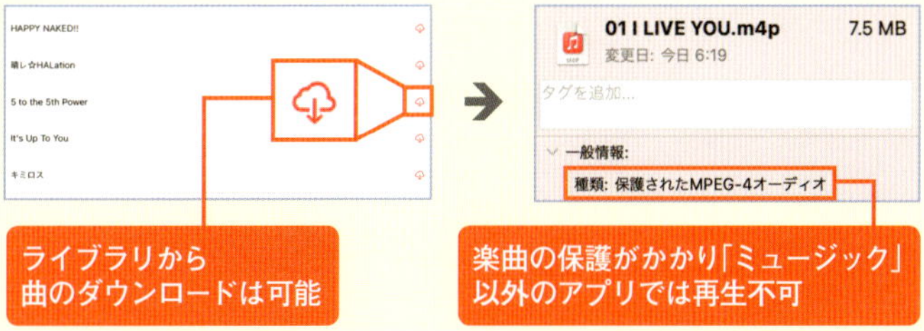

chapter 12
06

コンテンツの共有機能

iCloudで楽曲を管理する

Apple Musicを開始するとiCloudミュージックライブラリという機能を利用できます。ひとつのアカウントで3台までのMacやiPhoneなどのデバイスと楽曲を共有できる機能で、CDから読み込んだ楽曲も対象です。

知ろう　iCloud ミュージックライブラリの基礎知識

iCloud ミュージックライブラリを使用すると、同一の Apple ID でサインインしている端末間で CD から読み込んだ楽曲の共有を行えるようになります。

MacBookで読み込んだ楽曲をクラウドに保存

楽曲をiPhoneやほかのMacなどと共有

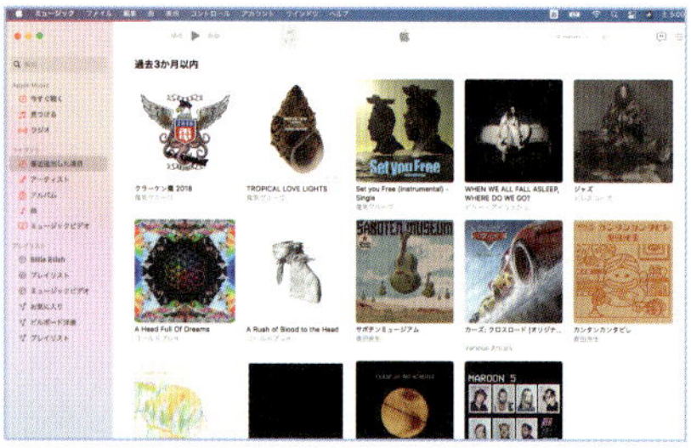

MacBook で読み込んだ楽曲データを含むライブラリを iCloud 上に転送します。マッチングという作業が行われ、iTunes Store で取り扱っている曲は、高音質のデータに置き換えられます。

MacBook と同じ Apple ID でサインインしている端末なら、iCloud から音楽のストリーミング再生や、楽曲ファイルのダウンロードを行えます。ただし DRM 保護が付加されます。

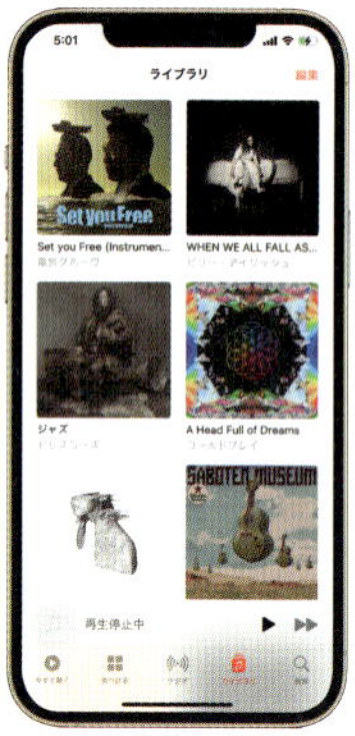

使おう　iCloud ミュージックライブラリをオンにする

iCloud ミュージックライブラリを利用するには、あらかじめ設定が必要です。機能をオンにすると、あとは自動的に iCloud 上に CD 音源を含む楽曲が追加されます。

1 ［ミュージック］をクリック

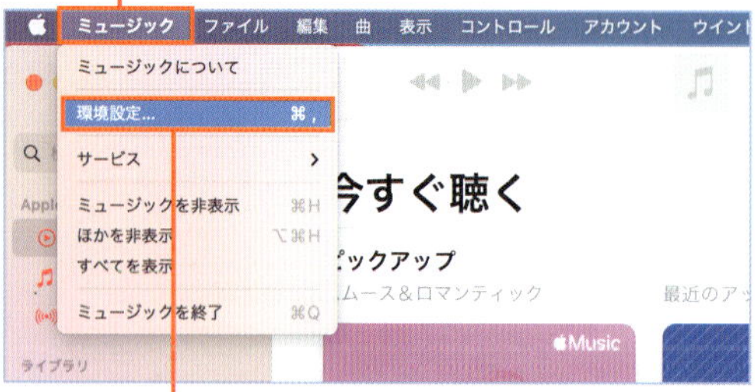

2 ［環境設定］を選択

3 ［一般］をクリック

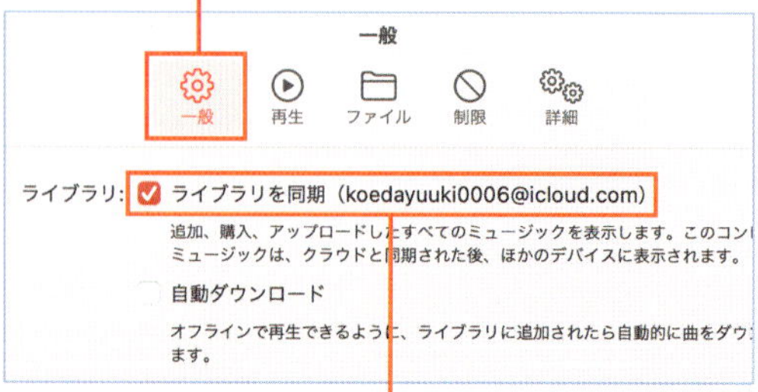

4 ［ライブラリを同期］にチェックを入れる

使おう　MacBook内の楽曲をiPhoneと共有する

iCloudミュージックライブラリの楽曲は同一のApple IDでサインインすれば、iPhoneやほかのMacなどでも共有できます。ここではiPhoneでの設定方法を紹介します。

1 [設定]→[ミュージック]をタップ

iPhoneであらかじめiCloudと「ミュージック」にサインインしている状態で、[設定]の[ミュージック]をタップします。なおiOS 8.4以上にアップデートしておく必要があります。

2 [ライブラリを同期]を[オン]に

3 [ミュージック]アプリを起動→[ライブラリ]をタップ

MacBookの[ライブラリ]と同じ内容がiPhoneのライブラリに表示される

MacBookでCDから読み込んだ楽曲がiPhoneのライブラリにも表示され、ネット経由ですぐに再生ができます。もちろんダウンロードしてオフライン再生も可能です。

ヒント
iCloudミュージックライブラリとiTunes Matchの違いは？

Apple社はクラウドに保存した楽曲を共有できる[iTunes Match]というサービスも展開しており、年間3980円で利用できます。iCloudミュージックライブラリはiTunes Matchに加入していると、すべての楽曲がDRMフリーとなり、「ミュージック」以外のアプリでも再生が可能です。iTunes Matchではマッチングされずデータをアップした曲でも、10万曲まで保存可能です。ライブラリの曲数が多いユーザにおすすめのサービスです。

iTunes Matchは「ミュージック」上で加入手続きが行える

column

Apple Musicのトライアルをキャンセルする

Apple Musicは開始から3カ月間は無料で利用できますが、無料期間が過ぎると契約が自動更新され支払いが発生するようになります。もし使ってみて、あまり必要ではないというユーザは、自動更新が行われる前に登録を解除する必要があります。

Apple Musicの解除方法

「ミュージック」を起動しておく

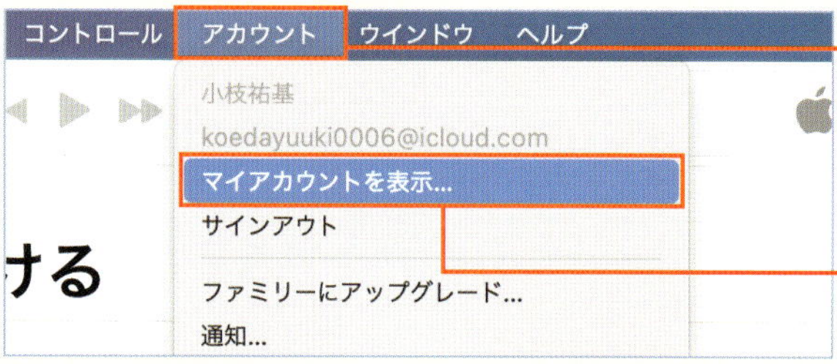

1 [アカウント]をクリック

2 [マイアカウントを表示]を選択

アカウントにサインイン

[サブスクリプション 1]と表示されている

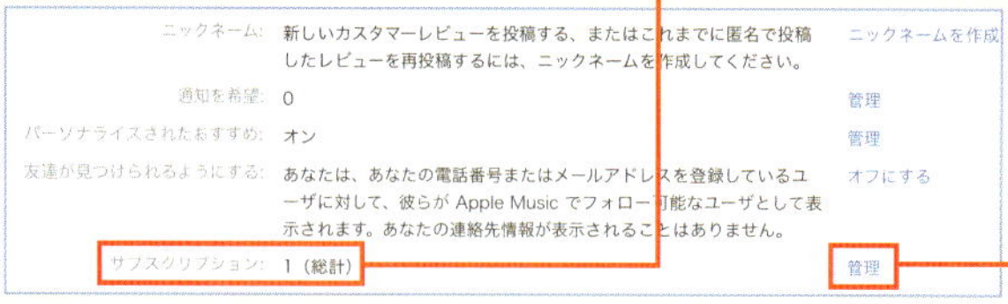

3 [管理]をクリック

購読の編集画面に移動

登録がキャンセルされる

4 [サブスクリプションをキャンセルする]をクリック

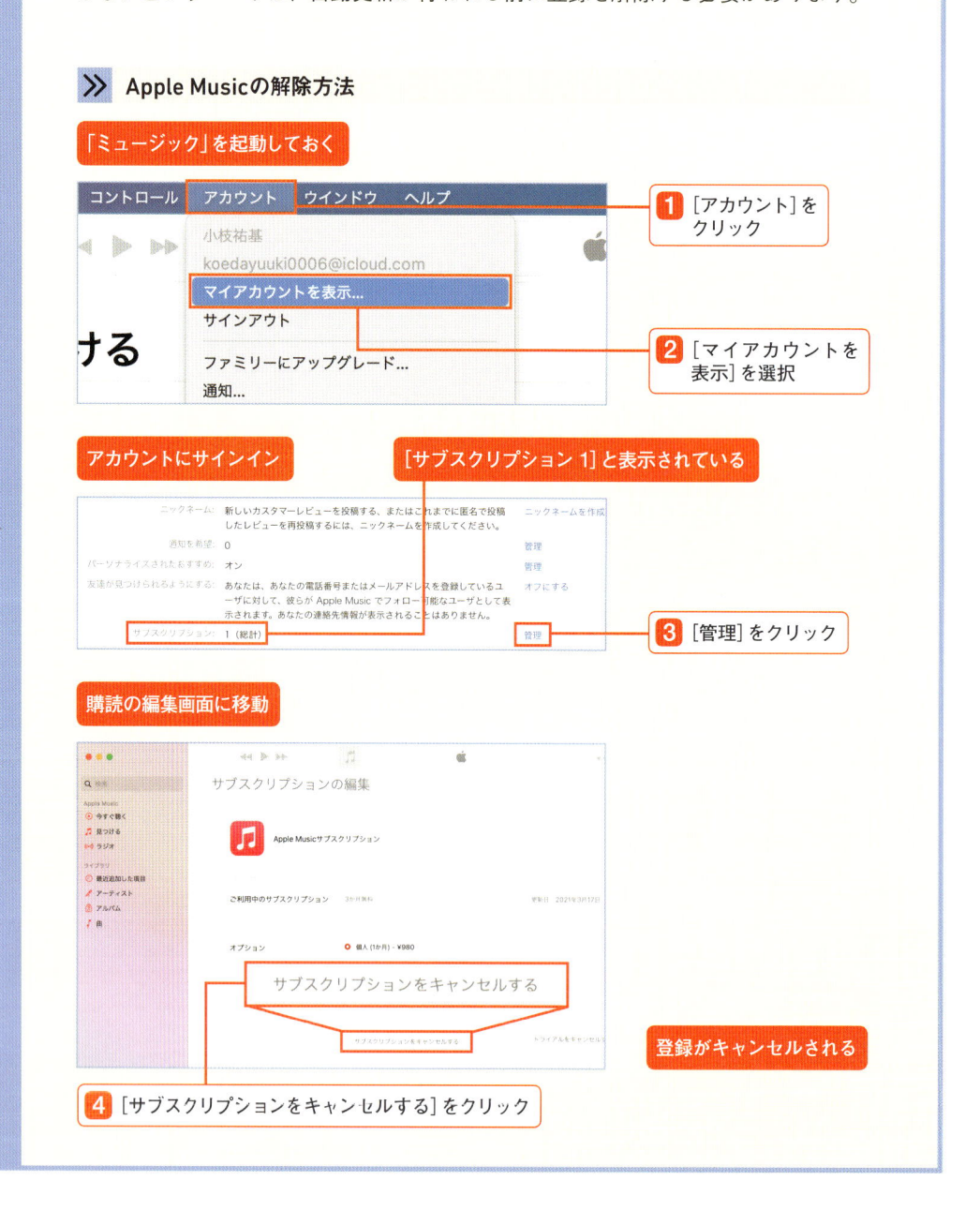

chapter 13

逆引き MacBook活用辞典

chapter 13 OS・アプリのアップデート

01 macOSを最新の状態に保ちたい

セキュリティの観点から、macOSのアップデートは欠かせません。Apple社では随時、macOSの修正ファイルを配信しており、アップデートでウイルス感染などのリスクを減らせます。

知ろう macOSをアップデートする

macOSの新しいバージョンが配信されると、Dockの［システム環境設定］にバッジが表示されます。配信されたらできる限り速やかにアップデートを行いましょう。

1 ［システム環境設定］アイコンをクリック

2 システム環境設定の［ソフトウェア・アップデート］を選択

3 ［今すぐアップデート］をクリック

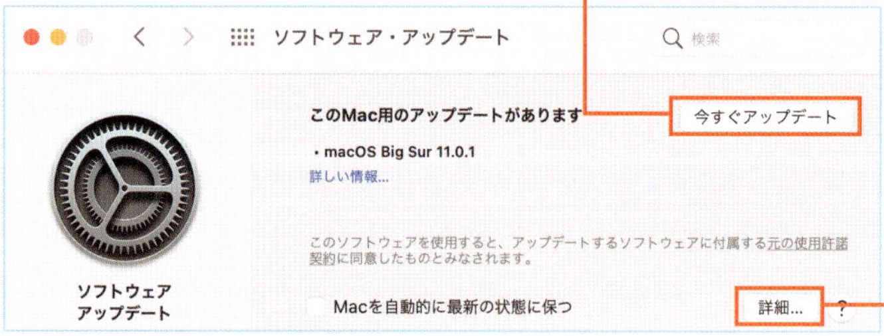

［詳細］をクリックすると自動更新の設定などが変更できる

ヒント メニューからも確認できる

macOSの更新は メニューの［このMacについて］を開き、［ソフトウェア・アップデート］をクリックして行うこともできます。

プラスα アップデートのタイミングを選択できる

OSのアップデートは、自動設定もできますが、OSのアップデートファイルはファイルサイズが大きいため、外出先などでモバイル回線を使用して更新を行うと、限られた通信容量を消費してしまいます。更新の通知がきたときに更新するタイミングを選択できるので、なるべく自宅などでWi-Fiや有線接続のネットワークが使える状況でのアップデートを推奨します。

プラスα 更新前にバックアップの作成をしておこう

macOSのアップデートは比較的手軽に行えますが、アップデートをしたことでMacBookにトラブルが発生してしまうなど、万が一の事態に備えて、必ずTime Machineでバックアップを作成しておきましょう。バックアップの作成は、P.300を参照下さい。

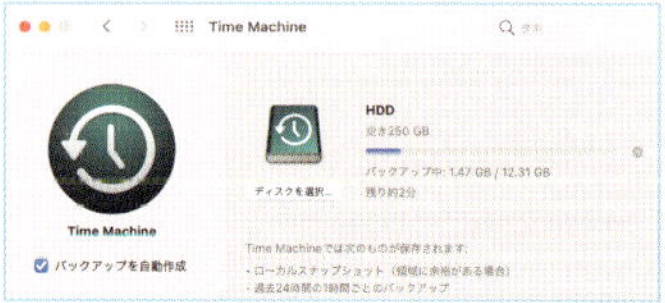

chapter 13
02

1台のMacBookを共有する方法

1台のMacBookを複数人で使いたい

家族や同僚と1台のMacBookを共用する場合、プライバシーの保護が課題になります。ユーザを追加することで簡単にプライバシーを管理できます。

使おう　ユーザを追加する

新たなユーザの追加は［システム環境設定］の［ユーザとグループ］から行います。使用する人により権限を変えておけば、複数人でのMacBookの共有も安心して行えます。

［システム環境設定］を開く

1 ［ユーザとグループ］をクリック

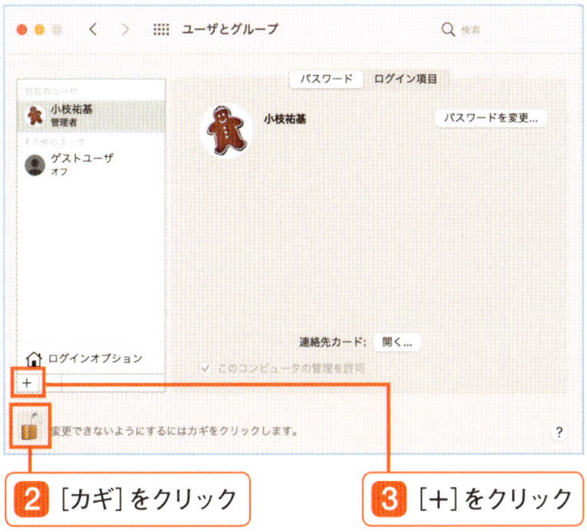

2 ［カギ］をクリック

3 ［+］をクリック

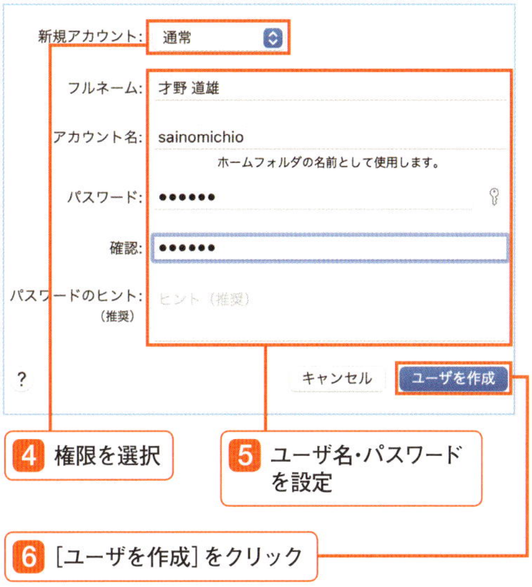

4 権限を選択

5 ユーザ名・パスワードを設定

6 ［ユーザを作成］をクリック

アカウントが作成された

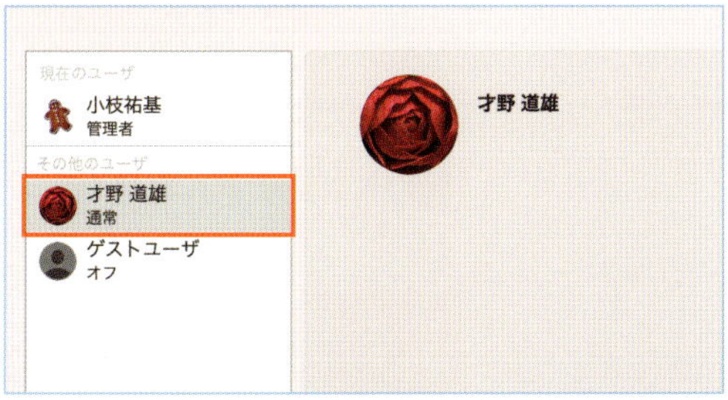

ヒント

管理者とほかのユーザの違いは？

アプリのインストールやシステムの変更などは管理者しか行えず、通常のユーザがそれらの操作を行うには管理者のパスワードが必要になります。複数人で使用する場合、管理者は限定しておくとよいでしょう。

chapter 13

03

画面の解像度や省エネ設定を見直す

ディスプレイの設定を変更したい

表示画質や明るさ、外部ディスプレイ接続時など、ディスプレイに関係する設定の変更は、[システム環境設定]の[ディスプレイ]で行います。画面の自動オフなどの設定もあわせて見直してみましょう。

使おう ディスプレイの解像度を変更する

基本的なディスプレイの設定を行ってみましょう。画面の解像度変更は、[システム環境設定]の[ディスプレイ]で行います。輝度の変更手順も確認しましょう。

[システム環境設定]を開く

1 [ディスプレイ]をクリック

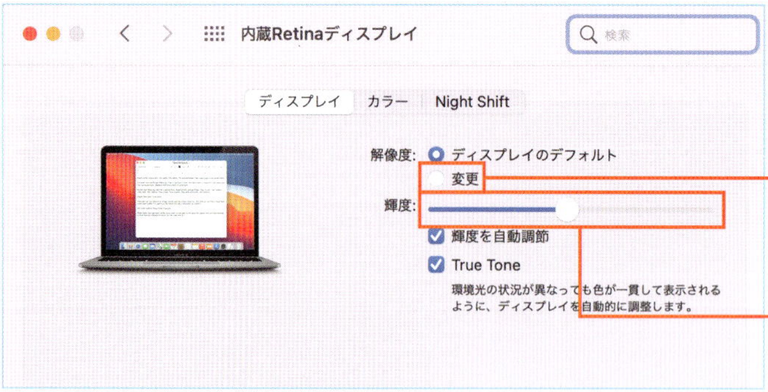

2 [変更]をクリック

ディスプレイの明るさは[輝度]のスライダーを動かして変更できます

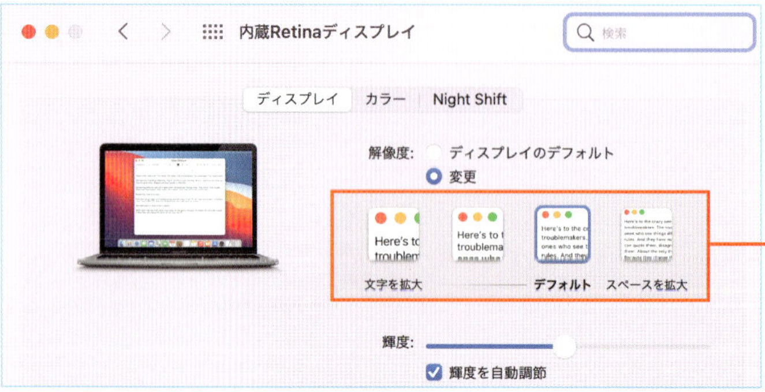

変更可能な解像度が表示される

3 [解像度]のアイコンをクリック

ディスプレイが選択した解像度に切り替わる

使おう　画面オフの設定を変更する

ディスプレイの設定と同時に行いたいのが、スリープの設定です。初期設定では10分間何も操作をしない場合、電源アダプタを使用中でもコンピュータと画面が休止状態になるように設定されています。

[システム環境設定]を開く

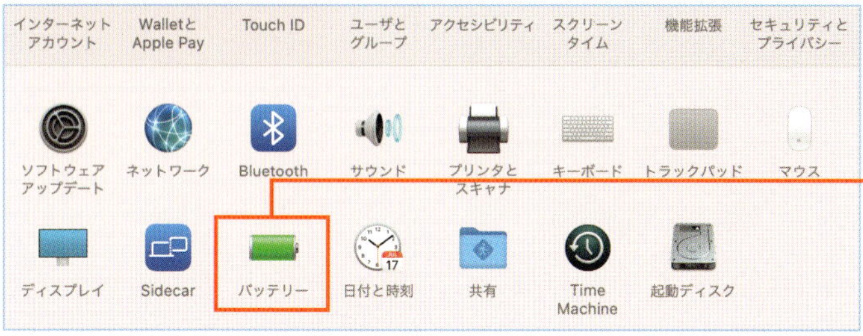

1 [バッテリー]をクリック

2 [電源アダプタ]をクリック

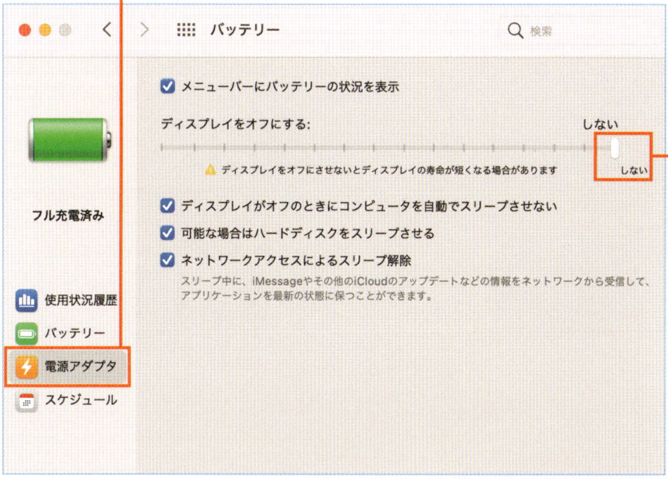

3 [しない]にスライダーを移動

画面が消灯されなくなった

スケジュールの設定ができる

毎日決まった時間にMacBookを使う場合は、バッテリー画面左下の[スケジュール]から、起動・終了時刻を設定できます。

バッテリー駆動時にはオフになるように設定

常に電源を確保できる室内と異なり、外出先では節電が重要となります。[バッテリー]をクリックすると、バッテリー駆動時のスリープ設定だけを変更できます。初期設定でも電源アダプタ使用時に比べてスリープ時間は短めに設定されていますが、一度見直しておくとよいでしょう。

[バッテリー]で電源アダプタとは異なる設定が可能

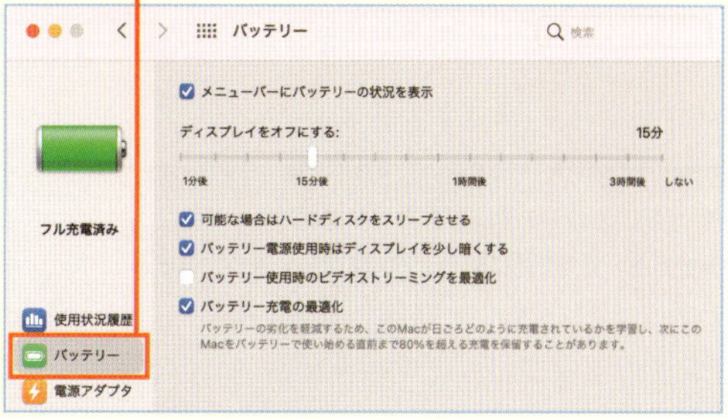

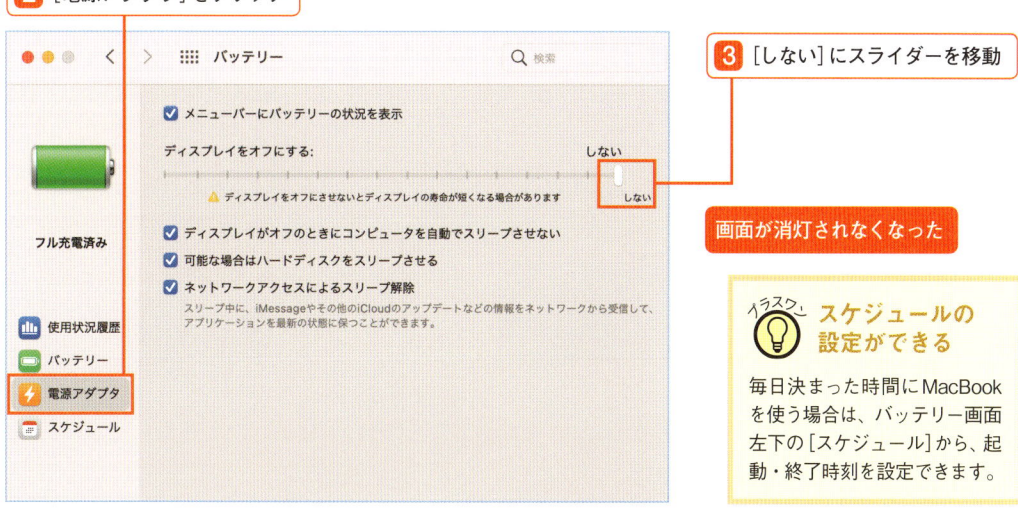

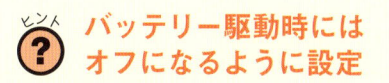

使おう　外部ディスプレイを設定する

MacBookに外付けのディスプレイを接続すると、2台目のディスプレイとして使用できます。複数のディスプレイをひとつなぎの画面として使う設定を試してみましょう。

MacBookと外部ディスプレイを接続、[システム環境設定]を開いておく

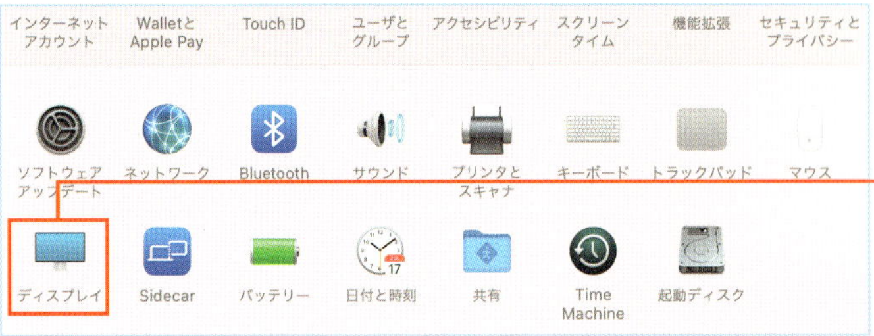

1 [ディスプレイ]をクリック

2 [配置]をクリック

つないだディスプレイの解像度により大きさが変わる

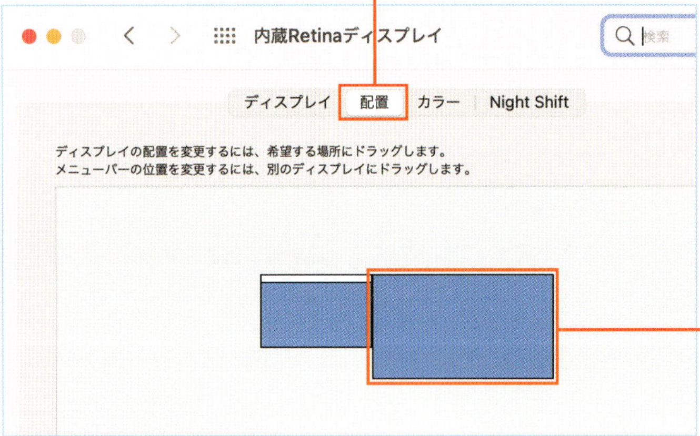

ディスプレイの移動方法

ディスプレイ間の移動は、マウスポインタをディスプレイのある方向に移動させます。

外部ディスプレイの方向にポインタを動かす

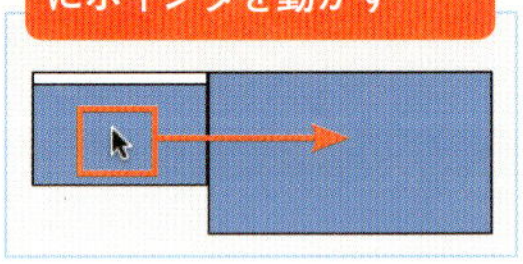

プレゼンなどでMacBookと同じ画面を外部ディスプレイに表示したい！

MacBookとまったく同じ画面を外部ディスプレイに映したいときには、ディスプレイの設定で[ミラーリング]をオンにします。なお[解像度の設定]で[内蔵Retinaディスプレイ]を選ぶとMacBookの解像度に、外部ディスプレイ名を選ぶと外部ディスプレイの解像度に設定されます。

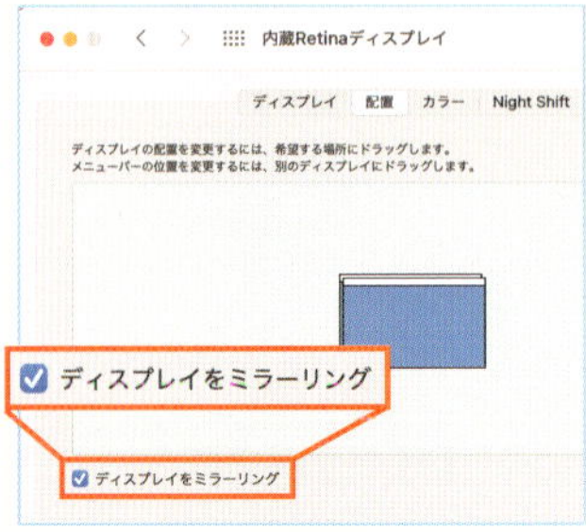

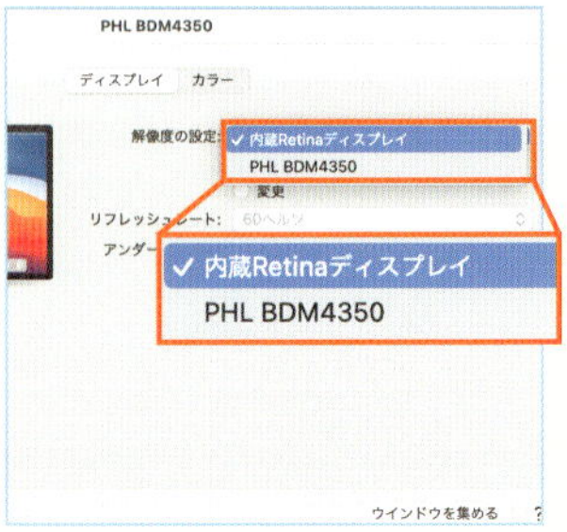

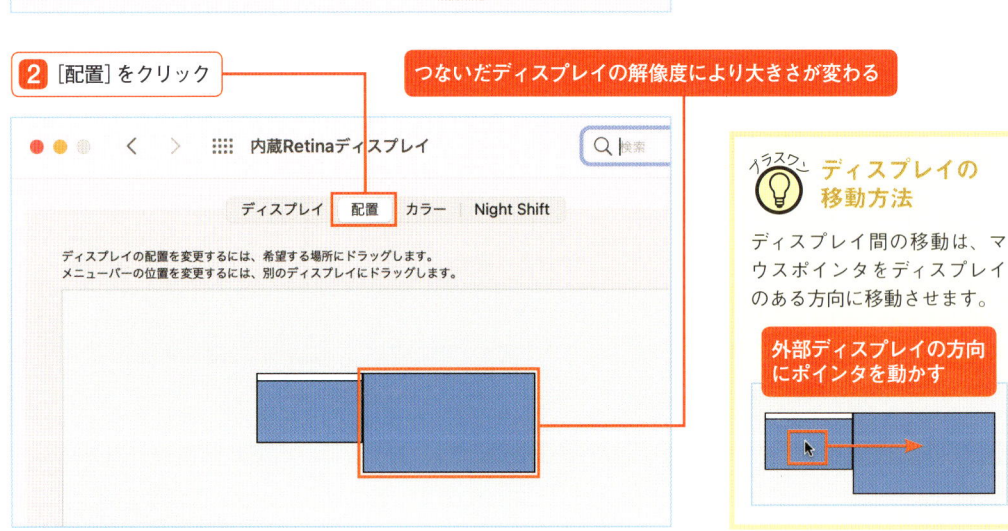

使おう　メイン画面を変更する

マルチディスプレイの設定時、デフォルトではMacBookのディスプレイが（メニューバーが表示される）メイン画面になります。外部ディスプレイをメイン画面に変更する方法を紹介します。

［システム環境設定］で［ディスプレイ］を開く

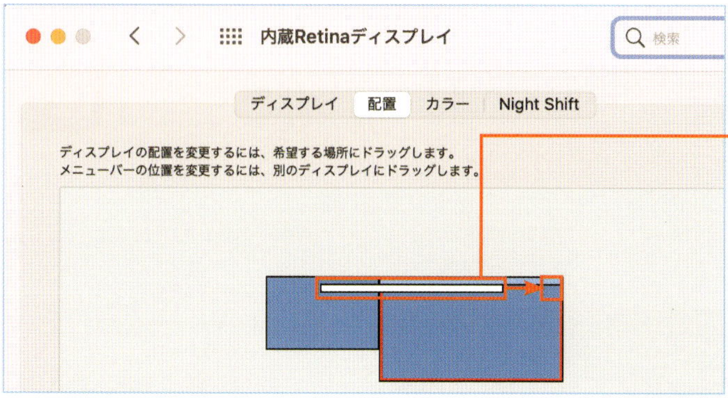

1 メニューバーをドラッグ

メイン画面が変更された

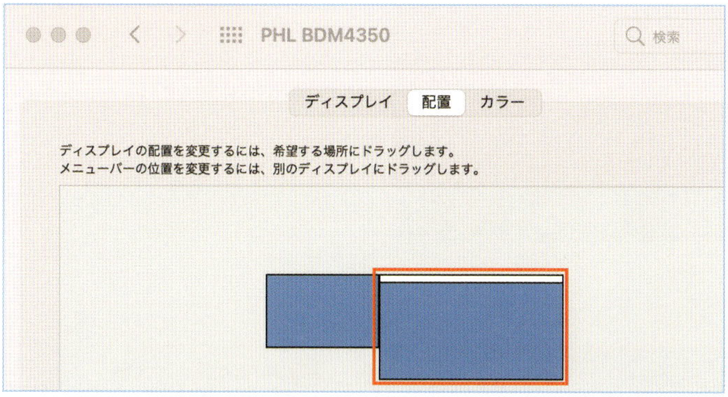

プラスワン

製品により接続の方法が異なる

外部ディスプレイによって、必要なケーブルやアダプタが異なります。HDMI端子を搭載するディスプレイの場合、MacBookには純正の「USB-C Digital AV Multiportアダプタ」などを接続し、別途HDMIケーブルでアダプタとディスプレイをつなぎます。USB-C接続対応のディスプレイの場合は、USB-C to Cケーブルで直接MacBookとつなぐことも可能です。

設定

ディスプレイの位置関係を変更

MacBookと外部ディスプレイの位置関係を変更するには、移動する方のディスプレイをドラッグします。上下左右どの方向にも配置ができるので、使いやすい場所に設定しましょう。

1 ディスプレイを長押し

2 ドラッグして移動

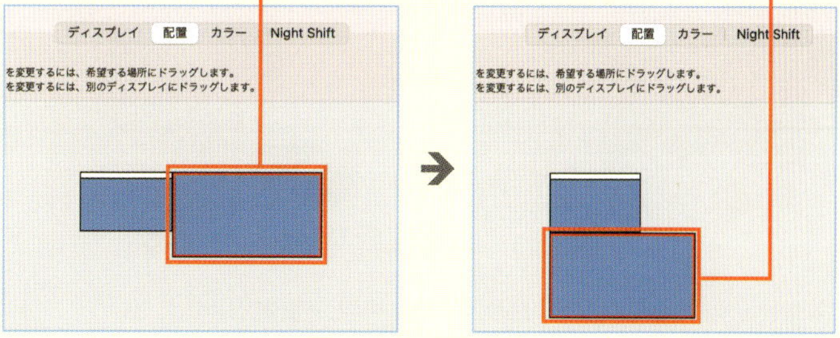

chapter 13

04

ウインドウ操作をさらにスムーズにする

複数のデスクトップを使いたい

macOSは複数のアプリウインドウをまとめて表示したりアプリの切り替えを行ったりできる「Mission Control」という機能を提供しています。新たにデスクトップ画面を作成することもできます。

使おう 「Mission Control」で仮想デスクトップを作成する

仮想デスクトップとはスマホのホーム画面のような感覚でデスクトップ画面を追加する機能です。「Mission Control」画面で新たなデスクトップを追加してみましょう。

1 「Launchpad」をクリック

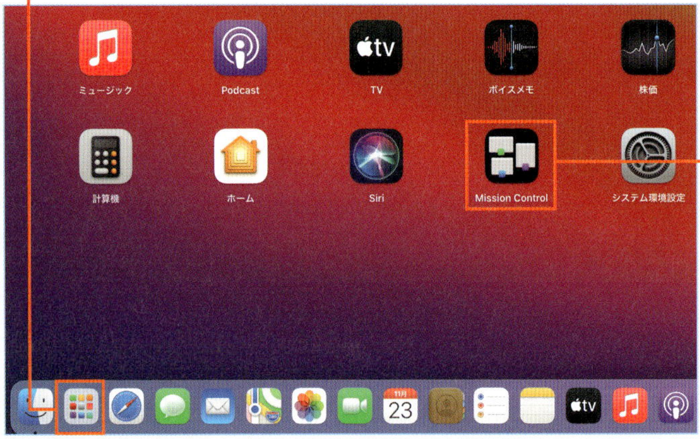

2 「Mission Control」をクリック

ヒント

「Mission Control」の呼び出し方

「Mission Control」画面は、トラックパッドの場合は3本or4本指で上にスワイプ、キーボードは［control］＋［↑］キーのショートカットキーで呼び出すことができます。

「Mission Control」が開いた

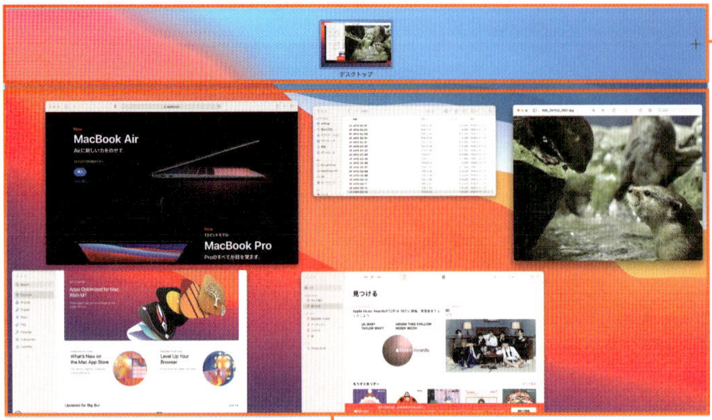

3 マウスポインタを画面上部に合わせる

デスクトップに開いているウインドウがすっきりと一覧表示され、クリックするとそのウインドウを最前面に表示します

ヒント

同一アプリをまとめるには

ウインドウを一覧表示させる際に、同一アプリのウインドウをひとまとめにすることができます。［システム環境設定］で［Mission Control］を選択し、［ウインドウをアプリケーションごとにグループ化］にチェックを入れると、設定が適用されます。

デスクトップのサムネイルが表示される

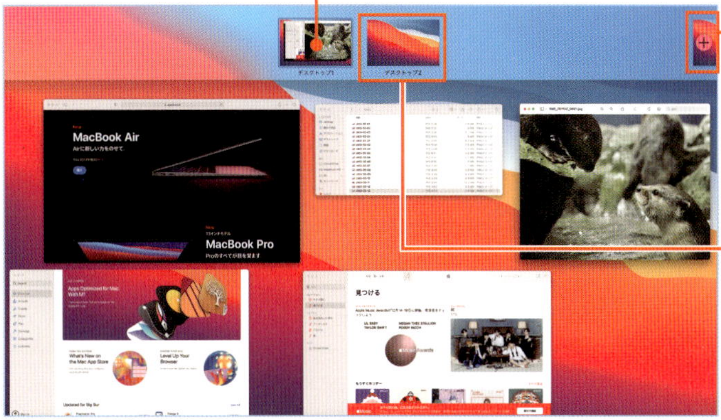

4 [+] をクリック

新規デスクトップが作成された

5 [デスクトップ 2] をクリック

ヒント
デスクトップの切り替え方

デスクトップの切り替えは、トラックパッドの場合は3本or4本指で左右にスワイプ、キーボードは [control] + [←] [→] キーのショートカットキーで行うこともできます。

作成したデスクトップに切り替わる

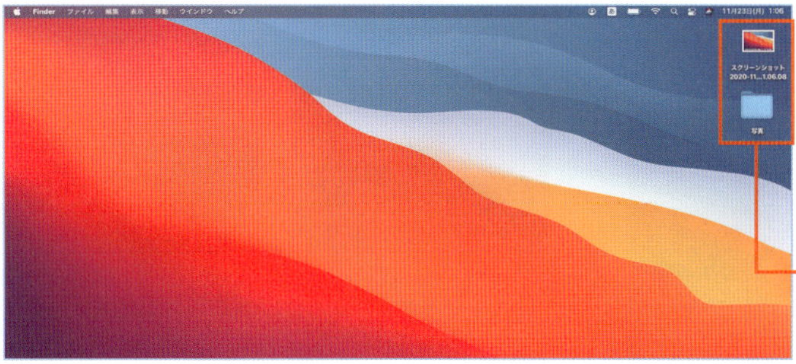

デスクトップ上に保存されているファイルやフォルダのアイコンは、すべてのデスクトップに表示されます

プラスワン
ウインドウの移動とデスクトップの並び替え

「Mission Control」では、デスクトップの表示順を変更したり、デスクトップ画面で開いているウインドウを、ほかのデスクトップ画面に移動させたりなどの操作が行えます。いずれもドラッグ操作で簡単に行うことができるので、覚えておきましょう。

デスクトップの並びを変える

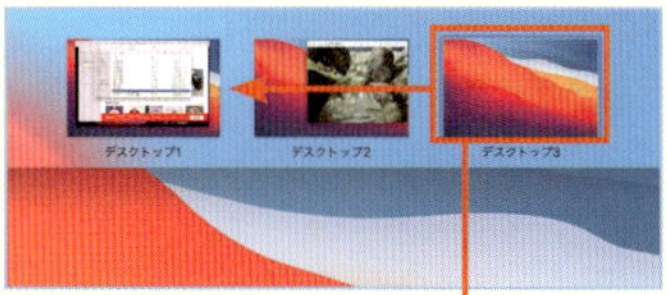

1 サムネイルをドラッグ

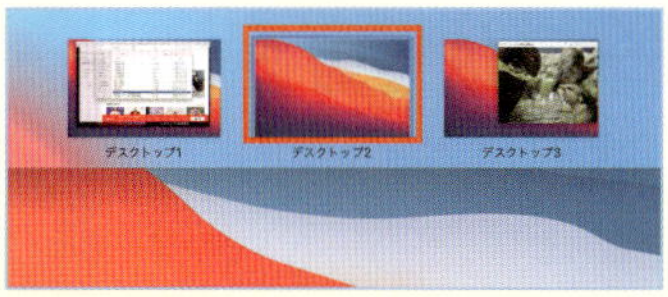

デスクトップの位置が入れ替わった

アプリウインドウを移動させる

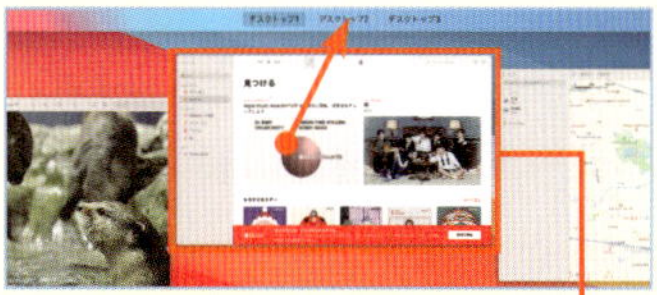

1 ウインドウをドラッグ

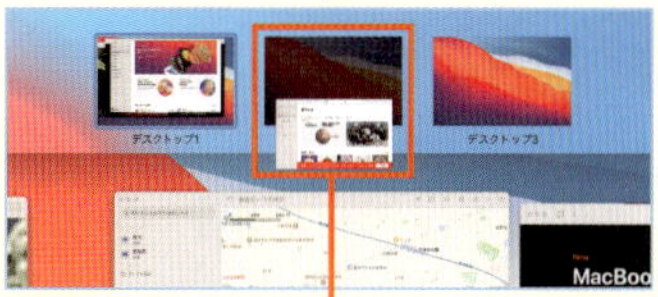

2 移動先デスクトップにドロップ

chapter 13 作業に集中するための切り札

05 手元の作業に集中したい

ダークモードはインターフェイス全体を暗い色調で表示する機能です。ツールバーやメニューが背景に溶け込み、気を散らす要素を排して作業に集中しやすい環境を手に入れられます。

知ろう 作業に集中するための機能「ダークモード」

ダークモードは、デスクトップ全体を暗い色調に切り替える表示方法です。手動での切り替えのほかに「自動」モードもあり、ディスプレイの「Night Shift」(P.298を参照) と連動して時刻設定などができます。MacBookに標準搭載されるアプリにも対応します。

作業に集中したいときにすぐ切り替えられる！

Finderメニュー

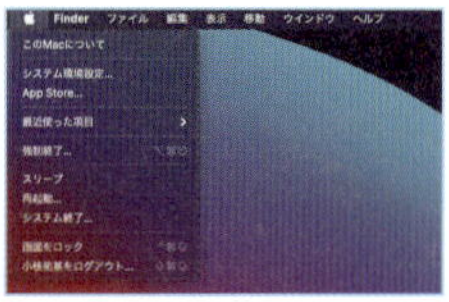

Safari

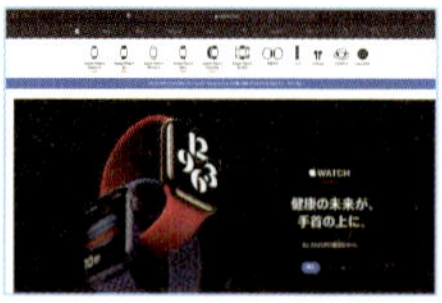

App Store

テキストエディット

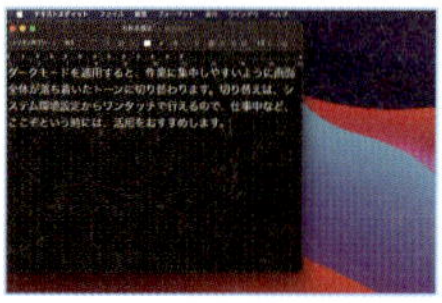

使おう 切り替えは［システム環境設定］でモードを選ぶだけ

ダークモードへの切り替えは、［システム環境設定］の［一般］からモードを選択します。モード切り替えの待ち時間もかからず、手軽に機能を利用しやすいのが魅力です。

［システム環境設定］を開いておく

1 ［一般］をクリック

2 ［ダーク］を選択

ダークモードに切り替わった

時間帯や環境で切り替える「自動」モードは「Night Shift」で設定ができます。

chapter 13
06 デスクトップをきれいに整理したい

散らかったデスクトップでは効率も下がる！

デスクトップにはさまざまなファイルが日々蓄積されるため、ファイルの定期的な整理が欠かせません。スタックは、それらのファイルを種類別などで自動的に分類し、デスクトップをキレイにしてくれる機能です。

使おう　スタックを利用できるようにする

スタックは、Finderメニューバーの［表示］にある［スタックを使用］を選ぶと有効になります。初期設定では種類別にファイルを分類しますが、作成日などで再分類も可能です。

1 ［表示］をクリック

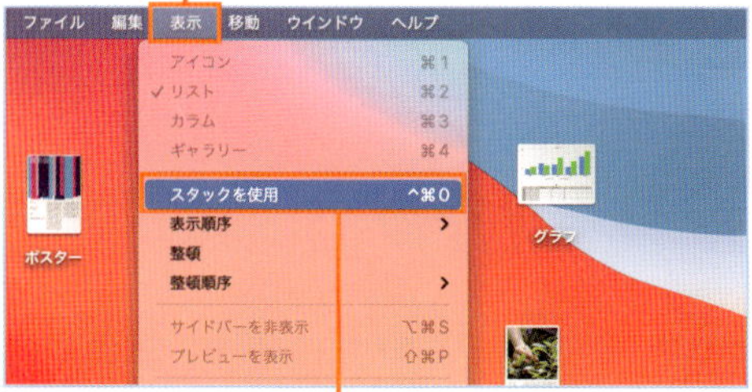

2 ［スタックを使用］を選択

ファイルが分類され整理された

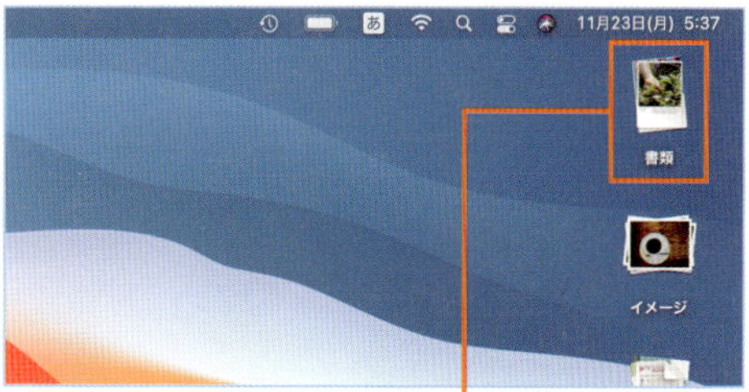

3 スタックのアイコンをクリック

選択したスタックにあるファイルが展開された

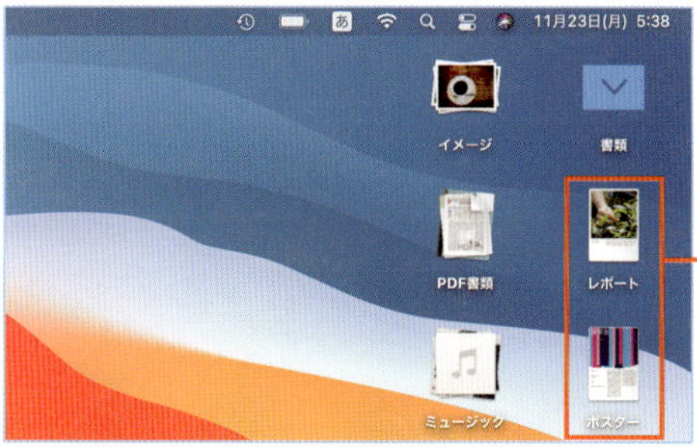

プラスワン

作成日や変更日ごとなど使いやすく分類を変えられる

［スタックのグループ分け］を変更すると、ファイルの作成日や変更日などに分類を変えられます。

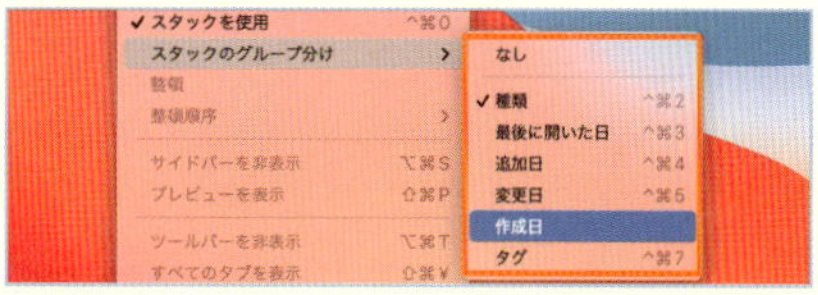

デスクトップを一瞬で整理！

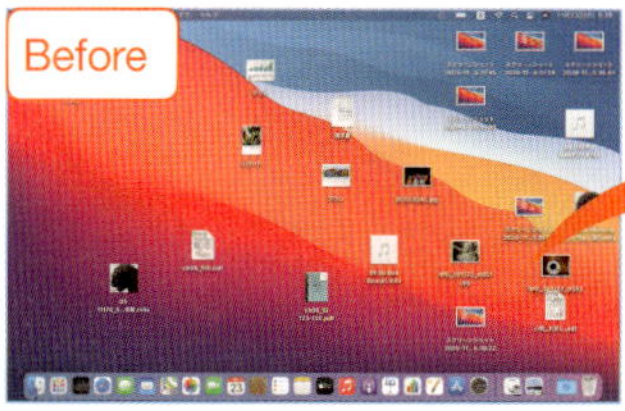

「スタックを使用」をオンにする前とオンにした後では、デスクトップの状況が一変。ファイルをこまめに整理するのが苦手な人は、ぜひ活用しましょう。

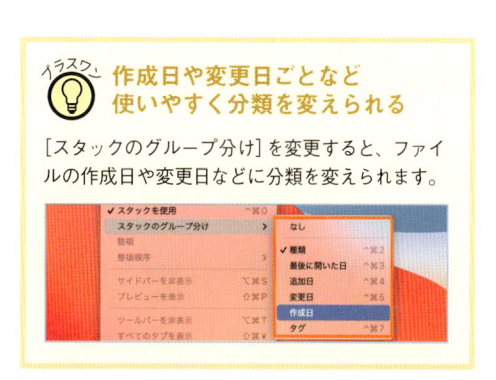

chapter 13
07 プリンタで印刷したい

写真や書類のプリントに必須

MacBookで開いているWebやマップなどのページを印刷するには、プリンタの設定が必要です。macOSではプリンタを使用するためのドライバアプリが自動で取得されるため、手間もかからずに設定できます。

使おう　プリンタを使えるように設定する

プリンタの設定は、[システム環境設定]の[プリンタとスキャナ]から行えます。USBやネットワークでつながったプリンタが自動的に検出されます。

接続したプリンタの電源を入れ[システム環境設定]を開く

1 [プリンタとスキャナ]をクリック

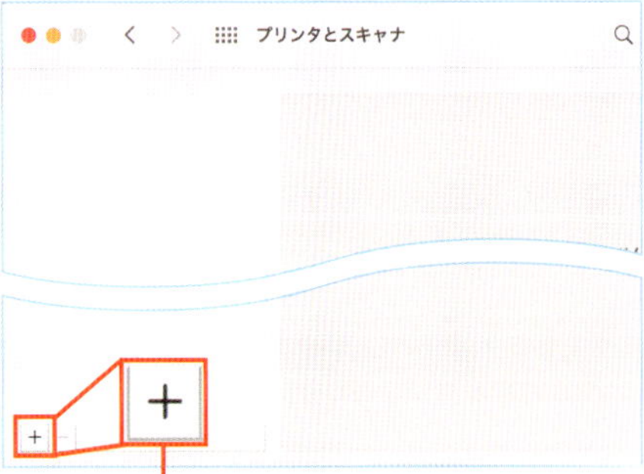

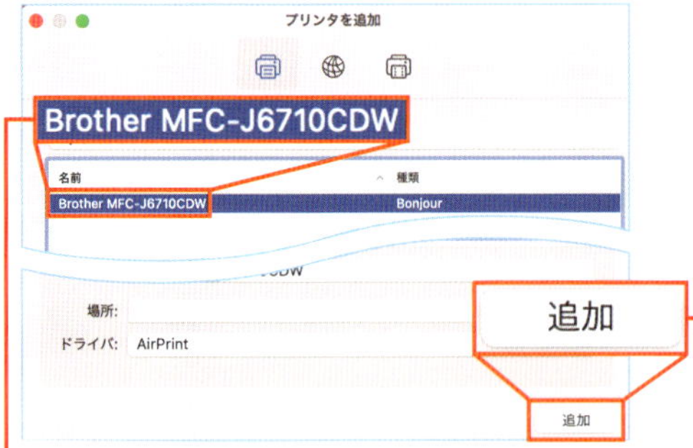

2 [+]をクリック

3 プリンタを選択

4 [追加]をクリック

プリンタが設定された

ヒント
ドライバが検出されない

macOSには主なメーカーのプリンタドライバが最初から組み込まれており、特別な設定なしで利用できますが、機種によってはドライバが検出されないことがあります。その場合はメーカーのページにアクセスし、別途ドライバのインストールを行ってください。

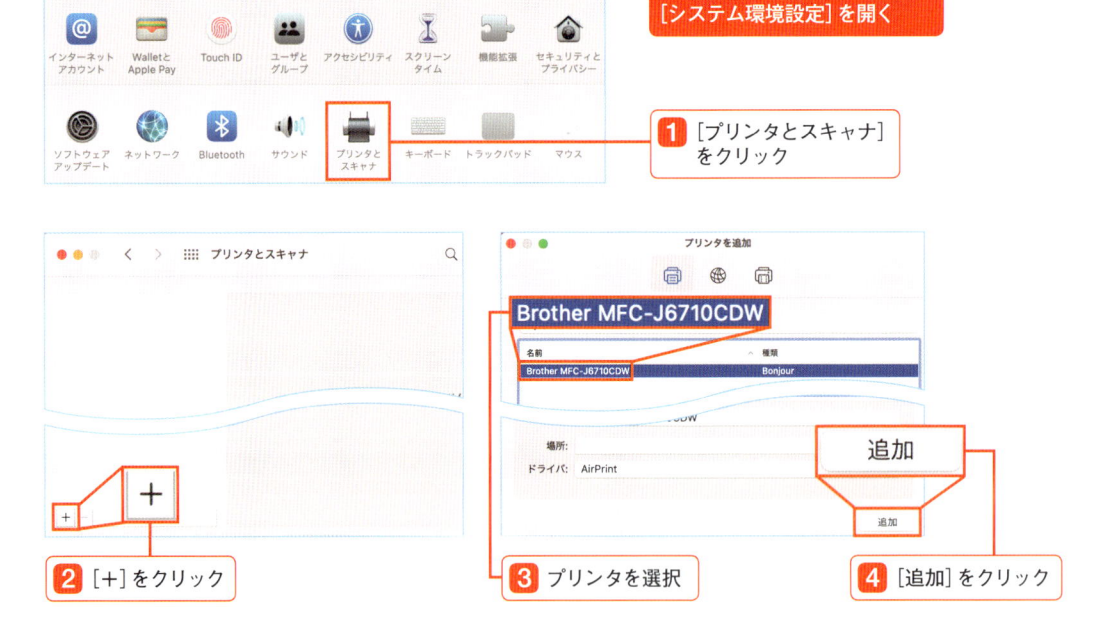

chapter 13
08 ファイルをPDFにしたい

ビジネス書類の必須機能

PDFはPortable Document Formatの略で、ビジネス文書の共有にも広く使用されるファイル形式です。iWorkなどで作成した文書をPDFとして保存することで、レイアウトなどの体裁を保つことができます。

使おう [プリント]メニューからPDFを作成する

文書のPDF化は[プリント]メニューから行えます。印刷倍率などで体裁を調整し、紙の印刷イメージでPDFが作成できます。ここでは「Numbers」の書類を例に解説します。

PDF化したい書類を開いておく

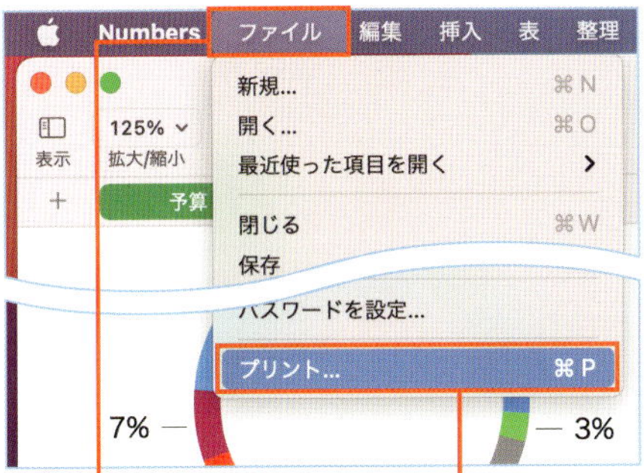

1 [ファイル]をクリック

2 [プリント]を選択

プリント設定が開く

3 印刷倍率を調整する

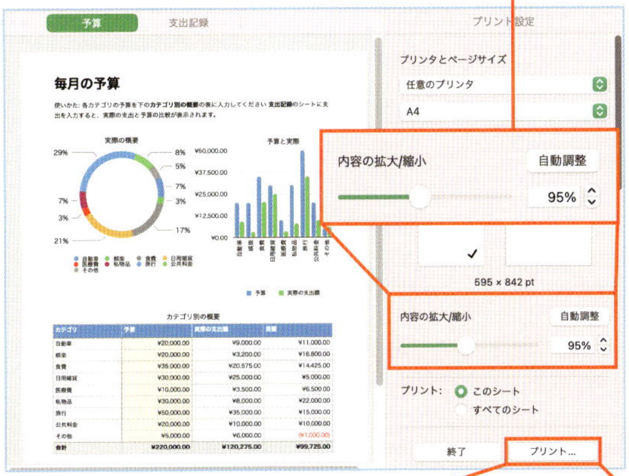

4 [プリント]をクリック

プリンタ設定が開く

5 [∨]をクリック

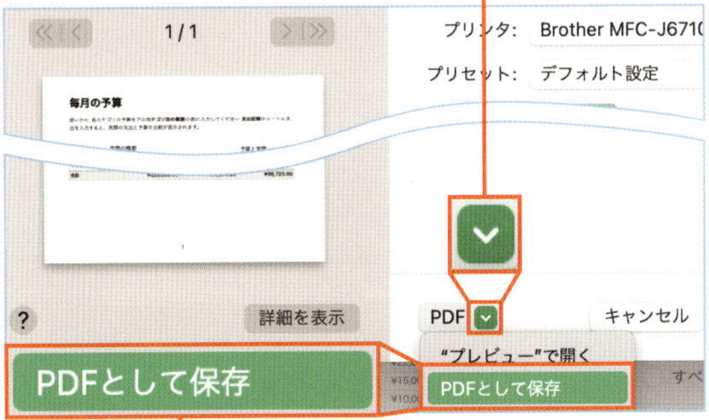

6 [PDFとして保存]を選択

7 ファイル名を入力

8 [保存]をクリック

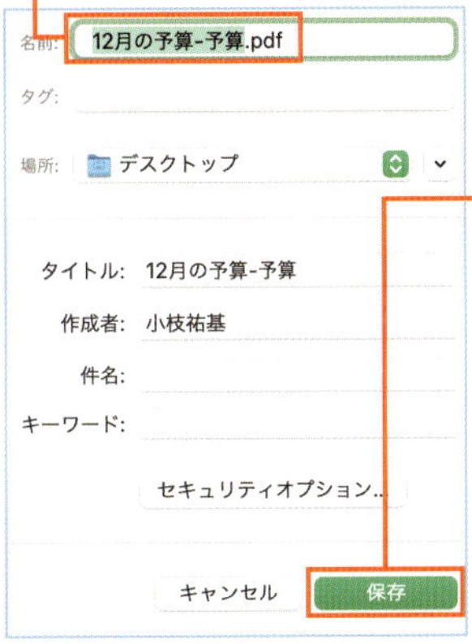

保存したPDFは「プレビュー」などのアプリで開ける

chapter 13 就寝前のパソコン作業は注意

09 目の疲れを予防したい

夜、寝つきがよくない人は、MacBookの「Night Shift」を試してみてはいかがでしょうか？ 夜間にモニターの明るいブルーライトを浴びることを防ぎ、睡眠環境の改善に役立つ可能性があります。

使おう 設定時刻になると色温度が暖かくなるようにする

「Night Shift」は、MacBookの画面を自動的に暖色に切り替える機能です。任意の時刻を設定できますが、ここでは位置情報を利用した[日の入から日の出まで]を選んでいます。

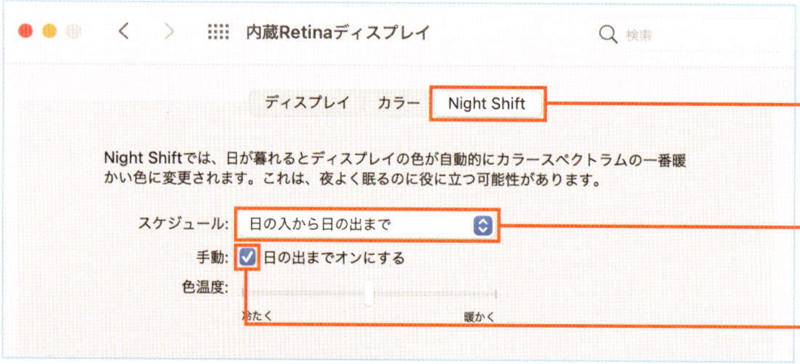

[システム環境設定]の[ディスプレイ]を開いておく

1 [Night Shift]タブをクリック

2 スケジュールを設定

3 チェックを入れて機能を有効にする

設定時刻になると色温度が暖かくなった

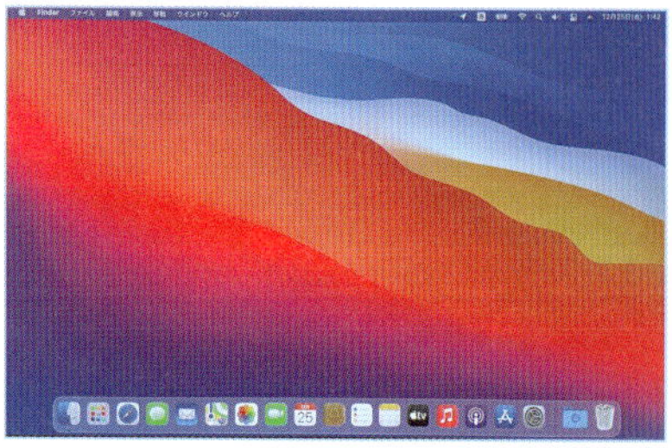

→

色温度はスライダで設定した暖かさが適用されます。また、「ダークモード」を自動にしておくと、設定時刻にダークモードも有効になります。

プラスワン コントロールセンターでも設定を呼び出せる

[システム環境設定]の[ディスプレイ]でスケジュールの設定を済ませておくと、コントロールセンターからすばやく「Night Shift」のオンとオフを切り替えできるようになります。また「ダークモード」のオンとオフもここから操作できます。

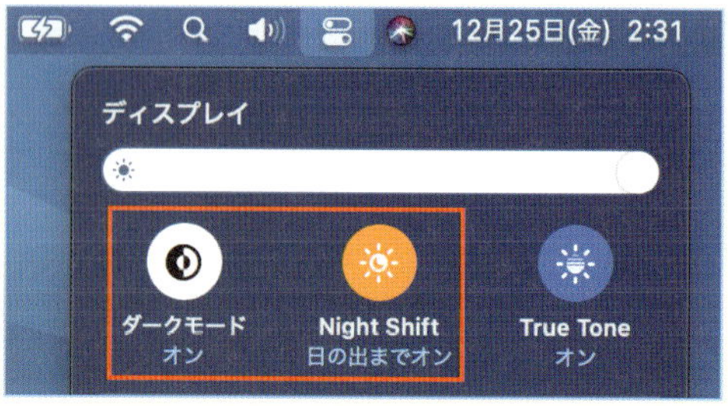

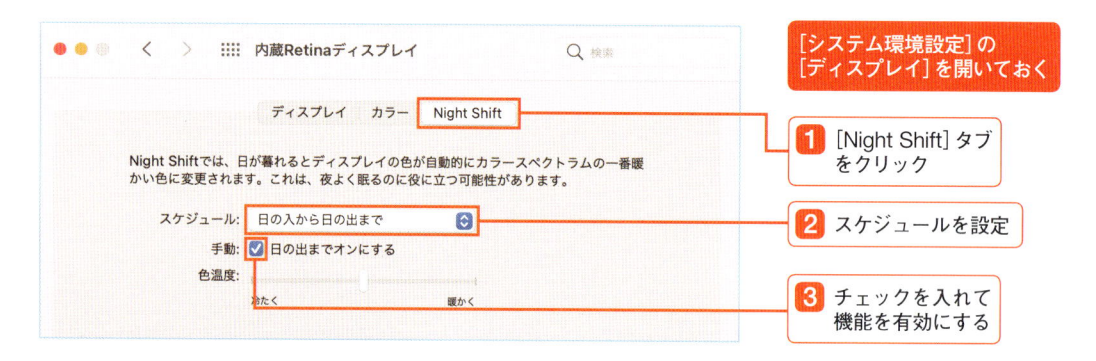

chapter 13
10

外付けHDDなどをMac用にする

外付けのSSDをつなぎたい

新しく外付けHDDを使用する場合など、ディスクの初期化を行うときにはディスクユーティリティを使用します。アプリフォルダの[ユーティリティ]か、「Launchpad」の[その他]フォルダから呼び出すことができます。

使おう ディスクユーティリティでディスクを初期化する

ディスクの初期化では、Windowsとも併用するかなど、利用条件により、ディスクに適用するフォーマットが異なってきます。用途によって使い分けましょう。

「Launchpad」の[その他]を開く

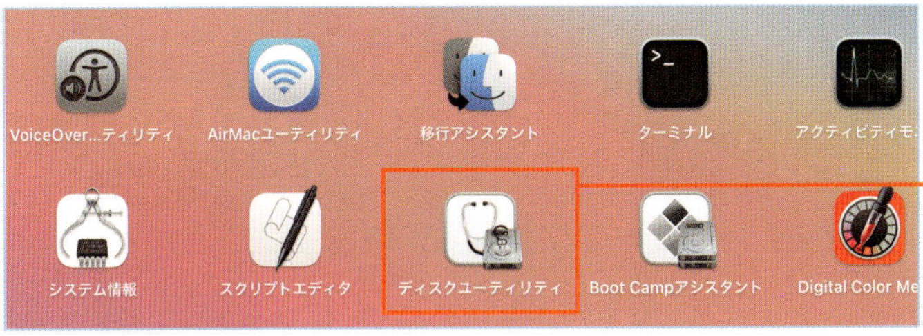

1 [ディスクユーティリティ]をクリック

2 外付けHDDを選択

3 [消去]をクリック

4 フォーマットを選択　通常は[Mac OS拡張(ジャーナリング)]でOK

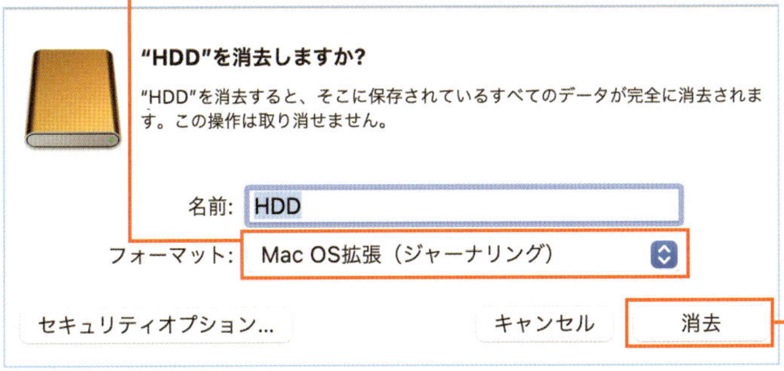

5 [消去]をクリック

ヒント
フォーマットの違い

WindowsとMacでドライブを併用する場合、フォーマットはMS-DOS（FAT）かexFATを選択すると読み書きが行えます。ただしMS-DOS（FAT）は4GB以上のファイルは扱えません。

プラスワン
パーティションを作成する

[パーティション作成]をクリックすると複数のドライブに分割することができます。

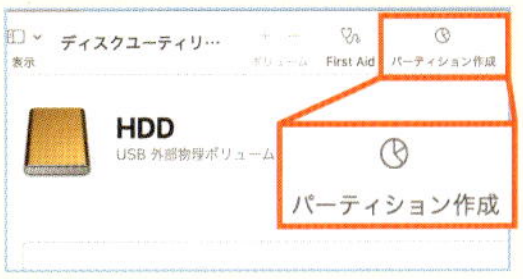

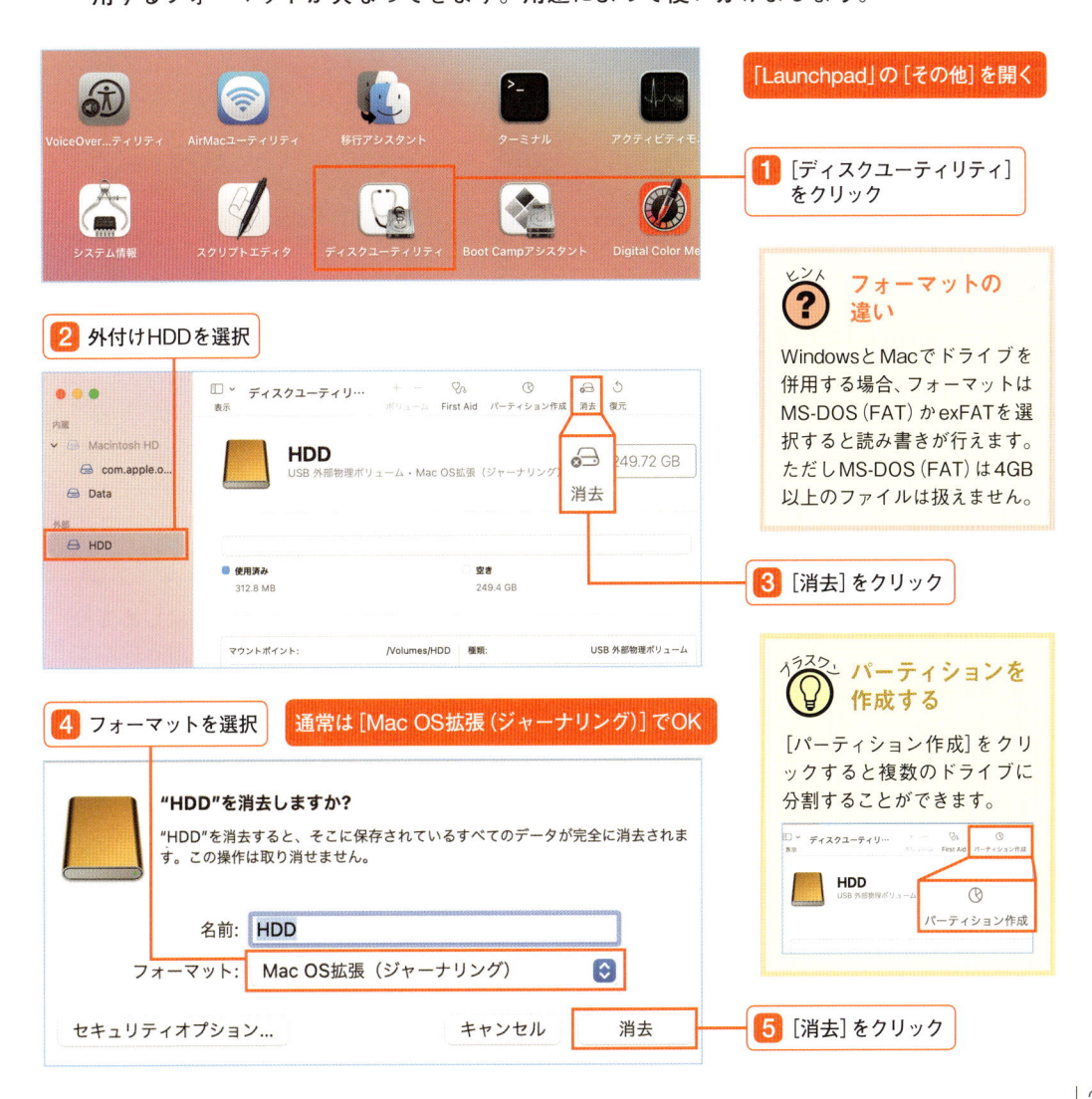

chapter 13
11

MacBookのデータを丸ごと保護する

MacBookのバックアップをとりたい

Time Machineを使うとMacBook内の全データをバックアップできます。特定のデータだけでなく、MacBook全体も以前の状態に復元できます。最初のバックアップは時間がかかります。

知ろう　MacBookを定期的にバックアップする

MacBookに搭載されるThunderbolt (USB-C) 端子には、外付けHDDなどの外部ストレージを接続することができます。ここではUSBで外部ストレージに接続し、バックアップ先として使います。

用意するもの

外付け HDD/SSD

ポータブル HDD/SSD

使おう　バックアップを開始する

バックアップに使用する外部ストレージをMacBookにつなげてみましょう。はじめて接続する機器の場合、Time Machineに使用するかを尋ねられます。そのまま使用を開始することもできますが、ここでは手動での設定方法を紹介します。

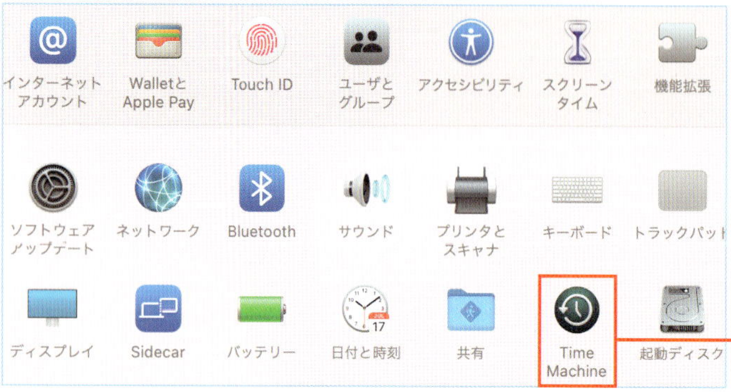

[システム環境設定]を開いておく

1 [Time Machine]をクリック

Time Machineの設定画面が表示される

2 ［バックアップディスクを選択］をクリック

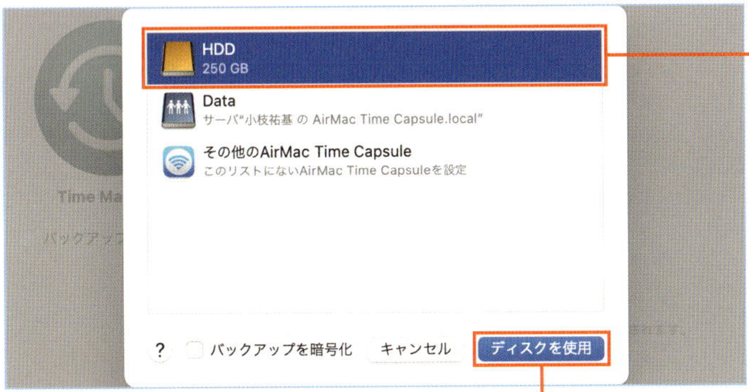

3 バックアップに使用するドライブを選択する

4 ［ディスクを使用］をクリック

Time Machineが設定完了

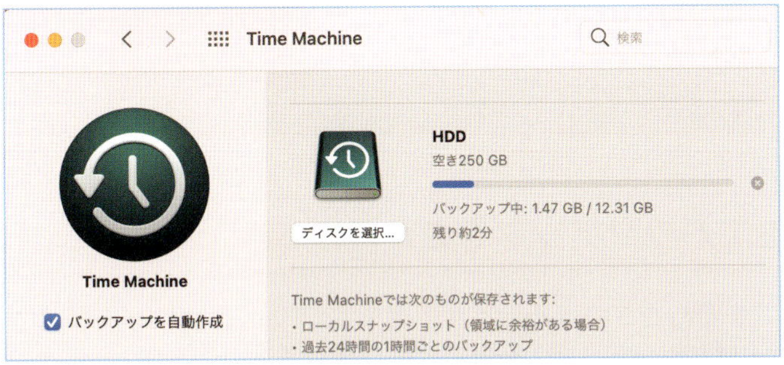

Time Machineの設定が済むと初回バックアップが開始されます。使用するマシンやドライブにもよりますが、初回のみ数時間程度かかることもあります。

Big Surでは APFSに対応した

これまでTime Machineで使用するドライブは、「HFS+」形式でフォーマットされてきましたが、macOS Big Surでは「APFS」形式でフォーマットされるようになりました。

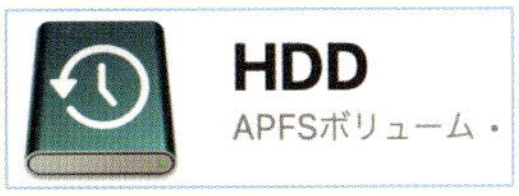

バックアップを暗号化する

Time Machineバックアップを暗号化するには、ドライブを選択する際に［バックアップを暗号化］にチェックを入れます。

Time Machineを手動で開始するには

［システム環境設定］の［Time Machine］で、左下にある［Time Machineをメニューバーに表示］にチェックを入れておくと、ステータスメニューからTime Machineバックアップを任意のタイミングで行うことができます。

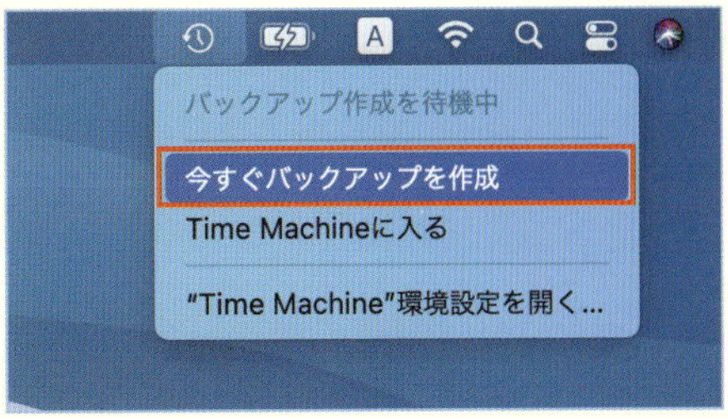

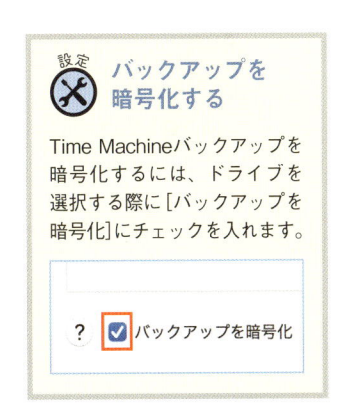

chapter 13
12

バックアップから古いデータを探す

バックアップからリカバリーしたい

Time Machineにバックアップしておくと、いつでもファイルの復元ができるようになります。書類などを作成していて、以前の状態に戻したいときには、その地点のバックアップを選択するだけで復元が行えます。

知ろう　時間をさかのぼってデータを復元できる

Time Machineからのデータ復元は、ステータスメニューからいつでも行えます。バックアップした日付と時間が細かく表示され、いつの状態に戻すのかが選べます。

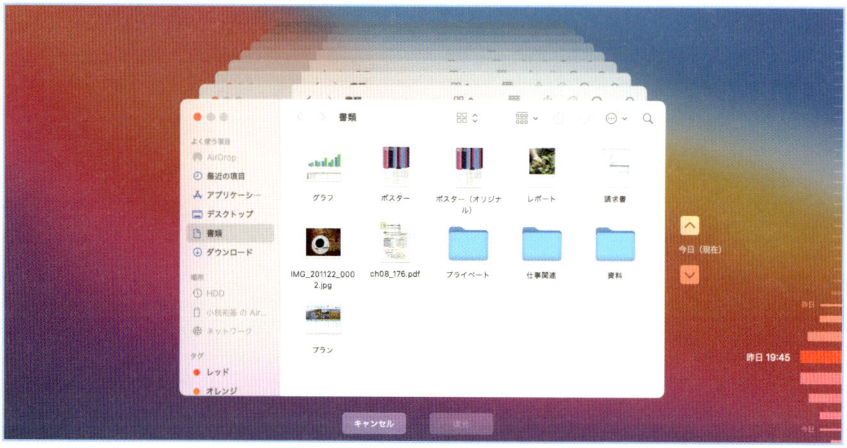

使おう　時間や日付単位でバックアップをさかのぼる

ファイルの復元では、履歴をこまかくさかのぼることができます。Time Machine履歴はステータスメニューから［Time Machineに入る］を選ぶと呼び出せます。

1 復元したいファイルの保存先フォルダを開く

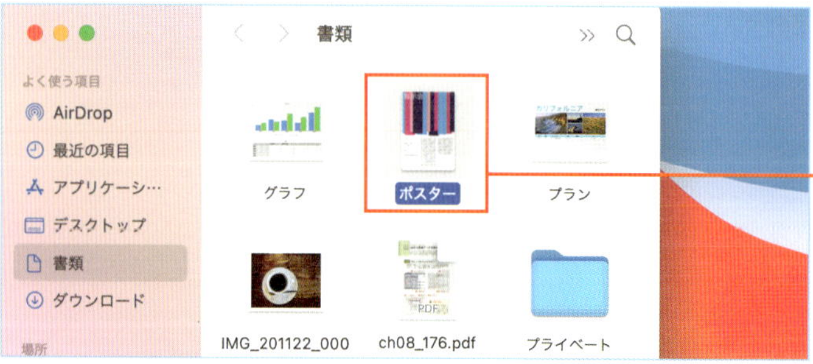

2 復元したいファイルを選択しておく

3 [Time Machine] アイコンをクリック

4 [Time Machineに入る] を選択

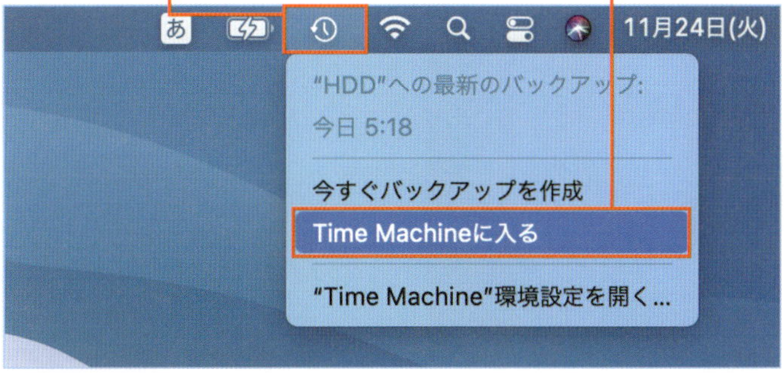

バックアップした外付けHDDをつないでおく

Time Machineが開かれた

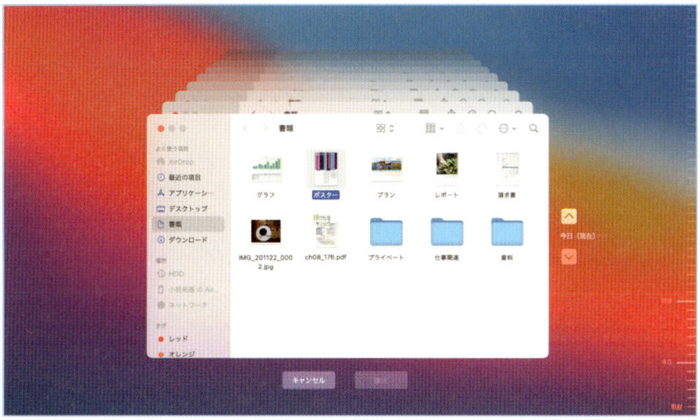

ヒント

メニューバーのアイコンがない？

メニューバーにTime Machineのアイコンを表示させるには、[システム環境設定] の [Time Machine] で [Time Machineをメニューバーに表示] にチェックを入れます。

ヒント

バックアップが見つからない

バックアップ先のファイルが溜まりHDDの容量が少なくなると、古いバックアップから削除されていきます。直近の30日間は１日に１つ、それ以前は１週間に１つのバックアップが残ります。

使おう　過去のデータから復元する

ファイルを復元するには画面の右側に表示された日付を選択します。復元の際にデータを上書きせずに、オリジナルのデータも残せるようになっています。

マウスポインタを合わせた箇所の日付が表示される

1 過去の日付をクリック

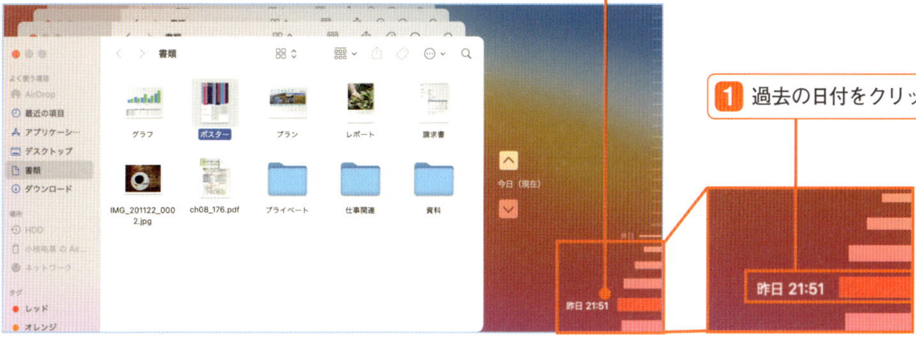

復元したいファイルが選択されているかを確認

2 ［復元］をクリック

3 ［両方とも残す］をクリック

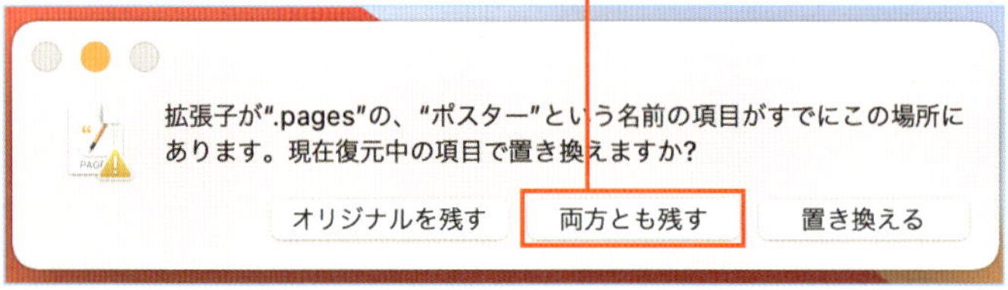

ヒント

置き換えを選んだ場合は

［置き換える］を選んでオリジナルを書き換えてしまった後でも、Time Machineの方にデータが残っていればすぐに元に戻すことができます。

ファイルが復元された

復元前のデータは「(オリジナル)」として保管される

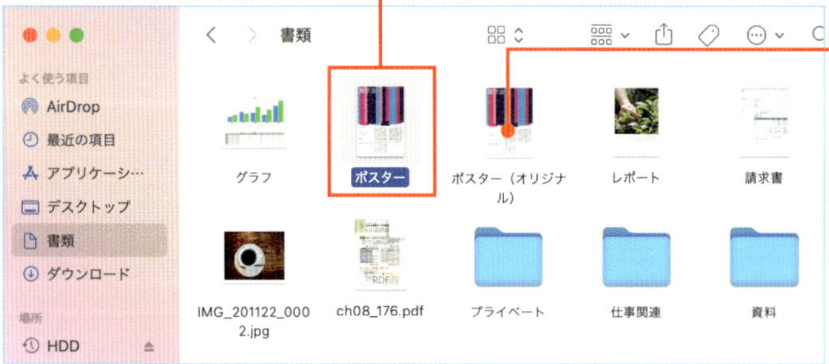

［両方とも残す］を選択した場合は、復元前のデータを残したまま復元ファイルが作成されます。

プラスワン

Time MachineからMacの移行もできる

Time Machineのもうひとつの機能として、Macの移行支援機能があります。新しくMacを設定する際、メニューで［Mac、Time Machineバックアップ、または起動ディスクから］を選択すると、新しいMacに、これまでのマシンのデータや環境が復元されます。

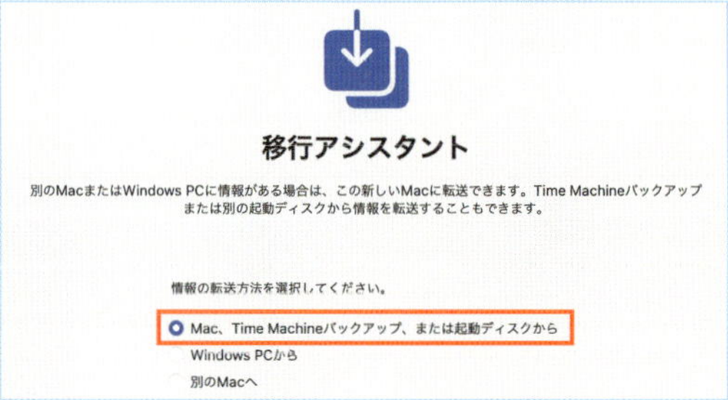

Appendix

付録

トラブル解決も便利技も！知って得するQ&A

本書では、MacBookの操作に関わるノウハウをミニコラムで多数紹介してきましたが、まだまだ、MacBookには便利な機能がたくさんあります。そこで、ぜひ覚えておいて欲しいサービスや、トラブルの際の解決方法などをまとめて、Q&A形式で紹介します。

Q macOS Big Surを再インストールしたい！

A リカバリーモードで再インストールできます

macOS Big SurがインストールされたMacBookで、すべてのデータを消してクリーンインストールし直すには、[command]＋[R]キーを押しながらMacBookを起動し[macOS復旧]画面を開きます。[ディスクユーティリティ]で[Macintosh HD]を選びディスクを消去後、[macOS Big Surを再インストール]を選ぶとインストールが開始されます。MacBook内のデータはすべて削除されるため、必ずデータのバックアップを作成しておきましょう。Apple M1チップ搭載モデルの場合は、電源ボタンを長押しして、起動オプションから[macOS復旧]画面を呼び出します。

Time Machineから復元
復元するシステムのバックアップがある場合。
macOS Big Surを再インストール
MacにmacOS Big Surを新規インストールします。
Safari
Appleサポートで、お使いのMacに関するヘルプ情報を参照できます。
ディスクユーティリティ
ディスクユーティリティを使ってディスクを修復または消去します。
続ける

Q Windowsマシンのデータを移行したい！

サポートページ

アプリダウンロード

A 移行アシスタントを利用してデータの移行が可能です

Macには古いマシンから新しいマシンにデータ転送ができる[移行アシスタント]というアプリが用意されており、Mac同士はもちろんのこと、Windowsマシンからのデータ転送にも対応します。Appleのサイト（https://support.apple.com/kb/DL2063?locale=ja_JP）より[Windows Migration Assistant]をダウンロードし、Macと同一のネットワークか、もしくはマシン同士をEthernet ケーブルに接続して転送が行えます。Windowsマシンの準備など、詳しくはAppleのサポートページ（https://support.apple.com/ja-jp/HT204087）も参照してください。

MacBookでもWindowsを使いたい！

インテル社製のCPUを搭載しているMacBookであればBoot Campや仮想化アプリを使う方法があります

仕事の都合などでWindowsも使いたい人は、MacBookにWindowsをインストール可能。標準アプリの「Boot Campアシスタント」でMacBook本体にWindows用のパーティションを作成するか、macOS上でWindowsを動かすための仮想化アプリを使う方法があります。ただし、現状ではApple M1チップ搭載モデルには対応していません。

Boot Camp サポート▶
https://support.apple.com/ja-jp/boot-camp

ハードディスクの調子が悪くなった！

First Aidでハードディスクを診断しましょう

ハードディスクの挙動がおかしくなったら、ハードディスクを診断し、原因を調べてみましょう。「Launchpad」から[ディスクユーティリティ]を開き[Macintosh HD]を選択。[First Aid]タブをクリックし[実行]をクリックすると診断、修復が開始されます。

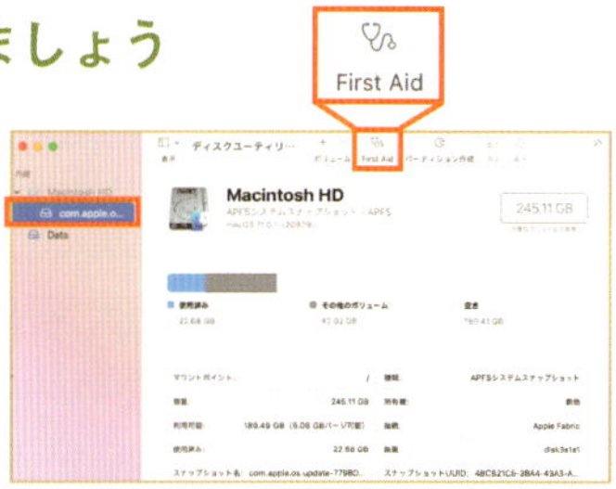

自動起動するアプリを止めたい！

ログイン項目を見直しましょう

ログイン時の起動アプリの設定は[システム環境設定]→[ユーザとグループ]→[ログイン項目]で行います。自動起動が不要なアプリを削除したり、指定アプリを自動起動項目に追加したりできます。

コマンド入力はどうやるの？

「ターミナル」アプリを使用します

Windowsにおける[コマンドプロンプト]のようにコマンドラインからプログラムを実行するmacOSアプリが「ターミナル」です。コマンドラインベースのプログラムを実行するときに使ってみましょう。

Q MacBookが起動の途中で止まってしまう！

A まずはセーフブート、ダメならPRAMをクリアしましょう

[shift] キーを押しながら起動を行うセーフブートを試しましょう。問題がある場合には自動的に修復が行われます。解決しない場合は、起動時に [command] + [option] + [P] + [R] キーを同時に押しPRAMのクリアを試みましょう。Apple M1チップ搭載マシンは、起動時に電源ボタンを長押しし、起動オプションで [shift] キーを押しながらドライブを選択すると、セーフブートが起動します。またPRAMのクリアは対応していません。

Q MacBookの電源がまったく入らない！

サポートページ

A インテルMacの場合は、最終手段としてSMCをリセットしてみましょう

電源アダプタをつないでもMacBookの電源が入らず、コンセントやアダプタ周りにも異常が見られない場合、最終手段としてSMCをリセットします。SMCとはシステム管理コントローラのことで、電源ボタンの応答やバッテリー管理ほか、重要な情報を管理しています。T2チップ搭載モデルと非搭載モデルで方法が異なるため、詳しくはAppleのサポートページを参照してください（https://support.apple.com/ja-jp/HT201295）。なおインテルMacのみ対象となります。

Q パスワードを忘れてログインができない！

サポートページ

A 「FileVault」が有効ならパスワードのリセットができます

ログインパスワードを失念した場合、「FileVault」が有効なら「パスワードをリセット」アシスタントが利用できます。「FileVault」の設定は、システム環境設定の［セキュリティとプライバシー］で［FileVaultをオンにする］を選びます。iCloudアカウントか、または復旧キーによるロック解除のいずれかを選択できます。詳細はAppleのサポートページを参照してください（https://support.apple.com/ja-jp/HT202860）。

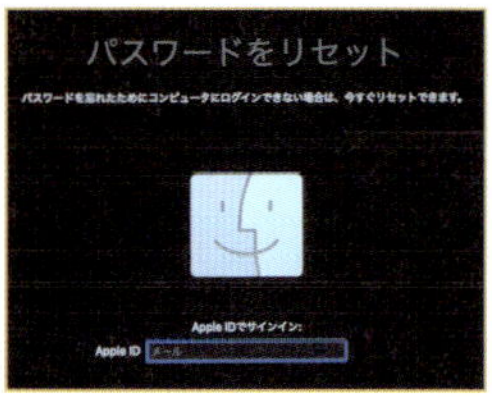

Q macOSならウィルスに感染しないって本当？

A macOSでもセキュリティ対策は必要です

Windowsほどではありませんが、macOSをターゲットとしたウィルスも存在します。より安全に利用するためにもウィルス対策アプリの導入は欠かせません。さまざまなアプリがありますが、体験版が用意されている場合も多いので、購入前に試してみるとよいでしょう。

ノートンセキュリティ▶
https://japan.norton.com/lp/free-trial

Q 日本語入力ができなくなった！

A 入力モードを確認しましょう

Macで突然日本語入力ができなくなってしまったら、[システム環境設定]→[キーボード]→[入力ソース]で[入力モード]を確認します。[ひらがな]がなければ、[+]ボタンで日本語を追加できます。

Q iTunes StoreでMacが認証されない！

A 認証されたマシンを認証解除しましょう

iTunes Storeからダウンロードしたコンテンツの再生は、Windowsを含め最大5台までのコンピュータとなります。5台を超えて認証がされない場合、[マイアカウント]から認証解除を行えます。

Q コンテクストメニューを整理したい！

A 表示するサービスを減らしましょう

コンテクストメニューに項目が増えすぎてしまった場合、[システム環境設定]の[キーボード]を選択。[ショートカット]タブの[サービス]からコンテクストメニューの編集を行えます。

Q 書類を以前の状態に戻したい！

A 書類の[バージョン]を戻してみましょう

「テキストエディット」や「Pages」、「写真」など、iCloudに対応したアプリは、[ファイル]メニューの[バージョンを戻す]を選び[すべてのバージョンをブラウズ]で過去の状態に戻すことができます。

Q 子どものパソコンやスマホの使いすぎを抑えたい！

A スクリーンタイムで子どもの端末利用を細かく制限できます

13歳未満の子どもは自らApple IDの作成はできませんが、ファミリー共有なら、親が子ども用のApple IDを作成できます。システム環境設定の［ファミリー共有］でスクリーンタイムの設定を開くと、子どもがパソコン・スマホを使える時間帯や視聴できるコンテンツなどを詳細に設定できます。

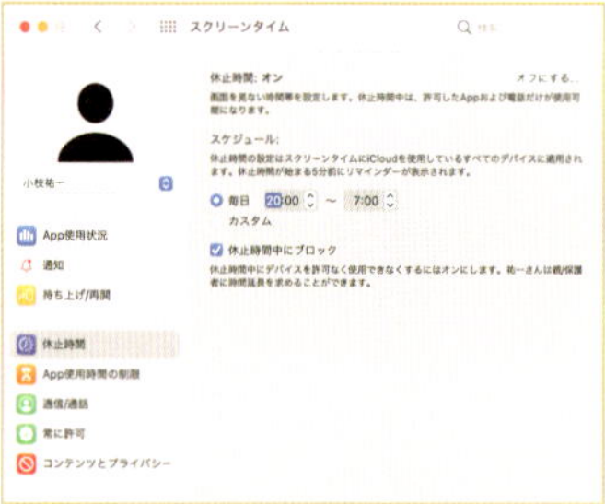

Q 画面の文字が小さくて読みづらい！

A テキストの拡大機能を設定しましょう

システム環境設定の［アクセシビリティ］にある［ズーム機能］で、画面表示を部分的に拡大できます。［ポイントしたテキストの拡大を有効にする］にチェックを入れると、テキストにポインタを合わせた状態で［command］キーを押すと、その箇所の文字だけを拡大表示してくれます。

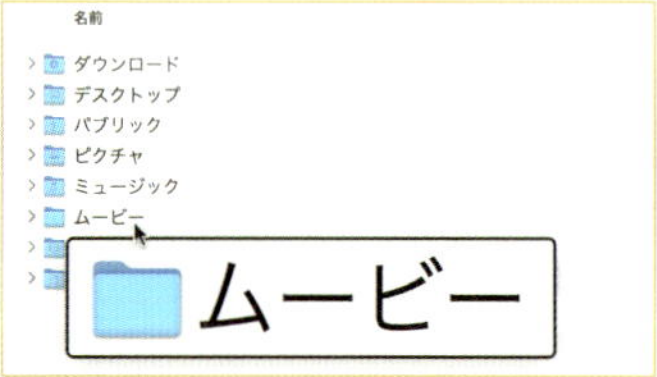

Q 音声やジェスチャで操作したい！

A 音声はもちろん、頭の動きや顔の表情でも操作ができます

声でコマンドを読み上げたり、ジェスチャを使ってMacBookを操作できます。システム環境設定の［アクセシビリティ］で［音声コントロール］を開くと、音声操作をオンにできます。また「アクセシビリティ」の［ポインタコントロール］を開き、［代替コントロール方法］で［ヘッドポインタを有効にする］を選ぶと、ポインタが頭の動きを追従するようになります。さらに［代替ポインタアクションを有効にする］のオプションでは、［口を開ける］や［舌を出す］など9つのジェスチャに、クリックなどの操作を割り当てられます。

Q プログラミングをはじめてみたい！

A 無料のAppleの教材を使い初心者でも楽しく学習できます

プログラミングの義務教育化が進む昨今、プログラミングを学んでみたいという人も多いでしょう。Appleではゲーム感覚でプログラミングを学べる「Swift Playgrounds」アプリを配布しており、誰でも簡単に学びはじめられます。序盤はクリックだけで進められるので、気軽にチャレンジできます。

Q MacでもAirPodsを使いたい！

A iPhoneで使っているAirPodsを簡単にMacに切り替えられます

同一のApple IDでiCloudにサインインし、Handoffの設定をしているiPhone・iPadとMac間とでAirPodsを供用できます。またAirPods（第2世代）や AirPods Proなら、Macで音楽を聞いているときにiPhoneにかかってきた電話に出るなどの場合、自動でiPhoneに切り替えてくれます。

iPhoneでAirPodsを使用中にMacのメニューバーで[サウンド]を開くと、AirPodsの切り替えをワンタッチで行えます。

Q フォルダを一発で開きたい！

A パスをコピーしてすばやくアクセス可能

開くのが面倒な場所にあるフォルダは、フォルダを選択した状態で[command]＋[option]＋[C]キーでパス名をコピーしておくと、移動メニューの[フォルダへ移動]にペーストして直接アクセスできます。

Q フォルダやファイルをひとつにまとめたい！

A コンテクストメニューで圧縮をしましょう

複数のファイル・フォルダを選択した状態で、コンテクストメニューの[“●●”を圧縮]を選ぶと、ZIPという形式でひとまとめに圧縮をかけます。メールなどで共有する際も添付が1ファイルで済みます。

MacBookと一緒に使える Apple純正アクセサリ

MacBookは、単体でも十分に使えますが、こだわりのアクセサリを組み合わせることで、よりユーザライクなマシンへと進化します。数あるアクセサリの中から、MacBookと一緒に使えるおすすめの純正アクセサリをピックアップしてみました！

知ろう　純正ならMacBookとの相性もバッチリ！

MacBookは純正に限らず、さまざまなアクセサリを使用できますが、デザインにもこだわるなら、やはり純正がおすすめです。もちろん見た目だけではなく、機能性も優れており、設定が簡単にできるなどMacBookとの相性の良さもポイントです。

≫ MacBook でも最上級の音質を体験できる

AirPods Pro

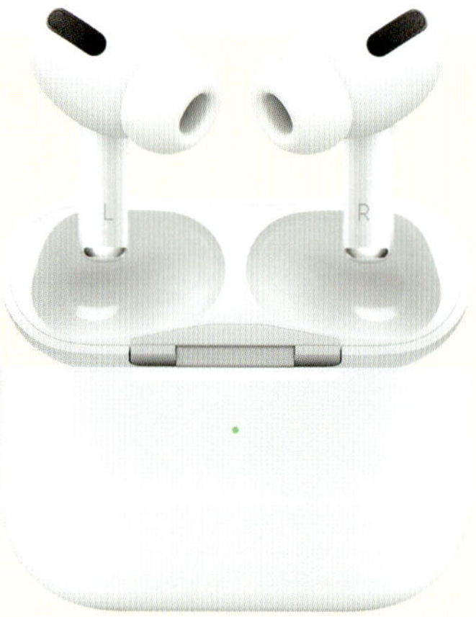

Apple純正イヤホンの最上位モデル。アクティブノイズキャンセリングにより、外の雑音を遮断し、包み込むようなサウンドを実現します。macOS Big Surでは、iCloudとの連携が強化され、同一アカウントを使用する機器が複数ある場合に、今使っているデバイスへシームレスに切り替わるようになりました。また、外部音取り込みモードも備えており、仕事中など周囲の音も聴きとりたいときにも使えます。

URL▶https://www.apple.com/jp/shop/product/MWP22J/A

≫ マルチタッチジェスチャ対応の純正マウス

Magic Mouse 2

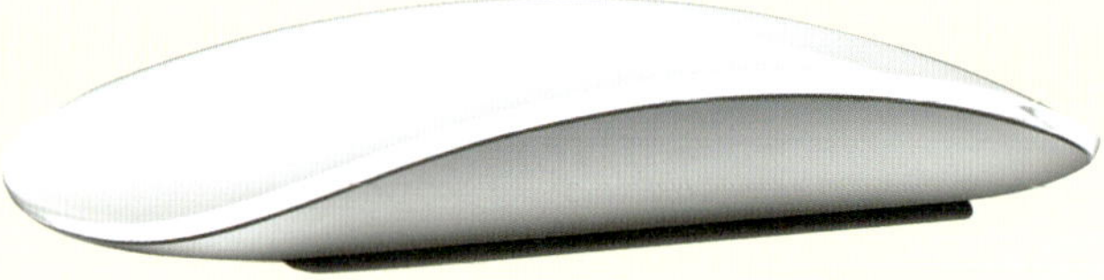

マルチタッチに対応しており、マウスの天面を上下左右になぞったりタップしたりしての操作が可能です。比較的薄型のボディは手の小さな女性でも握りやすく、重量が0.099kgと軽量なので、正確で軽やかなトラッキングを実現します。バッテリー内蔵式のため、電池交換が不要な点も特徴です。

URL▶https://www.apple.com/jp/shop/product/MLA02J/A

AirPlayでMacのミュージックを楽しめる！

HomePod mini

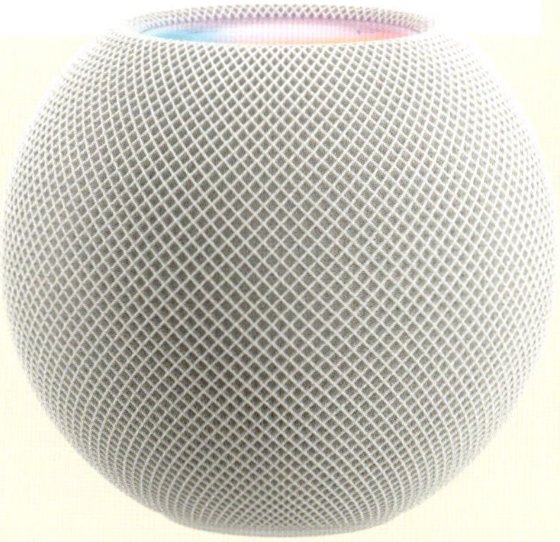

HomePodはApple純正のスマートスピーカーです。AirPlay対応のため、MacBookと同じWi-FiネットワークにHomePodが接続されていれば、ミュージックやPodcastなどのコンテンツをMacBookからHomePodへストリーム配信できます。また、2台のHomePodを組み合わせてステレオ環境を構築できるなど、自宅で音楽を楽しみたい人に向いています。

URL▶https://www.apple.com/jp/shop/buy-homepod/homepod-mini/

大画面ディスプレイにMacBookをつなげるなら

USB-C Digital AV Multiport アダプタ

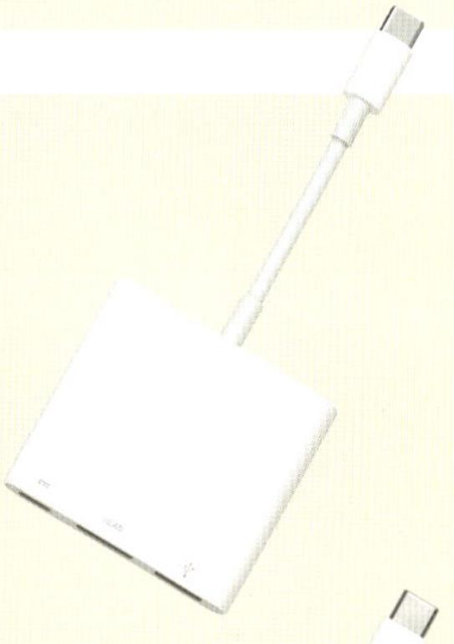

MacBookをHDMI対応の外付けディスプレイなどにつなげるためのアダプタ。4K60Hz出力に対応し、高解像度で映像を視聴できます。USB-A端子も備えているので、HDDやDVDドライブなどの外付け機器も接続できます。また給電用のUSB-C端子も搭載するため、本機経由でMacBookの充電を同時に行うこともできます。

URL▶https://www.apple.com/jp/shop/product/MUF82ZA/A

MacBookにデジカメの写真を取り込める

USB-C - SD カードリーダー

最大312MB/秒の高速転送を実現するUHS-II規格対応のSDカードリーダー。対応するSDカードを使用すれば、大容量の写真データも高速で取り込めます。ケーブル一体型で持ち運びもしやすく、MacBookとすっきりと接続できるため、ほかの周辺機器とも干渉しません。

URL▶https://www.apple.com/jp/shop/product/MUFG2ZA/A

プラスワン

MacBook用のアクセサリの探し方

MacBookで使えるAppleの純正アクセサリは、公式のオンラインストアから購入ができます。手元のMacBookに対応する純正アクセサリを探すには、[Appleが作ったアクセサリ]（https://www.apple.com/jp/shop/accessories/all-accessories/made-by-apple）を開き、左側の[フィルタ]から[Mac互換性]をクリック。リストから手元のMacBookを選択してください。

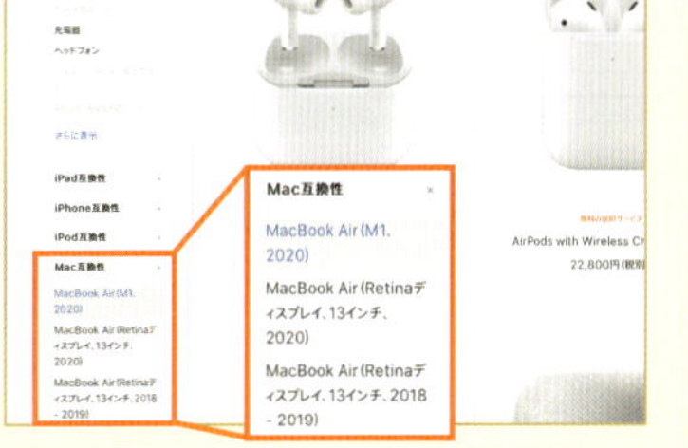

Index
機能別インデックス

MacBookの機能別に、五十音順で並べてあります。
目的から操作方法を探したい時に利用してください。

Index
索引

■著者

小枝《こえだ》祐基《ゆうき》

プロフィール／1979年生まれ。Mac、PC、スマートフォン関連の取材・記事執筆を精力的に行うフリーライター。生活家電およびデジタルガジェットなどのインプレッション記事もこなす。Mac歴はかれこれ20年。最近はもっぱらM1搭載MacBook Airを使い倒す日々。著書に『疲れないパソコン仕事術 多忙な毎日をちょっとラクにする90TIPS（インプレス）』、共著に『docomo iPhone 6 Plus完全活用マニュアル（ソシム）』『Pepperスタートブック（SBクリエイティブ）』など。

■カバー・本文デザイン

米倉英弘（株式会社 細山田デザイン事務所）

■編集協力

豊福実和子

今日から使える MacBook Air & Pro

macOS Big Sur 対応

2021年2月19日　初版第1刷発行

著者　小枝祐基
発行人　片柳秀夫
編集人　志水宣晴
発行　ソシム株式会社
https://www.socym.co.jp/
〒101-0064 東京都千代田区
神田猿楽町1-5-15猿楽町SSビル
TEL：03-5217-2400（代表）
FAX：03-5217-2420
印刷・製本　シナノ印刷株式会社

定価はカバーに表示してあります。
落丁・乱丁本は弊社編集部までお送りください。
送料弊社負担にてお取替えいたします。

ISBN978-4-8026-1285-2

©2021 小枝祐基
Printed in Japan

■本書の一部または全部について、個人で使用するほかは、著作権上、著者およびソシム株式会社の承諾を得ずに無断で複写/複製/転載/データ転送することは禁じられております。
■本書の内容に関して、ご質問やご意見などがございましたら、書籍タイトル、該当ページ数、該当手順番号等を明記のうえ、左記までFAXにてご連絡いただくか、弊社ウェブサイトに記載のお問い合わせメールアドレスまで内容をご送付ください。なお、電話によるお問い合わせ、本書の内容を超えたご質問には応じられませんのでご了承ください。

■読者サポートページ
https://www.socym.co.jp/support

■お問い合わせページ
https://www.socym.co.jp/contact

✂ハサミで切り取って、早見表としてお使いください

MacBookで今日から使える

ショートカット早見表 [基本／Finder]

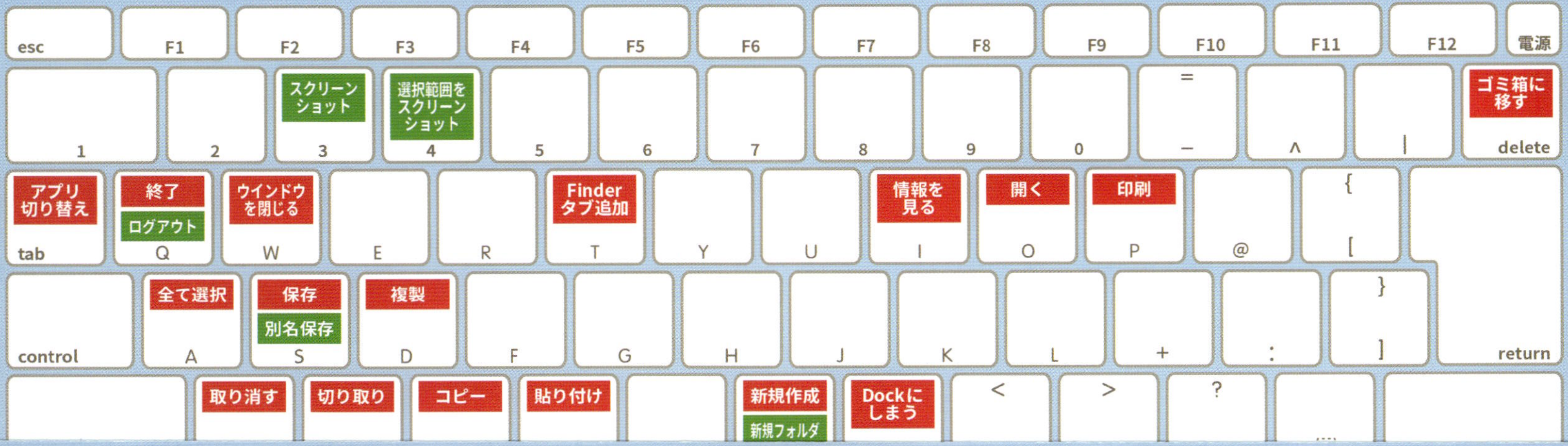

システム起動時のショートカット ※M1 MacBookは適用対象外

command ＋ R ＋ 電源 リカバリーモードで起動する※

option ＋ 電源 MacBookの起動中に起動ボリュームを選択できる※

shift ＋ 電源 セーフモードで起動する※

C ＋ 電源 起動可能なメディアから起動する※

※上記の操作はM1 MacBookでは電源ボタンを長押しし、[オプション] メニューから行います

【凡例】

（赤）は command と同時に押す

（緑）は command ＋ shift と同時に押す

特別付録

びゃ	びぃ	びゅ	びぇ	びょ
BYA	BYI	BYU	BYE	BYO
ぴゃ	ぴぃ	ぴゅ	ぴぇ	ぴょ
PYA	PYI	PYU	PYE	PYO

くぁ	くぃ	くぅ	くぇ	くぉ
QA	QI	QU	QE	QO
くゃ		くゅ		くょ
QYA		QYU		QYO

ら	り	る	れ	ろ
RA	RI	RU	RE	RO
わ	ゐ		ゑ	を
WA	WYI		WYE	WO

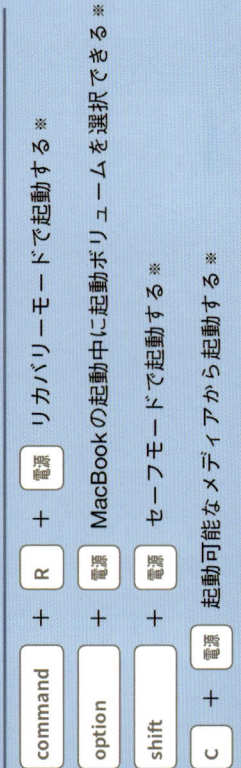

✂ハサミで切り取って、早見表としてお使いください

ホームポジションの基本

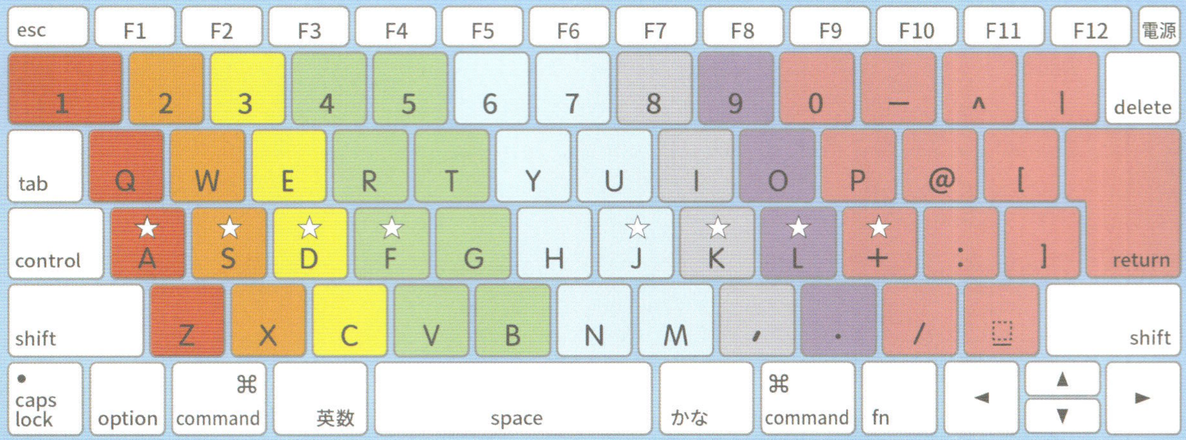

【凡例】

- …左手・小指
- …左手・薬指
- …左手・中指
- …左手・人差し指
- …右手・人差し指
- …右手・中指
- …右手・薬指
- …右手・小指
- ☆…指を置く基本の位置

ローマ字入力一覧表

※Apple社公式の「日本語入力プログラムユーザガイド」をもとに編集・抜粋をしています
（https://support.apple.com/ja-jp/guide/japanese-input-method/jpim10277/mac）

あ	い	う	え	お
A	I	U	E	O
か	き	く	け	こ
KA	KI	KU	KE	KO
さ	し	す	せ	そ
SA	SI/SHI	SU	SE	SO
た	ち	つ	て	と
TA	TI/CHI	TU/TSU	TE	TO
な	に	ぬ	ね	の
NA	NI	NU	NE	NO
は	ひ	ふ	へ	ほ
HA	HI	HU/FU	HE	HO
ま	み	む	め	も
MA	MI	MU	ME	MO
や		ゆ	いぇ	よ

ぁ	ぃ	ぅ	ぇ	ぉ
XA/LA	XI/LI	XU/LU	XE/LE	XO/LO
ゃ		ゅ		ょ
XYA/LYA		XYU/LYU		XYO/LYO
ヵ	ヶ	っ	ゎ	ん
XKA/LKA	XKE/LKE	XTU/LTU	XWA/LWA	NN
うぁ	うぃ		うぇ	うぉ
WHA	WI		WE	WHO
ゔぁ	ゔぃ	ゔ	ゔぇ	ゔぉ
VA	VI	VU	VE	VO
ゔゃ		ゔゅ		ゔょ
VYA		VYU		VYO
きゃ	きぃ	きゅ	きぇ	きょ
KYA	KYI	KYU	KYE	KYO
ぎゃ	ぎぃ	ぎゅ	ぎぇ	ぎょ

ぢゃ	ぢぃ	ぢゅ	ぢぇ	ぢょ
DYA	DYI	DYU	DYE	DYO
つぁ	つぃ		つぇ	つぉ
TSA	TSI		TSE	TSO
てゃ	てぃ	てゅ	てぇ	てょ
THA	THI	THU	THE	THO
でゃ	でぃ	でゅ	でぇ	でょ
DHA	DHI	DHU	DHE	DHO
とぁ	とぃ	とぅ	とぇ	とぉ
TWA	TWI	TWU	TWE	TWO
どぁ	どぃ	どぅ	どぇ	どぉ
DWA	DWI	DWU	DWE	DWO
にゃ	にぃ	にゅ	にぇ	にょ
NYA	NYI	NYU	NYE	NYO
ひゃ	ひぃ	ひゅ	ひぇ	ひょ

✂ハサミで切り取って、早見表としてお使いください

ショートカット早見表 [Slack]

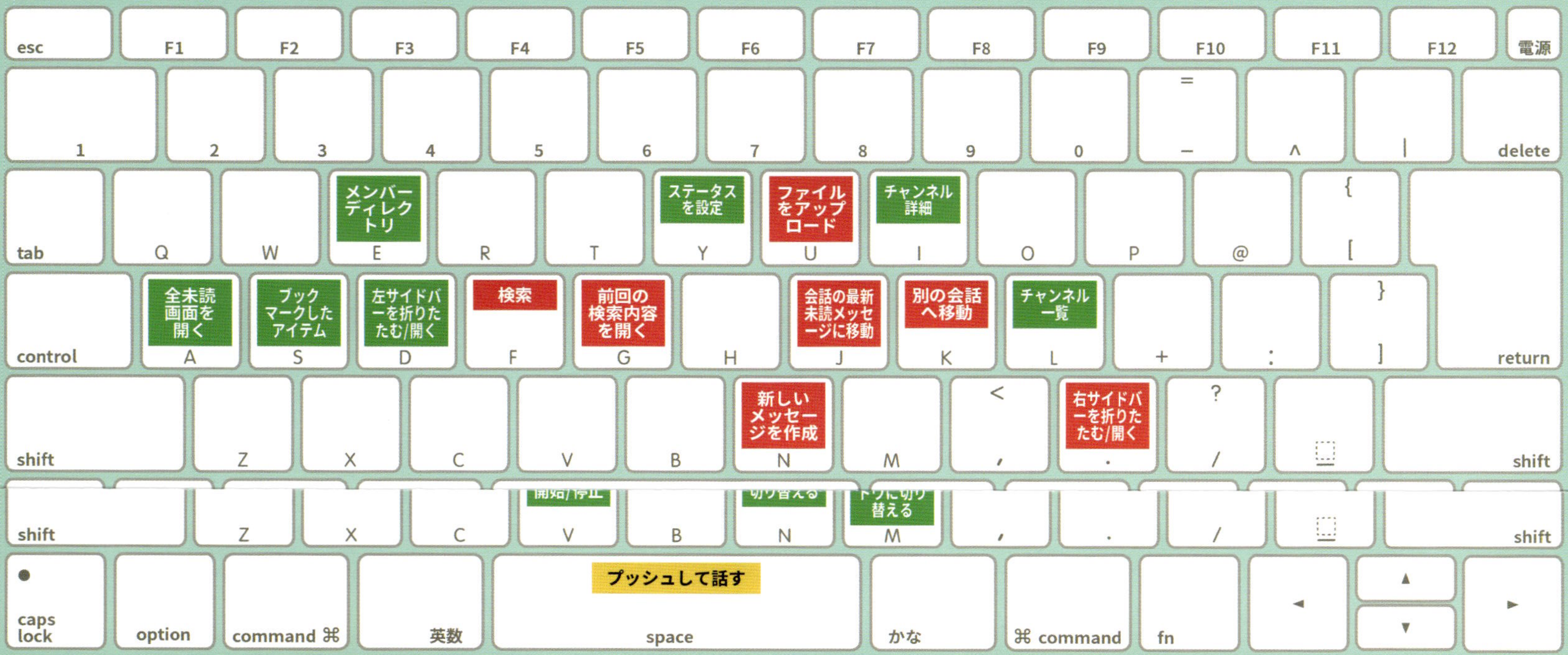

【凡例】 （赤）は command と同時に押す　（緑）は command ＋ shift と同時に押す　（青）は option と同時に押す　（黄）は単体で押す

ポイントに効く便利技まとめ

クイックルックの同時表示

Webサイトを Dock に登録

「Safari」でWebページを

✂ハサミで切り取って、早見表としてお使いください

ショートカット早見表 [Safari]

その他のショートカット

command ＋ ▲ 画面の一番上へ移動する

command ＋ ▼ 画面の一番下へ移動する

control ＋ tab 次のタブに移動する

control ＋ shift ＋ tab 前のタブに移動する

shift ＋ space 上方向にスクロールする

command ＋ option ＋ W 現在表示しているタブ以外を閉じる

command ＋ option ＋ shift ＋ W すべてのウインドウを閉じる

【凡例】

（赤）は command と同時に押す

（緑）は command ＋ shift と同時に押す

（黄）は単体で押す

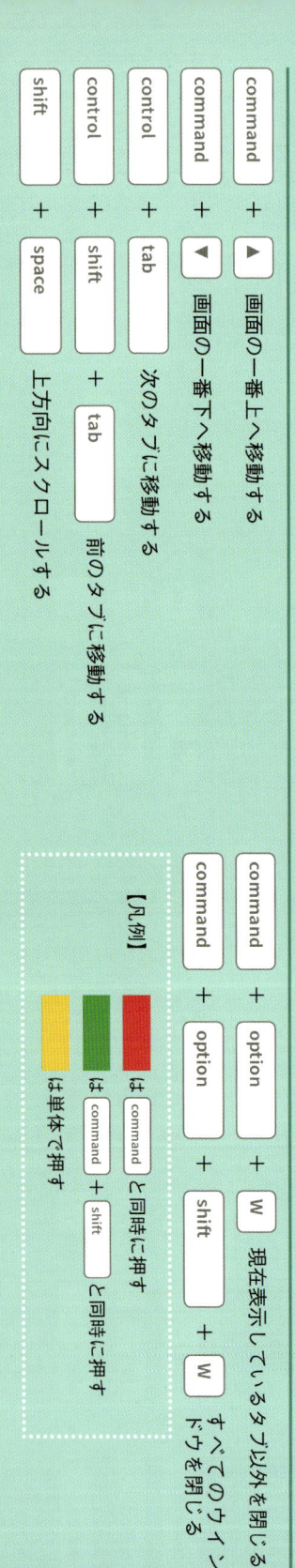